高职高专水利工程类专业“十二五”规划系列教材

施 工 技 术

主　编　龙振华　张保同　张孟希
副主编　庹祖明　石玉东　冷　涛
　　　　芈淑贞　刘能胜　方珍明
主　审　余周武　孟秀英

华中科技大学出版社
中国·武汉

内容简介

本书以最新的国家现行有关技术规范和规程，对水利水电建筑工程、建筑工程、道路桥梁工程等常用的施工技术进行了全面的介绍。在内容上，本书不仅保留了目前仍采用的一些传统的施工技术内容，而且将近几年发展起来的施工技术新理论、新技术和新工艺充实进来；既考虑了水利类各专业的特点，又兼顾了建筑工程等土木工程类专业的通用性；不仅可以用于日常教学，而且可以作为工程类各专业的参考用书。

全书共15章，包括爆破工程、砌体工程、模板工程、钢筋工程、混凝土工程、土方工程、施工导流与水流控制、土石建筑物施工、混凝土建筑物施工、地基处理、桩基工程、脚手架与垂直运输设备、地下工程、灌浆工程、施工测量与控制技术等内容。各章末均附有复习思考题。

本书标准教学学时为110学时，各地区、各专业方向可以根据侧重点不同，调整并选择相应的教学内容。

图书在版编目(CIP)数据

施工技术/龙振华，张保同，张孟希主编. 一武汉：华中科技大学出版社，2014.12
ISBN 978-7-5680-0548-7

Ⅰ.①施… Ⅱ.①龙… ②张… ③张… Ⅲ.①建筑工程-工程施工-高等职业教育-教材 Ⅳ.①TU74

中国版本图书馆CIP数据核字(2014)第284829号

施工技术 龙振华 张保同 张孟希 主编

策划编辑：谢燕群
责任编辑：熊 慧
封面设计：李 嫚
责任校对：刘 竣
责任监印：周治超
出版发行：华中科技大学出版社(中国·武汉)
武昌喻家山 邮编：430074 电话：(027)81321915
录 排：禾木图文工作室
印 刷：武汉科源印刷设计有限公司
开 本：787mm×1092mm 1/16
印 张：22.5
字 数：575千字
版 次：2015年2月第1版第1次印刷
定 价：45.00元

前　言

“水利建筑施工”是水利水电建筑工程、水利工程、建筑工程、道路桥梁工程等工程专业和工程管理专业的专业核心课程。它是研究水利建筑工程施工技术的一门实践性强、涉及面广、技术发展快的课程。本书按照“中央财政支持高等职业学校提升专业服务能力”项目的要求，在深入开展调查研究、广泛征求企业行家意见的基础上，立足于企业用人的实际需要和学生素质培养的需要，以培养工程建设一线主要技术岗位核心能力为主线，兼顾学生职业迁移和可持续发展，构建工学结合的课程体系，优化组合了课程内容。

本书与同类教材相比，其鲜明的特点是体现了科学性和先进性。全书按照国家现行有关技术规范、规程和标准编写，而且在内容的安排上，舍去了一些目前在施工中已经很少应用或与发展方向不相符的陈旧内容，保留并增加了现行规范的新理论，以及目前施工中普遍采用的技术，使其能科学地反映当前水利建筑工程施工的新工艺、新技术和新理念。本教材的另一个特点是注重实用性。全书以施工工艺为主线，侧重于介绍工艺原理和工艺方法，既有一定的理论深度，又易于在实践中应用。本书以水利水电建筑工程和水利工程专业为主要对象，兼顾建筑工程和道路桥梁工程等土木工程类专业，既可当教材使用，也可作为工程技术人员的业务参考用书。

本书由龙振华、张保同、张孟希担任主编，庹祖明、石玉东、冷涛、芈淑贞、刘能胜、方珍明担任副主编，由龙振华负责统稿。全书共 15 章，各章编写人员如下：龙振华编写第 1 章，河南水利与环境职业学院张保同编写第 2 章，河南水利与环境职业学院芈淑贞编写第 3 章，湖南水利水电职业技术学院张孟希、刘斌编写第 4 章，辽宁水利职业技术学院石玉东编写第 5 章，湖南水利水电职业技术学院陈世福编写第 6 章，湖北水利水电职业技术学院汪小妹编写第 7 章，湖北水利水电职业技术学院刘能胜编写第 8 章，湖北水利水电职业技术学院白金霞编写第 9 章，湖北水利水电职业技术学院陈丽娟编写第 10 章，湖南水利水电职业技术学院方珍明编写第 11 章，湖北水利水电职业技术学院庹祖明编写第 12 章，湖北水利水电职业技术学院冷涛编写第 13 章，武昌理工学院胡晶晶编写第 14 章，湖北水利水电职业技术学院徐卫国编写第 15 章。本书编写得到了楚天技能名师湖北水总水利水电建设股份有限公司郭明祥高级工程师、中南电力设计院勘测工程分公司程正逢主任工程师、湖北大禹水利水电建设有限责任公司华继阳高级工程师的大力支持，他们对全书的编写提出了大量宝贵的修改意见，另外还得到相关单位领导和各界同人的大力支持，在此一并表示感谢。

全书由湖北水利水电职业技术学院余周武、河南水利与环境职业技术学院孟秀英担任主审。限于本书篇幅较长，编写时间较紧，书中难免有不足之处，恳切希望读者批评指正，以便再版时修正。

编　者

2014 年 9 月

目　录

第一章　爆破工程

我国是黑火药的诞生地，也是世界上爆破工程发展最早的国家。火药的发明为人类社会的发展起到了巨大的推动作用。工程爆破是随着火药的诞生而产生的一门新技术。随着社会发展和科技进步，爆破技术迅速发展并渐趋成熟，其应用领域也在不断扩大。爆破正广泛应用于矿山开采、建筑拆迁、道路建设、水利水电、材料加工、植树造林等众多工程与生产领域。

在进行水利水电工程施工时，通常都要进行大量的土石方开挖，爆破则是最常用的施工方法之一。工程施工中经常用爆破的方式来开挖基坑和地下建筑物所需要的空间，如山体内设置的水电站厂房、水工隧洞等。也可以运用一些特殊的工程爆破技术来完成某些特定的施工任务，如定向爆破、水下岩塞爆破和边界控制爆破等。

第一节　爆破概述

一、爆破的定义与分类

埋在介质内的炸药引爆后，在极短的时间内，释放能量由固态转变为气态，体积增加数百倍至几千倍，伴随产生极大的压力和冲击力，同时还产生很高的温度，使周围介质受到各种不同程度的破坏的过程，称为爆破。

爆破可按照爆破规模、凿岩情况及爆破要求等进行分类。

(1)按爆破规模，爆破可分为小爆破、中爆破、大爆破。

(2)按凿岩情况，爆破可分为浅孔爆破、深孔爆破、药壶爆破、洞室爆破、二次爆破。

(3)按爆破要求，爆破可分为松动爆破、减弱抛掷爆破、标准抛掷爆破、加强抛掷爆破及定向爆破、光面爆破、预列爆破、特殊物(冻土、冰块等)爆破。

二、爆破的常用术语

1. 爆破作用圈

当具有一定质量的球形药包在无限均质介质内部爆炸时，在爆炸作用下，距离药包中心不同区域的介质，由于受到的作用力有所不同，因而产生不同程度的破坏或振动现象。整个被影响的范围称为爆破作用圈。这种现象随着与药包中心间的距离增大而逐渐消失。按照爆破对介质作用程度不同，作用圈分为 4 个。

(1)压缩圈。图 1-1 中 R_1 表示压缩圈半径。在这个作用圈范围内，介质直接承受药包爆炸而产生的极其巨大的作用力。如果介质是可塑性的土壤，则它会被压缩形成孔腔；如果介质是坚硬的脆性岩石，则它会被粉碎。所以半径为 R_1 的这个球形地带称为压缩圈或破碎圈。

(2)抛掷圈。图 1-1 中围绕在压缩圈范围以外至半径为 R_2 的地带，其受到的爆破作用力虽较压缩圈范围内的小，但介质原有的结构受到破坏，分裂成各种大小不等、形状各异的碎块，而且爆破余力尚足以使这些碎块获得能量。如果这个地带的某一部分处在临空的自由面条件

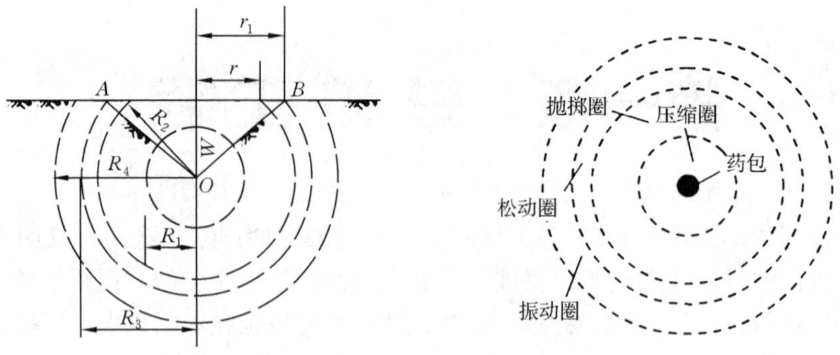

图 1-1 爆破作用圈示意图

下，破坏了的介质碎块便会产生抛掷现象，因而这一地带称为抛掷圈。

(3)松动圈。松动圈又称破块圈。图 1-1 中抛掷圈以外至半径为 R_3 的地带，爆破的作用力更弱，除了能使介质结构受到不同程度的破坏外，没有余力可以使破坏了的碎块产生抛掷运动，因而称为松动圈。工程上为了实用起见，一般把这个被破碎成为独立碎块的一部分称为松动圈，把只形成裂缝、互相间仍然连成整块的一部分称为裂缝圈或破裂圈。

(4)振动圈。图 1-1 中松动圈范围以外，微弱的爆破作用力甚至不能使介质产生破坏。这时介质只能在应力波的作用下，产生振动现象，这就是图 1-1 中松动圈范围以外至半径为 R_4 的地带，通常称为振动圈。振动圈以外，爆破作用的能量已完全消失。

2. 爆破漏斗

在有限介质中爆破，当药包埋设较浅时，爆破后将形成以药包中心为顶点的倒圆锥形爆破坑，称为爆破漏斗，如图 1-2 所示。爆破漏斗的形式多种多样，随着岩土性质、炸药品种和性能、药包大小和埋置深度等的不同而变化。

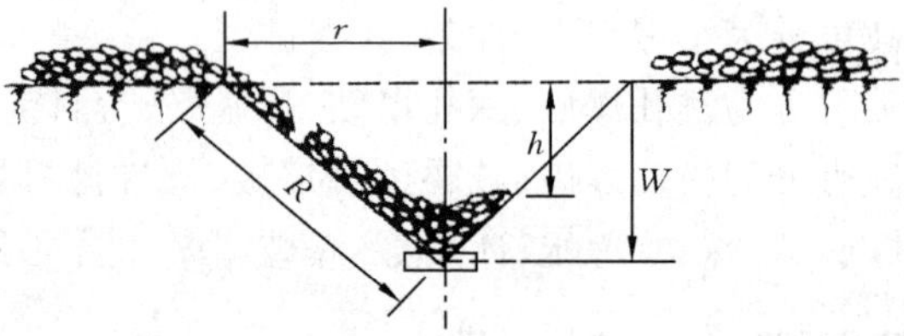

图 1-2 爆破漏斗

r—爆破漏斗半径；R—爆破作用半径；W—最小抵抗线；h—漏斗可见深度

1)最小抵抗线 W

如图 1-2 中的 W，即药包中心至自由面的最短距离，称为最小抵抗线。

2)爆破漏斗半径

爆破漏斗半径为图 1-2 中的 r，即爆破漏斗锥底圆的半径。

3)爆破作用指数

爆破作用指数是指爆破漏斗半径 r 与最小抵抗线 W 的比值，即

$$n = \frac{r}{W} \tag{1-1}$$

爆破作用指数既可用于判断爆破作用的性质及岩石抛掷的远近程度，又可用于计算药包量，是决定漏斗大小和药包距离的重要参数。一般工程中常用 n 来区分不同的爆破漏斗，划分

不同的爆破类型。

(1)当 $n=1.0$ 时，其爆破称为标准抛掷爆破。

(2)当 $n>1.0$ 时，其爆破称为加强抛掷爆破。

(3)当 $0.75<n<1.0$ 时，其爆破称为减弱抛掷爆破。

(4)当 $0.33<n\leqslant 0.75$ 时，其爆破称为松动爆破。

(5)当 $n\leqslant 0.33$ 时，其爆破称为药壶爆破或隐藏式爆破。

4)可见漏斗深度 h

爆破后所形成的沟槽深度称为可见漏斗深度，如图 1-2 中的 h。它与爆破作用指数、炸药的性质、药包的排数、爆破介质的物理性质和地面坡度有关。

3. 自由面

自由面又称临空面，是指被爆破介质与空气或水的接触面。同等条件下，临空面越多，炸药用量越小，爆破效果越好。

4. 二次爆破

二次爆破泛指破大块和炸弧块的爆破作业。

5. 破碎度

破碎度是指爆破岩石的块度或块度分布。

6. 单位耗药量

单位耗药量是指爆破单位体积岩石的炸药消耗量。

7. 炸药换算系数

炸药换算系数 e 是指某炸药的爆炸力 F 与标准炸药(目前以 2 号岩石铵梯炸药为标准炸药)爆炸力之比。

三、药包及装药量计算

1. 药包

为了爆破某一物体且使用方便而制成的一定重量并经包装的炸药包，称为药包。药包通常分为集中药包和延长药包两类，其药包形状和作用效果如表 1-1 所示。

表 1-1　药包形状和作用效果

分类名称	药 包 形 状	作 用 效 果
集中药包	长边小于短边的 4 倍	爆破效率高，节省炸药，可减少钻孔工作量，但爆破岩石块度不够均匀，多用于抛掷爆破
延长药包	长边大于或等于短边的 4 倍。延长药包又分为连续药包和间隔药包两种形式	可均匀分布炸药，破碎岩石块较均匀，一般用于松动爆破

2. 装药量计算

爆破工程中的装药量计算，是一个十分复杂的问题，影响因素较多。就目前而言，还不能较精确地计算出各种复杂情况下的装药量，一般都是根据现场试验，大致得出爆破单位体积介质所需的装药量，然后再按照爆破漏斗体积计算出每个药包的装药量。

实践证明，装药量与被破碎介质的体积成正比，即

$$Q = KV \tag{1-2}$$

式中：K——爆破单位体积岩石的耗药量，简称单位耗药量，kg/cm^3；

V——标准抛掷漏斗内的岩石体积，m^3。

常见岩土的标准单位耗药量如表 1-2 所示。

表 1-2　单位耗药量 K 值

岩石种类	$K/(kg/cm^3)$	岩石种类	$K/(kg/cm^3)$
黏土	1.0～1.1	砾石	1.4～1.8
坚实黏土、黄土	1.1～1.25	片麻岩	1.4～1.8
泥灰岩	1.2～1.4	花岗岩	1.4～2.0
页岩、板岩、凝灰岩	1.2～1.5	石英砂岩	1.5～1.8
石灰岩	1.2～1.7	闪长岩	1.5～2.1
石英斑岩	1.3～1.4	辉长岩	1.6～1.9
砂岩	1.3～1.6	安山岩、玄武岩	1.6～2.1
流纹岩	1.4～1.6	辉绿岩	1.7～1.9
白云岩	1.4～1.7	石英岩	1.7～2.0

注　(1)表中数据是以 2 号岩石铵梯炸药作为标准计算的，如采用其他炸药，则应乘以炸药换算系数 e，e 值参见表 1-3。

(2)表中数据是在炮眼堵塞良好的情况下确定出来的。如果堵塞不良，则应乘以 1～2 的堵塞系数。对于黄色炸药等烈性炸药，其堵塞系数不宜大于 1.7。

(3)表中 K 值用于表示一个自由面的情况。如果自由面超过 1 个，则应按表 1-4 适当减少装药量。

表 1-3　炸药换算系数 e 值表

炸药名称	型　号	炸药换算系数 e	炸药名称	型　号	炸药换算系数 e
岩石铵梯	1 号	0.91	煤矿铵梯	1 号	1.10
岩石铵梯	2 号	1.00	煤矿铵梯	2 号	1.28
岩石铵梯	2 号，抗水	1.00	煤矿铵梯	3 号	1.33
露天铵梯	1 号	1.04	煤矿铵梯	1 号 抗水	1.10
露天铵梯	2 号	1.28	镁恩梯	三硝基甲苯	0.86
露天铵梯	3 号	1.39	62%硝酸甘油	—	0.75
露天铵梯	1 号，抗水	1.04	黑火药	—	1.70

表 1-4　自由面与装药量的关系

自由面数	减少装药量百分数/(%)	自由面数	减少装药量百分数/(%)
2	20	4	40
3	30	5	50

注　表中自由面的数目是按方向(上、下、东、南、西、北)确定的，不是按被爆破体的几何形体确定的。

从图 1-2 中可以看出，$V=\frac{\pi}{3}W^3$，则标准抛掷爆破、加强抛掷爆破、减弱抛掷爆破、松动爆破的装药量计算公式见式(1-3)至式(1-6)。

标准抛掷爆破
$$Q = KW^3 \tag{1-3}$$

加强抛掷爆破 $$Q=(0.4+0.6n^3)KW^3 \tag{1-4}$$

减弱抛掷爆破 $$Q=\left(\frac{4+3n}{7}\right)^3 KW^3 \tag{1-5}$$

松动爆破 $$Q=0.33KW^3 \tag{1-6}$$

式中:Q——药包质量,kg;

W——最小抵抗线,m;

n——爆破作用指数。

第二节 爆破材料与起爆方法

炸药与起爆材料均属于爆破材料。炸药是破坏介质的能源,而起爆材料则使炸药能够安全、有效地释放能量。

一、炸药

(一)炸药的基本性能

1. 威力

炸药的威力用炸药的爆力和猛度表示。

(1)爆力是指炸药在介质内爆炸做功的总能力。爆力的大小取决于炸药爆炸后产生的爆热、爆温及爆炸生成气体量的多少。爆热越大,爆温越高,爆炸生成的气体量也就越多,形成的爆力也就越大。

(2)猛度是指炸药爆炸时对介质破坏的猛烈程度,是衡量炸药对介质局部破坏的能力指标。

爆力和猛度既有相同点也有不同点。爆力和猛度都是炸药爆炸后做功的表现形式,不同的是,爆力反映炸药爆炸后做功的总量、对药包周围介质破坏的范围。猛度反映炸药爆炸时,生成的高压气体对药包周围介质粉碎破坏的程度以及局部破坏的能力。一般爆力大的炸药,其猛度也大,但两者之间并不呈线性比例关系。对一定量的炸药,爆力越大,炸除介质的体积越多,猛度越大,爆炸后的岩块越小。

2. 爆速

爆速是指爆炸时爆炸波沿炸药内部传播的速度。工程中常用导爆索法、电测法和高速摄影法来测定爆速。

3. 殉爆

炸药爆炸时引起与它不相接触的临近炸药爆炸的现象称为殉爆。殉爆用于反映炸药对冲击波的感度。主发药包的爆炸引爆被发药包的最大距离称为殉爆距离。

4. 感度

感度又称敏感度,反映炸药在外能作用下起爆的难易程度。它不仅是衡量炸药稳定性的重要标志,而且还是确定炸药生产工艺条件、使用方法和选择起爆器材的重要依据。不同的炸药在同一外能作用下起爆的难易程度是不同的:若起爆某炸药所需的外能小,则该炸药的感度高;若起爆某炸药所需的外能高,则该炸药的感度低。炸药的感度对于炸药的制造、加工、运输、贮存、使用的安全十分重要。感度过高的炸药容易发生爆炸事故，而感度过低的炸药又给起爆带来困难。工程上大量使用的炸药一般对热能、撞击和摩擦作用的感度都较低，通常要靠起爆能来起爆。

5. 炸药的安定性

炸药的安定性是指炸药在长期贮存中，保持原有物理化学性质的能力。

(1)物理安定性。物理安定性主要是指炸药的收湿性、挥发性、可塑性、收缩性、力学强度，以及是否易结块、老化、冻结等一系列物理性质。物理安定性取决于炸药的物理性质。例如，在保管、使用硝酸甘油类炸药时，由于炸药易挥发、收缩、渗油、老化和冻结等，故炸药易变质，严重影响保管和使用的安全性及爆炸性能。又如，铵油炸油和矿岩石硝铵炸药易吸湿、结块，这易导致炸药变质严重，影响其使用效果。

(2)化学安定性。化学安定性取决于炸药的化学性质及常温下其成分的化学分解速度，受贮存温度的影响较大。有的炸药要求贮存条件较高，如 5 号浆状炸药要求不会导致硝酸铵重结晶的库房温度为 20～30 ℃，且要求通风良好。

炸药有效期取决于其安定性。贮存环境温度、湿度及通风条件等对炸药实际有效期影响巨大。

6. 氧平衡

氧平衡是指炸药在爆炸分解时的氧化情况。根据炸药成分的配合比不同，氧平衡分为以下三种情况。

(1)零氧平衡。炸药中的氧元素含量与可燃物完全氧化的需氧量相等，此时可燃物完全氧化，生成的热量大，爆能也大。零氧平衡是较为理想的氧平衡，炸药在爆炸反应后仅生成稳定的 CO_2、H_2O 和 N_2，并产生大量的热能。如单体炸药二硝化乙二醇的爆炸反应就是零氧平衡反应。

(2)正氧平衡。炸药中的氧元素含量过多，在完全氧化可燃物后还有剩余的氧元素。这些剩余的氧元素与氮元素进行二次氧化，生成 NO_2 等有毒气体。这种二次氧化是一种吸收爆破的过程，它将降低炸药的爆力。如纯硝酸铵炸药的爆炸反应属正氧平衡反应。

(3)负氧平衡。炸药中的氧元素含量不足，可燃物因缺氧而不能完全燃烧，产生有毒气体 CO，也正是由于氧元素含量不足而出现多余的碳元素，爆炸生成物中的 CO 因缺氧元素而不能充分氧化成 CO_2。如三硝基甲苯(梯恩梯)的爆炸反应属于负氧平衡反应。

从对以上三种情况的分析可知，零氧平衡的炸药，其爆炸效果最好，所以一般要求厂家生产的工业炸药力求零氧平衡或微量正氧平衡，避免负氧平衡。

(二)工程炸药的种类、品种及性能

1. 炸药的分类

炸药按组成可分为化合炸药和混合炸药；按爆炸特性可分为起爆药、猛炸药和火药；按使用部门可分为工业炸药和军用炸药。在工程爆炸中，用来直接爆破介质的炸药(猛炸药)几乎都是混合炸药，因为混合炸药可按工程的不同需要而配制。它们具有一定的威力，较敏感，一般需要 8 号雷管起爆。

2. 常用炸药

(1)铵梯炸药。铵梯炸药是硝铵类炸药的一种，主要成分为硝酸铵和少量的梯恩梯(三硝

基甲苯)及少量的木粉。硝酸铵是铵梯炸药的主要成分,其性能对炸药影响较大;梯恩梯是单质烈性炸药,具有较高的感度,加入少量的梯恩梯成分,能使铵梯炸药具有一定程度的威力和感度。铵梯炸药的摩擦、撞击感度较低,故较安全。

在工程爆破中,以2号岩石铵梯炸药为标准炸药,由硝酸铵(85%)、梯恩梯(11%)、木粉(4%)混合,并加入少量植物油制成,起爆力为320 ml,猛度为12 mm,用工业雷管可以顺利起爆。在使用其他种类的炸药时,其爆破装药量可用2号岩石铵梯炸药的爆力和猛度进行换算。

(2)铵油炸药。其主要成分是硝酸铵、柴油和木粉。铵油炸药由于不含梯恩梯而感度稍差,但其材料来源广、价格低,使用安全,易加工配制。铵油炸药的爆炸效果较好,在中硬岩石的开挖爆破和大爆破中常被采用。其贮存期仅为7~15 d,一般是在工地现场配药即用。

(3)乳化炸药。乳化炸药以氧化剂(主要是硝酸铵)水溶液与油类经乳化而成的油包水型乳胶体做爆炸性基质,再加以敏化剂、稳定剂等添加剂而成为一种乳脂状炸药。

乳化炸药与铵梯炸药比较,其突出的优点是抗水。两者成本接近,但乳化炸药猛度较高,临界直径较小,仅爆力略低。

二、起爆器材

(一)雷管

雷管是用来起爆炸药或传爆线(导爆索)的。雷管按接受外能起爆的方式,分为火雷管和电雷管两种。

1. 火雷管

火雷管即普通雷管,由管壳、正副起爆药和加强帽等三部分组成(见图1-3)。管壳材料有铜、铝、纸、塑料等。上端开口,中端设加强帽,中有小孔,副起爆药压于管底,正起爆药压于上部。在管沟开口一端插入导火索,引爆后,火焰使正起爆药爆炸,最后引起副起爆药爆破。

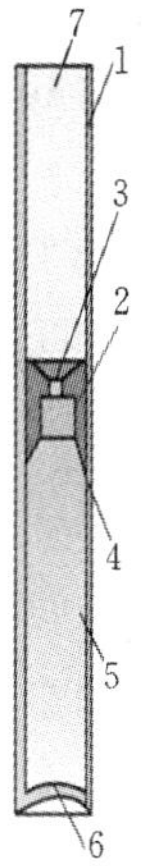

图1-3 火雷管构造

1—管壳;2—加强帽;3—中心孔;4—正起爆药;5—副起爆药;6—聚能穴;7—开口端

根据管内起爆药量的多少,火雷管分为1~10个号码,常用的为6号、8号。火雷管具有结构简单,生产效率高,使用方便、灵活,价格便宜,不受各种杂电、静电及感应电的干扰等优点。但由于导火索在传递火焰时,难以避免速燃、缓燃等致命弱点,在使用过程中爆破事故多,因此,使用范围和使用量受到极大限制。

2. 电雷管

(1)瞬发电雷管:通电后瞬间爆炸的电雷管。它实际上是由火雷管和1个发火元件组成的,其结构如图1-4所示。在接通电源后,电流通过桥丝,桥丝发热,使引火药头发火,导致整个雷管爆轰。

(2)秒延发电雷管:通电后能延迟1 s的时间才起爆的电雷管,如图1-5(a)所示。秒延发电雷管和瞬发电雷管的区别,仅在于秒延发电雷管的引火头与正起爆炸药之间安置了缓燃物质,通常是用一小段精致导火索作为延发物。

(3)毫秒电雷管:如图1-5(b)所示,它的构造与秒延发电雷管的差异仅在于延发药不同。毫秒电雷管的延发药用极易燃的硅铁和铅丹混合而成,再加入适量的硫化锑以调整药剂的燃

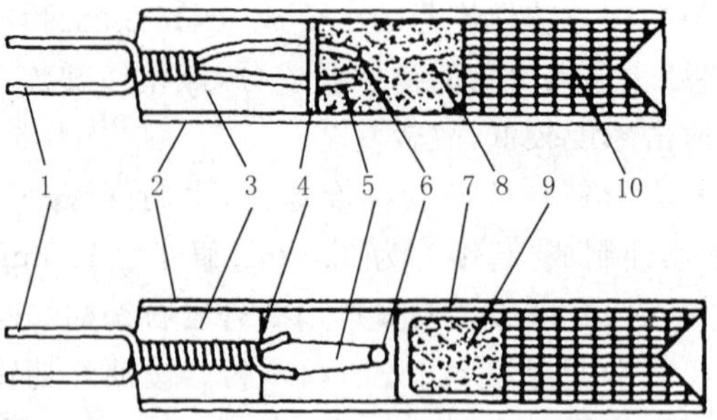

图 1-4　瞬发电雷管示意图

1—角线；2—管壳；3—密封塞；4—纸垫；5—线芯；
6—桥丝(引火头)；7—加强帽；8—散装 DDNP；9—正起爆药；10—副起爆药

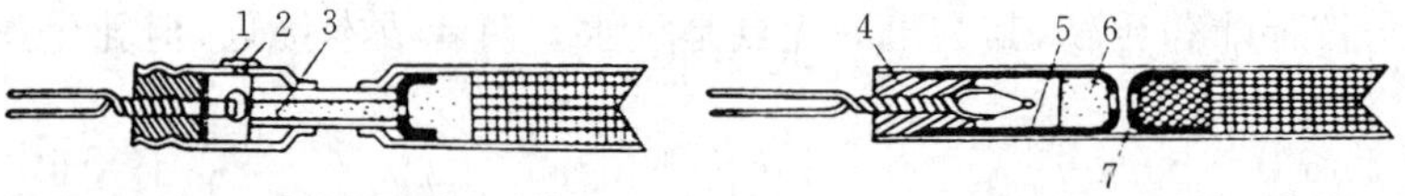

(a) 秒延发电雷管　　(b) 毫秒电雷管

图 1-5　电雷管示意图

1—蜡纸；2—排气孔；3—精致导火索；4—塑料塞；5—延发雷管；6—延发药；7—加强帽

烧程度，使延发时间准确。它的段数很多，工程常用的多为 20 段系列的毫秒电雷管。

(二)导火线

1. 导火索

导火索是用来起爆火雷管和黑火药的起爆材料，用于一般爆破工程，不宜用于有瓦斯或矿尘爆炸危险的作业面。它用黑火药做芯药，用麻、梅纱和纸做包皮，外面涂有沥青、油脂等防潮剂。

导火索的燃烧速度有两种：正常燃烧速度为 100～120 m/s，缓燃燃烧速度为 180～210 m/s。喷火强度不低于 50 mm。

国产导火索每盘长 250 m，耐水性一般不低于 2 h，直径为 5～6 mm。

2. 导电线

导电线是起爆电雷管的配套材料。

3. 导爆索

导爆索又称传爆线，用强度大、爆速高的烈性黑索金作为药芯，以棉线、纸条为包缠物，并涂以防潮剂，表面涂以红色，索头涂以防潮剂，必须用雷管起爆。其品种有普通、抗水、高能和低能等四种。普通导爆索有一定的抗水性能，可直接起爆常用的工业炸药。水利水电工程中多用此类导爆索。

4. 导爆管

导爆管是由透明塑料制成的一种非电起爆系统，它可用雷管、击发枪或导爆索起爆。管的外径为 3 mm、内径为 1.5 mm，管的内壁涂有一层薄薄的炸药，装药量为(20±2) mg/m，引爆后能以(1950±50) m/s 的稳定爆速传爆。其传爆能力很强，即使将管打许多结并用力拉紧，爆轰波仍能正常传播，管内壁断药长度达 25 cm 时，也能将爆轰稳定地传下去。

导爆管的传爆速度为1600～2000 m/s。根据实验资料，若排列与绑扎可靠，1个8号雷管可激发50根导爆管。但为了保证可靠传爆，一般用2个雷管引爆30～40根导爆管。

三、起爆方法

炸药的基本起爆方法有4种：火花起爆、电力起爆、导爆索起爆和导爆管起爆。用起爆材料将各个药包联结成一个可以统一赋能起爆的网络，即起爆网络。

1. 火花起爆

火花起爆是用导火索和火雷管起爆炸药的方法。它是一种最早使用的起爆方法。

将剪截好的导火索插入火雷管插索腔内，制成起爆雷管，再将其放入药卷内作为起爆药卷，而后将起爆药卷放入药包内。导火索一般可以用点火线、点火棒或自制导火索段点火。导火索长度以保证点火人员安全，且不得短于1.2 m为宜。

2. 电力起爆

电力起爆是利用电能引爆电雷管，进而起爆炸药的起爆方法，它所需的起爆器材有电雷管、导线和起爆源等。本法可以同时起爆多个炸药，可间隔延期起爆，安全可靠，但是操作较复杂，准备工作量大，需较多导线和一定的检查仪表和电源设备，适用于大中型重要的爆破工程。

电力起爆网络主要由电源、导线、电雷管等组成。

1）起爆电源

电力起爆电源可用普通照明电源或动力电源，最好是使用专线。当缺乏电源而爆破规模又较小和起爆的雷管数量不多时，也可将干电池或蓄电池组合使用，作为电源。另外还可以使用电容式起爆电源，即发爆器起爆。国产的发爆器有10发、30发、50发和100发等几种型号，最多一次可起爆100个串联的雷管，十分方便。但因其电流很小，故不能起爆并联雷管。常用的有DF-100型、FR81-25型、FR81-0型。

2）导线

电力起爆网络的导线一般采用绝缘良好的铜线和铝线。大型电力起爆网络中的常用导线按其位置和作用，分为端线、连接线、区域线和主线。端线用来加长雷脚线，使之能引出孔口或洞室。端线通常采用断面面积为0.2～0.4 mm^2 的铜芯塑料皮软线。连接线是用来连接相邻炮孔或药室的导线，通常采用断面面积为1～4 mm^2 的铜芯线或铝芯线。主线是连接区域线与电源的导线，通常采用断面面积为16～150 mm^2 的铜芯线或铝芯线。

3）电雷管

电雷管的主要参数有最高安全电流、最低准爆电流、电雷管电阻。

（1）最高安全电流。给电雷管通以恒定的直流电，在较长时间（5 min）内不致使受发电雷管引火头发火的最大电流，称为电雷管最高安全电流。按规定，国产电雷管通50 mA的电流，持续5 min不爆的为合格产品。按安全规程规定，测量电雷管电力起爆网络的爆破仪表，其输出工作电流不得大于30 mA。

（2）最低准爆电流。给电雷管通一恒定的直流电，保证在1 min内必定使任何一发电雷管都有可能起爆的最小电流，称为最低准爆电流。国产电雷管的最低准爆电流不大于0.7 A。

（3）电雷管电阻。电雷管电阻是指桥丝电阻与脚线电阻之和，又称电雷安全电阻。电雷管在使用前应测定每个电雷管的电阻值（只能使用专用仪表），在同一爆破网络中使用的电雷管应为同厂同型号产品。康铜桥丝雷管的电阻值差不得超过0.3 Ω；镍铬桥丝雷管的电阻值差不得超过 0.8 Ω。电雷管的电阻值是进行电力起爆网络计算不可缺少的参数。

4)电力起爆网络的连接方式

当多个药包联合起爆时,电力起爆网络可以采用串联、并联、串并联、并串联等连接方式(见图 1-6)。

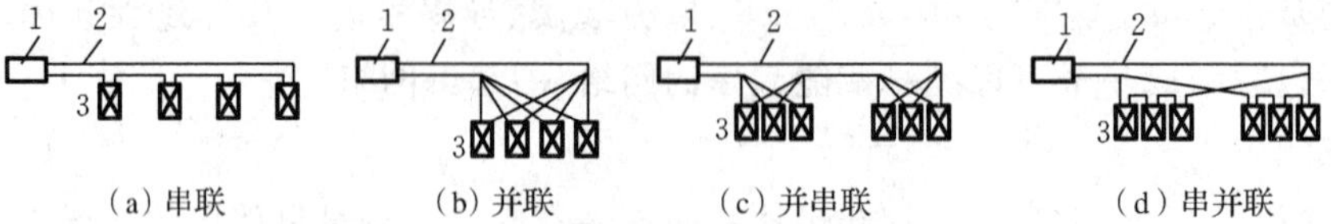

图 1-6　电力起爆网络连接方式

1—电源;2—输电线;3—药包

(1)串联方式。串联方式是将电雷管的脚线一根接一根地连在一起,并将两端的两根脚线接至主线,并通向电源的方式。其特点是,线路简单、计算和检查线路较易,导线消耗较小,需最低准爆电流小,可用放炮器、干电池、蓄电池做起爆电源,但整个起爆电路可靠性差,如其中一个雷管发生故障或感度有差别,则易发生拒爆现象。串联方式适用于爆破数量不多、炮孔分散、电源电流不大的小规模爆破。

(2)并联方式。并联方式是将所有电雷管的两根脚线分别接在两根主线上,或将所有雷管的其中一根脚线集合在一起,然后接在一根主线上,把另一根脚线也集合在一起,接在另一根主线上的方式。其特点是,各个雷管的电流互不干扰,不易发生拒爆现象,当一个电雷管有故障时,不影响整个网络起爆。但导线电流消耗大,需较大截面主线;连接较复杂,检查不便;若分支电阻相差较大,则可能产生不同时爆炸或拒爆。故在工程爆破中很少采用单纯的并联网络。

(3)混合联方式。工程实践中多采用混合连接网络,它可通过对并/串支组数的调整,获取既满足准爆条件又不超过电源容量的网络。混合联网络的基本形式有并串联和串并联。

3. 导爆索起爆

导爆索起爆是用导爆索爆炸产生的能量直接引爆药包的起爆方法。其优点是:导爆速度快,可同时起爆多个药包,准爆性好;连接形式简单,无复杂的操作技术;在药包中不需要放雷管,故装药、堵塞时都比较安全。缺点是,成本高,不能用仪表来检查爆破线路的好坏。导爆索起爆适用于瞬时起爆有多个药包的炮孔、深孔或洞室爆破等场合。

导爆索起爆所用的起爆器材有雷管、导爆索、继爆管等。其起爆网络的连接方式有并簇联和分段并联两种。

(1)并簇联。并簇联是将所有炮孔中引出的支导爆索的末端捆扎成一束或几束,然后再与一根主导爆索相连接的连接方式(见图 1-7)。这种方法同爆性好,但导爆索的消耗量较大,一般用于炮孔数不多又较集中的爆破中。

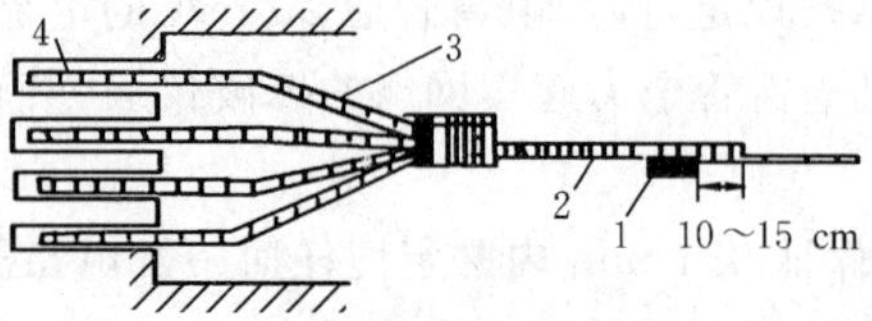

图 1-7　导爆索起爆并簇联

1—雷管;2—主导爆索;3—支导爆索;4—药室

(2)分段并联。分段并联是在炮孔或药室外敷设一条主导爆索,将各炮孔或药室中引出的支导爆索分别依次与主导爆索相连的连接方式(见图 1-8)。分段并联网络,导爆索消耗量小,适应性强,在网络

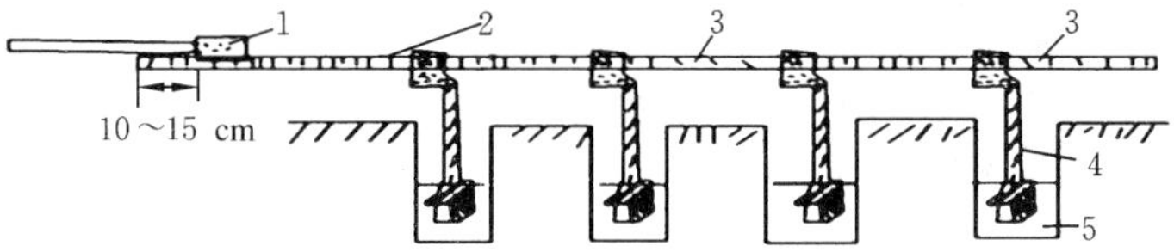

图 1-8 导爆索起爆分段并联

1—雷管；2—主导爆索；3，4—支导爆索；5—药室

的适当位置装上继爆管，可以实现毫秒微差爆破。

4. 导爆管起爆

该方式是利用塑料导爆管来传递冲击波引爆雷管，使药包爆炸的一种新式起爆方法。导爆管起爆与电力起爆的共同点是，可以对群药包一次赋能起爆，并能基本满足准爆、齐爆的要求。两者的不同点在于：导爆管起爆网络不受外电场干扰，比电力起爆网络安全；导爆管起爆网络无法进行准爆性检测，在这一点上不及电力起爆网络可靠。它适用于在露天、井下、深水、杂散电流大和一次起爆多个药包的微差爆破作业中进行瞬时或秒延期爆破。

第三节 爆破方法与施工工艺

一、爆破的基本方法

1. 裸露爆破法

裸露爆破法又称表面爆破法，是将药包直接放置于岩石表面进行爆破的方法。该法无须钻孔设备，操作简单迅速，但炸药消耗量大（比炮孔法（浅孔爆破法和深孔爆破法的总称）的多3～5倍），破碎岩石飞散较远。

裸露爆破法适用于地面上大块岩石、大孤石的二次破碎，以及树根、水下岩石与改建工程的爆破。

施工时将药包放在块石或孤石的中部凹槽或裂隙部位，对于体积大于 1 m^3 的块石，药包可分数处放置，或在块石上打浅孔或浅穴破碎。为了提高爆破效果，表面药包底部可做成集中爆力穴，药包上护以草皮或是泥土沙子，其厚度应大于药包高度或以粉状炸药敷 30 cm 厚。裸露爆破法用电雷管或导爆索起爆。

2. 浅孔爆破法

浅孔爆破法是在岩石上钻直径为 25～50 mm、深 0.5～5 m 的圆柱形炮孔，装延长药包进行爆破的方法。该法不需复杂的钻孔设备，施工操作简单，炸药消耗量少，飞石距离较近，岩石破碎均匀，便于控制开挖面的形状与尺寸，可在各种复杂条件下施工，在爆破作业中被广泛采用，但其爆破量较小、效率低、钻孔工作量大，适于在各种地形和施工现场比较狭窄的工作面上作业，如基坑、管沟、渠道、隧洞爆破或用于平整边边坡、开采岩石、松动冻土以及改建工程拆除控制爆破。

该法施工时，炮孔直径通常用 35 mm、42 mm、45 mm、50 mm 几种。为使有较多临空面，常按阶梯形爆破使炮孔方向尽量与临空面呈 30°～45°角。炮孔深度 L：对坚硬岩石，$L=(1.1\sim1.5)H$；对中硬岩石，$L=H$；对松软岩石，$L=(0.85\sim0.95)H$。H 为爆破层厚度。最

小抵抗线 $W=(0.6\sim0.8)H$。炮孔间距 $a=(1.4\sim2.0)W$(火雷管起爆)或 $a=(0.8\sim2.0)W$(电雷管起爆)。如图 1-9 所示,炮孔一般布置为交错梅花形,依次逐排起爆,炮孔排距 $b=(0.8\sim1.2)W$,同时起爆多个炮孔应采用电力起爆或导爆索起爆。

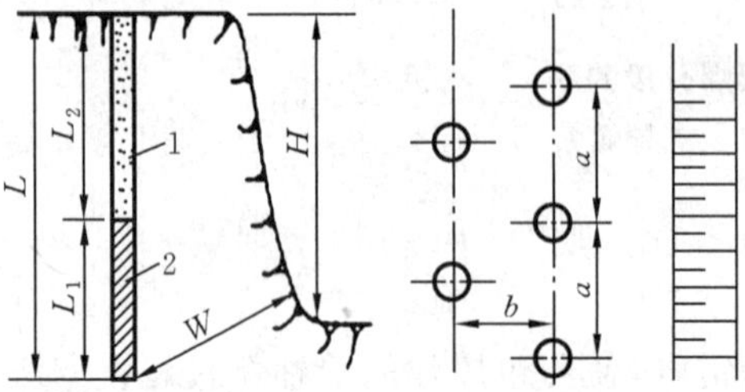

图 1-9　浅孔爆破法阶梯开挖布置

1—堵塞物;2—药包

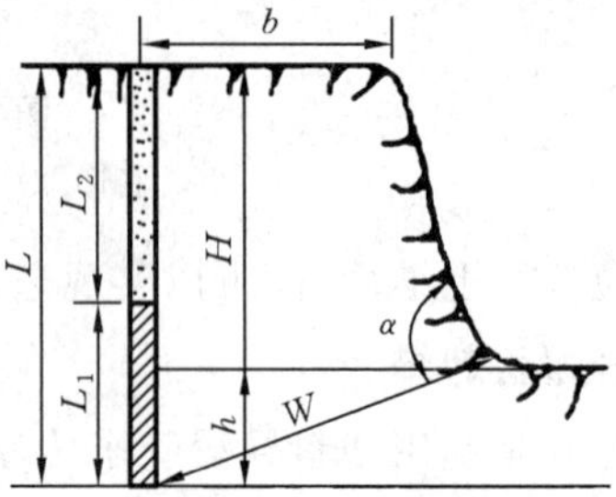

图 1-10　深孔爆破法

3. 深孔爆破法

深孔爆破法(见图 1-10)系将药包放在直径为 75～270 mm、深 5～30 m 的圆柱形深孔中爆破的方法,如图 1-10 所示。该法单位岩石体积的钻孔量少、耗药量少、生产效率高,一次爆落石方量多,可机械化操作,减轻劳动强度,适用于料场、深基坑的松爆,场地平整及高阶梯中型爆破各种岩石。

施工中,爆破前宜先将地面爆成倾角大于 55°的阶梯形,作垂直、水平或倾斜的炮孔。炮孔用轻、中型露天潜孔钻钻。爆破参数为 $h=(0.1\sim0.15)H$,$a=(0.8\sim1.2)W$,$b=(0.7\sim1.0)W$。装药采用分段或连续形式。爆破时,边排先起爆,后排依次起爆。

4. 药壶爆破法

药壶爆破法是在炮孔底部先放入少量的炸药,经过一次至数次爆破,扩大成近似圆球形的药壶(见图 1-11),然后装入一定数量的炸药进行爆破的方法。

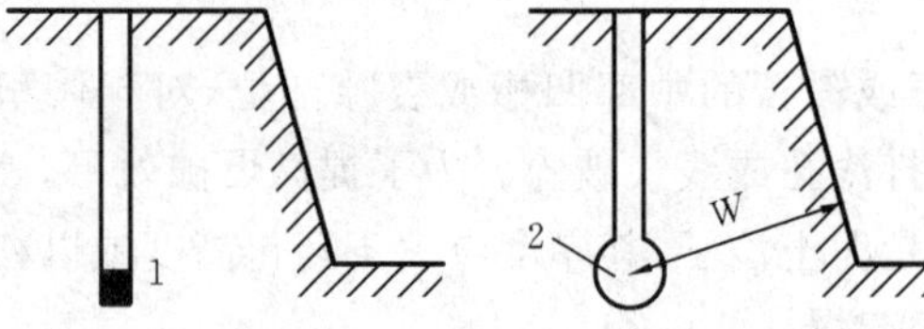

(a) 装少量炸药的炸药壶　　(b) 构成的药壶

图 1-11　药壶爆破法

1—药包;2—药壶

爆破前,地形宜先造成较多的临空面,最好是立崖和台阶。一般取 $W=(0.5\sim0.8)H$,$a=(0.8\sim1.2)W$,$b=(0.8\sim2.0)W$,堵塞长度为炮孔深的 1/2～9/10。

每次爆扩药壶后,须间隔 20～30 min 再起爆。扩大药壶时,用小木柄铁勺掏渣或用风管通入压缩空气吹出渣土。当土质为黏土时,可以压缩,不需出渣。药壶爆破法一般宜与炮孔法配合使用,以增强爆破效果。

药壶爆破法一般宜用电力起爆,并应敷设两套爆破路线;如用火花起爆,当药壶深在 3～6 m时,应设两个火雷管同时点爆。采用药壶爆破法可减少钻孔工作量,可多装药,炮孔较深时，将延长药包变为集中药包，可大大增强爆破效果。但扩大药壶时间较长，操作较复杂，破碎的岩石块度不均匀，对坚硬岩石，扩大药壶困难，不能使用。药壶爆破法适用于露天爆破阶梯高度为 3～8 m 的软岩石和中等坚硬岩石，而坚硬或节理发育的岩石不宜采用。

5. 洞室爆破法

洞室爆破法又称大爆破法，其炸药装入专门开挖的洞室内，洞室与地表则以导洞相连。一个洞室爆破往往需要数个至数十个药包，装药总量可高达数百、数千乃至逾万吨。

在水利水电工程施工中，坝基开挖不宜采用洞室爆破法。洞室爆破法主要用于定向爆破筑坝，当条件合适时也用于料场开挖和定向爆破堆石截流。

二、爆破施工

水利水电施工中一般多采用炮孔法爆破。其施工程序大体为：选择炮孔位置－钻孔－制作起爆药包－装药与堵塞－起爆等。

1. 选择炮孔位置

选择炮孔位置时应注意以下几点。

(1)炮孔方向尽量不要与最小抵抗线方向重合，以免产生冲天炮。

(2)充分利用地形或其他方法增加爆破的临空面，增强爆破效果。

(3)炮孔应尽量垂直于岩石的层面、节理与裂隙，且不要穿过较宽的裂缝，以免漏气。

2. 钻孔

1)人工打眼

人工打眼仅适用于钻设浅孔。人工打眼有单人打眼、双人打眼等方法。打眼的工具有钢钎、铁锤和掏勺等。

2)风钻打眼

风钻是风动冲击式凿岩机的简称，在水利水电工程中使用最多。风钻按其应用条件及架持方法可分为手持式、柱架式和伸缩式等。风钻用空心钻钎送入压缩空气，将孔底凿碎的岩石吹出的，称为干钻，用压力水将岩粉冲出的，称为湿钻。国家标准规定地下作业必须使用湿钻，以减少粉尘，保护工人身体健康。

3)潜孔钻

潜孔钻是一种回转冲击式钻孔设备，其工作机构(冲击器)直接潜入炮孔内进行凿岩，故名潜孔钻。潜孔钻是先进的钻孔设备，它的工效高，构造简单，在大型水利水电工程中被广泛采用。

3. 制作起爆药包

关于起爆药包，只许在爆破工点于装药前制作该次所需的数量。不得先做成成品备用。制作好的起爆药包应小心妥善保管，不得震动，亦不得抽出雷管。起爆药包制作步骤如图1-12所示。

(1)解开药筒一端。

(2)用木棍(直径为 5 mm，长 10～12 cm)轻轻地插入药筒中央然后抽出，并将雷管插入孔内。

(3)雷管插入深度：在易燃的硝酸甘油炸药中，雷管可全部插入；在其他不易燃炸药中，雷

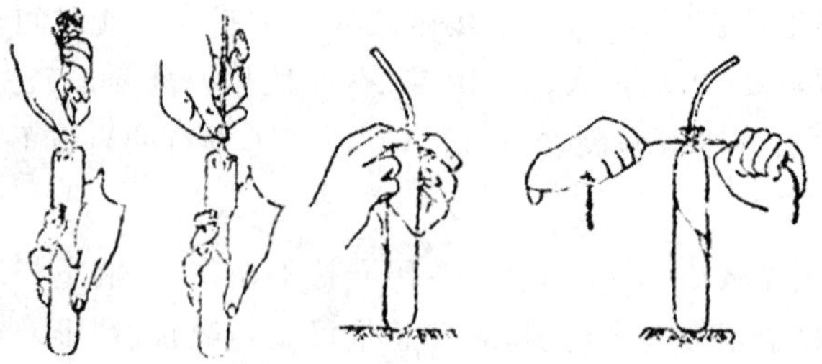

图 1-12 起爆药包制作

管应埋在接近药筒的中部。

(4)收拢包皮纸,用绳子扎起来,如用于潮湿处,则应加以防潮处置,防潮时,防水剂的温度不超过 60 ℃。

4. 装药、堵塞及起爆

1)装药

在装药前首先了解炮孔的深度、间距、排距等,由此决定装药量。根据孔中是否有水决定药包的种类或炸药的种类。同时还要消除炮孔内的岩石和水分。在干孔内可装散药或药卷。在装药前,先用硬纸或铁皮在炮孔底部架空,形成聚能药包。炸药要分层用木棍压实,雷管的聚能穴指向孔底,雷管装在炸药全长的中部偏上处。在有水炮孔中装吸湿炸药时,注意不要将防水包装捣破,以免炸药受潮而拒爆。当孔深较大时,药包要用绳子吊下,不允许直接向孔内抛投,以免发生爆炸危险。

2)堵塞

装药后即进行堵塞。对堵塞材料的要求是,与炮孔壁摩擦作用大,材料本身能结成一个整体,充填时易于密实,不漏气。可用 1∶2 的黏土粗砂堵塞,堵塞物要分层用木棍压实。在堵塞过程中,要注意不要将导火线折断或破坏导线的绝缘层。

3)起爆

堵塞完成后,检查安全情况、引爆网络和电源情况,确定一切正常后通电起爆。

第四节 常用的控制爆破方法

控制爆破是为了达到一定预期目的的爆破方法,如定向爆破、预裂爆破、光面爆破、岩塞爆破、微差控制爆破、拆除爆破、静态爆破、燃烧剂爆破等。下面介绍水利水电工程中常用的几种爆破方法。

一、定向爆破

定向爆破是一种加强抛掷爆破技术,它利用炸药能量的作用,在一定的条件下,将一定数量的土岩经破碎后,按预定的方向,抛掷到预定地点,形成具有一定质量和形状的建筑物或开挖成一定断面的渠道。

在水利水电建设中,常用定向爆破技术来修筑土石坝、围堰、截流戗堤,以及开挖渠道、溢洪道等。在一定条件下,采用定向爆破方法修建上述建筑物,较之用常规方法可缩短施工工期,节约劳动和资金。

定向爆破主要可使抛掷爆破最小抵抗线方向符合预定的抛掷方向，并且在最小抵抗线方向事先形成定向坑，利用空穴聚能效应，集中抛掷，这是保证定向的主要手段。形成定向坑的方法：在大多数情况下，都利用辅助药包，让它在主药包起爆前先爆，形成一个起走向坑作用的爆破漏斗。如果地形有天然的凹面可以利用，也可不用辅助药包。

图 1-13(a)所示的是定向爆破堆筑堆石坝的过程。药包设在坝顶高程以上的岸坡上。根据地形情况，可从一岸爆破或由两岸爆破。图 1-13(b)所示的为定向爆破开挖渠道的过程。在渠底埋设边界药包和主药包。边界药包先起爆，主药包的最小抵抗线就指向两边，在两边岩石尚未下落时，起爆主药包，中间岩体就连同原两边爆起的岩石一起抛向两岸。

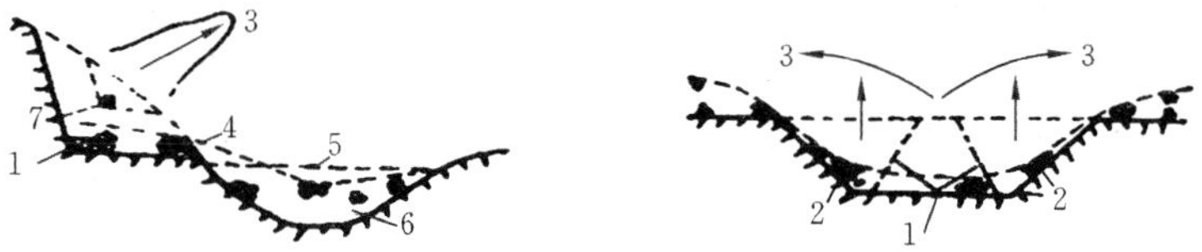

(a) 筑坝　　　　(b) 挖渠

图 1-13　定向爆破堆筑堆石坝、挖渠示意图

1—主药包；2—边行药包；3—抛掷方向；4—堆积体；5—筑坝；6—河床；7—辅助药包

二、预裂爆破

进行石方开挖时，在主爆区爆破之前沿设计轮廓线先爆出一条具有一定宽度的贯穿裂缝，以缓冲、反射开挖爆破的振动波，控制其对保留岩体的破坏影响，使之获得较平整的开挖轮廓，此种爆破技术称为预裂爆破。在水利水电工程施工中，预裂爆破不仅在垂直、倾斜开挖壁面上得到广泛应用，规则的曲面、扭曲面及水平基面等也采用预裂爆破。预裂爆破布置图如图1-14所示。

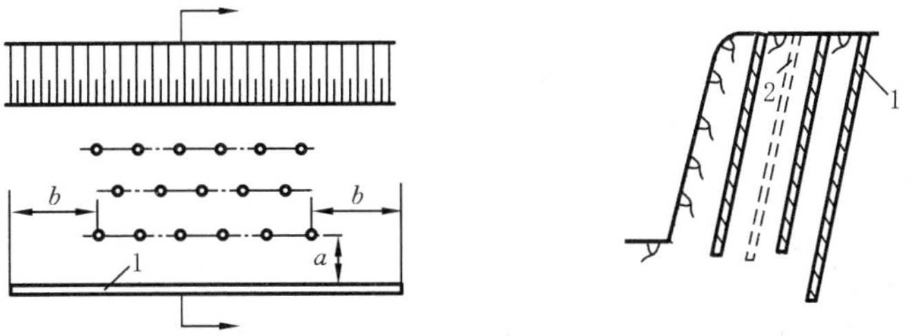

(a) 平面图　　　　(b) 剖面图

图 1-14　预裂爆破布置图

1 —预裂缝；2 —爆破孔

1)要求

(1)预裂爆破缝要贯通，且在地表有一定开裂宽度。对于中等坚硬岩石，缝宽不宜小于 1.0 cm；对于坚硬岩石，缝宽应达到 0.5 cm 左右；但在松软岩石上，缝宽达到 1.0 cm 以上时，减振作用并未显著提高，应多做些现场试验，以利总结经验。

(2)预裂开挖后的不平整度不宜大于 15 cm。预裂面不平整度通常是指预裂孔所形成之预裂面的凹凸程度，它是衡量钻孔和爆破参数合理性的重要指标，可依此验证、调整设计数据。

(3)预裂面上的炮孔痕迹保留率应不低于 80%，且炮孔附近岩石不应出现严重的爆破裂隙。

2)主要技术措施

(1)炮孔直径一般为 50～200 mm,对深孔,宜采用较大的孔径。

(2)炮孔间距宜为孔径的 8～12 倍,对坚硬岩石,取小值。

(3)不耦合系数(炮孔直径 d 与药卷直径 d_0 的比值)建议取 2～4,对坚硬岩石,取小值。

(4)线装药密度一般取 250～400 g/m。

(5)药包结构形式,目前较多的是将药包分散绑扎在传爆线上(见图 1-15)。分散药包的相邻间距不宜大于 50 cm 且不大于药卷的殉爆距离。考虑到孔底的夹断作用较大,底部药包应加强,其装药密度为线装药密度的 2～5 倍。

(6)距孔口 1 m 左右的深度内不要装药,可用粗砂填塞,不必捣实。填塞段过短,容易形成漏斗;过长,则不能出现裂缝。

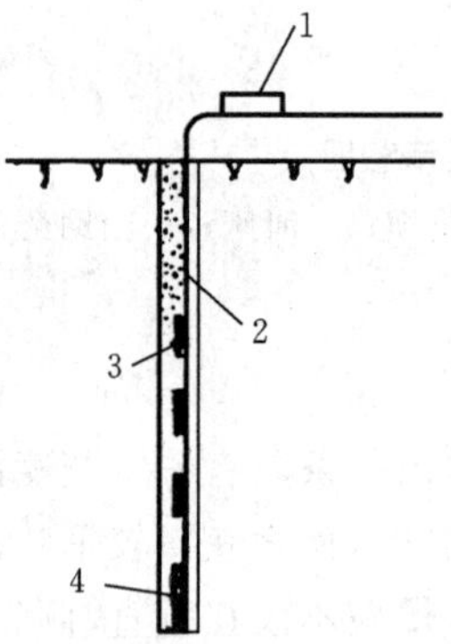

图 1-15　预裂爆破装药结构图

1—雷管;2—导爆索;3—药包;
4—底部加强药包

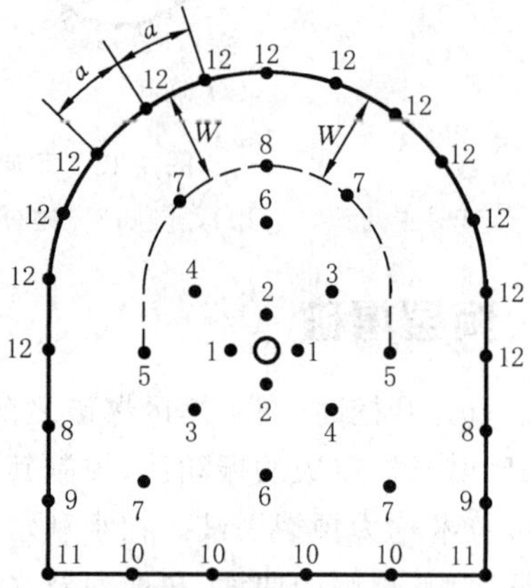

图 1-16　光面爆破洞挖布孔图

1～12—炮孔段编号

三、光面爆破

光面爆破也是可控制开挖轮廓的爆破方法之一,如图 1-16 所示。

它与预裂爆破的不同之处在于,光面爆孔的爆破是在开挖主爆孔的药包爆破之后进行的。它可以使爆裂面光滑平顺,超欠挖均很少,能近似形成设计轮廓要求的爆破面。光面爆破一般多用于地下工程的开挖,露天开挖工程中用得比较少,只是在一些有特殊要求或者条件有利的地方使用。

光面爆破的要领是孔径小、孔距密、装药少、同时爆。

光面爆破主要参数的确定:炮孔直径宜在 50 mm 以下;最小抵抗线 W 通常采用 1～3 m,或用 $W=(7\sim20)D$ 计算(D 为炮孔直径);炮孔间距 $a=(0.6\sim0.8)W$;单孔装药量用线装药密度 Q_x 表示,即

$$Q_x = KaW \tag{1-7}$$

式中:K—— 单位耗药量。

四、岩塞爆破

岩塞爆破是一种水下控制爆破。在已建成的水库或天然湖泊内取水发电、灌溉、供水或泄洪时，为修建隧洞的取水工程，避免在深水中建造围堰，采用岩塞爆破是一种经济而有效的方法。它的施工特点是，先从引水隧洞出口开挖，直到掌子面到达库底或与湖底紧邻，然后预留一定厚度的岩塞，待隧洞和进口控制闸门井全部建完后，一次性将岩塞炸除，使隧洞和水库连通(见图 1-17)。

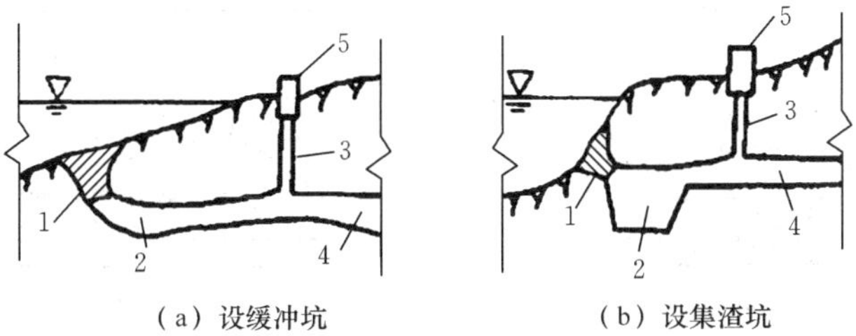

图 1-17　岩塞爆破布置图

1—岩塞；2—集渣坑；3—南门井；4—引水隧洞；5—模拟室

岩塞的布置应根据隧洞的使用要求、地形和地质因素来确定。岩塞宜选择在覆盖层薄、岩石坚硬完整且层面与进口中线交角大的部位，特别应避开节理、裂隙、构造发育的部位。岩塞的开口尺寸应满足水流量的要求。岩塞厚度应为开口直径的 1～1.5 倍：若太厚，则难以一次爆通；若太薄，则不安全。

计算水下岩塞爆破装药量时，应考虑岩塞上静水压力的阻抗，其装药量应比常规抛掷爆破装药量增大 20%～30%。为了控制进口形状，岩塞周边采用预裂爆破以减振防裂。

五、微差控制爆破

微差控制爆破是一种应用特制的毫秒延期雷管，以毫秒级时差顺序起爆各个(组)药包的爆破技术。其原理是，把普通齐发爆破的总炸药能量分割为许多较小的能量，采取合理的装药结构、最佳的微差间隔时间和起爆顺序，为每个药包创造多面临空条件，将齐发大量药包产生的地震波变成一长串小幅值的地震波，同时各药包产生的地震波相互干涉，从而降低地震效应，把爆破振动控制在给定水平之下。爆破布孔和起爆顺序有成排顺序式、排内间隔式、波浪式、对角式、径向式等(见图 1-18)，或由它们组合变换成的其他形式，其中以对角式的效果最好，成排顺序式的最差。采用对角式时，实际孔距与最小抵抗线之比应大于 2.5，对软石可取 6～8；相同段爆破孔数根据现场情况和一次起爆的允许装药量来确定装药结构，一般采用空气间隔装药或孔底留空气柱的方式装药，空气间隔的长度通常为药柱长度的 20%～35%。间隔装药可用导爆索或电雷管齐发或孔内微差引爆，后者能更有效地降振，爆破采用毫秒延发雷管。最佳微差间隔时间一般为(3～6) W(W 为最小抵抗线，单位为 m)，刚度大的岩石取下限。

一般相邻两炮孔爆破时间间隔宜控制在 20～30 ms，不宜过大或过小；宜采用可靠的导爆索与继爆管相结合的爆破网络起爆，每孔至少一根导爆索，确保安全起爆；非电爆管网络要设复线，孔内线脚要设有保护措施，避免装填时把线脚拉断；导爆索网络联结时要注意搭接长度、拐角角度、接头方向，并捆扎牢固，不得松动。

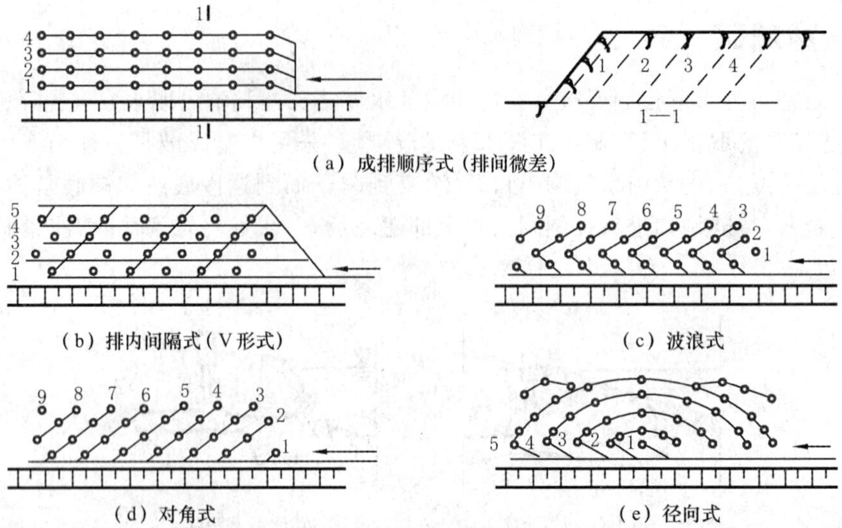

(a) 成排顺序式(排间微差)

(b) 排内间隔式(V形式)　(c) 波浪式

(d) 对角式　(e) 径向式

图 1-18　微差控制爆破起爆形式及顺序

微差控制爆破能有效地控制爆破冲击波、振动、噪声和飞石;操作简单、安全、迅速;可近火爆破而不造成伤害;破碎程度好,可提高爆破效率和技术经济效益。但该网络设计较为复杂;需特殊的毫秒延发雷管及导爆材料。微差控制爆破适用于开挖岩石地基、挖掘沟渠、拆除建筑物和基础,以及用于工程量与爆破面积较大的情形,对截面形状和规格、减振、飞石、边坡后面有严格要求的控制爆破工程。

复习思考题

1-1　什么叫爆破?什么叫爆破作用圈?

1-2　什么叫爆破漏斗?什么叫爆破作用指数?

1-3　什么叫自由面?它有什么意义?

1-4　爆破施工有哪些基本程序?

1-5　选择炮孔位置时应注意哪些因素?

1-6　什么叫控制爆破?水利工程中常用的控制爆破有哪几种?

1-7　爆破操作安全有哪些要求?

1-8　什么叫瞎炮?瞎炮有哪些处理方法?

第二章 砌体工程

砌体工程是利用砌筑砂浆对砖、石和砌块砌筑的工程。砖石砌筑工程在我国有着悠久的历史，它具有取材方便、技术成熟、造价低廉等优点，在工业与民用建筑和构筑物等土木工程中广泛采用。但砖石砌筑工程存在生产效率低、工期长、劳动强度高等缺点，难以适应现代建筑工业化的需要，所以必须改善砌筑工程，推广使用中、小型砌块来砌筑。

砌筑工程是混合结构房屋的主导工种工程，包括砂浆制备、材料运输、脚手架搭设、砌体砌筑等施工过程。砌筑时应遵循以下基本原则。

(1)砌体应分层砌筑，其砌筑面力求与作用力的方向垂直，或使砌筑面的垂线与作用力方向间的夹角小于13°～16°，否则受力时易产生层间滑动。

(2)砌块间的纵缝应与作用力方向平行，否则受力时易产生楔块作用，对相邻块产生挤动。

(3)上、下两层砌块间的纵缝必须互相错开，以保证砌体的整体性，以便传力。

第一节 砌体材料

砌体工程所采用的材料主要是块材和砌筑砂浆，还有少量的钢筋。砌体工程所用的材料应有产品的合格证书、产品性能检测报告，块材、水泥、钢筋、外加剂等还应有材料主要性能的进场复验报告。严禁使用国家明令淘汰的材料。

一、砌筑砂浆

砌筑砂浆常用水泥砂浆和掺有石灰膏或黏土膏的水泥混合砂浆。为了节约水泥和改善砂浆性能，也可用适量的粉煤灰取代砂浆中的部分水泥和石灰膏，制成粉煤灰水泥砂浆和粉煤灰水泥混合砂浆。

1.原材料要求

(1)水泥：水泥进场使用前应分批对强度、安定性进行复验，检验应以同一生产厂家、同一编号为一批。当在使用中对水泥质量有怀疑或水泥出厂超过3个月(快硬硅酸盐水泥出厂超过1个月)时，应复查检验，并按其结果使用。不同品种的水泥不得混合使用。

(2)砂：砂浆用砂宜用中砂，并应过筛，且不得含有有害杂物。砂浆用砂的含泥量应满足如下要求：对水泥砂浆和强度等级不小于M5的水泥混合砂浆，不应超过10%；人工砂、山砂及特细砂，应经试配能满足砌筑砂浆技术条件要求。

(3)石灰膏和黏土膏：石灰膏可用块状生石灰熟化而成，熟化时间不得少于7 d，熟化后应采用网孔不大于3 mm×3 mm的网过滤；对于磨细生石灰粉，其熟化时间不得少于2 d；生石灰粉不得直接使用于砌筑砂浆中。沉淀池中贮存的石灰膏应防止干燥、冻结和污染，不得使用脱水硬化的石灰膏。黏土膏应使用粉质黏土或黏土制备，制备时宜用搅拌机加水搅拌而成，并通过网孔不大于3 mm×3 mm的网过筛。黏土中的有机物含量可用比色法鉴定，其色泽应浅于标准色的。

(4)粉煤灰:粉煤灰品质等级可用Ⅲ级,砂浆中的粉煤灰取代水泥率不宜超过40%,取代石灰膏率不宜超过50%。

(5)水:拌制砂浆用水的水质应符合国家现行标准《混凝土用水标准(附条文说明)》(JGJ 63—2006)的规定,宜采用饮用水。

(6)外加剂:凡在砂浆中掺入有机塑化剂、早强剂、缓凝剂、防冻剂等,应经检验和试配符合要求后方可使用。有机塑化剂应有砌体强度的型式检验报告。

2. 砌筑砂浆的技术要求

(1)流动性(稠度):砂浆的流动性是指砂浆拌和物在自重或外力的作用下是否易于流动的性能。砂浆的流动性以砂浆的稠度表示,即以标准圆锥体在砂浆中沉入的深度来表示。沉入值越大,砂浆的稠度就越大,表明砂浆的流动性越大。拌和好的砂浆应具有适宜的流动性,以便能在砖、石、砌块上铺成密实、均匀的薄层,并很好地填充块材的缝隙。

(2)保水性:砂浆的保水性是指砂浆拌和物保存的水分不致因泌水而分层离析的性能。砂浆的保水性以分层度表示,其分层度值不得大于30 mm。保水性差的砂浆在运输、存放和使用过程中很容易产生泌水而使砂浆的流动性降低,造成铺砌困难;同时水分也易被块材所吸干而降低砂浆的强度和黏结力。为改善砂浆的保水性,可掺入石灰膏、黏土膏、粉煤灰等无机塑化剂,或微沫剂等有机塑化剂。

(3)强度等级:砂浆的强度等级用一组6块边长为70.7 mm的立方体试块,以标准养护、龄期为28 d的抗压强度为准。砂浆试块应在搅拌机出料口随机取样和制作,同盘砂浆只应制作一组试块。

(4)黏结力:砌筑砂浆必须具有足够的黏结力,才能将块材胶结成为整体结构。砂浆黏结力的大小将直接影响到砌体结构的抗剪强度、耐久性、稳定性和抗震能力等。砂浆的黏结力不仅与砂浆强度有关,还与砌筑底面或块材的潮湿程度、表面清洁程度及施工养护条件等因素有关。所以,施工中应采取提高黏结力的相应措施,以保证砌体的质量。

3. 砂浆的制备与使用

砌筑砂浆的种类、强度等级应符合设计要求。砂浆应通过试配确定配合比。当砌筑砂浆的组成材料有变更时,其配合比应重新确定。施工中如采用水泥砂浆代替水泥混合砂浆,则应按现行国家标准《砌体结构设计规范》(GB 50003—2011)的有关规定,考虑砌体强度降低的影响,重新确定砂浆强度等级,并以此重新设计配合比。

(1)水泥砂浆。常用的水泥砂浆强度等级分为M 15、M 10、M 7.5、M 5、M 2.5、M 1、M 0.4等七个级别。水泥强度等级不宜低于32.5 MPa。如用高强度等级的水泥配制低强度等级的砂浆,为改善和易性、减小水灰比、增加密实性及耐久性,可掺入一定量的粉煤灰作混合材料。砂子要求清洁,级配良好,含泥量小于3%。拌和可使用砂浆搅拌机,也可采用人工拌和。砂浆拌和量应配合砌石的速度和需要,一次拌和不能过多,拌和好的砂浆应在40 min内用完。

(2)石灰砂浆。石灰膏的淋制应在暖和、不结冰的条件下进行,淋好的石灰膏必须等表面浮水全部渗完,呈现不规则的裂缝后方可使用,最好是淋后2个星期再用,使石灰充分熟化。配制砂浆时按配合比(一般灰砂比为1∶3)取出石灰膏加水稀释成浆,再加入砂中拌和,直至颜色完全均匀一致为止。

(3)水泥石灰砂浆。水泥石灰砂浆是将水泥、石灰两种胶结材料配合与砂调制成的砂浆。拌和时先将水泥、砂子干拌均匀,然后将石灰膏稀释成浆,并倒入拌和均匀。采用这种砂浆比的水泥砂浆凝结慢，但自加水拌和到使用完不宜超过 2 h；同时由于它凝结速度较慢，故不宜用于冬季施工。

(4)小石混凝土。一般砌筑砂浆干缩率高，密实性差，在大体积砌体中，常用小石混凝土代替一般砂浆。小石混凝土分一级配和二级配两种。一级配采用 20 mm 以下的小石；二级配中粒径为 5～20 mm 的占 40%～50%，粒径为 20～40 mm 的占 50%～60%。小石混凝土坍落度以 7～9 cm 为宜，小石混凝土还可以节约水泥，提高砌体强度。

二、块材

1. 砖材

砖具有一定的强度、绝热性、隔声性和耐久性，在工程中被广泛应用。砌体工程所用砖的种类有烧结普通砖(黏土砖、页岩砖等)、蒸压灰砂砖、粉煤灰砖、烧结多孔砖和烧结空心砖等。砖的等级分为 M30、MU25、MU20、MU15、MU10、MU7.5 等六级。烧结普通砖、烧结空心砖的吸水率宜在 10%～15%；蒸压灰砂砖、粉煤灰砖吸水率宜在 5%～8%。吸水率越小，强度越高。

黏土砖的尺寸为 53 mm×115 mm×240 mm，若加上砌筑灰缝的厚度(一般为 10 mm)，则 4 块砖长、8 块砖宽、16 块砖厚都为 1 m。每 1 m^3 实心砖砌体需用砖 512 块。

砖的品种、强度等级必须符合设计要求，并应规格一致。用于清水墙、柱表面的砖，还应边角整齐、色泽均匀。无出厂证明的砖应做试验鉴定。

2. 石材

天然石材具有很高的抗压强度、良好的耐久性和耐磨性，常用于砌筑基础、桥涵、挡土墙、护坡、沟渠、隧洞衬砌及闸坝工程中。砌筑时，应选用强度大、耐风化、吸水率小、表观密度大、组织细密、无明显层次，且具有较好抗蚀性的石材。常用的石材有石灰岩、砂岩、花岗岩、片麻岩等。风化的山皮石、冻裂分化的块石禁止使用。

在工地上可通过看、听、称来判断石材质量。看，即观察打裂开的破碎面，颜色均匀一致、组织紧密、层次不分明的岩石为好；听，就是用手锤敲击石块，听其声音是否清脆，声音清脆响亮的岩石为好；称，就是通过称量计算出其表观密度和吸水率，看它是否符合要求，一般要求表观密度大于 2650 kg/m^3，吸水率小于 10%。

工程中常用的石材有以下几种。

(1)片石(块石)。片石是开采石材时的副产品，体积较小，形状不规则，用于砌体中的填缝或小型工程的护岸、护坡、护底工程，不得用于拱圈、拱座以及有磨损和冲刷的护面工程。

(2)块石。块石也称毛料石，外形大致方正，一般不加工或仅稍加修整即可使用，大小为 25～30 cm 见方，叠砌面凹入深度不应大于 25 mm，每块质量以不小于 30 kg 为宜，并具有两个大致平行的面，一般用于防护工程和涵闸砌体工程。

(3)粗料石。粗料石外形较方正，截面的宽度、高度不应小于 20 cm，且不应小于长度的 1/4，叠砌面凹入深度不应大于 20 mm，除背面外，其他 5 个平面应加工凿平，主要用于闸、桥、涵墩台和直墙的砌筑。

(4)细料石。细料石经过细加工，外形规则方正，宽度、高度大于 20 cm，且不小于其长度的 1/3，叠砌面凹入深度不大于 10 mm，多用于拱石外脸、闸墩圆头及墩墙等部位。

(5)卵石。卵石分河卵石和山卵石两种。河卵石比较坚硬，强度高。山卵石有的已风化、变质,使用前应进行检查。如颜色发黄,用手锤敲击声音不脆,表明该山卵石已风化、变质,不能使用。卵石常用于砌筑河渠护坡、挡土墙等。

3. 砌块

砌块的种类、规格很多,目前常用的砌块有普通混凝土小型空心砌块、轻骨料混凝土小型空心砌块、蒸压加气混凝土砌块、粉煤灰砌块等。混凝土空心砌块具有竖向方孔,可用作承重砌体。其他砌块则只能用于外承重砌体。

第二节 砌石工程

一、干砌石

干砌石是指不用任何胶凝材料把石块砌筑起来的砌体,包括干砌(片)石、干砌卵石。一般用于土坝(堤)迎水面护坡、渠系建筑物进口护坡及渠道衬砌、水闸上下游护坦、河道护岸等工程。

(一)砌筑前的准备工作

1. 备料

在砌石施工中为缩短场内运距,避免停工待料,砌筑前应尽量按照工程部位及需要数量分片备料,并提前将石块上的水锈、淤泥洗刷干净。

2. 基础清理

砌石前应将基础开挖至设计高程,淤泥、腐殖土以及混杂的建筑残渣应清除干净,必要时将坡面或底面夯实,然后才能进行铺砌。

3. 铺设反滤层

在干砌石砌筑前应铺设砂砾反滤层,其作用是:将块石垫平,不致使砌体表面凹凸不平,减小其对水流的摩阻力;减少水流或降水对砌体基础土壤的冲刷;防止地下渗水逸出时带走基础土粒,避免砌筑面下陷变形。

反滤层的各层厚度、铺设位置、材料级配和粒径以及含泥量均应满足规范要求,铺设时应与砌石施工配合,自下而上,随铺随砌,接头处各层之间的连接要层次清楚,防止层间错动或混淆。

(二)干砌石施工

1. 施工方法

常采用的干砌石的施工方法有两种,即花缝砌筑法和平缝砌筑法。

(1)花缝砌筑法。花缝砌筑法多用于干砌片(毛)石。砌筑时,依石块原有形状,使尖对拐、拐对尖,相互联系砌成。砌石不分层,一般多将大面向上(见图 2-1)。这种砌法的缺点是底部空虚,容易被水流淘刷变形,稳定性较差,且不能避免出现重缝、叠缝、翘口等问题,但此法具有表面比较平整的优点,常用于流速不大、不承受风浪淘刷的渠道护坡工程。

(2)平缝砌筑法。平缝砌筑法一般多适用于干砌石块的施工(见图 2-2)。砌筑时将石块宽面与坡面竖向垂直,与横向平行。砌筑前,安放一块石块前必须先进行试放,不合适处应用小锤修整，使石缝紧密，最好不塞或少塞石子。这种砌法横向设有通缝，但竖向直缝必须错开。如砌缝底部或块石拐角处有空隙，则应选适当的片石塞满填紧，以防止底部砂砾垫层由缝隙淘出，造成坍塌。

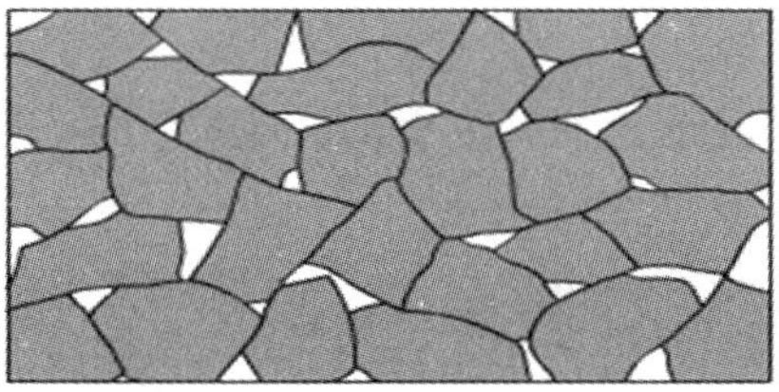

图 2-1　花缝砌筑法示意图

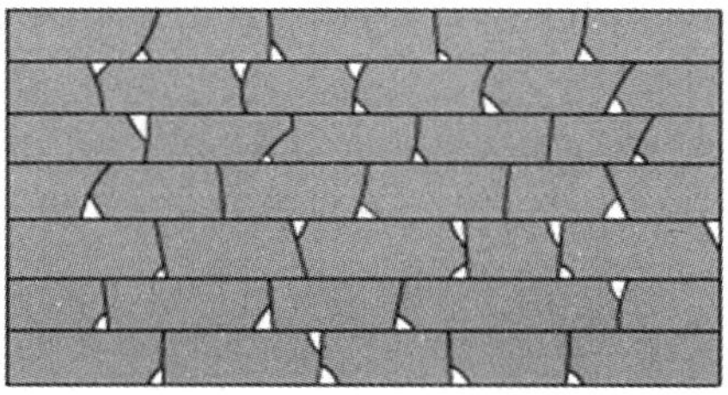

图 2-2　平缝砌筑法示意图

干砌块石是依靠块石之间的摩擦力来维持其整体稳定的。砌体发生局部移动或变形，将会导致整体破坏。边口部位是最易损坏的地方，所以，封边工作十分重要。护坡水下部分常采用大块石单层或双层干砌封边，然后将边外部分用黏土回填夯实，有时也可采用浆砌石埂进行封边。护坡水上部分的顶部则常采用比较大的方正块石砌成 40 cm 左右宽度的平台进行封边，平台后所留的空隙用黏土回填分层夯实（见图 2-3）。挡土墙、闸翼墙等重力式墙身顶部，一般用混凝土封闭。

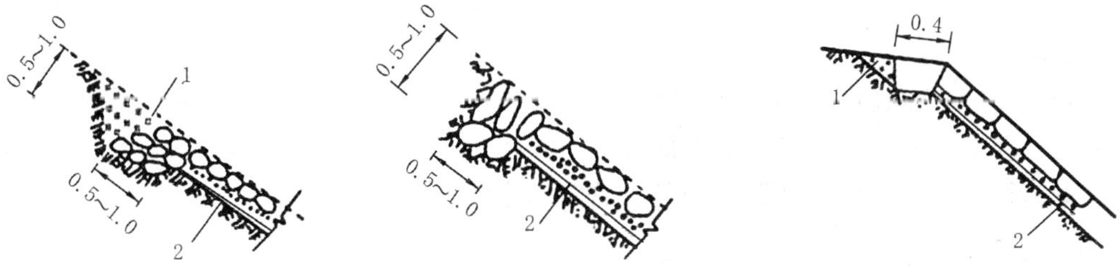

（a）坡面封边　　（b）坡顶封边

图 2-3　干砌块石封边（单位：m）

1—黏土夯实；2—垫层

2. 干砌石砌筑要点

干砌石施工中，经常由于砌筑技术不良，工作马虎，施工管理不善以及测量放样错漏等原因，造成缺陷，如图 2-4 所示，如缝口不紧、底部空虚、鼓肚凹腰、重逢、飞缝、飞口、翘口、悬石、浮塞叠砌、严重蜂窝以及轮廓尺寸走样等。

干砌石施工必须注意如下要点：

（1）干砌石工程在施工前，应进行基础清理。

（2）凡受水流冲刷和浪击作用的干砌石工程应采用竖立砌法砌筑，以期空隙为最小。

（3）重力式挡土墙施工，严禁光砌好里外砌石面，中间用乱石填充并留下空隙和蜂窝。

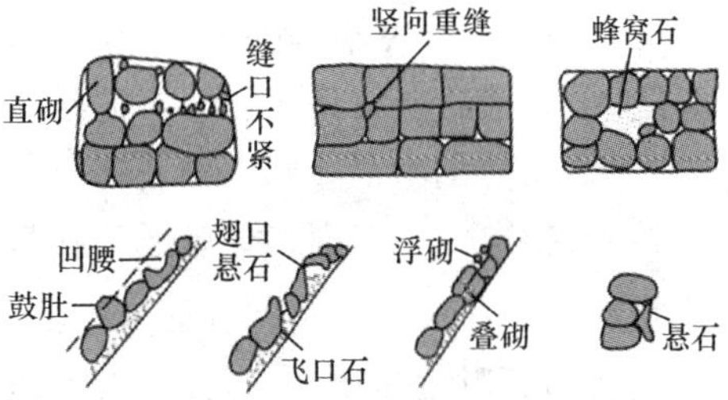

图 2-4　干砌石缺陷

（4）干砌块石的墙体露出面必须设丁石，丁石要均匀分布。如墙厚等于或小于 40 cm,则同一层丁石长度应等于墙厚;如墙厚大于 40 cm,则要求同一层内外的丁石相互交错搭接,搭接长度不小于 15 cm,其中一块的长度不小于墙厚的 2/3。

(5)如用料石砌墙,则两层顺砌后应有一层丁砌,同一层采用丁顺组砌时,丁石间距不宜大于 2 m。

(6)用砌石做基础,一般下宽上窄,呈阶梯状,底层应选择比较方整的大块石,上层阶梯至少压住下层阶梯块石宽度的 1/3。

(7)大体积的干砌块石挡土墙或其他建筑物,在砌体每层转角和分段部位,应先采用大而平整的块石砌筑。

(8)护坡干砌石应自坡脚开始自下而上进行。

(9)砌体缝口要砌紧,空隙应用小石填塞紧密,防止砌体在受到水流的冲刷或外力撞击时滑落沉陷,以保持砌体的坚固性。一般规定干砌石砌体空隙率应不超过 50%。

(10)干砌石护坡的每一块石顶面一般不应低于设计位置 5 cm,不高出设计位置 15 cm。

二、浆砌石

用胶结材料把单个的块石联结在一起,使石块依靠胶结材料的黏结力、摩擦力和块石本身重量结合成为新的整体,以保持建筑物的稳固,同时,胶结材料充填着石块间的空隙,堵塞了一切可能产生的漏水通道。浆砌石具有良好的整体性、密实性和较高的强度,使用寿命更长,还具有较好的防止渗水和抵抗水流冲刷的能力。

浆砌石施工的砌筑要领可概括为"平、稳、满、错"4 个字。平,同一层平面大致砌平,相邻石块的高差宜小于 3 cm;稳,单块石料的安砌务求自身稳定;满,灰缝饱满密实,严禁石块间直接接触;错,相邻石块应错缝砌筑,尤其不允许有顺水流方向的通缝。

(一)砌筑工艺

浆砌石工程砌筑的工艺流程如图 2-5 所示。

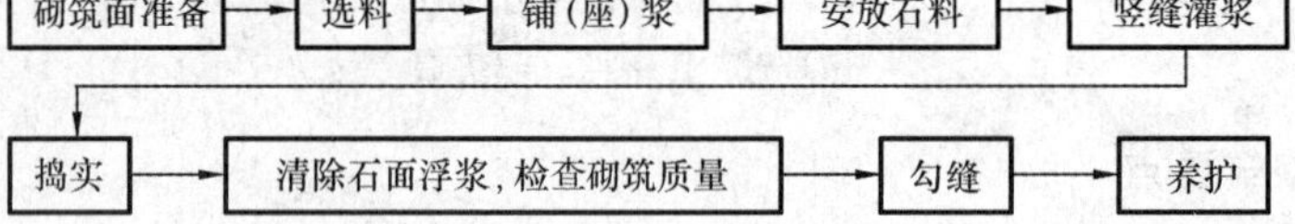

图 2-5　浆砌石工程砌筑的工艺流程

1. 砌筑面准备

对开挖成形的岩基面,在砌石开始之前应将表面已松散的岩块剔除,具有光滑表面的岩石须人工凿毛,并清除所有岩屑、碎片、泥沙等杂物。土壤地基按设计要求处理。

对于水平施工缝,一般要求在新一层块石砌筑前凿去已凝固的浮浆,并进行清扫、冲洗,使新旧砌体紧密结合。对于临时施工缝,在恢复砌筑时,必须进行凿毛、冲洗处理。

2. 选料

砌筑所用石料应是质地均匀、没有裂缝、没有明显风化迹象、不含杂质的坚硬石料。严寒地区使用的石料还要求具有一定的抗冻性。

3. 铺(坐)浆

对于块石砌块，由于砌筑面参差不齐，必须逐块坐浆、逐块安砌，在操作时还须认真调整，务使坐浆密实，以免形成空洞。坐浆一般只宜比砌石超前 0.5～1 m，坐浆应与砌筑相配合。

4. 安放石料

把洗净的湿润石料安放在坐浆面上，用铁锤轻击石面，使坐浆开始溢出为度。石料之间的垂直砌缝宽度应严格控制。采用水泥砂浆砌筑时，块石的水平灰缝厚度一般为 2～4 cm，料石的水平灰缝厚度为 0.5～2 cm；采用小石混凝土砌筑时，其水平灰缝厚度一般为所用骨料最大粒径的 2～2.5 倍。

安放石料时应注意不能产生细石架空现象。

5. 竖缝灌浆

安放石料后，应及时进行竖缝灌浆。一般灌浆到与石面齐平，水泥砂浆用捣插棒捣实，小石混凝土用插入式振捣器振捣，振实后缝面下沉，待上层摊铺坐浆时一并填满。

6. 振捣

水泥砂浆常用捣插棒人工捣插，小石混凝土一般采用插入式振动器振捣。应注意对角缝的振捣，防止重振或漏振。每一层铺砌完 24～36 h 后，即可冲洗，准备上一层的铺砌。

(二)浆砌石施工

1. 基础砌筑

基础施工应在地基验收合格后方可进行。基础砌筑前，应先检查基槽(或基坑)的尺寸和标高，清除杂物，接着放出基础轴线及边线。

砌第一层石块时，基底应坐浆。对于岩石基础，坐浆前还应洒水湿润。第一层使用的石块尽量挑大一些的，这样受力较好，且便于错缝。第一层石块都必须大面向下放稳，脚踩不动即可。不要用小石块来支垫，要使石面平放在基底上，使地基受力均匀，基础稳固。选择比较方正的石块，砌在各转角上，称为角石，角石两边应与准线相合。角石砌好后，再砌里、外面的石块，称为面石。最后砌填中间部分，称为腹石。砌填腹石时应根据石块自然形状交错位置，尽量使石块间缝隙最小，再将砂浆填入缝隙中，最后根据各缝隙形状和大小选择合适的小石块放入，用小锤轻击，使石块全部挤入缝隙中。禁止采用先放小石块后灌浆的方法。

接砌第二层以上石块时，每砌一块石块，应先铺好砂浆。砂浆不必铺满，铺到边，尤其在角石及面石处，砂浆应离外边约 4.5 cm，并铺得稍厚一些。当石块往上砌时，恰好压到要求厚度，并刚好铺满整个灰缝。灰缝厚度宜为 20～30 mm，砂浆应饱满。阶梯形基础上的石块应至少压砌下级阶梯的 1/2，相邻阶梯的块石应相互错缝搭接。基础的最上一层石块，宜选用较大的块石砌筑。基础的第一层及转角处和交接处，应选用较大的块石砌筑。块石基础的转角处及交接处应同时砌起。如不能同时砌筑又必须留搓时，应砌成斜搓。

块石基础每天可砌高度不应超过 4.2 m。在砌基础时还必须注意，不能在砌好的砌体上抛掷块石，这会使已黏在一起的砂浆与块石受振动而分开，影响砌体强度。

2. 挡土墙

砌筑块石挡土墙时，块石的中部厚度不宜小于 20 cm，每 3～4 皮为一个分层高度，每个分层高度应找平一次；外露面的灰缝厚度不得大于 4 cm，两个分层高度间的错缝不得小于 8 cm

(见图 2-6)。

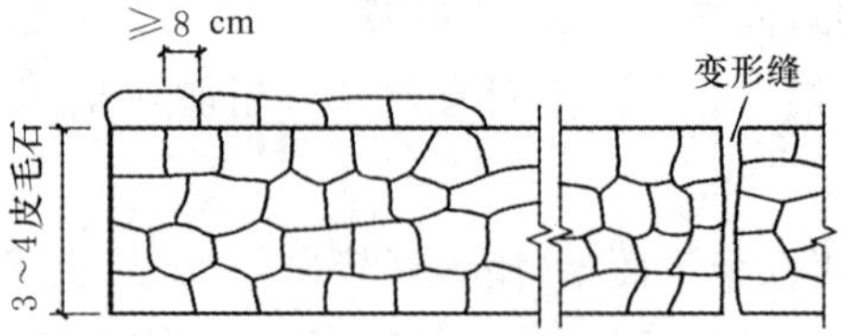

图 2-6　块石挡土墙立面

料石挡土墙宜采用同皮内丁顺相间的砌筑形式。当中间部分用块石填筑时,丁砌料石伸入块石部分的长度应小于 20 cm。

3. 桥、涵拱圈

浆砌拱圈一般用于小跨度的单孔桥拱、涵拱施工中,施工要点及步骤如下。

(1)选择拱圈石料。拱圈的石料一般为经过加工的料石,石块厚度不应小于 15 cm。石块的宽度为其厚度的 1.5～2.5 倍,长度为厚度的 2～4 倍,拱圈所用的石料应凿成楔形(上宽下窄),如不用楔形石块,则应用砌缝宽度的变化来调整拱度,但砌缝厚薄相差最大不应超过 1 cm,每一石块面应与拱压力线垂直。因此拱圈砌体的方向应对准拱的中心。

(2)拱圈的砌缝。浆砌拱圈的砌缝应力求均匀,相邻两行拱石的平缝应相互错开,其相错的距离不得小于 10 cm。砌缝的厚度取决定于所选用的石料:选用细石料时,其砌缝厚度不应大于 1 cm;选用粗石料时,砌缝厚度不应大于 2 cm。

(3)拱圈的砌筑程序与方法。拱圈砌筑之前,必须先做拱座。为了使拱座与拱圈结合好,需用起拱石。起拱石与拱圈相接的面应与拱的压力线垂直。当跨度在 10 m 以下时,拱圈的砌筑一般应沿拱的长和高方向,同时由两边起拱石对称地向拱顶砌筑;当跨度在 10 m 以上时,则拱圈砌筑应采用分段法进行。分段法是把拱圈分为数段,每段长可根据全拱长来决定,一般每段长 3～6 m。各段依一定砌筑顺序进行(见图 2-7),以达到使拱架承重均匀和拱架变形最小的目的。拱圈各段的砌筑顺序:先砌拱脚,再砌拱顶,然后砌 1/4 处,最后砌其余各段。

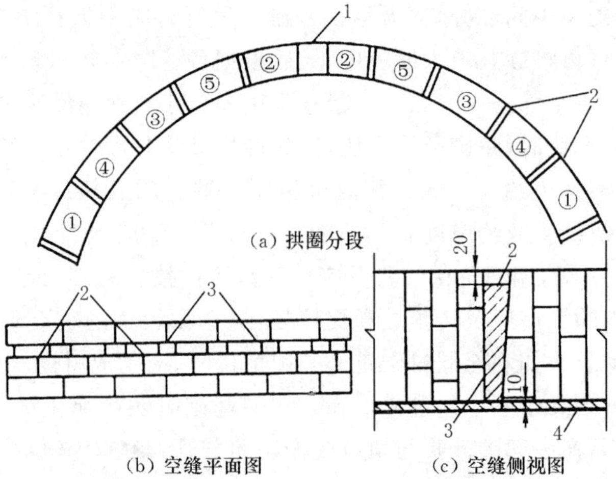

图 2-7　拱圈分段及空缝结构图(单位:mm)

1—拱顶石;2—空缝;3—垫块;4—拱模板;①,②,③,④,⑤—砌筑程序

砌筑时，各段一定要对称于拱圈跨中央。各段之间应预留一定的空缝，防止在砌筑中拱架变形面产生裂缝，待全部拱圈砌筑完毕后，再将预留空缝填实。

（三）勾缝和分缝

1. 墙面勾缝

石砌体表面进行勾缝的目的，主要是加强砌体整体性，同时还可增加砌体的抗渗能力，另外也美化外观。

勾缝按其形式可分为凹缝、平缝、凸缝等（见图 2-8）。凹缝又可分为半圆凹缝、平凹缝；凸缝可分为平凸缝、半圆凸缝、三角凸缝等。勾缝的程序是在砌体砂浆未凝固以前，先沿砌缝将灰缝剔深 20～30 mm，形成缝槽，待砌体砂浆凝固以后再进行勾缝。勾缝前，应将缝槽冲洗干净，自上而下，不整齐处应修整。勾缝的砂浆宜用水泥砂浆，砂用细砂。砂浆稠度要掌握好：若过稠，则勾出缝来表面粗糙不光滑；若过稀，则容易坍落走样。最好不使用火山灰质水泥，因为这种水泥干缩性大，勾缝容易开裂。砂浆强度等级应符合设计规定，一般应高于原砌体的砂浆强度等级。

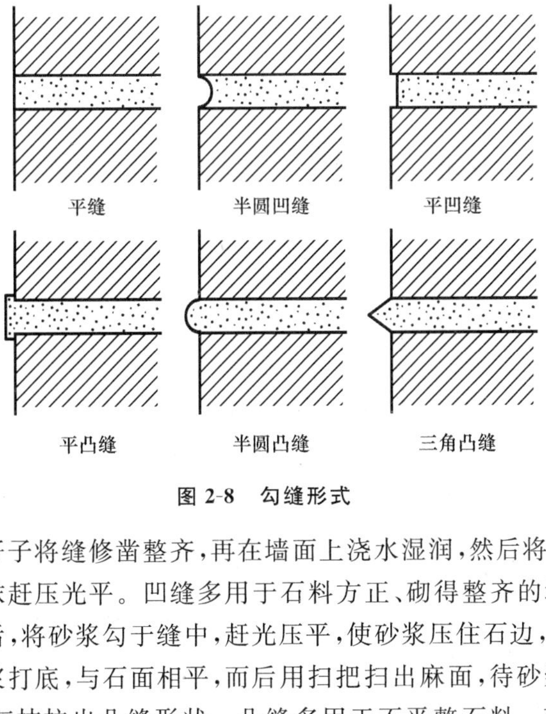

图 2-8 勾缝形式

勾凹缝时，先用铁钎子将缝修凿整齐，再在墙面上浇水湿润，然后将浆勾入缝内，再用板条或绳子压成凹缝，用灰抹赶压光平。凹缝多用于石料方正、砌得整齐的墙面。勾平缝时，先在墙面洒水，使缝槽湿润后，将砂浆勾于缝中，赶光压平，使砂浆压住石边，即成平缝。勾凸缝时，先浇水润湿缝槽，用砂浆打底，与石面相平，而后用扫把扫出麻面，待砂浆初凝后抹第二层，其厚度约为 1 cm，然后用灰抹拉出凸缝形状。凸缝多用于不平整石料。砌缝不平时，把凸缝移动一点，可使表面美观。

砌体的隐蔽回填部分，可不专门做勾缝处理，但有时为了加强防渗，应事前在砌筑过程中，用原浆将砌缝填实抹平。

2. 伸缩缝

浆砌体常因地基不均匀沉降或砌体热胀冷缩而产生裂缝。为避免砌体发生裂缝，一般在设计时均要在建筑物某些接头处设置伸缩缝（沉降缝）。施工时，可按照设计规定的厚度、尺寸及不同材料做成缝板。缝板有油毛毡、沥青杉板等，其厚度为设计缝宽，一般均砌在缝中。如采用前者，则需先立梯架，将伸缩缝一边砌筑平整，然后贴上油毛毡，再砌另一边；如采用沥青杉板做缝板，最好是架好缝板，两面同时等高砌筑，不需再立样架。

（四）砌体养护

为使水泥进行充分水化反应，提高胶结材料的早期强度，防止胶结材料开裂，应在砌体胶结材料终凝（一般砌完 6～8 h）后及时洒水养护 14～21 d，最低限度不得少于 7 d。养护方法是，配专人洒水，经常保持砌体湿润，也可在砌体上加盖湿草袋，以减少水分的蒸发。夏季的洒水养护还可起降温的作用。由于日照长、气温高、蒸发快，一般在砌体表面要覆盖草袋、草帘等，白天洒水 7～10 次，夜间蒸发少且有露水，只需洒水 2～3 次即可满足养护需要。

冬季当气温降至 0 ℃以下时，要增加覆盖草袋、麻袋的厚度，加强保温效果。冰冻期间不得洒水养护。砌体在养护期内应保持正温。砌筑面的积水、积雪应及时清除，防止结冰。冬季水泥初凝时间较长，砌体一般不宜采用洒水养护。

养护期间不能在砌体上堆放材料、修凿石料、碰动块石，否则会引起胶结面的松动脱离。砌体后隐蔽工程的回填，在常温下一般要在砌后 28 d 方可进行，小型砌体可在砌后 10～12 d 进行回填。

第三节　砌砖工程

砖砌体结构由于其成本低廉、施工简单，并能适用于各种形状和尺寸的建筑物、构筑物，故在土木工程中，目前仍被广泛采用。

一、砌筑前的准备工作

（一）材料准备

（1）砖的品种、强度等级必须符合设计要求，并应规格一致；用于清水墙、柱表面的砖，还应边角整齐、色泽均匀。

（2）常温下砌筑时，砖应提前 1～2 d 浇水湿润，以免砖过多吸走砂浆中的水分而影响其黏结力，并可除去砖表面的粉尘。但若浇水过多而在砖表面形成一层水膜，则会产生跑浆现象，使砌体走样或滑动，流淌的砂浆还会污染墙面。烧结普通砖、多孔砖含水率宜为 10%～15%（含水率以水分质量占干砖质量的百分数计），灰砂砖、粉煤灰砖含水率宜为 8%～12%。现场以将砖砍断后，其断面四周吸水深度达到 15～20 mm 为宜。

（3）施工时施砌的蒸压灰砂砖、粉煤灰砖的产品龄期不应小于 28 d。

（二）技术准备

（1）找平：砌筑基础前应对垫层表面进行找平，表面如有局部不平，高差超过 30 mm 处应用 C15 以上的细石混凝土找平，不得仅用砂浆或在砂浆掺细碎砖或碎石填平。砌筑各层墙体前，也应在基础顶面或楼面上定出各层标高并找平，使各层砖墙底部标高符合设计要求。

（2）放线：砌筑前应将砌筑部位清理干净并放线。砖基础施工前，应在建筑物的主要轴线部位设置标志板（龙门板），标志板上应标明基础和墙身的轴线位置及标高；对外形或构造简单的建筑物，也可用控制轴线的引桩代替标志板。然后，根据标志板或引桩在垫层表面上放出基础轴线及底宽线。砖墙施工前，也应放出墙身轴线、边线及门窗洞口等位置线。

砌筑基础前，应校核放线尺寸，允许偏差符合表 2-1 所示的规定。

表 2-1　放线尺寸的允许偏差

长度 L、宽度 B /m	允许偏差/mm	长度 L、宽度 B /m	允许偏差/mm
L(或 B) $\leqslant 30$	±5	$60 < L$(或 B) $\leqslant 90$	±15
$30 < L$(或 B) $\leqslant 60$	±10	L(或 B) > 90	±20

(3)制作皮数杆：为了控制墙体的标高，应事先用方木或角钢制作皮数杆，并根据设计要求、砖规格和灰缝厚度，在皮数杆上标明砌筑皮数及竖向构造的变化部位。在基础皮数杆上，竖向构造包括底层室内地面、防潮层、大放脚、洞口、管道、沟槽和预埋件等。墙身皮数杆上，竖向构造包括楼面、门窗洞口、过梁、圈梁、楼板、梁及梁垫等。

二、砖砌体施工工艺

砖砌体施工的一般工艺过程为：摆砖→立皮数杆→盘角和挂线→砌筑→楼层标高控制等。

1. 摆砖(撂底)

摆砖是在放线的基面上按选定的组砌形式用干砖试摆，并在砖与砖之间留出竖向灰缝宽度。摆砖的目的是使纵、横墙能准确地按照放线的位置咬槎搭砌，并尽量使门窗洞口、附墙垛等处符合砖的模数，以尽可能减少砍砖，同时使砌体的灰缝均匀，宽度符合要求。

2. 立皮数杆

砌基础时，应在垫层转角处、交接处及高低处立好基础皮数杆；砌墙体时，应在砖墙的转角处及交接处立起皮数杆(见图 2-9)。皮数杆间距不应超过 15 m。立皮数杆时，应使杆上所示标高线与找平所确定的设计标高相吻合。

3. 盘角和挂线

砌体角部是保证砌体横平竖直的主要根据，所以砌筑时应根据皮数杆在转角及交接处先砌几皮砖，并确保其垂直、平整，此工作称为盘角。每次盘角不应超过 5 皮砖，然后再在其间拉准线，依准线逐皮砌筑中间部分(见图 2-9)。砌筑一砖半厚及其以上的砌体要双面挂线。

4. 砌筑

砌筑砖砌体时首先应确定组砌方法。砖基础一般采用一顺一丁的组砌方法，实心砖墙根据不同情况可采用一顺一丁法、三顺一丁法、梅花丁法、条砌法、顶砌法、两平一侧法等组砌方法(见图 2-10)砌筑。各种组砌方法中，上、下皮砖的垂直灰缝相互错开且错缝长度均不应小于 1/4 砖长(60 mm)。多孔砖砌筑时，其孔洞应垂直于受压面。方形多孔砖一般采用全顺砌法，错缝长度为 1/2 砖长；矩形多孔砖宜采用一顺一丁或梅花丁的组砌方法，错缝长度为 1/4 砖长。此外，240 mm 厚承重墙的每层墙的最上一皮砖和砖砌体的阶台水平面上及挑

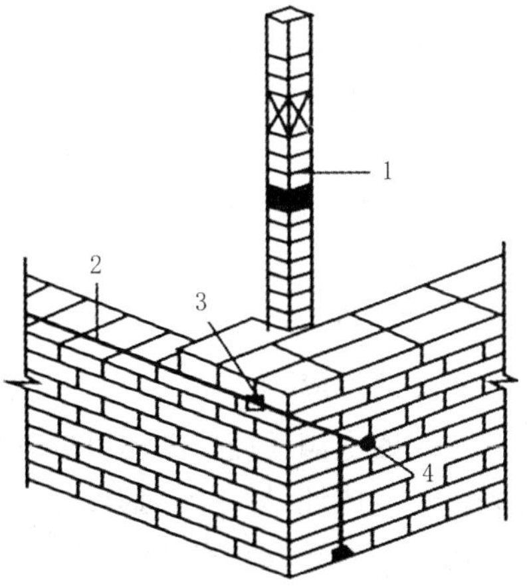

图 2-9　皮数杆

1—皮数杆；2—准线；3—竹片；4—圆铁钉

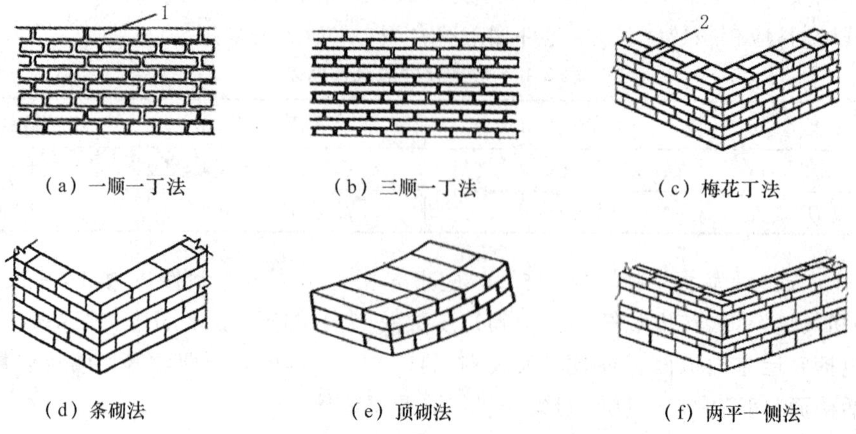

图 2-10　砖的组砌方法

1—丁砌砖块;2—顺砌砖块

出层均应整砖丁砌。

砌筑操作方法可采用“三一”砌筑法或铺浆法。“三一”砌筑法即一铲灰、一块砖、一挤揉，并随手将挤出的砂浆刮去的操作方法。这种砌筑方法易使灰缝饱满、黏结力好、墙面整洁，故宜采用此法砌砖，尤其是对于抗震设防的工程。当采用铺浆法砌筑时，铺浆长度不得超过 750 mm;当气温超过 30 ℃时，铺浆长度不得超过 500 mm。砖墙每天砌筑高度以不超过 1.8 m为宜，以保证墙体的稳定性。

5. 楼层标高控制

楼层的标高除用皮数杆控制外，还可在室内弹出水平线来控制，即在每层墙体砌筑到一定高度后，用水准仪在室内各墙角测出标高控制点，一般比室内地面或楼面高 200～500 mm，然后根据该控制点弹出水平线，用于控制各层过梁、圈梁及楼板的标高。

三、砖砌体工程的质量要求和保证措施

砖砌体工程的质量要求可概括为十六个字:横平竖直、砂浆饱满、组砌得当、接槎可靠。

1. 横平竖直

横平即要求每一皮砖的水平灰缝平直，且每块砖必须摆平。为此，首先应对基础或楼面进行找平，砌筑时应严格按照皮数杆层层挂水平准线并将线拉紧，每一皮砖依准线砌平。

竖直即要求砌体表面轮廓垂直平整，且竖向灰缝垂直对齐。因而，在砌筑过程中要随时用线锤和托线板进行检查，做到“三皮一吊、五皮一靠”，以保证砌筑质量。

2. 砂浆饱满

砂浆的饱满程度对砌体质量影响较大。砂浆不饱满，一方面会使砖块间不能紧密黏结，影响砌体的整体性，另一方面会使砖块不能均匀传力。水平灰缝不饱满会使砖块处于局部受弯、受剪的状态而导致断裂;竖向灰缝不饱满会明显影响砌体的抗剪强度。所以，为保证砌体的强度和整体性，要求水平灰缝的砂浆饱满度不得小于 80%，竖向灰缝不得出现透明缝、瞎缝和假缝。此外，还应保证砖砌体的灰缝厚薄均匀。水平灰缝厚度和竖向灰缝厚度宜为10 mm，但不应小于 8 mm，也不应大于 12 mm。

3. 组砌得当

为保证砌体的强度和稳定性，对不同部位的砌体，应选择正确的组砌方法。其基本原则是上、下错缝，内外搭砌，砖柱不得采用包心砌法。同时，清水墙、窗间墙无竖向通缝，混水墙中长度大于或等于 300 mm 的通缝每间不超过 3 处，且不得位于同一面墙体上。

4. 接槎可靠

接槎是指相邻砌体不能同时砌筑而设置临时间断时，后砌砌体与先砌砌体之间的接合形式。

砖砌体的转角处和交接处应同时砌筑，严禁无可靠措施的内外墙分砌施工。在不能同时砌筑而又必须留置的临时间断处，应砌成斜槎，斜槎水平投影长度不应小于高度的 2/3（见图 2-11）。

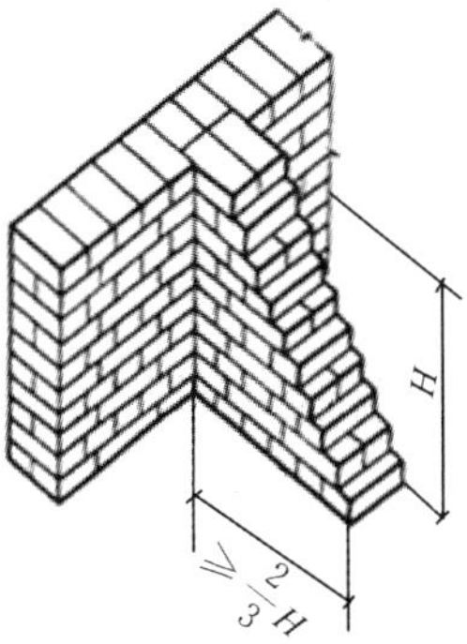

图 2-11 砖砌体斜槎

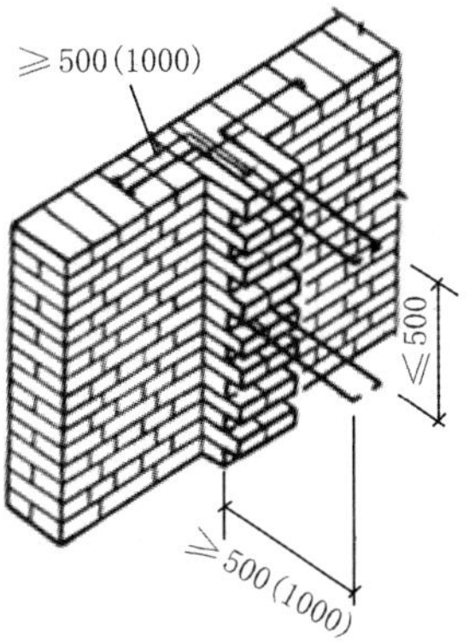

图 2-12 砖砌体直槎

非抗震设防及抗震设防烈度为 6 度、7 度地区的临时间断处，当不当留斜槎时，除转角处外，可留直槎，但直槎必须做成凸槎（见图 2-12）。留直槎处应加设拉结钢筋，拉结钢筋的数量为每 120 mm 墙厚放置 1ϕ6 拉结钢筋（120 mm 厚墙放置 2ϕ6 拉结钢筋），间距沿墙高不应超过 500 mm；埋入长度从留槎处算起每边均不应小于 500 mm，对抗震设防烈度为 6 度、7 度的地区，不应小于 1000 mm，末端应有 90°弯钩。

为保证砌体的整体性，在临时间断处衬砌时，必须将留设的接槎处表面清理干净，浇水湿润，并填实砂浆，保持灰缝平直。

第四节 其他砌块砌体工程

一、混凝土小型空心砌块砌体工程

普通混凝土和轻骨料混凝土小型空心砌块（以下简称小砌块）因为强度高，体积和重量不大（主规格为 390 mm×190 mm×190 mm），施工操作方便，并能节约砂浆和提高砌筑效率，所以常用作多层混合结构房屋承重墙体的材料。

（一）砌筑前的准备工作

小砌块砌筑前，其找平、放线、制作皮数杆的技术准备工作与砖砌体砌筑的相同，材料的准备工作如下。

(1)小砌块使用前应检查其生产龄期，施工时所用的小砌块的产品龄期不应小于 28 d，以保证其具有足够的强度，并使其在砌筑前能完成大部分收缩，有效地控制墙体的收缩裂缝。

(2)应清除小砌块表面的污物，用于砌筑芯柱的小砌块孔洞底部的毛边也应去掉，以免影响芯柱混凝土的灌筑，还应剔除外观质量不合格的小砌块。

(3)承重墙体严禁使用断裂的小砌块，应严格检查，一旦发现有断裂，就予以剔除。

(4)底层室内地面以下或防潮层以下的砌体，应提前采用强度等级不低于 C20 的混凝土灌实小砌块的孔洞。

(5)为控制小砌块砌筑时的含水率，普通混凝土小砌块一般不宜浇水，在天气干燥炎热的情况下，可提前洒水湿润；对轻骨料混凝土小砌块，可提前浇水湿润。小砌块表面有浮水时不得施工，严禁雨天施工。为此，小砌块堆放时应做好防雨和排水处理。

(6)施工时所用的砂浆宜选用专用的小砌块砌筑砂浆，以提高小砌块与砂浆间的黏结力，且保证砂浆具有良好的施工性能，以满足砌筑要求。

(二)施工要点

小砌块砌体的施工工艺与砖砌体的施工工艺基本相同，即摆砖→立皮数杆→盘角和挂线→砌筑→楼层标高控制。施工中还应特别注意砌筑要点，以确保砌筑质量，进而保证小砌块墙体具有足够的抗剪强度和良好的整体性、抗渗性。

(1)由于混凝土小砌块的墙厚等于砌块的宽度(190 mm)，故其砌筑形式只有全部顺砌一种。墙体的孔、错缝应搭砌，搭接长度不应小于 90 mm。当墙体的个别部位不能满足上述要求时，应在水平灰缝中设置拉结钢筋(2ϕ6)或钢筋网片(2ϕ4)，但竖向通缝仍不得超过 2 皮小砌块。

(2)砌筑时小砌块应底面朝上反砌于墙上。因小砌块孔洞底部有一定宽度的毛边，反砌可便于铺筑砂浆和保证水平灰缝砂浆的饱满度。

(3)砌体的灰缝应横平竖直，水平灰缝厚度和竖向灰缝宽度宜为 10 mm，但不应大于 12 mm，也不应小于 8 mm。水平灰缝的砂浆饱满度应按净面积计算，不得低于 90%；竖向灰缝的饱满度不得低于 80%，竖向凹槽部位应采用加浆的方法用砂浆填实，严禁用水冲浆灌缝。墙体不得出现瞎缝、透明缝。

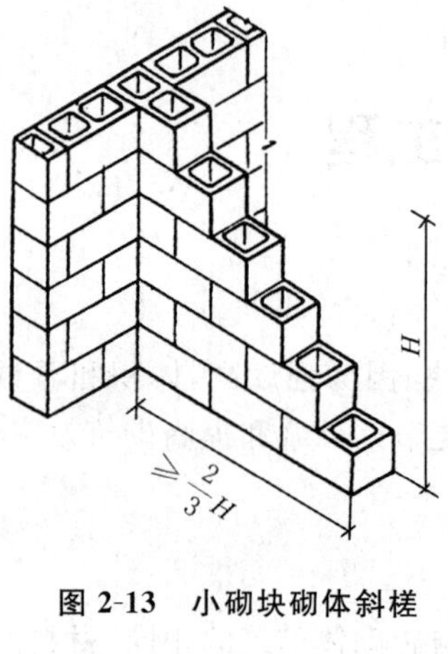

图 2-13　小砌块砌体斜槎

(4)当需要移动砌体中的小砌块或小砌块被撞动时，应重新铺砌。

(5)墙体的转角处和纵横墙交接处应同时砌筑。临时间断处应砌成斜槎，斜槎的水平投影长度不应小于高度的 2/3(见图 2-13)。如留斜槎有困难，对抗震设防地区，除外墙转角处外，临时间断处可留直槎，但应从墙面伸出 200 mm砌成凸槎，并应沿墙高每隔 600 mm(3 皮砌块)设置拉结钢筋或钢筋网片，埋入长度从留槎处算起，每边均不应小于 600 mm，钢筋外露部分不得任意弯曲(见图 2-14)。

(6)在砌块墙与后砌隔墙交接处，应沿墙高每隔 400 mm在水平灰缝内设置不少于 2ϕ4、横筋间距不大于

200 mm的焊接钢筋网片，钢筋网片伸入后砌隔墙内的长度不应小于 600 mm(见图 2-15)。

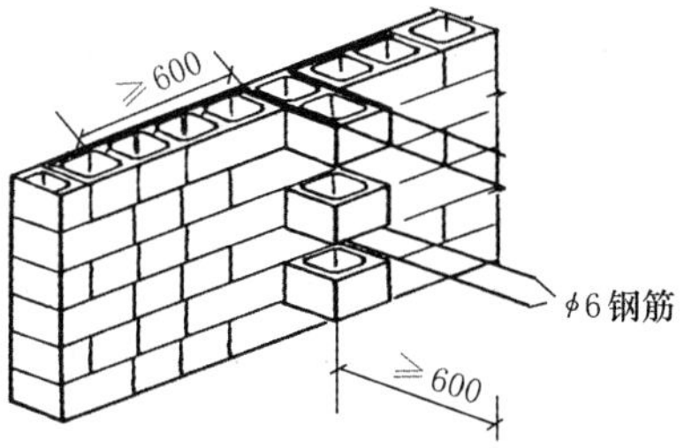

图 2-14　小砌块砌体直槎

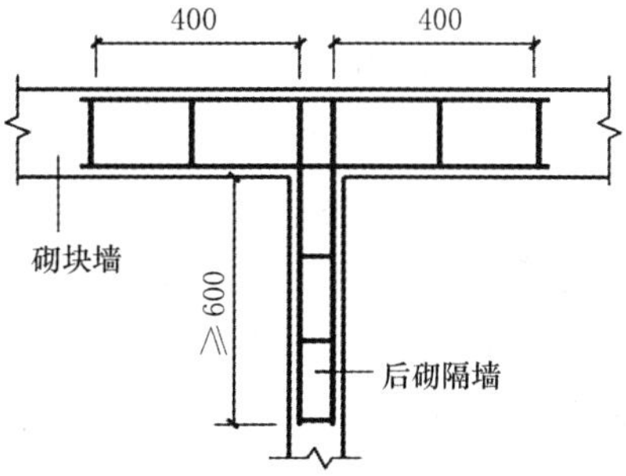

图 2-15　砌块墙与后砌隔墙交接处设置的钢筋网片

(7)设计规定的洞口、管道、沟槽和预埋件，应在砌筑墙体时预留和预埋，不得随意打凿已砌好的墙体。小砌块砌体内不宜设置脚手眼，如需要设置，则可用辅助规格的单孔小砌块(190 mm×190 mm×190 mm)侧砌，利用其孔洞作为脚手眼，墙体完工后用强度等级不低于 C15 的混凝土填实。

(8)在常温条件下，普通混凝土小砌块墙的日砌筑高度应控制在 1.8 m 内；轻骨料混凝土小砌块墙的日砌筑高度应控制在 2.4 m 内，以保证墙体的稳定性。

二、填充墙砌体工程

钢筋混凝土结构和钢结构房屋中围护墙和隔墙，在主体结构施工后，常采用轻质材料填充砌筑，称为填充墙砌体。填充墙砌体采用的轻质块材通常有蒸压加气混凝土砌块、粉煤灰砌块、轻骨料混凝土小砌块和烧结空心砖等。

(一)砌筑前的准备工作

填充墙砌体砌筑前，其找平、放线、制作皮数杆的技术准备工程也与砖砌体工程的相同，其他准备工作如下：

(1)在各类砌块和空心砖的运输、装卸过程中，严禁抛掷和倾倒。进场后应按品种、规格分别堆放整齐，堆置高度不宜超过 2 m。对蒸压加气混凝土砌块和粉煤灰砌块尚应防止雨淋。

(2)各类砌块使用前应检查其生产龄期，施工时所用砌块的产品龄期应超过 28 d。

(3)用空心砖砌筑时，砖应提前 1～2 d 浇水湿润，砖的含水率宜为 10%～15%；用轻骨料混凝土小砌块砌筑时，可提前浇水湿润；用蒸压加气混凝土砌块、粉煤灰砌块砌筑时，应向砌筑面适量浇水。

(4)采用轻质砌块或空心砖砌筑墙体时，墙底部应先砌筑烧结普通砖、多孔砖或普通混凝土小砌块的坎台，或现浇混凝土坎台，坎台高度不宜小于 200 mm。

(二)填充墙砌体的施工要点

填充墙砌体施工的一般工艺过程为：筑坎台→排块摆砖→立皮数杆→挂线砌筑→7 d 塞缝、收尾。填充墙砌体虽为非承重墙体，但为了保证墙体有足够的整体稳定性和良好的使用功能，施工中应注意以下砌筑要点。

(1)由于蒸压加气混凝土砌块和粉煤灰砌块的规格尺寸都较大(前者规格为 600 mm×

200 mm、600 mm×250 mm、600 mm×300 mm 三种，后者为 880 mm×380 mm、800 mm×430 mm两种)，为了保证纵、横墙和门窗洞口位置的准确性，砌块砌筑前应根据建筑物的平面、立面图绘制砌块排列图。

(2)在采用砌块砌筑时，各类砌块均不应与其他块材混砌，以便有效地控制因砌块不均匀收缩而产生的墙体裂缝，但对于门窗洞口等局部位置，可酌情采用其他块材衬砌。空心砖墙的转角、端部和门窗洞口处，应用烧结普通砖砌筑，烧结普通砖的砌筑长度不小于 240 mm。

(3)填充墙砌筑时应错缝搭砌，蒸压加气混凝土砌块和粉煤灰砌块的搭砌长度不应小于砌块长度的 1/3；轻骨料混凝土小砌块的搭砌长度不应小于 90 mm；空心砖的搭砌长度为 1/2 砖长。竖向通缝均不应大于 2 皮块体。

(4)填充墙砌体的灰缝厚度和宽度应正确。蒸压加气混凝土砌块、粉煤灰砌块砌体的水平灰缝厚度及竖向灰缝宽度分别宜为 15 mm 和 20 mm；轻骨料混凝土小砌块、空心砖砌体的水平灰缝厚度应为 8～12 mm。砌块砌体的水平及竖向灰缝的砂浆饱满度均不得低于 80%；空心砖砌体的水平灰缝的砂浆饱满度不得低于 80%，竖向灰缝不得有透明缝、瞎缝、假缝。

(5)填充墙砌体留置的拉结钢筋或网片的位置应与块体皮数相符合。拉结钢筋或网片应置于灰缝中，其埋置长度应符合设计要求，竖向位置偏差不应超过 1 皮块体高度，以保证填充墙砌体与相邻的承重结构(墙或柱)有可靠的连接。

(6)填充墙砌至接近梁、板底时，应留一定空隙，待填充墙砌筑完并至少间隔 7 d 后，再将其衬砌挤紧。通常可采用斜砌烧结普通砖的方法来挤紧，以保证砌体与梁、板底的紧密结合。

第五节　特殊条件下的施工及安全技术

一、特殊条件下的施工

1. 夏季施工

夏季天气炎热，进行砌砖时，砖块与砂浆中的水分急剧蒸发，容易造成砂浆脱水，使水泥的水化反应不能正常进行，严重影响砂浆强度的正常增长。因此，砌筑用砖要充分浇水湿润，严禁干砖上墙。气温高于 30 ℃时，一般不宜砌筑。最简易的温控办法是避开高温时段砌筑，另外也可采用搭设凉棚、洒水喷雾等办法。对已完砌体应加强养护，昼夜保持外露面湿润。

2. 雨天施工

石料堆场应有排水设备。无防雨设施的砌石面在小雨中施工时，应适当减小水灰比，并及时排除积水，做好表面保护工作，在施工过程中如遇暴雨或大雨，应立即停止施工，覆盖表面。雨后及时排除积水，清除表面软弱层。雨季往往在一个月中有较多的下雨天气，大雨会严重冲刷灰浆，影响砌浆质量，所以施工遇大雨必须停工。雨期施工砌体淋雨后吸水过多，在砌体表面形成水膜，用这样的砖上墙，会产生坠灰和砖块滑移现象，不易保证墙面的平整，甚至会造成质量事故。

抗冲耐磨或需要抹面等部位的砌体，不得在雨天施工。

3. 冬季施工

当最低气温在 0 ℃以下时，应停止石料砌筑。当最低气温在 0～5 ℃且必须进行砌筑时，要注意表面保护，胶结材料的强度等级应适当提高并保持胶结材料温度不低于 5 ℃。

冬季砌筑的主要问题是砂浆容易遭到冻结。砂浆中所含水受冻结冰后，一方面影响水泥的硬化（水泥的水化作用不能正常进行），另一方面砂浆冻结会使其体积膨胀 8%左右。体积膨胀会破坏砂浆的内部结构，使其松散而降低黏结力。所以冬季砌砖要严格控制砂浆用水量，采取延缓和避免砂浆中水受冻结的措施，以保证砂浆的正常硬化，使砌体达到设计强度。砌体工程冬季施工可采用掺盐砂浆法，也可用冻结法或其他施工方法。

二、施工安全技术

砌筑操作之前须检查周围环境是否符合安全要求，道路是否畅通，机具是否良好，安全设施及防护用品是否齐全，经检查确认符合要求后，方可施工。

在施工现场或楼层上的坑、洞口等处，应设置防护盖板或护身拦网；在沟槽、洞口等处，夜间应设红灯示警。

施工操作时要思想集中，不准嬉笑打闹，不准上下投掷物体，不得乘吊车上下。

1. 砌筑安全

砌基础时，应检查和经常注意基坑土质变化情况，有无崩裂现象，发现槽边土壁裂缝、化冻、浸水或变形并有坍塌危险时，应及时加固，对槽边有可能坠落的危险物，要进行清理后再操作。

槽宽小于 1 m 时，在砌筑站人的一侧应留 40 cm 操作宽度；深基槽砌筑时，上下基槽必须设置阶梯或坡道，不得踏踩砌体或从加固土壁的支撑面上下。

墙身砌体高度超过地坪 1.2 m 以上时，应搭设脚手架。在一层以上或高度超过 4 m 时，若采用里脚手架则必须支搭安全网，若采用外脚手架则应设护身栏杆和挡脚板后方可砌筑。如利用原架子做外檐抹灰或勾缝，则应对架子重新检查和加固。脚手架上堆料量不得超过规定荷载。

在架子上不准向外打砖，打砖时应面向墙面一侧；护身栏杆上不得坐人，不得在砌砖的墙顶上行走。不准站在墙顶上刮缝、清扫墙面和检查大角是否垂直，也不准掏井砌砖（即脚手板高度不得超过砌体高度）。

挂线用的垂砖必须用小线绑牢固，防止坠落伤人。

砌出檐砖时，应先砌丁砖，锁住后面再砌第二支出檐砖。上下架子要走扶梯或马道，不要攀登架子。

2. 堆料安全

距基槽边 1 m 范围内禁止堆料，架子上堆料密度不得超过 370 kg/m^2；堆砖不得超过 3 码，顶面朝外堆放。在楼层上施工时，先在每个房间预制板下支好保安支柱，方可堆料及施工。

3. 运输安全

垂直运输中使用的吊笼、绳索、刹车及滚杠等，必须满足荷载要求，牢固可靠，在吊运时不得超载，发现问题及时检修。

用塔吊吊砖要用吊笼，吊砂浆的料斗不宜装得过满，吊件转动范围内不得有人停留。吊件吊到架子上下落时，施工人员应暂时闪到一边。吊运中禁止料斗碰撞架子或下落时压住架子。运送人员及材料、设备的施工电梯，为了安全运行，防止意外，均须设置限速制动装置。超过限速即自动切断电源而平稳制动，并宜专线供电，以防万一。

运输中跨越沟槽，应铺宽度在 1.5 m 以上的马道。运输中，平道上两车相距不应小于 2 m，坡道上两车相距不应小于 10 m，以免发生碰撞。

装砖（砖垛上取砖）时要先高后低，防止倒垛伤人。道路上的零星材料、杂物，应经常加以清理，使运输道路畅通。

复习思考题

2-1 什么叫砌体工程？砖石砌筑工程具有哪些优缺点？

2-2 砖石砌筑时应遵守哪些基本原则？

2-3 砌体工程中常使用哪几种砌筑砂浆？

2-4 简单叙述砌筑砂浆的技术要求。

2-5 工程中常用的石料有哪几种？

2-6 干砌石施工中会出现哪些质量问题？

2-7 浆砌石砌筑有哪些工艺流程？

2-8 砖砌体施工有哪些工艺过程？

2-9 砖砌体施工中有哪几种组砌方法？

2-10 砖砌体施工有哪些质量要求？

2-11 砌体工程如何在雨天组织施工？

2-12 砌体工程如何在冬季组织施工？

第三章　模板工程

模板是混凝土结构和构件按设计的位置、形状、尺寸浇筑成形的模型板。模板系统包括模板和支架两部分。模板工程是指对模板及其支架的设计、安装、拆除等技术工作的总称，是混凝土结构工程的重要内容之一。

模板在现浇混凝土结构施工中使用量大而面广，每 1 m^3 混凝土工程模板用量高达 4～5 m^2，其工程费用占现浇混凝土结构造价的 30%～35%，其劳动用工量占工程总劳动用工量的 40%～50%。因此，正确选择模板的材料、类型和合理组织施工，对于保证工程质量、提高劳动生产率、加快施工速度、降低工程成本和实现文明施工，都具有十分重要的意义。

第一节　模板工程概述

一、模板的技术要求

现浇混凝土结构施工时，对模板有以下要求：

(1)模板及其支架应根据工程结构形式、荷载大小、地基土类别、施工设备和材料供应等条件进行设计。模板及其支架应具有足够的承载能力、刚度和稳定性，能可靠地承受浇筑混凝土的重量、侧压力以及施工荷载。

(2)模板应保证工程结构和构件各部分形状尺寸及相互位置的正确。

(3)模板应构造简单，装拆方便，并便于钢筋的绑扎与安装，符合混凝土的浇筑及养护等的工艺要求。

(4)模板的接缝不应漏浆；在浇筑混凝土之前，木模板应浇水湿润，但模板内不应有积水。

(5)模板与混凝土的接触面应清理干净并涂刷隔离剂，但不得采用影响结构性能或妨碍装饰工程施工的隔离剂；在涂刷模板隔离剂时，不得沾污钢筋和混凝土接焊处。

(6)清水混凝土工程及装饰混凝土工程，应使用能达到设计效果的模板。

二、模板的类型

(1)模板按使用的材料，分为木模板、钢模板、胶合模板、钢木(竹)组合模板、塑料模板、玻璃钢模板、铝合金模板、压型钢板模板、装饰混凝土模板、预应力混凝土薄板模板等。

(2)模板按施工方法，分为装拆式模板、活动式模板、永久性模板等。装拆式模板由预制配件组成，现场组装，拆模后稍加清理和修理可再周转使用，常用的有木模板和组合钢模板以及大型的工具式定型模板，如大模板、台模、隧道模等。活动式模板是指按结构的形状制成，组装后随工程的进展而进行垂直或水平移动，直至工程结束才拆除的工具式模板，如滑升模板、提升模板、移动式模板等。永久性模板则永久地附着于结构构件上，并与其成为一体，如压型钢板模板、预应力混凝土薄板模板等。

(3)模板按结构类型，分为基础模板、柱模板、梁模板、楼板模板、墙模板、楼梯模板、壳模板、烟囱模板、桥梁墩台模板等。

(4)模板按其形式,分为以下几种。

①整体式模板:大多用于整体支模的框架类的建筑物。

②定型模板:用定型尺寸制作的模板(包括钢制大模板),可以重复使用。

③滑升模板:多用于筒仓和烟囱一类的特殊结构,有时也用于框架和剪力墙结构。

④工具式模板:一般用于较长的筒壳结构和隧道结构。

⑤台模:常用于框架和剪力墙结构中,是浇筑混凝土楼板的一种大型工具式模板。

现浇混凝土结构中采用高强、耐用、定型化、工具化的新型模板,有利于多次周转使用、安装方便,是提高工程质量、降低成本、加快进度、取得良好经济效益的重要施工措施。

第二节 模板的构造

一、组合钢模板

组合钢模板是按预定的几种规格、尺寸设计和制作的模板,它具有通用性,且拼装灵活,能满足大多数构件几何尺寸的要求。使用时仅需根据构件的尺寸选用相应规格尺寸的定型模板加以组合即可。组合钢模板由一定模数的钢模板、连接件和支承件组成。

1. 钢模板

钢模板的主要类型有平面模板、阴角模板、阳角模板和连接角模等,其常用规格如表 3-1 所示。

表 3-1 常用组合钢模板规格 (单位:mm)

规格	平面模板	阴角模板	阳角模板	连接角模
宽度	300、250、 200、150、100	150×150 50×50	150×150 50×50	50×50
长度	1500、1200、900、750、600、450			
肋高	55			

平面模板由面板和肋条组成,如图 3-1 所示,采用 Q235 钢板制成。面板厚 2.3 mm 或 2.5 mm,边框及肋采用 55 mm×2.8 mm 的扁钢,边框开有连接孔。平面模板可用于基础、柱、梁、板和墙等各种结构的平面部位。

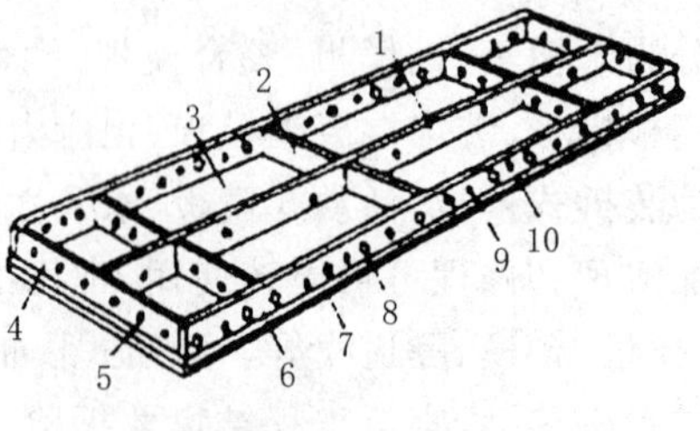

图 3-1 平面模板结构示意图

1—中纵肋;2—中横肋;3—面板;4—横肋;5—插销机;

6—纵肋;7—凸棱;8—凸鼓;9—U 形长孔;10—钉子孔

转角模板的长度与平面模板的相同(见图 3-2)。其中,阴角模板用在墙体和各种构件的内角(凹角)的转角部位;阳角模板用在柱、梁及墙体等的外角(凸角)转角部位;连接角模亦用在梁、柱和墙体等的外角(凸角)转角部位。

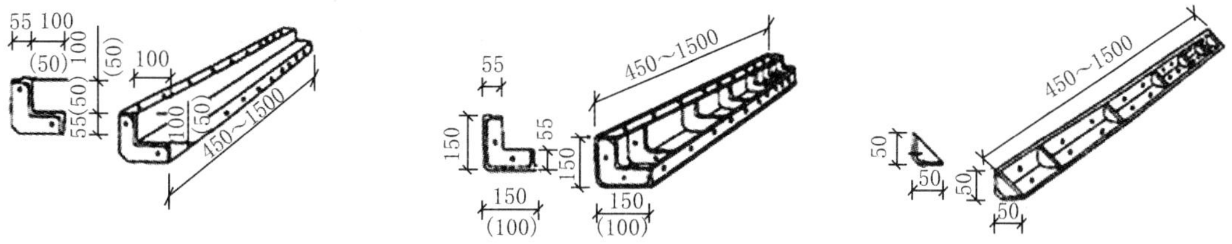

(a) 阴角模板　　(b) 阳角模板　　(c) 连接角模

图 3-2　转角模板

2. 连接件

组合钢模板的连接件主要有 U 形卡、L 形插销、钩头螺栓、对拉螺栓、紧固螺栓和扣件等(见图 3-3)。相邻模板的拼接均采用 U 形卡。U 形卡安装距离一般不大于 300 mm;L 形插销插入钢模板端部横肋的插销孔内,以增强两相邻模板接头处的刚度和保证接头处板面平整;钩头螺栓用于钢模板与内外钢楞的连接与紧固;对拉螺栓用于连接墙壁两侧模板;紧固螺栓用于紧固内外钢楞;扣件用于钢模板与钢楞或钢楞之间的紧固,并与其他配件一起将钢模板拼装成整体。扣件应与相应的钢楞配套使用,按钢楞的不同形状分为 з 形扣件(见图 3-4)和蝶形扣件(见图 3-5)。

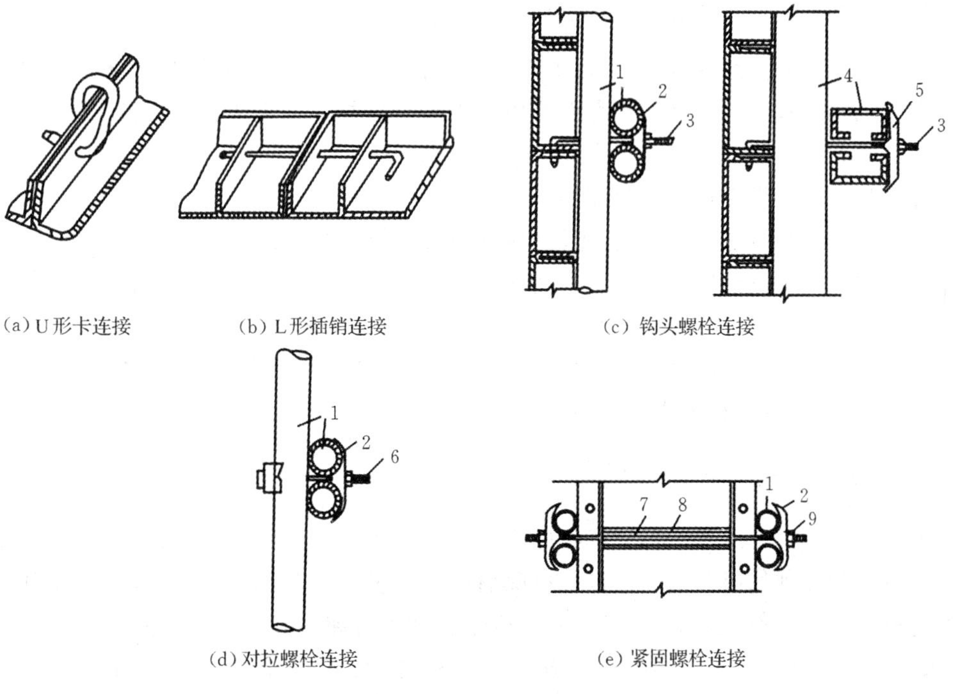

(a) U 形卡连接　　(b) L 形插销连接　　(c) 钩头螺栓连接

(d) 对拉螺栓连接　　(e) 紧固螺栓连接

图 3-3　模板连接件

1—圆钢管钢楞;2—з 形扣件;3—钩头螺栓;4—内卷边槽钢钢楞;
5—蝶形扣件;6—紧固螺栓;7—对拉螺栓;8—塑料套管;9—螺母

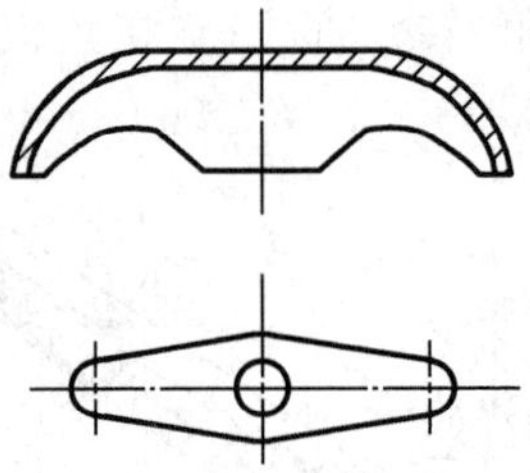

图 3-4　3形扣件

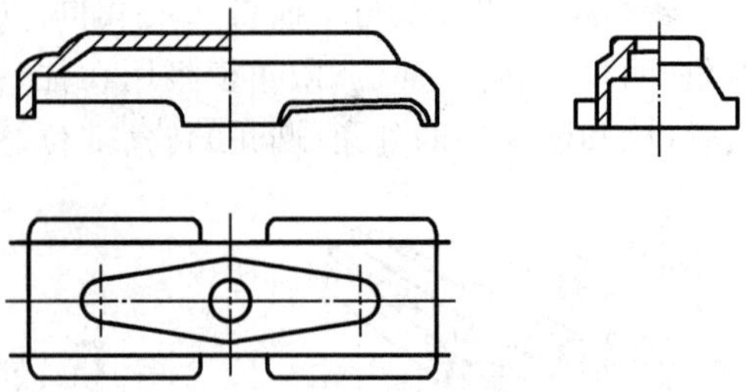

图 3-5　蝶形扣件

3. 支承件

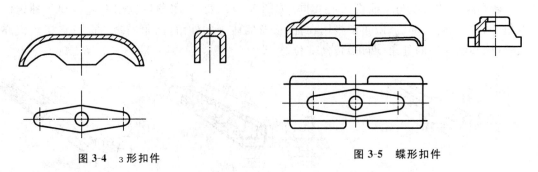

组合钢模板的支承配件包括钢楞、支柱、斜撑、柱箍、平面组合式桥架等。

二、钢框定型模板

钢框定型模板包括钢框木胶合板模板和钢框竹胶合板模板。这两类模板是继组合钢模板后出现的新型模板，它们的构造相同(见图 3-6)。但钢框木胶合板模板成本较高，推广受到限制；而钢框竹胶合板模板是利用成本低、资源丰富的竹材制成的多层胶合板模板，技术性能优良，有利于模板的更新换代和推广应用。

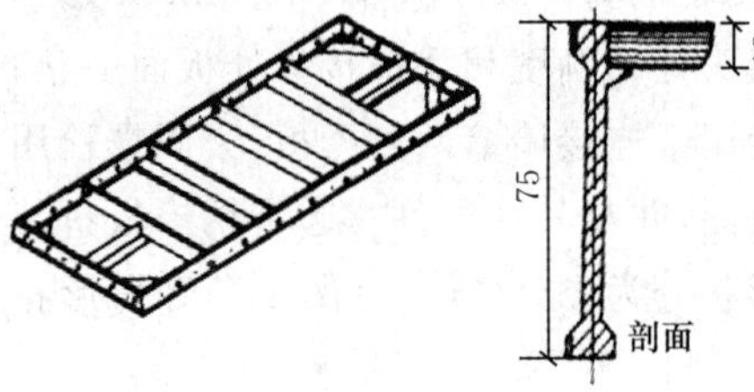

图 3-6　钢框竹(木)胶合板模板

在钢框竹胶合板模板中，用于面板的竹胶合板主要有 3～5 层竹片胶合板、多层竹帘胶合板等不同类型。模板钢框主要由型钢制作，边框上设有连接孔。面板镶嵌在钢框内，并用螺栓或铆钉与钢框固定，当面板损坏时，可将面板翻面使用或更换新面板。面板表面应做防水处理，制作时板面要与边框齐平。钢框竹胶合板有 55 系列(即钢框高 55 mm)和 63、70、75 等系列，其中 55 系列的边框和孔距与组合钢模板相互匹配，可以混合使用。

钢框定型模板具有如下特点：自重轻(比钢模板约轻 1/3)；用钢量少(比钢模板约少 1/2)；单块模板面积比同重量钢模板增大 4%，故拼装工作量小、拼缝少；板面材料的热传导率仅为钢模板的 1/400 左右，故保温性好，有利于冬期施工；模板维修方便；但其刚度、强度较钢模板的差。目前，钢框定型模板已广泛应用于建筑工程中现浇混凝土基础，柱、墙、梁、板及筒体等结构，以及桥梁和市政工程等中，施工效果良好。

三、木模板与胶合板模板

木模板目前在土木工程中仍被广泛应用。这类模板一般为散装散拆式模板，也有加工成基本元件(拼板)在现场拼装的。木模板拆除后可周转使用，但周转次数较少。拼板用一些板条钉拼而成，板条厚度一般为 25～50 mm，板条宽度不宜超过 200 mm，以保证干缩时缝隙均匀，浇水后易于密缝。但用于梁底模板条时宽度不受限制，以减少漏浆。拼装的小肋的间距取决于新浇混凝土的压力和板条的厚度，多为 400～500 mm。

胶合板模板由胶合板和木楞组成，是将胶合板钉在木楞上。胶合板厚度一般为 12～21 mm，板块面积较大；木楞一般采用 50mm×100mm 或 100mm×100mm 的方木，间距为

200～300 mm。胶合板按制作材质又可分为木胶合板和竹胶合板，竹胶合板的强度、刚度和周转次数均优先于木胶合板的。胶合板模板用作混凝土模板时具有以下优点：①板幅大、自重轻、板面平整，既可减少安装工作量，又可使模板的运输、堆放、使用和管理更加方便，也使混凝土表面平整，用作清水混凝土模板最为理想；②锯截方便，易加工成各种形状的模板，可用作曲面模板；③保温性能好，能防止温度变化过快，冬期施工有助于混凝土的保温。

四、大模板

大模板一般由面板、加劲肋、竖楞、支撑桥架、稳定机构和操作平台、穿墙螺栓等组成，是一种用于现浇钢筋混凝土墙体的大型工具式模板（见图 3-7）。

面板是直接与混凝土接触的部分，可采用胶合板、木板、钢板等制成。加劲肋的作用是固定面板，并把混凝土产生的侧压力传给竖楞。加劲肋可做成水平肋或垂直肋，与金属板以点焊固定，与胶合板、木板用螺栓固定。竖楞的作用是加强模板的整体刚度，承受模板传来的混凝土侧压力。竖楞通常用 65 或 80 槽钢成对放置制成，两槽钢间留有空隙，以通过穿墙螺栓，竖楞间距一般为 1000～2000 mm。支撑桥架用螺栓或焊接与竖楞连接，其作用是承受风荷载等水平力，防止大规模倾覆，桥架上部可搭设操作平台。稳定机构为大模板两端桥架底部伸出的支腿上设置的可调整螺旋千斤顶。在模板使用阶段，用于调整模板的垂直度，并把作用力传递到地面或楼面上；在模板堆放时，用来调整模板的倾斜度，以保证模板稳定。操作平台是施工人员操作的场所，有两种做法：一是将脚手架直接铺在桥架的水平弦杆上，外侧设栏杆，其特点是，工作面小、投资少、拆装方便；二是在两道横墙之间的大模板的边框上用角钢连接成为搁栅，再铺满脚手架，其特点是，施工安全，但耗钢量大。

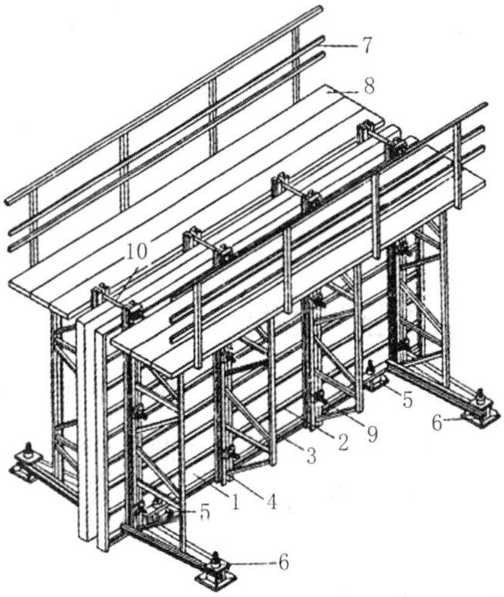

图 3-7　大模板构造示意

1—面板；2—水平加劲肋；3—支撑桥架；4—竖楞；5—调整水平度螺旋千斤顶；6—固定卡具；7—栏杆；8—脚手架；9—穿墙螺栓；10—固定卡具

五、滑升模板

滑升模板是一种工具式模板，常用于浇筑高耸构筑物和建筑物的竖向结构，如烟囱、筒仓、高桥墩、电视塔、竖井、沉井、双曲线冷却塔和高层建筑等。

滑升模板施工的特点是：在构筑物或建筑物的底部，沿结构的周边组装高 1.2 m 左右的滑升模板，随着向模板内不断地分层浇筑混凝土，用液压提升设备使模板不断沿着埋在混凝土中的支撑杆向上滑升，直到需要浇筑的高度为止。用滑升模板施工，可以大大节约模板和支撑材料，减少支拆模用工，加快施工速度和保证结构的整体性；但其模板一次性投资多、耗钢量大，对立面造型和结构断面变化有一定的限制；施工时宜连续作业，施工组织要求较严。

滑升模板主要由模板系统、操作平台系统、液压提升系统三部分组成（见图 3-8）。模板系统包括模板、围圈、提升架；操作平台系统包括操作平台（平台桥架和铺板）和吊脚手架；液压提升系统包括支承杆、液压千斤顶、液压控制台、油路系统。

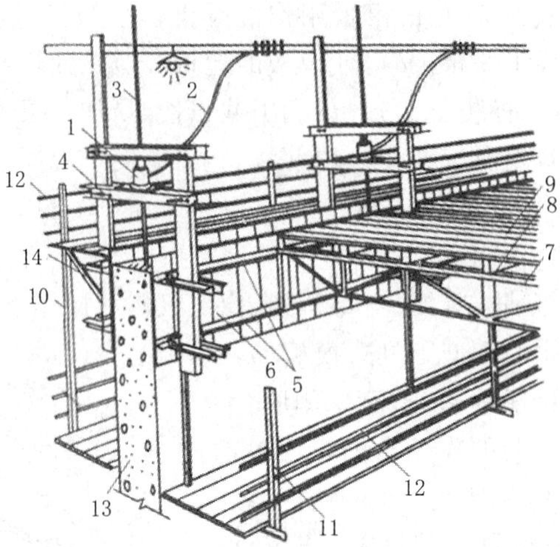

图 3-8　滑升模板构造示意

六、爬升模板

爬升模板是在下层墙体混凝土上浇筑完毕后，利用提升装置将模板自行提升到上一个楼层，然后浇筑上一层墙体的垂直移动式模板。它由模板、提升架和提升装置三部分组成，图 3-9 所示的是利用电动葫芦作为提升装置的外墙面爬升模板示意图。

爬升模板采用整体式大平模，模板由面板及肋组成，不需要支撑系统；提升设备可采用电动螺杆提升机、液压千斤顶或导链。爬升模板将大模板工艺和滑升模板工艺相结合，既保持了大模板施工墙面平整的优点，又保持了滑升模板用自身设备向上提升的优点，即墙体模板能自行爬升而不依赖塔吊。爬升模板适用于高层建筑墙体、电梯井壁、管道间混凝土墙体的施工。

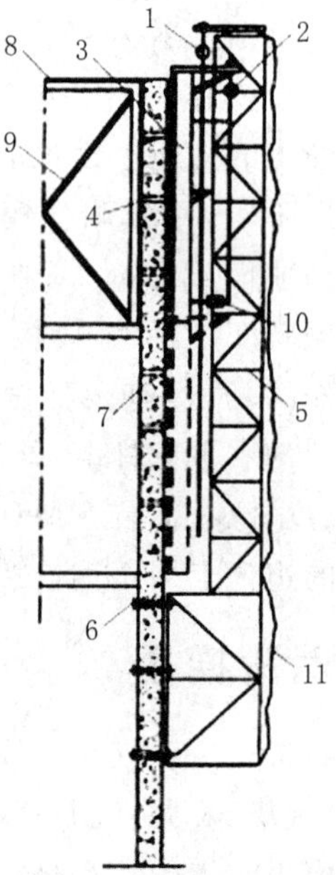

图 3-9　爬升模板结构示意图

1—提升外模板的葫芦；2—提升外爬架的葫芦；3—外爬升模板；4—预留爬架孔；5—外爬架；6—螺栓；7—外墙；8—楼板模板；9—楼板模板支撑；10—模板校正器；11—安全网

七、台模

台模是浇筑钢筋混凝土楼板的一种大型工具式模板。在施工中可以整体脱模和转运，利用起重机从浇筑它的楼板下吊出，转移至上一楼层，中途不再落地，所以也称飞模。

台模按支承形式分为支腿式和无支腿式。无支腿式台模悬挂于墙上或柱顶。支腿式台模由面板、檩条、支撑框架等组成（见图 3-10）。面板是直接接触混凝土的部件,可采用胶合板、钢板、塑料板等制成,其表面平整光滑,具有较高的强度和刚度。支撑框架的支腿可伸缩或折叠、底部一般带有轮子,以便移动。单座台模面板的面积从 2～6 m^2 到 60 m^2 以上。台模自身整体性好,浇出的混凝土表面平整,施工速度快,适用于各种现浇混凝土结构的小开间,小进深楼板。

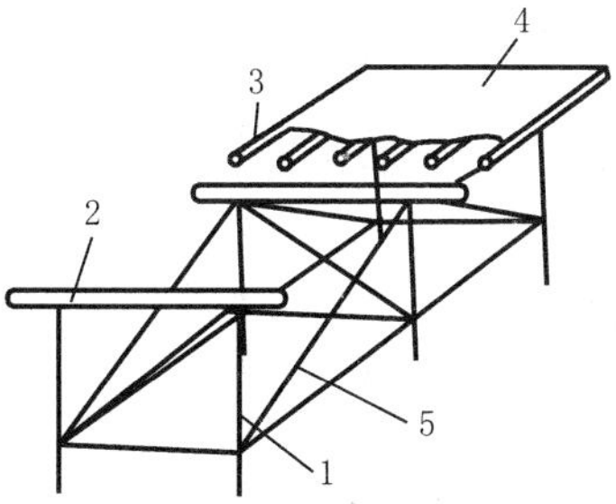

图 3-10 台模结构示意

1—支腿;2—可伸缩式横梁;3—檩条;4—面板;5—斜撑

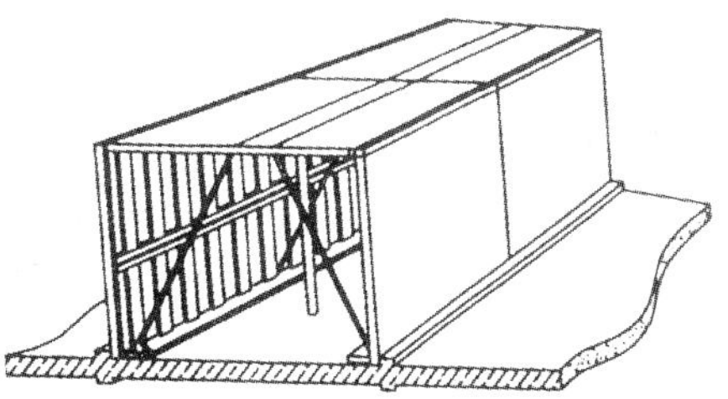

图 3-11 隧道横结构示意图

八、隧道模

隧道模是将楼板和墙体一次支模的一种工具式模板,相当于将台模和大模板组合起来,用于墙体和楼板的同步施工。隧道模有整体式和双拼式两种。整体式隧道模自重大,移动困难,现应用较少;双拼式隧道模在内浇外挂和内浇外砌的高、多层建筑中应用较多。

双拼式隧道模由两个半隧道模和一道独立模板组成,独立模板的支撑一般也是独立的(见图 3-11)。在两个半隧道模之间加一道独立模板的作用有两个:一是其宽度可以变化,使隧道模适应于不同的开间;二是在不拆除独立模板及支撑的情况下,两个半隧道模可提早拆除,加快周转。半隧道模的竖向墙模板和水平楼板模板间用斜撑连接,在模板的长度方向,沿墙模板底部设行走轮和千斤顶。模板就位后千斤顶将模板顶起,行走轮离开地面,施工荷载全部由千斤顶承担;脱模时松动千斤顶,在自重作用下半隧道模下降脱模,行走轮落到楼板上,可移出楼面,吊升至上一楼层继续施工。

九、早拆模板体系

早拆模板体系是为实现早期拆除楼板模板而采用的一种支模装置和方法,其工艺原理实质上就是"拆板不拆柱"。早拆支撑利用柱头、立柱和可调支座组成竖向支撑系统,支撑于上下层楼板之间。拆模时使原设计的楼板处于短跨(立柱间距小于 2 m)的受力状态,即保持楼板模板跨度不超过相关规定的拆模的跨度要求。这样,当混凝土强度达到设计强度的 5%(常温下 3～4 d)时即可拆除楼板模板及部分支撑,而柱间、立柱及可调节支座仍保持支撑状态。当混凝土强度增大到足以在全跨条件下承受自重和施工荷载时,再拆除全部竖向支撑(见图 3-12)。这类施工技术的模板与支撑用量少、投资少、工期短、综合效益显著,所以目前正在大力发展并逐步完善这一施工技术。

在早拆模板支撑体系中,关键的部件是早拆柱头(见图 3-13)。柱头顶板尺寸为 50～150 mm。早拆柱头可直接与混凝土接触。两侧梁托附着在方形管上。方形管可以上下移动 115 mm;方形管在上方时,可通过支撑板锁住梁托,用锤敲击支撑板,则梁托随方形管下落。

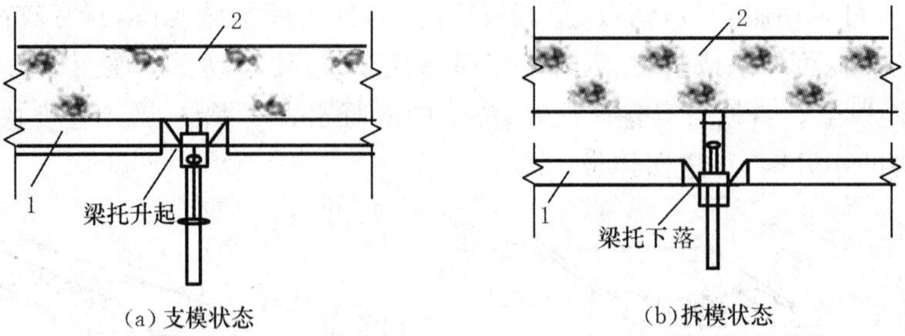

图 3-12 早期拆模方法

1—模板支撑梁；2—现浇楼板

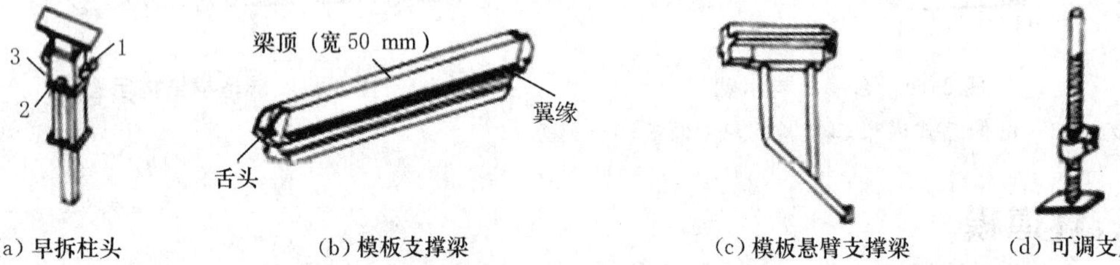

图 3-13 早拆模板支撑体系部件

1—支撑板；2—方形管；3—梁托

可调支座插入立柱的下端，与地面(楼面)接触，用于调节立柱的高度，可调范围为 0～50 mm。

第三节 模板系统设计

模板系统的设计，包括：选型，选材，荷载计算，结构计算，拟定制作、安装和拆除方案及绘制模板图等。模板及其支架的设计应根据工程结构形式、荷载大小、地基土类别、施工设备和材料等条件进行。

一、钢模板配板的设计原则

钢模板的配板设计除应满足前述模板的各项技术要求以外，还应遵守以下原则。

(1)配制模板时，应优先选用通用、大块模板，使其种类和块数最小，木模板镶拼量最小。为了减少钢模板的钻孔损耗，设置拉螺栓的模板可在螺栓部位改用 55 mm×100 mm 的刨光方木代替，或使钻孔的模板能多次周转使用。

(2)模板长度方向的拼接宜采用错开布置，以增加模板的整体刚度。

(3)内钢楞应垂直于模板的长度方向布置，以直接承受模板传来的荷载；外钢楞应与内钢楞互相垂直，承受内钢楞传来的荷载并加强模板结构的整体刚度和调整平整度，其规格不得小于内钢楞的。

(4)当模板端缝齐平布置时，每块钢模板应有两处钢楞支承；错开布置时，其间距可以不受端部位置的限制。

(5)支承柱应有足够的强度和稳定性，一般支柱或其节间的长细比宜小于 110；对于连续形式或排架形式支承柱，应配置水平支撑和剪刀撑，以保证其稳定性。

二、模板的荷载及荷载组合

1. 荷载标准值

1)模板及其支架自重标准值

模板及其支架的自重标准值应根据模板设计图纸确定。肋形楼板及无梁楼板模板的荷载,可按表 3-2 所示标准值采用。

表 3-2 模板及其支架自重标准值

项次	模板构件名称	自重标准值/(kN/m^3)		
		木模板	定型组合钢模板	钢框胶合板模板
1	平板的模板及小楞	0.30	0.50	0.40
2	楼板模板(其中包括梁的模板)	0.50	0.75	0.60
3	楼板模板及其支架(楼层高度 4 m 以下)	0.75	1.10	0.95

2)新浇筑混凝土自重标准值

对普通混凝土,自重标准值可采用 24 kN/m^3;对其他混凝土,可根据实际重力密度确定。

3)钢筋自重标准值

钢筋自重标准值应根据设计图纸计算确定,一般可按每立方米混凝土的含量计算,其取值为:楼板,取 1.1 kN/m^3;框架梁,取 1.5 kN/m^3。

4)施工人员及设备荷载标准值

(1)计算模板及直接支承模板的小楞时,对均布荷载,其标准值取 2.5 kN/m^2,另应以集中荷载 2.5 kN 再进行验算,比较两者求得的弯矩值,取其中较大者采用。

(2)计算直接支承小楞的结构构件时,对均布活荷载,其标准值取 1.5 kN/m^2。

(3)计算支架立柱及其他支承结构构件时,对均布活荷载,其标准值取 1.0 kN/m^2。

对大型浇筑设备,如上料平台、混凝土输送泵等,按实际情况计算;对混凝土堆集料高度超过 100 mm 以上者,按实际高度计算;当模板单块宽度小于 150 mm 时,集中荷载可分布在相邻的两块板上。

5)振捣混凝土时产生的荷载标准值

对水平面模板,荷载标准值取 2.0 kN/m^2;对垂直面模板,荷载标准值取 4.0 kN/m^2(作用范围在新浇混凝土侧压力的有效压头高度之内)。

6)新浇混凝土时对模板侧面的压力标准值

当采用内部振捣器时,可按下列两式计算,并取其中的较小值:

$$F = 0.22 r_c t_0 \beta_1 \beta_2 v_2^r \tag{3-1}$$

$$F = r_c H \tag{3-2}$$

式中:F——新浇混凝土对模板的最大侧压力,kN/m^2;

r_c——混凝土的重力密度,kN/m^2;

t_0——新浇混凝土的初凝时间,h,可按实测确定,当缺乏试验资料时,可采用 $t_0 = 200/(T+15)$计算(T 为混凝土的温度,℃);

v——混凝土的浇筑速度,m/h;

H——混凝土侧压力计算位置处至新浇混凝土顶面的总高度,m;

β_1——外加剂影响修正系数，不掺外加剂时取 1.0，掺具有缓凝作用的外加剂时取 1.2；

β_2——混凝土坍落度影响修正系数，当坍落度小于 30 mm 时取 0.85，为 50～90 mm 时取 1.0，为 100～150 mm 时取 1.15。

混凝土侧压力的计算分布如图 3-14 所示，图中 h 为有效压头高度(m)，可按 $h=F/r_c$ 计算。

7)倾倒混凝土时产生的荷载标准值

倾倒混凝土时对垂直面模板产生的水平荷载标准值可按表 3-3 采用。

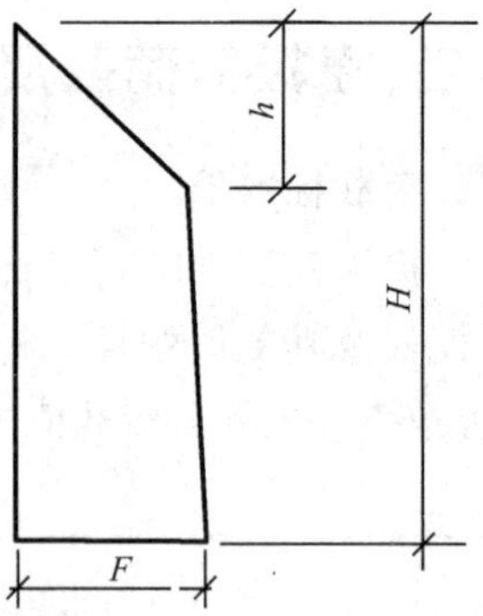

图 3-14 混凝土侧压力

表 3-3 倾倒混凝土时产生的水平荷载标准值

项次	向模板内供料方法	水平荷载标准值/(kN/m^2)
1	用溜槽、串筒或导管输出	2
2	用容积小丁 0.2 m^3 的运输器具倾倒	2
3	用容积为 0.2～0.8 m^3 的运输器具倾倒	4
4	用容积为大于 0.8 m^3 的运输器具倾倒	6

8)风荷载标准值

对风压较大地区及受风荷载作用易倾倒的模板，尚需考虑风荷载作用下的抗倾覆稳定性。风荷载标准值按《建筑结构荷载规范》(GB 50009—2012)的规定采用，其中基本风压除按不同地形调整外，可乘以 0.8 的临时结构调整系数，即风荷载标准值为

$$W_k = 0.8\beta_z\mu_s\mu_z W_0 \tag{3-3}$$

式中：W_k——风荷载标准值，kN/m^2；

β_z——高度 z 处的风振系数；

μ_s——风荷载体型系数；

μ_z——风压高度变化系数；

W_0——基本风压，kN/mm^2。

2. 荷载组合

1)荷载设计值

将上述荷载标准值乘以表 3-4 所示的相应荷载分项系数，即可计算出模板及其支架的荷载设计值。

表 3-4 模板及支架荷载分项系数

项 次	荷 载 类 别	分 项 系 数
1	模板及其支架	1.2
2	新浇混凝土自重	
3	钢筋自重	
4	施工人员及施工设备荷载	1.4
5	振捣混凝土时产生的荷载	
6	新浇混凝土时对模板侧面的压力	1.2
7	倾倒混凝土时产生的荷载、风荷载	1.4

2)荷载组合

模板及其支架的荷载效应根据结构形式按表 3-5 进行组合。

表 3-5　模板及其支架的荷载组合

项次	模板类别	参与组合的荷载项	
		计算承载能力	验算刚度
1	平板和薄壳的模板及其支架	1)、2)、3)、4)	1)、2)、3)
2	梁和拱模板的底板及其支架	1)、2)、3)、5)	1)、2)、3)
3	梁、拱、柱(边长≤300 mm)、墙(厚≤100 mm)的侧面模板	5)、6)	6)
4	大体积结构、柱(边长>300 mm)、墙(厚>100 mm)的侧面模板	6)、7)	6)

二、模板设计的计算规定

在进行模板系统设计时，其计算简图应根据模板的具体构造确定，但对不同的构件，在设计时所考虑的重点有所不同，例如：对定型模板、梁模板、楞木等，主要考虑抗弯强度及挠度；对支柱、排架等系统，主要考虑受压稳定性；对排架支撑，应考虑上弦杆的抗弯能力；对木构件，则应考虑支座处抗剪及承压等问题。

1. 荷载折减调整系数

模板工程属临时性工程。由于我国目前还没有临时性工程的设计规范，故只能按正式工程结构设计规范执行，并进行适当调整。

(1)对钢模板及其支架的设计，其荷载设计值可乘以系数 0.85 予以折减，但其截面塑性发展系数取 1.0。

(2)采用冷弯薄壁型钢材时，其荷载设计值不应折减，系数为 1.0。

(3)对木模板及其支架的设计，当木材含水率小于 25%时，其荷载设计值可乘以系数 0.90 予以折减。

(4)在风荷载作用下验算模板及其支架的稳定性时，其基本风压值可乘以系数 0.80 予以折减。

2. 模板结构的挠度要求

当验算模板及其支架的刚度时，其最大变形值不得超过下列允许值：

(1)结构表面外露(不做装修)的模板，其最大变形值为模板构件计算跨度的 1/400；

(2)结构表面隐蔽(做装修)的模板，其最大变形值为模板构件计算跨度的 1/250；

(3)支架，其最大变形值为相应结构计算跨度的 1/1000。

支架的立柱或桁架应保持稳定，并用撑拉杆件固定。当验算模板及其支架在自重和风荷载作用下的抗倾覆稳定性时，其抗倾覆系数应不小于 1.15，并符合有关的专业规定。

【例 3-1】 已知钢筋混凝土梁高 0.8 m，宽 0.4 m，全部采用定型钢模板，采用 C30 级混凝土，坍落度为 50 mm，混凝土温度为 20 ℃，未采用外加剂，混凝土浇筑速度为 1 m/h，试计算梁模板所受的荷载。

解　(1)梁侧模板所受的荷载。

新浇混凝土侧压力由公式 $t_0 = 200/(T+15)$ 计算得，即

$$t_0 = 200/(20+15)\ \text{h} = 5.714\ \text{h}$$

$$F_1 = 0.22 r_c t_0 \beta_1 \beta_2 v^{1/2}$$

$$= 0.22 \times 24 \times 5.714 \times 1 \times 1 \times 1^{1/2}\ \text{kN/m}^2 = 30.17\ \text{kN/m}^2$$

$$F_2 = r_c H = 24 \times 0.8\ \text{kN/m}^2 = 19.2\ \text{kN/m}^2$$

则取较小值 $F = \min\{30.17, 19.2\}\ \text{kN/m}^2 = 19.2\ \text{kN/m}^2$

有效压头 $h = F/r_c = 30.17/24\ \text{mm} = 1.26\ \text{mm}$，梁模板高 0.8 m，即 $H < h$，说明振捣混凝土时沿整个梁模板高度内的新浇混凝土均处于充分液化状态，且当 $H < h$ 时，根据荷载组合规定，梁侧模受力还应叠加由振捣混凝土产生的荷载 4 kN/m^2。

故梁侧模所受荷载为(19.2+4) kN/m^2=23.2 kN/m^2。

注意：叠加的水平荷载不应超过 F_1 值，即 30.17 kN/m^2，现小于 F_1 值，故满足要求。

(2)梁底模所受的荷载。

钢模板自重=0.75 kN/m^2

新浇筑混凝土自重=24×0.8×0.4 kN/m^2=7.68 kN/m^2

钢筋自重=1.5×0.8×0.4 kN/m^2=0.48 kN/m^2

振捣混凝土时产生的荷载(在有效压头范围内)=2 kN/m^2

梁底模所受限荷载=[(0.75+2)×0.4+7.68+0.48]kN/m^2=9.26 kN/m^2

第四节　模板安装与拆除

一、模板的安装

1. 模板安装方法

模板经配板设计、构造设计和强度、刚度验算后，即可进行现场安装。为加快工程进度，提高安装质量，加速模板周转率，在起重设备允许的条件下，模板可预拼成扩大的模板块再吊装就位。

模板安装顺序是随着施工的进程来进行的，一般按照基础→柱或墙→梁→楼板的顺序进行安装。在同一层施工时，模板安装的顺序是，先柱或墙，再梁、板，同时支设。下面分别介绍各部位模板的安装方法。

1)基础模板

基础的特点是高度小而体积较大。如土质良好，则阶梯形基础的最下一级可不用模板而进行原槽浇筑。

基础模板一般在现场拼装。拼装时先依照边线安装下层阶梯模板，然后在下层阶梯模板上安装上层阶梯模板。安装时要保证上、下层阶梯模板不发生相对位移，并在四周用斜撑撑牢固定。如有杯口，还要在其中放入杯口模板。采用钢模板时，其构造如图 3-15 所示；采用木模板时，其构造如图 3-16 所示。

2)柱模板

柱子的特点是高度大而断面较小，因此柱模板主要解决垂直度、浇筑混凝土时的侧向稳定及抵抗混凝土的侧压力等问题，同时还应考虑方便浇筑混凝土、清理垃圾与钢筋绑扎等问题。

柱模板安装的顺序为：调整柱模板安装底面的标高→拼板就位→检查并纠偏→安装柱箍→设置支撑。

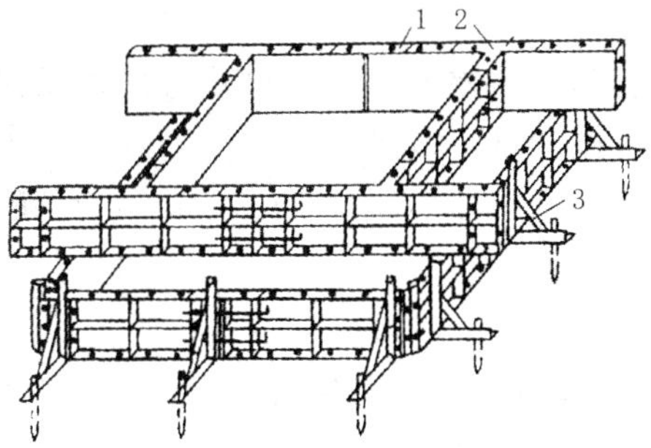

图 3-15　阶梯形基础钢模板

1—扁钢连接件；2—T 形连接件；3—角钢三角撑

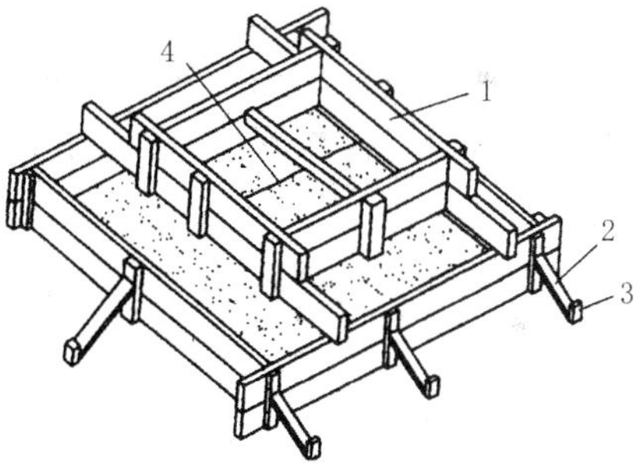

图 3-16　阶梯形基础木模板

1—拼板；2—斜撑；3—木桩；4—铁丝

柱模板由 4 块拼板围成。当采用组合钢模板时，每块拼板由若干块平面钢模板组成，柱模板用四角连接角模连接。柱顶梁缺口处用钢模板组合往往不能满足要求，可在梁底标高以下采用钢模板，以上与梁模板接头部分用木板镶拼。其构造如图 3-17 所示。采用胶合板模板时，柱模板构造如图 3-18 所示。

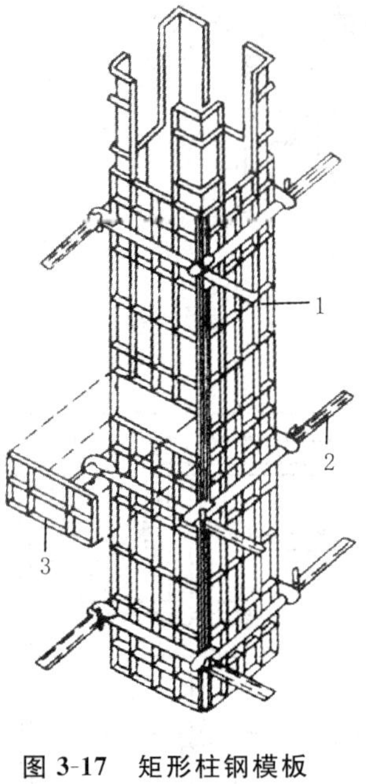

图 3-17　矩形柱钢模板

1—平面钢模板；2—柱箍；3—浇筑孔盖板

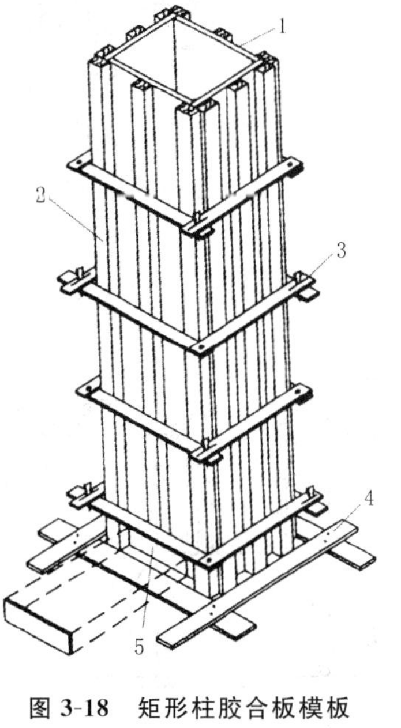

图 3-18　矩形柱胶合板模板

1—胶合板；2—木楞；3—柱箍；
4—定位木桩；5—清理孔

根据配板设计图可将柱模板预拼成单片、L 形和整体式三种形式。L 形即为相邻 2 块拼板互拼而成，一个柱模由 2 个 L 形板块组成。整体式即由 4 块拼板全部拼成柱的筒状模板。当起重能力足够时，整体式预拼柱模的效率最高。

为了抵抗浇筑混凝土时的侧压力及保持柱子折面尺寸不变，必须在柱模板外设置柱箍，其间距视混凝土侧压力的大小及模板厚度，通过设计计算确定。柱模板底部应留有清理孔，便于清理安装时掉下的木屑垃圾。当柱身较高时，为方便浇筑、振捣混凝土，通常沿柱高每 2 m 左右设置一个浇筑孔，以保证混凝土的质量。

在安装柱模板时，应采用经纬仪或垂球校正其垂直度，并在检查其标高位置准确无误后，即用斜撑固定。当柱高不小于 4 m 时，一般应四面支撑；当柱高超过 6 m 时，不宜单柱支撑，宜几根柱同时支撑，连成构架。对通排柱模板，应先安装两端柱模板，校正固定位，再在柱模板上口拉通长线校正中间各柱的模板。

3）梁模板

梁的特点是跨度较大而宽度一般不大，梁高可达 1 m 以上，工业建筑中有的高达 2 m 以上。梁的下面一般是架空的，因此梁模板既承受竖向压力，又承受混凝土的水平侧压力，这就要求梁模板及其支撑系统具有足够的强度、刚度和稳定性，不致产生超过范围允许的变形。

梁模板安装的顺序为：搭设模板支架→安装梁底模板→梁底起拱→安装侧模板→检查校正→安装梁口夹具。

梁模板由 3 片模板组成。采用组合钢模板时，底模板与两侧模板可用连接角模连接，梁侧模板顶部可用阴角模板与楼板模板相接（见图 3-19）。采用胶合板模板时的构造如图 3-20 所示。两侧模板之间可根据需要设置对拉螺栓，底模板常用门形脚手架或钢管脚手架做支架。

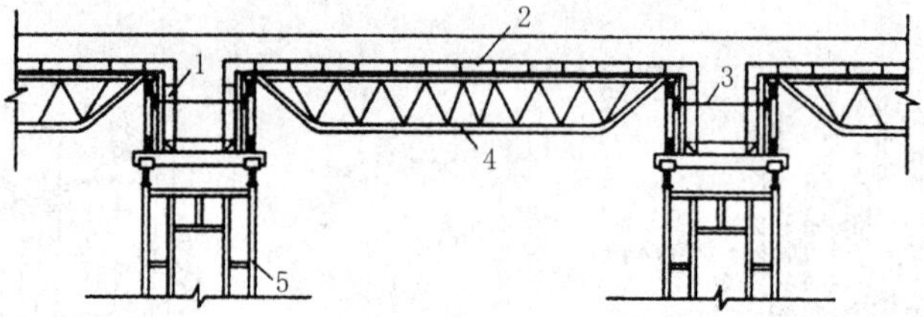

图 3-19　梁和楼板钢模板

1—梁模板；2—楼板模板；3—对拉螺栓；4—平面组合式桁架；5—门形支架

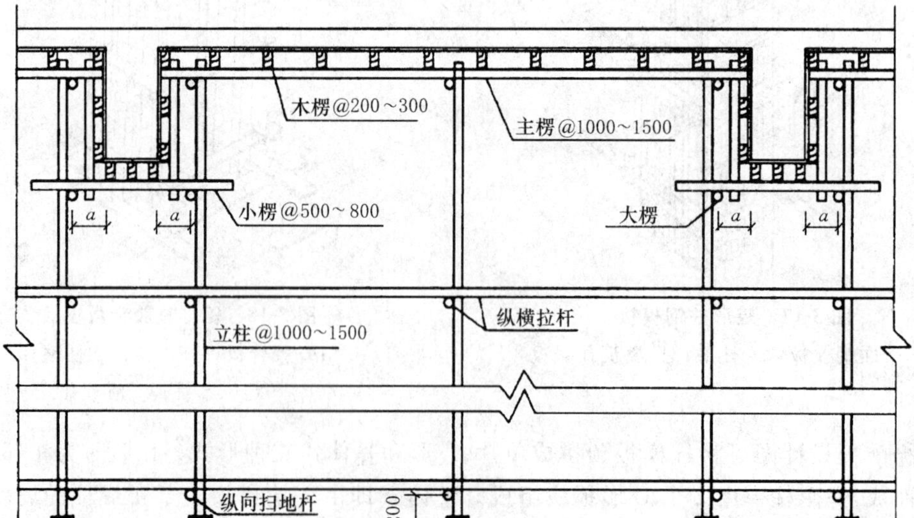

图 3-20　梁和楼板胶合板模板

（a：200～300 mm）

梁模板应在复核梁底标高、校正轴线位置无误后进行安装。安装模板前需先搭设模板支架。支柱(或琵琶撑)安装时应先将其下面的土夯实,放好垫板,以保证底部有足够的支撑面积,并安放木楔,以便校正梁底标高。支柱间距应符合模板设计要求,当设计无要求时,一般不宜大于 2 m;支柱之间应设水平拉杆、剪刀撑,使之互相连接成一个整体,以保持稳定;水平拉杆离地面 500 m 设一道,以上每隔 2 m 设一道。当梁底距地面高度大于 6 m 时,宜搭设排架支撑,或满堂钢管模板支撑架;对于上下层楼板模板的支柱,应安装在同一条竖向中心线上,或采取措施,保证上层支柱的荷载能传递至下层的支撑结构上,以防止压裂下层构件,为防止浇筑混凝土后梁跨中底模板下垂,当梁的跨度不小于 4 m 时,应使梁底模板中部略为起拱,如设计无规定,则起拱高度宜为全跨长度的 1/1000～3/1000。起拱时可用千斤顶顶高跨中支柱,打紧支柱下楔块或在横楞与底模板之间加垫块。

梁底模板可采用钢管支托或桁架支托(见图 3-21)。支托间距应根据荷载计算确定,采用桁架支托时,桁架之间应设拉结条,并保持桁架垂直。梁侧模可利用夹具夹紧,夹具之间间距一般为 600～900 mm。当梁高在 600 mm 以上时,侧模方向应设置穿通内部的拉杆,并应增加斜撑以抵抗混凝土侧压力。

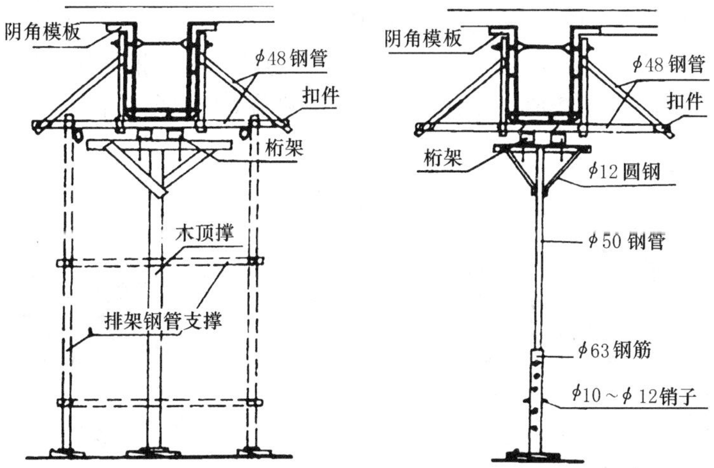

图 3-21　钢管支托和桁架支托

梁模板安装完毕后,应检查梁口平直度、梁模板位置及尺寸,再吊入钢筋骨架,或在梁板模板上绑扎好钢筋骨架后落入梁内。当梁较高或跨度较大时,可先安装一面侧模,待钢筋绑扎完后再安装另一面侧模进行支撑,最后安装好梁口夹具。

对于圈梁,由于其断面小但很长,一般除窗洞口及某些个别地方架空外,其他部位均设置在墙上,故圈梁模板主要由侧模和固定侧模用的卡具所组成,底模仅在架空部分使用。如架空跨度较大,也可用支座(或琵琶撑)支撑底模。

4)楼板模板

楼板的特点是面积大而厚度一般不大,因此模板承受的侧压力很小,楼板模板及其支撑系统的作用主要是抵抗混凝土的竖向荷载和其他施工荷载,保证模板不变形下垂。

楼板模板的安装顺序为:复核板底标高→搭设模板支架→铺设模板。

楼板模板采用钢模板时,由平面模板拼装而成,其周边用阴角模板与梁或墙模板相连接(见图 3-19)。采用木模板的构造如图 3-20 所示。楼板模板可用钢楞及支架支撑,或者采用平面组合式桁架支撑，以扩大板下施工空间。钢模板的支柱底部应设通长垫板及木楔找平。挑檐模板必须撑牢拉紧，防止向外倾覆，确保施工安全。楼板模板预拼装面积不宜大于 20 m^2，如楼板的面积过大，则可分片组合安装。

5)墙模板

墙体的特点是高度大而厚度小，其模板主要承受混凝土的侧压力，因此必须加强墙模板的刚度，并保证其垂直度和稳定性，以确保模板不变形和发生位移。

墙模板的安装顺序为：模板基底处理→弹出中心线和两边线→模板安装→校正→加撑头或对拉螺栓→固定斜撑。

墙模板由两片模板组成，用对拉螺栓保持它们之间的间距，模板背面用横、竖钢楞加固，并设置足够的斜撑来保持其稳定。墙模板构造如图 3-22 所示。

墙模板的每片大模板可由若干平面钢模板拼成。钢模板可横拼也可竖拼；可预拼成大板块吊装，也可散拼，即按配板图由一端向另一端，由下而上逐层拼装；如墙面过高，还可分层组装。在安装时，首先沿边线抹水泥砂浆，做好安装墙模板的基底处理，弹出中心线和两边线，然后开始安装。墙的钢筋可以在模板安装前绑扎，也可以在安装好一侧的模板后设立支撑，绑扎钢筋，再竖立另一侧模板。模板安装完毕后在顶部用线锤吊直，并拉线找平后固定支撑。为了保持墙体的厚度，墙板内应加撑头或对拉螺栓。对拉螺栓孔需在钢模板上划线钻孔，板孔位置必须准确平直，不得错位；预拼时为了使对拉螺孔不错位，板端均不错开；拼装时不允许斜拉、硬顶。

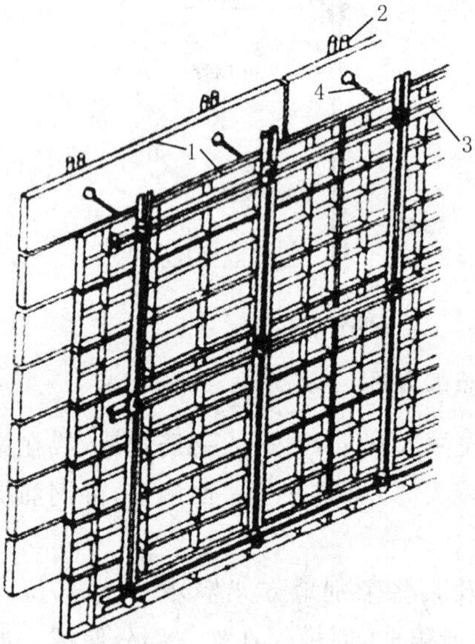

图 3-22　墙模板

1—墙模板；2—竖楞；3—横楞；4—对拉螺栓

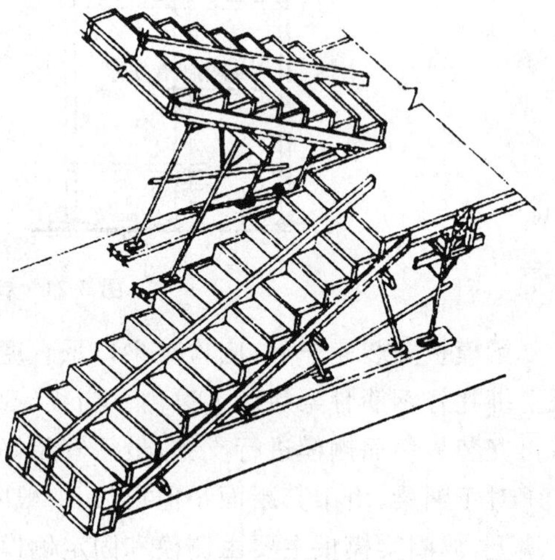

图 3-23　楼梯模板

6)楼梯模板

楼梯模板由梯段底模、外帮侧模和踏步模板组成(见图 3-23)。

楼梯模板的安装顺序为：安装平台梁及基础模板→安装楼梯斜梁或梯段底模板→安装楼梯外帮侧模→安装踏步模板。

楼梯模板施工前应根据设计放梯，外帮侧模应先弹出楼梯底板厚度线，并画出踏步模板位置线。踏步高度要均匀一致，特别要注意在确定每层楼梯的最下一步及最上一步高度时，必须考虑到楼地面面层的厚度，防止因面层厚度不同而造成踏步高度不协调。在外帮侧模和踏步模板安装完毕后，应钉好固定踏步模板的挡木。

2. 模板安装的技术措施

(1)施工前应认真熟悉设计图纸、有关技术资料和构造大样图；进行模板设计，编制施工方案；做好技术交底，确保施工质量。

(2)模板安装前根据模板设计图和施工方案做好测量放线工作，准确地标定构件的标高、中心轴线和预埋件等的位置。

(3)应合理地选择模板的安装顺序，保证模板的强度、刚度及稳定性。一般情况下，模板应自下而上安装。在安装过程中，应设置临时支撑，使模板安全就位，待校正后方进行固定。

(4)模板的支柱必须坐落在坚实的基土和承载体上。安装上层模板及其支架时，下层楼板应具有承受上层荷载的承载能力，否则应加设支架。上、下层模板的支柱应在同一条竖向中心线上。

(5)安装模板时应注意解决与其他工序之间的矛盾，并应相互配合。模板的安装应与钢筋绑扎、各种管线安装密切配合。对预埋管、线和预埋件，应先在模板的相应部位划出位置线，做好标记，然后将它们按设计位置进行装配，并应加以固定。

(6)安装全过程应随时进行检查模板，严格控制其垂直高度、中心线、标高及各部分尺寸。模板接缝必须紧密。

(7)楼板模板安装完毕后，要测量标高。对于梁模板，应测量中央一点及两端点的标高；对于平板模板，应测量支柱上方点的标高；梁底模板标高应符合梁底设计标高；平板模板板面标高应符合模板板面设计标高。如有不符，则可打紧支柱下木楔加以调整。

(8)浇筑混凝土时，要注意观察模板受荷载后的情况，如发现位移、鼓胀、下沉、漏浆、支撑颤动、地基下陷等现象，应及时采取有效措施加以处理。

二、模板的拆除

1. 模板拆除时对混凝土强度的要求

模板和支架的拆除是混凝土工程施工的最后一道工序，与混凝土质量及施工安全有着十分密切的关系。现浇混凝土结构的模板及其支架拆除时的混凝土强度，应符合以下规定。

侧模应在混凝土强度能保证其表面及棱角不因拆模而受损伤时，方可拆除。

拆除底模及其支架时，混凝土强度应符合设计要求；当设计无具体要求时，混凝土强度应符合表 3-6 所示的规定，且混凝土强度以同条件养护的试件强度为准。

已拆除模板及其支架的结构，应在混凝土强度达到设计的混凝土强度等级后，方可承受全部使用荷载。当施工荷载所产生的效应比使用荷载的效应更为不利时，必须经过验算，加设临时支撑，方可施加施工荷载。

2. 模板拆除顺序

模板拆除应按一定的顺序进行。一般应遵循先支后拆、后支先拆、先拆除非承重部位、后拆除承重部位以及自上而下的原则。重要、复杂模板的拆除，事前应制定拆除方案。

表 3-6　底模及其支架拆除时的混凝土强度要求

构件类型	构件跨度	达到设计的混凝土立方体抗压强度标准值的百分率/(%)
板	不大于 2 m	≥50
	大于 2 m 且小于或等于 8 m	≥75
	大于 8 m	≥100
梁、拱、壳	不大于 8 m	≥75
	大于 8 m	≥100
悬臂构件	—	≥100

3. 模板拆除应注意的问题

(1)拆模时,操作人员应站在安全处,以免发生安全事故;待该片(段)模板全部拆除后,方可将模板、配件、支架等运出,并按要求进行堆放。

(2)拆模时,不要用力过猛、过急,严禁用大锤和撬棍硬砸硬撬,以避免混凝土表面或模板受到损坏。

(3)拆模时,不应对楼层形成冲击荷载。拆下的模板及配件严禁抛扔,要有人接应传递,并按指定地点堆放;要做到及时清理、维修和涂刷好隔离剂,以备待用。

(4)多层楼板施工时,若上层楼板正在浇筑混凝土,下一层楼板模板的支柱不得拆除,再下一层楼板模板的支柱仅可拆除一部分;跨度 4 m 及 4 m 以下的梁下均应保留支柱,其间距不得大于 3 m。

(5)冬期施工时,模板与保温层应在混凝土冷却到 5 ℃后方可拆除。当混凝土与外界温差大于 20 ℃时,拆模后应对混凝土表面采取保温措施,如加临时覆盖层,使其缓慢冷却。

(6)在拆模的过程中,如发现混凝土出现异常现象,可能影响混凝土结构的安全和质量问题,则应立即停止拆模,要经处理认证后,方可继续拆模。

复习思考题

3-1　什么叫模板？模板由哪几部分组成？

3-2　现浇混凝土结构施工时对模板有哪些要求？

3-3　按材料划分,模板有哪些类型？

3-4　按施工方法划分,模板有哪些类型？

3-5　钢模板设计应遵循哪些原则？

3-6　梁模板安装有哪些施工顺序？

3-7　模板拆除时对混凝土强度有哪些要求？

3-8　模板拆除时应注意哪些问题？

第四章 钢筋工程

在钢筋混凝土结构中，钢筋工程的施工质量对结构的质量起着关键性的作用，而钢筋工程又属于隐蔽工程，在混凝土浇筑后，就无法检查钢筋的质量。所以，从钢筋原材料的进场验收，到一系列的钢筋加工和连接，直至最后的绑扎安装，都必须进行严格的质量控制，只有这样才能确保整个结构的质量。

第一节 钢筋验收与配料代换

一、钢筋的种类

钢筋的种类很多，工程中常用的钢筋，一般可按以下几方面分类。

钢筋按化学成分可分为碳素钢筋和普通低合金钢筋。碳素钢筋按含碳量多少又可分为低碳钢筋（含碳量低于0.25%）、中碳钢筋（含碳量为0.25%～0.6%）和高碳钢筋（含碳量为0.6%～1.35%）。普通低合金钢是在低碳钢和中碳钢的成分中加入少量合金元素，如钛、钒、锰等而制成的，其含量一般不超过总量的3%，以便获得强度高和综合性能好的钢种。

钢筋按力学性能可分为HPB235级钢筋、HRB335级钢筋、HRB400级钢筋和HRB500级钢筋等。钢筋级别越高，其强度及硬度越高，但塑性逐级降低。为了便于识别，在不同级别的钢筋端头涂有不同颜色的油漆。

钢筋按轧制外形可分为光圆钢筋和变形钢筋（月牙形、螺旋形、人字形钢筋）。

钢筋按供应形式可分为圆盘钢筋（直径不大于10 mm）和直条钢筋（直径在12 mm及以上）。直条钢筋长度一般为6～12 m，根据需方要求也可按订货尺寸供应。

钢筋按直径大小可分为钢丝（直径为3～5 mm）、细钢筋（直径为6～10 mm）、中粗钢筋（直径为12～20 mm）和粗钢筋（直径大于20 mm）。

普通钢筋混凝土结构常用的钢筋按生产工艺可分为热轧钢筋、冷轧带肋钢筋、冷轧扭钢筋、余热处理钢筋、精轧螺纹钢筋等。

1. 热轧钢筋

热轧钢筋是经热轧成形并自然冷却的成品钢筋，分为热轧光圆钢筋和热轧带肋钢筋。目前，HRB400级钢筋正逐步成为现浇钢筋混凝土结构的主导钢筋。热轧钢筋的力学性能如表4-1所示。

2. 冷轧带肋钢筋

冷轧带肋钢筋是由热轧圆盘钢筋经冷轧后，在其表面带有沿长度方向均匀分布的三面或两面横肋的钢筋，分为CRB550、CRB650、CRB800、CRB970、CRB1170等五个牌号。CRB550为普通钢筋混凝土用钢筋，其他牌号为预应力混凝土用钢筋。冷轧带肋钢筋在预应力混凝土构件中是冷拔低碳钢丝的更新换代产品，在普通混凝土结构中可代替HPB235级钢筋以节约钢材，是同类冷加工钢材中较好的一种。冷轧带肋钢筋的力学性能如表4-2所示。

表 4-1　热轧钢筋的力学性能

表面形状	强度代号	钢筋级别	公称直径 d/mm	屈服点 σ_s/MPa	抗拉强度 σ_b/MPa	伸长率 δ_s/(%)	冷弯性能	
				不小于			弯曲角度	弯心直径
光 圆	HPB235	Ⅰ	8～20	235	370	25	180°	d
月牙肋	HRB335	Ⅱ	6～25 28～50	335	490	16	180° 180°	$3d$ $4d$
	HRB400	Ⅲ	6～25 28～50	400	570	14	180° 180°	$4d$ $5d$
	HRB500	Ⅳ	6～25 28～50	500	630	12	180° 180°	$6d$ $7d$

注　(1)HRB500 级钢筋尚未列入《混凝土结构设计规范》(GB 50010—2010)；

(2)当采用直径 $d>40$ mm 的钢筋时，应有可靠的工程经验。

表 4-2　冷轧带肋钢筋的力学性能

表面形状	强度等级代号	公称直径 d/mm	抗拉强度 σ_b/MPa	伸长率/(%)		冷弯性能		
				δ_{10}	δ_{100}	弯曲角度	弯心直径	反复弯曲次数
			不小于					
月牙肋	CRB550	4～12	550	8.0	—	180°	$3d$	—
	CRB650	4、5、6	650	—	4.0	—	—	3
	CRB800		800	—	4.0	—	—	3
	CRB970		970	—	4.0	—	—	3
	CRB1170		1170	—	4.0	—	—	3

3. 冷轧扭钢筋

冷轧扭钢筋也称冷轧变形钢筋，是将低碳钢热轧圆盘钢筋经专用钢筋冷轧扭机调直、冷轧并冷扭一次成形，具有规定截面形状和节距的连续螺旋状钢筋。它具有较高的强度、足够的塑性性能，且与混凝土黏结性能优异，用于工程建设中一般可节约钢材 30%以上，有着明显的经济效益。冷轧扭钢筋的力学性能如表 4-3 所示。

表 4-3　冷轧扭钢筋的力学性能

钢筋代号	截面形状	钢筋类型	标志直径 d/mm	抗拉强度 σ_b/MPa	伸长率 δ_s/(%)	冷弯性能	
						弯曲角度	弯心直径
LZN	矩形	Ⅰ型	6.5～14	≥580	≥4.5	180°	$3d$
	菱形	Ⅱ型	12				

4. 余热处理钢筋

余热处理钢筋是热轧成形后立即穿水，进行表面控制并冷却，然后利用芯部余热自身完成回火处理所得的成品钢筋。钢筋表面为月牙肋，强度代号为 KL400，钢筋级别为Ⅲ级，公称直

径 d 为 8～25 mm、28～40 mm。这种钢筋应用较少。

5. 精轧螺纹钢筋

精轧螺纹钢筋是用热轧方法在整根钢筋表面上轧出不带纵肋螺纹外形的钢筋，其接长可用连接器实现，端头锚固直接用螺母来进行。该钢筋有 40SiZMn、15MZSiB、40SiZMnV 三种牌号，直径有 25 mm 和 32 mm 两种。

二、钢筋进场验收与贮存

钢筋进场时，应有产品合格证、出厂检验报告，并按品种、批号及直径分批验收。验收内容包括钢筋标牌和外观检查，并按有关规定抽取试件进行钢筋性能检验。钢筋性能检验又分为力学性能检验和化学成分检验。

1. 外观检查

应对钢筋进行全数外观检查。检查内容包括钢筋是否平直，有无损伤，表面是否有裂纹、油污及锈蚀等，弯折过的钢筋不得敲直后做受力钢筋使用，钢筋表面不应有影响钢筋强度和锚固性能的锈蚀或污染。钢筋外观检查应满足表 4-4 所示要求。

表 4-4　钢筋外观检查要求

钢筋种类	外 观 要 求
热轧钢筋	表面不得有裂纹、结疤和折叠，如有凸块，凸块高度不得超过横肋的高度，其他缺陷的高度和深度不得大于所在部位尺寸的允许偏差，钢筋外形尺寸等应符合国家标准的规定
热处理钢筋	表面不得有裂纹、结疤和折叠，如局部凸块，凸块高度不得超过横肋的高度。钢筋外形尺寸应符合国家标准的规定
冷拉钢筋	表面不得有裂纹和局部缩颈
冷拔低碳钢筋	表面不得有裂纹和机械损伤
碳素钢丝	表面不得有裂纹、小刺、机械损伤、锈皮和油漆
刻痕钢丝	表面不得有裂纹、分层、锈皮、结疤
钢绞线	不得有折断、横裂和相互交叉的钢丝，表面不得有润滑剂、油渍

2. 钢筋性能检验

(1)应按《钢筋混凝土用钢　第 2 部分：热轧带肋钢筋》(GB 1499.2—2007)、《钢筋混凝土用钢　第 1 部分：热轧光圆钢筋》(GB 1499.1—2008)《钢筋混凝土用余热处理钢筋》(GB13014—2013)等标准的规定，按表 4-5 所示要求抽取试件做力学性能检验，即进场复验，其质量必须符合有关标准的规定。如有一个试样的一项试验指标不合格，则另取双倍数量的试样进行复检，如仍有一个试样不合格，则该批钢筋不予验收。

(2)对有抗震设防要求的框架结构，其纵向受力钢筋的强度应满足设计要求；当设计无要求时，对一、二级抗震等级，检验所得强度实测值应符合下列规定。

①钢筋抗拉强度实测值与屈服强度实测值的比值不应小于 1.25。

②钢筋屈服强度实测值与屈服强度标准值的比值不应小于 1.3。

③当发现钢筋脆断，焊接性能不良或力学性能显著不正常等现象时，应对该批钢筋进行化学成分检验或其他专项检验。

表 4-5 钢筋、钢丝、钢绞线验收要求和方法

钢筋种类	验收批钢筋组成	每批数量	取样方法
热轧钢筋	(1)同一牌号、规格和同一炉罐号； (2)同钢号的混合批，不超过 6 个炉罐号	≤60 t	在每批钢筋中任取 2 根钢筋，每根钢筋取 1 个拉力试样和 1 个冷弯试样
热处理钢筋	(1)同一处截面尺寸、同一热处理制度和炉罐号； (2)同钢号的混合批，不超过 10 个炉罐号	≤60 t	取 10%盘数(不少于 25 盘)，每盘 1 个拉力试样
冷拉钢筋	同级别、同直径	≤20 t	任取 2 根钢筋，每根钢筋取 1 个拉力试样和 1 个冷弯试样
冷拔低碳钢丝 甲级	—	逐盘检查	每盘取 1 个拉力试样和 1 个弯曲试样
冷拔低碳钢丝 乙级	用相同材料的钢筋冷拔成同直径的钢丝	5 t	任取 3 盘，每盘取 1 个拉力试样和 1 个弯曲试样
碳素钢丝 刻痕钢丝	同一钢号、同一形状尺寸、同一交货状态	—	取盘数的 5%(不少于 3 盘)，优质钢丝取盘数的 10%(不少于 3 盘)，每盘取 1 个拉力试样和 1 个冷弯试样
钢绞线	同一钢号、同一形状尺寸、同一生产工艺	≤60 t	任取 3 盘，每盘取 1 个拉力试样

3. 钢筋的贮存

钢筋进场验收合格后，必须严格按批分等级、牌号、直径、长度挂牌存放，不得混淆。钢筋应尽量堆入仓库或料棚内。条件不具备时，应选择地势较高、土质坚硬的场地存放。堆放时，钢筋下部应垫高，离地至少 20 cm 高，以防钢筋锈蚀。在堆场周围应挖排水沟，以利泄水。

三、钢筋配料

构件中的钢筋，需根据设计图纸准确地下料(即切断)，再加工成各种形状。为此，必须了解各种构件的混凝土保护层厚度及钢筋弯曲、搭接、弯钩等的有关规定，采用正确的计算方法，按图中尺寸计算出实际下料长度。

1. 钢筋下料长度计算

钢筋下料长度可按下列公式计算。

钢筋下料长度＝钢筋外包尺寸之和－弯曲量度差＋弯钩增加长度

箍筋下料长度＝箍筋周长＋箍筋调整值

1)钢筋外包尺寸

钢筋外包尺寸为

钢筋外包尺寸＝构件外形尺寸－保护层厚度

2)弯曲量度差

钢筋弯曲成各种角度的圆弧形状时，其轴线长度不变，但内皮收缩、外皮延伸。而钢筋的

量度方法是沿直线量取其外包尺寸，因此弯曲钢筋的量度尺寸大于轴线尺寸（即大于下料尺寸），两者之间的差值称为弯曲量度差。

（1）弯曲 90°时（见图 4-1(b)，弯心直径 $D = 2.5d$），有

$$外包尺寸 = 2(D/2 + d) = 2(2.5d/2 + d) = 4.5d$$

$$中心线尺寸 = (D + d)\pi/4 = (2.5d + d)\pi/4 = 2.75d$$

$$弯曲量度差 = 4.5d - 2.75d = 1.75d$$

（2）弯曲 45°（见表 4-1(c)，弯心直径 $D = 2.5d$），有

$$外包尺寸 = 2(D/2 + d)\tan(45°/2) = 2(2.5d/2 + d)\tan(45°/2) = 1.86d$$

$$中心线尺寸 = (D + d)\pi 45°/360° = (2.5d + d)\ \pi 45°/360° = 1.37d$$

$$弯曲量度差 = 1.86d - 1.37d = 0.49d$$

若 $D = 4d$，则弯曲量度差为 $0.52d$。

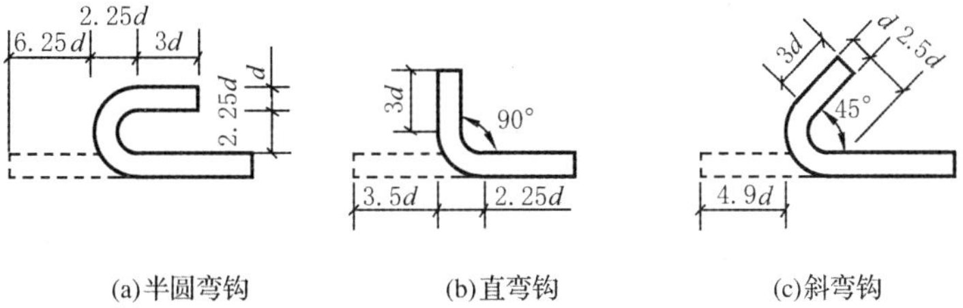

图 4-1　钢筋弯钩计算

（3）弯曲角为 α 时，弯心直径为 D，有

$$外包尺寸 = 2(D/2 + d)\tan(\alpha/2)$$

$$中心线尺寸 = (D + d)\ \pi\alpha/360°$$

$$弯曲量度差 = 2(D/2 + d)\tan(\alpha/2) - (D + d)\ \pi\alpha/360°$$

根据上述理论推算并结合实际工程经验，弯曲量度差可按表 4-6 所示取值。

表 4-6　钢筋弯曲量度差

钢筋弯曲角度	30°	45°	60°	90°	135°
钢筋弯曲量度差	$0.35d$	$0.5d$	$0.85d$	$2d$	$2.5d$

3）弯钩增加长度

钢筋的弯钩形式有半圆弯钩、直弯钩及斜弯钩，如图 4-1 所示。当弯心的直径 D 为 $2.5d$，平直部分为 $3d$ 时，半圆弯钩增加长度的计算方法为

$$弯钩全长 = 3d + 3.5d \times \pi/2 = 8.5d$$

$$弯钩增加长度（扣除量度差） = 8.5d - 2.25d = 6.25d$$

其余角度弯钩增加长度的计算方法同上，可得到钢筋弯钩增加长度的计算值是：半圆弯钩的为 $6.25d$；直弯钩的为 $3.0d$；斜弯钩的为 $4.9d$。在生产实践中，对半圆弯钩常采用经验数据（见表 4-7）。

表 4-7　半圆弯钩增加长度参考值　（单位：mm）

钢筋直径 d	$\leqslant 6$	8 ～ 10	12 ～ 18	20 ～ 28	32 ～ 36
弯钩增加长度	$4d$	$6d$	$5.5d$	$5d$	$4.5d$

4)箍筋调整值

箍筋调整值即弯钩增加长度和弯曲量度差两项之差或和,应根据量度得箍筋外包尺寸或内皮尺寸,实际工程中可参考表4-8计算。

表4-8 箍筋调整值 （单位:mm）

箍筋量度方法	箍筋直径			
	4～5	6	8	10～12
量外包尺寸	40	50	60	70
量内皮尺寸	80	100	120	150～170

5)保护层厚度

受力钢筋的混凝土保护层厚度,应符合设计要求;当设计无具体要求时,不应小于受力钢筋直径,并应符合表4-9所示的规定。

表4-9 纵向受力钢筋的混凝土保护层最小厚度 （单位:mm）

环境与条件	条件名称	混凝土强度等级		
		≤C20	C25～C45	≥C50
室内正常环境	板、墙、壳	20	15	15
	梁	30	25	25
	柱	30	30	30
露天或室内潮湿环境	板、墙、壳	—	20	20
	梁	—	30	30
	柱	—	30	30
有垫层	基础	—	40	—
无垫层		—	70	—

2. 钢筋配料单与料牌

1)钢筋配料单

钢筋配料单根据设计图中各构件钢筋的品种、规格、外形尺寸及数量进行编号,计算下料长度,并用表格形式表述出来。钢筋配料单是钢筋加工的依据,也是提出材料计划、签发任务单和限额领料单的依据。合理配料不仅能节约钢材,还能使施工操作简化。

编制钢筋配料单时,首先按各编号钢筋的形状和规格计算下料长度,并根据根数计算出每一编号钢材的总长度;然后再汇总各规格钢材的总长度,算出其总质量。当需要成形的钢筋很长,尚需配有接头时,应根据原材料供应情况和接头形式来考虑钢筋接头的布置,并在计算下料长度时加上接头所需的长度。

钢筋配料单的具体编制步骤为:熟悉图纸(构件配筋表)→绘制钢筋简图→计算每种规格钢筋的下料长度→填写和编制钢筋配料单→填写钢筋料牌。

2)钢筋料牌

在钢筋工程施工中,仅有钢筋配料单还不够,钢筋配料单不能单独作为钢筋加工与绑扎的依据,还要对每一编号的钢筋制作一块料牌。料牌可用100 mm×70 mm的薄木板或纤维板等制成。料牌在钢筋加工的各过程中依次传递,最后系在加工好的钢筋上作为标志。施工中必须按料牌严格校核，准确无误，以免返工浪费。

3. 钢筋配料单编制实例

编制如图 4-2 所示简支梁配料单。

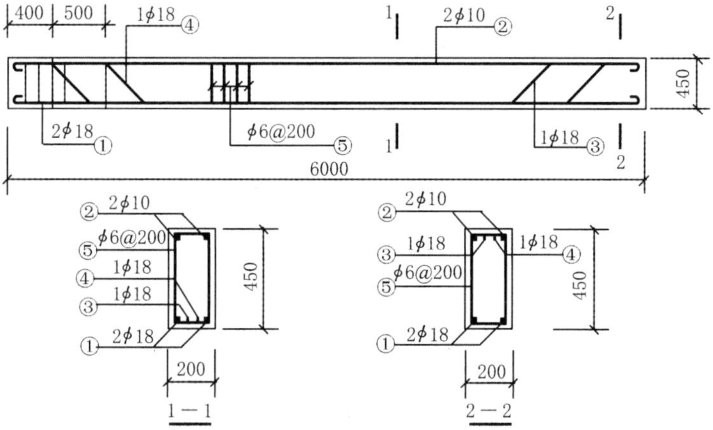

图 4-2　L_1 梁钢简图

编制步骤如下：

(1)熟悉图纸(配筋图)。

(2)绘制各编号钢筋的小样图，如图 4-3 所示。

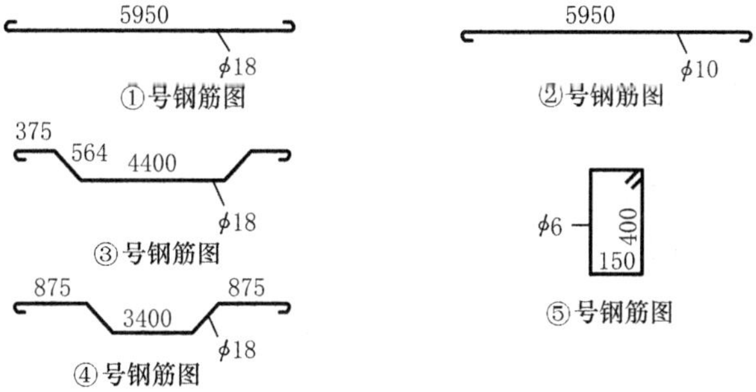

图 4-3　①～⑤号钢筋图

(3)计算钢筋下料长度。

①号钢筋：

$$\text{下料长度}=(6000-2\times 25+6.25\times 18\times 2)\text{mm}=6175\text{ mm}$$

②号钢筋：

$$\text{端部平直段长度}=400-25\text{ mm}=375\text{ mm}$$

$$\text{斜段长度}=(450-2\times 25)\times 1.41\text{ mm}=564\text{ mm}$$

$$\text{中间直段长度}=(6000-2\times 25-2\times 375-2\times 400)\text{mm}=4400\text{ mm}$$

③号钢筋：

$$\begin{aligned}\text{下料长度}&=\text{外包尺寸之和}+\text{端部弯钩增加长度}-\text{弯曲量度差}\\&=\{[2\times(375+564)+4400]+(2\times 6.25\times 18)-(4\times 0.5\times 18)\}\text{mm}\\&=(6278+225-36)\text{ mm}=6467\text{ mm}\end{aligned}$$

④号钢筋：

下料长度＝外包尺寸之和＋端部弯钩增加长度－弯曲量度差

＝{[2×(875＋564)＋3400]＋(2×6.25×18)－(4×0.5×18)}mm

＝6467 mm

⑤号钢筋：

箍筋下料长度＝箍筋内皮周长＋箍筋调整值

＝[(400＋150)×2＋100] mm ＝1200 mm

箍筋数量 η ＝(5950/200＋1)个＝31 个

(4)填写和编制钢筋配料单，如表 4-10 所示。

表 4-10　钢筋配料单

构件名称	钢筋编号	简　图	直径/mm	钢筋等级	下料长度/m	单位根数	合计根数	质量/kg
某教学楼里梁(共 5 根钢筋)	①		18	Ⅰ	6.18	2	10	123
	②		10	Ⅰ	6.08	2	10	37.5
	③		18	Ⅰ	6.47	1	5	64.7
	④		18	Ⅰ	6.47	1	5	64.7
	⑤	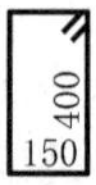	6	Ⅰ	1.20	31	155	41.3

(5)填写钢筋料牌。

在此仅表示出 L_1 梁③号钢筋的料牌，如图 4-4 所示，其他钢筋的料牌也应按此格式填写。

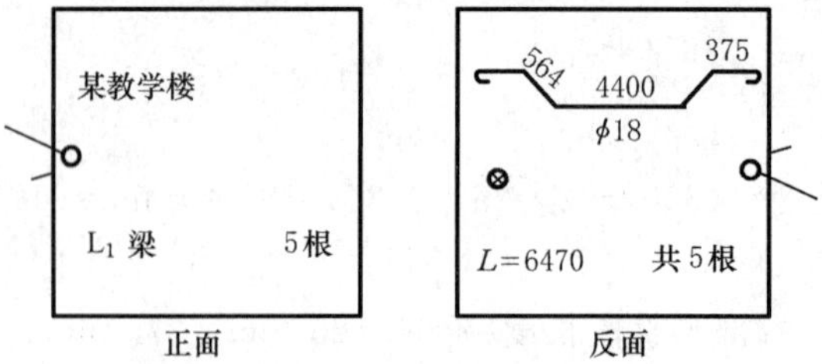

图 4-4　钢筋料牌

四、钢筋代换

在施工过程中，钢筋的品种、级别或规格必须按设计要求采用，但往往会出现钢筋供应不及时，其品种、级别或规格不能满足设计要求的情况，此时为确保施工质量和进度，常需对钢筋进行变更代换。

1. 代换原则和方法

(1)等强度代换:当结构构件受强度控制时,钢筋可按强度相等的原则代换。计算方法如下:

$$A_{s1}f_{y1} \leqslant A_{s2}f_{y2}$$

即

$$n_1 d_1{}^2 f_{y1} \leqslant n_2 d_2{}^2 f_{y2}$$

$$n_2 \geqslant n_1 d_1{}^2 f_{y1} / d_2{}^2 f_{y2} \tag{4-1}$$

式中:d_1, n_1, f_{y1}—— 原设计钢筋的直径、根数和设计强度;

d_2, n_2, f_{y2} ——拟代换钢筋的直径、根数和设计强度。

(2)等面积代换:当构件按最小配筋率配筋时,钢筋可按面积相等的原则代换,即

$$A_{s1} = A_{s2} \tag{4-2}$$

式中 :A_{s1}—— 原设计钢筋的计算面积;

A_{s2} ——拟代换钢筋的计算面积。

(3)当结构构件受裂缝宽度或挠度控制时,代换后应进行裂缝宽度或挠度验算。

2. 代换注意事项

(1)钢筋的品种、级别或规格需做变更时,应办理设计变更手续。

(2)对某些重要构件,如吊车梁、桁架下弦等,不宜用 HPB235 级光圆钢筋代替 HRB335 级和 HRB400 级带肋钢筋。

(3)钢筋代换后,应满足配筋的构造规定,如钢筋的最小直径、间距、根数、锚固长度等。

(4)在同一截面内,可同时配有不同种类和直径的代换钢筋,但每根钢筋的拉力差不应过大(若是相同品种的钢筋,直径差值一般不大于 5 mm,以免构件受力不均)。

(5)梁的纵向受力钢筋与弯起钢筋应分别代换,以保证正截面与斜截面强度。

(6)对偏心受压构件(如框架柱、有吊车厂房柱、桁架上弦等)或偏心受拉构件进行钢筋代换时,不应取整个截面的配筋量计算,而应按受力面(受压或受拉)分别代换。

(7)当构件受裂缝宽度控制时,如以小直径钢筋代换大直径钢筋,或以强度等级低的钢筋代换强度等级高的钢筋,则可不做裂缝宽度验算。

在钢筋代换后,有时由于受力钢筋直径加大或根数增加的影响,需要增加钢筋的排数,这会使构件截面的有效高度 h_0 之值减小,截面强度降低,此时需复核截面强度。

第二节　内场加工与连接技术

一、钢筋内场加工

钢筋内场加工的基本作业有除锈、调直、切断、连接、弯曲成形等工序。下面简要介绍钢筋的除锈、调直、切断、弯曲成形工艺。

1. 钢筋除锈

钢筋由于保管不善或存放过久,其表面会结成一层铁锈,铁锈严重将影响钢筋和混凝土的黏结力,并影响到构件的使用效果,因此在使用前应将铁锈清除干净。钢筋的除锈可在钢筋的冷拉或调直过程中完成(ϕ12mm 以下钢筋),也可用电动除锈机除锈,还可采用手工除锈(用钢

丝刷、砂盘)、喷砂和酸洗除锈等。

2. 钢筋调直

钢筋调直可采用人工调直、机械调直和冷拉调直等三种方法。

人工调直:ϕ12 mm 以下的钢筋可在工作台上用小锤敲直,也可采用绞磨拉直。粗钢筋一般仅出现一些慢弯,可在工作台上利用扳柱用手扳动钢筋来调直。

机械调直:细钢筋一般采用机械调直,可选用钢筋调直机、双头钢筋调直联动机或数控钢筋调直切断机来完成。机械调直机具有钢筋除锈、调直和切断三项功能,并可在一次操作中完成。数控钢筋调直切断机采用光电测长系统和光电计数装置,切断长度可以精确到毫米,并能自动控制切断根数。

冷拉调直:粗钢筋常采用卷扬机冷拉调直,且在冷拉时因钢筋变形,其上锈皮会自行脱落。冷拉调直时必须控制钢筋的冷拉率。

钢筋调直应符合下列需求:

(1)钢筋的表面应洁净,使用前应无表面油渍、漆皮、锈皮等。

(2)钢筋应平直,无局部弯曲,钢筋中心线同直线的偏差不超过全长的1%。成盘的钢筋或弯曲的钢筋均应调直后才允许使用。

(3)钢筋调直后其表面伤痕不得使钢筋截面积减小5%以上。

3. 钢筋切断

钢筋切断有人工剪切、机械切断、氧气切割等三种方法。常采用手动液压切断器和钢筋切断机切断钢筋。前者能切断ϕ16 mm 以下的钢筋,且机具体积小、重量轻、便于携带;后者能切断ϕ6～40 mm 的各种直径的钢筋;直径大于40 mm 的钢筋一般用氧气切割。

钢筋切断前应做好以下准备工作:

(1)汇总当班所要切断的钢筋料牌,对同规格(同级别、同直径)的钢筋分别予以统计,按不同长度进行长短搭配,一般情况下先断长料,后断短料,以尽量减少短头、减少损耗。

(2)检查测量长度所用工具或标志的准确性,在工作台上有量尺刻度线的,应事先检查定尺卡板的牢固性和可靠性。在断料时应避免用短尺量长料,以防止量料中产生误差。

(3)对根数较多的批量切断任务,在正式操作前应试切2～3根,以检验长度的准确度。

4. 钢筋弯曲成形

钢筋按设计要求常需弯折成一定形状。钢筋的弯曲成形一般采用钢筋弯曲机、四头弯筋机(主要用于弯制箍筋),在缺乏机具设备的情况下,也可以用手摇扳手弯制细钢筋,用卡盘与扳手弯制粗钢筋。对形状复杂的钢筋,在弯曲前应根据钢筋料牌上标明的尺寸划出各弯曲点。

二、钢筋的连接

钢筋在工程中的用量很大,但在运输时却受到运输工具的限制。当钢筋直径 $d<12$ mm 时,一般以圆盘形式供货;当直径 $d\geqslant 12$ mm时,则以直条形式供货,直条长度一般为6～12 m,由此带来了钢筋混凝土结构施工中不可避免的钢筋连接问题。目前,钢筋的连接方法有焊接连接、机械连接和绑扎连接等三类。机械连接由于具有连接可靠、作业不受气候影响、连接速度快等优点,目前已广泛应用于粗钢筋的连接。焊接连接和绑扎连接是传统的钢筋连接方法。与绑扎连接相比,焊接连接可节约钢材、改善结构受力性能、保证工程质量、降低施工

成本，宜优先选用。

1. 钢筋的焊接连接

焊接连接是利用焊接技术将钢筋连接起来的连接方法，应用广泛。但焊接是一项专门的技术，焊工需要进行专门培训，持证上岗；焊接施工受气候、电流稳定性的影响较大，其接头质量不如机械连接的好。

施工过程中，钢筋焊接连接普遍采用的方法有闪光对焊、电阻点焊、电弧焊、电渣压力焊及埋弧压力焊等。

1）闪光对焊

闪光对焊是将2根钢筋沿着其轴线，使钢筋端面接触对焊的连接方法。闪光对焊需在对焊机上进行，操作时将2根钢筋的端面接触，通过低电压、强电流，把电能转换成热能，待钢筋加热到一定温度后，再施加以轴向压力顶锻，使2根钢筋焊合在一起，接头冷却后便形成对焊接头（见图4-5）。

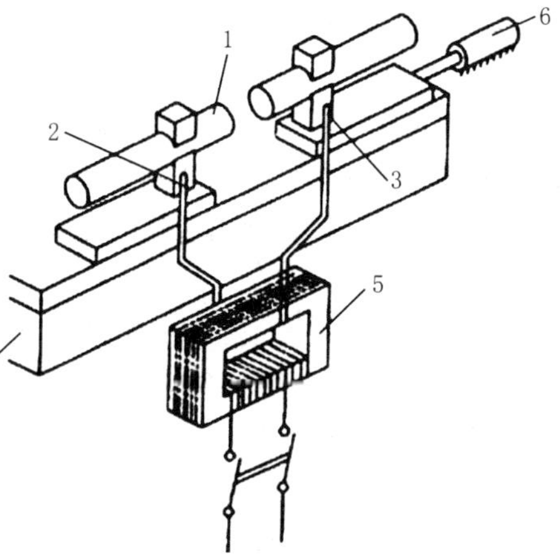

图4-5 钢筋的闪光对焊原理

1—钢筋；2—固定电极；3—可动电极；4—机座；5—变压器；6—顶压机构

闪光对焊具有成本低、质量好、工效高，并能适用于各种钢筋的特点，因而得到普遍的应用。闪光对焊根据其工艺，可分为连续闪光焊、预热闪光焊、闪光—预热—闪光焊及焊后通电热处理等四类。

（1）连续闪光焊：在对焊机夹具夹紧钢筋并通电后，钢筋的端面轻微接触，由于电阻的原因，端头金属很快熔化，熔化的金属液像火花般地从钢筋端面向间隙处喷射出来，称为闪光。继续将钢筋端面逐渐移近，即形成连续闪光过程。待钢筋熔化完一定的预留量后，迅速加压进行顶锻，先带电顶锻，再断电顶锻到一定长度，焊接接头即完成。该工艺适宜焊接直径在25 mm以下的钢筋。

（2）预热闪光焊：它在连续闪光前增加一个钢筋预热过程，然后再进行闪光和顶锻。该工艺适宜焊接直径大于25 mm且端面比较平整的钢筋。

（3）闪光—预热—闪光焊：它在预热闪光前再增加一次闪光过程，使不平整的钢筋端面先闪成比较平整的端面，并将钢筋均匀预热。该工艺适宜焊接直径大于25 mm且端面不平整的钢筋。

（4）焊后通电热处理：Ⅳ级钢筋因焊接性能较差，其接头易出现脆断现象。可在焊后进行

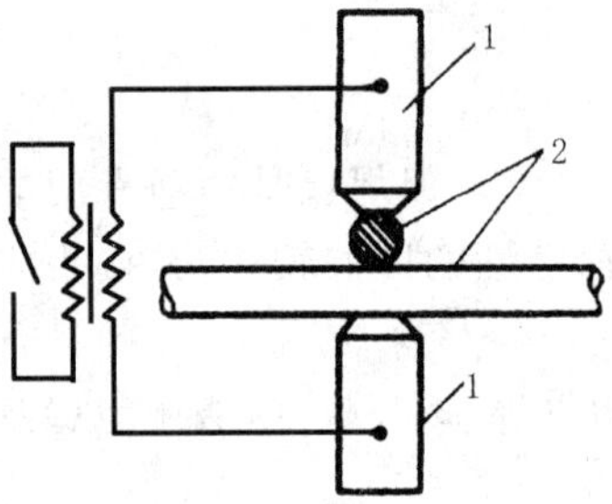

图 4-6　点焊机工作原理

1—电极；2—钢丝

通电热处理，即待接头冷却至 300 ℃以下时，采用较低变压器级数，进行脉冲式通电加热，以 0.5～1 s/次为宜，热处理温度一般在 750～850 ℃范围内选择。该法可提高焊接接头处钢筋的塑性。

2)电阻点焊

电阻点焊是将交叉的钢筋叠合在一起，放在两个电极间预压夹紧，然后通电使接触点处产生电阻热，钢筋加热熔化并在压力下形成紧密联结点，冷凝后即得牢固焊点(见图 4-6)。电阻点焊用于焊接钢筋网片或骨架，适于直径为 6～14 mm 的 HPB235、HRB335 级钢筋及直径为3～5 mm的钢筋。当焊接不同直径的钢筋，其较小钢筋直径小于 10 mm 时，大小钢筋直径之比不宜大于 3；其较小钢筋的直径为 12～14 mm 时，大小钢筋直径之比不宜大于 2。承受重复荷载并需进行疲劳验算的钢筋混凝土结构和预应力混凝土结构中的预应力钢筋不得采用电阻点焊连接。

3)电弧焊

电弧焊是利用弧焊机在焊条与焊件之间产生高温电弧，使焊条和电弧燃烧范围内的焊件熔化，待其凝固后形成焊缝或接头的焊接方法。其中电弧是指焊条与焊件金属之间空气介质出现的强烈持久的放电现象。电弧焊使用的弧焊机有交流弧焊机、直流弧焊机两种，常用的为交流弧焊机。

电弧焊的应用非常广泛，常用于钢筋的接长、钢筋骨架的焊接、钢筋与钢板的焊接、装配式钢筋混凝土结构接头的焊接及各种钢结构的焊接等。用于钢筋的接长时，其接头形式有帮条焊、搭接焊和坡口焊等。各种电弧焊接头形式如图 4-7 所示。

(1)帮条焊。

帮条焊适用于直径为 10～40 mm 的 HPB235、HRB335、HRB400 级钢筋，帮条焊接头如图 4-7(a)所示。钢筋帮条长度如表 4-11 所示；主筋端面的间隙为 2～5 mm。所采用帮条的总截面积为：被焊接的钢筋为 HPB235 级钢筋时，应不小于被焊接钢筋截面积的 1.2 倍；被焊接钢筋为 HRB335、HRB400 级钢筋时，应不小于被焊接钢筋截面积的 1.5 倍。

表 4-11　钢筋帮条长度

项次	钢筋级别	焊缝形式	帮条长度
1	HPB235 级	单面焊	≥$8d$
		双面焊	≥$4d$
2	HRB335 级、HRB400 级	单面焊	≥$10d$
		双面焊	≥$5d$

注　d 为钢筋直径。

(2)搭接焊。

搭接焊适用于直径为 10～40 mm 的 HPB235、HRB335、HRB400 级钢筋。搭接接头的钢筋需预弯，以保证 2 根钢筋的轴线在一条直线上(见图 4-7(b))。焊接时最好采用双面焊，对其搭接长度的要求是：HPB235 级钢筋的为 $4d$(d 为钢筋直径)，HRB335、HRB400 级钢筋的为 $5d$；若采用单面焊，则搭接长度需加倍。

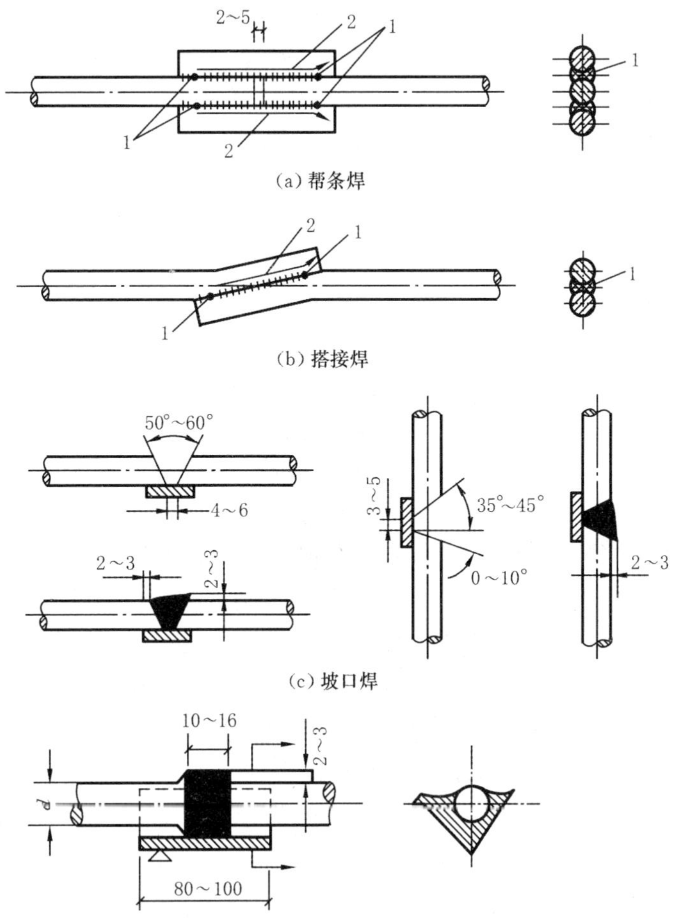

(a) 帮条焊

(b) 搭接焊

(c) 坡口焊

(d) 熔槽帮条焊

图 4-7 电弧焊接头形式

1—定位焊缝;2—弧坑拉出方位

(3)坡口焊。

坡口焊接头多用于装配式框架结构现浇接头的钢筋焊接,分为平焊和立焊两种。钢筋坡口平焊采用 V 形坡口,坡口夹角为 60°,2 根钢筋的间隙为 3~5 mm,下垫钢板,然后施焊。钢筋坡口立焊采用半 V 形坡口或 K 形坡口(见图 4-7(c))。

4)电渣压力焊

电渣压力焊是利用电流通过渣池产生的电阻热将钢筋端部熔化,然后施加压力使钢筋焊合的焊接方法,主要用于现浇结构中直径为 14~40 mm 的 HPB235、HRB335、HRB400 级的竖向或斜向(倾斜度在 4∶1 内)钢筋的接长。这种焊接方法操作简单、工作条件好、工作效率高、施工成本低,比电弧焊节电 80%以上,比绑扎连接和帮条焊、搭接焊节约钢筋 30%,提高工效 6~10 倍。

(1)焊接设备及焊剂。

电渣压力焊设备包括焊接电源、焊接夹具和焊剂盒等(见图 4-8)。焊接夹具应具有一定刚度,上下钳口同心。焊剂盒呈圆形,由两个半圆形铁皮组成,内径为 80~100 mm,与所焊钢筋的直径相应,焊剂盒宜与焊接机头分开。在焊接完成后,先拆机头,待焊接接头保温一段时

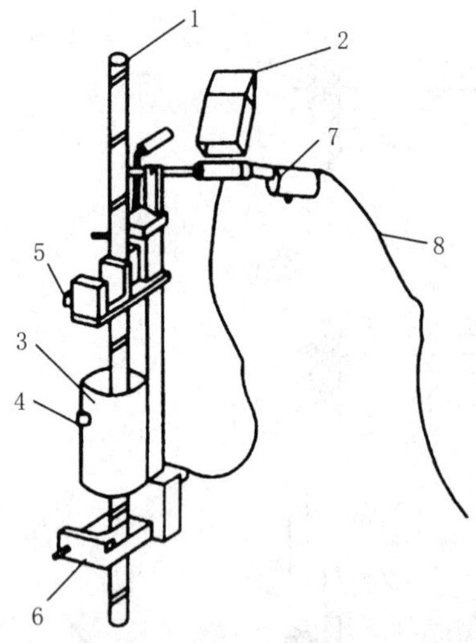

图 4-8　电渣压力焊焊接机头示意

1—钢筋；2—监控仪表；3—焊剂盒；
4—焊剂盒扣环；5—活动夹具；
6—固定夹具；7—操作手柄；8—控制电缆

间后再拆焊剂盒，特别是在环境温度较低时，可避免发生冷淬现象。焊剂除起到隔热、保温及稳定电弧的作用外，在焊接过程中还能起到补充熔渣、脱氧及添加合金元素的作用，使焊缝金属合金化。

（2）焊接工艺。

电渣压力焊的工艺包括引弧、造渣、电渣和挤压四个过程。

5）埋弧压力焊

埋弧压力焊是利用焊剂层下的电弧燃烧将两焊件相邻部位熔化，然后加压顶锻使两焊件焊合的焊接方法，适用于直径为 6～20 mm 的 HPB235、HRB335 级钢筋与钢板 T 形接头的焊接，亦即预埋件 T 形接头的焊接。

预埋件 T 形接头按形式分为贴角焊接头和穿孔塞焊接头两种（见图 4-9）。焊接时，钢板厚度不小于 $0.5d$，且不宜小于 5 mm；钢筋应采用 HPB235、HRB335 级，受力锚固钢筋直径不宜小于 8 mm，构造锚固直径不宜小于 6 mm。锚固钢筋直径在 18 mm 以内，可采用贴角焊进行焊接；锚固钢筋直径为 18～22 mm 时，宜采用穿孔塞焊进行焊接。

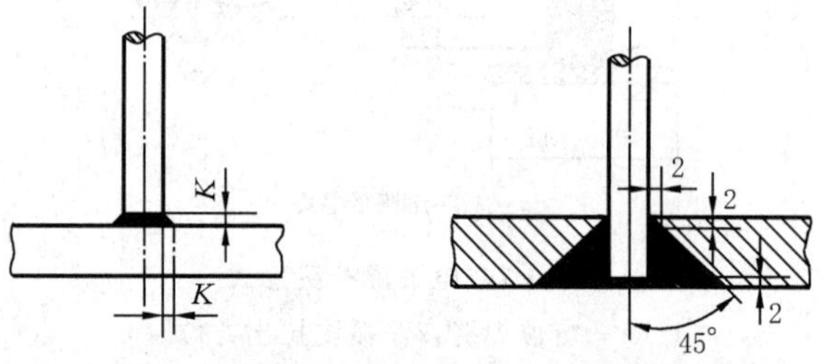

(a) 贴角焊接头　　(b) 穿孔塞焊接头

图 4-9　预埋件 T 形接头

若钢筋与钢板搭接焊，则 HPB235 级钢筋的搭接长度不小于 $4d$，HRB335 级钢筋的搭接长度不小于 $5d$。钢筋焊接的接头类型及其适用范围如表 4-12 所示。

表 4-12　钢筋焊接接头类型及其适用范围

焊接方法	适用范围	
	钢筋种类与级别	钢筋直径/mm
电阻点焊	热轧 HPB235、HRB335 级	6～14
	消除应力钢丝	4～5
	冷轧带肋钢筋 CRB550 级	4～12
闪光对焊	热轧 HPB235、HRB335、HRB400 级	10～40
	热轧 RRB400 级	10～25
	余热处理钢筋 KL400 级	10～25

续表

焊接方法			适用范围	
			钢筋种类与级别	钢筋直径/mm
电弧焊	帮条焊	双面焊	热轧 HPB235、HRB335、HRB400 级	10～40
			余热处理钢筋 KL400 级	10～25
		单面焊	热轧 HPB235、HRB335、HRB400 级	10～40
			余热处理钢筋 KL400 级	10～25
	搭接焊	双面焊	热轧 HPB235、HRB335、HRB400 级	10～40
			余热处理钢筋 KL400 级	10～25
		单面焊	热轧 HPB235、HRB335、HRB400 级	10～40
			余热处理钢筋 KL400 级	10～25
	熔槽帮条焊		热轧 HPB235、HRB335 级	20～40
			余热处理钢筋 KL400 级	25
	坡口焊	平焊	热轧 HPB235、HRB335、HRB400 级	18～40
			余热处理钢筋 KL400 级	18～25
		立焊	热轧 HPB235、HRB335、HRB400 级	18～40
			余热处理 KL400 级	18～25
	钢筋与钢板搭接焊		热轧 HPB235、HRB335 级	8～40
	窄间隙焊		热轧 HPB235、HRB335、HRB400 级	16～40
	预埋件电弧焊	贴角焊	热轧 HPB235、HRB335 级	6～25
		穿孔塞焊	热轧 HPB235、HRB335 级	20～25
电渣压力焊			热轧 HPB235、HRB335 级	14～40
埋弧压力焊			热轧 HPB235、HRB335 级	6～25

注 电阻点焊时，“适用范围”中的“钢筋直径”系指较小钢筋的直径。

2. 钢筋的机械连接

钢筋机械连接的优点很多，包括：设备简单、操作技术易于掌控、施工速度快；接头性能可靠，节约钢筋，适用于钢筋在任何位置与方向（竖向、横向、环向及斜向等）的连接；施工不受气候条件影响，尤其在易燃、易爆、高空等施工条件下作业安全可靠。虽然机械连接的成本较高，但其综合经济效益与技术效果显著，目前已在现浇大跨结构、高层建筑、桥梁、水工结构等工程中广泛用于粗钢筋的连接。钢筋机械连接的方法主要有套筒挤压连接和螺纹套筒连接。

1）套筒挤压连接

钢筋套筒挤压连接的基本原理是：将 2 根待连接的钢筋插入钢套筒内，采用专用液压压接钳侧向或轴向挤压套筒，使套筒产生塑性变形，套筒的内壁变形后嵌入钢筋螺纹中，从而产生抗剪能力来传递钢筋连接处的轴向力。挤压连接有径向挤压和轴向挤压两种（见图 4-10）。

它适用于连接 ϕ20～40 mm 的 HRB335、HRB400 级钢筋。当所用套筒的外径相同时，连接钢筋的直径相差不宜大于两个级差，钢筋间操作净距宜大于 50 mm。

钢筋接头处宜采用砂轮切割机断料；钢筋端部的扭曲、弯折、斜面等应予以校正或切除；钢筋连接部位的飞边或纵肋过高时，应采用砂轮机修磨，以保证钢筋能自由穿入套筒内。

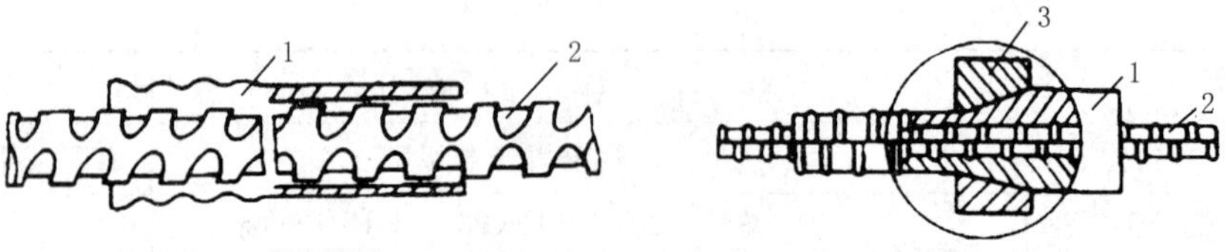

(a) 径向挤压　　(b) 轴向挤压

图 4-10　套筒挤压连接

1—钢套筒;2—肋纹钢筋;3—压膜

(1)径向挤压连接:挤压接头的压接一般分两次进行,第一次先压接半个接头,然后在钢筋连接的作业部位再压接另半个接头。第一次压接时,靠套筒空腔的部位宜少压一扣,空腔部位应采用塑料护套保护;第二次压接前拆除塑料护套,再插入钢筋进行挤压连接。挤压连接的基本参数如表 4-13 所示。

表 4-13　挤压连接的基本参数(采用 1/J650 和 1/J800 型挤压机)

钢筋直径/mm	钢套筒外径×长度	挤压力/kN	每端压接道数
25	43 mm×175 mm	500	3
28	49 mm×196 mm	600	4
32	54 mm×224 mm	650	5
36	60 mm×252 mm	750	6

(2)轴向挤压连接:先用半挤压机进行钢筋半接头挤压,再在钢筋连接的作业部位用挤压机进行钢筋连接挤压。

2)螺纹套筒连接

钢筋螺纹套筒连接包括锥螺纹套筒连接和直螺纹套筒连接,它利用螺纹能承受轴向力与水平力、密封自锁性较好的原理,靠规定的机械力把钢筋连接在一起。

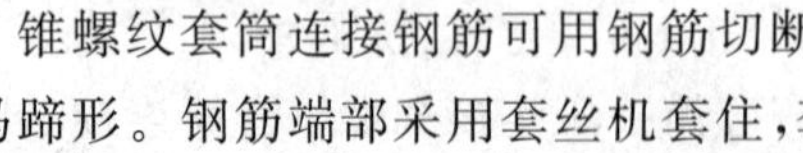

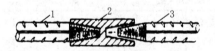

图 4-11　钢筋锥螺纹套筒连接

1—已连接钢筋;2—锥螺纹套筒;3—待连接钢筋

(1)锥螺纹套筒连接。

锥螺纹套筒连接的工艺是:先用钢筋套丝机把钢筋的连接端加工成锥螺纹,然后通过锥螺纹套筒,用扭力扳手把 2 根钢筋与套筒拧紧(见图 4-11)。这种钢筋接头可用于连接 $\phi10\sim40$ mm 的 HRB335、HRB400 级钢筋,也可用于异直径钢筋的连接。

锥螺纹套筒连接钢筋可用钢筋切断机或砂轮锯下料,但不准用气割下料,端头不得挠曲或有马蹄形。钢筋端部采用套丝机套住,套丝时采用冷却液进行冷却润滑。加工好的丝扣完整数要达到标准要求(见表 4-14);锥螺纹的牙型应与牙型规吻合,小端直径必须在卡规的允许误差范围内(见图 4-12)。锥螺纹经检查合格后,一端拧上塑料护帽,另一端旋入连接套筒,用扭力扳手拧紧,并扣上塑料封盖。运输过程中应防止塑料护帽破坏,使丝扣损坏。

表 4-14　钢筋锥螺纹丝扣完整数

钢筋直径/mm	16～18	20～22	25～28	32	36	40
丝扣完整数	5	7	8	10	11	12

钢筋连接时,分别拧下塑料护帽和塑料封盖,将带有连接套筒的钢筋拧到待连接的钢筋

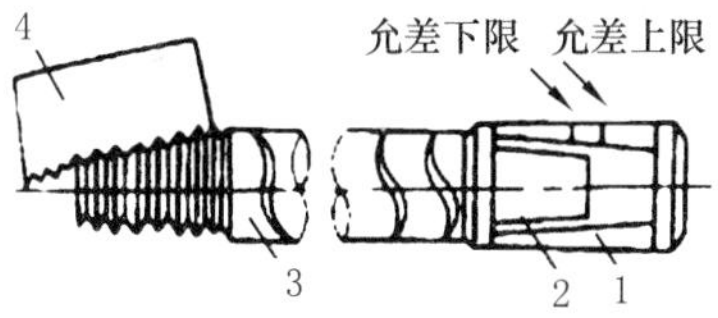

图 4-12　锥螺纹牙型与牙型规

1—钢筋；2—锥螺纹；3—牙型规；4—卡规

上，并用扭力扳手规定的力矩值（见表 4-15）把接头拧紧。连接完毕的接头要求锥螺纹外露不得超过 1 个完整丝扣，接头经检验合格后随即用涂料刷在套管上做标记。

表 4-15　锥螺纹钢筋接头的拧紧力矩值

钢筋直径/mm	16	18	20	22	25～28	32	36～40
拧紧力矩/(N·m)	118	145	177	216	275	314	343

(2)直螺纹套筒连接。

直螺纹套筒连接包括钢筋镦粗直螺纹套筒连接和钢筋滚压直螺纹套筒连接，目前前者采用较多。钢筋镦粗直螺纹套筒连接是，先将钢筋端头镦粗，再切削成直螺纹，然后用带直螺纹的套筒将 2 根钢筋拧紧的连接方法。这种工艺的特点是，钢筋端部经冷镦后不仅直径增大，使套丝后丝扣底部的横截面面积不小于钢筋原横截面面积，而且冷镦后钢材强度得到提高，因而接头的强度大大提高。钢筋直螺纹的加工工艺及连接施工与锥螺纹套筒连接的相似，但所连接的 2 根钢筋相互对顶锁定连接套筒。直螺纹钢筋接头规定的拧紧力矩如表 4-16 所示。

表 4-16　直螺纹钢筋接头的拧紧力矩值

钢筋直径/mm	16～18	20～22	25	28	32	36～40
拧紧力矩/(N·m)	100	200	250	280	320	350

3. 钢筋的绑扎连接

钢筋绑扎连接主要是使用 20～22 号镀锌铁丝或绑扎钢筋专用的火烧丝将 2 根钢筋搭接绑扎在一起。其工艺简单、工效高，不需要连接设备，但因需要有一定的搭接长度而增加钢筋用量，且接头的受力性能不如机械连接和焊接连接的好，所以规范规定：轴心受拉及小偏心受拉杆件的纵向受力钢筋不得采用绑扎接头连接，直径 $d>28$ mm 的受拉钢筋和直径 $d>32$ mm 的受压钢筋不宜采用绑扎接头连接。

钢筋绑扎接头宜设置在受力较小处，在接头的搭接长度范围内，应至少绑扎三点以上，绑扎连接的质量应符合规范要求。

当焊接骨架和焊接网采用绑扎连接时，应符合下列规定：

(1)焊接骨架和焊接网的搭接接头不宜位于构件的最大弯矩处。

(2)受拉焊接骨架和焊接网在受力钢筋方向的搭接长度应符合表 4-17 所示的规定；受压焊接骨架和焊接网在受力方向的搭设长度为表 4-17 所示数值的 0.7。

(3)焊接网在非受力方向的搭设长度宜为 100 mm。

表 4-17　受拉焊接骨架和焊接网绑扎接头的搭接长度

项次	钢筋类型	混凝土强度等级		
		C20	C25	≥C30
1	HPB235 级钢筋	30*d*	25*d*	20*d*
2	HRB335 级钢筋	40*d*	35*d*	30*d*
3	HRB400 级钢筋	45*d*	40*d*	35*d*
4	清除应力钢丝	250mm	—	—

注　(1)搭接长度除应符合本表规定外，在受拉区不得小于 250 mm，在受压区不得小于 200 mm。

(2)当混凝土强度等级低于 C20 时：对 HPB235 级钢筋，最小搭接长度不得小于 40*d*；对 HRB335 级钢筋，最小搭接长度不得小于 50*d*；HRB400 级钢筋不宜采用。

(3)当月牙纹钢筋直径 $d \geqslant 25$ mm 时，其搭接长度应按表中数值增加 5*d* 采用。

(4)当螺纹钢直径 $d \leqslant 25$ mm 时，其搭接长度应按表中数值减小 5*d* 采用。

(5)当混凝土在凝固过程中易受扰动(如滑板施工)时，搭接长度宜适当增加。

(6)有抗震要求时：对 HPB235 级钢筋，相应增加 10*d*；对 HRB335 级钢筋，相应增加 5*d*。

第三节　绑扎安装与铁件预埋

基面终验清理完毕或施工缝处理完毕养护一定时间，混凝土强度达到 2.5 MPa 后，即进行钢筋的绑扎与安装作业。

钢筋的安设方法有两种：一种是将钢筋骨架在加工厂制好，再运到现场安装，称为整装法；另一种是将加工好的散钢筋运到现场，再逐根安装，称为散装法。

一、钢筋的绑扎接头

根据施工规范规定：直径在 25 mm 以下的钢筋接头，可采用绑扎接头。轴心受压、小偏心受拉构件和承受振动荷载的构件中，钢筋接头不得采用绑扎接头。

1. 钢筋绑扎应遵守的规定

(1)搭接长度不得小于表 4-17 规定的数值。

(2)受拉区域内的光面钢筋绑扎接头的末端应做弯钩。

(3)梁、柱钢筋的接头，如采用绑扎接头，则在绑扎接头的搭接长度范围内应加密钢箍。当搭接钢筋为受拉钢筋时，箍筋间距不应小于 5*d*(*d* 为两搭接钢筋中较小的直径，下同)；当搭接钢筋为受压钢筋时，箍筋间距不应大于 10*d*。

2. 钢筋接头的分散布置

(1)配置在同一截面内的受力钢筋，其接头的截面积占受力钢筋总截面积的比例应符合下列要求：绑扎接头在构件的受拉区中不超过 25%，在受压区中不超过 50%。

(2)绑扎接头距钢筋弯起点不小于 10*d*，也不位于最大弯矩处。

(3)在施工中如分辨不清受拉、受压区，则其接头设置应遵循受拉区的规定。

(4)2 根钢筋相距在 30*d* 或 50 cm 以内，两绑扎接头的中距在绑扎搭接长度以内时，均视为同一截面。

直径小于或等于 12 mm 的受压 HPB235 级钢筋的末端，以及轴心受压构件中任意直径的受力钢筋的末端，可以做弯钩，但搭接长度不应小于 $30d$。

二、钢筋的现场绑扎

1. 准备工作

(1)熟悉施工图纸。熟悉图纸，一方面可校核钢筋加工中是否有遗漏或误差，另一方面也可以检查图纸中是否存在与实际情况不符的地方，以便及时改正。

(2)核对钢筋配料单和料牌。在熟悉施工图纸的过程中，应核对钢筋配料单和料牌，并检查已加工成形的成品的规格、形状、数量、间距是否和图纸一致。

(3)确定安装顺序。钢筋绑扎与安装的主要工作内容包括放样划线、排筋绑扎、垫撑铁和保护层垫块、检查校正及固定预埋件等。为了保证工程顺利进行，在熟悉图纸的基础上，要考虑钢筋绑扎安装顺序。板类构件排筋顺序一般先排受力钢筋，后排分布钢筋；梁类构件一般先排纵筋(排放有焊接接头和绑扎接头的钢筋应符合规定)，再排箍筋，最后固定。

(4)做好材料、机具的准备。钢筋绑扎与安装的主要材料、机具包括钢筋钩、吊线垂球、木水平尺、麻线、长钢尺、钢卷尺、扎丝、垫保护层用的砂浆垫块或塑料卡、撬杆、绑扎架等。对于结构较大或形状较复杂的结构，为了固定钢筋还需一些钢筋支架、钢筋支撑。

扎丝一般采用 18～22 号铁丝或镀锌铁丝(见表 4-18)。扎丝长度一般以钢筋钩拧 2～3 圈后，铁丝出头长度为 20 cm 左右为宜。

表 4-18　绑扎用扎丝

钢筋直径/mm	＜12	12～25	＞25
铁丝型号	22 号	20 号	18 号

混凝土保护层厚度必须严格按设计要求控制。其厚度可用水泥砂浆垫块或塑料卡控制。水泥砂浆垫块的厚度应等于保护层厚度；平面尺寸，当保护层厚度小于或等于 20 mm 时为 30 mm×30 mm，大于 20 mm 时为 50 mm×50 mm。在垂直方向使用垫块，应在垫块中埋入 2 根 20 号或 22 号铁丝，用铁丝将垫块绑在钢筋上。

(5)放线。放线要从中心点开始向两边量距放点，定出纵向钢筋的位置。水平筋的放线可放在纵向钢筋或模板上。

2. 钢筋的绑扎

钢筋的绑扎应顺直均匀、位置正确。钢筋绑扎的操作方法有一面顺扣法、十字花扣法、反十字扣法、兜扣法、缠扣法、兜扣加缠法、套扣法等，较常用的是一面顺扣法，如图 4-13 所示。

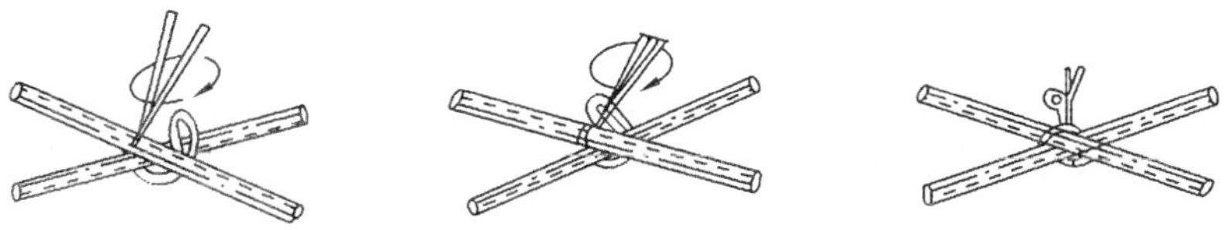

(a)　(b)　(c)

图 4-13　一面顺扣法

一面顺扣法的操作步骤是：将已切断的扎丝在中间折合成 180°弯，然后将扎丝清理整齐。绑扎时，执在左手的扎丝应靠近钢筋绑扎点的底部，右手拿住钢筋钩，食指压在钩前部，用钩尖

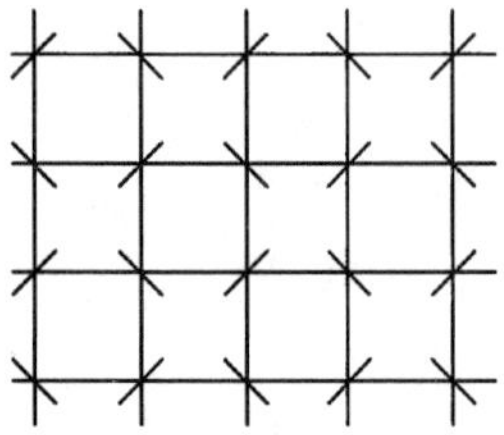

图 4-14　钢筋网八字形扎法

端钩住扎丝底扣处，并紧靠扎丝开口端，绕扎丝拧转两圈半，在绑扎时扎丝扣伸出钢筋底部要短，并用钩尖将铁丝扣紧。

为防止钢筋网(骨架)发生歪斜，相邻绑扎点的绑扣应采用八字形扎法(见图 4-14)。

3. 钢筋工程的质量要求

1)钢筋加工的质量要求

(1)加工前应对所采用的钢筋进行外观检查。钢筋应无损伤，表面不得有裂纹、油污、颗粒状或片状老锈。

(2)钢筋调直宜采用机械方法，也可采用冷拉方法。当采用冷拉方法调直钢筋时，HPB235 级钢筋的冷拉率不宜大于 4%，HRB335 级、HRB400 级和 RRB400 级钢筋的冷拉率不宜大于 1%。

(3)受力钢筋的弯钩和弯折应符合下列规定：

①HPB235 级钢筋末端应做 180°弯钩，其弯弧内直径不应小于钢筋直径的 2.5 倍，弯钩的弯后平直部分长度不应小于钢筋直径的 3 倍；

②当设计要求钢筋末端需做 135°弯钩时，HRB335 级、HRB400 级钢筋的弯弧内直径不应小于钢筋直径的 4 倍，弯钩的弯后平直部分长度应符合设计要求；

③钢筋做不大于 90°的弯折时，弯折处的弯弧内直径不应小于钢筋直径的 5 倍。

(4)除焊接封闭环式箍筋外，箍筋的末端应做弯钩，弯钩形式应符合设计要求；当设计无具体要求时，应符合下列规定：

①箍筋弯钩的弯弧内直径除应满足上述第(3)条的规定外，还应不小于受力钢筋直径。

②箍筋弯钩的弯折角度：对一般结构，不应小于 90°；对有抗震等要求的结构，应为 135°。

③箍筋弯后平直部分长度：对一般结构，不宜小于箍筋直径的 5 倍；对有抗震等要求的结构，不应小于箍筋直径的 10 倍。

(5)钢筋加工的形状、尺寸应符合设计要求，其偏差应符合表 4-19 所示的规定。

表 4-19　钢筋加工的允许偏差　　(单位：mm)

项　　目	允许偏差
受力钢筋顺长度方向全长的净尺寸	±10
弯起钢筋的弯折位置	±20
箍筋内净尺寸	±5

2)钢筋连接的质量要求

(1)纵向受力钢筋的连接方式应符合设计要求。

(2)在施工现场，应按国家现行标准的规定抽取钢筋机械连接接头、焊接接头试件应做力学性能检验，其质量应符合有关规程的规定，并应按国家现行标准的规定对接头的外观进行检查，其质量应符合有关规程的规定。

(3)钢筋的接头宜设置在受力较小处。同一纵向受力钢筋不宜设置 2 个或 2 个以上接头；接头末端至钢筋弯起点的距离不应小于钢筋直径的 10 倍。

(4)当受力钢筋采用机械连接接头或焊接接头时，设置在同一构件内的接头宜相互错开。纵向受力钢筋机械连接接头及焊接接头连接区段的长度为 35d(d 为纵向受力钢筋的较大直径)且不小于 500 mm。同一连接区段内,纵向受力钢筋的接头面积百分率应符合设计要求。当设计无具体要求时,应符合下列规定:在受拉区不宜大于 50%;接头不宜设置在有抗震设防要求的框架梁端、柱端的箍筋加密区;当无法避开时,对等强度、高质量机械连接接头,不应大于 50%;在直接承受动力荷载的结构构件中,不宜采用焊接接头;当采用机械连接接头时,不应大于 50%。

(5)同一构件中相邻纵向受力钢筋的绑扎接头宜相互错开。绑扎接头中钢筋的横向净距不应小于钢筋直径,且不宜小于 25 mm。钢筋绑扎接头连接区段的长度为 $1.3l_1$(l_1为搭接长度)。在同一连接区段内,纵向受拉钢筋搭接接头面积百分率应符合设计要求。当设计无具体要求时,应符合以下规定:对梁类、板类及墙类构件,不宜大于 25%;对柱类构件,不宜大于 50%;当工程中确有必要增大接头面积百分率时,对梁类构件,不应大于 50%,对其他构件,可根据实际情况放宽。

(6)在梁、柱类构件的纵向受力钢筋搭接长度范围内,应按设计要求配置箍筋。当无设计要求时,应符合下列规定:箍筋直径不应小于搭接钢筋较大直径的 0.25;受拉搭接区段的箍筋间距不应大于搭接钢筋较小直径的 5 倍,且不应大于 100 mm;受压搭接区段的箍筋间距不应大于搭接钢筋较小直径的 10 倍,且不应大于 200 mm;当柱中纵向受力钢筋直径大于 25 mm 时,应在搭接接头两个端面外 100 mm 范围内各设置两个箍筋,其间距宜为 50 mm。

3)钢筋安装的质量要求

(1)钢筋安装时,受力钢筋的品种、级别、规格和数量必须符合设计要求。应进行全数检查,检查方法为观察和用钢尺检查。

(2)钢筋安装位置的允许偏差应符合表 4-20 所示的规定。

表 4-20　钢筋安装位置的允许偏差和检查方法

<table>
<tr><th colspan="3">项　目</th><th>允许偏差/mm</th><th>检查方法</th></tr>
<tr><td rowspan="2">绑扎钢筋网</td><td colspan="2">长、宽</td><td>±10</td><td>用钢尺检查</td></tr>
<tr><td colspan="2">网眼尺寸</td><td>±20</td><td>用钢尺量连续三档,取最大值</td></tr>
<tr><td rowspan="2">绑扎钢筋架</td><td colspan="2">长</td><td>±10</td><td>用钢尺检查</td></tr>
<tr><td colspan="2">宽、高</td><td>±5</td><td>用钢尺检查</td></tr>
<tr><td rowspan="5">受力钢筋</td><td colspan="2">间距</td><td>±10</td><td rowspan="2">用钢尺量两端、中间各一点,取最大值</td></tr>
<tr><td colspan="2">排距</td><td>±5</td></tr>
<tr><td rowspan="3">保护层厚度</td><td>基础</td><td>±10</td><td>用钢尺检查</td></tr>
<tr><td>柱、梁</td><td>±5</td><td>用钢尺检查</td></tr>
<tr><td>板、墙、壳</td><td>±3</td><td>用钢尺检查</td></tr>
<tr><td colspan="3">绑扎箍筋、横向钢筋间距</td><td>±20</td><td>用钢尺量连续三档,取最大值</td></tr>
<tr><td colspan="3">钢筋弯起点位置</td><td>20</td><td>用钢尺检查</td></tr>
<tr><td rowspan="2">预埋件</td><td colspan="2">中心线位置</td><td>5</td><td>用钢尺检查</td></tr>
<tr><td colspan="2">扎平高差</td><td>±3.0</td><td>用钢尺和塞尺检查</td></tr>
</table>

注　(1)检查预埋件中心线位置时,应沿纵、横两个方向量测,并取其中的较大值;

(2)表中梁类、板类构件上部纵向受力钢筋保护层厚度的合格率应达到 90%以上,且不得有超过表中数值 1.5 倍的尺寸偏差。

三、预埋铁件

扎工混凝土的预埋铁件主要有:锚固或支撑的插筋、地脚螺栓、锚筋;为结构安装支撑用的支座;吊环、锚环等。

1. 预埋插筋、地脚螺栓

预埋插筋、地脚螺栓均按设计要求埋设。常用的插筋埋设方法有三种(见图 4-15)。

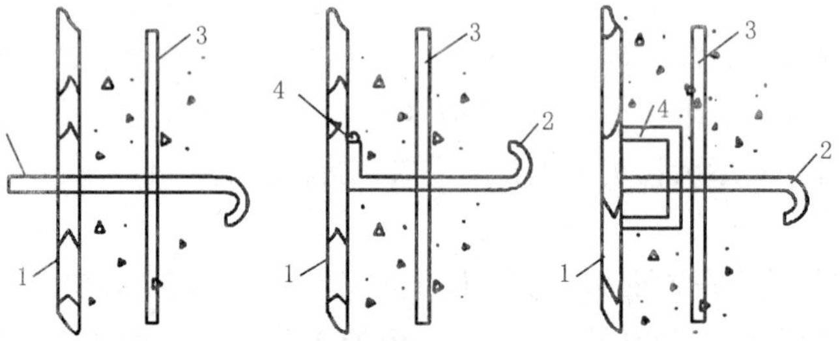

图 4-15　插筋埋设方法

1—模板;2—插筋;3—预埋木盒;4—固定钉

对于精度要求较高的地脚螺栓埋设的常用的方法如图 4-16 所示。预埋螺栓时,可采用样板固定,并用黄油涂满螺牙,用薄膜或纸包裹。

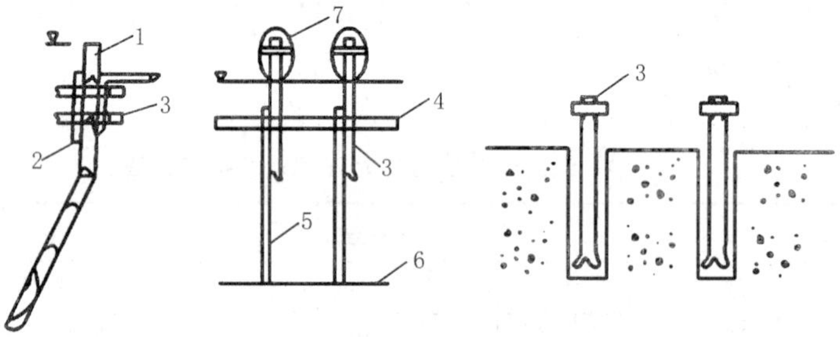

图 4-16　地脚螺栓埋设方法

1—模板;2—垫板;3—地脚螺栓;4—结构钢筋;5—支撑钢筋;
6—建筑缝;7—保护套;8—钻孔

2. 预埋锚筋

1)一般要求

基础锚筋通常采用 HPB235 级钢筋加工成锚筋,为提高锚固力,其端部均开叉加钢楔,钢筋直径一般不小于 25 mm,不大于 32 mm,多选用直径为 28 mm 的做锚筋。锚筋锚固长度也应满足设计要求。

2)锚筋埋设要求和方法

(1)钢筋与砂浆、砂浆与孔壁结合紧密,孔内砂浆应有足够的强度,以适应锚筋和孔壁岩石的强度。

(2)锚筋埋设方法分先插筋后填砂浆和先灌满砂浆后插筋两种。采用先插筋后填砂浆的方法时,孔位与锚筋直径之差应大于 25 mm;采用先灌满砂浆后插筋的方法时,孔位与锚筋直径之差应大于 15 mm。

3. 预埋梁支座

梁支座的埋设误差的一般控制标准为：支座面的平整度允许误差为±0.2 mm；两端支座面高差允许误差为±5 mm；平面位置允许误差为±10 mm。

当支座面板面积大于25 cm×25 cm时，应在支座上均匀布置2～6个排气(水)孔，孔径为20 mm左右，并预先钻好，不应在现场用氧气烧割。

支座的埋设一般采用二期施工方法，即先在一期混凝土中预埋插筋进行支座安装和固定，然后浇筑二期混凝土完成埋设。

4. 预埋吊环

1)吊环埋设形式

吊环的埋设形式(见图4-17)根据构件的结构尺寸、重量等因素确定。

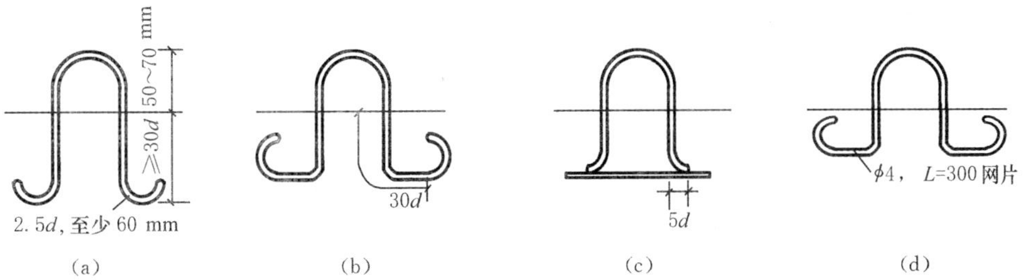

图4-17 吊环埋设形式

2)吊环埋设要求

(1)吊环采用HPB级钢筋加工成形，端部加弯钩，不得使用冷处理钢筋，且尽量不用含碳量较多的钢筋。

(2)吊环埋入部分表面不得有油漆、污物和浮锈。

(3)吊环应居构件中间埋入，并不得歪斜。

(4)露出之环圈不宜太高太矮，以保证卡环装拆方便为度，一般高度为15 cm左右或按设计要求预留。

(5)构件起吊强度应满足规范要求，否则不得使用吊环，在混凝土浇筑中和浇筑后凝固过程中，不得晃动或使吊环受力。

复习思考题

4-1 钢筋按力学性能共分哪几类？

4-2 钢筋外观检查包括哪些内容？

4-3 钢筋贮存有哪些要求？

4-4 钢筋代换有几种方法？应注意哪些原则？

4-5 钢筋代换应注意哪些事项？

4-6 钢筋内场加工包括哪些工序？

4-7 钢筋调直应符合哪些要求？

4-8 钢筋切断有哪些方法？切断前应做好哪些准备工作？

4-9　钢筋连接有哪些方法？

4-10　焊接骨架和焊接钢筋网时应符合哪些规定？

4-11　钢筋绑扎应遵守哪些规定？

4-12　钢筋接头布置应符合哪些要求？

4-13　钢筋现场绑扎前应做好哪些准备工作？

4-14　钢筋绑扎有哪些施工方法？

4-15　锚筋一般有哪些要求？

4-16　吊环埋设有哪些要求？

4-17　某梁配筋如图 4-18 所示，试编制该梁钢筋的配料单（用 C20 混凝土）。

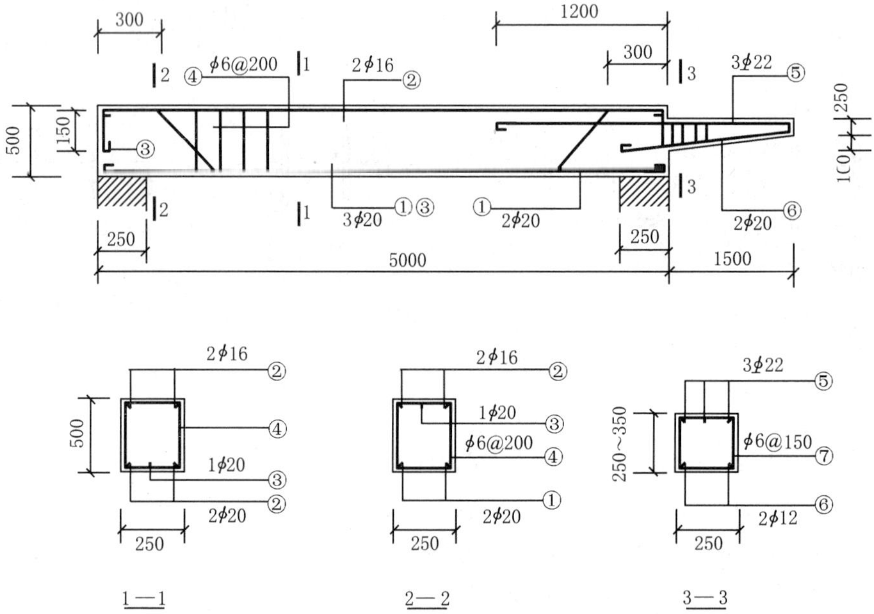

图 4-18　某梁配筋图

4-18　某梁截面宽 250 mm，设计主筋为 4 根直径为 20 mm 的Ⅱ级钢筋（f_y=300 N/mm²），今现场无此型号的钢筋，只有直径为 18 mm、22 mm、25 mm 的Ⅰ级钢筋（f_y=210 N/mm²）和直径为 18 mm 的Ⅱ级钢筋，请提出最优代换方案。

第五章　混凝土工程

混凝土工程包括混凝土制备、运输、浇筑捣实和护养等施工过程，各个施工过程相互联系和影响，任一施工过程处理不当都会影响混凝土工程的最终质量。因此，要使混凝工程施工能得到与设计相符的形状和尺寸，确保混凝土的强度、刚度、密实性、整体性、耐久性以及满足其他设计和施工的要求，就必须严格控制混凝土的各种原材料质量和每道工序的施工质量。近年来，混凝土外加剂发展很快，其应用影响了混凝土的性能和施工工艺。此外，自动化、机械化的发展和新的施工机械和新的施工工艺的应用，也大大改变了混凝土工程的施工面貌。

随着土木技术的发展，混凝土的性能不断改善，混凝土的品种也由过去的普通混凝土发展到今天的高强度混凝土、高性能混凝土等。各种环境下的混凝土结构及复杂特殊形式的混凝土结构，都对今天的混凝土施工提出了越来越高的要求，混凝土工程施工工艺和技术还需要进一步改进、提高。

第一节　普通混凝土施工

一、混凝土的制备

1. 混凝土原材料的选用

结构工程中新用的混凝土是以水泥为胶凝材料，外加粗细骨料、水，按照一定配合比拌和而成的混合材料。另外根据需要，还可向混凝土中掺加外加剂和外掺和料，以改善混凝土的某些性能。因此，混凝土的原材料除了水泥、砂、石、水外，还有外加剂、外掺和料(常用的有粉煤灰、硅粉、磨细矿渣等)。

水泥是混凝土的重要组成材料。水泥在进场时必须具有出厂合格证明和试验报告，并对其品种、标号、出厂日期等内容进行检查验收。应根据对结构的设计和施工要求，准确选定水泥品种和标号。水泥进场后，应按品种、标号或不同出场日期分别堆放，并做好标记，做到先进先用完，不得将不同品种、标号或不同出厂日期的水泥混用。水泥要防止受潮，仓库地面、墙面要干燥。存放袋装水泥时，水泥要离地、离墙 30 cm 以上，且堆放高度不超过 10 包。水泥存放时间不宜过长，自出厂之日算起不得超过 3 个月(快凝水泥为 1 个月)，否则，水泥使用前必须重新取样检查试验其实际性能。

砂、石是混凝土的骨架材料，又称粗细骨料。骨料有天然骨料、人造骨料之分。在工程中常用天然骨料。根据砂的来源不同，砂分河砂、海砂、山砂。海砂中的氯离子对钢筋有腐蚀作用，因此，海砂一般不宜作为混凝土的骨料。粗骨料有碎石、卵石两种。碎石是用天然岩石破碎过筛而得的粒径大于 5 mm 的颗粒。由自然条件作用下在河流、海滩、山谷形成的粒径大于 5 mm 的颗粒，称为卵石。混凝土骨料要质地坚固、颗粒级配良好、含泥量要小(见表 5-1)，有害杂质含量要满足国家有关标准要求。尤其是可能引起混凝土碱-骨料反应的活性硅、云石等的含量，必须严格控制。

表 5-1 混凝土骨料中含泥量的限值

骨料种类	混凝土骨料中含泥量的限值	
	混凝土强度等级≥C30	混凝土强度等级<C30
砂子	3%	5%
石子	1%	2%

混凝土拌和用水一般可以直接使用饮用水。当使用其他来源水时，水质必须符合国家有关标准的规定。含有油类、酸类（pH 值小于 4）、硫酸盐和氯盐的水不得用作混凝土拌和水。海水含有氯盐，严禁用作钢筋混凝土或预应力混凝土的拌和水。

混凝土工程中已广泛使用外加剂，以改善混凝土的相关性能。外加剂的种类很多，根据其用途和用法，总体可分为早强剂、减水剂、缓凝剂、抗冻剂、加气剂、防锈剂、防水剂等。使用外加剂前，必须详细了解其性能，准确掌握其使用方法，要取样实际试验检查其性能，不得盲目使用外加剂。

在混凝土中加适量的掺和料，既可以节约水、降低混凝土的水泥水化总热量，也可以改善混凝土的性能。尤其是在高性能混凝土中，掺入一定的外加剂和掺和料，是实现其有关性能指标的主要途径。掺和料有水硬性和非水硬性两种。水硬性掺和料在水中具有水化反应能力，如粉煤灰、磨细矿渣等。而非水硬性掺和料在常温常压下基本上不与水发生水化反应，主要起填充作用，如硅粉、石灰石粉等。掺和料的使用要服从设计要求，掺量要经过试验确定，一般为水泥用量的 5%～40%。

二、混凝土施工配制强度确定

混凝土的施工配合比，应保证结构设计对混凝土强度等级及施工对混凝土和易性的要求，并应符合合理使用材料、节约水泥的原则，必要时，还应符合抗冻性、抗渗性等要求。施工配合比是以实验室配合比为基础而确定的，普通混凝土的实验室配合比设计是在确定了相应混凝土的施工配制强度后，按照《普通混凝土配合比设计规程》（JGJ 55—2011）规定的方法和要求进行设计确定，包括水灰比、坍落度的选定，且每立方米普通混凝土的水泥用量不宜超过 550 kg，对于有特殊要求的混凝土，其配合比设计尚应符合有关标准的专门规定。

混凝土制备之前按下式确定混凝土的施工配制强度，以达到 95%的保证率：

$$f_{cu,o} = f_{cu,k} + 1.645\sigma \tag{5-1}$$

式中：$f_{cu,o}$——混凝土的施工配制强度，MPa；

$f_{cu,k}$——混凝土的设计强度标准值，MPa；

σ——施工单位的混凝土强度标准差，MPa。

当施工单位具有近期的同一品种混凝土强度的统计资料时，σ 可按下式计算：

$$\sigma = \sqrt{\frac{\sum_{i=1}^{N} f_{cu,i}^2 - N\mu_{f_{cu}}^2}{N-1}} \tag{5-2}$$

式中：$f_{cu,i}$——统计周期内同一品种混凝土第 i 组试件的强度，MPa；

$\mu_{f_{cu}}$——统计周期内同一品种混凝土 N 组强度的平均值，MPa；

N——统计周期内相同混凝土强度等级的试件组数，$N \geqslant 25$。

当混凝土强度等级为 C20 或 C25 时，如果计算得到的 $\sigma < 2.5$ MPa，则取 $\sigma = 2.5$ MPa；当混凝土强度等级高于 C25 时，如果计算得到的 $\sigma > 3.0$ MPa，则取 $\sigma = 3.0$ MPa。

对预拌混凝土厂和预拌混凝土的构件厂，其统计周期可取为 1 个月；对现场拌制混凝土的施工单位，其统计周期可根据实际情况确定，但不宜超过 3 个月。

施工单位如果无近期某品种混凝土强度统计资料，则 σ 可按表 5-2 所示的取值。

表 5-2　混凝土强度标准差 σ

混凝土强度等级	低于 C20	C25～C35	高于 C35
σ/MPa	4.0	5.0	6.0

注　表中 σ 值反映我国施工单位的混凝土施工技术和管理的平均水平，采用时可根据本单位实际情况做适当调整。

3. 混凝土施工配合比及施工配料

实验室中各种材料的用量比例，是以砂、石等材料处于干燥状态下来确定的。而在施工现场，砂石材料露天存放，不可避免地含有一定的水，且其含水量随着场地条件和气候变化而变化，因此，在实际配制混凝土时，必须考虑砂石的含水量对混凝土的影响，将实验室配合比换算成考虑了砂石含水量的施工配合比，作为混凝土配料的依据。

设实验室配合比为 $m_{水泥} : m_{砂} : m_{石} = 1 : x : y$，水灰比为 ω/c，实测砂石的含水量分别为 ω_x、ω_y，则施工配合比为

$$m_{水泥} : m_{砂} : m_{石} = 1 : x(1+\omega_x) : y(1+\omega_y)$$

$$m_{水} = \omega - x\omega_x - y\omega_y$$

按实验室配合比每 1 m^3 混凝土的水泥用量为 C'(kg)，计算施工配合比时保持混凝土的水灰比不变（水灰比改变，混凝土的性能会发生变化），则每 1 m^3 混凝土的各种材料的用量为

$$m_{水泥} = C'$$

$$m_{砂} = G_x = C'_x(1+\omega_x)$$

$$m_{石} = G_y = C'_y(1+\omega_y)$$

$$m_{水} = W' = C'\left(\frac{\omega}{c} - x\omega_x - y\omega_y\right)$$

在施工现场进行混凝土配料时，要求计算出每一盘（拌）的各种材料下料量。为了便于施工计量，用袋装水泥时，计算出的每盘水泥用量应取半袋的倍数。混凝土下料一般要用称量工具称取，并要保证必要的精度。混凝土各种原材料每盘称量的允许误差：水泥、掺和料的为 ±2%；粗细骨料的为 ±3%；水、外加剂的为 ±2%。

【例 5-1】 某强度等级的混凝土实验室配合比（1 m^3 混凝土用量）为 280 : 820 : 1100 : 197，现场施工时实测砂石的含水量分别为 3.5%、1.2%，所用搅拌机的出料容量为 400 L 袋装水泥，试求混凝土的施工配合比和每一盘的下料量。

解　已知混凝土的实验室配合比为 280 : 820 : 1100 : 197，折算比例为 1 : 2.93 : 3.93 : 0.70。考虑原材料的含水量，计算出施工配合比为 1 : 3.03 : 3.98 : 0.54，每一盘（0.4 m^3）下料量分别为

$$m_{水泥} = 280 \times 0.4\ \text{kg} = 112\ \text{kg}（实际用 2 袋 100 kg 装的袋装水泥）$$

$$m_{砂}=100\times3.03\times(1+3.5\%)\text{kg}=313.6\text{ kg}$$

$$m_{石}=100\times3.98\times(1+1.2\%)\text{kg}=402.8\text{ kg}$$

$$m_{水}=(100\times0.54-100\times3.03\times3.5\%-100\times3.98\times1.2\%)\text{kg}=38.6\text{ kg}$$

4. 混凝土搅拌机选择

混凝土制备是指将各种组成材料拌制成质地均匀、颜色一致,具备一定流动性的混凝土拌和物的过程。因为混凝土配合比是按照细骨料恰好填满粗骨料的间隙,而水泥浆又均匀分布在粗细骨料表面的原理设计的,所以若混凝土制备得不均匀,就不能获得密实混凝土,从而影响混凝土的质量,因此制备是混凝土施工工艺过程中很重要的一道工序。

混凝土制备的方法,除工程量很小且分散的可用人工拌制外,皆应采用机械搅拌。混凝土搅拌机按其搅拌原理分为自落式和强制式两类(见图 5-1)。自落式搅拌机的搅拌筒内壁焊有弧形叶片,当搅拌筒绕水平轴旋转时,弧形叶片不断将物料提高一定高度,然后自由落下而互相混合。因此,自落式搅拌机主要是以重力机理设计的。在这种搅拌机中,物料的运动轨迹是这样的:未处于叶片带动范围的物料,在重力作用下沿拌和料的倾斜表面自动滚下;处于叶片带动范围内的物料,在被提升到一定高度后,先自由落下,再沿倾斜表面下滚。由于下落时间、落点和滚动距离不同,因此物料颗粒相互穿插、翻拌、混合而达到均匀。

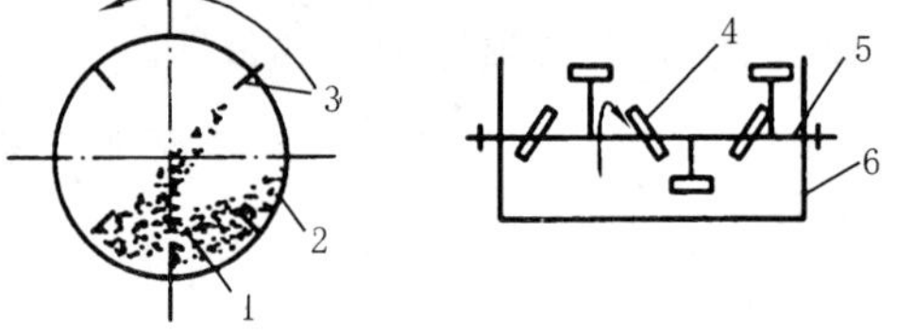

(a) 自落式搅拌　　(b) 强制式搅拌

图 5-1　混凝土搅拌机工作原理图

1—混凝土拌和物;2,6—搅拌筒;3,4—叶片;5—转轴

自落式搅拌机宜用于搅拌塑性混凝土。根据构造的不同,自落式搅拌机又分为若干种。其中,鼓筒式搅拌机已被国家列为淘汰产品,自 1987 年底起停止生产和销售,但过去已生产的目前仍有少量在施工中使用。

双锥反转出料式搅拌机(见图 5-2)是自落式搅拌机中较好的一种,宜用于拌塑性混凝土。它在生产率、能耗、噪声和搅拌质量等方面都比鼓筒式搅拌机好。双锥反转出料式搅拌机的搅拌筒由两个截头圆锥组成,搅拌筒每转一周,物料在筒中的循环次数比在鼓筒式搅拌机中的多,其效率较高而且叶片布置较好,物料一方面被提升后靠自落进行拌和,另一方面还迫使物料沿轴向左右窜动,搅拌作用强烈。它正转搅拌,反转出料,构造简单,制造容易。

双锥倾翻出料式搅拌机结构简单,适合用于大容量、大骨料、大坍落度混凝土搅拌,在我国多用于水电工程。

强制式搅拌机主要是根据剪切机理设计的。在这种搅拌机中有转动的叶片,这些不同角度和位置的叶片转动时克服了物料的惯性、摩擦力和黏滞力,强制其产生环向、径向和竖向运动,而叶片通过后的空间又被翻越叶片的物料、两侧倒坍的物料和相邻叶片推过来的物料所充满。这种由叶片强制物料产生剪切位移而达到均匀混合的机理,称为剪切搅拌机理。

强制式搅拌机的搅拌作用比自落式搅拌机的强烈,宜用于搅拌干硬性混凝土和轻骨料混

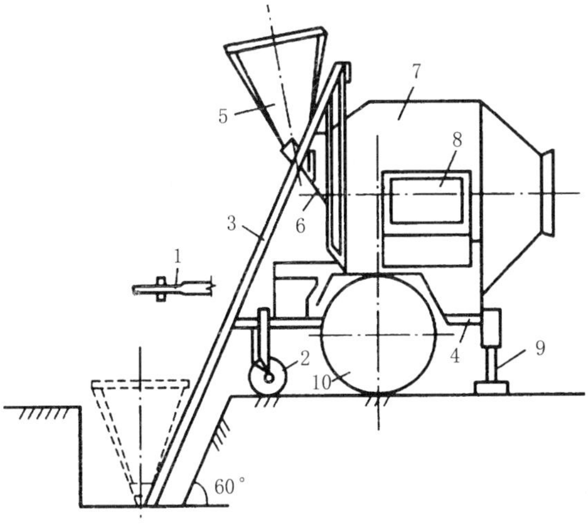

图 5-2　双锥反转出料式搅拌机

1—牵引架；2—前支轮；3—上料架；4—底盘；5—料斗；
6—中间料斗；7—锥形搅拌筒；8—电器箱；9—支腿；10—行走轮

凝土。因为在自落式搅拌机中，轻骨料落下时所产生的冲击能量小，不能产生很好的拌和作用。但强制式搅拌机的转速比自落式搅拌机的高，动力消耗大，叶片、衬板等磨损也大。

强制式搅拌机分为立轴式与卧轴式，卧轴式有单轴、双轴之分，而立轴式又分为涡桨式和行星式。涡桨式在盘中央装有一根回转轴，轴上装若干组叶片。行星式有两根回转轴，分别带动几个叶片。行星式又分为定盘式和转盘式两种，定盘式的叶片除绕自己的轴转动（自转）外，两根装叶片的轴不进行公转运动，而是整个盘做相反方向转动。

涡桨式强制搅拌机构造简单，但转轴受力较大，且盘中央的一部分容积不能利用，因为叶片在那里的线速度太低。行星式强制搅拌机构造复杂，但搅拌作用强烈，其中转盘式消耗能量较多，已逐渐被定盘式所代替。

立轴式搅拌机通过盘底部的卸料口卸料，卸料迅速。但如果卸料口密封不好，水泥浆易漏掉，因此，立轴式搅拌机不宜用于搅拌流动性大的混凝土。

卧轴式搅拌机具有适用范围广、搅拌时间短、搅拌质量好等优点，是目前国内外大力发展的机型。这种搅拌机的水平搅拌轴上装有搅拌叶片，搅拌筒内的拌和物在搅拌叶片的带动下，做相互切翻运转和按螺旋形轨迹交替运动，得到强烈的搅拌。搅拌叶片的形状、数量和布置方式影响着搅拌质量和搅拌的技术性能。

在选择搅拌机时，要根据工程量大小、混凝土的坍落度、骨料尺寸等而定，既要满足技术上的要求，亦要考虑经济效益和节约能源。除了要选定搅拌机的种类外，还要根据工程施工工期和混凝土的需求强度选定型号和台数。

我国规定混凝土搅拌机以其出料容量升数（L）为标定规格，故我国混凝土搅拌机的系列搅拌机型号为 50L、150L、250L、350L、500L、750L、1000L、1500L 和 3000L。

5. 搅拌制度确定

为了获得质量优良的混凝土拌和物，除正确选择搅拌机外，还必须正确确定搅拌制度，即搅拌时间、投料顺序和进料容量等。

1)搅拌时间

搅拌时间是指从原材料全部投入搅拌筒开始搅拌，到开始卸料为止所经历的时间。它与混凝土搅拌质量密切相关，并随搅拌机类型和混凝土的和易性的不同而变化。在一定范围内，混凝土随搅拌时间的延长而强度有所提高，但过长时间的搅拌既不经济也不合理。因为搅拌时间过长，不坚硬的粗骨料在大容量搅拌机中会因脱角、破碎等而影响混凝土的质量。加气混凝土也会因搅拌时间过长而含气量下降。为了保证混凝土的质量，混凝土搅拌的最短时间如表 5-3 所示。该最短时间是按一般常用搅拌机的回转速度确定的，不允许用超过混凝土搅拌说明书规定的回转速度进行搅拌以缩短搅拌延续时间。原因是，当自落式搅拌机搅拌筒的转速达到某一极限时，筒内物料所受的离心力等于其重力，物料就贴在筒壁上不会落下，不能产生搅拌作用。该极限转速称为搅拌筒的临界转速。

表 5-3　混凝土搅拌的最短时间　(单位：s)

混凝土坍落度/mm	搅拌机机型	搅拌机出料量/L		
		<250	250～500	>500
≤30	强制式	60	90	120
	自落式	90	120	150
>30	强制式	60	60	90
	自落式	90	90	120

注　①当掺有外加剂时，搅拌时间适当延长。

②全轻混凝土、砂轻混凝土搅拌时间应延长 60～90 s。

在立轴式强制搅拌机中，如叶片的速度太高，在离心力作用下，拌和料会产生离析现象，同时能耗、磨损都大大增加。因此叶片线速度亦有临界速度的限值。临界速度可根据作用在料粒上的离心力等于惯性重力求得。

在现有搅拌机中，叶片的线速度多为临界线速度的 2/3。涡桨式强制搅拌机叶片的线速度即为叶片的绝对速度；行星式强制搅拌机叶片的线速度则为叶片相对于搅拌盘的相对速度。

2)投料顺序

投料顺序应从提高搅拌质量、减少叶片衬板的磨损、减少拌和物与搅拌筒的黏结、减少水泥飞扬、改善工作环境等方面综合考虑确定。常用的有一次投料法和二次投料法。

(1)一次投料法。

一次投料法是在料斗中先装石子，再加水泥和砂，然后一次投入搅拌机的投料方法。对自落式搅拌机，要在搅拌筒内先加部分水，投料时砂压住水泥，水泥不至飞扬，且水泥和砂先进入搅拌筒形成水泥砂浆，可缩短包裹石子的时间。对立轴式强制搅拌机，出料口在下部，不能先加水，应在投入原料的同时，缓慢、均匀、分散地加水。

(2)二次投料法。

经过我国研究和实践形成了裹砂石法混凝土搅拌工艺，这种工艺是二次投料工艺，是在日本研究的造壳混凝土(又称 SEC 混凝土)的基础上结合我国的国情研究成功的。它分两次加水、两次搅拌。施工时，先将全部的石、砂和 70%的拌和水倒入搅拌机，拌和 15 s，使骨料湿润，再倒入全部水泥进行造壳搅拌 30 s 左右，然后加 30%的拌和水进行糊化搅拌 60 s 左右即完成。与普通搅拌工艺相比，用裹砂石法混凝土搅拌工艺可使混凝土强度提高 10%～20%，并节约水泥5％～10％。在我国推广这种新工艺，有巨大的经济效益。此外我国还对净浆法、净浆裹石法、裹石法、先拌砂浆法等各种二次投料法进行了实验和研究。

3）进料容量

进料容量是将搅拌前各种材料的体积累计起来的数量，又称干料容量。进料容量与搅拌机搅拌筒的几何容量有一定的比例关系，一般情况下为0.22～0.40，超载（进料容量超过10％）会使材料在搅拌筒内无充分的空间进行掺和，从而影响混凝土拌和物的均匀性，反之，如装料过少，则不能充分发挥搅拌机的效能。

对拌制好的混凝土，应经常检查其均匀性与和易性，如有异常情况，应检查其配合比和搅拌情况，及时加以纠正。

6. 混凝土搅拌站

混凝土搅拌站是生产混凝土的场所，混凝土搅拌站分施工现场临时搅拌站和大型预拌混凝土搅拌站，临时搅拌站所用设备简单，安装方便，但工人劳动强度大、产量有限、噪声污染严重，一般适用于混凝土需求较少的工程中。在城市内建设的工程或大型工程中，一般都采用大型预拌混凝土站供应混凝土。混凝土拌和物在搅拌站集中制备成预拌（商品）混凝土，能提高混凝土质量和取得较好的经济效益。

搅拌站根据其组成部分，按竖向布置方式，分为单阶式和双阶式（见图5-3）。在单阶式混凝土搅拌站中，原材料一次提升后经过储料斗，靠自重落下，进入称量的搅拌工序。采用这种工艺流程的搅拌站，原材料从一道工序到下一道工序的时间短、效率高，自动化程度高，搅拌站占地面积小，适用于产量大的固定式大型混凝土搅拌站（厂）。在双阶式混凝土搅拌站中，原材料经第一次提升进入储料斗，下落经称量配料后，再经第二次提升进入搅拌机。采用这种工艺流程的搅拌站的建筑物高度小，运输设备简单，投资少，建设快，但效率和自动化程度相对较低。建筑工地上设置的临时性混凝土搅拌站多属此类。

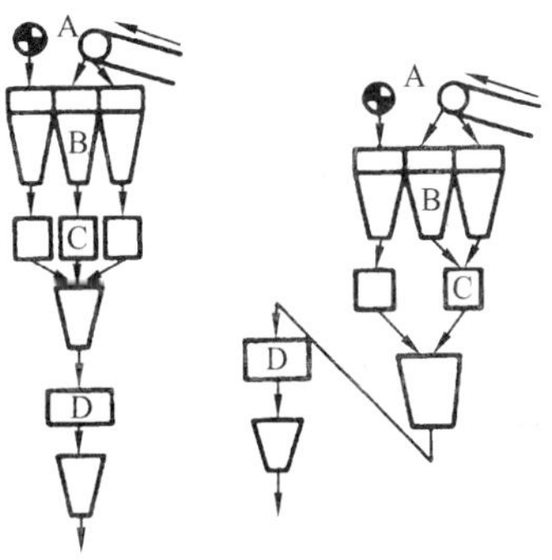

（a）单阶式　　（b）双阶式

图5-3　混凝土搅拌站工艺流程

A—运输设备；B—料斗设备；
C—称量漏斗；D—搅拌设备

双阶式工艺流程的特点是，物料经两次提升，可以有不同的工艺流程方案和不同的生产设备。骨料的用量很大，解决好骨料的储存和输送是关键。目前我国骨料多露天堆放，用拉铲、皮带运输机、抓斗等进行二次提升进入搅拌机进行拌和。

散装水泥用金属铜仓储存最合理。散装水泥输送车上多装有水泥输送泵，通过管道即可将水泥送入筒仓。水泥的称量亦用杠杆秤或电子秤。水泥的二次提升多用气力输送机或大倾角竖斜式螺旋输送机输送。

预拌（商品）混凝土在国内一些大中城市中发展很快，在不少城市已有相当的规模，有的城市在一定范围内已规定必须采用预拌（商品）混凝土，不得现场拌制。

三、混凝土的运输

混凝土的运输是指将混凝土从搅拌站运送到浇筑点的过程。为了保证混凝土的施工质量，对混凝土拌和物运输的基本要求是：不产生离析现象、不漏浆、保证浇筑时规定的坍落度和在混凝土初凝之前能有充分的时间进行浇筑和捣实。

匀质的混凝土拌和物为介于固体和液体之间的弹塑性体，其中的骨料在其内摩阻力、黏聚力和重力作用下处于平衡状态，而能在混凝土拌和物内均匀分布和处于固定位置。在运输过程中，由于运输工具的颠簸振动等作用，黏聚力和内摩阻力将明显削弱。由此骨料失去平衡状态，在自重作用下向下沉落，质量越大，向下沉落的趋势越强，由于粗、细骨料和水泥浆的质量各异，因而各自聚集在一定深度，形成分层离析现象。这对混凝土质量是有害的。为此，运输道路要平坦，运输工具要选择恰当，运输距离要限制，以防止分层离析。如果已产生离析，在浇筑前要进行二次搅拌。此外，运输混凝土的工具应不吸水、不漏浆，且运输时间有一定限制。普通混凝土从搅拌机中卸出到浇筑完毕的持续时间不宜超过表 5-4 所示的规定。如需进行长距离运输，可选用混凝土搅拌运输车运输，可将配好的混凝土干料装入混凝土筒内，在接近现场的途中再加水拌制，这样就可以避免由于长途运输而引起的混凝土坍落度损失。

表 5-4　混凝土从搅拌机中卸出到浇筑完毕的持续时间　（单位：min）

混凝土强度等级	气温不高于 25 ℃	气温高于 25 ℃
不高于 C30	120	90
高于 C30	90	60

混凝土运输分为地面运输、垂直运输和楼面运输三种情况。

1. 地面运输

对于混凝土地面运输，当采用预拌(商品)混凝土且运输较远时，我国多用混凝土搅拌运输车进行运输。混凝土如果来自工地搅拌站，则多用载重约为 1 t 的小型机动翻斗车、双轮手推车，有时还用皮带运输机和窄轨翻斗车来运输。

2. 垂直运输

我国多用塔式起重机、混凝土泵、快速提升斗和井架等进行混凝土垂直运输。用塔式起重机时，混凝土要配吊斗运输，这样可直接进行浇筑。混凝土浇筑量大、浇筑速度快的工程，可以采用混凝土泵输送。

3. 楼面运输

对于混凝土楼面运输，我国以双轮手推车为主，亦用机动灵活的小型机动翻斗车来运输。如果用混凝土泵，则用布料机布料。

混凝土搅拌运输车(见图 5-4)为长距离运输混凝土的有效工具，它的搅拌筒斜放在汽车底盘上，在商品混凝土搅拌站装入混凝土后，由于搅拌筒内有两条螺旋状叶片，在运输过程中搅拌筒可慢速转动进行拌和，以防止混凝土离析，运至浇筑地点，搅拌筒反转，即可迅速卸出混凝土。搅拌筒的容量为 2～10 m^3。搅拌筒的结构形状和其轴线与水平线的夹角、螺旋叶片的形状和它与铅垂线的夹角，都直接影响混凝土搅拌运输质量和卸料速度。搅拌筒可用单独的发动机驱动，亦可用汽车的发动机驱动，以液压传动者为佳。

混凝土泵是一种有效的混凝土运输和浇筑工具，它以泵为动力，沿管道输送混凝土，可以一次完成水平及垂直运输，将混凝土直接输送到浇筑地点，是发展较快的一种混凝土运输方法。混凝土泵在大体积混凝土浇筑、工业与民用建筑施工中皆可应用，在我国一些大城市正逐渐推广，上海的预制(商品)混凝土 90%以上是泵送的，已取得较好的效果。根据驱动方式，混

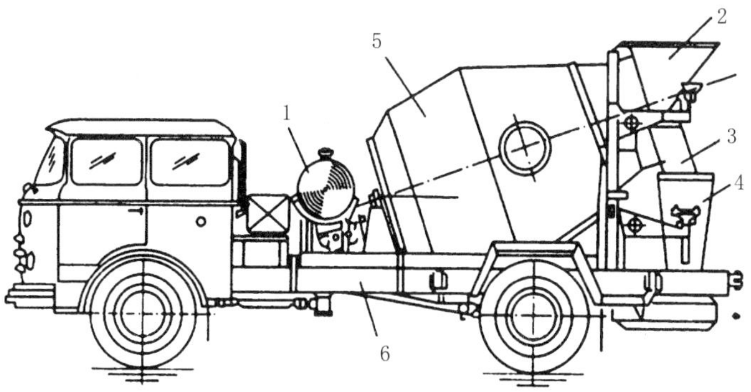

图 5-4 混凝土搅拌运输车

1—水箱;2—进料斗;3—卸料斗;4—活动卸料溜槽;5—搅拌筒;6—汽车底盘

凝土泵目前主要有两类,即挤压泵和活塞泵,但在我国主要利用活塞泵,其工作原理如图 5-5 所示。

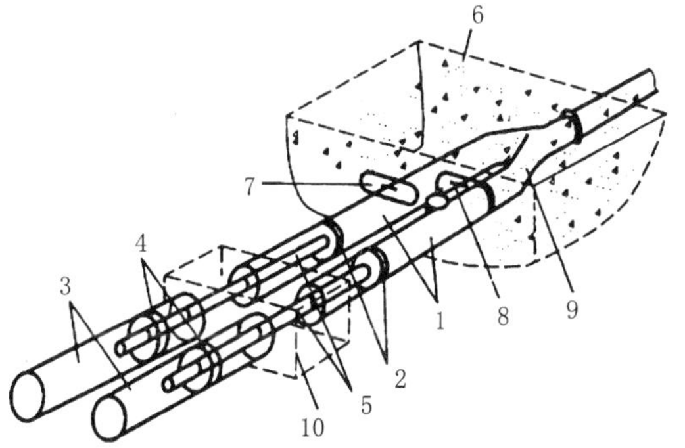

图 5-5 液压活塞式混凝土泵工作原理

1—混凝土缸;2—推压混凝土活塞;3—液压缸;4—液压活塞;5—活塞杆;6—料斗;
7—控制吸入的水平分配阀;8—控制排出的竖向分配阀;9—Y 形输送管;10—水箱

活塞泵目前多用液压驱动,它主要由料斗、液压缸和活塞、混凝土缸、分配阀、Y 形输送管、冲洗设备、液压系统和动力系统等组成。活塞泵工作时,由搅拌机卸出的或由混凝土搅拌运输车卸出的混凝土倒入料斗 6,控制吸入的水平分配阀 7 开启,控制排出的竖向分配阀 8 关闭,液压活塞 4 在液压作用下通过活塞杆 5 带动推压混凝土活塞 2 后移,料斗内的混凝土在重力和吸力作用下进入混凝土缸 1。然后,液压系统中的压力油的进出反向,推压混凝土活塞 2 向前推压,同时控制吸入的水平分配阀 7 关闭,而控制排出的竖向分配阀 8 开启,混凝土缸 1 中的混凝土拌和物就通过 Y 形输送管 9 压入输送管,送至浇筑地点。由于有两个缸体交替进料和出料,因而能连续稳定地排料。不同型号的混凝土泵其排量不同,水平运距和垂直运距亦不同,常用的混凝土泵单位时间(1 h)的混凝土排量为 30～90 m^3,水平运距为 200～400 m,垂直运距为 50～300 m。目前我国已能一次垂直泵送 382 m,更高的高度可用接力泵送。

常用的混凝土输送管有钢管、橡胶管和塑料软管,直径为 75～200 mm,每段长约 3 m,另外还配有 45°、90°等弯管和锥形管。弯管、锥形管和软管的流动阻力大,计算输送距离时要换算成水平长度。垂直输送时,在立管的底部要增设逆流阀,以防止停泵时立管中的混凝土反压回流。

将混凝土泵装在汽车上便成为混凝土泵车(见图5-6),在车上还装有可以伸缩或屈折的布料杆,其末端有一根软管,可将混凝土直接送至浇筑地点,使用十分方便。

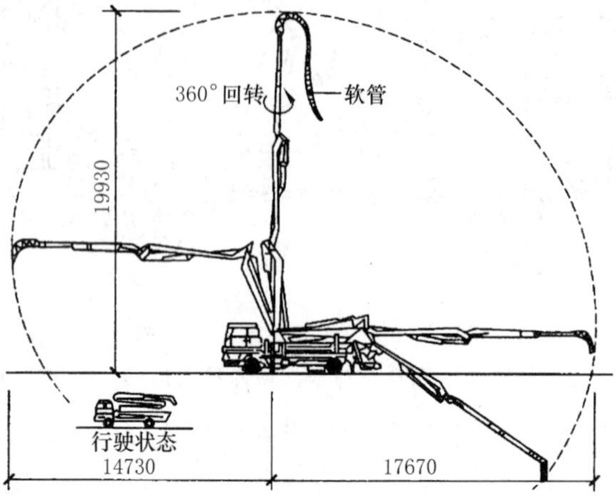

图5-6 带布料杆的混凝土泵车

泵送混凝土工艺对混凝土的配合比和材料有较严格的要求:碎石最大粒径与输送管内径比宜为1∶3,卵石最大粒径与输送管内径比可为1∶2.5,泵送高度在50～100 m时该比例宜为1∶4～1∶3,泵送高度在100 m以上时该比例宜为1∶5～1∶4,以免堵塞;如采用轻骨料,则以吸水率小者为宜,并宜用水预湿,以免在压力作用下强烈吸水,使坍落度降低而在管道中形成阻塞。砂宜用中砂,通过0.315 mm筛孔的砂应不少于15%。砂率宜控制在38%～45%,如果粗骨料为轻骨料,砂率还可适当提高。水泥用量不宜过少,否则泵送阻力增大,每立方米混凝土中水泥最小用量为300 kg。水灰比宜为0.4～0.6。泵送混凝土的坍落度按《混凝土结构工程施工质量验收规范》(GB 50204—2002)的规定选用。对不同的泵送高度,入泵时混凝土的坍落度可参考表5-5所示的值选用。

表5-5 不同泵送高度入泵时混凝土坍落度选用值

泵送高度/m	30以下	30～60	60～100	100以上
坍落度/mm	100～140	140～160	160～180	180～200

混凝土泵宜与混凝土搅拌运输车配套使用,且混凝土搅拌站的供应能力和混凝土搅拌运输车的运输能力应大于混凝土泵的泵送能力,以保证混凝土泵能连续工作,防止停机堵管。进行输送管线布置时,应尽可能直,转弯要缓,管弯接头要严,少用锥形管,以减少压力损失。如果输送管向下倾斜,要防止因自重流动而使管内混凝土中断,混入空气而使混凝土离析,产生阻塞。为减小泵送阻力,使用前先泵送适量的水泥浆或水泥砂浆以润滑输送管内壁,然后进行正常泵送。在泵送过程中,泵的受料斗内应充满混凝土,防止吸入空气形成阻塞。混凝土泵排量大,在进行浇筑大面积建筑物时,最好用布料机进行布料。

泵送结束后要及时清洗泵体和管道。用水清洗时,将管道与Y形管拆开,放入海绵球并清洗活塞,用法兰盘将高压水软管与管道连接,高压水推动活塞和海绵球,将残存的混凝土压出并清洗管道。

用混凝土泵浇筑的结构物,要加强养护,防止因水泥用量较大而引起开裂。如果混凝土浇筑速度快，对模板的侧压力大，则侧模和支撑应保证有足够的稳定性和强度。

选择混凝土运输方案时，技术上可行的方案可能不止一个，这就要通过综合的技术经济比较来选择最优方案。

四、混凝土的浇筑和捣实

混凝土浇筑要保证混凝土的均匀性和密实性、结构的整体性、尺寸准确，以及钢筋、预埋件的位置正确，拆模后混凝土表面要平整、密实。

混凝土浇筑前应检查模板、支架、钢筋和预埋件的正确性，验收合格后，才能浇筑混凝土。由于混凝土工程属于隐蔽工程，因而对混凝土用量大的工程、重要工程或重点部位的浇筑以及其他施工中的重大问题，均应随时填写施工记录。

1. 混凝土浇筑应注意的问题

1)防止离析

浇筑混凝土时，混凝土由料斗、漏斗、混凝土运输管、运输车内卸出时，若其自由倾落高度过大，则由于粗骨料在重力作用下，克服黏聚力后下落动能大，下落速度较砂浆的快，因而可能形成混凝土离析。为此，混凝土自高处倾落的自由高度不应超过 2 m，在钢筋混凝土柱和墙中自由倾落高度不宜超过 3 m，否则应设串筒、溜槽、溜管或振动溜管等下料。

2)正确留置施工缝

混凝土施工缝是指因设计或施工技术、施工组织的原因，而出现先后两次浇筑混凝土的分界线(面)。混凝土结构多要求整体浇筑，如因技术或组织上的原因不能连续浇筑，且停顿时间有可能超过混凝土的初凝时间，则应事先确定在适当位置留置施工缝。由于混凝土的抗拉强度约为其抗压强度的 1/10，因而施工缝是结构中的薄弱环节，宜留在结构剪力较小、施工方便的部位。柱子施工缝宜留在基础顶面、梁或吊车梁牛腿的下面、吊车梁的顶面、无梁楼盖柱帽的下面(见图 5-7)。和板连成整体的大断面梁(梁截面高不小于 1 m)，梁、板分别浇筑时，施工缝应留在板底面以下 20～30 mm 处，当板下有梁托时，施工缝留置在梁托下部。单向板施工缝应留在平行于板短边的任何位置。有主次梁的楼盖宜顺着次梁方向浇筑，施工缝应留在次

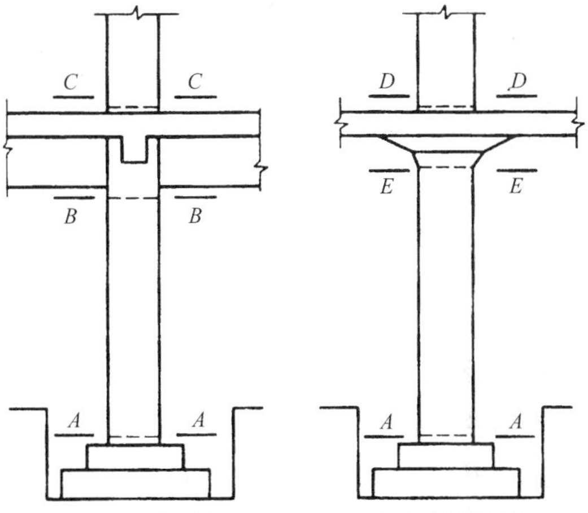

(a) 梁板式结构　　(b) 无梁楼盖结构

图 5-7　柱子的施工缝位置

梁跨度的中间1/3跨度范围内(见图5-8)。楼梯施工缝应留在楼梯长度中间1/3长度范围内。墙施工缝可留在门洞口过梁跨中1/3范围内,也可留在纵横墙的交接处。双向受力的楼板、大体积混凝土结构、拱、薄壳、多层框架等及其他结构复杂的结构,应按设计要求留置施工缝。

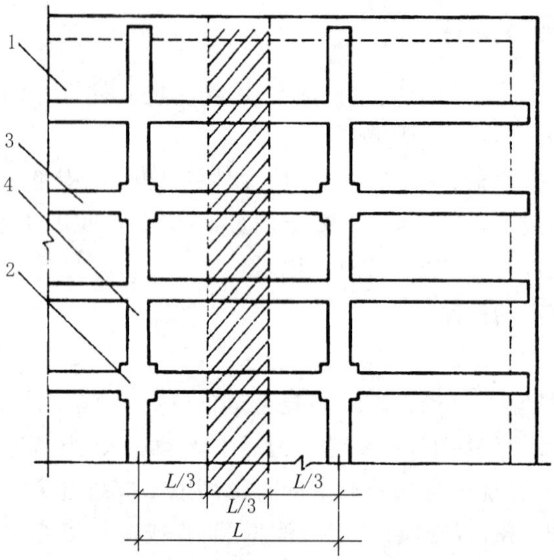

图5-8 有主次梁楼盖的施工缝位置

1—楼板;2—柱;3—次梁;4—主梁

在施工缝处继续浇筑混凝土前应保证浇筑的混凝土的强度不低于1.2 MPa,还要求先凿掉已凝固的混凝土表面的松弱层,并凿毛,用水湿润并冲洗干净,先铺抹10~15 mm厚的水泥浆或与混凝土砂浆成分相同的砂浆一层,再开始浇筑混凝土。

2. 混凝土浇筑方法

混凝土浇筑前应做好必要的准备工作,除对模板、钢筋和预埋管线进行检查和清理及隐蔽工程验收外,还应搭设浇筑用脚手架、栈道(马道),准备材料,落实水电供应计划,并准备施工用具等。

1)多层、高层钢筋混凝土框架结构的浇筑

浇筑这种结构时,首先要在竖向上划分施工层,平面尺寸较大时还要在横向上划分施工段。施工层一般按结构层划分(即一个结构层为一个施工层),也可每层竖向结构和横向结构分别浇筑(即每个结构层分两个施工层)。而每一施工层如何划分施工段,则要考虑工序数量、技术要求、结构特点等,尽可能组织分层、分段流水施工。

施工层与施工段确定后,就要求出每班(或每小时)应完成的工程量,据此选择施工机具和设备,并计算其数量。

浇筑柱子时,一个施工段内的每排柱子应由外向内对称地逐根浇筑,不要从一端向另一端推进,以防柱子模板逐渐受推倾斜,而造成误差积累,以至难以纠正。断面在400 mm×400 mm以内,或有交叉箍筋的柱子,应在柱子模板侧面开孔以斜溜槽分段浇筑,每段高度不超过2 m,断面在400 mm×400 mm以上,无交叉箍筋的柱子,如柱高不超过4.0 m,可从柱顶浇筑;如用轻骨料混凝土从柱顶浇筑,则柱高不得超过3.5 m。柱子开始浇筑时,底部应先浇筑一层厚50~100 mm,与此浇筑混凝土内砂浆成分相同的水泥砂浆或水泥浆。浇筑完毕,如柱顶处有较厚的砂浆层，则应加以处理。当梁柱连续浇筑时，在柱子浇筑完毕后，应间隔 1～1.5 h，待混凝土拌和物初步沉实，再浇筑上面的梁板结构。

梁和板一般同时浇筑，从一端开始向前推进。只有当梁高度大于或等于 1 m 时才允许将梁单独浇筑，此时的施工缝宜留在楼板板面下 20～30 mm 处。梁底与梁侧面注意振实，振动器不要直接触及钢筋和预埋件。楼板混凝土的虚铺厚度应略大于板厚，用表面振动器、内部振动器振实，用铁插尺检查混凝土厚度，振捣完后用长的木抹子抹平。

为保证捣实质量，混凝土应分层浇筑，每层的厚度如表 5-6 所示。

表 5-6　混凝土浇筑层的厚度

项次	捣实混凝土的方法	浇筑层厚度/mm
1	插入式振动	振动器作用部分长度的 1.25 倍
2	表面振动	200
3	人工捣固	—
	(1)在基础或无筋混凝土和配筋较少的结构中	250
	(2)在梁、墙、柱中	200
	(3)在配筋密集的结构中	150
4	轻骨料混凝土捣实	—
	(1)用插入式振动器	300
	(2)用表面振动器(振动时需加荷)	200

浇筑叠合式受弯构件时，应按设计要求确定是否设置支撑，且叠合面应有深度不小于 6 mm的齿槽。

2)大体积混凝土结构浇筑

大体积混凝土结构在工业建筑中多为设备基础，在水工建筑物和高层建筑物中多为厚大的混凝土结构，其上有巨大荷载，整体性要求较高，往往不允许留施工缝，要求一次连续浇筑完毕。另外，大体积混凝土结构浇筑后水泥的水化热量大，由于体积大，水化热聚集在内部不易散发，混凝土内部温度显著升高，而表面产生拉应力，如温差过大，则易在混凝土表面产生裂纹。在混凝土内部逐渐散热冷却(混凝土内部降温)产生收缩时，由于受到基底或已浇筑的混凝土的约束，混凝土内部将产生很大的拉应力，当拉应力超过混凝土的极限抗拉强度时，混凝土会产生裂缝，这些裂缝会贯穿整个混凝土结构，由此带来严重危害。浇筑大体积混凝土结构时，应设法避免上述两种裂缝(尤其是后一种裂缝)。

为了防止大体积混凝土浇筑后产生温度裂缝，必须采取措施降低混凝土的温度应力，减小浇筑后混凝土的内外温差(不宜超过 25 ℃)。为此，应优先选用水化热低的水泥，降低水泥用量，掺入适量的掺和料，降低浇筑速度和减小浇筑层厚度，或采取人工降温措施。必要时，在经过计算和取得设计单位同意后，可留施工缝分段分层浇筑。具体措施如下：

(1)应优先选用水化热较低的水泥，如矿渣水泥、火山灰质水泥或粉煤灰水泥；

(2)在保证混凝土基本特性能要求的前提下，尽量减少水泥用量，在混凝土中掺入适量的矿物掺和料，采用 60 d 或 90 d 的强度代替 28 d 的强度，控制混凝土配合比；

(3)尽量降低混凝土的用水量；

(4)在结构内部埋设管道或预留孔道(如混凝土大坝内)，混凝土养护期间采取灌水(水冷)

或通风(风冷)排出内部热量;

(5)尽量降低混凝土的入模温度,一般要求混凝土的入模温度不宜超过 28 ℃,可以用冰水冲洗骨料,在气温较低时浇筑混凝土;

(6)在大体积混凝土浇筑时,适当掺入一定的毛石块;

(7)在冬期施工时,混凝土表面要采取保温措施,减缓混凝土表面热量的散失,减小混凝土内外温差;

(8)在混凝土中掺加缓凝剂,适当控制混凝土的浇筑速度和每个浇筑层的厚度,以便在混凝土浇筑过程中释放部分水化热;

(9)尽量减小混凝土所受的外部约束力,如模板、地基面要平整,或在地基面设置可以滑动的附加层。

如果要保证混凝土的整体性,则要保证每一浇筑层在前一层混凝土初凝前被覆盖并捣实成整体。为此要求混凝土按不小于下述的浇筑量进行浇筑:

$$Q = FH/t \tag{5-3}$$

式中:Q—— 混凝土最小浇筑量,m^3/h;

F ——混凝土浇筑区的面积,m^2;

H ——浇筑层厚度,m,取决于混凝土捣实方法;

t ——下层混凝土从开始浇筑到初凝为止所允许的时间间隔,h。

大体积混凝土结构的浇筑方案一般分为全面分层、斜面分层和分段分层三种(见图 5-9)。全面分层法要求混凝土浇筑强度较大。根据结构物的具体尺寸、捣实方法和混凝土供应能力,通过计算选择浇筑方案,目前应用较多的是斜面分层法。如果用矿渣硅酸盐水泥或其他泌水性较大的水泥拌制的混凝土,浇筑完毕后,必要时应排除泌水,进行二次振捣。浇筑宜在室外气温较低时进行,混凝土最高浇筑温度不宜超过 28 ℃。

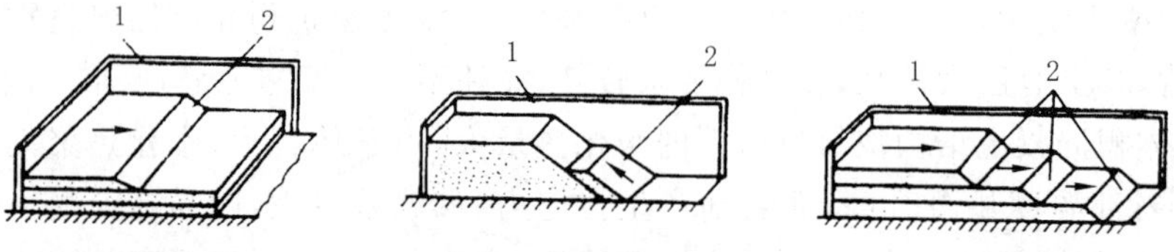

(a) 全面分层　　(b) 斜面分层　　(c) 分段分层

图 5-9　大体积混凝土浇筑方案

1—模板;2—新浇筑的混凝土

3)水下浇筑混凝土

深基础、沉井、沉箱和钻孔灌注桩的封底以及地下连续墙施工等,常需要进行水下浇筑混凝土。地下连续墙施工是在泥浆中浇筑混凝土。在水下或泥浆中浇筑混凝土,目前多用导管法(见图 5-10)。

导管直径一般为 250～300 mm(至少为最大骨料粒径的 8 倍),每节长 3 m,用法兰盘(或螺纹扣)连接,顶部有漏斗。导管必须用起重设备吊起,保证导管能够升降。

浇筑前,导管下口先用球塞(混凝土预制)堵塞,球塞用铁丝或钢丝吊住。在导管内浇筑一定数量的混凝土,将导管插入水下,其下口距地基面的距离 h 约 300 m,再切断吊住球塞的铁丝或钢丝,混凝土推出球塞,沿导管连续向下流出进行浇筑。导管下口距离基底间距太小易堵

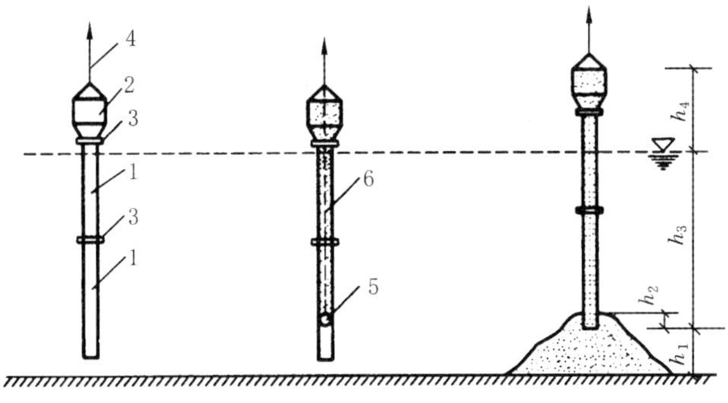

(a) 浇筑前导管组成　(b) 注满混凝土导管　(c) 浇筑过程中

图 5-10　导管法水下浇筑混凝土

1—钢导管；2—漏斗；3—密封接头；4—吊索；5—球塞；6—铁丝或钢丝

管，太大则要求管内混凝土量较多，因为开管前管内的混凝土量要使混凝土冲出后足以埋住导管下口并保证有一定埋深。此后一面均衡地浇筑混凝土，一面慢慢提起导管。导管下口必须始终保持在混凝土内有一定埋深，一般不小于 0.8 m，在泥浆下浇筑混凝土时，埋深一般不得小于 1.0 m，但也不可太深，因为下口埋得越深，混凝土顶面就越平，导管内混凝土下流速度越缓慢，也越难浇筑。

在整个浇筑过程中，一般应避免在水平方向移动导管，直到混凝土顶面达到或高于设计标高时，才可将导管提起，换插到另一浇筑点。一旦发生堵管，如半小时内不能排除，则应立即换插备用导管。浇筑完毕，在混凝土凝固后，再清除顶面与水接触的厚约 200 mm 的一层松软部分。

如果水下结构物面积大，则可用几根导管同时浇筑。导管的有效作用半径 R 取决于最大扩散半径 $R_{最大}$，而最大扩散半径可用下述经验公式计算：

$$R_{最大} = KQ/i \tag{5-4}$$

式中：K ——保持流动系数，即维持坍落度为 150 mm 时的最小时间，h；

Q ——混凝土浇筑强度，m^3/h；

i ——混凝土面的平均坡度，当导管插入深度为 1～1.5 m 时，取 1/7。

导管的作用半径亦与导管的出水高度有关，出水高度应满足：

$$P = 0.05h_4 + 0.015h_3 \tag{5-5}$$

式中：P ——导管下口处混凝土的超压力，MPa，不得小于表 5-7 所示的数值；

h_4 ——导管出水高度，m；

h_3 ——导管下口至水面高度，m。

如果水下浇筑的混凝土体积较大，将导管法与混凝土泵结合使用可以取得较好的效果。

表 5-7　超压力最小值

导管作用半径/m	超压力值/MPa
4.0	0.25
3.5	0.15
3.0	0.10

3. 混凝土捣实

混凝土拌和物浇筑之后，需经振捣密实成形才能赋予混凝土制品或结构一定的外形和内部结构。强度、抗冻性、抗渗性、耐久性等皆与密实成形有关。

当前，混凝土拌和物密实成形的途径有三种：一是借助机械外力（如机械振动）来克服拌和物的剪应力而使之液化；二是在拌和物中适当多加水以提高其流动性，使之便于成形，成形后用离心法、真空作业法等将多余的水分和空气排出；三是在拌和物中掺入高效能减水剂，使其坍落度大大增加，可自流浇筑成形。此处仅讨论前两种方法。

1）混凝土振动密实成形

（1）原理。

产生振动的机械将具有一定频率、振幅和激振力的振动能量通过某种方式传递给混凝土拌和物时，受振混凝土拌和物中所有的骨料颗粒都受到强迫振动，它们之间原来赖以保持平衡并使混凝土拌和物保持一定塑性状态的黏聚力和内摩擦力随之大大降低，使受振混凝土拌和物呈现出流动状态，混凝土拌和物中的骨料、水泥浆在其自重作用下向新的稳定位置沉落，排除存在于混凝土拌和物中的气体，充填模板的每个空间位置，填实空隙，以达到设计需要的混凝土结构形状和密实度等要求。

（2）振动机械的选择。

振动机械按其工作方式，分为内部振动器、外部振动器、表面振动器和振动台等（见图5-11）。

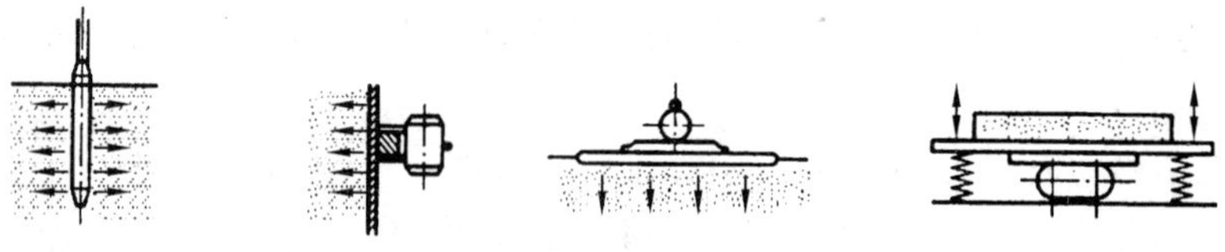

(a)内部振动器　(b)外部振动器　(c)表面振动器　(d)振动台

图 5-11　振动器械示意图

①内部振动器又称插入式振动器，其工作部分是一个棒状空心圆柱体，内部装有偏心振子，在电动机带动下高速转动而产生高频微幅的振动，用于振实梁、柱、墙、厚板和大体积混凝土结构等。

根据振动棒激振的原理，内部振动器有偏心轴式和行星滚锥式（简称行星式）两种，其激振工作原理如图 5-12 所示。

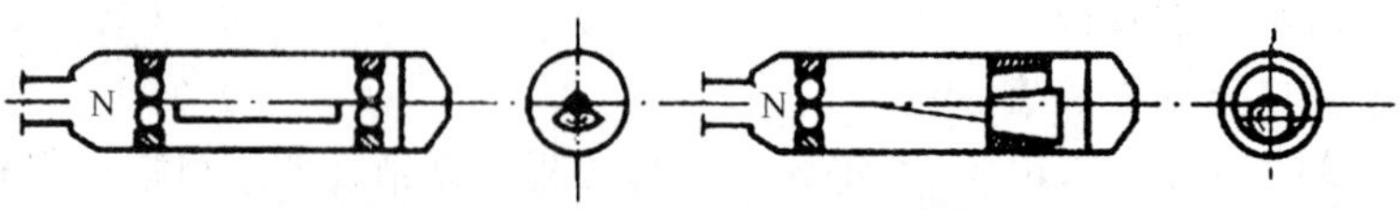

(a) 偏心轴式　(b) 行星滚锥式

图 5-12　振动棒的激振工作原理示意图

偏心轴式内部振动器中振动棒中心有具有偏心质量的转轴，转轴高速旋转产生的离心力通过轴承传给振动棒壳体，使振动棒产生圆振动。

现在对内部振动器的振动频率一般都要求在 10000 次/min 以上，这就要求设置齿轮升速机构以提高转轴的转速。这不但使机构复杂，重量增加，而且软轴也难以适应如此高的转速。

因此偏心轴式内部振动器逐渐被行星滚锥式内部振动器取代。

行星滚锥式内部振动器利用振动棒中一端空悬的转轴工作，它旋转时，其下垂端圆锥部分沿棒壳内圆锥面滚动，形成滚动体的行星运动而驱动棒体产生圆振动。图 5-13 所示的为电动软轴行星滚锥式内部振动器。

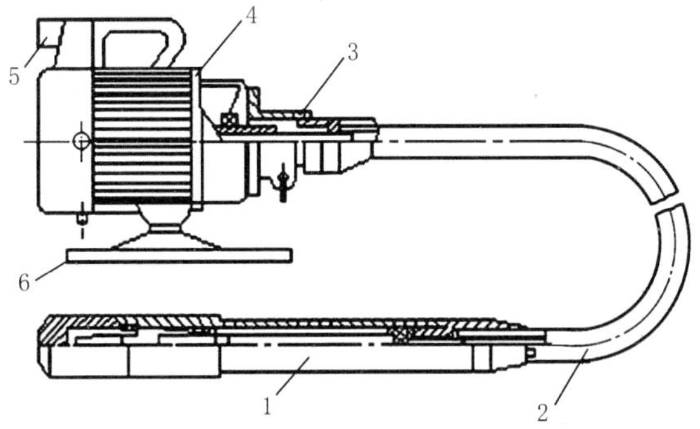

图 5-13　电动软轴行星滚锥式内部振动器

1—振动棒；2—软轴；3—防逆装置；4—电动机；5—电动开关；6—底座

用内部振动器捣混凝土时，应垂直插入，并插入下层尚未初凝的混凝土中 50～100 mm，以促进上下层结合。插点的分布有行列式和交错式两种(见图 5-14)。对普通混凝土，插点间距不大于 1.5 R (R 为振动器作用半径)；对轻骨料混凝土，插点间距则不大于 1.0R。

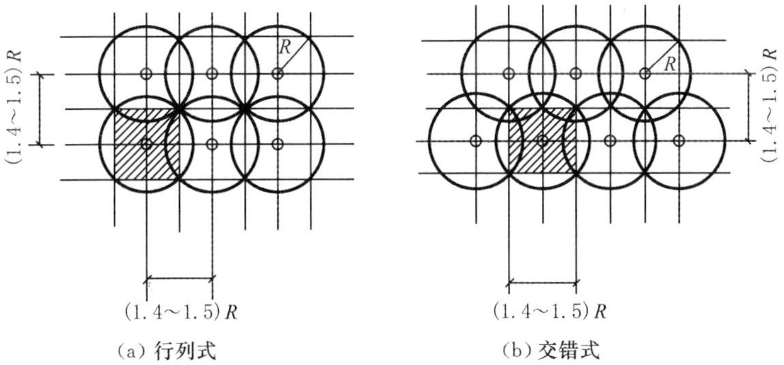

图 5-14　插点的分布

②表面振动器又称平板振动器，它由带偏心块的电动机和平板(木板或钢板)等组成，在混凝土表面进行振捣，适用于楼板、地面等薄型构件的混凝土振捣。它的有效作用深度为

$$h = \frac{P_c}{\gamma F} \tag{5-6}$$

式中：F——振动器的振动板面积，m^2；

P_c——被振实的混凝土拌和物的重量(kN)，用式(5-7)计：

$$P_c = \frac{P_0 e}{A_1} - Q \tag{5-7}$$

式中：$P_0 e$——振动器偏心动力矩，其中 P_0 为偏心块重量，kN，e 为偏心矩，mm；

A_1——振动器和拌和物一起振动时的振幅，mm；

Q——振动器的重量，kN；

γ——混凝土拌和物的重力密度，kN/m^3。

③外部振动器又称附着式振动器，它利用螺旋式夹钳等固定在模板外部，通过模板将振动力传给混凝土拌和物，因而模板应有足够的刚度。它宜用于振捣断面小且钢筋密的构件。其有效作用范围可通过实测确定。

④振动台是混凝土预制厂中的固定生产设备，用于振捣预制构件。

2)混凝土真空作业法

混凝土真空作业法是借助真空负压，将水从刚浇筑成形的混凝土拌和物中吸出，同时使混凝土密实成形的一种方法(见图 5-15)。

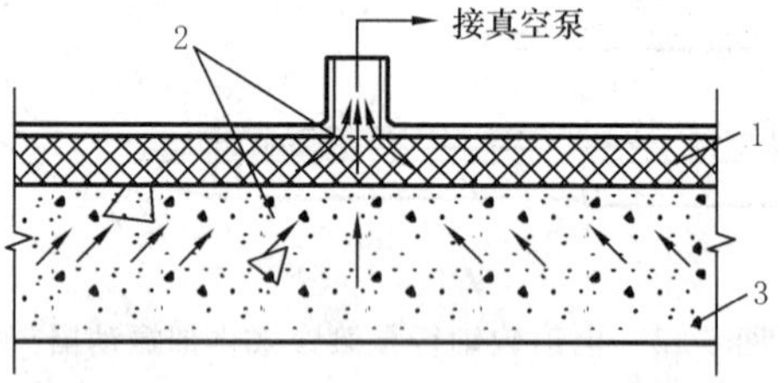

图 5-15　混凝土真空作业法原理图

1—真空腔；2—吸出的水；3—新浇筑的混凝土

真空作业法按其方式分为表面真空作业法与内部真空作业法。表面真空作业法是在混凝土构件的上、下表面或侧面布置真空腔进行吸水的方法。上表面真空作业法适用于楼板、预制混凝土平板、道路、飞机跑道等；下表面真空作业法适用于薄壳、隧道顶板等；墙壁、水池、桥墩等则宜用侧表面真空作业法。有时还可将上述几种方法结合使用。

内部真空作业法利用插入混凝土内部的真空腔进行振捣，比较复杂，实际工程中应用较少。

进行真空作业的主要设备有真空吸水机组、真空腔和吸水软管。真空吸水机组由真空泵、电动机、真空室、集水室、排水管及浇筑滤网组成。真空腔有刚性吸盘和柔性吸盘两种。

近年来流态混凝土得到发展，它是伴随着预制(商品)混凝土、混凝土搅拌运输车和混凝土泵等新工艺而出现的一种新型混凝土。它就是将运至现场的混凝土在浇筑前加入一定数量的硫化剂(高效减水剂)，经二次搅拌制成的高流动性混凝土。硫化剂以非加气型不缓凝的高效能减水剂较好，主要有萘系高缩合物和三聚氰酰胺系两类。我国试用萘系的 FDN 效果较好。掺量为水泥重量的 0.4%～0.6%。对流态混凝土，要防止流化后砂浆成分不足而引起离析。

流态混凝土虽然坍落度大、流动性好，但浇筑时进行短时间的振捣还是必要的。

五、混凝土的养护

混凝土养护为混凝土的水泥水化、凝固提供必要的条件，包括时间、温度、湿度三个方面，保证混凝土在规定的时间内获取预期的性能和指标。混凝土捣实后，之所以能逐渐凝结硬化，是水泥水化作用的结果，而水化作用则需要适当的温度和湿度条件。混凝土养护的方法有自然养护和人工养护两大类。自然养护简单、费用低，是混凝土施工的首选方法。人工养护法常用于混凝土冬季施工或在大型混凝土预制厂中使用。这类养护法需要一定设备条件，相对而言，其施工费用较高。此处只介绍混凝土的自然养护。

所谓混凝土的自然养护，即在平均气温高于 5 ℃的条件下，在一定的时间内使混凝土保持湿润状态。

混凝土浇筑后，如气候炎热、空气干燥，而不及时进行养护，混凝土表面水分会蒸发过快，出现脱水现象，使已形成凝胶体的水泥颗粒不能充分水化，不能转化为稳定的结晶体，缺乏足够的黏结力，混凝土将产生塑性收缩，表面出现龟裂，形成片状或粉状剥落物，从而影响混凝土的强度。另外在混凝土养护期间，内部水分过早过多地蒸发，这不仅会影响水泥水化程度，而且还会使混凝土产生较大的干燥收缩，出现干缩裂纹，影响混凝土的强度和耐久性。因此，混凝土浇筑后，初期阶段的养护非常重要。混凝浇筑完毕要及时覆盖，在 12 h 以内就应开始养护，干硬性混凝土应于浇筑完毕后立即开始养护。

自然养护分为洒水养护、蓄水养护和喷涂薄膜养生液养护三种。

(1)洒水养护即用草帘、砂、土等将刚浇筑的混凝土进行覆盖，通过洒水使其保持湿润。洒水养护时间长短取决于水泥品种和结构：用普通硅酸盐水泥和矿渣硅酸盐水泥拌制的混凝土，养护时间不得少于 7 d；掺有混凝土外加剂或有抗渗要求的混凝土，养护时间不少于 14 d。洒水次数以能保证混凝土湿润状态为准。

(2)蓄水养护与洒水养护原理相同，只是以蓄水代替洒水过程。这种方法适用于平面结构(如道路、机场、楼板等)，但结构的周边必须用黏土做成围堰。

(3)喷涂薄膜养生液养护适用于缺水地区的混凝土结构或不易洒水养护的高耸构筑物和大面积混凝土结构。它是将过氯乙烯树脂塑料溶液用喷枪喷涂在新浇筑的混凝土表面上，溶剂挥发在混凝土表面形成一层塑料薄膜，将混凝土与空气隔绝，阻止混凝土中水分蒸发，以保证水化作用的继续进行。薄膜在养护完成 定时间后要能自行老化脱落，否则不宜于喷洒在以后要做粉刷的混凝土表面上。在夏季，薄膜成形后要防晒，否则易产生裂纹。

混凝土必须养护至其强度达到 1.2 MPa 以上，方可上人进行其他施工。

拆模后要对混凝土外观形状、尺寸和混凝土表面状况进行检查，如果发现有缺陷，应及时处理。混凝土常见的外观缺陷有麻面、露筋、蜂窝、孔洞、裂缝等。对于有数量不多的小蜂窝或露石的结构，可先用钢丝刷或压力水清洗，然后用 1∶2.5～1∶2 的水泥砂浆抹平。对于蜂窝和露筋，应凿去全部深度内的薄弱混凝土层，用钢丝刷和压力水清洗后，用比原强度等级高一级的细骨料混凝土填塞，要仔细捣实，加强养护。对影响结构承重性能的缺陷(如孔洞、裂缝)，要慎重处理，一般要会同有关单位查找原因，分析对结构的危害性，提出安全合理的处理方案，保证结构的使用性能。对于严重影响结构性能的缺陷，一般要采取加固处理或减小结构的使用荷载。

六、埋石混凝土

混凝土施工中，为节约水泥，降低混凝土的水化热，常埋设大量块石。埋设块石的混凝土即称为埋石混凝土。埋石混凝土中最多可加入块石 25%～30%，片石混凝土最多可以加入块石 50%～60%。

埋石混凝土施工中要求块石质量达到石块无风化现象和裂隙，且完整、形状方正，并冲洗干净后风干。块石大小不宜小于 300～400 mm。

埋石混凝土的埋石方法采用单个埋设法，即先铺一层混凝土，然后将块石均匀地摆上，块石与块石之间必须有一定距离。

(1)先埋后振法，即铺填混凝土后，先将块石摆好，然后将振捣器插入混凝土内振捣。采用先埋后振法时，块石间距不得小于混凝土粗骨料最大粒径的2倍。由于施工中存在块石供应赶不上混凝土的浇筑，特别是人工抬石入仓更难与混凝土铺设取得有节奏的配合，因此先埋后振法容易使混凝土放置时间过长，失去塑性，造成混凝土振动不良、块石未能很好地沉入混凝土内等质量事故。

(2)先振后埋法，即铺好混凝土后即进行振捣，然后再摆块石。这样人工抬石比较省力，块石间的间距可以大大缩短，只要彼此不靠即可。块石摆好后再进行第二次混凝土铺填和振捣。

从埋石混凝土施工质量来看，先埋后振法比先振后埋法要好，因此，块石是借振动作用挤压到混凝土中去的。为了保证质量，应尽可能不采用先振后埋法。

埋石混凝土块石表面凹凸不平，振捣时低凹处水分难以排出，形成块石表面水分过多；水泥砂浆泌出的水分往往集中于块石底部；埋石延长了混凝土本身的分离时间，粗骨料下降，水分上升，形成上部松散层；埋石延长了混凝土的停置时间，使它失去塑性，以致难以捣实。这些原因会造成块石与混凝土的胶结强度难以完全得到保证，容易造成渗漏事故。因此，迎水面附近1.5 m内，应用普通防渗混凝土，不埋块石；基础附近1.0 m内，廊道、大孔洞周围1.0 m内，模板附近0.3 m内，钢筋和止水片附近0.15 m内，都要采用普通混凝土，不得埋置块石。

第二节　质量控制与缺陷防治

一、混凝土工程的质量控制

混凝土工程质量包括结构外观质量和内在质量。前者指结构的尺寸、位置、高程等的精度；后者则指混凝土原材料、设计配合比、配料、拌和、运输、浇捣等方面的质量。

(一)原材料的控制检查

1. 水泥

水泥是混凝土的主要胶凝材料。水泥质量直接影响混凝土的强度及其性质的稳定性。运至工地的水泥应有生产厂家出具的品质试验报告，在工地实验室必须进行复验，必要时还要进行化学分析。进场时，每200～500 t同品种、同标号的水泥作为一个取样单位，不足200 t的亦作为一个样品，其取样总量不小于10 kg。检查的项目有水泥标号、凝结时间、体积安定性，必要时应增加稠度、细度、密度和水化热等。

2. 粉煤灰

粉煤灰每天至少检查1次细度和需水量。

3. 砂石骨料

(1)在筛分场，每班检查1次各级骨料超逊径、含泥量、砂子的细度模数。

(2)在拌和厂，检查砂子、小石子的含水量，砂子的细度模数，以及骨料的含泥量、超逊径。

4. 外加剂

外加剂应有出厂合格证，并经试验认可。

(二)混凝土拌和物

拌制混凝土时，必须严格遵守实验室签发的配料单进行称量配料，严禁擅自更改。控制检查的项目有以下几项。

1. 衡器的准确性

各种称量设备应经常检查,确保称量准确。

2. 拌和时间

每班至少抽查2次拌和时间,保证混凝土充分拌和,拌和时间符合要求。

3. 拌和物的均匀性

混凝土拌和物应均匀,经常检查其均匀性。

4. 坍落度

现场混凝土坍落度每班在机口应检查4次。

5. 取样检查

按规定在现场取混凝土试样做抗压试验,检查混凝土的强度。

(三)混凝土浇捣质量控制检查

1. 混凝土运输

混凝土运输过程中应检查混凝土拌和物是否发生分离、漏浆、严重泌水及过多降低坍落度等现象。

2. 基础面、施工缝的处理,以及钢筋、模板、预埋件安装的检查

开仓前应对基础面、施工缝的处理,以及钢筋、模板、预埋件安装做最后一次检查,应符合规范要求。

3. 混凝土浇筑

严格按规范要求控制检查接缝砂浆的铺设、混凝土入仓铺料、平仓、振捣、养护等内容。

(四)混凝土外观质量和内部质量缺陷检查

混凝土外观质量主要检查表面平整度(有表面平整要求的部位)、麻面、蜂窝、空洞、漏筋、碰损掉角、表面裂缝等。重要工程还要检查内部质量缺陷,如用回弹仪检查混凝土表面强度、用超声仪检查裂缝、钻孔取芯检查各项力学指标等。

二、混凝土施工缺陷及其防治

混凝土施工缺陷分外部缺陷和内部缺陷两类。

(一)外部缺陷

1. 麻面

麻面是指混凝土表面呈现出的无数绿豆大小的不规则的小凹点。

(1)混凝土麻面产生的原因有:①模板表面粗糙、不平滑;②浇筑前没有在模板上洒水湿润,湿润不足,浇筑时混凝土的水分被模板吸去;③涂在钢模板上的油质脱模剂过厚,液体残留在模板上;④使用旧模板,板面残浆未清理,或清理不彻底;⑤新拌混凝土浇灌入模后,停留时间过长,振捣时还有部分凝结;⑥混凝土振捣不足,气泡未完全排除,有部分留在模板表面;⑦模板拼缝漏浆,构件表面浆少,或成为凹点,或成为若断若续的凹线。

(2)混凝土麻面的预防措施有:①将模板表面处理平滑;②浇筑前,不论是哪种模型,均需浇水湿润,但不得积水;③脱模剂涂擦要均匀,模板有凹陷时,注意将积水拭干;④旧模板残浆必须清理干净;⑤新拌混凝土必须按水泥或外加剂的性质,在初凝前振捣;⑥尽量将气泡排出;⑦浇筑前先检查模板拼缝,对可能漏浆的缝,设法封嵌。

(3)混凝土麻面的修补技术。混凝土表面的麻点,如对结构无大影响,可不做处理。如需处理,方法如下:①用稀草酸溶液将该处脱模剂油点或污点用毛刷洗净,于修补前用水湿透;②修补用的水泥品种必须与原混凝土品种一致,砂子为细砂,粒径最大不宜超过 1 mm;③水泥砂浆配合比为 1∶2.5～1∶2,由于数量太多,可用人工在小灰桶中拌匀,随拌随用;④按照漆工刮腻子的方法,将砂浆用刮刀大力压入麻点内,随即刮平;⑤修补完成后,即用草帘或草席进行保湿养护。

2. 蜂窝

蜂窝是指混凝土表面无水泥浆,形成蜂窝状的孔洞,形状不规则,分布不均匀,露出石子深度大于 5 mm,不露主筋,但有时可能露箍筋。

(1)混凝土蜂窝产生的原因有:①配合比不准确,砂浆少,石子多;②搅拌用水过少;③混凝土搅拌时间不足,新拌混凝土未拌匀;④运输工具漏浆;⑤使用干硬性混凝土,但振捣不足;⑥模板漏浆,加上振捣过度。

(2)混凝土蜂窝的预防措施有:①砂率不宜过小;②计量器具应定期检查;③用水量如少于标准,应掺用减水剂;④搅拌时间应足够;⑤注意运输工具的良好性,否则应及时修理;⑥振捣工具的性能必须与混凝土的坍落度相适应;⑦浇筑前必须检查和嵌填模板拼缝,并浇水湿润;⑨浇筑过程中,有专人巡视模板。

(3)混凝土蜂窝的修补技术。如系小蜂窝,可按修补麻面的方法修补。如果蜂窝较大,则按下法修补:①将软弱部分凿去,用高压水及钢丝刷将基层冲刷干净;②修补用的水泥应与原混凝土的一致,砂子用中粗砂;③水泥砂浆的配合比为 1∶3～1∶2,应搅拌均匀;④按照抹灰工的操作方法,用抹子大力将砂浆压入蜂窝内刮平,在棱角部位用靠尺将棱角取直;⑤修补完成后用草帘或草席进行保湿养护。

3. 混凝土露筋、空洞

主筋没有被混凝土包裹而外露,或主筋在混凝土孔洞中外露的缺陷称为露筋。混凝土表面超过保护层厚度,但不超过截面尺寸 1/3 的缺陷,称为空洞。

(1)混凝土露筋、空洞产生的原因有:①漏放保护层垫块或垫块移位;②浇灌混凝土时投料距离过高过远,又没有采取防止离析的有效措施;③搅拌机卸料入吊斗或小车时,或运输过程中有离析,运至现场又未重新搅拌;④钢筋较密集,粗骨料被卡在钢筋上,加上振捣不足或漏振;⑤采用干硬性混凝土又振捣不足。

(2)混凝土露筋、空洞的预防措施有:①浇筑混凝土前应检查垫块情况;②应采用合适的混凝土保护层垫块;③浇筑高度不宜超过 2 m;④浇筑前检查吊斗或小车内混凝土有无离析;⑤搅拌站要按配合比规定的规格使用粗骨料;⑥如为较大构件,振捣时设专人在模板外用木槌敲打,协助振捣;⑦构件的节点、柱的牛腿、桩尖或桩顶、有抗剪筋的吊环等处钢筋较密,应特别注意捣实;⑧加强振捣;⑨模板四周,用人工协助捣实,如为预制构件,在钢模周边用抹子插捣。

(3)混凝土露筋、空洞的处理措施有:①将软弱部分及突出部分凿去,上部向外倾斜,下部水平;②用高压水及钢丝刷将基层冲洗干净,修补前用湿棉纱头填满,使旧混凝土内表面充分湿润;③修补用的水泥品种应与原混凝土的一致,小石混凝土强度等级应比原设计的高一级;

④如条件许可，可用喷射混凝土修补；⑤安装模板浇筑；⑥混凝土可加微量膨胀剂；⑦浇筑时，外部应比修补部位稍高；⑧修补部分达到结构设计强度时，凿去外倾面。

4. 混凝土施工裂缝

(1)混凝土施工裂缝按其产生的原因分类：①曝晒或风大，水分蒸发过快，出现的塑性收缩裂缝；②混凝土塑性过大，或成形后发生沉陷不均，出现的塑性沉陷裂缝；③配合比设计不当引起的干缩裂缝；④骨料级配不良，又未及时养护引起的干缩裂缝；⑤模板支撑刚度不足，或拆模工作不慎，外力撞击的裂缝。

(2)混凝土施工裂缝的预防措施有：①成形后立即进行覆盖养护，表面要求光滑，可采用架空措施进行覆盖养护；②配合比设计时，水灰比不宜过大，搅拌时，严格控制用水量；③水泥用量不宜过多，灰骨比不宜过大；④骨料级配中，细颗粒不宜偏多；⑤浇筑过程应有专人检查模板及支撑；⑥注意及时养护；⑦拆模时，尤其是使用吊车拆大模板时，必须按顺序进行，不能强拆。

(3)混凝土施工裂缝的修补技术。

混凝土微细裂缝的修补：①用注射器将环氧树脂溶液黏结剂或甲凝溶液黏结剂注入裂缝内；②注射宜在干燥、有阳光的时候进行，裂缝部位可用喷灯或电风筒吹干，在缝内湿气逸出后进行修补；③注射时，从裂缝的下端开始，针头应插入缝内，缓慢注入，使缝内空气向上逸出，黏结剂在缝内向上填充。

混凝土浅裂缝的修补：①顺裂缝走向用小凿刀将裂缝外部扩凿成V形，上宽5～6 mm，深度等于原裂缝的；②用毛刷将V形槽内颗粒及粉尘清除，用喷灯或电风筒吹干；③用漆工刮刀或抹灰工小抹刀将环氧树脂胶泥压填在V形槽上，反复搓动，务使之紧密黏结；④缝面按需要做成与结构面齐平，或稍微突出成弧形。

混凝土深裂缝的修补做法是，将微细缝和浅缝两种措施合并使用：①将裂缝面凿成V形或凹形槽；②按浅裂缝修补办法进行清理、吹干；③先用微细裂缝的修补方法向深缝内注入环氧树脂溶液黏结剂或甲凝溶液黏结剂，填补深裂缝；④上部开凿的槽坑按浅裂缝修补方法压填环氧树脂溶液黏结剂。

(二)混凝土内部缺陷

1. 混凝土空鼓

混凝土空鼓常发生在预埋钢板下面。产生的原因是，浇灌预埋钢板混凝土时，钢板底部混凝土未填饱满或振捣不足。

混凝土空鼓的预防方法：①如预埋钢板不大，浇灌时用钢棒将混凝土尽量压入钢板底部，浇筑后用敲击法检查；②如预埋钢板较大，可在钢板上开几个小孔排除空气，这些小孔亦可作为观察孔。

混凝土空鼓的修补：①在板外挖小槽坑，将混凝土压入，直至饱满、无空鼓声为止；②如钢板较大或估计空鼓较严重，可在钢板上钻孔，用灌浆法将混凝土压入。

2. 混凝土强度不足

混凝土强度不足产生的原因：①配合比计算错误；②水泥出厂时间过长，或受潮变质，或袋装重量不足；③粗骨料针片状较多，粗、细骨料级配不良或含泥量较多；④外加剂质量不稳定；⑤搅拌机内残浆过多，或传动皮带打滑，影响转速；⑥搅拌时间不足；⑦用水量过大，或砂、石含水率未调整，或水箱计量装置失灵；⑧秤具或称量斗损坏，不准确；⑨运输工具灌浆，或经过运输后严重离析;⑩振捣不够密实。

混凝土强度不足的处理方案由设计单位决定。通常的处理方法有:①强度相差不大时,先降级使用,待龄期增加、混凝土强度发展后,再按原标准使用;②强度相差较大时,经论证后采用水泥灌浆或化学灌浆补强;③强度相差较大而影响较大时,拆除返工。

第三节 特殊条件下施工和安全技术

一、混凝土冬季施工

(一)一般要求

现行施工规范规定,寒冷地区的日平均气温稳定在5 ℃以下或最低气温稳定在3 ℃以下,温和地区的日平均气温稳定在3 ℃以下时,均属于低温季节,这就需要采取相应的防寒保温措施,避免混凝土受到冻害。

混凝土在低温条件下,水化凝固速度大为降低,强度增长受到阻碍。当气温在−2 ℃时,混凝土内部水分结冰,不仅水化作用完全停止,而且结冰后由于水的体积膨胀,混凝土结构受到损害,当冰融化后,水化作用虽将恢复,混凝土强度可继续增长,但最终强度必然降低。试验资料表明,混凝土受冻越早,最终强度降低越大。如在浇筑后3～6 h受冻,最终强度至少降低50%以上;如在浇筑后2～3 d受冻,最终强度降低只有15%～20%。如混凝土强度达到设计强度的50%以上(在常温下养护3～5 d)时再受冻,最终强度则降低极小,甚至不受影响。因此,低温季节混凝土施工,首先要防止混凝土早期受冻。

(二)冬季施工的措施

低温季节混凝土施工可以采用人工加热、保温蓄热及加速凝固等措施,使混凝土入仓浇筑温度不低于5 ℃;同时保证混凝土浇筑后的正温养护条件,在未达到允许受冻临界强度以前不遭受冻结。

1. 调整配合比和掺外加剂

(1)对室外大体积混凝土,采用发热量较高的快凝水泥。

(2)提高混凝土的配制强度。

(3)掺早强剂或早强减水剂。其中氯盐的掺量应按有关规定严格控制,掺氯盐并不适用于钢筋混凝土结构。

(4)采用较低的水灰比。

(5)掺加气剂可减缓混凝土内部水结冰时产生的静水压力,从而可提高混凝土的早期抗冻性能。但含气量应限制在3%～5%。因为,混凝土中含气量每增加1%,会使混凝土强度损失5%,为弥补掺加气剂导致的强度损失,最好与减水剂并用。

2. 原材料加热法

当日平均气温为−5～−2 ℃时,应加热水拌和;当气温再低时,可考虑加热骨料。水泥不能加热,但应保持正温。

水的加热温度不能超过80 ℃,并且要先将水和骨料拌和,这时水不超过60 ℃,以免水泥产生假凝。所谓假凝,是指拌和水温超过60 ℃时,水泥颗粒表面将会形成一层薄的硬壳,使混凝土和易性变差，而后期强度降低的现象。

砂石加热的最高温度不能超过 100 ℃，平均温度不宜超过 65 ℃，并力求加热均匀。对大中型工程，常用蒸汽直接加热骨料，即直接将蒸汽通过需要加热的砂、石料堆中，料堆表面用帆布盖好，防止热量损失。

3. 蓄热法

蓄热法是将浇筑的混凝土在养护期间用保温材料加以覆盖，尽可能把混凝土在浇筑时包含的热量和凝固过程中产生的水化热蓄积起来，以延缓混凝土的冷却速度，使混凝土在达到抗冻强度以前，始终保证正温的方法。

4. 加热养护法

当采用蓄热法不能满足要求时，可以采用加热养护法，即利用外部热源对混凝土加热养护，包括暖棚法、蒸汽加热法和电热法等。大体积混凝土多采用暖棚法，蒸汽加热法多用于混凝土预制构件的养护。

(1)暖棚法。在混凝土结构周围用保温材料搭成暖棚，在棚内安设热风机、蒸汽排管、电炉或火炉进行采暖，使棚内温度保持在 15～20 ℃，保证混凝土浇筑和养护处于正温条件下。暖棚法费用较高，但暖棚为混凝土硬化和施工人员的工作制造了良好的条件。此法适用于寒冷地区的混凝土施工。

(2)蒸汽加热法。利用蒸汽加热养护混凝土，不仅可使新浇混凝土得到较高的温度，而且还可以得到足够的湿度，促进水化凝固作用，使混凝土强度迅速增长。

(3)电热法。电热法是用钢筋或薄铁片作为电极，插入混凝土内部或贴附于混凝土表面，利用新浇混凝土的导电性和电阻大的特点，通过 50～100 V 的低压电，直接对混凝土加热，使其尽快达到抗冻强度的方法。由于耗电量大，大体积混凝土较少采用。

上述几种施工措施在严寒地区往往同时采用，并要求在拌和、运输、浇筑过程中，尽量减少热量损失。

(三)冬季施工注意事项

冬季施工应注意以下几点：

(1)砂石骨料宜在进入低温季节前筛选完毕。成品料堆应有足够的储备和堆高，并进行覆盖，以防冰雪和冻结。

(2)拌和混凝土前，应用热水或蒸汽冲洗搅拌机，并将水或冰排除。

(3)混凝土的拌和时间应比常温季节的适当延长。延长时间应通过试验确定。

(4)在岩石基础或老混凝土面上浇筑混凝土前，应检查其温度。如为负温，应将其加热成正温。加热深度不小于 10 cm，并经验证合格后方可浇筑混凝土。仓面清理宜采用喷洒温水配合热风枪，寒冷期间亦可采用蒸汽枪，不宜采用水枪或风水枪。在软基上浇筑第一层混凝土时，必须防止与地基接触的混凝土遭受冻害和地基受冻变形。

(5)混凝土搅拌机应设在搅拌棚内并设有采暖设备，棚内温度应高于 5 ℃。混凝土运输容器应有保温装置。

(6)浇筑混凝土前和浇筑过程中，应注意清除钢筋、模板和浇筑设施上附着的冰雪和冻块，严禁将冰雪、冻块带入仓内。

(7)在低温季节施工的模板，一般在整个低温期间都不宜拆除。如果需要拆除，要求：①混凝土强度必须大于允许受冻的临界强度;②具体拆模时间及拆模后的要求,应满足温度控制防裂要求。当预计拆模后混凝土表面降温可能超过 6 ℃时,应推迟拆模时间,如必须拆模,则应在拆模后采取保护措施。

(8)低温季节施工期间,应特别注意温度的检查。

二、混凝土夏季施工

1. 高温环境对新拌及刚成形混凝土的影响

(1)拌制时,水泥容易出现假凝现象。

(2)运输时,坍落度损失大,捣固或泵送困难。

(3)受直接曝晒或干热风影响,混凝土面层急剧干燥,外硬内软,出现塑性裂缝。

(4)昼夜温差较大,易出现温差裂缝。

2. 夏季高温期混凝土施工的技术措施

1)原材料

(1)掺用外加剂(缓凝剂、减水剂)。

(2)用水化热低的水泥。

(3)供水管埋入水中,贮水池加盖,避免太阳直接曝晒。

(4)当天用的砂、石用防晒棚遮蔽。

(5)用深井冷水或冰水拌和,但不能直接加入冰块。

2)搅拌运输

(1)送料装置及搅拌机不宜直接曝晒,应有荫棚。

(2)搅拌系统尽量靠近浇筑地点。

(3)移动运输设备应遮盖。

3)模板

(1)因干缩出现的模板裂缝应及时填塞。

(2)浇筑前充分将模板淋湿。

4)浇筑

(1)适当减小浇筑层厚度,从而减小内部温差。

(2)浇筑后立即用薄膜覆盖,不使水分外逸。

(3)露天预制场宜设置可移动荫棚,避免制品直接曝晒。

三、混凝土雨季施工

1. 准备工作

(1)砂石料场的排水设施应畅通无阻。

(2)浇筑仓面宜有防雨设施。

(3)运输工具应有防雨及防滑设施。

(4)加强骨料含水量的测定工作,注意调整拌和用水量。

2. 技术措施

无防雨棚仓面在小雨中进行混凝土浇筑时,应采用以下技术措施:

(1)减少混凝土拌和用水量。

(2)加强仓面积水的排除工作。

(3)做好新浇混凝土面的保持工作。

(4)防止周围雨水流入仓面。

无防雨棚的仓面在浇筑过程中,如遇大雨、暴雨,应立即停止浇筑,并遮盖混凝土表面。雨后必须先进行及时仓内积水,受雨水冲刷的部位应立即处理。如停止浇筑的混凝土尚未超出允许间歇时间或还能重塑,应加砂浆继续浇筑,否则应按施工缝处理。

抗冲、耐磨、需要抹面的部位及其他高强度混凝土不允许在雨中施工。

四、混凝土施工安全技术

(一)施工缝处理安全技术

(1)冲毛、凿毛前应检查所有工具是否可靠。

(2)多人同在一个工作面内操作时,应避免面对面近距离操作,以防飞石、工具伤人。严禁在同一工作面上下层同时操作。

(3)使用风钻、风镐凿毛时,必须遵守风钻、风镐安全技术操作规程。在高处操作时,应用绳子将风钻、风镐拴住,并挂在牢固的地方。

(4)检查风砂枪枪嘴时,应先将风阀关闭,并不得面对枪嘴,也不得将枪嘴指向他人。使用砂罐时须遵守压力容器安全技术规程。砂罐与风砂枪距离较远时,中间应有专人联系。

(5)用高压水冲毛,必须在混凝土终凝后进行。风、水管须装设控制阀,接头应用铅丝扎牢。使用冲毛机操作时,还应穿戴好防护面罩、绝缘手套和长筒胶靴。冲毛时要防止泥水冲到电气设备或电力线路上。工作面的电线灯应悬挂在不妨碍冲毛的安全高度。

(6)仓面冲洗时应选择安全部位排渣,以免冲洗时石渣落下伤人。

(二)混凝土拌和的安全技术措施

(1)安装机械的地基应平整夯实,用支架或支脚筒架稳,不准以轮胎代替支撑。机械安装要平稳、牢固,对外露的齿轮、链轮、皮带轮等转动部位应设防护装置。

(2)开机前,应检查电气设备的绝缘和接地是否良好,检查离合器、制动器、钢丝绳、倾倒机构是否完好。搅拌筒应用清水清洗,不得有异物。

(3)启动后应注意搅拌筒转向与搅拌筒上标示的箭头方向一致。待机械运转正常后再加料搅拌。若遇中途停机、停电,则应立即将料卸出,不允许中途停机后重载启动。

(4)搅拌机的加料斗升起时,严禁任何人在料斗下通过和停留,不准用脚踩或用铁锹、木棒往下拨、刮搅拌筒口,工具不能碰撞搅拌机,更不能在转动时,把工具伸进料斗里扒浆。工作完毕后应将料斗锁好,并检查一切保护装置。

(5)未经允许,禁止拉闸、合闸和进行不合规定的电气维修。现场检修时,应固定好料斗,切断电源。进入搅拌筒内工作时,外面应有人监护。

(6)拌和站的机房、平台、梯道、栏杆必须牢固可靠。站内应配备有效的吸尘装置。

(7)操纵皮带机时,必须正确使用防护用品,禁止一切人员在皮带机上行走和跨越;机械发生故障时应立即停车检修,不得带“病”运行。

(8)用手推车运料时,装料容量不得超过其总容量的 3/4,推车时不得用力过猛和撒把。

（三）混凝土运输的安全技术措施

1. 手推车运输混凝土的安全技术措施

（1）运输道路应平坦，斜道坡度不得超过3%。

（2）推车时应注意平衡，掌握重心，不准猛跑和溜放。

（3）向料斗倒料，应有挡车设施，倒料时不得撒把。

（4）推车途中，前后车距在平地上不得少于2 m，下坡处不得少于10 m。

（5）用井架垂直提升时，车把不得伸出笼外，车轮前后要挡牢。

（6）行车道要经常清扫，冬季施工应有防滑措施。

2. 自卸汽车运输混凝土的安全技术措施

（1）装卸混凝土应有统一的联系和指挥信号。

（2）自卸汽车向坑洼地点卸混凝土时，后轮与坑边必须保持适当的安全距离，防止塌方翻车。

（3）卸完混凝土后，自卸装置应立即复原，不得边走边落。

3. 吊罐吊送混凝土的安全技术措施

（1）使用吊罐前，应对钢丝绳、平衡梁、吊锤（立罐）、吊身（卧罐）、吊环等起重部件进行检查，如有破损则禁止使用。

（2）吊罐的起吊、提升、转向、下降和就位，必须听从指挥。指挥信号必须明确、准确。

（3）起吊前，指挥人员应得到两侧挂罐人员的明确信号，才能指挥起吊；起吊时应慢速，并应吊离地面30～50 cm时进行检查，确认稳妥可靠后，方可继续提升或转向。

（4）吊罐吊至仓面，下落到一定高度时，应减慢下降、转向及吊机行车速度，并避免紧急刹车，以免晃荡撞击人体。要慎防吊罐撞击模板、支撑、拉条和预埋件等。

（5）吊罐卸完混凝土后应将斗门关好，并将吊罐外部附着的骨料、砂浆等清除后，方可吊离。放回平板车时，应缓慢下降，对准并放置平稳后方可摘钩。

（6）吊罐正下方严禁站人。吊罐在空间摇晃时，严禁拉扶。吊罐在仓面就位时，不得硬拉。

（7）在吊罐内已初凝的混凝土，不能用于浇筑，采用翻罐处理废料时，应采取可靠的安全措施，并有带班人在场监护，以防发生意外。

（8）吊罐装运混凝土时严禁混凝土超出灌顶，以防坍落伤人。

（9）经常检查维修吊罐。立罐门的托辊轴承、卧罐的齿轮，要经常检查紧固，防止松脱坠落伤人。

4. 混凝土泵作业安全技术措施

（1）混凝土泵送设备在放置时，距离基坑不得小于20 m，悬臂动作范围内，禁止有任何障碍物和输电线路。

（2）管道敷设线路应接近直线，少弯曲，管道的支撑应固定，必须紧固可靠；管道的接头应密封，Y形管道应装接锥形管。

（3）禁止垂直管道直接接在泵的输出口上，应在架设之前安装不小于10 m长的水平管，在水平管近泵处应装逆止阀，敷设向下倾斜的管道，下端应接一段水平管，否则，应采用弯管等，如倾斜大于7°时，则应在坡度上端装设排气活塞。

（4）风力大于6级时，不得使用混凝土输送悬臂。

(5)混凝土泵送设备的停车制动和锁紧制动应同时使用，水箱应储满水，料斗内不得有杂物，各润滑点应润滑正常。

(6)操作时，操纵开关、调整手柄、手轮、控制杆、旋塞等均应放在正确位置，液压系统应无泄漏。

(7)作业前，必须按要求配制水泥砂浆润滑管道，无关人员应离开管道。

(8)支腿未支牢前，不得启动悬臂，悬臂伸出时，应按顺序进行，严禁用悬臂起吊和拖拉物件。

(9)悬臂在全伸出状态时，严禁移动车身；作业中需要移动时，应将上段悬臂折叠固定；前段的软管应用安全绳系牢。

(10)泵送系统工作时，不得打开任何输送管道的液压管道，液压系统的安全阀不得任意调整。

(11)用压缩空气冲洗管道时，管道出口 10 m 内不得站人，并应用金属网拦截冲出物，禁止用压缩空气冲洗悬臂配管。

(四)混凝土平仓振捣的安全技术措施

(1)浇筑混凝土前应全面检查仓内排架、支撑、模板及平台、漏斗、溜筒等是否安全可靠。

(2)仓内脚手架、支撑、钢筋、拉条、预埋件等不得随意拆除、撬动。如需拆除、撬动，应征得施工负责人的同意。

(3)平台上所预埋的下料孔，不用时应封盖。平台除出入口外，四周均应设置栏杆和挡板。

(4)为方便仓内人员上下，须设置靠梯，严禁从模板或钢筋网上攀爬。

(5)吊罐卸料时，仓内人员应注意躲开，不得在吊罐正下方停留或操作。

(6)平仓振捣过程中，要经常观察模板、支撑、拉筋等是否变形。如发现有变形、有倒塌危险，就应立即停止工作，并及时报告。操作时，不得碰撞、触及模板、拉条、钢筋和预埋件。不得将运转中的振捣器放置在模板或脚手架上。仓内人员要集中思想，互相关照。浇筑高仓位时，要防止工具和混凝土骨料掉落仓外，更不允许将大石块抛向仓外，以免伤人。

(7)使用电动式振捣器时，须有触电保安器或接地装置，搬移振捣器或中断工作时，必须切断电源。湿手不得接触振捣器的电源开关。振捣器电缆不得破皮漏电。

(8)下料溜筒被混凝土堵塞时，应停止下料，立即处理。处理时不得直接在溜筒上攀登。

(9)电气设备的安装拆除或在运转过程中的事故处理，均应由电工进行。

(五)混凝土养护时的安全技术措施

(1)养护用水不得喷射到电线和各种带电设备上。养护人员不得用湿手移动电线。养护水管要随用随关，不得使交通道转梯，仓面出入口、脚手架平台等处有长流水。

(2)在养护仓面上遇有沟、坑、洞时，应设明显的安全标志。必要时，可铺安全网或设置安全栏杆。

(3)禁止在不易站稳的高处向低处混凝土面上直接洒水养护。

复习思考题

5-1　什么叫搅拌时间？它随哪些因素变化？

5-2 混凝土生产过程中有几种投料方法？

5-3 什么叫混凝土的运输？运输过程中有哪些基本要求？

5-4 混凝土有几种运输形式？分别采用什么机械作业？

5-5 常用混凝土输送管有哪些类型？

5-6 大体积混凝土施工中应采取哪些具体措施？

5-7 振动机械按工作方式分哪几种？

5-8 埋石混凝土有几种施工方法？

5-9 什么叫高性能混凝土？它有哪些特点？

5-10 混凝土材料有哪些结构特征？

5-11 高性能混凝土具有哪些结构特征？

5-12 简单叙述高性能混凝土拌和物配合比设计的基本要求。

5-13 简单叙述高性能混凝土拌和物配合比的设计法则。

5-14 混凝土施工中有哪些外部缺陷和内部缺陷？

5-15 混凝土冬季施工有哪些措施？

5-16 混凝土雨季施工应做好哪些准备工作？

5-17 某强度混凝土的实验室配合比为 1∶2.56∶3.35，$W/C=0.6$，每立方米混凝土用水泥 285 kg，实测现场的砂、石含水率分别为 3%、1.5%。计算：

(1)该混凝土的施工配合比；

(2)当现场用 350 型自落式搅拌机搅拌时，每盘的下料量(袋装水泥)是多少？每盘实际能拌制多少混凝土？

第六章　土方工程

建筑施工中，常见的土方工程有场地平整、基坑开挖及基坑回填等。土方工程主要包括土（或石）的挖掘、填筑和运输等施工过程，以及排水、降水和土壁支撑等准备和辅助过程。

土方工程的施工特点是：面广量大，劳动繁重，大多为露天作业，施工条件复杂，施工易受到地区气候条件影响，且土本身是一种天然物质，种类繁多，施工时受工程地质和水文地质条件的影响也很大。因此，为了减轻劳动强度、提高劳动生产效率、加快工程进度、降低工程成本，在组织施工时，应根据工程自身条件，制定合理的施工方案，尽可能采用新技术和机械化施工。

第一节　土的有关工程性质

一、土的分类

土的种类繁多，分类的方法也很多。在建筑施工中，按土开挖的难易程度，土可分为松软土、普通土、坚土、砂砾坚土、软石、次坚石、坚石、特坚石等八类，前四类属于一般土，后四类属于类岩石。土的分类方法如表 6-1 所示。

表 6-1　土的分类方法

土的分类	土的名称	挖掘方法	K_s	K'_s
一类土（松软土）	砂土、亚砂土、冲击砂土层、种植土、泥炭（淤泥）	能用锹、锄头挖掘	1.08～1.17	1.01～1.03
二类土（普通土）	亚黏土、潮湿的黄土、夹有卵石的砂、种植土、填筑土及亚砂土	用锹、锄头挖掘，少许用镐翻松	1.14～1.28	1.02～1.05
三类土（坚土）	软及中等密实土，重亚黏土，粗砾石，干黄土，含碎石、卵石的黄土、亚黏土，压实的填筑土	主要用镐，少许用锹、锄头挖掘，部分用撬棍	1.24～1.30	1.04～1.07
四类土（砂砾坚土）	重黏土及含碎石、卵石的黏土，粗卵石，密实的黄土，天然级配砂石，软泥灰岩及蛋白石	整个用镐、撬棍，然后用锹挖掘，部分用楔子及大锤	1.26～1.32	1.06～1.09
五类土（软石）	硬石炭纪黏土，中等密实页岩、泥灰岩、白垩土，胶结不紧的砾岩，软的石炭岩	用镐或撬棍、大锤挖掘，部分使用爆破方法	1.30～1.45	1.10～1.20
六类土（次坚石）	泥岩、砂岩、砾岩，坚实的页岩、泥灰岩，密实的石灰岩，风化花岗岩、片麻岩	用爆破方法开挖，部分用风镐	1.30～1.45	1.10～1.20
七类土（坚石）	大理岩，辉绿岩，玢岩，粗、中粒花岗岩，坚实的白云岩、砂岩、砾岩、片麻岩，石灰岩，有风化痕迹的安山岩，玄武岩	用爆破方法开挖	1.30～1.45	1.10～1.20
八类土（特坚石）	安山岩、玄武岩、花岗片麻岩、闪长岩、石英岩、辉长岩、辉绿岩、玢岩	用爆破方法开挖	1.45～1.50	1.20～1.30

二、土的有关工程性质

1. 土的可松性

土具有可松性，即自然状态下的土，经过开挖后，其体积因松散而增加，后虽然经过回填压实，仍不能恢复原来的体积，这种性质称为土的可松性。土的可松性程度可用可松性系数表示，即最初可松性系数为

$$K_s = V_2/V_1 \tag{6-1}$$

最终可松性系数为

$$K'_s = V_3/V_1 \tag{6-2}$$

式中：V_1——土在自然状态下的体积，m^3；

V_2——土挖出后在松散状态下的体积，m^3；

V_3——土经回填压实后的体积，m^3。

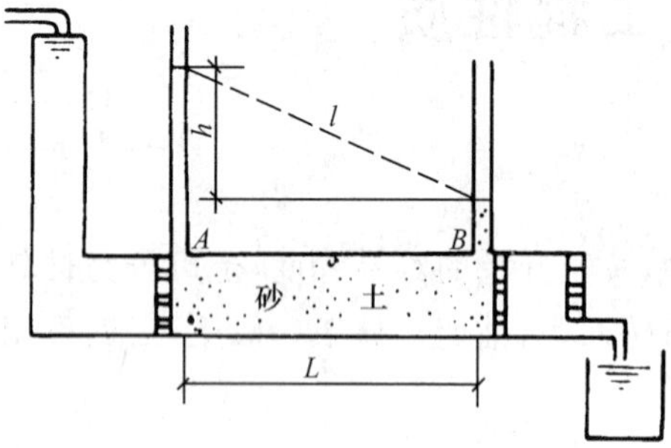

图 6-1　砂土渗透试验

土的可松性与土质有关。可松性系数对土方的调配、土方量的计算、运输、填筑等都有影响。可松性系数可参考表 6-1 所列数值选取。

2. 土的渗透性

土的渗透性是指土体被水透过的性质。土体孔隙中的水在重力作用下会发生流动，流动速度与土的渗透性有关。法国学者达西根据砂土渗透试验（见图6-1）发现，水在土中的渗流速度 v 与水力坡度 i 成正比，即

$$v = Ki \tag{6-3}$$

水力坡度 i 是 A、B 两点的水位差 h 与渗流路程长度 L 之比，即 $i=h/L$。

显然，渗流速度 v 与 A、B 两点水位差成正比，与渗流路程长度 L 成反比。比例系数 K 称为土的渗透系数（单位为 m/d）。

土的渗透系数 K 由试验确定，也可参考表 6-2 所示数值选取。

表 6-2　土的渗透系数

土的名称	渗透系数 K/(m/d)	土的名称	渗透系数 K/(m/d)
黏土	<0.005	中砂	5.0～20.00
亚黏土	0.005～0.10	均质中砂	35～50
轻亚黏土	0.10～0.50	粗砂	20～50
黄土	0.25～0.50	圆砾石	50～100
粉砂	0.50～1.00	卵石	100～500
细砂	1.00～5.00	—	—

3. 土的含水量

土的含水量是土中水的质量与固体颗粒质量之比，以质量分数表示，即

$$W = (m_1 - m_2) / m_2 \times 100\% = m_w / m_s \times 100\% \tag{6-4}$$

式中：m_1——含水状态时土的质量，kg；

m_2——烘干后土的质量，kg；

m_w——土中水的质量，kg；

m_s——固体颗粒的质量，kg。

土的含水量随气候条件、雨雪和地下水的影响而变化，对土方边坡的稳定性及填方密实程度有直接影响。

4. 土的天然密度

土在天然状态下单位体积的质量，称为土的天然密度，单位为 g/cm^3 或 t/m^3。土的天然密度用 ρ 表示，按下式计算：

$$\rho = m/V \tag{6-5}$$

式中：m——土的总质量；

V——土的天然体积。

5. 土的干密度

单位体积中土的固体颗粒的质量称为土的干密度，单位为 g/cm^3 或 t/m^3，土的干密度用 ρ_d 表示，按下式计算：

$$\rho_d = m_s/V \tag{6-6}$$

式中：m_s——土中固体颗粒的质量；

V——土的天然体积。

6. 土的压实系数

土的紧实程度用土的压实系数表示，即

$$\lambda_c = \rho_d / \rho_{dmax} \tag{6-7}$$

式中：λ_c——土的压实系数；

ρ_d——土的干密度；

ρ_{dmax}——土的最大干密度。

土的干密度可以用环刀法进行确定，即用环刀取样，测出天然密度 ρ，烘干后测出含水量(W)，然后计算实际干密度：$\rho_d = \rho/(1+0.01W)$。而土的最大干密度 ρ_{dmax} 可由击实试验测出。

土的工程性质对土方工程的施工有直接影响，在进行土方量的计算，确定运土机的数量等时，要考虑到土的可松性；在进行基坑和基槽的开挖，确定降水方案等时，要考虑到土的渗透性；在考虑土方边坡稳定，进行填土压实等时，要考虑到土的压实系数 λ_c，进而考虑到天然密度 ρ、干密度 ρ_d 及含水量 W。

第二节 土方量计算与土方调配

在土石方工程施工时，首先遇到的问题就是关于土方工程量的计算。一般情况下，都是根据土石方的实际情况，采用具有一定的精度而又和实际情况相近的方法来进行土方工程量计算的。

一、基坑、基槽土方量的计算

1. 基坑土方量计算

基坑土方量是按立体几何中拟柱体(即由两个平行的平面做底的一种多面体)体积公式来计算的(见图 6-2)。

基坑土方量为

$$V = H(A_1 + 4A_0 + A_2)/6 \tag{6-8}$$

式中:H——基坑深度,m;

A_1,A_2——基坑上、下两底面积,m^2;

A_0——基坑中截面面积,m^2。

2. 基槽土方量计算

基槽或路堤的土方量计算,可以沿长度方面分段,分段后用与前面同样的方法进行计算(见图 6-3)。

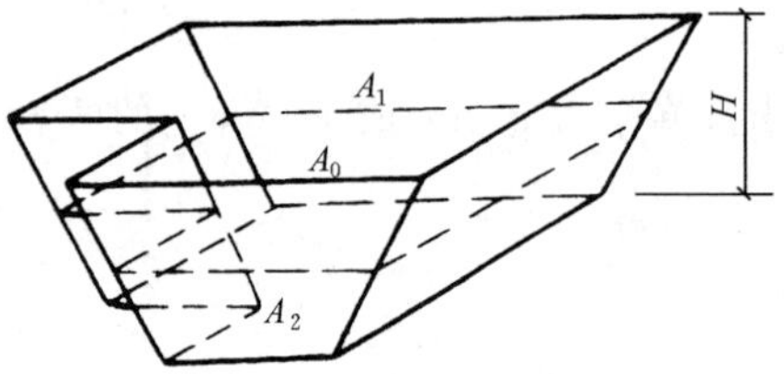

图 6-2　基坑土方量计算简图

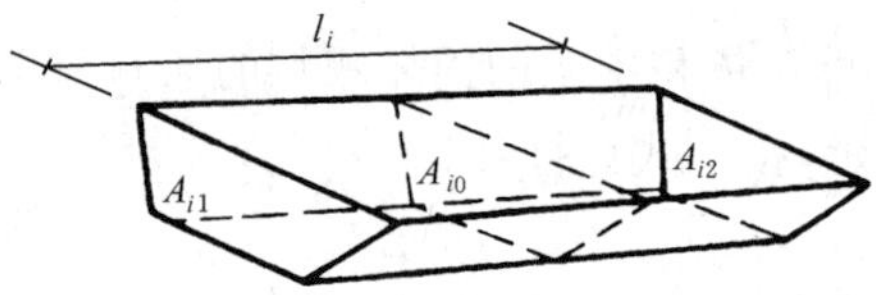

图 6-3　基槽土方量计算

基槽土方量为

$$V_1 = L_1(A_1 + 4A_0 + A_2)/6 \tag{6-9}$$

其中:V_1——第一段长度的土方量,m^3;

L_1——第一段的长度,m;

A_1——此段基槽一端的面积,m^2;

A_2——此段基槽另一端的面积,m^2;

A_0——此段基槽中间截面面积,m^2。

采用同样的方法,把各段的土方量计算出来,然后相加,即得到总的土方量为

$$V = V_1 + V_2 + V_3 + \cdots + V_n \tag{6-10}$$

二、场地设计标高的确定

场地设计标高是进行场地平整和土方量计算的依据,也是总图规划和竖向设计的依据,合理地确定场地的设计标高,对减少土方量、加快建设速度,都有重要的经济意义。

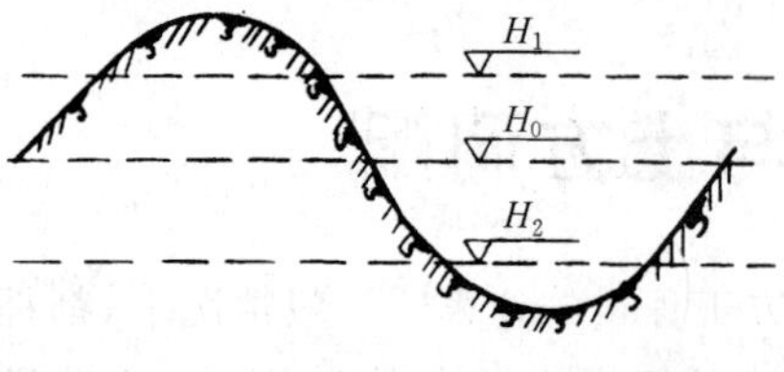

图 6-4　场地不同设计标高比较

如图 6-4 所示的横断面,如果场地设计标高为 H_0,那么挖方、填方的体积基本平衡,可以把土方移挖作填,就地处理;如果设计标高为 H_1,那么填方大大超过挖方,则需要从场地外大量取土回填;如果设

计标高为 H_2，那么挖方大大超过填方，则要向场外大量弃土。

因此，在确定场地设计标高时，应结合场地具体条件，反复进行技术经济比较，选择一个最优良的方案，这需考虑以下因素：

(1)应满足建筑功能、生产工艺和运输要求。

(2)充分利用地形(比如分区域或分台阶布置)，尽量使挖填平衡，以减少土方量。

(3)要有一定的泄水坡度(≥2%)，使其能满足排水要求。

(4)要考虑最高洪水水位的影响。

如果场地设计标高没有其他的特殊要求，则可以根据挖、填平衡的原则加以确定，即场地内土方的绝对体积在平整前和平整后相等。场地设计标高的确定方法和步骤如下：

1. 初步确定场地设计标高 H_0

初步确定场地设计标高是根据场地挖填土方量平衡的原则进行的，即场内土方的绝对体积在平整前后是相等的。

(1)在具有等高线的地形图上将施工区域划分为边长 a 为 10～40 m 的若干方格(见图 6-5)。

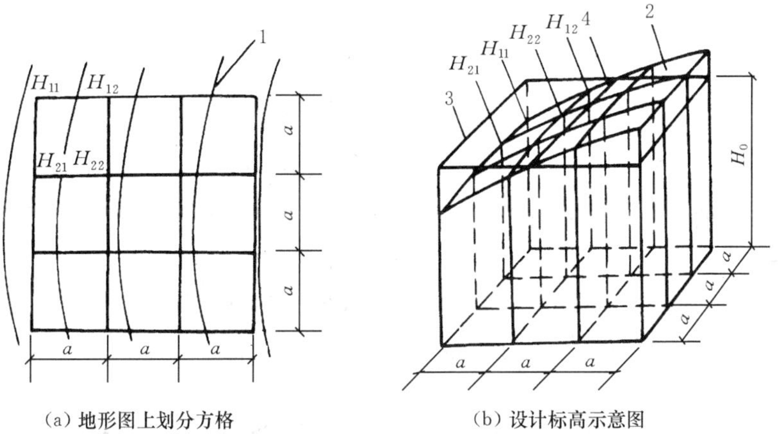

图 6-5　场地设计标高计算简图

1—等高线；2—自然地面；3—设计标高平面；4—零线

(2)确定各小方格的角点高程。可根据地形图上相邻两等高线的高程，用插入法计算求得。此外，在无地形图的情况下，也可以在地面用木桩或钢钎打好方格网，然后用仪器直接测出方格网角点标高。

按填挖方平衡原则确定设计标高 H_0，即

$$H_0 = Na^2 = \sum[a^2(H_{11} + H_{12} + H_{21} + H_{22})/4] \quad (6\text{-}11)$$

$$H_0 = \sum(H_{11} + H_{12} + H_{21} + H_{22})/(4N) \quad (6\text{-}12)$$

从图 6-5(a)可知，H_{11} 系一个方格的角点标高，H_{12} 和 H_{21} 系两个方格公共的角点标高，H_{22} 则是四个方格公共的角点标高，它们分别在式(6-12)中要加一次、二次、四次。因此，式(6-12)可改写成下列形式：

$$H_0 = \left(\sum H_1 + 2\sum H_2 + 3\sum H_3 + 4\sum H_4\right)/(4N) \quad (6\text{-}13)$$

式中：H_1——一个方格仅有的角点标高，m；

H_2——两个方格共有的角点标高，m；

H_3——三个方格共有的角点标高，m；

H_4——四个方格共有的角点标高，m。

N——方格网数。

2. 场地设计标高 H_0 的调整

以上求出的设计标高 H_0 只是一个理论值，实际上还应该考虑一些其他的因素，对 H_0 进行调整，这些因素如下：

(1)土的可松性。由于土具有可松性，一般填土会有多余，因此，应该考虑土的可松性引起的设计标高增加值 Δh。

V_W、V_T 分别称为按理论设计计算的挖、填方的体积，F_W、F_T 分别称为按理论设计计算的挖、填方区的面积，V'_W、V'_T 分别称为调整以后挖、填方的体积，K'_s 是最终可松性系数。

如图 6-6 所示，设 Δh 为土的可松性引起的设计标高增加值，则设计标高调整以后的总挖方体积 V'_W 为

$$V'_W = V_W - F_W \Delta h \tag{6-14}$$

总填方体积为

$$V'_T = V'_W K'_s \tag{6-15}$$

把式(6-14)代入式(6-15)为

$$V'_T = (V_W - F_W \Delta h) K'_s \tag{6-16}$$

这时，填方区的标高也应该和挖方区的一样，要提高 Δh，则有

$$\Delta h = [(V_W - F_W \Delta h) K'_s - V_T] / F_T \tag{6-17}$$

经运算整理，求出　　$\Delta h = V_W (K'_s - 1) / (F_T + F_W K'_s)$

求出 Δh 值后，场地的设计标高应调整为

$$H'_0 = H_0 + \Delta h$$

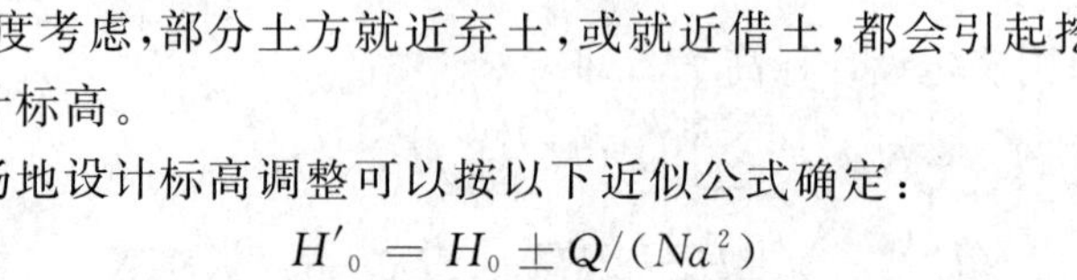

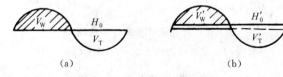

图 6-6　设计标高调整计算示意图

(2)规划场地内挖填方及就近取、弃土。由于场地内大型基坑挖出的土方，修路、筑堤填高的土方以及从经济角度考虑，部分土方就近弃土，或就近借土，都会引起挖、填土方量的变化，必要时，也需调整设计标高。

为了简化计算，场地设计标高调整可以按以下近似公式确定：

$$H'_0 = H_0 \pm Q/(Na^2)$$

式中：Q——假定按原设计标高平整以后，多余或不足的土方量；

N——方格网数；

a——方格网边长。

3. 泄水坡度

当按设计标高调整后的同一设计标高 H'_0 进行平整时，整个场地表面均处于同一水平面，

但是，实际上由于排水的要求，场地表面需要一定的泄水坡度。因此，还必须根据场地泄水坡度的要求（单向泄水或双向泄水），计算出场地内各方格角点实际施工所用的设计标高。

(1)场地具有单向泄水坡度的情况。场地具有单向泄水坡度时，设计标高的确定方法是，把已经调整后的设计标高 H'_0 作为场地中心线的标高（见图 6-7，当然也可设某点高程，然后由挖、填平衡条件求该点高程），场地内任意一点的设计标高则为

$$H_n = H'_0 \pm li$$

式中：H_n——场地内任意一点的设计标高；

l——场地内任意一点至设计标高 H'_0 的距离；

i——场地泄水坡度（不小于 2‰）。

例如，考虑具有泄水坡度之前，场地的设计标高为 251.47 m，$a=20$ m 那么，考虑具有泄水坡度以后，如坡度为 2‰，H_{11} 的设计标高为

$$H_{11} = H'_0 + 1.5ai = 251.47\ \text{m} + 1.5 \times 20 \times 2‰\ \text{m} = 251.47\ \text{m} + 0.06\ \text{m} = 251.53\ \text{m}$$

(2)场地具有双向泄水坡度的情况。场地具有双向泄水坡度时设计标高的确定方法同样是把已调整后的设计标高 H'_0 作为场地的纵向和横向中心线（见图 6-8），场地内任意一点的设计标高为

$$H_n = H'_0 \pm l_X i_X \pm l_Y i_Y$$

式中：l_X，l_Y——分别为任意一点沿 X-X、Y-Y 方向据场地中心线的距离；

i_X，i_Y——分别为任意一点沿 X-X、Y-Y 方向的泄水坡度。

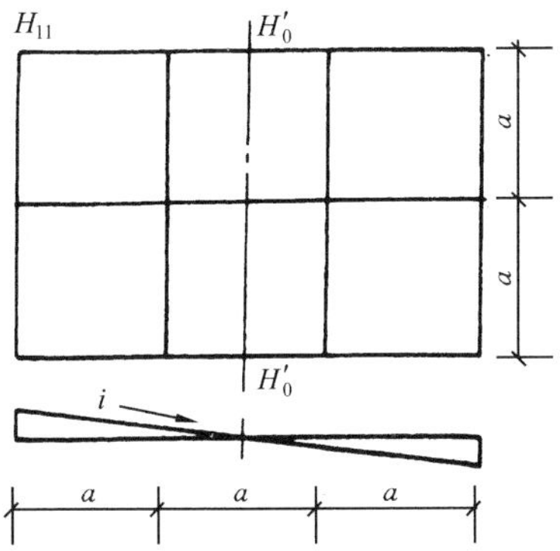

图 6-7　场地具有单向泄水坡度

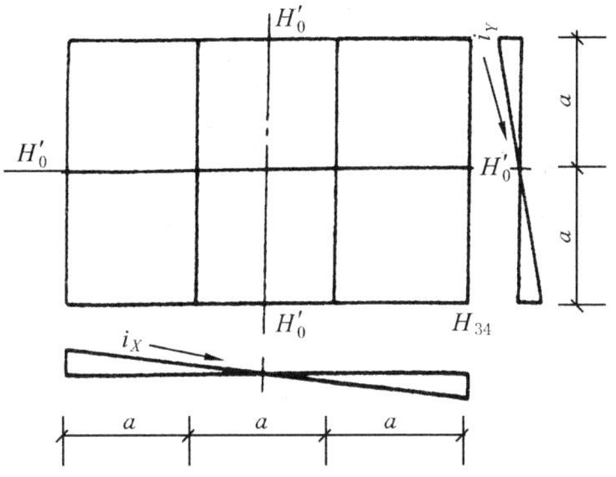

图 6-8　场地具有双向泄水坡度

例如，考虑具有泄水坡度之前，场地的设计标高为 251.47 m，那么，考虑具有双向泄水坡度以后，如果沿 X-X、Y-Y 的坡度分别为 3‰、2‰，H_{34} 角点的设计标高为

$$\begin{aligned} H_{34} &= H'_0 - 1.5ai_X - ai_Y \\ &= 251.47\ \text{m} - 1.5 \times 20 \times 3‰\ \text{m} - 20 \times 2‰\ \text{m} \\ &= 251.47\ \text{m} - 0.09\ \text{m} - 0.04\ \text{m} = 251.34\ \text{m} \end{aligned}$$

三、场地及边坡土方量计算

场地上土方量计算方法有两种，即方格网法和断面法。场地地形较为平坦时，一般采用方格网法，场地地形较为复杂或挖填深度较大，断面又不规则时，一般采用断面法。

(一)用方格网法计算场地土方量

在确定场地设计标高时画好的方格网上进行计算，方格网的边长一般为 10～40 m，通常取 20 m。首先把自然标高与设计标高分别标注在场地上各方格角点上(这一步，在设计场地设计标高后已完成)，那么场地设计标高与自然标高的差值，即为各角点的施工高度(挖或填)，并习惯上以"＋"号表示填方，以"－"号表示挖方，施工高度也填在各角点上，然后就可以计算每一个方格的挖、填土方量，并继而计算场地边坡的土方量，最后将填方区域内所有的土方量以及边坡土方量进行汇总，得到场地上总的平整场地土方量。场地土方量计算步骤如下：

1. 求各方格角点的施工高度

用 h_n 表示各角点的施工高度，亦即挖填高度，并且以"＋"表示填，以"－"表示挖。H_n 表示各角点的设计标高，H 表示各角点的自然标高，那么有

$$h_n = H_n - H$$

方格角点的自然标高可以根据地形图上相邻两等高线的高程，用线性插入法求出。也可以用一张透明纸，上面画上 6 根等距离的平行线，把透明纸放到标有方格网的地形图上，将 6 根平行线的最外 2 根分别对准 2 条等高线上的两点 A、B，这时 6 根等距离的平行线将 A、B 之间的高差分成 5 份，便可以读出 C 点的地面标高(见图 6-9)。

2. 绘出零线

零点是某一方格的两个相邻挖、填角点连线与该方格边线的交点(见图 6-10)。两个相邻零点的连线即为零线。

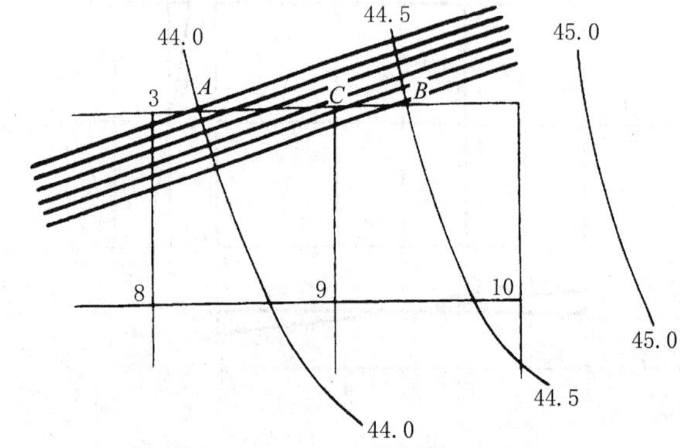

图 6-9　方格角点自然标高的图解法

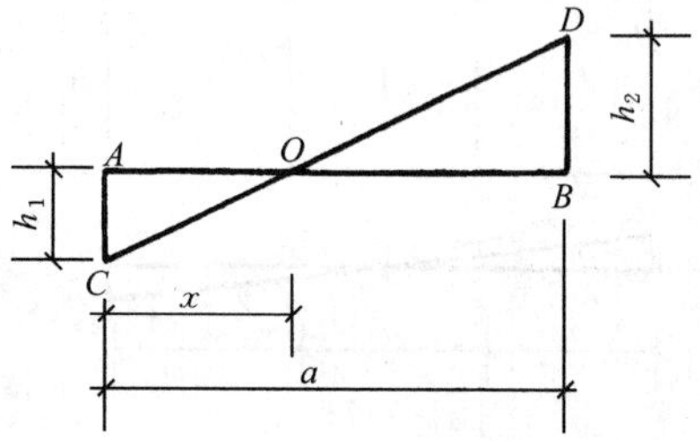

图 6-10　求零点的图解法

3. 计算场地挖、填土方量

零线求出以后，场地内的挖、填方区域就可以标出来了，然后用四角棱柱体法和三角棱柱体法进行计算。

1)四角棱柱体法

四角棱柱体法分为如下三种情况：

(1)在方格网中，某个方格的四个角全部为填方或全部为挖方(见图 6-11)。

其土方量为

$$V = a^2(h_1 + h_2 + h_3 + h_4)/4 \tag{6-18}$$

(2)方格的相邻两个角点为挖，另两个角点为填(见图 6-12)。

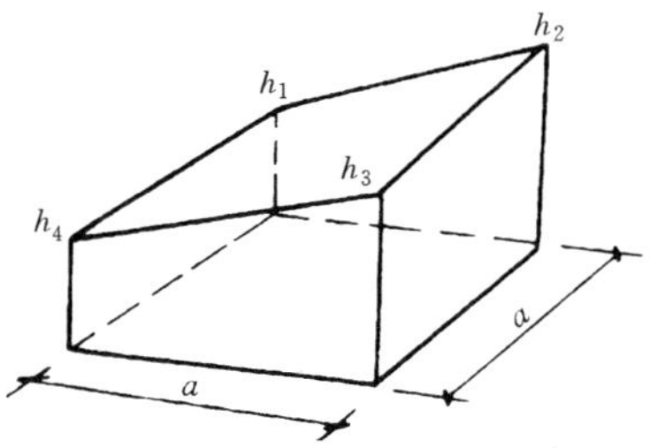

图 6-11　全填或全挖的方格

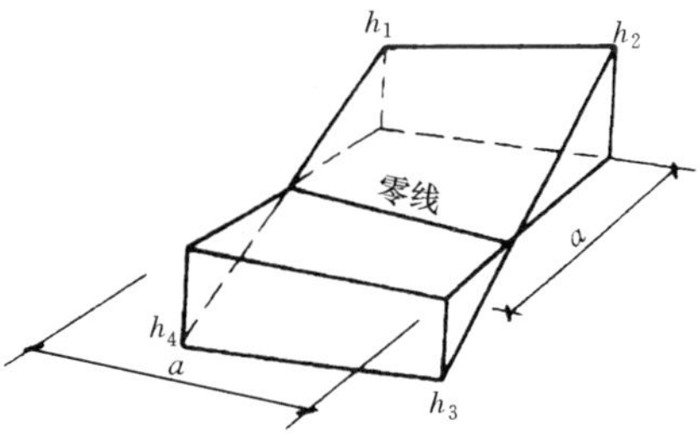

图 6-12　两挖和两填的方格

其挖方土方量为

$$V_{1,2} \geqslant a^2/4[h_1^2/(h_1+h_2)+h_2^2/(h_2+h_3)] \tag{6-19}$$

其填方土方量为

$$V_{3,4} = a^2/4\ [h_3^2/(h_2+h_3)+h_4^2/(h_1+h_4)\ ] \tag{6-20}$$

(3)方格的三个角点为挖,另一个角点为填(或方格的三个角点为填,另一个角点为挖)(见图6-13)。

其填方土方量为

$$V_4 = a^2h_4^3/[6(h_1+h_4)(h_3+h_4)] \tag{6-21}$$

其挖方土方量为

$$V_{1,2,3} = a^2(2h_1+h_2+2h_3-h_4)/6+V_4 \tag{6-22}$$

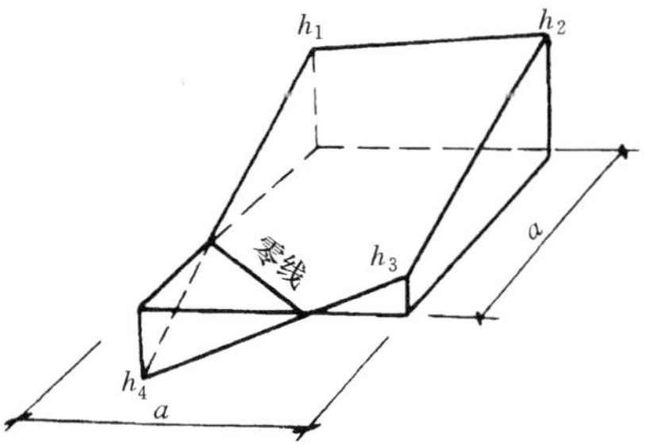

图 6-13　三挖一填(或相反)的方格

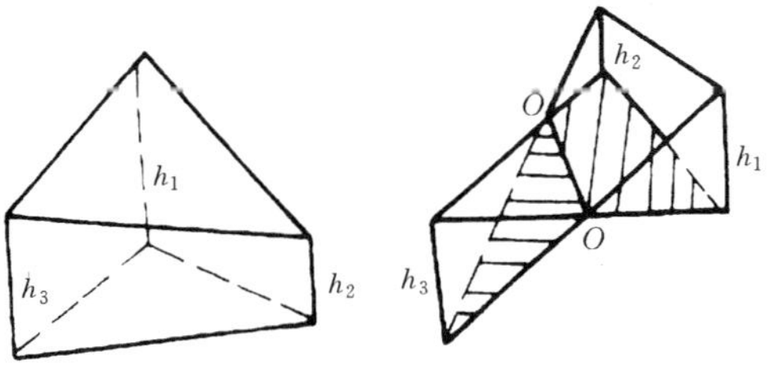

(a) 全挖或填挖　　(b) 有挖有填

图 6-14　三角棱柱体法

2)三角棱柱体法

用三角棱柱体法计算场地土方量时,要把每一个方格顺地形的等高线沿对角线划分为两个三角形,然后分别计算每一个三角棱柱(棱锥)体的土方量。

(1)当三角形为全挖或全填(见图 6-14(a))时,有

$$V = a^2(h_1+h_2+h_3)/6 \tag{6-23}$$

(2)当三角形有挖有填(见图 6-14(b))时,零线把三角形分成了两部分,一部分是底边为三角形的椎体,另一部分是底面为四边形的楔体,有

$$V_{锥} = a^2h_3^3/[6(h_1+h_3)(h_3+h_4)] \tag{6-24}$$

$$V_{楔} = a^2/6\{h_3^3/[(h_1+h_3)(h_2+h_3)]-h_3+h_2+h_1\} \tag{6-25}$$

以上的 h_1、h_2、h_3、h_4 均为施工高度,并且均用绝对值代入。

(二) 用断面法计算场地土方量

四角棱柱体法和三角棱柱体法统称为方格网法。在土方量计算精度要求不高时,还可以

用断面法。

沿场地取若干个断面,将所取的断面划分成若干个三角形和梯形(见图 6-15)。

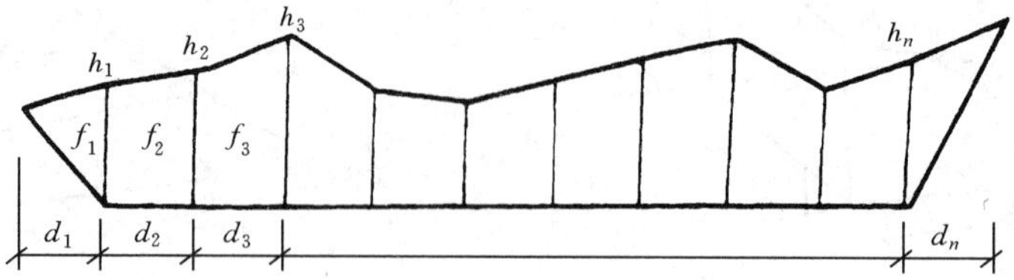

图 6-15 断面法

如果 f_i 表示每一个小三角形或梯形的面积,则整个断面面积 $F_1=f_1+f_2+f_3+\cdots+f_n$。

如果 $d_1=d_2=d_3=\cdots=d_n=d$,则 $F_1=(h_1+h_2+h_3+\cdots+h_n)d$。

如果若干个断面面积分别为 $F_1,F_2,F_3,\cdots,F_n$,相邻断面间的距离分别为 $l_1,l_2,l_3,\cdots,l_n$,那么总的土方量为

$$V=(F_1+F_2)l_1/2+(F_2+F_3)l_2/2+(F_3+F_4)l_3/2+\cdots+(F_{n-1}+F_n)l_n/2 \tag{6-26}$$

相邻两断面间的距离 $l_1,l_2,l_3,\cdots,l_n$的划分与地形有关:地形平坦时,距离可以取大一些;地形起伏较大时,距离可取小一些,这时,一定要沿地形每一个起伏点的转折处取一断面,确定两断面间的距离,否则,要影响土方量的精确度。

用断面法计算出土方量时,边坡土方量已经包括在内。

(三)场地边坡土方量计算

场地平整时,还要计算边坡土方量(见图 6-16)。其计算步骤如下:

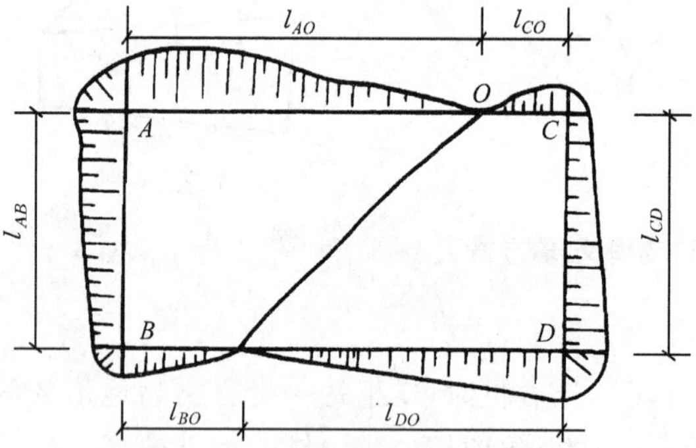

图 6-16 场地边坡平面图

(1)标出场地四个角点 A、B、C、D 填挖高度和零线位置。

(2)根据土质确定填、挖边坡的坡度(见图 6-17)。

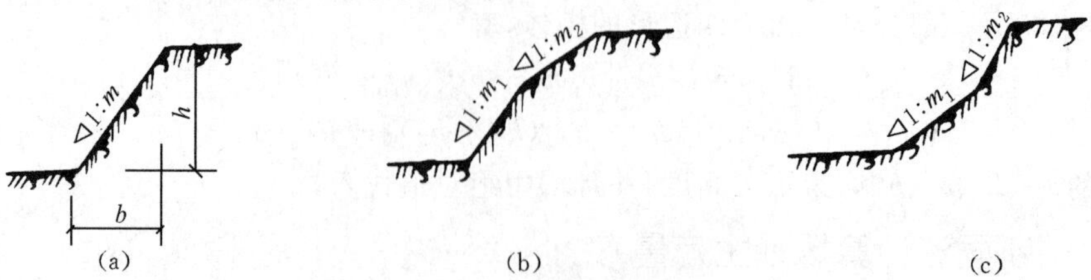

图 6-17 土方边坡的示意图

$$边坡的坡度 = h/b = 1/(b/h) = 1 : m$$

式中：m——边坡坡度的系数。

(3)算出四角点的放坡宽度：如 A 点的为 m_1h_A；D 点的为 m_2h_D。

(4)绘出边坡图。

(5)计算边坡土方量。

A、B、C、D 四个角点的土方量近似地按三棱锥计算，例如，AB、CD 两边土方量按断面法计算，其中，AB 边土方量为

$$V_{AB} = (F_A + F_B)l_{AB}/2 = m_1(h_A{}^2 + h_B{}^2)l_{AB}/4$$

AB、BD 两边分段按三棱锥计算，例如，AC 边 AO 段的土方量为

$$V_{AO} = m_1h_A{}^2l_{AO}/6$$

四、土方调配

土方调配是指在土方施工中对挖土的利用、堆弃和填土的取得三者之间关系进行综合协调处理，确定填、挖方区土方的调配方向和数量，使得土方工程的施工费用少、工期短、施工方便。它是土方规划设计的一个重要内容。

进行土方调配，必须综合考虑工程和现场的情况、有关技术资料、进度要求和土方施工方法。特别是当工程是分期分批施工时，先期工程和后期工程的土方堆放和调用问题应当全面考虑，并遵循下述原则：

(1)挖方和填方基本达到平衡，减少重复挖填；

(2)挖(填)方量与运距的乘积之和尽可能为最小；

(3)好土应用在回填实心密实度要求较高的地区，以避免出现质量问题；

(4)取土或弃土应尽量不占农田或少占农田，弃土尽可能有规划地造田；

(5)分区调配应与全场调配相协调，避免只顾局部平衡，任意挖填而破坏全局平衡；

(6)土方调配应与地下构筑物的施工相结合，地下设施的填土，应予以预留；

(7)选择恰当的调配方向、运输路线、施工顺序，避免土方运输出现对流和乱流现象，同时便于机具调配、机械化施工。

第三节　基坑边坡稳定性与降水

在各类建筑中，尤其是多层或高层建筑中，为了增加基础的稳定性和抗震性，一般基础埋置得比较深，而且，为了充分利用地下空间，一些建筑常常设有地下室(单层或多层地下室)，因此基坑开挖的面积较大、深度较深，这就涉及基坑边坡的稳定、基坑的支护、防止流砂、降低地下水位等问题。

一、基坑的边坡及其稳定性

(一)基坑边坡

为了保证土体的稳定性和施工安全，基坑及各类挖方和填方的边沿都做成一定形状的边坡(见图 6-18)。

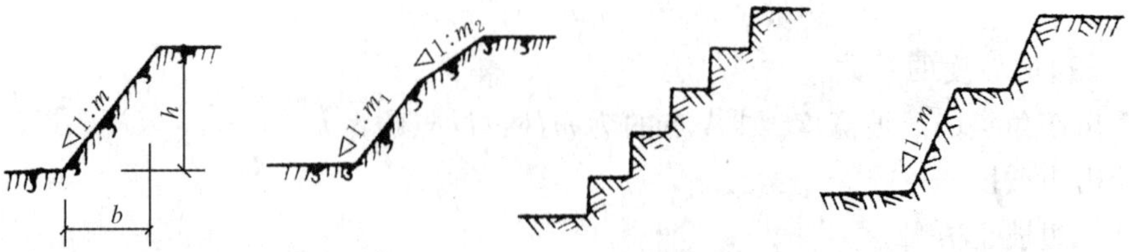

(a) 直线形　　(b) 折线形　　(c) 阶梯形　　(d) 分级形

图 6-18　基坑边坡

边坡坡度随边坡高度、土质、工程性质等不同而异；一般施工时，边坡坡度可参见表 6-3 所示数值。

表 6-3　深度在 5 m 内的基坑(槽)、管沟边坡的最陡坡度

土的类别	边坡坡度(高∶宽)		
	坡顶无荷载	坡顶有荷载	坡顶有动载
中密的砂土	1∶1.00	1∶1.25	1∶1.50
中密的碎石类土(充填物为砂土)	1∶0.75	1∶1.00	1∶1.25
硬塑的素土	1∶0.67	1∶0.75	1∶1.00
中密的碎石类土(充填物为黏性土)	1∶0.50	1∶0.67	1∶0.75
硬塑的粉质黏土、黏土	1∶0.33	1∶0.50	1∶0.67
老黄土	1∶0.10	1∶0.25	1∶0.33
软土(经井点降水后)	1∶1.00	—	—

如果挖方要经过不同类别的土层或深度超过某一限值，则其边坡可以做成折线形或台阶形。

(二)影响边坡稳定的因素

土方边坡在一定条件下，局部或一定范围内沿某一滑动面向下或向外移动而丧失其稳定性，这就是常常遇到的边坡失稳现象。

影响边坡稳定的因素很多，一般情况下，边坡失去稳定发生滑动，可以归结为土体抗剪强度低或切应力增加。引起土体抗剪强度降低的原因如下：

(1)由于气候的影响，土质松软。

(2)黏土中的夹层因浸水而产生润滑作用。

(3)含饱和水的细砂、粉砂因振动而液化等。

引起土体内切应力增加的原因如下：

(1)高度或深度增加，切应力增加。

(2)边坡上面荷载(静、动)增加，尤其是有动荷载时。

(3)浸水一方面使土体自重增加，另一方面水在土体中渗流，产生一定的动水压力。

(4)土体竖向裂缝中的水(地下水)产生静水压力。

由于影响基坑边坡稳定的因素很多，在一般情况下，开挖深度较大的基坑，应对土方边坡做稳定性分析，即在给定的荷载作用下，土体抗剪破坏应有足够的安全系数。关于边坡稳定性方面的分析与计算可参考土力学方面的专著。

二、基坑支护

基坑开挖采用放坡无法保证施工安全或场地无放坡条件时，一般采用支护结构临时支撑，以保证基坑的土壁稳定。基坑支护结构既要确保坑壁的稳定、邻近建筑物与构筑物和管线的安全，又要考虑支护结构施工方便、经济合理、有利于土方开挖和地下室的建造。

支护体系主要由围护结构和撑锚结构两部分组成。围护结构为垂直受力部分，主要承担土压力、水压力、边坡上的荷载，并将这些荷载传递给撑锚结构。撑锚结构为水平受力部分，除承受围护结构传递来的荷载外，还要承受施工荷载（如施工机具、堆放的材料、堆土等）和自重。所以，支护体系是一种空间受力结构体系。

1. 围护结构（挡土结构）的类型

围护结构的类型有木挡墙、槽钢挡墙、锁口钢板桩挡墙、钢筋混凝土板桩挡墙、H形钢支柱（或钢筋混凝土桩支柱）木挡板支护墙、钻孔灌注桩挡墙、旋喷桩帷幕墙、地下连续墙等，如图6-19所示。

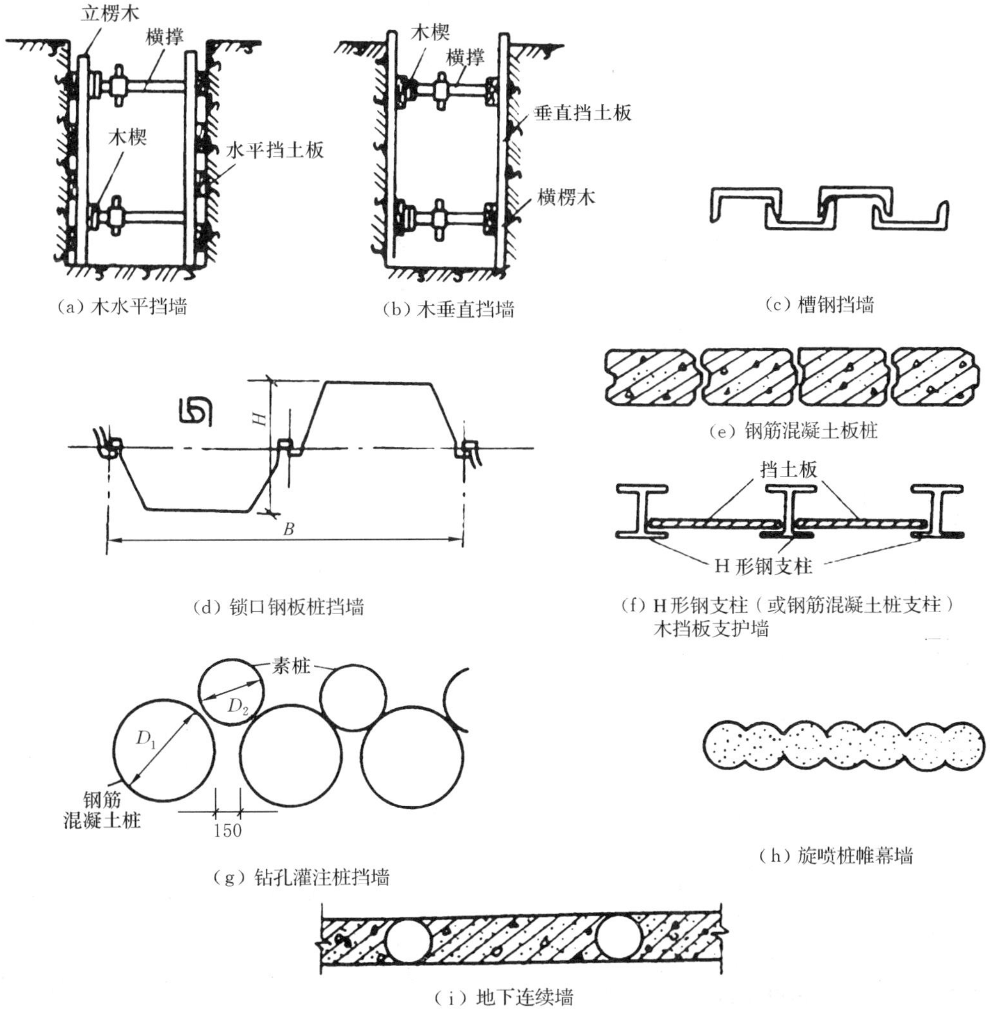

(a) 木水平挡墙　(b) 木垂直挡墙　(c) 槽钢挡墙
(d) 锁口钢板桩挡墙　(e) 钢筋混凝土板桩　(f) H形钢支柱（或钢筋混凝土桩支柱）木挡板支护墙
(g) 钻孔灌注桩挡墙　(h) 旋喷桩帷幕墙　(i) 地下连续墙

图 6-19　围护结构类型

围护结构一般为临时结构，待建筑物或构筑物的基础施工完毕或管道下埋完毕即失去作用。所以常采用可回收再利用的材料，如木桩、钢板桩等；也可使用永久埋在地下的材料，但费用要尽量低，如钢筋混凝土板桩、灌注桩、旋喷桩、深层搅拌水泥土墙和地下连续墙。在较深的基坑中，如采用地下连续墙或灌注桩，由于其所受土方压力、水压力较大，配筋较多，因而费用较高，为了充分发挥地下连续墙的强度、刚度、整体性及抗渗性，可将其作为地下结构的一部分按永久受力结构复核计算，而灌注桩也可作为基础工程桩使用。这样可降低基础工程造价。

2. 撑锚结构的类型

撑锚结构的类型有悬臂式支护结构、拉锚式支护体系、内撑式支护体系、简易式支撑，如图6-20所示。

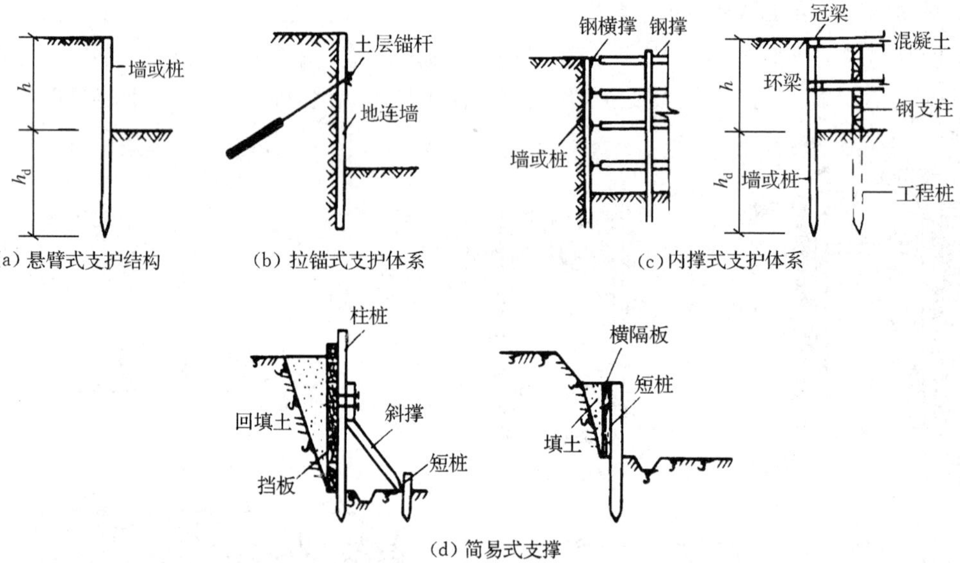

图 6-20　撑锚结构的类型

三、基坑排水

开挖基坑时，流入坑内的地下水和地面水如不及时排走，不但会使施工条件恶化，造成土壁塌方，还会影响地基的承载力，因此，在施工中，做好施工排水，保持土体干燥是十分重要的。基坑排水方法可分为集水井降水法（明排水法）和井点降水法。

（一）集水井降水法

集水井降水法是在开挖基坑时，沿坑底周围或中央开挖排水沟，在沟底设集水井，使基坑内的水经排水沟流向集水井，然后用水泵抽走的方法（见图6-21）。

图 6-21　集水井降水法

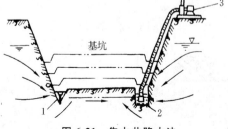

为了防止基底土的颗粒随水流失而使土结构受到破坏，集水井应设置于基础范围之外、地下水走向的上游。根据地下水量的大小、基坑平面形状及水泵抽水能力，确定集水井间距，一般每隔 20～40 m 设置一个。集水井的直径一般为 0.6～0.8 m，深度

应随挖土的加深而加深，并保持低于挖土工作面的 0.7～1.0 m。在基坑挖至设计标高后，井底应低于坑底 1～2 m，并铺设碎石滤水层，防止由于抽水时间较长而将泥沙抽出及井底土被搅动。井壁可用竹、木等材料进行简易加固。在建筑工地上基坑排水用的水泵主要有离心泵、潜水泵等。

(二)流砂防治

静水中有静水压力，动水中有动水压力，在地下水流中，同样也有动水压力，称为渗透压力(见图 6-22)。

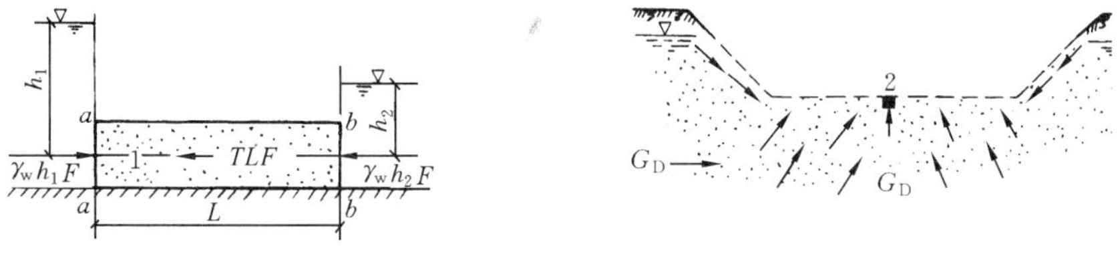

(a) 水在土中渗流时的力学现象　　(b) 动水压力对地基的影响

图 6-22　动水压力原理图

1,2—土粒

基坑左边水位线为 h_1，右边水位线为 h_2，水由高水位向低水位流动，经过长度为 L、截面面积为 F 的土体。水在渗流过程中，作用在土体左边的力为 $\gamma_w h_1 F$(γ_w 为水的密度)，其方向和水流方向一致，作用在右边的力为 $\gamma_w h_2 F$，其方向和水流方向相反，作用在土体中的总阻力为 TLF，方向向左。

由平衡条件，有

$$\gamma_w h_1 F - \gamma_w h_2 F - TLF = 0$$

整理以后

$$T = \gamma_w (h_1 - h_2)/L$$

式中：T—— 单位土体阻力；

$(h_1 - h_2)/L$—— 水头差(水位差)与渗流长度 L 之比，称为水力坡度，通常用 i 表示。所以 $T = i\gamma_w$。由作用与反作用定律，水对土体的压力为 $G_D = T = i\gamma_w$。G_D 称为动水压力。

由此可知，动水压力 G_D 的大小与水力坡度成正比，亦即水位差 $h_1 - h_2$ 越大，G_D 越大，而 L 越长，G_D 越小。动水压力方向与水流切线方向相同。

当水流在水位差的作用下对土颗粒产生向上压力时，动水压力不但使土颗粒受到土的浮力，而且还使土颗粒受到向上的推力，如果动水压力大于或等于土的浮重度 γ'，即 $G \geqslant \gamma'$，则土粒处于悬浮状态，将随渗流的水一起流动，这种现象称为流砂。

当地下水在非黏性土中渗流时，流砂现象很容易在细砂、粉砂中产生。黏性土颗粒之间具有内聚力，不容易形成流砂现象。流砂现象可以把基坑四周和坑底的土掏空，引起地面开裂沉陷、板桩崩塌。

防止流砂主要从消除、减小或平衡动水压力入手，其具体做法如下。

(1)枯水期施工：因为地下水位低，坑内外水位差较小，所以动水压力减小。

(2)打钢板桩：将板桩沿基坑周围打入坑底面一定深度，增加地下水流入坑的渗流路线，从而减小水力坡度，降低动水压力，防止流砂发生。

(3)水下挖土:就是不排水施工,使坑内外水压平衡,不至形成动水压力,从而可防止流砂发生。此法在沉井挖土下沉过程中采用。

(4)人工降低地下水位:如采用管井或轻型井点等方法,使地下水渗流向下,动水压力的方向也朝下,水不至于流入坑内,增大了土颗粒间的压力,从而可有效地制止流砂现象。此法应用较广亦较可靠。

(5)设地下连续墙:此法在基坑周围先浇筑一道混凝土或钢筋混凝土以支撑土壁截水,并防止流砂产生。

(6)抛大石块、抢速度施工:如在施工过程发生局部的或轻微的流砂现象,可组织人力分段抢挖,使挖土速度超过冒砂速度,挖至标高后,立即铺设芦席并抛大石块,增加土的压力,以平衡动水压力。此种方法在科学的设计、先进的施工技术和新工艺、新材料的条件下已不常采用。

(三)井点降水法

井点降水法,就是在基坑开挖前,先在基坑周围埋设一定数量的滤水管(井),利用抽水设备从中抽水,使地下水位降落在坑底以下,直至施工完毕为止的方法。

井点降水法的井点有管井井点、喷射井点、电渗井点和轻型井点等。各井点的适用范围如表 6-4 所示。

表 6-4　各井点的适用范围

适用条件 / 降水井点型	渗透系数 /(cm·s)	可降低水位深度 /m
一级轻型井点	$1\times10^{-7}\sim2\times10^{-4}$	3～6
喷射井点	$1\times10^{-7}\sim2\times10^{-4}$	8～20
电渗井点	>1×10	根据选定的井点确定
管井井点	>1×10	>10

1. 管井井点

管井井点(见图 6-23),就是沿基坑每隔 20～50 m 距离设置一个管井,每个管井单独用一台水泵不断抽水来降低地下水位。

2. 喷射井点

当基坑开挖较深,降水深度超过 8 m 时,可采用喷射井点。喷射井点可分为喷气井点和喷水井点两种。

喷水井点的喷射井管由内外管所组成,在内管下端装有升水装置(喷射扬水器),与滤管相连(见图 6-24)。当高压水经内外管之间的环形空间由喷嘴喷出时,地下水即被吸入而压出地面。

3. 电渗井点

电渗井点排水的原理如图 6-25 所示,以井点管做负极,以打入的钢筋或钢管做正极,在通以直流电后,土颗粒即自负极向正极移动,水则自正极向负极移动而被集中排出。土颗粒的移动称为电脉现象,水的移动称为电渗现象,故名电渗井点。

4. 轻型井点

轻型井点(见图 6-26),就是沿基坑四周将许多直径较小的井点管埋入蓄水层内,井点管

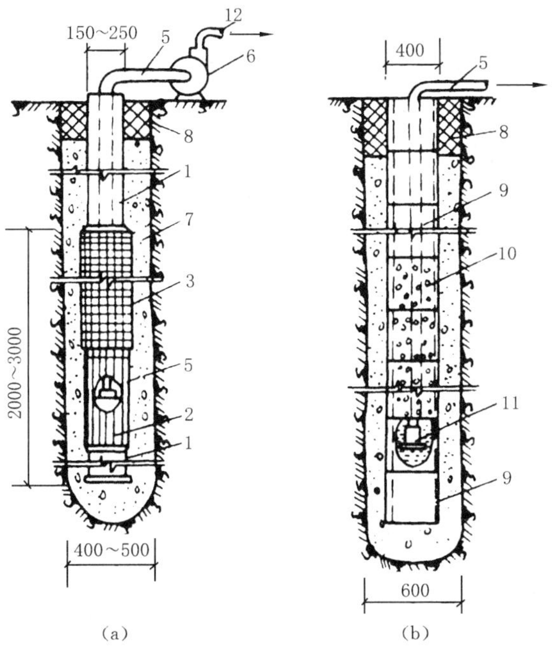

图 6-23　管井井点

1—沉砂管；2—钢筋焊接骨架；3—滤网；4—管身；5—吸水管；6—离心泵；7—小砾石过滤层；8—黏土封口；9—混凝土实管；10—混凝土过滤管；11—潜水泵；12—出水管

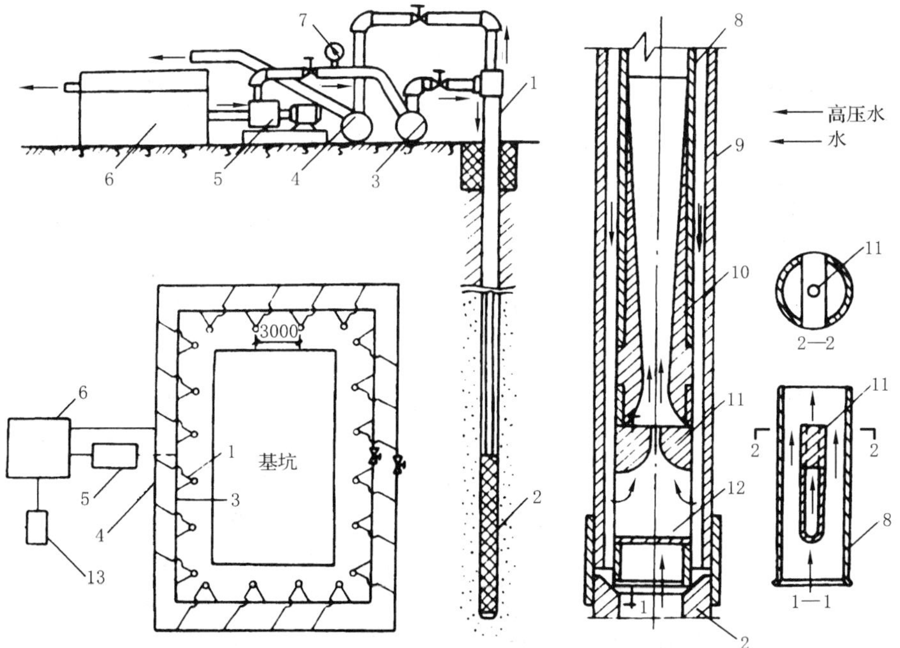

图 6-24　喷射井点设备及其平面布置图

1—喷射井管；2—滤管；3—浸水总管；4—排水总管；5—高压水泵；6—水池；7—压力计；8—内管；9—外管；10—扩散管；11—喷嘴；12—混合室；13—水泵

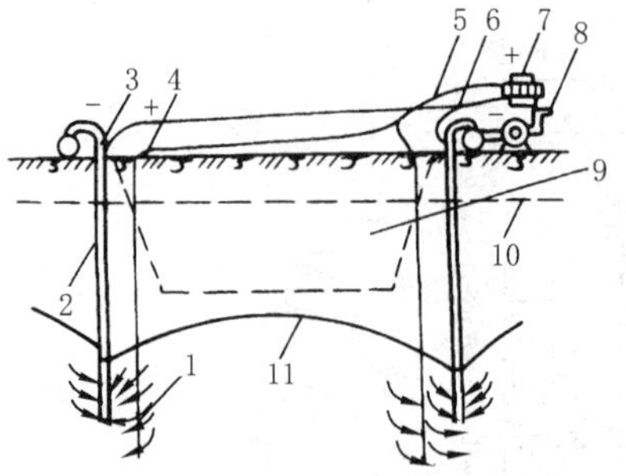

图 6-25　电渗井点布置示意图

1—阴极；2—阳极；3—用扁钢、螺栓或电线将阴极连通；4—用钢筋或电线将阳极连通；5—阳极与发电机相连的电线；6—阴极与发电机相连的电线；7—直流发电机（或直流电焊机）；8—水泵；9—基坑；10—原有水位线；11—降水后的水位线

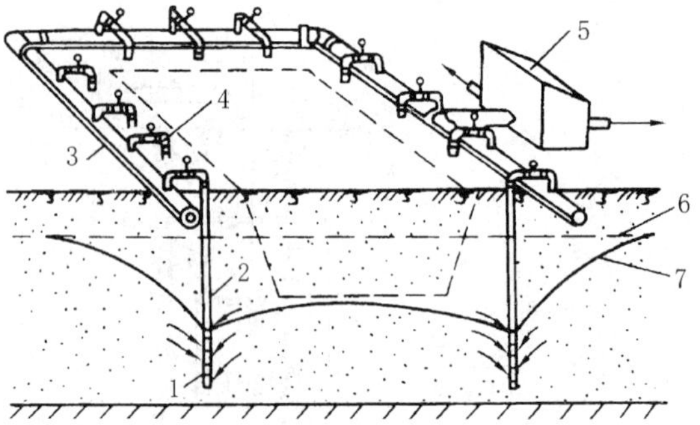

图 6-26　轻型井点降低地下水位全貌图

1—井点管；2—滤管；3—总管；4—弯联管；5—水泵房；6—原有地下水位线；7—降低后地下水位线

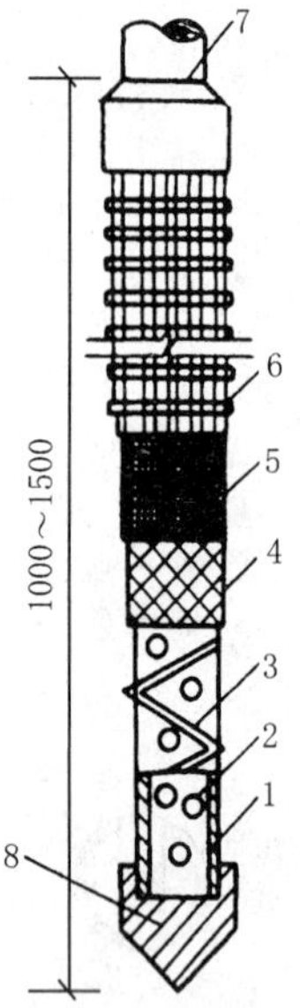

图 6-27　滤管构造

1—钢管；2—管壁上的小孔；3—缠绕的铁丝；4—细滤网；5—粗滤网；6—粗铁丝保护网；7—井点管；8—铸铁头

上部与总管连接，通过总管利用抽水设备将地下水从井点管内不断抽出，便可将原有的地下水位下降至坑底以下。此种方法用于土壤的渗透系数为 0.1～80 m/d 的土层中。

1)轻型井点系统组成

轻型井点设备主要包括井点管、滤管、集水总管、抽水设备等。

滤管直径为 38～50 mm，长度为 1～1.5 m，管壁上钻有直径为 13～19 mm 的小圆孔，外包两层滤网（见图 6-27）。

滤管的上端与井点管连接，井点管为直径为 38～50 mm 的钢管，其长度为 3～7 m，可整根或分节组成。井点管的上端用弯联管与总管连接。弯联管宜装设阀门，以便检修井点。近年来有的弯联管采用透明塑料管，可随时观察井点管的工作情况；有的采用橡胶管，可避免两端不均匀沉降而泄漏。

集水总管是内径为 100～127 mm 的无缝钢管，每节长4 m，其间用橡胶套管联结，并用钢箍拉紧，以防漏水。总管上还装有与井点管连接的短接头，短接头的间距为 0.8 m 或 1.2 m。

轻型井点设备的主机由真空泵、离心泵和分水排水器等组成，称为真空泵轻型井点（见图6-28）。抽水时先开动真空泵 16，使土中的水分和空气受真空吸引力经管路系统向上流入分水排水器 6 中。然后开动离心泵 17。在分水排水器内，水和空气向两个方向流去：水经离心泵由出水管 15 排出；空气则集中在分水排水器上，不由真空泵排出。如水多来不及排出，则分水排水器内浮筒 21 上浮，由阀门将通向真空泵的通路关住，保护真空泵，使水不能进入缸体。副分水排水器的作用是滤清从空气中带来的水分，使其落入该器具下层放出，使水不被吸入真空泵内。压力箱用于调节出水量和阻止空气窜入分水排水器。过滤

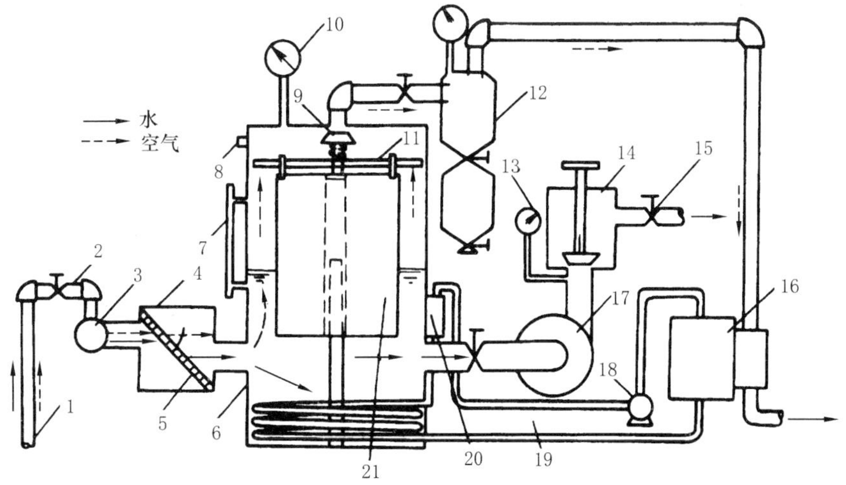

图 6-28 真空泵轻型井点抽水设备工作简图

1—井点管；2—弯联管；3—总管；4—过滤箱；5—过滤网；6—分水排水器；7—水位计；8—真空调节阀；9—阀门；10—真空表；11—挡水布；12—副分水排水器；13—压力计；14—压力箱；15—出水管；16—真空泵；17—离心泵；18—冷却泵；19—冷却水管；20—冷却水箱；21—浮筒

箱用于防止由水带来的细砂磨损机械。真空调节阀用于调节真空度，使其适应水泵的需要。

如果轻型井点设备的主机由射流器、离心泵、循环水箱等组成，则称为射流泵轻型井点(见图 6-29)。利用离心泵将循环水箱中的水送入射流器内，由喷嘴喷出，由于喷嘴处断面收缩，水流速度会骤增，压力骤降，射流器空腔内产生部分真空，把井点管内的气、水吸上来进入水箱，只要水箱内的水位超过泄水口即可自动溢出，排出指定地点。

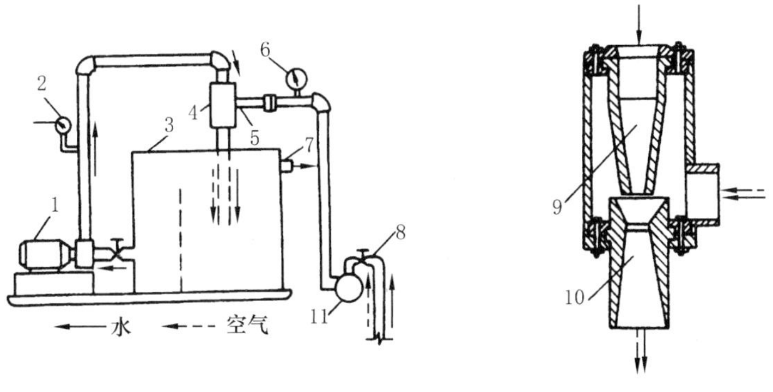

(a) 总图 (b) 射流器剖面图

图 6-29 射流泵轻型井点设备工作简图

1—离心泵；2—压力计；3—循环水箱；4—射流器；5—进水管；6—真空表 7—泄水口；8—井点管；9—喷嘴；10—喉管；11—总管

射流泵轻型井点系统的降水深度可达 6 m，但其所带的井点管一般只有 30～40 根，采用两台离心泵和两个射流器联合工作，能带动井点管 70 根，总管长 100 m，基本上抵得上 W5 型真空泵机组，但真空度略差。这种设备与上述真空泵轻型井点相比，具有结构简单、制造容易、成本低、耗电少、使用维修方便等优点，便于推广。

2)轻型井点的布置

(1)平面布置。当基槽宽度小于 6 m,且降水深度不超过 5 m 时,可采用单排井点,布置在地下水流的上游一侧(见图 6-30(a)),反之,则宜采用双排井点(见图 6-30(b))。当基坑面积较大时,则应采用环形井点(见图 6-30(c))。

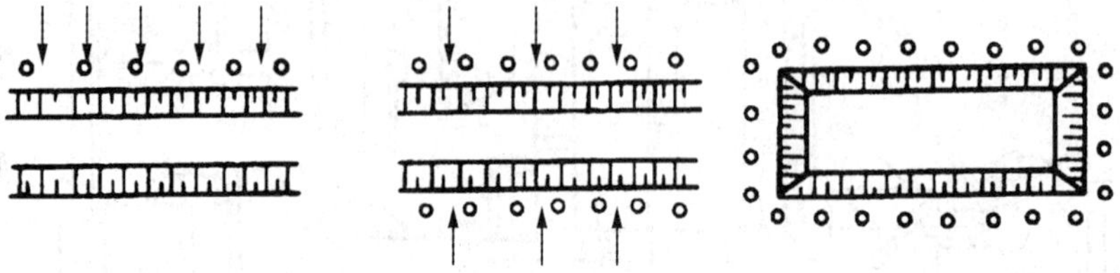

(a) 单排井点　(b) 双排井点　(c) 环形井点

图 6-30　轻型井点的平面布置

(2)高程布置。轻型井点的降水深度,从理论上讲可达 10.3 m,但由于管路系统的水头损失,其实际的降水深度一般不宜超过 6 m。

井点管的埋置深度 H'(不包括滤管),可按下式计算(见图 6-31、图 6-32):

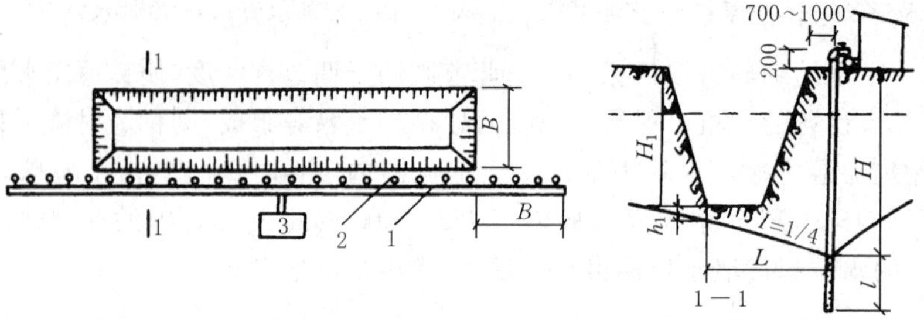

(a) 平面布置图　(b) 高程布置图

图 6-31　单排井点的布置图

1—总管;2—井管;3—泵站

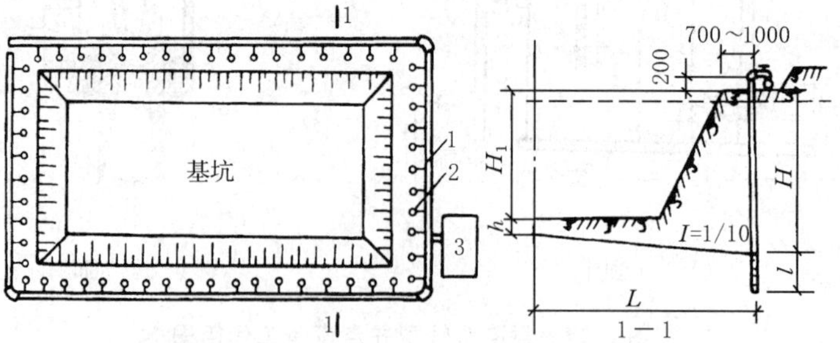

(a) 平面布置　(b) 高程布置

图 6-32　环形井点的布置图

1—总管;2—井管;3—泵站

$$H' \geqslant H_1 + h + IL \tag{6-27}$$

式中:H_1 ——井点管埋设面至坑底面的距离,m;

h ——降低后的地下水位到基坑中心地面的距离,一般为 0.5~1 m;

I ——地下水降落坡度，环形井点的为 1/10，单排井点的为 1/5；

L ——井点管至基坑中心的水平距离，m。

如“H' + 井点管外露长度”小于降水深度 6 m，则可用一级井点；如降低井点管的埋置面，可满足降水深度要求，则仍可采用一级轻型井点；如“H' + 井点管外露长度”稍大于 6 m，且降低井点管的埋置面，可满足降水深度要求，则仍可采用一级轻型井点；当采用一级轻型井点达不到降水深度要求时，则可采用二级轻型井点（见图 6-33）。

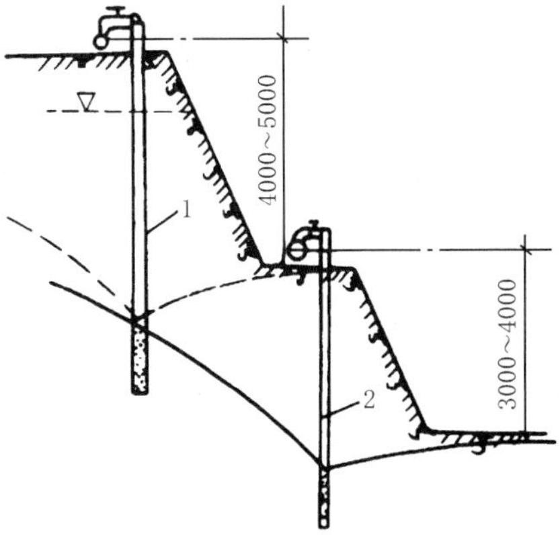

图 6-33　二级轻型井点

1—第一级井点管；2—第二级井点管

在确定井点埋置深度时，还要考虑井点管露出地面 0.2～0.3 m，滤管必须埋在透水层内。

3）轻型井点的计算

（1）井点系统的涌水量计算：井点系统所需井点的数量是根据其涌水量来确定的；而井点系统的涌水量则是按水井理论进行计算的，根据地下水有无压力，水井分为无压井和承压井。布置在具有潜水自由面的含水层的水井，称为无压井；布置在承压含水层中的水井，称为承压井。水井底部达到不透水层时，称为完整井，否则，称为非完整井。水井类型（见图 6-34）不同，其涌水量计算的方法亦不相同。

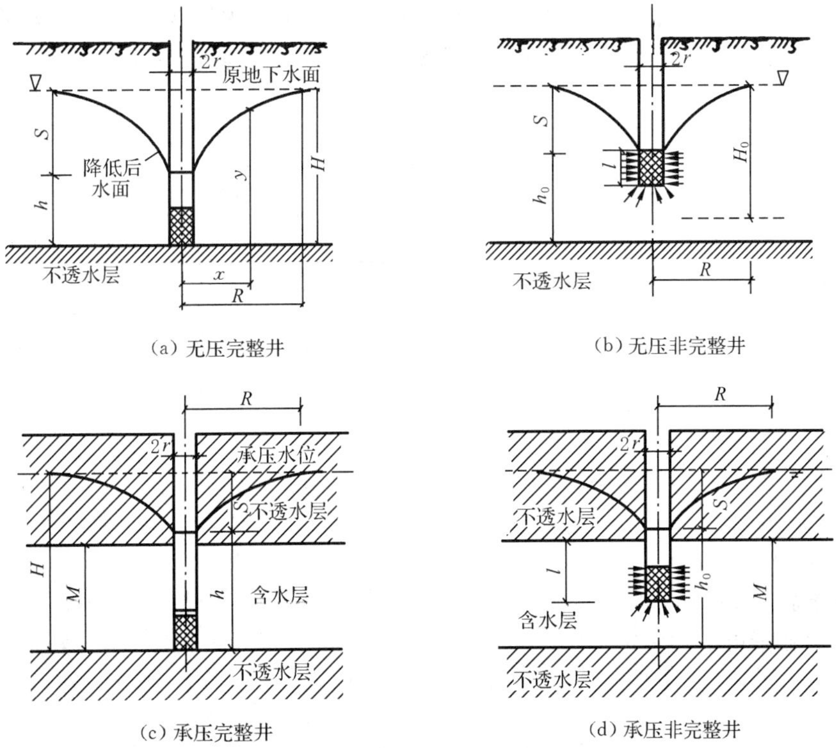

图 6-34　水井种类

对于无压完整井的环形井点系统(见图 6-35(a)),其涌水量计算公式为

$$Q = 1.336K(2H - S)S/(\lg R - \lg x_0) \tag{6-28}$$

式中:Q——井点系统的涌水量,m^3/d;

K——土壤的渗透系数,m/d,最后通过现场扬水试验确定,也可查表得到;

H——含水层厚度,m;

R——抽水影响半径,m;

$$R = 1.95S(HK)^{1/2} \tag{6-29}$$

S——不利点的水位降落值,m;

x_0——环形井点系统的假想圆半径,m,$X_0 = (F/\pi)^{1/2}$,其中 F 为环形井点系统所包围的面积。

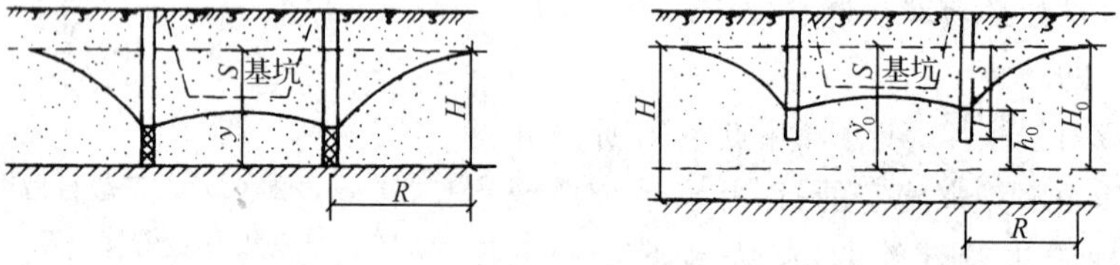

(a) 无压完整井　　(b) 无压非完整井

图 6-35　环形井点涌水量计算简图

井点系统抽水后,地下水位降落曲线稳定的时间视土壤的性质而定,一般为 1～5 d。

在实际工程中往往会遇到无压不完整井的井点系统,这时地下水不仅从井的侧面流入,还从井底渗入,因此涌水量要比完整井的大。为了简化计算,仍可采用式(6-28)计算,但要将式中 H 换成有效深度 H_0;H_0 可查表 6-5 得到,当得到的 H_0 大于实际含水层的厚度 H 时,则仍取 H 的值。

表 6-5　有效深度 H_0 的值

$S'/(S'+l)$	0.2	0.3	0.5	0.8
H_0	$1.3(S'+l)$	$1.5(S'+l)$	$1.7(S'+l)$	$1.85(S'+l)$

注　S' 为井点管中水位降落值;l 为滤管长度。

(2)确定井点管数量及井距:确定井点管数量先要确定单根井点管的出水量。单根井点管的最大出水量为

$$q = 65\pi dlK^{1/3}$$

式中:q——单根井点管的最大出水量,m^3/d;

d——滤管直径,m;

l——滤管长度,m;

K——渗透系数,m/d。

井点管最少数量由下式确定:

$$n = 1.1Q/q \tag{6-30}$$

井点管最大间距为

$$D = L_1/n \tag{6-31}$$

式中:L_1——总管长度,m;

1.1——考虑井点堵塞等因素的井点管备用系数。

求出的管距应大于 1.5d，小于 2 m，并应与总管接头间距(0.8 m 或 1.2 m)相吻合(并由此反求 n)。

(3)抽水设备的选择：常用的真空泵有干式(往复式)真空泵和湿式(旋转式)真空泵两种。干式真空泵由于其排气量大，故在轻型井点中采用较多，但要采用措施，以防水分渗入真空泵。湿式真空泵具有重量轻、振动小、容许水分渗入等优点，但排气量小，宜在粉砂和黏性土中使用。抽水设备一般都已固定型号，如真空泵有 W5、W6 型。采用 W5 型泵时，总管长度不大于 100 m；采用 W6 型泵时，总管长度不大于 120 m。真空泵在抽水过程中所需的最低真空度 h_K(单位为 kPa)可由降水深度及各项水头损失计算得到。

$$h_K = 10(h + \Delta h) \tag{6-32}$$

式中：h——降水深度，m，近似取集水管至滤管的深度；

Δh——水头损失值，m，包括进入滤管的水头损失、管路阻力及漏气损失等，近似取 1～1.5 m。

水泵一般也有固定型号，但使用时还应验算一下：水泵的流量是否大于井点系统的涌水量(应增大 10%～20%)，即水泵流量 $Q_1 = 1.1Q$；水泵的扬程是否能克服集水箱中的真空吸力，以免抽不出水，即最小吸水扬程 $h_s = (h + \Delta h)$。

4)井点管的埋设与使用

轻型井点的安装程序是按照设计计算的布置方案，先排放总管，在总管旁靠近基坑一侧开挖排水沟，再埋设井点管，然后用弯联管与井点总管连接，最后安装抽水设备。

井点管的埋设，可以利用冲水管冲孔，或钻孔后再将井点管沉放，也可以用带套管的水冲法及振动水冲法下沉。

轻型井点安装完毕后，需进行试抽，以便检查抽水设备运转是否正常，管路有无漏气。

轻型井点使用时，一般应连续抽水(特别是开始阶段)。若时抽时停，则滤网易于堵塞、出水浑浊，并引起附件建筑物由于土颗粒流失而沉降、开裂，同时由于中途停抽，地下水回升，也可能引起边坡塌方等事故。抽水过程中，应调节离心泵的出水量，使抽吸排水保持均匀，达到细水长流。正常的出水规律是“先大后小，先混后清”。真空度是判断井点系统工作情况的指标，必须经常观察检查。造成真空度不足的原因很多，但多数是井点系统有漏气造成的，应及时采取措施。

在抽水过程中，还应检查有无堵塞“死井”(工作正常的井点管，用手触摸时，应有冬暖夏凉的感觉，或从弯联管上的透明阀门观察)，如死井太多，严重影响降水效果，则应逐个用高压水冲洗或拔出重埋。为观察地下水位的变化，可在影响半径内设观察孔。

5)轻型井点设计举例

【例 6-1】 某工程设备基础施工(见图 6-36)，基坑底宽 10 m，长 15 m，深 4.1 m，边坡坡度为 1∶0.5，经地质钻探查明，在靠近天然地面处有厚 0.5 m 的黏土层，此土层下面为厚7.4 m 的极细砂层，再下面又是不透水的黏土层，现决定用一套轻型井点设备进行人工降低地下水位，然后开挖土方，试对该井点系统进行设计。

解　(1)井点系统布置。

该基坑底尺寸为 10 m×15 m，边坡坡度为 1∶0.5，表层为 0.5 m 厚的黏土，所以为使总管接近地下水位，可先挖出 0.4 m，在+5.20 m 处布置井点系统，则布置井点系统处(上口)的

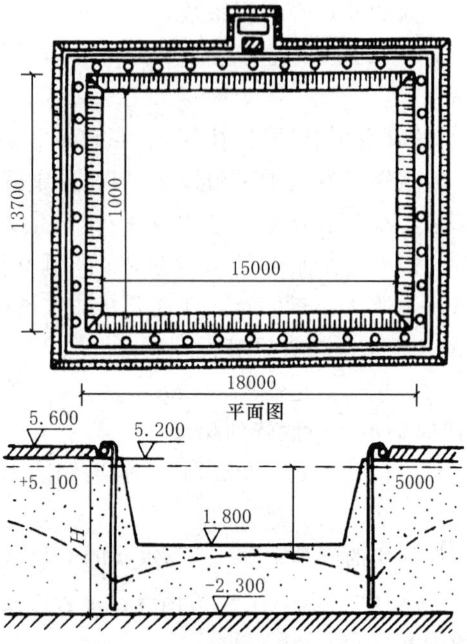

图 6-36　某设备基础开挖前的井点

基坑尺寸为 13.7 m×18.7 m；考虑井点管距基坑边 1 m，则井点管所围成的平面面积为 15.7 m×20.7 m，故按环形井点布置。

$$H' \geqslant H_1 + h + IL = (5.20 - 1.5)\ \mathrm{m} + 0.5\ \mathrm{m} + 1/10 \times 15.7\ \mathrm{m}/2 = 4.99\ \mathrm{m}$$

令井点管长 6 m，且外露于埋设面 0.2 m，实际埋深为 6.0 m－0.2 m＝5.8 m，故采用一级井点系统即可。

基坑中心降水深度　　$S=(5.0-1.5)\ \mathrm{m}+0.5\ \mathrm{m}=4.0\ \mathrm{m}$

令滤管长度为 1.2 m，则滤管底口标高为－1.8 m，距不透水的黏土层(－2.30 m 处) 0.5 m，故此井点系统为无压非完整井。

井点管中水位降落值 $S'=5.8\ \mathrm{m}-(5.20-5.0)\ \mathrm{m}=5.6\ \mathrm{m}$，$l=1.2\ \mathrm{m}$，$S'/(S'+l)=5.6/(5.6+1.2)=0.82$，则 $H_0=1.85(S'+l)=1.85\times(5.6+1.2)\ \mathrm{m}=12.58\ \mathrm{m}$，而含水层厚度 $H=5.0\ \mathrm{m}-(-2.30)\ \mathrm{m}=7.3\ \mathrm{m}<H_0$，故 $H_0=H=7.3\ \mathrm{m}$(无压非完整井按完整井计算)。

$R=1.95S(HK)^{1/2}=1.95\times4.0\times(7.3\times30)^{1/2}\ \mathrm{m}=115\ \mathrm{m}>15.7/2\ \mathrm{m}$，且井点管所围成的矩形长宽比 20.7/15.7＜5，所以不必分块布置。

(2) 涌水量计算。

按扬水试验测得该细砂层的渗透系数　$K=30\ \mathrm{m/d}$

$$x_0 = (15.7 \times 20.7/\pi)^{1/2}\ \mathrm{m} = 10.17\ \mathrm{m}$$

$$Q = 1.366 \times 30 \times (2 \times 7.3 - 4)4/(\lg115 - \lg10.17)\ \mathrm{m^3/d} = 1592\ \mathrm{m^3/d}$$

(3) 计算井点管数量和间距。

取井点管直径为 $\phi38$ mm，则单根出水量

$$q = 65\pi \times 0.038 \times 1.2 \times 30^{1/3}\ \mathrm{m^3/d} = 28.9\ \mathrm{m^3/d}$$

所以井点管的计算数量

$$n = 1.1 \times 1592/28.9\ 根 = 61\ 根$$

则井点管的平均间距

$$D = (15.7 + 20.7) \times 2/61\ \mathrm{m} = 1.19\ \mathrm{m}$$

取 $D = 1.2$ m。

故实际布置：长边(20.7/1.2＋1)根＝19 根(实长 21.6 m)；短边 15.7/1.2 根＝13 根(实长 15.6 m)。

(4)抽水设备选用。

抽水设备所带动的总管长度为 74.4 m，所以选一台 W5 型干式真空泵(或井点管总数为 64 根，选一台 QJD—90 型射流泵)，所需最低真空度为

$$h_K = 10 \times (6 + 1.2)\ \mathrm{kPa} = 72\ \mathrm{kPa}$$

水泵所需流量

$$Q_1 = 1.1Q = 1.1 \times 1592\ \mathrm{m^3/d} = 1571\ \mathrm{m^3/d}$$

水泵的吸水扬程

$$H_S \geqslant 6.0\ \mathrm{m} + 1.2\ \mathrm{m} = 7.2\ \mathrm{m}$$

根据 Q_1、H_S 可查表(如《建筑施工手册》中)确定离心泵型号。

第四节 填土压实

土壤是由矿物颗粒、水、气体组成的三相体系，其特征是，分散性大，颗粒之间没有坚强的联结，水容易浸入。因此，在外力作用或自然条件下，土壤遭到水的浸入和冻融都会产生变形。为了使填土满足强度以及稳定性要求，就必须正确选择土料和填筑方法。

填土方工程应分层压实，最好采用同类土。如果用不同类土，则应把透水性较大的土层置于透水性较小的土层下面。若已将透水性较小的土填筑在下层，则在填筑上层透水性较大的土壤之前，将两层结合面做成中央高些、四周低些的弧面排水坡度或设置盲沟，以免填土内形成水囊。绝不能将各种土混杂在一起填筑。

当填方位于倾斜的地面时，应先将斜坡改成阶梯状，然后分层填土，以防填土滑动。

回填施工前，应清除填方区的积水和杂物，如遇软土、淤泥，必须进行换土回填。回填时，若分段进行，则每层接缝处应做成斜坡形，碾迹重叠 1.5～1.0 m。上、下层接缝应错开不小于 1.0 m。应防止地面水流入，并应预留一定的下沉高度。回填基坑(槽)和管沟时，应从四周或两侧均匀地分层进行，以防止基础和管道在土压力作用下产生偏移或变形。

一、土料的选择

填方土料应符合设计要求，当设计无要求时，应符合下列规定：

(1)碎石类、砂土和爆破石渣(粒径不大于每层铺厚的 2/3)可用于表层下的填料。

(2)含水量符合压实要求的黏性土，可用作各层填料。

(3)碎块草皮和有机质含量大于 8%(质量分数)的土，仅用于无压实要求的填方。

(4)淤泥和淤泥质土一般不能用作填料，但在软土或沼泽地区，经过处理使含水量符合压实要求后，可用于填方的次要部位。

(5)水溶性硫酸盐含量大于 5%(质量分数)的土，不能用作回填土。在地下水作用下，硫

酸盐会逐渐溶解消失，形成孔洞，影响土的密实性。

(6)冻土、膨胀性土等不应作为回填土料。

二、填土压实方法

填土压实方法一般有碾压(包括振动碾压)、夯实、振动压实等几种(见图 6-37)。

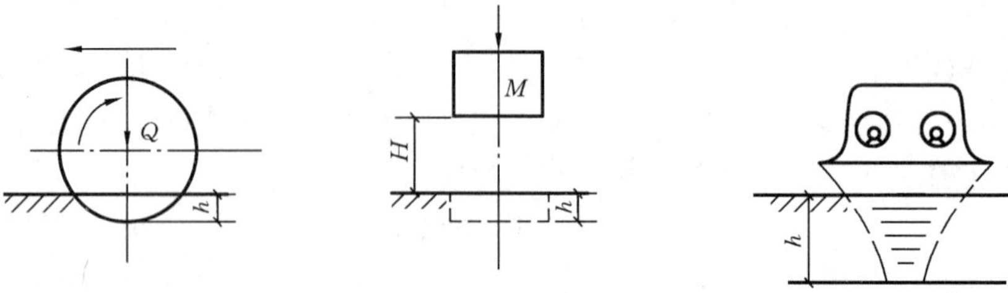

(a) 碾压　(b) 夯实　(c) 振动压实

图 6-37　填土压实方法

碾压法是由沿填筑面滚动的鼓筒或轮子的压力压实土壤的方法，多用于大面积填土工程。碾压机械有平碾(压路机)、羊足碾和气胎碾等。平碾有静力作用平碾和振动作用平碾之分。平碾对砂土、黏性土均可压实。静力作用平碾适用于较薄填土或表面压实、平整场地、修筑堤坝及道路工程；振动平碾使土受振动和碾压两种作用，效率高，适用于填料为爆破石渣、碎石类土、杂填土或轻亚黏土的大型填方。羊足碾需要较大的牵引力，与土接触面积小，但单位面积的压力比较大，土壤的压实效果好，适用于碾压黏性土。气胎碾在工作时是弹性体，其压力均匀，填土质量较好。

夯实法是利用夯锤自由下落时的冲击力来夯实土壤的方法，主要用于基坑(槽)、沟及各种零星分散、边角部位的小型填方的夯实工作。优点是可以夯实较厚的土层，且可以夯实黏性土及非黏性土。夯实机械有夯锤、内燃夯土机和蛙式打夯机等。人工夯土用的工具有木夯、石夯、飞硪等。夯锤是借助起重机使悬挂的重锤提起并下落工作的，锤底面积为 0.15～0.25 m^2，其重力不宜小于 15 kN，落距一般为 2.5～4.5 m，夯土影响深度可达 0.6～1.0 m，常用于夯实砂性土、湿陷性黄土、杂填土及含有石块的填土。内燃夯土机作用深度为 0.4～0.7 m，它和蛙式打夯机都是应用较广的夯实机械。人工夯土方法已少采用。

振动压实法是将振动压实机放在土层表面，借助振动机构使压实机械振动，土颗粒发生相对位移而达到紧密状态的。这种方法主要用于非黏性土的再压实。

三、影响土壤压实效果的主要因素分析及选用

影响土壤压实效果的因素主要有含水量、压实功、每层铺土厚度。

1. 含水量

土中含水量对压实效果的影响比较显著。当含水量较小时，颗粒间引力(包括毛细管压力)使土保持着比较疏松的状态或凝聚结构，土中孔隙大都互相连通，水少而气多，在一定外部压实功能作用下，虽然土孔隙中气体易被排出，密度可以增大，但由于水膜润滑作用不明显以及外部功能也不足以克服粒间引力，土粒不容易发生相对位移，因此压实效果比较差；含水量逐渐增大时，水膜变厚，引力缩小，水膜又起润滑作用，外部压实功能比较容易使土粒移动，压实效果渐佳；土中含水量过大时，空隙中出现了自由水，压实效果反而降低。由土的干密度与

含水量关系曲线(见图 6-38)可以看出,曲线有一个峰值,此处的干密度为最大,称为最大干密度 ρ_{max},只有在土中含水达到最佳含水量的情况下压实的土,水稳定性才最好,土的密实度最大。然而含水量较小时,土粒间引力较大,虽然干密度小,但其强度可能比最佳含水量下的还要高。可是此时因密实度较低,孔隙多,一经饱水,其强度会急剧下降。因此,一般均用干密度作为表征填方密实程度的技术指标,取干密度最大时的含水量为最佳含水量,而不取强度最大时的含水量为最佳含水量。

土在最佳含水量时的最大干密度,可由击实试验取得,也可查经验表确定(仅供参考)。各种土壤的最佳含水量(质量分数)为:砂土,8%～12%;粉土,16%～22%;粉质黏土,18%～21%;黏土,19%～23%。当回填土过湿时,应先晒干或掺入其他吸水材料;当回填土过干时,应洒水湿润,尽可能使土保持在最佳含水量范围内。

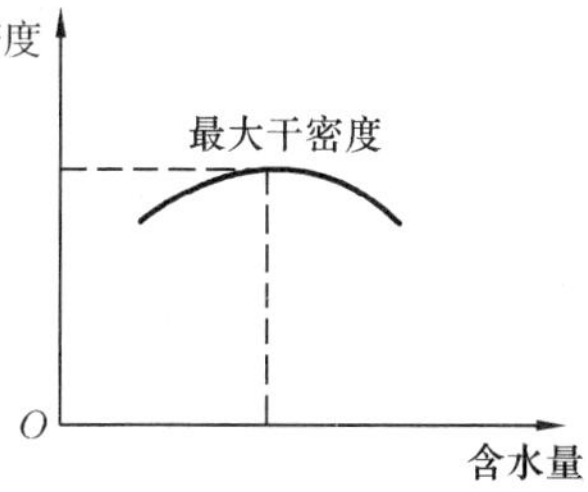

图 6-38 土的干密度与含水量的关系

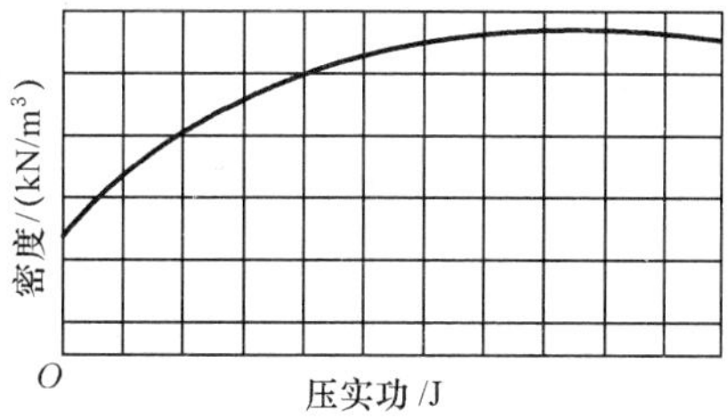

图 6-39 土的密度与压实功的关系

2. 压实功

压实功(指压实工具的重量、碾压遍数或锤落高度、作用时间等),是对压实效果影响除含水量以外的另一重要因素。在压实功加大到一定程度后,对最大密度的提高就不明显了,如图 6-39 所示。所以,在实际施工时,应根据不同的土以及压实密度要求和不同的压实机械来决定压实的遍数(见表 6-5)。此外,松土不宜用重型碾压机直接碾压,否则土层会有强烈起伏现象,效率不高,但先用轻碾压实,再用重碾,就可取得较好的效果。

表 6-5 不同压实机械分层填土需铺厚度及压实遍数

压实机具	分层厚度/mm	每层压实遍数
平碾	250～300	6～8
振动压实机	250～350	3～4
柴油打夯机(蛙式打夯机)	200～250	3～4
人工打夯	<200	3～4

3. 每层铺土厚度

压实厚度对压实效果有明显的影响。相同压实条件下(土质、湿度与功能不变),由实测土层不同深度的密实度得知,密实度随深度递减。不同压实工具的有效压实深度有所差异,根据压实工具类型、土质及填方压实的基本要求,每层铺筑压实厚度有具体规定数值,如表 6-5 所示。铺土过厚,下部土体所受压实作用小于土粒本身的黏结力和摩擦力,土颗粒不能相互移动,无论压实多少遍,填方也不能被压实;铺土过薄,则下层土体压实次数过多,会发生受剪切破坏。所以规定了一定的铺土厚度。最优的铺土厚度应能使填方压实而机械的功耗费最小。

第五节　土方工程机械化施工

在土方工程中，应尽可能地采用机械施工，以减轻繁重的体力劳动，加快施工进度。

土方工程施工机械的种类有挖土机、铲运机、平土机、松土机、平斗机及多斗挖土机，还有各种碾压、夯实机械等。在土方工程的施工中，最常见的机械是推土机和单斗挖土机，以及夯实机械。

一、推土机施工

推土机(见图 6-40)是在拖拉机前端装上铲刀进行推土的一种机型。推土机按铲刀的操纵机构，分为索式和油压式两种。索式推土机的铲刀借助本身的自重切入土中，因此在硬土中切入深度较小。油压式推土机的铲刀用油压操纵，能强制切入土中，因此切入深度较深，而且可以调升铲刀高度和调整铲刀的角度。

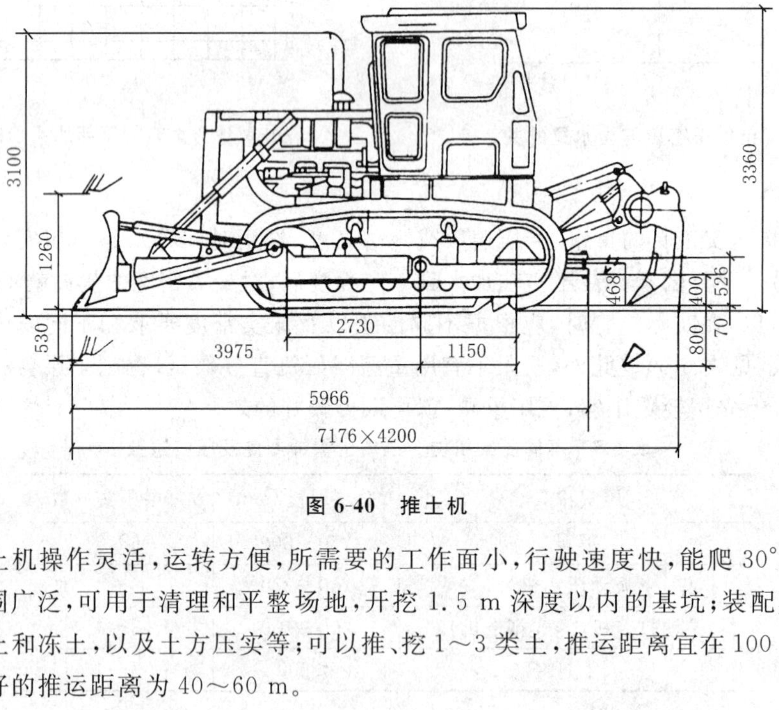

图 6-40　推土机

由于推土机操作灵活，运转方便，所需要的工作面小，行驶速度快，能爬 30°左右的缓坡，因此应用范围广泛，可用于清理和平整场地，开挖 1.5 m 深度以内的基坑；装配其他装置后，可以破松硬土和冻土，以及土方压实等；可以推、挖 1～3 类土，推运距离宜在 100 m 以内，发挥工作效能最好的推运距离为 40～60 m。

提高推土机生产效率的主要措施是，缩短推土机的工作循环时间，减少土的失散。其施工方法如下：

1. 下坡推土

推土机顺地面坡度沿下坡方向切土与推进，借助机械本身的重力作用，增加推土机能力，缩短推土时间。当坡度在 15°以内时，一般可提高生产效率 30%～40%。

2. 并列推土

当平整场地面积较大时，可以用 2～3 台推土机并列作业，铲刀相距 15～30 cm。倒车时，分别按先后次序退回。一般两机并列作业可增大推土量 15%～30%，但平均运距不宜超过

50～70 m,也不宜小于 20 m。

3. 槽形推土

槽形推土是指推土机重复多次在一条作业线上切土和推土,使地面逐步形成一条浅槽的施工方法。这种施工方法可以减少土从铲刀两侧流散,可增加推土量 10%～30%。

4. 多铲集运

在硬质土上切土深度不大时,可以采用多次铲土,分批集中,一次推送的方法,即多铲集运。这种施工方法可以有效利用推土机的功率,缩短运土时间。

二、单斗挖土机施工

单斗挖土机在土方工程中应用较广,种类较多,按工作需要可以更换其工作装置。装置分为正铲、反铲、拉铲和抓铲,单斗挖土机按操纵机构,可分为机械式和液压式两类。

1. 正铲挖土机施工

其作业特点是,前进向上,强制切土(见图 6-41)。

在挖土和卸土时有两种方式(见图 6-42)。

(1)正向挖土,侧向卸土,即挖土机沿前进方向挖土,运输工具停在侧面,由挖土机装土。二者可不在同一工作面(运输工具可停在挖土机平面上或高于挖土机平面)。这种开挖方式,卸土时挖土机旋转角度小于 90°,提高了挖土效率,可避免汽车倒开和转弯多的情况,因而在施工中常采用此法。

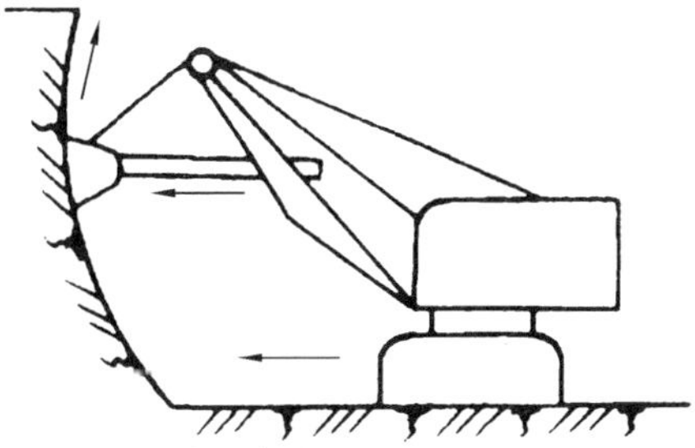

图 6-41　正铲挖土机

(2)正向挖土,后方卸土,即挖土机向前进方向挖土,运输工具停在挖土机的后面装土。二者在同一工作面(即挖土机的工作空间)上。这种开挖方

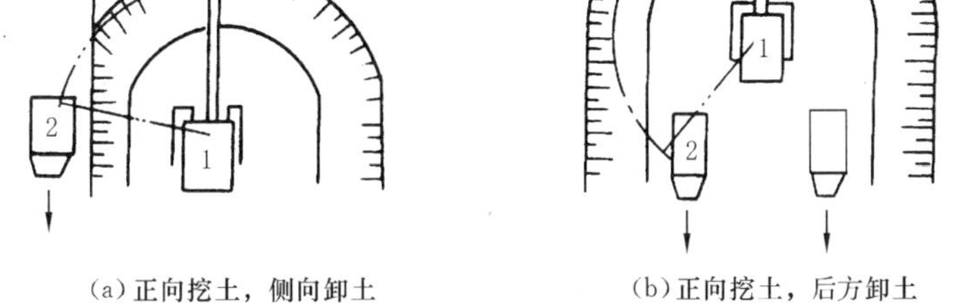

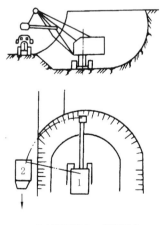

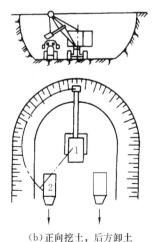

(a)正向挖土,侧向卸土　(b)正向挖土,后方卸土

图 6-42　正铲挖土机作业方式

1—正铲挖土机;2—自卸汽车

式挖土高度较大，但由于卸土时必须旋转较大角度，且运输车辆要倒车开入，影响挖土机生产效率，故只宜用于基坑(槽)宽度较小，而开挖深度较大的情况。

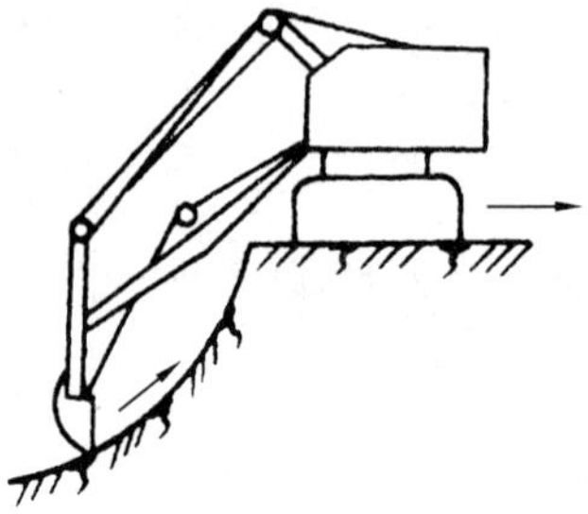

图 6-43 反铲挖土机

2. 反铲挖土机施工

反铲挖土机(见图 6-43)用于开挖停机平面以下的 1～3 类土，不需设置进出口通道，适用于开挖基坑、基槽和管沟、有地下水的土壤或泥泞土壤。一次开挖深度取决于挖土机的最大挖掘深度等技术参数。其作业特点是，后退向下，强制切土。

其作业方式有两种(见图 6-44)。

(1)沟端开挖，即挖土机停在沟端，向后倒退挖土，运输工具停在两旁，由挖土机装土。

(2)沟侧开挖，即挖土机沿着沟的一侧移动，边走边挖。

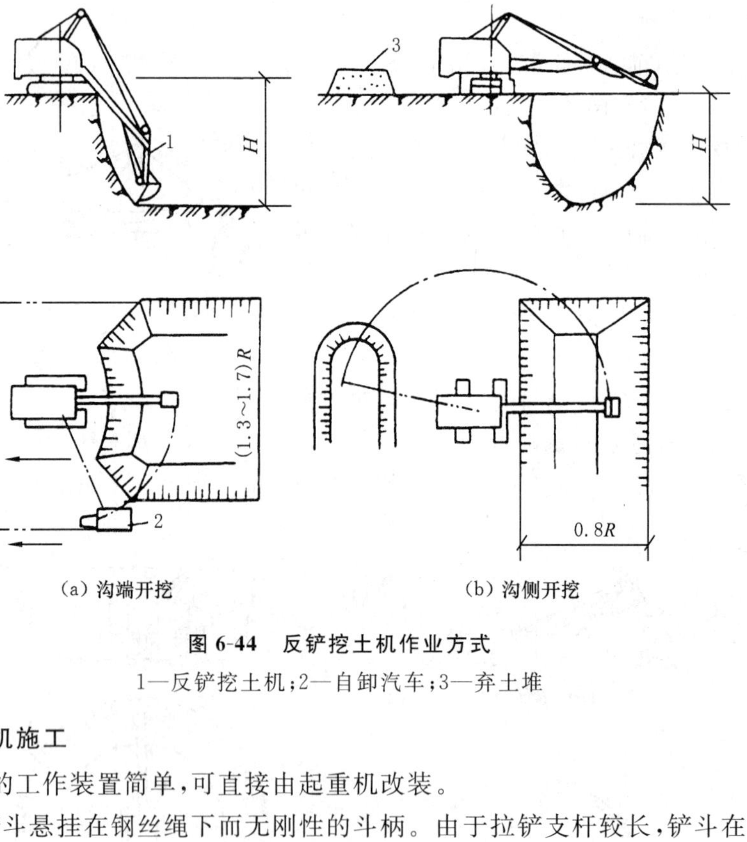

(a) 沟端开挖 (b) 沟侧开挖

图 6-44 反铲挖土机作业方式

1—反铲挖土机；2—自卸汽车；3—弃土堆

3. 拉铲挖土机施工

拉铲挖土机的工作装置简单，可直接由起重机改装。

其特点是，铲斗悬挂在钢丝绳下而无刚性的斗柄。由于拉铲支杆较长，铲斗在自重作用下切入土中，能开挖的深度和宽度均较大，常用于挖沟槽、基坑和地下室，也可开挖水下和沼泽地带的土壤。

拉铲挖土机的作业方式和反铲挖土机的一样，有沟端开挖和沟侧开挖两种，如图 6-45 所示。

4. 抓铲挖土机施工

抓铲挖土机(见图 6-46)一般由正、反铲液压挖土机更换工作装置而成，即去掉铲斗换上抓斗，最适宜于进行水中挖土。

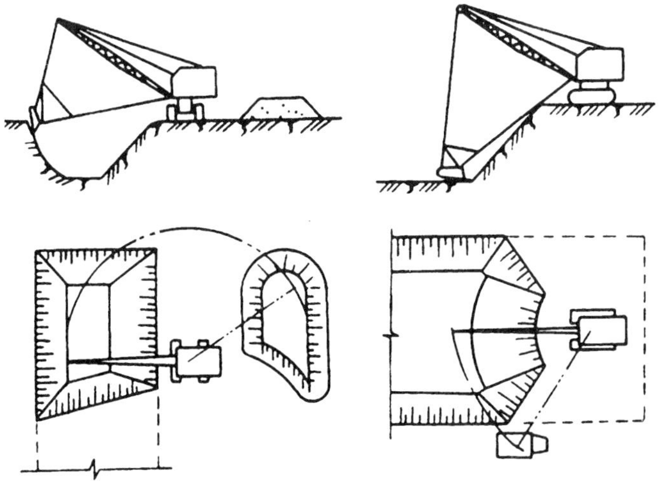

(a) 沟侧开挖　　(b) 沟端开挖

图 6-45　拉铲挖土机

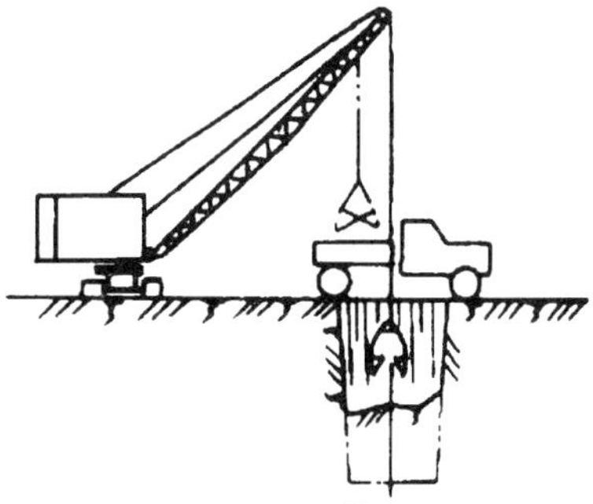

图 6-46　抓铲挖土机

第六节　土方工程施工质量验收与安全技术

一、关于土方工程施工质量验收的一般规定

(1)土方工程施工前应进行挖、填方的平衡计算,综合考虑土方运距最短、运程合理和各个工程项目的合理施工程序等,做好土方平衡调配,减少重复挖运。

土方平衡调配应尽可能与城市规划和农田水利相结合,将余土一次性运到指定弃土场,做到文明施工。

(2) 当土方工程挖方较深时,施工单位应采取措施,防止基坑底部土的隆起并避免危害周边环境。

(3)在挖方前,应做好地面排水和降低地下水位工作。

(4)平整场地的表面坡度应符合设计要求,如设计无要求,则排水沟方向的坡度不应小于2‰。平整后的场地表面应逐点检查。检查点为每 100～400 m^2 取 1 点,但不应少于 10 点;长度、宽度和边坡均为每 20 m 取 1 点,每边不应少于 1 点。

(5) 土方工程施工,应经常测量和校核其平面位置、水平标高和边坡坡度。平面控制桩和水准控制点应采取可靠的保护措施,定期复测和检查。土方不应堆在基坑边沿。

(6) 在雨季和冬季施工时,还应遵守国家现行有关标准。

二、土方开挖施工质量验收

(1)土方开挖前应检查定位放线、排水和降低地下水位系统,合理安排土方运输车的行走路线及弃土场。

(2)施工过程中应检查平面位置、水平标高、边坡坡度、压实度、排水、降低地下水位系统,并随时观测周围的环境变化。

(3)临时性挖方的边坡值应符合表 6-6 所示的规定。

表 6-6 临时性挖方的边坡值

土的类别		边坡坡度值(高：宽)
砂土(不包括的细砂、粉砂)		1：1.25～1：1.50
一般性黏土	硬	1：0.75～1：1.00
	硬、塑	1：1.00～1：1.25
	软	1：1.50 或更缓
碎石类土	充填坚硬、硬塑黏性土	1：0.50～1：1.00
	充填砂土	1：0.50～1：1.50

注 (1)有设计要求时，应符合设计标准。
(2)如采用降水或其他加固措施，可不受本表限制，但应计算复核。
(3)开挖深度，对软土不应超过 4 m，对硬土不应超过 8 m。

(4)土方开挖工程质量检验标准如表 6-7 所示。

表 6-7 土方开挖工程质量检验标准 (单位:mm)

项	序号	项目	允许偏差或允许值					检验方法
			桩基基坑基槽	挖方场地平整		管沟	地(路)面基层	
				人工	机械			
主控项目	1	标高	−50	±30	±50	−50	−50	用水准仪
	2	长度、宽度(由设计中心线向两边量)	+200 −50	+300 −100	+500 −150	+100	—	用经纬仪、钢直尺量
	3	边坡	设计要求					观察或用坡度尺检查
一般项目	1	表面平整度	20	20	50	20	20	用 2 m 靠尺和楔形塞尺检查
	2	基底土性	设计要求					观察或进行土样分析

注 地(路)面基层的偏差只适用于直接在挖、填方上做地(路)面基层的情况。

三、土方回填施工质量验收

(1)土方回填前应清除基底的垃圾、树根等杂物，抽除坑穴积水、淤泥，验收基底标高。如在耕植土或松土上填方，应在基底压实后再进行。

(2)填方土料应按设计要求验收后方可填入。

(3)填方施工过程中应检查排水措施，每层填筑厚度、含水量控制、压实程度。填筑厚度及压实遍数应根据土质、压实系数及所用机具确定，如无试验依据，则应符合表 6-5 所示的规定。

(4)填方施工结束后，应检查标高、边坡坡度、压实程度，检验标准应符合表 6-8 所示的规定。

四、土方工程施工安全技术

(1)要防止土方边坡坍方。

表 6-8 填土工程质量检验标准 (单位:mm)

项	序号	项目	允许偏差或允许值					检验方法
			桩基基坑基槽	挖方场地平整		管沟	地(路)面基层	
				人工	机械			
主控项目	1	标高	−50	±30	±50	−50	−50	用水准仪
	2	分层压实系数	设计要求					按规定方法
一般项目	1	回填土料	设计要求					取样检查或直观鉴别
	2	分层厚度及含水量	设计要求					用水准仪及抽样检查
	3	表面平整度	20	20	30	20	20	用靠尺或水准仪

(2)边坡支护结构要经常检查,如有松动、变形、裂缝等现象,要及时加固或更换。

(3)多层支护拆除时要自上而下进行,随拆随填。

(4)钢筋混凝土桩支护要在桩身混凝土达到一定强度后开挖土方。开挖土方不要伤及支护桩。

(5)锚杆应验证其锚固力后方可受力。

(6)相邻土方开挖要先深后浅,并及时做好基础。

(7)上下坑沟应先挖好阶梯或设木梯,不应踩踏土壁或支护上下。

(8)挖土机工作范围内不进行其他工作,并至少留 0.3 m 深不挖,而由人工挖至设计标高。

复习思考题

6-1 试述土的有关工程性质、土的开挖难易程度分类及对土方施工的影响。

6-2 试述场地平整土方量计算的步骤和方法。

6-3 如需对场地设计标高 H_0 进行调整,要考虑的因素有哪些?当场地为单向或双向泄水坡度时如何确定场地设计标高?

6-4 土方调配应遵循哪些原则?调配区如何划分?怎样确定平均运距?

6-5 试述土方边坡的表示方法及影响边坡稳定的因素。

6-6 分析流砂形成的原因以及防止流砂的方法。

6-7 试述人工降低地下水位的方法、种类及适用范围,以及轻型井点系统的设计步骤。

6-8 试述推土机、铲运机的工作特点、适用范围及提高生产效率的措施。

6-9 单斗挖土机有哪几种类型?其工作特点和适用范围如何?正铲、反铲挖土机开挖方式有哪几种?如何正确选择?

6-10 填土压实有哪几种方法?各有什么特点?影响填土压实的主要因素有哪些?怎样检验填土压实的质量?

6-11 解释土的最佳含水量的概念。

6-12 某场地如图 6-47 所示,方格边长为 40 m。

(1)试按挖填平衡原则确定场地平整的设计标高 H_0,然后据以算出方格角点的施工高度,绘出零线,计算挖方量、填方量。

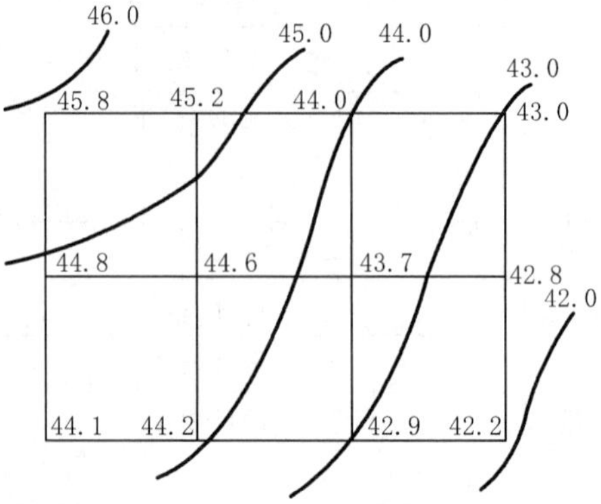

图 6-47　习题 6-12 图

(2)当 $i_X=2‰$,$i_Y=0$ 时,试确定方格角点的设计标高。

(3)当 $i_X=2‰$,$i_Y=3‰$时,试确定方格角点的设计标高。

6-13　使用表上作业法确定土方量的最优调配方案,挖方区、填方区挖填土方量及其运距如表 6-9 所示。

表 6-9　挖方区、填方区挖填土方量及其运距表

挖方区	填方区				挖方量/m^3
	T_1	T_2	T_3	T_4	
W_1	150	200	180	240	10000
W_2	70	140	110	170	4000
W_3	150	220	120	200	4000
W_3	100	130	80	160	1000
填方量/m^3	1000	7000	2000	9000	

注　运距单位为 m。

6-14　某基坑底面积为 35 m×20 m,深 4.0 m,地下水位在地面下 1 m,不透水层在地面下 905 m,地下水为无压水,渗透系数 $K=15$ m/d,基坑边坡坡度为 1∶0.5。现拟用轻型井点系统降低地下水位,试求:

(1)井点系统的平面和高程布置;

(2)井点系统涌水量、井点管根数和间距。

第七章　施工导流与水流控制

在河床上修建水工建筑物时，为保证在干地上施工，需将天然径流部分全部改道，按预定的方案泄向下游，并保证施工期间基坑无水，这就是施工导流与水流控制要解决的问题。施工导流与水流控制一般包括以下内容：① 坝址区的导流和截流；② 坝址区上、下游横向围堰和分期纵向围堰；③ 导流隧洞、导流明渠、底孔及其进出口围堰；④ 引水式水电站岸边厂房围堰；⑤ 坝址区或厂址区安全度汛、排冰凌和防护工程；⑥ 建筑物的基坑排水；⑦ 施工期通航；⑧ 施工期下游供水；⑨ 导流建筑物拆除；⑩导流建筑物下闸和封堵。

第一节　施工导流

一、施工导流方法

施工导流的基本方法大体可分为两类：一类是全段围堰法，即用围堰拦断河床，全部水流通过事先修好的导流泄水建筑物流走；另一类是分段围堰法，即水流通过河床外的束窄河床下泄，后期通过坝体预留缺口、底孔或其他泄水建筑物下泄。但不管是分段围堰法导流还是全段围堰法导流，当挡水围堰可过水时，均可采用淹没基坑的特殊导流方法。这里介绍两种基本的导流方法。

(一)全段围堰法

全段围堰法就是在修建于河床上的主体工程上、下游各建一道拦河围堰，使水流经河床以外的临时或永久建筑物下泄，主体工程建成或即将建成时，再将临时泄水建筑物封堵的导流方法。该法多用于河床狭窄、基坑工作量不大、水深、流急，难以实现分期导流的地方。

全段围堰法按其泄水道类型分为以下几种：

1. 隧洞导流

山区河流一般河谷狭窄、两岸地形陡峻、山岩坚实，采用隧洞导流较为普遍。但由于隧洞泄水能力有限，造价较高，一般在汛期泄水时均另找出路或采用淹没基坑方案。导流隧洞的设计应尽量与永久隧洞的设计相结合。隧洞导流的布置形式如图 7-1 所示。

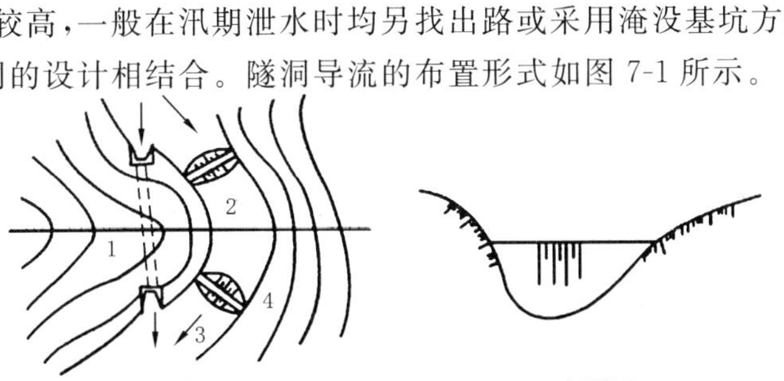

(a) 平面图　　(b) 剖面图

图 7-1　隧洞导流示意图

1—隧洞；2—坝轴线；3—围堰；4—基坑

2. 明渠导流

明渠导流是在河岸或滩地上开挖渠道,在基坑上、下游修筑围堰,河水经渠道下泄的导流方法。它用于岸坡平缓或有宽广滩地的平原河道上。若当地有老河道可利用或工程修建在弯道上,则采用明渠导流比较经济合理。具体布置形式如图 7-2 所示。

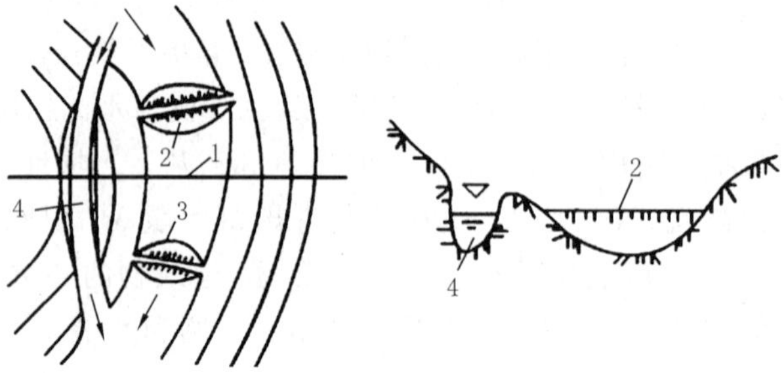

(a) 平面图　　(b) 剖面图

图 7-2　明渠导流示意图

1—坝轴线;2—上游围堰;3—下游围堰;4—导流明渠

3. 涵管导流

涵管导流一般在修筑土坝、堆石坝中采用,但由于涵管的泄水能力较小,因此一般用于流量较小的河流上或只用来担负枯水期的导流任务,如图 7-3 所示。

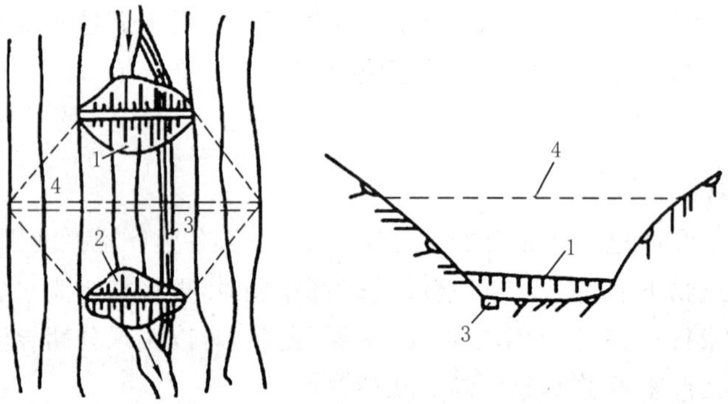

(a) 平面图　　(b) 剖面图

图 7-3　涵管导流示意图

1—上游围堰;2—下游围堰;3—涵管;4—坝体

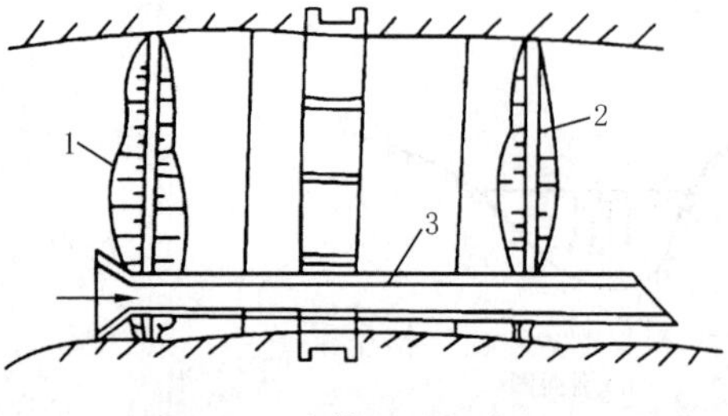

图 7-4　渡槽导流示意图

1—上游围堰;2—下游围堰;3—渡槽

4. 渡槽导流

渡槽导流方式结构简单,如图 7-4 所示,泄流量较小,一般用于流量小、河床窄、导流期短的中、小型工程。

(二)分段围堰法

分段围堰法(或分期围堰法)就是用围堰将水工建筑物分段分期围护起来进行施工的导流方法。所谓分段,就是从空间上用围堰将拟建的水工建筑物圈围成若干施工段。所谓分期，就是从时间上将导流分为若干时期。分期导流如图 7-5 所示。导流的分期数和围堰的分段数并不一定相同，如图 7-6 所示。

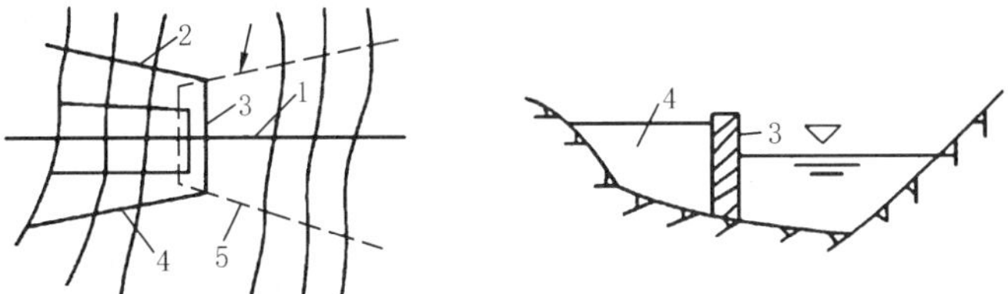

(a) 平面图　　(b) 剖面图

图 7-5　分期导流示意图

1—坝轴线；2—上横围堰；3—纵围堰；4—下游围堰；5—第二期围堰轴线

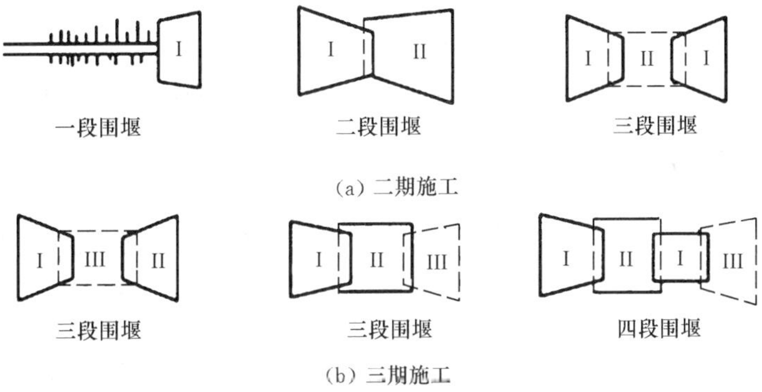

图 7-6　导流分期与围堰分段示意图

Ⅰ，Ⅱ，Ⅲ—施工分期

分段围堰法前期由束窄的河道导流，后期可利用事先修好的泄水建筑物导流。常用泄水建筑物的类型有底孔、缺口等。分段围堰法导流，一般适用于河流流量大、槽宽、施工工期较长的工程中。

1. 底孔导流

采用底孔导流时，应事先在混凝土坝体内修好临时或永久底孔，然后让全部或部分水流通过底孔泄至下游。如系临时底孔，应在工程接近完工或需要蓄水时封堵。底孔导流布置形式如图 7-7 所示。

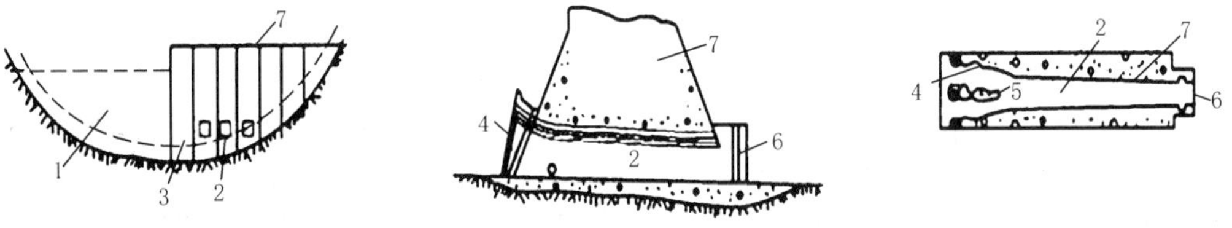

(a) 二期施工时下游立视图　　(b) 底孔纵断面　　(c) 底孔水平剖面

图 7-7　底孔导流

1—二期修建坝体；2—底孔；3—二期纵向围堰；4—封闭闸门门槽；

5—中间墩；6—出口封闭门槽；7—已浇筑的混凝土坝体

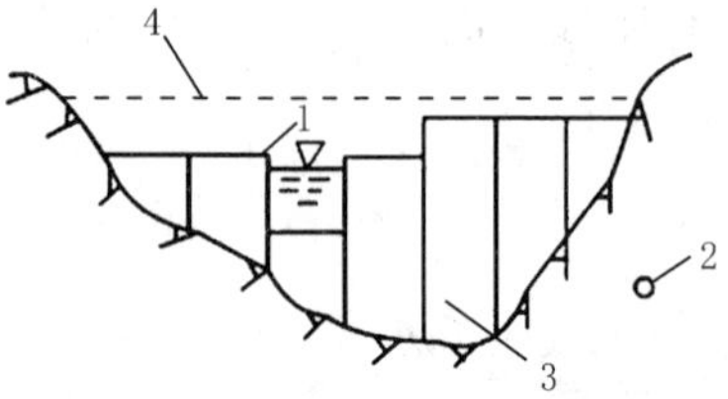

图 7-8　坝体缺口导流示意图

1—过水缺口；2—导流隧洞；3—坝体；4—坝顶

底孔导流的特点是，挡水建筑物上部的施工可不受干扰，有利于均衡、连续施工，这对修建高坝有利，但在导流期底孔有被漂浮物堵塞的危险，封堵水头较高，安放闸门较困难。

2. 缺口导流

混凝土坝在施工过程中，为了保证在汛期河流暴涨暴落时能继续施工，可在兴建的坝体上预留缺口宣泄洪峰流量，待洪峰过后，上游水位回落，再修筑缺口，谓之缺口导流（见图 7-8）。

二、导流建筑物

（一）导流建筑物的导流设计流量

导流设计流量是选择导流方案，确定导流建筑物的主要依据。而导流建筑物的洪水设计标准是选择导流设计流量的标准，即是施工导流的设计标准。

1. 洪水设计标准

导流建筑物系指枢纽工程施工期所使用的临时性挡水和泄水建筑物。根据其保护对象、失事后果、使用年限和工程规模，划分为Ⅲ～Ⅴ级，具体如表 7-1 所示。

表 7-1　导流建筑物级别划分

级别	保护对象	失事后果	使用年限/年	围堰工程规模	
				堰高/m	库容/亿立方米
Ⅲ	有特殊要求的Ⅰ级永久建筑物	淹没重要城镇、工矿企业、交通干线或推迟工程总工期及第一批机组发电，造成重大灾害和损失	>3	>50	>1.0
Ⅳ	Ⅰ、Ⅱ级永久建筑物	淹没一般城镇、工矿企业或推迟工程总工期及第一批机组发电而造成较大灾害和损失	1.5～3	15～50	0.1～1.0
Ⅴ	Ⅲ、Ⅳ级永久建筑物	淹没基坑，但对总工期及第一批机组发电影响不大，经济损失较小	<1.5	<15	<0.1

注　(1)导流建筑物包括挡水和泄水建筑物，两者级别相同；

(2)表列四项指标均按施工阶段划分；

(3)有、无特殊要求的永久建筑物均系针对施工期而言，有特殊要求的Ⅰ级永久建筑物系指施工期不允许过水的土坝及其他有特殊要求的永久建筑物；

(4)使用年限指导流建筑物每一施工阶段的工作年限，两个或两个以上施工阶段共用的导流建筑物，如分期导流一、二期共用的纵向围堰，其使用年限不能叠加计算；

(5)“围堰工程规模”一栏，堰高指挡水围堰最大高度，库容指堰前设计水位所拦蓄的水量，两者必须同时满足。

导流建筑物设计洪水标准应根据建筑物的类型和级别在表 7-2 规定幅度内选择，并结合风险度综合分析，使所选标准经济合理，对失事后果严重的工程，要考虑对超标准洪水的应急措施。

表 7-2　导流建筑物洪水标准划分

导流建筑物类型	导流建筑物级别		
	Ⅲ	Ⅳ	Ⅴ
	洪水重现期/年		
土石	50～20	20～10	10～5
混凝土	20～10	10～5	5～3

注　在下述情况下，导流建筑物洪水标准可用表中的上限值：①河流水文实测资料系列较短（小于 20 年），或工程处于暴雨中心区；②采用新型围堰结构形式；③处于关键施工阶段，失事后可能导致严重后果；④工程规模、投资和技术难度用上限值与下限值相差不大；⑤过水围堰的挡水标准应结合水文特点、施工工期、挡水时段，经技术经济比较后在重现期 3～20 年范围内选定。当水文系列较长（大于或等于 30 年）时，也可根据实测流量资料分析选用。

当坝体筑高到不需围堰保护时，其临时度汛洪水标准应根据坝型及坝前拦洪库容按表 7-3 所示的规定选取。

表 7-3　坝体施工期临时度汛洪水标准

坝型	拦洪库容/亿立方米		
	>1.0	1.0～0.1	0.1
	洪水重现期/年		
土石坝	>100	100～50	50～20
混凝土坝	>50	50～20	20～10

导流泄水建筑物封堵后，如永久泄洪建筑物尚未具备设计泄洪能力，坝体度汛洪水标准应在分析坝体施工和运行要求后按表 7-4 所示的规定执行。汛前坝体上升高度应满足拦洪要求，帷幕灌浆及接缝灌浆高程应能满足蓄水要求。

表 7-4　导流泄水建筑物封堵后坝体度汛洪水标准

大坝类型		导流建筑物级别		
		Ⅰ	Ⅱ	Ⅲ
		洪水重现期/年		
混凝土坝	设计	200～100	100～50	50～20
	校核	500～200	200～100	100～50
土石坝	设计	500～200	200～100	100～50
	校核	1000～500	500～200	200～100

2. 导流时段

导流时段就是按照导流程序来划分的各施工阶段的延续时间。划分导流时段，需正确处理施工安全可靠和争取导流经济效益的矛盾。因此要全面分析河道的水文特点、被围的永久建筑物的结构形式及其工程量大小、导流方案、工程最快的施工速度等，这些是确定导流时段的关键。采用低水头围堰，进行枯水期导流，是降低导流费用、加快工程进度的重要措施。

总之，在划分导流时段时，要确保枯水期，争取中水期，还要尽力在汛期中争工期。既要安全可靠，又要力争工期。

山区性河流，其特点是，洪水流量大，历时短，而枯水期则流量小。在这种情况下，经过技术经济比较后，可采用淹没基坑的导流方案，以降低导流费用。

导流建筑物设计流量即为导流时段内根据洪水设计标准确定的最大流量，据以进行导流建筑物的设计。

（二）围堰

1. 围堰的类型

围堰是一种临时性水工建筑物，用来围护河床中的基坑，保证水工建筑物施工在干地上进行。在导流任务完成后，对不能作为永久建筑物的部分或妨碍永久建筑物运行的部分应予以拆除。

通常按使用材料，围堰分为土石围堰、草土围堰、钢板桩格型围堰、木笼围堰、混凝土围堰等；按所处的位置，围堰分为横向围堰、纵向围堰；按围堰是否过水，围堰分为不过水围堰、过水围堰。

2. 围堰的基本要求

(1)安全可靠，能满足稳定、抗渗、抗冲要求；

(2)结构简单，施工方便，便于拆除，并能充分利用当地材料及开挖弃料；

(3)堰基易于处理，堰体便于与岸坡或已有建筑物连接；

(4)在预定施工期内修筑到需要的断面和高程；

(5)具有良好的技术经济指标。

3. 围堰的结构

(1)土石围堰。土石围堰能充分利用当地材料，地基适应性强，造价低，施工简便，设计应优先选用。

①不过水土石围堰。对于土石围堰，由于不允许过水，且抗冲能力较差，一般不宜做纵向围堰，如河谷较宽且采取了防冲措施，也可将土石围堰用作纵向围堰。土石围堰的水下部位一般采用混凝土防渗墙防渗，水上部位一般采用黏土心墙、黏土斜墙、土工合成材料等防渗。

②过水土石围堰。当采用淹没基坑方案时，为了降低造价、便于拆除，许多工程采用了过水土石围堰形式。为了克服过水时水流对堰体表面冲刷和由于渗透压力引起的下游边坡连同堰顶一起的深层滑动，目前采用较普遍的是在下游护面上压盖混凝土面板。

(2)草土围堰。草土围堰是黄河上传统的筑堤方法，它是一种草土混合结构。施工时，先用稻草或麦草做成长 1.2～1.8 m、直径为 0.5～0.7 m 的草捆，再用长 6～8 m、直径为 4～5 cm的草绳将两个草捆扎成件，重约 20 kg。堰体由河岸开始修筑，首先沿河岸迎水面在围堰整个宽度内分层铺设草捆，并将草绳拉直放在岸上，以便与后铺的草捆互相联结。铺草时，第一层草捆应浸入水中 1/3，各层草捆按水深大小叠接 1/3～1/2，这样逐层压放的草捆就形成一个坡角为 35°～45°的斜坡，直至高出水面 1.0 m 为止。随后在草捆层的斜坡上铺上一层厚 0.25～0.30 m 的散草，再在散草上铺一层厚 0.25～0.30 m 的土层。土质以遇水易于崩解、固结为好，可采用黄土、砂壤土、黏壤土、粉土等。铺好的土只需用人工踏实即可。接着在填土面上同样做堰体压草、铺散草和压土工作，如此继续进行，堰体即可向前进占，后部的堰体也渐渐深入河底。

(3)混凝土围堰。混凝土围堰的抗冲及抗渗能力强，适应高水头，底宽小，易于与永久建筑物相结合，必要时可以过水，因此应用较广泛。峡谷地区岩基河床，多用混凝土拱围堰，且多为过水围堰形式，可使围堰工程量小，施工速度快，且拆除也较为方便。采用分段围堰法导流时，重力式混凝土围堰往往作为纵向围堰。现在混凝土围堰一般采用碾压混凝土，在低土石围堰保护下施工，施工速度快。

4. 围堰的平面布置

围堰的平面布置是一个很重要的课题。平面布置不当，维护基坑的面积过大，会增加排水设备容量；基坑面积过小，会妨碍主体工程施工，影响工期；更有甚者，会造成水流宣泄不顺畅，冲刷围堰及其基础，影响主体工程安全施工。

围堰的平面布置一般应按导流方案、主体工程的轮廓和对围堰提出的要求而定。当采用全段围堰法导流时，基坑是由上、下游横向围堰和两岸围成的。

通常，基坑坡趾离主体工程轮廓的距离不应小于 20～30 m(见图 7-9)，以便布置排水设施、交通运输道路及堆放材料和模板等。至于基坑开挖坡的大小，则与地质条件有关。采用分段围堰法导流时，上、下游横向围堰一般不与河床中心线垂直，其平面布置常呈梯形形式，这样既可保证水流顺畅，同时也便于运输道路布置和衔接。当采用全段围堰法导流时，为了减少工程量，围堰多与主河道垂直。当纵向围堰不作为永久建筑物的一部分时，纵向基坑坡趾离主体工程轮廓的距离一般不大于 2 m，以便布置排水系统和堆放模板。如果无此要求，则只需留 0.4～0.6 m 就够了。

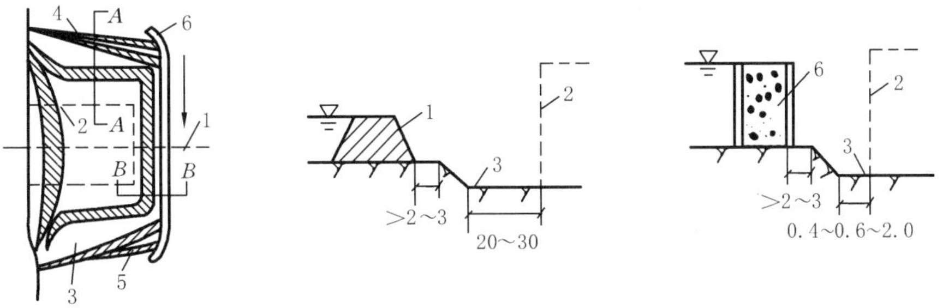

(a) 平面图　(b) A—A 剖面　(c) B—B 剖面

图 7-9　围堰布置与基坑范围(单位：m)

1—主体工程轴线；2—主体工程轮廓；3—基坑；4—上游横向围堰；5—下游横向围堰；6—纵向围堰

5. 围堰堰顶高程的确定

围堰堰顶高程不仅取决于导流设计流量和导流建筑物的形式、尺寸、平面位置、高程和糙率等，而且要考虑到河流的综合利用和主体工程工期。

上游围堰的堰顶高程为

$$H_{上} = h_d + Z + \delta \tag{7-1}$$

式中：$H_{上}$——上游围堰堰顶高程，m；

h_d——下游水面高程，m，可直接由原河流水位-流量关系曲线中查得；

Z——上下游水位差，m；

δ——围堰的安全超高，m，按表 7-5 选用。

表 7-5　不过水围堰堰顶安全超高下限值　（单位：m）

围堰形式	围堰级别	
	Ⅲ	Ⅳ～Ⅴ
土石围堰	0.7	0.5
混凝土围堰	0.4	0.3

下游围堰的堰顶高程为

$$H_{下} = h_{d} + \delta \tag{7-2}$$

式中：$H_{下}$——下游围堰堰顶高程，m；

h_{d}——下游水面高程，m；

δ——围堰的安全超高，m，按表 7-5 选用。

围堰拦蓄一部分水流时，堰顶高程应通过水库调洪计算来确定。纵向围堰的堰顶高程要与束窄河床中宣泄导流设计流量时的水面曲线相适应，其上下游端部分别与上下游围堰同高，所以其顶面往往做成倾斜状。

6. 围堰的拆除

围堰是临时建筑物，导流任务完成后，应按设计要求进行拆除，以免影响永久建筑物的施工及运行。

（1）土石围堰相对来说断面较大，因其有可能在施工期最后一次汛期过后，上游水位下降时，从围堰的背水坡开始分层拆除。但必须保证依次拆除后所残留的断面能继续挡水和维持稳定，以免发生安全事故，使基坑过早淹没，影响施工。土石围堰一般可用挖土机或爆破等方法拆除。

（2）草土围堰的拆除比较容易，一般水上部分用人工拆除，水下部分可在堰体挖一缺口，让其过水冲毁或用爆破方法炸除。

（3）混凝土围堰的拆除，一般只能用爆破方法炸除，但应注意，必须使主体建筑物或其他设施不受爆破危害。

（三）导流泄水建筑物

1. 导流明渠

1）布置原则

弯道少，避开滑坡、崩塌体及高边坡开挖区；便于布置进入基坑的交通道路；进出口与围堰接头满足堰基防冲要求；避免泄洪时对下游沿岸及施工设施冲刷，必要时进行导流水工模型验证。

2）明渠断面设计

明渠底宽、底坡和进出口高程应使上、下游水流衔接条件良好，满足导截流和施工期通航、过木、排冰要求。设在软基上的明渠宜通过动床水工模型试验，改善水流衔接和出口水流条件，确定冲坑形态和深度，采取有效消能抗冲设施。

导流明渠结构形式应方便后期封堵。应在分析地质条件、水力学条件并进行技术经济比较后确定衬砌方式。

2. 导流隧洞

导流隧洞应根据地形、地质条件合理选择洞线，保证隧洞施工和运行安全。相邻隧洞间净距、隧洞与永久建筑物之间间距、洞脸和洞顶岩层厚度均应满足围岩应力和变形要求。尽可能利用永久隧洞，其结合部分的洞轴线、断面形式与衬砌结构等均应满足永久运行与施工导流要求。

隧洞形式、进出口高程应尽可能兼顾导流、截流、通航、过木、排冰要求，进口水流顺畅、水面衔接良好、不产生气蚀破坏，洞身断面方便施工；洞底纵坡根据施工及泄流水力条件等选择。

导流隧洞在运用过程中，常遇明满流交替流态，当有压流为高速水流时，应注意水流掺气，防止因水流掺气产生空蚀、冲击波，导致洞身破坏。

隧洞衬砌范围及形式通过技术经济比较确定，应研究封堵措施及结构形式的选择。

3. 导流底孔

导流底孔设置数量、高程及其尺寸宜兼顾导流、截流、过木、排冰要求。进口形式选择适当的椭圆曲线，通过水工模型试验确定。进口闸门槽宜设在坝外，并能防止槽顶部进水，以免气蚀破坏或孔内流态不稳定而影响流量。

利用永久泄洪、排沙和水库放空底孔兼作导流底孔时，应同时满足永久和临时运用要求。坝内临时底孔使用后，须以与坝体相同的混凝土回填封堵，并采取措施保证新老混凝土结合良好。

第二节　截流技术

当泄水建筑物完成时，抓住有利时机，迅速实现围堰合龙，迫使水流经泄水建筑物下泄，称为截流。

选择截流方式应充分分析水力学参数、施工条件和难度、抛投物数量和性质，并进行技术经济比较。截流方法如下：

(1)单戗立堵截流，简单易行，辅助设备少，较经济，适用于截流落差不超过 3.5 m，但龙口水流能量相对较大、流速较高、需制备重大抛投物料相对较多的情形。

(2)双戗和多戗立堵截流，可分担总落差，改善截流难度，适用于截流落差大于 3.5 m 的情形。

(3)建造浮桥或栈桥平堵截流，水力学条件相对较好，但造价高，技术复杂，一般不常选用。

(4)定向爆破、建闸等截流方式只有在条件特殊、经充分论证后方宜选用。

一、截流方法

1. 立堵法

立堵法截流(见图 7-10)的施工过程是：先在河床的一侧或两侧向河床中填筑截流戗堤，逐步缩窄河床，谓之进占；当河床束窄到一定的过水断面时即行停止(这个断面谓之龙口)，对河床及龙口戗堤端部进行防冲加固(护底及裹头)；然后掌握时机封堵龙口，使戗堤合龙；最后为了解决戗堤的漏水，必须即时在戗堤迎水面设置防渗设施(闭气)，如图 7-10 所示。所以整个截流过程包括进占、护底及裹头、合龙和闭气等项工作。截流之后，对戗堤加高培厚即修成围堰。

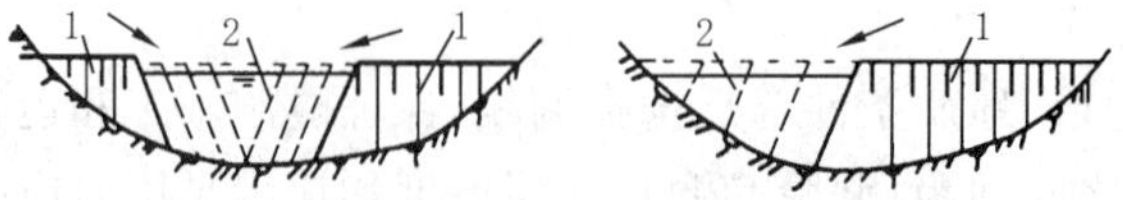

(a) 双向进占　　(b) 单向进占

图 7-10　立堵法截流

1—截流戗堤；2—龙口

2. 平堵法

如图 7-11 所示，采用平堵法截流时，沿整个龙口宽度全线抛投，抛投料堆筑体全面上升，直至露出水面为止。为此，合龙前必须在龙口架设栈桥。由于它是沿龙口全宽均匀平层抛投，因此其单宽流量较小，出现的流速也较小，需要的单个抛投材料重量也较轻，抛投强度较大，施工速度较快，但有碍通航。

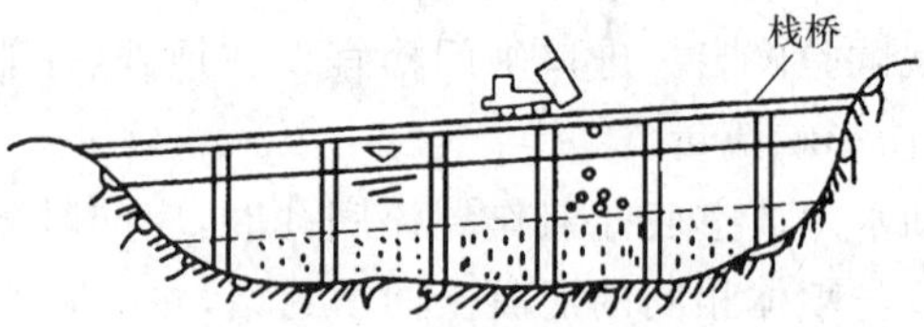

图 7-11　平堵法截流

在截流设计时，可根据具体情况采用立堵法与平堵法相结合的截流方法，如先用立堵法进占，然后在龙口小范围内用平堵法截流；或先用船抛土石材料，以平堵法进占，然后再用立堵法截流。

二、截流日期及设计流量

1. 截流时间的确定

确定截流时间应考虑如下几方面：

(1)导流泄水建筑物必须建成或部分建成具备泄流条件的，河道截流前泄水道内围堰或其他障碍物应予清除。

(2)截流后的许多工作必须抢在汛前完成(如围堰或永久建筑物抢筑到拦洪高程等)。

(3)有通航要求的河道上，截流日期最好选在对通航影响最小的时期。

(4)北方有冰凌的河流上截流，不宜在流冰期进行。

按上述要求，截流日期一般选在枯水期初。具体日期可根据历史水文资料确定，但往往可能有较大出入，因此实际工作中应根据当时的水文气象预报及实际水情分析进行修正，最后确定截流日期。

2. 截流设计流量的确定

截流设计时所取的流量标准，是指某一确定的截流时间的截流设计流量。在截流时间确定以后，就可根据工程所在河道的水文、气象特征选择设计流量。通常可按重现年法或结合水文气象预报修正法确定设计流量，一般可按工程重要程度选择截流时段重现期 5～10 年的月或旬平均流量，也可用其他方法分析确定。

3. 截流戗堤轴线和龙口

(1)戗堤轴线位置的选择。通常截流戗堤是土石横向围堰的一部分,应结合围堰结构形式和围堰布置统一考虑。单戗截流的戗堤可布置在上游围堰或下游围堰中非防渗体的位置。如果戗堤靠近防渗体,在两者之间应留足闭气料或过渡带的厚度,同时应防止合龙时的流失料进入防渗体部位,以免在防渗体底部形成集中漏水通道。为了在合龙后能迅速闭气并进行基坑抽水或一般情况下将单戗堤布置在上游围堰内。

当采用双戗、多戗截流时,戗堤间距应满足一定的要求,这样才能发挥每条戗堤分担落差的作用。如果围堰底宽不太大,上、下游围堰间距也不太大,则可将两条戗堤分别布置在上、下游围堰内,大多数双戗截流工程都是这样做的。如果围堰底宽很大,上、下游间距也很大,则可考虑将双戗布置在一个围堰内。当采用多戗时,一个围堰内通常也需布置两条戗堤,此时,两条戗堤间均应有适当间距。

在采用土石围堰的一般情况下,截流戗堤均布置在围堰范围内。但是也有戗堤不与围堰相结合的,戗堤轴线位置应与龙口位置相一致。如果围堰所在处的地质、地形条件不利于布置戗堤和龙口,而戗堤工程量又很小,则可能将截流戗堤布置在围堰以外。四川省乐山市沙湾区与峨边县交界处大渡河上的龚嘴工程的截流戗堤就布置在上、下游围堰之间,而不与围堰相结合。由于这种戗堤多数均需拆除,因此,采用这种布置时应有专门论证。

平堵截流戗堤轴线位置的选择,应考虑便于抛石桥的架设。

(2)龙口位置的选择。选择龙口位置时,应着重考虑地质、地形条件及水力条件,从地质条件来看,龙口应尽量选在河床抗冲刷能力强的地方,如岩基裸露或覆盖层较薄处,这样可避免合龙过程中的过大冲刷,防止戗堤突然塌方失事。从地形条件来看,龙口河底不宜有顺流流向的陡坡和深坑。如果龙口能选在底部基岩面粗糙、参差不齐的地方,则有利于抛投料的稳定。另外,龙口周围应有比较宽阔的场地,离料场和特殊截流材料堆场的距离近,便于布置交通道路和组织高强度施工,这一点也是十分重要的。从水力条件来看,对于有通航要求的河流,预留龙口一般布置在深槽主航道处,有利于合龙前的通航,至于对龙口的上、下游水流条件的要求,以往的工程设计中有两种不同的见解:一种认为龙口应布置在浅滩,并尽量造成水流进出龙口折冲和碰撞,以增大附加壅水作用;另一种则认为进出龙口的水流应平直顺畅,因此可将龙口设在深槽中。实际上,这两种布置各有利弊,前者进口处的强烈侧向水流对戗堤端部抛投料的稳定不利,由龙口下泄的折冲水流易对下游河床和河岸造成冲刷。后者的主要问题是合龙段戗堤高度大,进占速度慢,而且深槽中水流集中,不易创造较好的分流条件。

(3)龙口宽度。龙口宽度主要根据水力计算而定,对于通航河流,决定龙口宽度时应着重考虑通航要求,对于无通航要求的河流,主要考虑戗堤预进占所使用的材料及合龙工程量的大小。一方面,形成预留龙口前,通常均使用一般石渣进占,根据其抗冲流速可计算出相应的龙口宽度,另一方面,合龙是高强度施工,一般合龙时间不宜过长,工程量不宜过大。当此要求与预进占材料允许的束窄度有矛盾时,也可考虑提前使用部分大石块,或者尽量提前分流。

(4)龙口护底。对于非岩基河床,当覆盖层较深时,抗冲能力小,截流过程中为防止覆盖层被冲刷,一般在整个龙口部位或困难区段进行平抛护底,防止截流料物流失量过大。对于岩基河床,有时为了降低截流难度,增大河床糙率,也抛投一些料物护底并形成拦石坎。计算最大块体时应按护底条件选择稳定系数 K。

4. 截流抛投材料

截流抛投材料主要有块石、石串、装石竹笼、帚捆、柴捆、土袋等，当截流水力条件较差时，还须采用人工块体，一般有四面体、六面体及钢筋混凝土构架等（见图 7-12）。

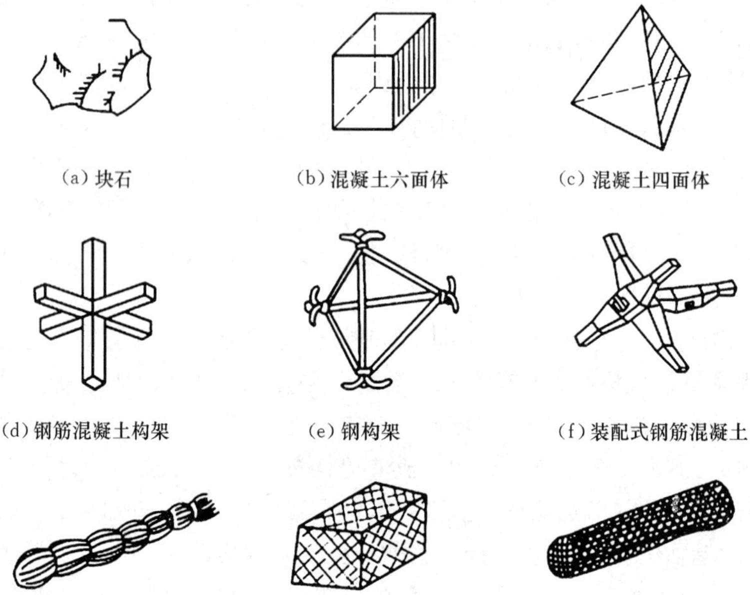

(a) 块石　(b) 混凝土六面体　(c) 混凝土四面体

(d) 钢筋混凝土构架　(e) 钢构架　(f) 装配式钢筋混凝土

(g) 柳石枕　(h) 填石铅丝笼　(i) 填石竹笼

图 7-12　抛投材料

截流抛投材料选择原则如下：

(1)预进占段填筑料尽可能利用开挖渣料和当地天然料。

(2)龙口段抛投的大块石、石串或混凝土四面体等人工制备材料数量应慎重研究确定。

(3)截流备料总量应根据截流料物堆存、运输条件、可能流失量及戗堤沉陷等因素综合分析，并留适当备用。

(4)戗堤抛投物应具有较强的透水能力，且易于起吊运输。

一些常用的截流材料适宜流速的经验数据如表 7-6 所示，供参考。

表 7-6　截流材料适用流速

截流材料	适用流速/(m/s)	截流材料	适用流速/(m/s)
土料	0.5～0.7	ϕ0.8 m×6 m 装石竹笼	3.5～4.0
20～30 kg 块石	0.8～1.0	3000 kg 重大石块或铅丝笼	3.5
50～70 kg 块石	1.2～1.3	5000 kg 重大石块或铅丝笼	4.5～5.5
袋土	1.5	12000～15000 kg 混凝土四面体	7.2
ϕ0.5 m×2 m 装石竹笼	2.0	ϕ1.0 m×15 m 柴石枕	7～8
ϕ0.6 m×4 m 装石竹笼	2.5～3.0	—	—

第三节　施工排水

围堰闭气以后，要排除基坑内的积水和渗水，随后在开挖基坑和基坑内建筑物施工中，还要经常不断地排除渗入基坑的渗水，以保证干地施工。修建河岸上的水工建筑物时，如基坑低于地下水位，也要进行基坑排水工作。排水的方法可分为明式排水法和暗式排水法两种。

一、基坑积水的排除

基坑积水主要是指围堰闭气后存于基坑内的水体，还要考虑排除积水过程中从围堰及地基渗入基坑的水和降雨。初期排水的流量是选择水泵数量的主要依据，应根据地质情况、工期长短、施工条件等因素确定。初期排水流量可按式(7-3)估算：

$$Q = KV/t \tag{7-3}$$

式中：Q——初期排水流量，m^3/s；

V——基坑积水的体积，m^3；

K——积水系数，考虑了围堰、基坑渗水和可能降雨的因素，对于中、小型工程，取 $K=2\sim3$；

t——初期排水时间，s。

初期排水时间与积水深度、允许的水位下降速度有关。如果水位下降太快，围堰边坡土体的动水压力过大，容易引起坍坡；如果水位下降太慢，则影响基坑开挖工期。基坑水位下降的速度一般控制在 0.5～1.5 m/d 为宜，在实际工程中，应综合考虑围堰形式、地基特性及基坑内水深等因素而定。对于土围堰，水位下降速度应小于 0.5 m/d。

根据初期排水流量即可确定水泵工作台数，并考虑一定的备用量。水利工地常用离心泵或潜水泵。为了运用方便，可选择容量不同的水泵，组合使用。水泵站一般布置成固定式和移动式两种，如图 7-13 所示。当基坑水深较大时，采用移动式水泵站。

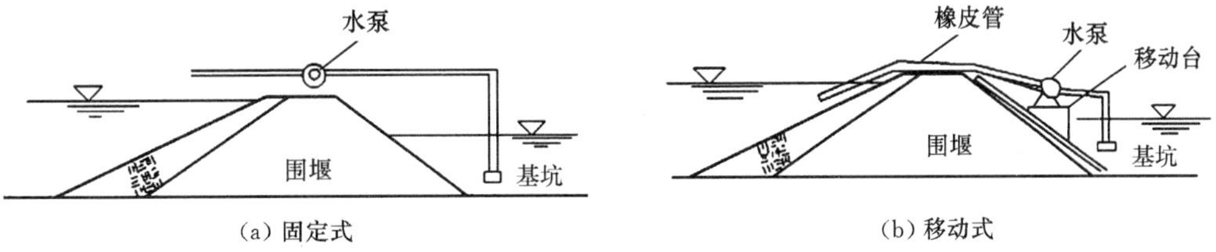

图 7-13　水泵站布置

二、经常性排水

在基坑积水排除后，应立即进行经常性排水。经常性排水的设计工作主要是计算基坑渗流量，确定水泵工作台数，布置排水系统。

1. 排水系统布置

经常性排水通常采用明式排水，排水系统包括排水干沟、支沟和集水井等。一般情况下，排水系统分为两种情况，一种是基坑开挖中的排水，另一种是建筑物施工过程中的排水。前者是根据土方分层开挖的要求，分次下降水位，通过不断降低排水沟高程，使每一个开挖土层呈干燥状态。排水系统排水沟通常布置在基坑中部,以利两侧出土;当基坑较窄时,将排水干沟布置在基坑上游侧,以利于截断渗水。沿干沟垂直方向设置若干排水支沟。基础范围外布置集水井,井内安设水泵,渗水进入支沟后汇入干沟,再流入集水井,由水泵抽出坑外。后者排水的目的是控制水位低于坑底高程,保证施工在干地条件下进行。排水沟通常布置在基坑四周,距离基础轮廓线不小于 0.3～1.0 m。集水井离基坑外沿之距离必须大于集水井深度。排水沟的底坡坡度一般不小于 2‰,底宽不小于 0.3 m,沟深为:干沟,1.0～1.5 m;支沟,0.3～0.5 m。集水井的容积应保证水泵停止运转 10～15 min,井内的水量不致漫溢。井底应低于排水干沟底 1～2 m。经常性排水系统布置如图 7-14 所示。

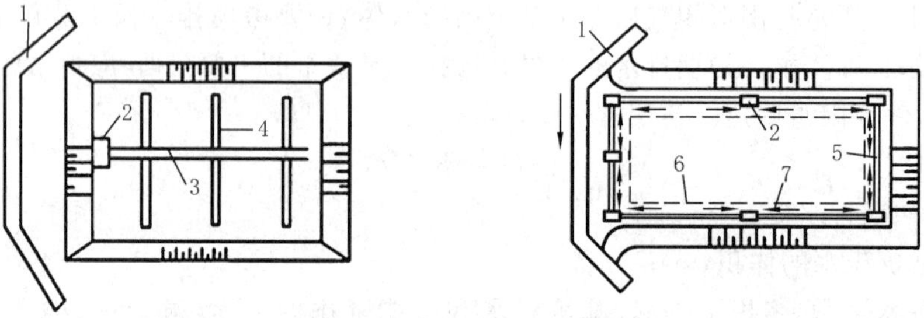

(a)开挖过程中排水　　(b)基础施工过程中排水

图 7-14　修建建筑物时基坑经常性排水系统布置

1—围堰;2—集水井;3—排水干沟;4—支沟;5—排水沟;6—基础轮廓;7—水流方向

2. 经常性排水流量

经常性排水主要排除基坑和围堰的渗水,还应考虑排水期间的降雨、地基冲洗和混凝土养护弃水等。这里仅介绍渗流量估算方法。

(1)围堰渗流量。对于透水地基上均质土围堰,每米堰长渗流量 q 可按式(7-4)计算:

$$q = K\frac{(H+T)^2-(T-y)^2}{2L} \tag{7-4}$$

$$L = L_0 + l - 0.5mH \tag{7-5}$$

式中:L——中线距离;

q——渗入基坑的围堰单宽渗流量,$m^3/(d \cdot m)$;

K——渗透系数,m/d。

其余符号如图 7-15 所示。

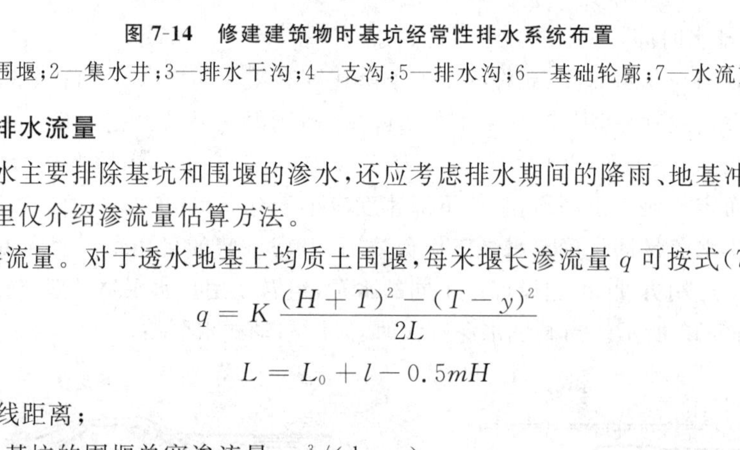

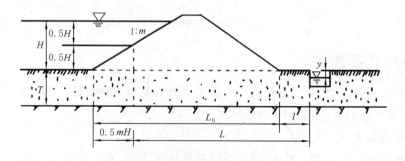

图 7-15　透水地基上的渗透计算简图

(2)基坑渗流量。由于基坑情况复杂,计算结果不一定符合实际情况,应用试抽法确定。近似计算时可采用表 7-7 所列参数。

表 7-7　地基渗流量　(单位:$m^3/(h \cdot m \cdot m^2)$)

地基类别	含有淤泥黏土	细砂	中砂	粗砂	砂砾石	有裂缝的岩石
渗流量 q	0.1	0.16	0.24	0.3	0.35	0.05～0.10

降雨量按在抽水时段最大日降水量在当天抽干计算;施工弃水包括基岩冲洗与混凝土养护用水,两者不同时发生,按实际情况计算。

排水水泵根据流量及扬程选择,并考虑一定的备用量。

三、人工降低地下水位

经常性排水可采用明排法进行,由于多次降低排水沟和集水井高程,变换水泵站位置,故影响开挖工作正常进行,此外在细砂、粉砂及砂壤土地基开挖中,因渗透压力过大而引起流砂、滑坡和地基隆起等事故,对开挖工作会产生不利影响。采用人工降低地下水位措施可以克服上述缺点。人工降低地下水位,就是在基坑周围钻井,地下水渗入井中,随即被抽走,使地下水位降至基坑底部以下的方法。它可使整个开挖部分土壤呈干燥状态,开挖条件大为改善,具体内容见第六章第三节。

第四节　施工过程水流控制

一、施工度汛

(一)坝体拦洪标准

经过多个汛期才能建成的坝体工程,用围堰来挡汛期洪水显然是不经济的,且安全性也未必好,因此,对于不允许淹没基坑的情况,常采用低堰挡枯水、汛期由坝体临时断面拦洪的方案,这样既减少了围堰工程费用,拦洪度汛标准也可提高,只是增加了汛前坝体施工的强度。

坝体拦洪首先需确定拦洪标准,然后确定拦洪高程。坝体施工期临时度汛的洪水标准应根据坝型和坝体升高后形成的拦洪蓄水库库容确定。具体如表 7-3、表 7-4 所示。

洪水标准确定以后,就可通过调洪演算计算拦洪水位,再考虑安全超高,即可确定坝体临时拦洪高程。

(二)度汛措施

根据施工进度安排,若坝体在汛期到来之前不能达到拦洪高程,则应视采用的导流方法、坝体能否溢流及施工强度,周密细致地考虑度汛措施。允许溢流的混凝土坝或浆砌石坝可采用过水围堰,也可在坝体中预设底孔或缺口,而坝体其余部分填筑到拦洪高程,以保证汛期继续施工。

对于不能过水的土坝、堆石坝可采取下列度汛措施:

1. 抢筑坝体临时度汛断面

当坝体拦洪施工强度太大时,可抢筑临时度汛断面(见图 7-16 所示)。但应注意以下几

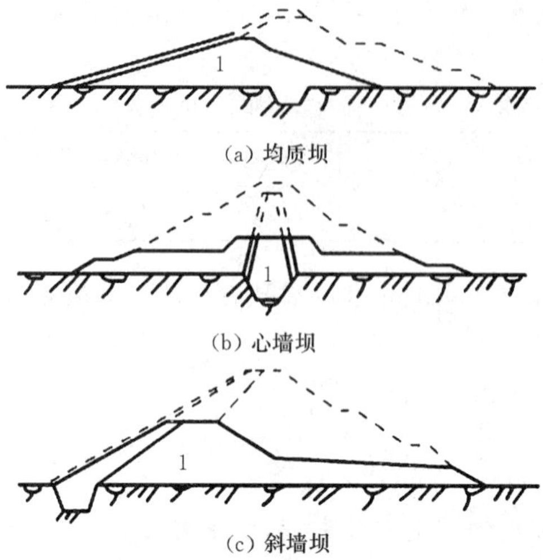

图 7-16　临时度汛断面示意图

点：

(1)断面顶部应有足够的宽度，以便在非常紧急的情况下仍有余地抢筑临时度汛断面。

(2)度汛临时断面的边坡稳定安全系数不应低于正常设计标准。为防止坍坡，必要时可采取简单的防冲和排水措施。

(3)斜墙坝或心墙坝的防渗体一般不允许采用临时断面。

(4)上游护坡应按设计要求筑到拦洪高程，否则应考虑临时的防护措施。

2. 采取未完建(临时)溢洪道溢洪

当采用临时度汛断面仍不能在汛前达到拦洪高程时，可采用降低溢洪道底槛高程或开挖临时溢洪道溢洪，但要注意防冲措施得当。

二、施工后期水流控制

在导流泄水建筑物完成导流任务，整个工程进入完建期后，必须有计划地进行封堵，使水库蓄水，以使工程按期受益。

自蓄水之日起至枢纽工程具备设计泄洪能力为止，应按蓄水标准分月计算水库蓄水位，并按规定的防洪标准计算汛期水位，确定汛前坝体上升高程，确保坝体安全度汛。

施工后期，水库蓄水应和导流泄水建筑物封堵统一考虑，并充分分析以下条件：

(1)枢纽工程提前受益的要求；

(2)与蓄水有关工程项目的施工进度及导流工程封堵计划；

(3)库区征地、移民和清库的要求；

(4)水文资料、水库库容曲线和水库蓄水历时曲线；

(5)防洪标准、泄洪与度汛措施及坝体稳定情况；

(6)通航、灌溉等下游供水要求；

(7)有条件时，应考虑利用围堰挡水受益的可能性。

计算施工期蓄水历时，应扣除核定的下游供水流量。蓄水日期按以上要求统一研究确定。

水库蓄水通常采用 $P=75\%\sim85\%$ 的年流量过程线来制定的。从发电、灌溉、航运及供水等部门所提出的运用期限要求，反推算出水库开始蓄水的时间，也就是封孔日期。据各时段的来水量与下泄量和用水量之差、水库库容与水位的关系曲线，就可得到水库蓄水计划，即库水位和蓄水历时关系曲线。它是施工后期进行水流控制、安排施工进度的重要依据。

封堵时段确定以后，还需要确定封堵时的施工设计流量，可采用封堵期 5～10 年重现期的月或旬平均流量，或按实测水文统计资料分析确定。

导流用的临时泄水建筑物，如隧洞、涵管、底孔等，都可利用闸门封孔，常用的封孔闸门有钢筋混凝土整体闸门、钢闸门等。

复习思考题

7-1　施工导流的方法有哪些?

7-2　什么叫全段围堰法?

7-3　全段围堰法按其泄水道类型可分为哪几种? 各适用于什么场合?

7-4　分段围堰法应如何组织导流?

7-5　何谓底孔导流?

7-6　何谓缺口导流?

7-7　围堰的基本要求有哪些?

7-8　导流明渠的布置原则有哪些?

7-9　导流隧洞的布置原则有哪些?

7-10　截流方法有哪些?

7-11　试述立堵法截流的施工过程。

7-12　试述平堵法截流的施工过程。

7-13　确定截流时间应考虑哪些因素?

7-14　截流设计流量应如何确定?

7-15　截流抛投材料选择的原则有哪些?

7-16　经常性排水系统应如何布置?

7-17　对于不能过水的土坝、堆石坝,其度汛措施有哪些?

7-18　施工后期水库蓄水的时间应如何确定?

第八章　土石建筑物施工

第一节　土石坝施工

按施工方法，土石坝分为填筑碾压式、水力冲填式、水中倒土式和定向爆破式等类型。目前仍以填筑碾压式为最多。

填筑碾压式土石坝施工，包括准备作业（如平整场地，修筑道路，架设水、电线路，修建临时用房，清基，排水等）、基本作业（如土石料开挖、装运、铺卸、压实等）、为基本作业提供保证条件的辅助作业（如清除料场的覆盖层、清除杂物、坝面排水、刨毛及加水等）和保证建筑物安全运行而进行的附加作业（如修整坝坡、铺砌块石、种植草皮等）。

由于土石坝施工一般不允许坝顶过水，在河道截流后，必须保证在一个枯水期内将大坝修筑到拦洪高程以上。因此，除了应合理确定导流方案以外，还需周密研究料场的规划，采取有效的施工组织措施，确保上坝强度，使大坝在一个枯水期内达到拦洪高程。

一、料场规划

土石坝用料量大，在坝型选择阶段应对土石料场全面调查，在施工前还应结合施工组织设计，对料场做进一步勘探、规划和选择。料场的规划包括空间、时间和质量等方面的全面规划。

空间规划，是指对料场的空间位置、高程进行恰当选择，合理布置。土石料场应尽可能靠近大坝，并有利于重车下坡。坝的上下游、左右岸最好都有料场，以利于各个方向同时向大坝供料，保证坝体均衡上升。用料时，原则上低料低用、高料高用，以减少垂直运输。

时间规划，是指料场的选择要考虑施工强度、季节和坝前水位的变化的规则。在用料规划上力求做到近料和上游易淹的料场先用，远料和下游不易淹的料场后用；含水量高的料场旱季用，含水量低的料场雨季用。上坝强度高时充分利用运距近、开采条件好的料场，上坝强度低时用运距远的料场，以平衡运输任务。在料场使用计划中，还应保留一部分近料场供合龙段填筑和拦洪度汛施工高峰期时使用。

料场质与量的规划，是指对料场的质量和储料量进行合理规划。在选择料场时，应对料场的地质成因、产状、埋深、储量以及各种物理力学性能指标进行全面勘探试验。

料场规划时还应考虑主要料场和备用料场。主要料场是指质量好、储量大、运距近，且可常年开采的料场；备用料场是指在淹没范围以外，当主要料场被淹没或因库水位抬高而导致土料过湿或其他原因不能使用时，保证坝体填筑取料的正常进行的料场。应考虑到开采自然方与上坝压实方的差异，杂物和不合格土料的剔除，开挖、运输、填筑、削坡、施工道路和废料占地不能开采以及其他可能产生的损耗。

此外，为了降低工程成本，提高经济效益，料场规划时应充分考虑利用永久建筑物和临时建筑物的开挖料作为大坝填筑用料。如建筑物的基础开挖时间与上坝填筑时间不相吻合，则应考虑安排必要的堆料场地储备开挖料。

二、土料的开挖与运输

1. 挖运配套方案

常用土石料挖运配套方案有以下几种：

(1)人工开挖，手推胶轮车和架子车运输。一般手推胶轮车载重量为100～200 kg，架子车载重量为300～500 kg，运距不宜大于1 km，坡度不宜大于2%。如坡度较陡，则可采用拉坡机或转皮带机运输。拉坡机拉车上坡坡度不宜陡于1∶5～1∶3，爬高不宜大于30 m。

(2)挖掘机挖装，自卸汽车、拖拉机运输。适用情况：运距为2～5 km，双线路宽5～5.5 m，转弯半径不宜小于50 m，坡度不宜大于10%。

挖运方案应根据工程量大小、上坝强度高低、距离远近，以及可供选择的机械型号、规格等因素，进行综合经济技术比较后确定。

2. 挖运机械配套计算

1)挖运强度的确定

(1)上坝强度 Q_d：单位时间填筑到坝面上的土方量，按坝面压实成品方计，单位为 m^3/d。

$$Q_d = \frac{VK_aK}{K_1t} \tag{8-1}$$

式中：V——某时段内填筑到坝面上的土方量，m^3；

K_a——坝体深陷影响系数，取1.03～1.05；

K——施工不均衡系数，取1.2～1.3；

K_1——坝面土料损失系数，取0.9～0.95；

t——某时段内的有效施工天数，等于计算时段内的总天数减去法定假日天数和因雨停工的天数。

(2)运输强度 Q_T：为满足上坝强度要求，单位时间内应运输到坝面上的土方量，按运输松方计，单位为 m^3/d。

$$Q_T = \frac{Q_dK_c}{K_2} \tag{8-2}$$

其中：

$$K_c = \frac{\rho_d}{\rho_y}$$

式中：K_c——压实影响系数；

K_2——土料运输损失系数，取0.95～0.99；

ρ_d、ρ_y——坝面土料设计干密度和土料运输松散干密度。

(3)开挖强度 Q_c：为了满足坝面土方填筑要求，料场土料开挖应达到的强度，以自然方计，单位为 m^3/d。

$$Q_c = \frac{Q_dK'_c}{K_2K_3} \tag{8-3}$$

其中：

$$K'_c = \frac{\rho_d}{\rho_n}$$

式中：ρ_n——料场土料自然干密度；

K_3——料场土料开挖损失系数，随土料性质和开挖方式而异，取0.92～0.97；其他符号含义同前。

2)挖运设备数量的确定

(1)挖掘机需要量 N_c的计算。

$$N_c = \frac{Q_c}{P_c} \tag{8-4}$$

式中：N_c——挖掘机需要量,台;

P_c——挖掘机生产率,$m^3/(d \cdot 台)$。

(2)与 1 台挖掘机配套的自卸汽车数 N_a的计算。合理的配套应满足:从第一辆汽车装满后离开挖掘机到再次回到挖掘地点所消耗的时间,应该等于剩下的 N_a-1 辆汽车在装车地点所消耗的时间,即

$$(N_a - 1)(t_{装} + t_{位}) = t_{重} + t_{卸} + t_{空}$$

则

$$N_a = \frac{t_{装} + t_{重} + t_{卸} + t_{空} + t_{位}}{t_{装} + t_{位}} = \frac{t_{循}}{t_{装} + t_{位}} \tag{8-5}$$

$$t_{装} = kmt_{挖} \tag{8-6}$$

$$m = \frac{QK_s}{\rho_{料}\ qK_H} \tag{8-7}$$

式中：N_a——与 1 台挖掘机配套的自卸汽车台数;

$t_{循}$——自卸汽车的一个工作循环时间;

$t_{装}$——装车时间;

$t_{重}$——重车开行时间;

$t_{卸}$——卸车时间;

$t_{空}$——空车返回时间;

$t_{位}$——空车就位时间;

$t_{挖}$——挖掘机的一个工作循环时间;

k——装车时间延误系数;

m——装车斗数;

Q——自卸汽车载重量,t;

$\rho_{料}$——料场土料自然密度,t/m^3;

q——挖掘机斗容量,m^3;

K_H——铲斗充盈系数;

K_s——土料的可松性系数。

为了充分发挥挖掘机和自卸汽车的生产效率,合理的装车斗数 m 应为 3～5。

三、清基与坝基处理

清基就是把坝基范围内的所有草皮、树木、坟墓、乱石、淤泥、有机质含量大于 2%的表土,自然密度小于 1.48 g/cm^3的细砂和极细砂清除掉,清除深度一般为 0.3～0.8 m。对勘探坑,应把坑内积水与杂物全部清除,并用筑坝土料分层回填夯实。

土坝坝体与两岸岸坡的结合部位是土坝施工的薄弱环节,处理不好会引起绕坝渗流和坝体裂缝。因此,岸坡与塑性心墙、斜墙或均质土坝的结合部位均应清至不透水层。对于岩石岸坡,清理坡度不应陡于 1∶0.75,并应挖成坡面,不得削成台阶和反坡,也不能有突出的变坡

点；在回填前应涂 3～5 mm 厚的黏土浆，以利结合。如有局部反坡而削坡方量又较大，则可采用混凝土或砌石补坡处理。对于黏土或湿陷性黄土岸坡，清理坡度不应陡于 1∶1.5。岸坡与坝体的非防渗体的结合部位，清理坡度不得陡于岸坡土在饱水状态下的稳定坡度，并不得有反坡。

河床基础，当覆盖较浅时，一般采用截水墙（槽）处理。截水墙（槽）施工受地下水的影响较大，因此必须注意解决不同施工深度的排水问题，特别注意防止软弱地基的边坡受地下水影响引起的塌坡。施工区的裂隙或泉眼，在回填前必须认真处理。

对于截水墙（槽），施工前必须对其基面进行处理，清除基面上已松动的岩块、石渣等，并用水冲洗干净。坝体土方回填工作应在地基处理和混凝土截水墙浇筑完毕并达到一定强度后进行，回填时只能用小型机具。截水墙两侧的填土应保持均衡上升，避免因受力不均而引起截水墙断裂。只有在回填土高出截水墙顶部 0.5 m 后，才允许用羊脚碾压实。

四、坝体填筑与压实

1. 坝面作业施工组织

基坑开挖和地基处理结束后即可进行坝体填筑。坝体土方填筑的特点是，作业面狭窄、工种多、工序多、机械设备多，施工干扰大，组织不好，会导致窝工，影响工程进度和施工质量。坝面作业包括铺土、平土、洒水或晾晒（控制含水量）、压实和质量检查等。为了避免施工干扰，充分发挥各不同工序施工机械的生产效率，一般采用流水作业法组织坝面施工。

采用流水作业法组织施工时，首先应根据施工工序将坝面划分成若干工作段或工作面。工作面的划分，应尽可能平行坝轴线方向，以减少垂直坝轴线方向的交接。同时平面尺寸应适应于压实机械工作条件的需要。然后组织各工种专业施工队依次进入所划分的区段施工。这样，各专业施工队可按工序依次连续地在同一施工区段施工；不停地轮流在各个施工区段完成本专业的施工工作。其结果是，各施工机械均可由相应的专业施工队来操作，实现了施工专业化，有利于工人操作熟练程度的提高；同时在施工过程中保证了人、机、地三不闲，避免了施工干扰，有利于坝面作业连续、均衡地进行。

由于坝面作业面积的大小随高程变化而变化，因此，施工技术人员应经常根据作业面积变化的情况，采取有效措施，合理地组织坝面流水作业。

2. 坝面铺土压实

铺土宜沿坝轴线方向进行，厚度要均匀，超径土块应打碎，石块应剔除。在防渗体上用自卸汽车铺土时，宜用进占法倒退铺土，使汽车在松土上行驶，以免在压实的土层开行而产生超压剪切破坏。在坝面上每隔 40～60 m 应设置专用道口，以免汽车穿越反滤层而将反滤料带入防渗体内，造成土料与反滤料混淆，影响坝体质量。

按要求厚度铺土平土，是保证工程质量的关键。用自卸汽车运料上坝，卸料集中采用推土机平土。具体操作时，可采用“算方上料、定点卸料、随卸随平、铺平把关、插杆检查”的措施，铺填中不应使坝面起伏不平，避免降雨积水。塑性心墙坝或斜墙坝坝面铺筑时应向上游倾斜 1%～2%；均质坝应使坝面中部凸起，并分别向上下游倾斜 1%～2%，以便排除积水。

塑性心墙坝或斜墙坝的施工中，土料与反滤料可采用平起施工法。根据其先后顺序，平起施工法又分为先土后砂法和先砂后土法。

先土后砂法是先填压三层土料再铺一层反滤料，并将反滤料与土料整平，然后对土砂边沿部分进行压实的方法，如图 8-1(a)所示。由于土料表面高于反滤料，土料的卸、散、平、压都是在无侧限的情况下进行的，很容易形成超坡。在采用羊角碾压实时，要预留 30～50 cm 的松土边，应避免土料进入反滤层而加大清理工作。这种施工方法，在遇连续晴天时，土料高度上升较快，反滤料往往供不应求，必须注意克服。

先砂后土法是先在反滤料的控制边线内用反滤料堆筑一个小堤，为了便于土料收坡，保证反滤料的宽度，每填一层土料，随即用反滤料补齐土料收坡留下的三角体，并进行人工捣实，以利于土砂边线控制的方法，如图 8-1(b)所示。由于土料在有侧限的情况下压实，松土边很少，仅 20～30 cm，故采用较多。

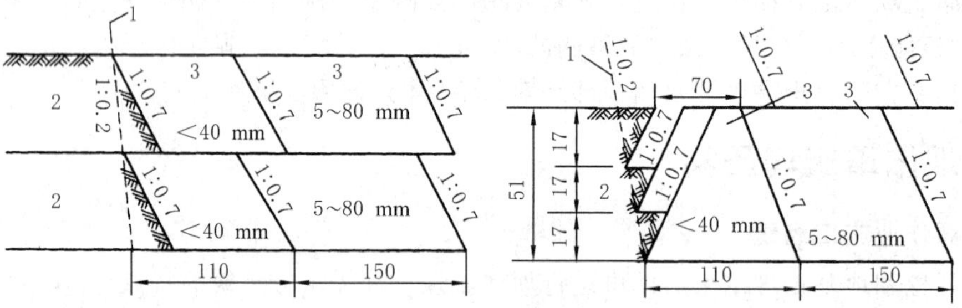

(a) 先土后砂法　　　　(b) 先砂后土法

图 8-1　土砂平起施工示意图(单位：cm)

1—土砂设计边线；2—心墙；3—反滤料

无论是先砂后土法还是先土后砂法，土料边沿仍有一定宽度未压实合格，所以需要每填筑三层土料后用夯实机具夯实一次土砂的结合部位。夯实时宜先夯土边一侧，合格后再夯实反滤料一侧，切忌交替夯实，以免影响质量。例如，某水库铺筑黏土心墙与反滤料采用先砂后土法施工。自卸汽车将混合料和砂子先后卸在坝面施工位置，人工(洒白灰线控制堆筑范围)将反滤料整理成 0.5～0.6 m 高的小堤，然后填筑 2～3 层土料，使土料与反滤料齐平，再用振动碾将反滤料碾压 8 遍。为了解决土砂结合部位土料干密度偏小的问题，在施工中可采取以下措施：用羊角碾碾压土料时，要求拖拉机履带紧沿砂堤开行，但不允许压上砂堤；在正常情况下，靠近砂带的第一层有 10～15 cm 宽的干密度不足的土料，第二层有 10～25 cm 宽的干密度不够的土料，施工中要求用人工挖除这些干密度不足的土料，并移砂铺填；碾压反滤料时应超过砂界至少 0.5 m 宽进行碾压。

在塑性心墙坝施工时，应注意心墙与坝壳的均衡上升，如心墙上升太快，则易干裂而影响质量；若坝壳上升太快，则会造成施工困难。塑性斜墙施工时，应待坝壳填筑到一定高度甚至达到设计高度后，再填筑斜墙土料，尽量使坝壳沉陷在防渗体施工前发生，这可避免防渗体在施工后出现裂缝。对于已筑好的斜墙，应立即在上游铺好保护层，以防干裂。

当黏性土含水量偏低或偏高时，可进行洒水或晾晒。洒水或晾晒工作主要在料场进行。如必须在坝面洒水，应力求“少、勤、匀”，以保证压实效果。为使水分能尽快分布到填筑土层中，可在铺土前洒 1/3 的水，其余 2 /3 的水待铺好后再洒。洒水后应停歇一段时间，使水分在土层中均匀分布后再进行碾压。对非黏性土料，为防止运输过程脱水过量，加水工作主要在坝面进行。石渣料和砂砾料压实前应充分加水，确保压实质量。

土料的压实是坝面施工中最重要的工作之一，坝面作业时，应按一定次序进行，以免发生漏压或过分重压。只有在压实合格后，才能铺填新料。压实参数应通过现场试验确定。碾压可按进退错距法或圈转套压法进行，碾压方向必须与坝轴线平行，相邻两次碾压必须有一定的重叠宽度。对因汽车上坝或压实机具压实形成的土料表层的光面，必须进行刨毛处理，一般要求刨毛深度为 4～5 cm。

五、土方工程冬、雨季施工

(一)土方工程冬季施工

在寒冷地区的冬季，气温常在 0 ℃以下，土料冻结，给土方工程施工带来很大的困难。当日平均气温低于 0 ℃时，黏性土应按低温季节的要求施工；当日平均气温低于 −10 ℃时，一般不宜填筑土料，否则应进行技术经济论证。土方工程冬季施工的中心环节是防止土料的冻结。通常可以采用以下三方面的措施。

1. 防冻

(1)降低土料含水量。在入冬前，采用明沟截、排地表水或降低地下水位，使砂砾料的含水量降低到最低限度；而黏性土含水量要降低到塑限的 90%以下，并在施工中不再加水。

(2)降低土料冻结温度。在填土中加入一定量的食盐，降低土料冻结温度。

(3)加大施工强度，保证填土连续作业。采用严密的施工组织，严格控制各工序的施工速度，使土料在运输和填筑过程中的热量损失最小，下层土料未冻结前被新土迅速覆盖，以利于上下层间的良好结合。发现冻土应及时清除。

2. 保温

(1)覆盖隔热材料。对开挖面积不大的料场，可覆盖树枝、树叶、干草、锯末等保温材料。

(2)覆盖积雪。积雪是天然的隔热保湿材料，覆盖一定厚度的积雪可以达到一定的保湿效果。

(3)冰层保湿。采取一定措施，在开挖土料表面形成 10～15 cm 厚的冰层，利用冰层下的空气隔热对土料进行保湿。

(4)松土保湿。在寒潮到来前，将料场表层土料翻松、击碎，并平整至 5～35 cm 厚，利用松土内的空气隔热保湿。

一般来讲，开采土料温度不低于 5～10 ℃，压实温度不低于 2 ℃，便能保证土料的压实效果。

3. 加热

当气温低、风速过大，一般保湿措施不能满足要求时，应采用加热和保温相结合的暖棚作业，在棚内用蒸汽或火炉升温。蒸汽可以用暖气管或暖气包放热。暖棚作业费用高，只有在冬季较长、工期较紧、质量要求很高、工作面狭长的情况下使用。

(二)土方工程雨季施工

在多雨的地区进行土方工程施工时，特别是黏性土，常因含水量过大而影响施工质量和施工进度。因此，规范要求：土料施工尽可能安排在少雨季节，若在雨季或多雨地区施工，应选用合适的土料和施工方法，并采取可靠的防雨措施。雨季作业通常采取以下措施。

(1)改进黏性土特性，使之适应雨季作业。在土料中掺入一定比例的砂砾料或岩石碎屑，滤出土料中的水分，降低土料含水量。

(2)合理安排施工，改进施工方法。在含水量高的料场，采用推土机平层松土取料，以利于降低含水量；晴天多采土，加以翻晒，堆成土堆，并将土堆表面压实抹光，以利排水，形成储备土料的临时土库，谓之"土牛"；充分利用气象预报，晴天安排黏土施工，雨天安排非黏性土施工。

(3)增加防雨措施，保证更多有效工作日。对作业面不大的土方填筑工程，雨季施工可以采用搭建防雨棚的方法，避免雨天停工；或在雨天到来时，用帆布或塑料薄膜加以覆盖；当雨量不大，降雨历时不长时，可在降雨前迅速撤离施工机械，然后用平碾或振动碾将土料表面压成光面，并使其表面向一侧倾斜，以利排水。

六、土坝施工质量控制

1. 料场的质量检查和控制

对土料场应经常检查所取土料的土质情况、土块大小、含水量和杂质含量是否符合上坝要求。尤其要注意对黏性土含水量的检查和控制。若含水量偏高，一方面应加强改善料场的排水条件和采取有效防预措施，另一方面应将含水量高的土料进行翻晒，或采取轮换撑子面的办法，使土料的含水量降低到规定的范围再开挖。当土料含水量不均匀时，应考虑堆筑"土牛"，使含水量均匀后再外运。当含水量偏低时，应考虑在料场加水，以提高含水量。

对石料场要经常检查石质、风化程度、石料大小及形状等是否符合上坝要求。如发现不合格，应查明原因，并及时处理。

2. 坝面的质量检查和控制

在土料填筑过程中，应对铺土厚度、填土块度、含水量、压实后的干密度等进行检查，并提出质量控制措施。黏性土含水量可采用手检法来检查，即手握土料能成团，手搓可成碎块，则含水量合格，其准确数值应用含水量测定仪测定。取样所测定的干密度试验结果，其合格率应不小于 90%，不合格干密度不得低于设计值的 98%，且不能集中出现。黏性土和砂土的干密度可用体积为 500 cm^3 的环刀测定；砾质土、砂砾料、反滤料的干密度可用灌水法或灌砂法测定。

对防渗体应选定若干固定断面取样检查，沿坝高 5～10 m 取一次样，取代表性试样总数不应少于 30 个，在室内进行物理力学性能试验。对工程特征部位，如坝顶、坝基、削坡处、坝肩结合部位、与刚性建筑物连接处、各种土料的过渡地带等均应取样进行检查。

对于反滤层、过渡层、坝壳等的非黏性土填筑，除按要求取样外，主要应控制压实参数，发现问题应及时纠正。在填筑排水反滤层时，每层在 25 m×25 m 范围内取样 1～2 个；对于条形反滤层，每隔 50 m 设 1 个取样断面，每个取样断面每层取样品不得少于 4 个，且应均匀分布在断面的不同部位；对于铺筑厚度、是否混有杂物、填筑质量等应进行全面检查。反滤料和过渡料的级配应在筛分现场进行控制，如不合要求，应重新筛选。

对堆石体主要应检查上坝块石的质量、风化程度，石块的重量、尺寸、形状，堆筑过程中有无离析架空现象发生。对于堆石的级配、空隙率大小，应分层分段取样，检查是否符合设计要求。所有质量检查的记录应随时整理，分别编号存档备查。

第二节　面板堆石坝施工

混凝土面板堆石坝是20世纪60年代以后发展起来的一种新坝型，它具有工程量小、工期短、投资省、施工简便、运行安全等优点。近30年来，由于设计理论和施工机械、施工方法的发展，面板堆石坝更显出其竞争优势。

一、堆石材料质量要求和坝体材料分区

面板堆石坝上游有薄层防渗面板，面板可以是钢筋混凝土的，也可以是柔性沥青混凝土的。坝体主要是堆石结构。

1. 堆石材料的质量要求

(1)主要部位的石料抗压强度不低于78 MPa，次要部位的石料抗压强度应在50～60 MPa。

(2)石料硬度不应低于莫氏硬度表中的第三级，其韧度不应低于2 kg·m/cm^2。

(3)石料的天然密度不应低于2.2 g/cm^3；石料的密度越大，堆石体的稳定性越好。

(4)石料应具有抗风化能力，其软化系数，水上用的不低于0.8，水下用的不低于0.85。

(5)堆石体碾压后应具有较大的密实度和内摩擦角，且具有一定渗透能力。

2. 面板堆石坝体分区

根据面板堆石坝不同部位的受力情况，将坝体进行分区，如图8-2所示。

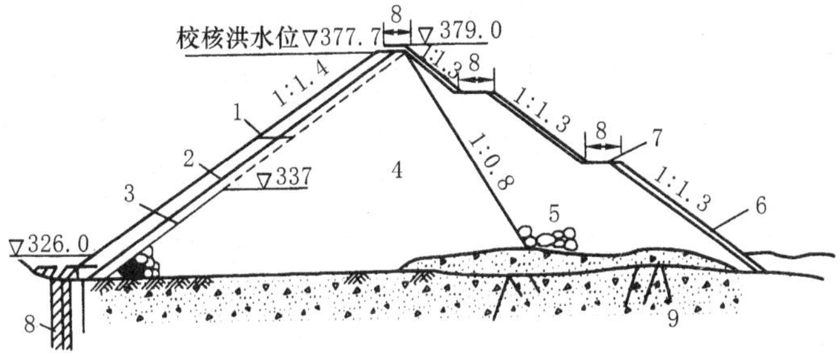

图8-2　面板堆石坝标准剖面图(高程、尺寸单位:m)

1—混凝土面板；2—垫层区；3—过渡区；4—主堆石区；5—下游堆石区；6—干砌石护坡；7—上坝公路；8—灌浆帷幕；9—砂砾石

(1)垫层区。主要作用是为面板提供平整、密实的基础，将面板承受的水压力均匀传递给主堆石体。垫层区要求采用压实后具有低压缩性、高抗剪强度、内部渗透稳定，渗透系数为10^{-3} cm/s左右，以及具有良好施工特性的材料。

(2)过渡区。主要作用是保护垫层区在高水头作用下不产生破坏。其粒径、级配要求符合垫层料与主堆石料间的反滤要求。一般最大粒径为350～400 mm。

(3)主堆石区。主要作用是维持坝体稳定。要求石质坚硬、级配良好，允许存在少量分散的风化料，该区粒径一般为600～800 mm。

(4)次堆石区。主要作用是保护主堆石体和下游边坡的稳定。要求采用较大石料填筑，允许有少量分散的风化石料，粒径一般为1000～1200 mm。由于该区的沉陷对面板的影响很

小，故对填筑石料的要求可放宽一些。

二、堆石坝填筑工艺、压实参数和质量控制

1. 填筑工艺

堆石坝填筑时可采用自卸汽车后退法或进占法卸料，推土机摊平。

(1)后退法。汽车在压实的坝面上行驶，可减轻轮胎磨损，但推土机摊平工作量很大，影响施工进度。垫层料的摊铺一般采用后退法，以减少物料的分离。

(2)进占法。自卸汽车在未碾压的石料上行驶，轮胎磨损较严重，卸料时会造成一定分离，但不影响施工质量，推土机摊平工作量可大大减少，施工进度快。

主堆石体、次堆石体和过渡料一般采用自行式或拖式振动碾压实。垫层料由于粒径较小，且位于斜坡面，可采用斜坡振动碾压实或用夯击机械夯实，局部边角地带人工夯实。为了改善垫层料的碾压效果，可在垫层料表面铺填一薄层砂浆，既可达到固坡的目的，同时还可利用碾压砂浆进行临时度汛，以争取工期。

2. 堆石体的压实参数和质量控制

1)压实参数

堆石体填料粒径一般为 600～1200 mm，铺填厚度根据粒径的大小不同而不同，一般为 60～120 cm，少数可达 150 cm 以上。用振动碾压实，压实遍数随碾重不同而异，一般为 4～6 遍，个别可达 8 遍。垫层料最大粒径为 150～300 mm，铺填厚度一般为 25～45 cm，用振动碾压实，压实遍数通常为 4 遍，个别可达 6～8 遍。堆石坝坝壳石料粒径较大，一般为 1000～1500 mm，铺填厚度在 1 m 以上，压实遍数为 2～4 遍。据统计，不同部位的堆石料压实干密度均在2.10～2.30 g/cm^3。压实参数应根据设计压实效果，在施工现场进行压实试验后确定。

2)堆石坝施工质量控制

堆石体的压实效果可根据其压实后的干密度大小在现场进行控制。堆石体干密度一般采用挖坑注水试验法检测，垫层料干密度采用挖坑灌砂试验法检测。试验时应注意如下事项：

(1)取样深度应等于填筑厚度；

(2)试坑应呈圆柱形；

(3)坑壁若有大的凹陷和空隙，应用黏土或砂浆堵塞，以防止注水时塑料薄膜架空而影响检测精度；

(4)试坑直径与填筑料的最大粒径比应符合有关试验规程的规定。

三、钢筋混凝土面板的浇筑和养护

1. 分缝分块

钢筋混凝土面板的主要作用是防渗，其面积大、厚度薄，为使其适应堆石体的变形，应进行分缝。一般用垂直于坝轴线方向的纵缝将面板分为若干块，中间为宽块，每块宽 12～14 m，两侧为窄块，宽 6～7 m。垂直缝砂浆条一般宽 50 cm，砂浆强度等级与面板混凝土的相同。砂浆铺设完成后，在其上铺设止水，架立侧模。

2. 面板混凝土浇筑

面板堆石坝的钢筋混凝土面板施工程序如图 8-3 所示。通常面板混凝土采用有轨或无轨

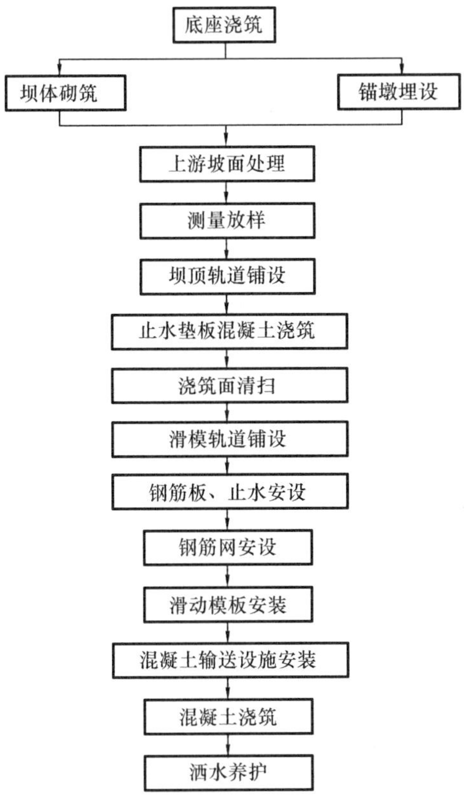

图 8-3　钢筋混凝土面板施工流程图

滑模浇筑、坝顶卷扬机牵引，每浇一次滑模提升 20～30 cm；低流态混凝土，坍落度一般为 5～7 cm，用电动软轴振捣棒振捣，混凝土出模后经人工抹面处理，并及时用塑料薄膜或草袋覆盖，以防雨水冲淋，坝顶用花管长流水养护至蓄水前。

3. 面板混凝土养护

混凝土养护是避免发生裂缝的重要措施。面板混凝土的养护包括保温、保湿两项内容。一般采用草袋保温，喷水保湿，并要求连续养护。面板混凝土宜在低温季节浇筑，混凝土入仓应加以控制，并加强混凝土面板表面的保湿和养护，直到蓄水为止，或至少养护 90 d。

第三节　砌石坝施工

砌石坝在我国具有悠久的历史。因其独具特色，故在中小型工程中常见此坝型。砌石坝可就地取材，工程量较小；坝顶可以溢流，施工导流和度汛问题容易解决，导流费用低；坝体结构简单，施工方便，易被群众掌握，施工安排灵活。

砌石坝施工程序为：坝基开挖与处理→石料开采、储存与上坝→胶凝材料的制备与运输→坝体砌筑（包括防渗体、溢流面施工）→施工质量检查和控制。

一、石料开采与上坝

浆砌石坝所采用的石料有料石、块石和片石。料石一般用于拱结构和坝面栏杆的砌筑，块石用于砌筑重力坝内部,片石则用于填塞空隙。石料大小应根据搬运条件确定,大中小石应有一定比例。坝面石料多采用人工抬运,石块重量以 80～200 kg 为宜。

砌石坝坝面施工场地狭窄,人工抬运与机械运输混合进行,运输安全问题大。布置料场时,应尽可能将料场布置在坝址附近,最好在河谷两岸各占所需石料的一半,以便能从两岸同时运输上坝。为了避免采料干扰,料场不应集中在一处,一般要选择 4 个以上料场,且应高出坝顶,以便石料保持水平或下坡运输。为方便施工,应在坝址两岸 100 m 范围的不同高程处设置若干储料场,用于储存从料场采运来的石料。储存的石料应是经过石工筛选,可以直接用于砌筑的块石或加工好的条石。

石料上坝采用人工抬运,既不安全且劳动强度也大,应考虑用架子车、拖拉机等机具运输。上坝路可沿山体不同高程布置,也可先用机具将石料运至坝脚下,再用卷扬机提升至坝顶,如图 8-4、图 8-5 所示。石料上坝前应用水冲洗干净,并使其充分吸水,达到饱和。

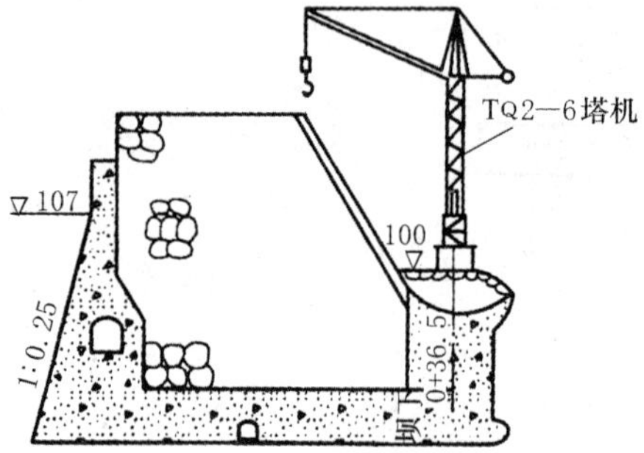

(a) 右岸塔机布置图

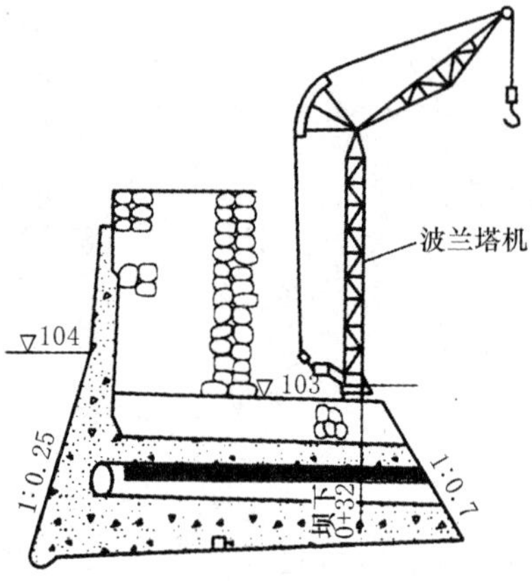

(b) 左岸塔机布置图

图 8-4　某砌石坝塔式起重机运输上坝布置示意图

二、坝体砌筑

坝基开挖与处理结束,经验收合格后,即可进行坝体砌筑。块石砌筑是砌石坝施工的关键工作,砌筑质量直接影响到坝体的整体强度和防渗效果,故应根据不同坝型,合理选择砌筑方法,严格控制施工工艺。

1. 浆砌石拱坝砌筑方法

(1)全拱逐层全断面均匀上升砌筑。这种方法是沿坝体全长砌筑,每层面石、腹石同时砌筑,逐层上升,一般采用一顺一丁或一顺二丁法砌筑,如图 8-6(a)所示。

(2)全拱逐层上升,面石、腹石分开砌筑,即沿拱圈全长先砌面石,再砌腹石,如图 8-6(b)所示。这种方法用于拱圈断面大、坝体较高的拱坝。

(3)全拱逐层上升,面石内填混凝土,即拱圈全长先砌内外拱圈面石,形成厢槽,再在槽内浇筑混凝土,如图 8-6(c)所示。这种方法用于拱圈较薄、混凝土防渗体设在中间的拱坝。

(4)分段砌筑,逐层上升,即将拱圈分成若干段,每段先砌四周面石,然后再砌筑腹石,逐层上升。这种方法适用于跨度较大的拱坝,便于劳动组合,但增加了径向通缝。

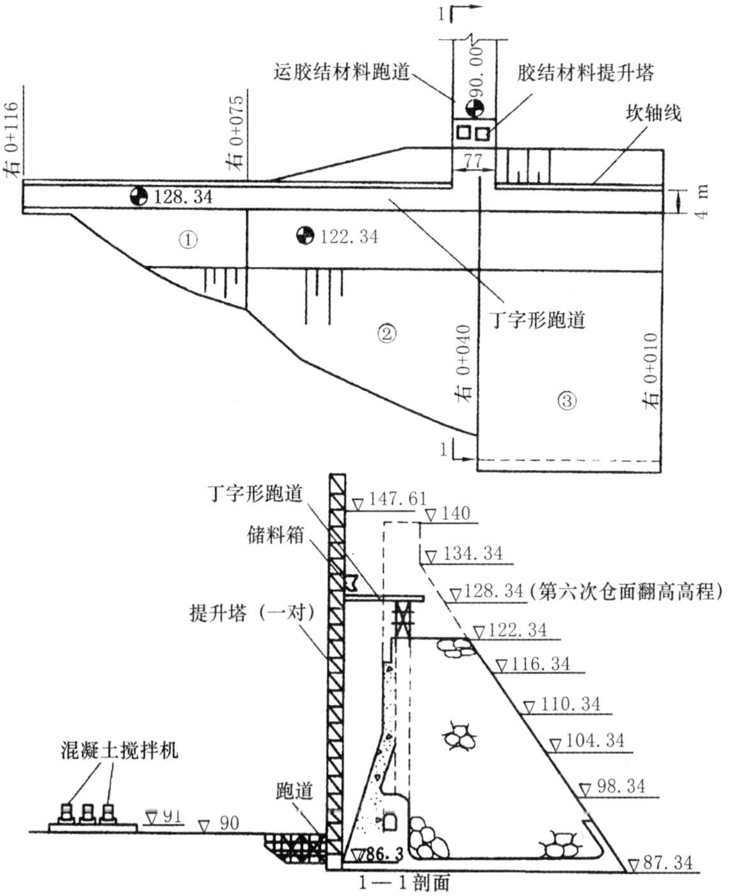

图 8-5　某砌石坝提升塔与仓面布置图

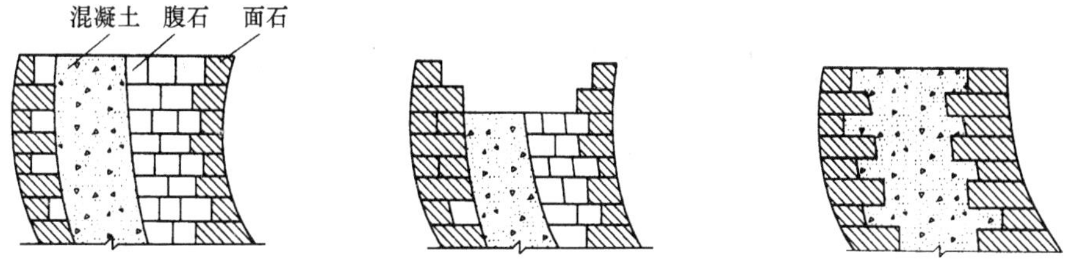

(a)面石、腹石同时砌筑　　(b)面石与腹石分开砌筑　　(c)面石分厢砌筑

图 8-6　全拱逐层上升砌筑示意图

2. 浆砌重力坝砌筑方法

重力坝体积比拱坝的大，砌筑工作面开阔，一般采用沿坝体全长逐层砌筑，平行上升，砌筑不分段的施工方法。但当坝轴线较长、地基不均匀时，也可以分段砌筑，每个施工段逐层均匀上升。若不能保证均匀上升，则要求相邻砌筑面高差不大于 1.5 m 并做成台阶形连接。重力坝砌筑，多用上下层错缝、水平通缝施工。为了减少水平渗漏，可在坝体中间砌筑一个水平错缝段。

三、施工质量检查与控制

(一)浆砌石体的质量检查

1. 浆砌石体表观密度检查

浆砌石体的表观密度检查在质量检查中占有重要的地位。浆砌石体表观密度的检查方法有试坑灌砂法与试坑灌水法两种。以灌砂、灌水的手段测定试坑的体积,并根据试坑挖出的浆砌石体各种材料重量,计算出浆砌石体的单位重量。取样部位、试坑尺寸及采集取样应有足够的代表性。

2. 胶结材料的检查

砌石所用的胶结材料,应检查其拌和均匀情况,并取样检查其强度。

3. 砌体密实性检查

砌体的密实性是反映砌体砌缝饱满程度,衡量砌体砌筑质量的一个重要指标。砌体的密实性以其单位吸水量表示。其值愈小,砌体之密实性愈好。单位吸水量用压水试验进行测定。

(二)砌筑质量的简易检查

1. 在砌筑过程中翻撬检查

对已砌砌体抽样翻起,检查砌体是否符合砌筑工艺要求。

2. 钢钎插扎注水检查

竖向砌缝中的胶结材料初凝后至终凝前,以钢钎沿竖缝插孔,待孔眼成形稳定后往孔中注入清水,观察 5～10 min,如水面无明显变化,说明砌缝饱满密实,若水迅速漏失,则表明砌体不密实。此法可在砌筑过程中经常进行,须注意孔壁不应被钢钎插入、人为压实而影响检查的真实性。

3. 外观检查

砌体应稳定,灰缝应饱满,无通缝;砌体表面应平整,尺寸应符合设计要求。

第四节　渠道施工

一、渠道开挖

渠道开挖的方法有人工开挖、机械开挖和爆破开挖等。开挖方法的选择取决于现有施工现场条件、土壤特性、渠道横断面尺寸、地下水位等因素。

(一)人工开挖

1. 施工排水

渠道开挖首先要解决地表水或地下水对施工的干扰问题,办法是在渠道中设置排水沟。排水沟的布置既要方便施工,又要保证排水畅通。

2. 开挖方法

人工开挖,应自渠道中心向外分层下挖,先深后宽。为方便施工,加快工程进度,边坡处可按设计坡比先挖成台阶状，待挖至设计深度时再进行削坡。开挖后的弃土应先行规划，尽量做到挖填平衡。

(1)一次到底法。一次到底法适用于土质较好，挖深 2～3 m 的渠道。开挖时，先将排水沟挖到低于渠底设计高程 0.5 m 处，然后按阶梯状向下逐层开挖至渠底，如图 8-7 所示。

(2)分层下挖法。这种方法适用于土质较软、含水量较高，渠道挖深较大的情况。可将排水沟布置在渠道中部，逐层下挖排水沟，直到渠底为止，如图 8-8(a)所示。当渠道较宽时，可采用翻滚排水沟法挖掘，如图 8-8(b)所示。采用此法施工时，排水沟断面小，施工安全，施工布置灵活。

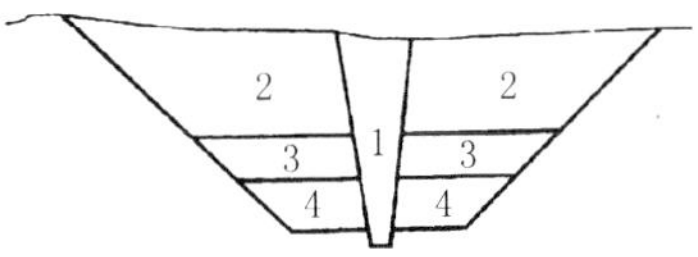

图 8-7　一次到底法

1—排水沟；2～4—开挖顺序

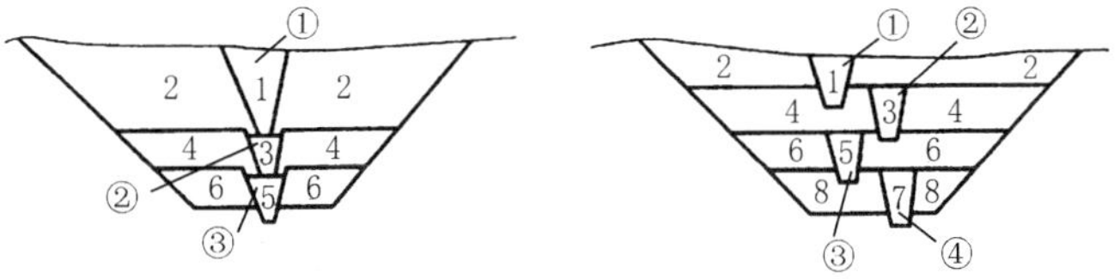

(a) 中心排水沟　　(b) 翻滚排水沟

图 8-8　分层下挖法

1～8—开挖顺序；①～④—排水沟

(二)机械开挖

1. 推土机开挖

推土机开挖，渠道深度不宜超过 1.5～2 m，填筑渠堤高度不宜超过 2～3 m，其边坡不宜陡于 1∶2。推土机还可用于平整渠底、清除腐殖土层、压实渠堤等。

2. 铲运机开挖

铲运机最适合用于开挖全挖方渠道或半挖半填渠道。对需要在纵向调配土方的渠道，如运距不远，则也可用铲运机开挖。铲运机开行线路可布置成“8”字形或环形，如图 8-9 所示。

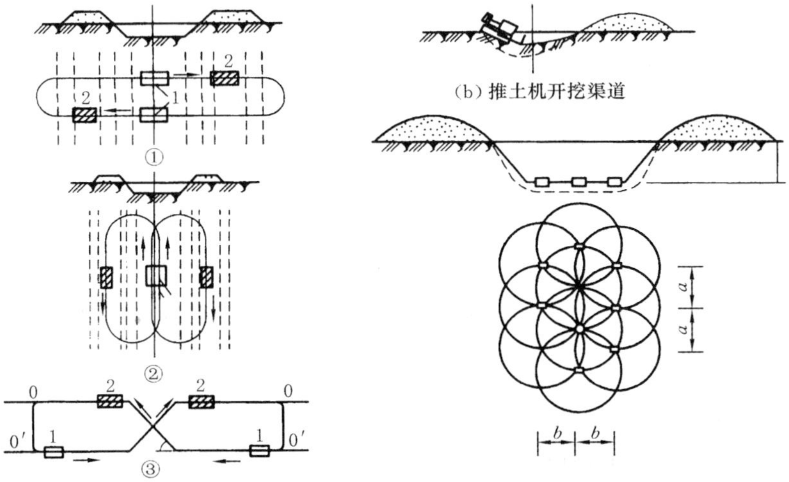

(a) 铲运机的运行路线　　(b) 推土机开挖渠道　　(c) 渠道开挖药包布置

图 8-9　机械开挖渠道

1—铲土；2—填土；0—0—填方轴线；0′—0′—挖方轴线；

①环形横向开行；②环形纵向开行；③“8”字形开行

(三)爆破开挖

采用爆破开挖法开挖渠道时,药包可根据开挖断面的大小沿渠线布置成一排或几排。当渠底宽度大于渠道深度的2倍以上时,应布置2~3排药包,爆破作用指数可取为1.75~2.0。单个药包装药量及间、排距应根据爆破试验确定。

二、渠堤填筑

渠堤填筑前要进行清基,清除基础范围内的块石、树根、草皮、淤泥等杂质,并将基面略加平整,然后进行刨毛。如基础过于干燥,还应洒水湿润,然后再填筑。

渠堤填筑以土块小的湿润散土为宜,如砂质壤土或砂质黏土。要求将透水性小的土料填筑在迎水面,透水性大的填筑在背水面。土料中不得掺有杂质,并应保持一定的含水量,以利压实。冻土、淤泥、净砂、砂礓土等严禁使用。半挖半填渠道应尽量利用挖方筑堤,只有在土料不足或土质不能满足填筑要求时,才在取土坑取土。取土料的坑塘应距堤脚一定距离,表层15~20 cm的浮土或种植土应清除。取土开挖应分层进行,每层挖土厚度不宜超过1 m,不得使用地下水位以下的土料。取土时应先远后近,合理布置运输线路,避免陡坡、急弯,上下坡线路应分开。

渠堤填筑应分层进行。每层铺土厚度以20~30 cm为宜,铺土要均匀,每层铺土应保证土堤断面宽度略大于设计宽度,以免削坡后断面不足。堤顶应做成2%~4%的坡面,以利排除降水。筑堤时要考虑土堤在施工和运行过程中的沉陷,一般按沉陷5%考虑。

三、渠道衬护

渠道衬护就是用灰土、水泥土、块石、混凝土、沥青、土工织物等材料在渠道内壁铺砌一衬护层,其目的,一是防止渠道受冲刷,二是减少输水时的渗漏,提高渠道输水能力,减小渠道断面尺寸,降低工程造价,便于维修、管理。

(一)灰土衬护

灰土由石灰和土料混合而成。灰土衬护渠道,防渗效果较好,一般可减少渗漏量的85%~95%,造价较低。因其防冲能力弱,故输水流速大时,应另设砌石防护冲层。衬护的灰土比为1∶6~1∶2(质量比)。衬护厚度一般为20~40 cm。灰土施工时,先将过筛后的细土和石灰粉干拌均匀,再加水拌和,然后堆放一段时间,使石灰粉充分熟化,待稍干后,即可分层铺筑夯实,拍打坡面消除裂缝。对边坡较缓的渠道,可不立模板填筑,铺料要自下而上,先渠底后边坡。渠道边坡较陡时,必须立模填筑。一般模板高0.5 m,分三次上料夯实。灰土夯实后应养护一段时间再通水。

(二)砌石衬护

砌石衬护有三种形式:干砌块石、干砌卵石和浆砌块石。干砌块石用于土质较好的渠道,主要起防冲作用;浆砌块石用于土质较差的渠道,起抗冲防渗的作用。

在砂砾石地区,对坡度大、渗漏较大的渠道,采用干砌卵石衬护是一种经济的抗冲防渗措施,一般可减少渗漏量40%~60%。卵石因其表面光滑、尺寸和质量较小、形状不一、稳定性差,故砌筑要求较高。

干砌卵石施工时，应按设计要求铺设垫层，然后再砌卵石。砌筑卵石以外形稍带扁平而大小均匀的为好。砌筑时应采用直砌法，即要求卵石的长边垂直于边坡或渠底，并砌紧、砌平、错缝，且坐落在垫层上。坡面砌筑时，要挂线自上而下分层砌筑，渠道边坡坡度最好为 1∶1.5 左右，太陡会使卵石不稳，易被水流冲刷，太缓则会减少卵石之间的挤压力，增加渗漏损失。为了防止砌筑面局部冲毁而扩大，每隔 10～20 m 距离用较大卵石干砌或浆砌一道隔墙，隔墙深 60～80 cm，宽 40～50 cm，以增加渠底和边坡的稳定性。渠底隔墙可做成拱形，其拱顶迎向水流，以提高抗冲能力。

砌筑顺序应遵循“先渠底，后边坡”的原则。砌筑质量要达到“横成排、三角缝、六面靠、踢不动、拔不掉”的要求。

砌筑完后还应进行灌缝和卡缝。灌缝是用较大的石子灌进砌缝；卡缝是用木榔头或手锤将小片石轻轻砸入砌缝中。最后在砌体面扬铺一层砂砾，放少量水进行放淤，一边放水，一边投入砂砾石、碎土，直至砌缝被泥砂填实为止。这样既可保证渠道运行安全，又可提高防渗效果。

（三）混凝土衬护

混凝土衬护具有强度高、糙率小、防渗性能好（可减少渗漏 90%以上）、适用性条件好和维护工作量小等优点，因而被广泛采用。混凝土衬护分为现浇式、预制装配式和喷混凝土等几种形式。

1. 现浇式混凝土衬护

大型渠道的混凝土衬护多采用现浇施工。在渠道开挖和压实后，先设置排水、铺设垫层，然后浇筑混凝土。浇筑时按结构缝分段，一般段长为 10 cm 左右，先浇渠底，后浇坡面。混凝土浇筑宜采用跳仓浇筑法，用溜槽送混凝土入仓，用面板式振捣器或直径为 30～50 mm 的振捣棒振捣。为方便施工，坡面模板可边浇筑边安装。结构缝应根据设计要求埋设止水，安装填缝板，在混凝土凝固拆模后，灌注填缝材料。

2. 预制装配式混凝土衬护

预制装配式混凝土衬护，是在预制厂制作混凝土衬护板，运至现场后进行安装，然后灌注填缝材料。混凝土预制板的尺寸应与起吊、运输设备的能力相适应，人工安装时，单块预制板的面积一般为 0.4～1.0 m^2。铺砌时应将预制板四周刷净，并铺于已夯实的垫层上。砌筑时，横缝可以砌成通缝，但纵缝必须错开。预制装配式混凝土衬护，其施工受气候条件影响小，施工质量易于保证，但接缝较多，防渗、抗冻性能较差，适用于中小型渠道工程。

3. 喷混凝土衬护

喷混凝土衬护前，对砌石渠道，应将砌石冲洗干净，对土质渠道进行修整。喷混凝土时，原则上一次成渠，达到平整光滑。喷混凝土要分块按顺序一块一块地喷。喷射每块时，从渠道底向两边对称进行，喷射枪口与喷射面应尽量保持垂直，距离一般为 0.6～1.0 m，喷射机的工作风压为 0.1～0.2 MPa。喷后及时洒水养护。

（四）土工织物衬护

土工织物是用锦纶、涤纶、丙纶、维纶等高分子合成材料通过纺织、编制或无纺的方式加工出的一种新型的土工材料，广泛用于工程防渗、反滤、排水等。其渠道衬护有两种形式，即混凝土模袋衬护和土工膜衬护。

1. 混凝土模袋衬护

先用透水不透浆的土工织物缝制成矩形模袋，把伴好的混凝土装入模袋中，再将装了混凝土的模袋铺砌在渠底或边坡（或先将模袋铺在渠底或边坡，再将混凝土灌入模袋中），混凝土中多余的水分可以从模袋中挤出，从而使水灰比迅速降低，形成高密度、高强度的混凝土衬护。衬护厚度一般为15～50 cm，混凝土坍落度为20 cm。利用混凝土模袋衬护渠道，衬护结构柔性好，整体性强，能适应基面变形。

2. 土工膜衬护

过去，渠道防渗多采用普通塑料薄膜，因塑料薄膜容易老化、耐久性差，现已被新型防渗材料——复合防渗土工膜取代。复合防渗土工膜是在塑料薄膜的一侧或两侧贴以土工织物，这可保护防渗膜不受损坏，增加土工膜与土体之间的摩擦力，防止土工膜滑移，提高铺贴稳定性。复合防渗土工膜有一布一膜、二布一膜等形式。复合防渗土工膜具有极高的抗拉、抗撕裂能力；其良好的柔性，使因基面的凸凹不平产生的应力得以很快分散，适应变形的能力很强；由于土工织物具有一定的透水性，故土工膜与土体接触面上的孔隙水压力和浮托力易于消散；土工膜有一定的保温作用，减小了土体膨胀对土工膜的破坏。为了减少阳光照射、增加其抗老化性能，土工膜要采用埋入法铺设。

施工时，采用粒径较小的砂土或黏土找平基础，然后再铺设土工膜。土工膜不要绷得太紧，两端埋入土体部分呈波纹状，最后在所铺的土工膜上用砂或黏土铺一层10 cm厚的过滤层，再砌上20～30 cm厚的块石或预制混凝土块做防冲保护层。施工时，应防止块石直接砸在土工膜上，最好是边铺膜边进行保护层的施工。

土工膜的接缝处理是关键工序。一般接缝方式有：①搭接，一般要求搭接长度在15 cm以上；②缝纫后用防水涂料处理；③热焊，用较厚的无纺布基材；④黏结，将与土工膜配套供应的黏合剂涂在要连接的部位，在压力作用下进行黏合，使接缝达到最终强度。

复习思考题

8-1 土石坝应如何进行料场规划？

8-2 组织综合机械化施工的原则有哪些？

8-3 常用的土石料挖运配套方案有哪几种？

8-4 土石坝挖运机械应如何选型？

8-5 对土石坝施工应如何进行清基和坝基处理？

8-6 如何组织坝面施工的流水作业？

8-7 应如何对土石坝坝面的铺土进行压实？

8-8 对土石坝料场的质量应如何进行检查控制？

8-9 对土石坝坝面的施工质量应如何进行检查控制？

8-10 对土石坝堆石材料的质量要求有哪些？

8-11 对面板堆石坝的坝体应如何进行分区？

8-12 堆石坝施工质量应如何检查控制？

8-13 浆砌石拱坝的砌筑方法有哪些？

8-14　浆砌重力坝的砌筑方法有哪些？
8-15　对砌石工程施工质量应如何进行控制检查？
8-16　渠道人工开挖方法有哪些？
8-17　渠堤填筑的基本要求有哪些？
8-18　渠道如何进行灰土衬护？
8-19　渠道如何进行砌石衬护？
8-20　渠道如何进行混凝土衬护？
8-21　渠道如何进行土工织物衬护？

第九章　混凝土建筑物施工

第一节　砂石骨料生产

砂石骨料是混凝土的最基本组成部分。通常 1 m^3 的混凝土需要 1.5 m^3 的松散砂石骨料。所以对混凝土用量很大的工程，砂石骨料的需要量也是相当大的。骨料的质量直接影响混凝土的强度、水泥用量和温控要求，从而影响大坝的质量和造价。为此，在混凝土建筑物的设计施工中应统筹规划，认真研究砂石骨料的储量、物理力学指标、杂质含量，以及开采、运输、堆存和加工等各个环节。水工混凝土砂石骨料一般在施工现场制备。

大中型水利工程根据砂石骨料的来源不同，可将骨料生产分为三种基本类型。

(1)天然骨料，即在河床中开挖天然砂砾料(毛料)，经冲洗筛分而形成的碎石和砂。

(2)人工骨料，即用爆破开采块石，经破碎、冲洗、筛分、磨制而形成的碎石和人工砂。

(3)组合骨料，即以天然骨料为主、人工骨料为辅配合使用。

一、毛料开采

毛料开采应根据施工组织设计安排的料场顺序开采。开采方法有以下几种。

1. 水下开采

河床或河滩的天然砂砾料，一般使用链斗式采砂船开采，以配套砂驳作为水上运输工具，运至岸边，然后用皮带机上岸，最后组织陆路运输至骨料加工厂的毛料堆场。

2. 陆上开采

陆上一般采用正铲、反铲、索铲开采，用自卸汽车、火车、皮带机等运至骨料加工厂的毛料堆场。

3. 山场开采

人工骨料的毛料，一般在山场进行爆破开采，也可利用岩基开挖的石渣，但要求原岩质地坚硬，符合规范要求。爆破方式可采用洞室爆破或深孔爆破，用正铲、反铲或装载机装渣，用上述设备运至骨料加工厂的毛料堆场。

二、骨料加工

从料场开采的毛料不能直接用于拌制混凝土，需要通过破碎、筛分、冲洗等加工过程，制成符合级配要求、除去杂质的各级粗、细骨料。

(一)破碎

为了将开采的石料破碎到规定的粒径，往往需要经过几次破碎才能完成。因此，通常将骨料破碎过程分为粗碎(将原石料粒径破碎到 70～300 mm)、中碎(将粒径破碎到 20～70 mm)和细碎(将粒径破碎到 1～20 mm)等三种。

骨料用碎石机进行破碎。碎石机的类型有颚式碎石机、锥式碎石机、辊式碎石机和锤式碎石机等。

1. 颚式碎石机

颚式碎石机又称夹板式碎石机，其构造如图 9-1 所示。它的破碎槽由两块颚板（一块固定，另一块可以摆动）构成，颚板上装有可以更换的齿状钢板。工作时，由传动装置带动偏心轮，使活动颚板左右摆动，破碎槽即可一开一合，将进入的石料轧碎，从下端出料口漏出。

按照活动颚板的摆动方式，颚式碎石机又分为简单摆动式和复杂摆动式两种，其工作原理如图 9-2 所示。复杂摆动式颚式碎石机的活动颚板上端直接挂在偏心轴上，其运动方向含左右摆动和上下摆动两个方向，故破碎效果较好，产品粒径较均匀，生产率较高，但颚板的磨损较快。

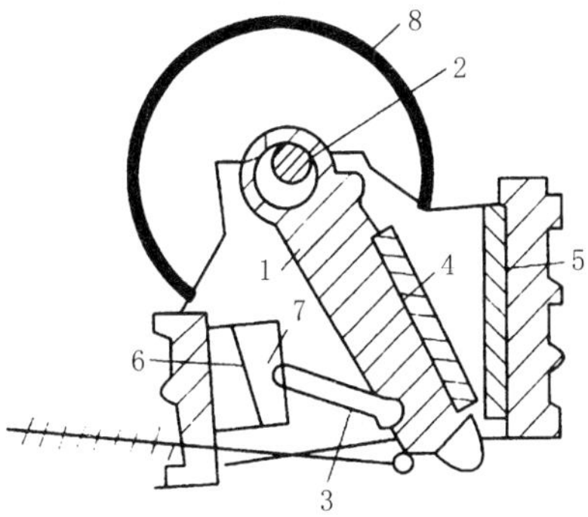

图 9-1　颚式碎石机

1,4—活动颚板；2—偏心轴；3—撑板；
5—固定颚板；6,7—调节用楔形机构；8—偏心轮

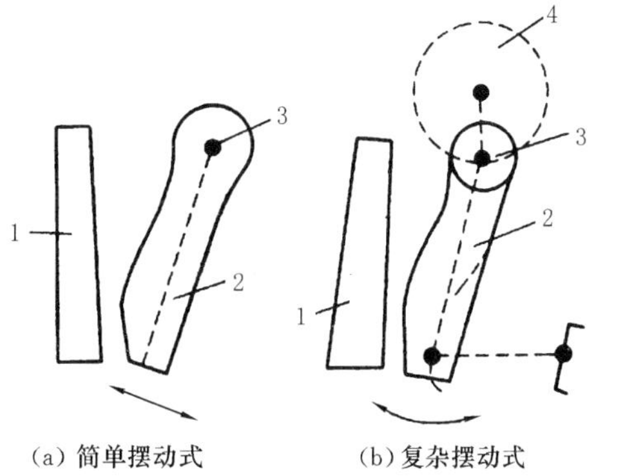

图 9-2　颚式碎石机工作原理

1—固定颚板；2—活动颚板；
3—悬挂点；4—悬挂点轨迹

颚式碎石机结构简单，工作可靠，维修方便，适用于对坚硬石料进行粗碎或中碎。但成品料中针片状石料含量较多，活动颚板需经常更换。

2. 锥式碎石机

它的破碎室由内、外锥体之间的空隙构成。活动的内锥体装在偏心主轴上，外锥体固定在机架上，如图 9-3 所示。工作时，传动装置带动主轴旋转，使内锥体做偏心转动，将石料碾压破碎并送破碎室下端出料槽滑出。

锥式碎石机是一种大型碎石机械，碎石效果好，破碎的石料方正，生产率高，单位产品能耗低，适用于对坚硬石料进行中碎或细碎。但其结构复杂，体型和重量都较大，安装维修不方便。

3. 辊式碎石机和锤式碎石机

辊式碎石机用两个相对转动的滚轴轧碎石块，锤式碎石机用带锤子的圆盘在回转时击碎石块，适用于破碎软的和脆的岩石，常担任骨料细碎任务。

（二）筛分与冲洗

筛分是将天然或人工的混合砂石料，按粒径大小进行分级。冲洗是在筛分过程中清除骨料中夹杂的泥土的工艺。骨料筛分作业的方法有机械和人工两种。大中型工程一般采用机械筛分。机械筛分的筛网多用高碳钢焊接成方筛孔，筛孔边长分别为 112 mm、75 mm、38 mm、

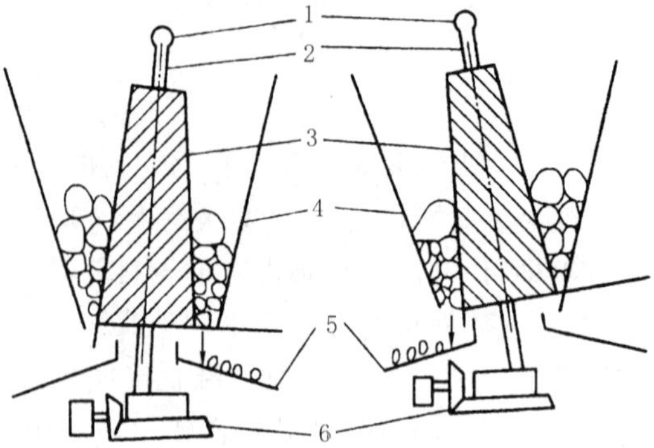

图 9-3 锥式碎石机

1—球形绞;2—偏心主轴;3—内锥体;4—外锥体;5—出料滑板;6—伞齿及传动装置

19 mm、5 mm,可以筛分粒径为 120 mm、80 mm、40 mm、20 mm、5 mm 的各级粗骨料,当筛网倾斜安装时,为保证筛分出各种粒径,尚需将筛孔尺寸适当加大。

(1)偏心轴振动筛,又称偏心筛,其构造如图 9-4 所示。它主要由固定机架、活动筛架、筛网、偏心轴及电动机等组成。筛网的振动是利用偏心轴旋转时的惯性作用实现的,偏心轴安装在固定机架上的一对滚珠轴承中,由电动机通过皮带轮带动,可在轴承中旋转。活动筛架通过另一对滚珠轴承悬装在偏心轴上。筛架上装有具有两层不同筛孔的筛网,可筛分三级不同粒径的骨料。偏心轴振动筛适用于筛分粗、中颗粒,常担任第一道筛分任务。

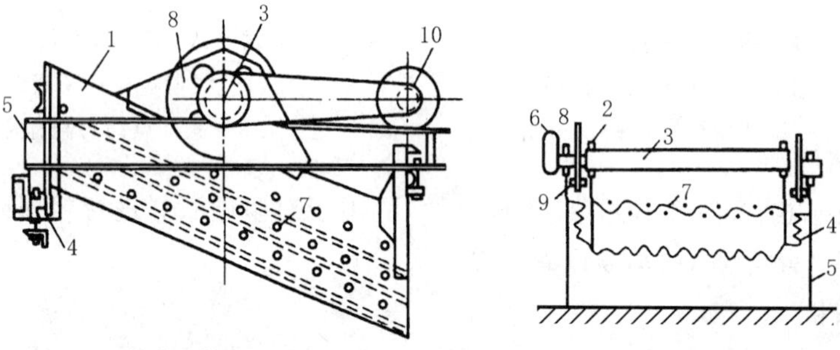

(a) 构造简图　　(b) 工作原理

图 9-4 偏心轴振动筛

1—活动筛架;2—筛架上的轴承;3—偏心轴;4—弹簧;5—固定机架;
6—皮带轮;7—筛网;8—平衡轮;9—平衡块;10—电动机

(2)惯性振动筛,又称惯性筛,其构造如图 9-5 所示。它的偏心轴(或带偏心块的旋转轴)安装在活动筛架上,筛架与固定机架之间用板簧相连。筛网振动靠的是筛架上偏心轴的惯性作用。

惯性振动筛的特点是弹性振动,振幅小,随来料多少而变化,容易因来料过多而堵塞筛孔,故要求来料均匀,适用于中、细颗粒筛分。

(3)自定中心筛,它是惯性振动筛的一种改进形式。它在偏心轴上配偏心块,使之与轴偏心距方向相差 180°,还在筛架上另设皮带轮工作轴(中心线)。工作时向上和向下的离心力保持动力平衡,工作轴位置基本不变。皮带轮只做回转运动,传给固定机架的振动力较小,皮带

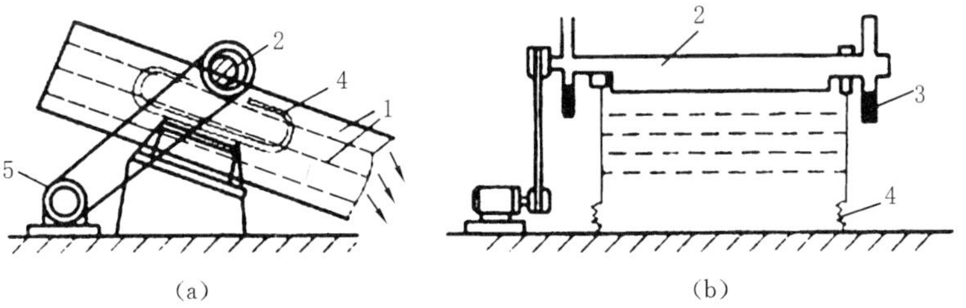

图 9-5　惯性振动筛

1—筛网；2—筛架上的偏心轴；3—调整振幅用的配重盘；4—消振板簧；5—电动机

轮也不容易打滑和损坏。这种筛因皮带轮中心基本不变，故称为自定中心筛。

在筛分的同时，一般通过筛网上安装的几排带喷水孔的压力水管不断对骨料进行冲洗，冲洗水压应大于 0.2 MPa。

在骨料筛分过程中，由于筛孔偏大，筛网磨损、破裂等因素，往往产生超径骨料，即下一级粒径的骨料中混入上一级粒径的骨料。相反，由于筛孔偏小或堵塞、喂料过多、筛网倾角过大等因素，往往产生逊径骨料，即上一级粒径的骨料中混入下一级粒径的骨料。超径和逊径骨料的百分率(按重量计)是筛分作业的质量控制指标。要求超径骨料不大于 5%，逊径骨料不大于 10%。

(三)制砂

粗骨料筛洗后的砂水混合物进入沉砂池(箱)，泥浆和杂质通过沉砂池(箱)上的溢水口溢出，较重的砂颗粒沉入底部，通过洗砂设备即可制砂。常用的洗砂设备是螺旋洗砂机，其结构如图 9-6 所示。它有一个倾斜安放的半圆形洗砂槽，槽内装有 1～2 根附有螺旋叶片的旋转主轴。斜槽以 18°～20°的倾斜角安放，低端进砂，高端进水。由于螺旋叶片的旋转，被洗的砂受到搅拌，并移向高端出料口，洗涤水则不断从高端通入，污水从低端的溢水口排出。

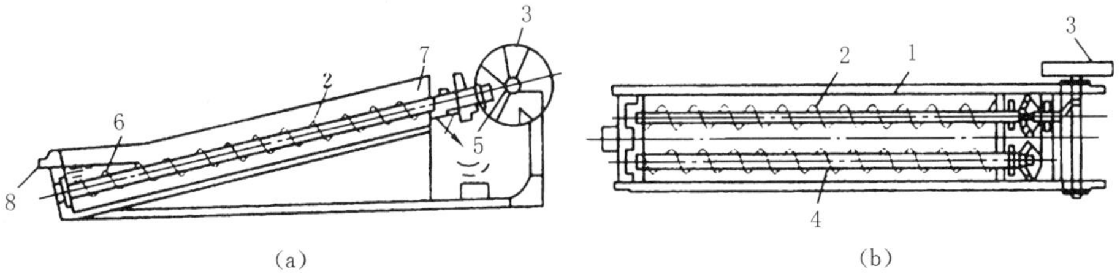

图 9-6　螺旋洗砂机

1—洗砂槽；2—带螺旋叶片的旋转轴；3—驱动机构；4—螺旋叶片；
5—皮带机(净砂出口)；6—加料口；7—清水注入口；8—污水溢出口

当天然砂数量不足时，可采用棒磨机制备人工砂。将小石投入装有钢棒的棒磨机滚筒内，靠滚筒旋转带动钢棒挤压小石而成砂。

三、骨料加工厂

把骨料破碎、筛分、冲洗、运输和堆放等一系列生产过程集中布置，称为骨料加工厂的布置。当采用天然骨料时，加工的主要作业是筛分和冲洗；当采用人工骨料时，主要作业是破碎、筛分、冲洗和棒磨制砂。

大中型工程常设置筛分楼，楼内一般安装 2～4 套筛、洗机械，专门对骨料进行筛分和冲洗的联合作业，其设备布置和工艺流程如图 9-7 所示。

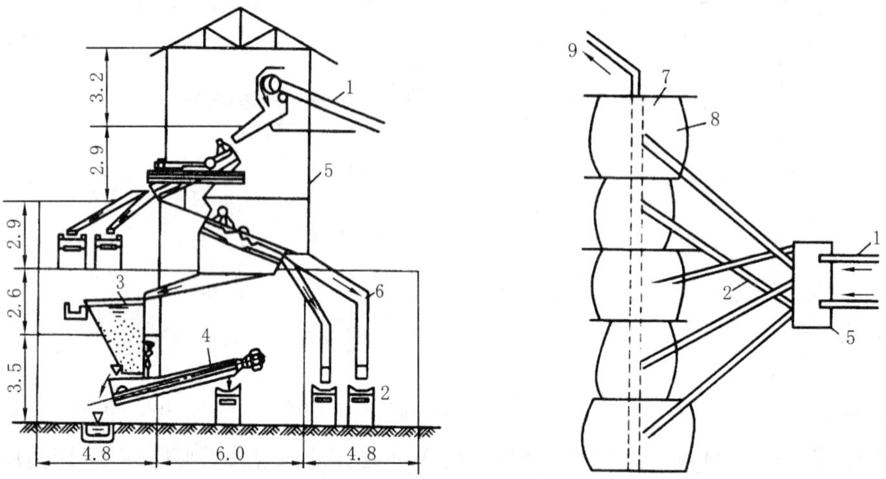

(a)　　(b)

图 9-7　筛分楼布置示意图(单位:m)

1—进料皮带机；2—出料皮带机；3—沉砂箱；4—洗砂机；5—筛分楼；6—溜槽；7—隔墙；8,9—成品料堆

进入筛分楼的砂石混合料，首先经过预筛分，剔出粒径大于 150 mm(或 120 mm)的超径石。经过预筛分的砂石混合料由皮带机输送至筛分楼，再经过 2 台筛分机筛分和冲洗，4 层筛网(1 台筛分机设有 2 层具有不同筛孔的筛网)筛出了 5 种粒径不同的骨料，即特大石、大石、中石、小石、砂子，其中特大石在最上一层筛网上不能过筛，首先被筛分出，砂子、淤泥和冲洗水则通过最下一层筛网进入沉砂箱，砂子落入洗砂机中，经淘洗后可得到清洁的砂。经过筛分的各级骨料分别由皮带机运送到净料堆贮存，以供混凝土制备的需要。

骨料加工厂的布置应充分利用地形，减少基建工程量，应有利于及时供料，减少弃料。成品获得率要高，通常要求达到 85%～90%。当成品获得率低时，应考虑利用弃料二次破碎，构成闭路生产循环。在粗碎时多采用开路生产，在中、细碎时采用闭路生产循环。骨料加工厂振动声响特别大，应注意减小噪声，改善劳动条件。筛分楼常用皮带机送料上楼，经两道振动筛筛分出 5 种级配骨料，砂料则经沉砂箱和洗砂机清洗为成品砂料，各级骨料由皮带机送至成品料堆堆存。骨料加工厂宜尽可能靠近混凝土系统，以便共用成品堆料场。

四、骨料的堆存

骨料堆存分毛料堆存与成品堆存两种。毛料堆存的作用是调节毛料开采、运输与加工之间的不均衡性；成品堆存的作用是调节成品生产、运输和混凝土拌和之间的不均衡性，保证混凝土生产对骨料的需要。

(一)骨料堆存方式

1. 台阶式料仓

如图 9-8 所示，台阶式料仓在料仓底部设有出料廊道，骨料通过卸料闸门卸在皮带机上运出。

如图 9-9、图 9-10 所示，双悬臂堆料机或动臂堆料机沿土堤上铺设的轨道行驶，沿程向两侧卸料。

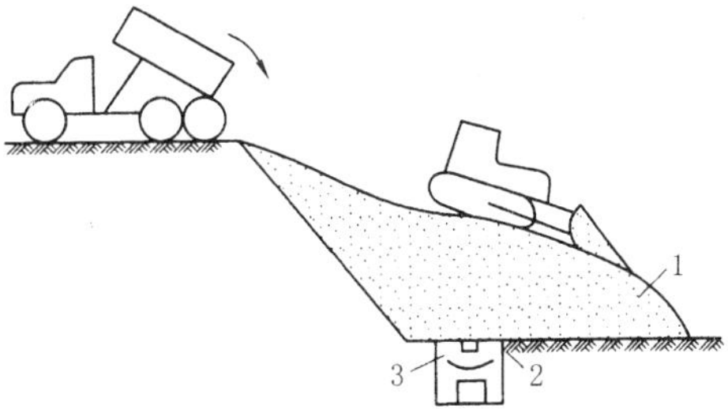

图 9-8　台阶式料仓

1—料堆；2—廊道；3—出料皮带

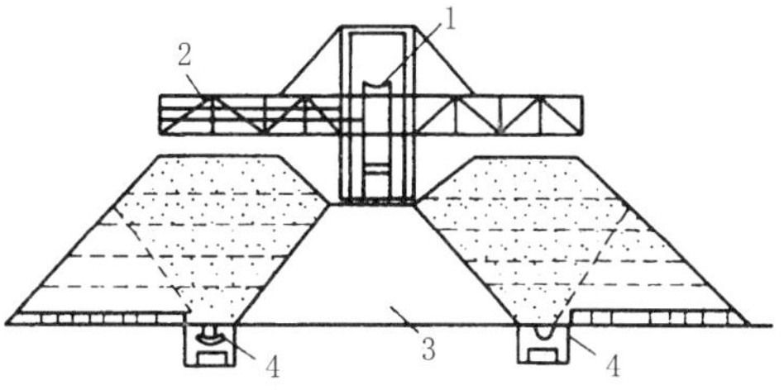

图 9-9　双悬臂堆料机料仓

1—进料皮带；2—梭式皮带；3—土堤；4—出料皮带

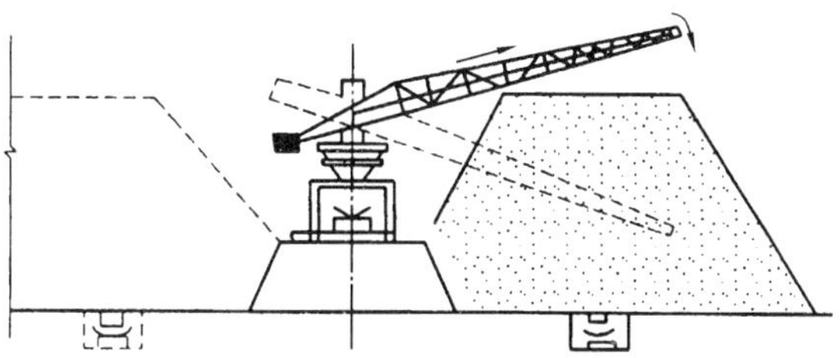

图 9-10　动臂堆料机料仓

(二)骨料堆存中的质量控制

料堆底部的排水设施应保持完好，尽量使砂子在进入拌和楼前表面含水率降低到 5%以下，但又保持一定湿度。尽量减少骨料的转运次数和降低自由跌落高度(一般应控制在 3 m 以内)，若跌落高度过大，则应辅以梯式或螺旋式缓降器卸料，以防骨料分离和逊径骨料含量过高。

五、选择骨料应注意的问题

(1)选用砂石料时以就地取材为原则，人工骨料应进行技术经济比较后选定。

(2)应充分利用坝区或地下开挖出的弃渣，将其加工为混凝土骨料。天然石料中的超径部分也可以破碎后利用。

(3)在施工条件许可的情况下，粗骨料的最大粒径应尽量采用最大值，以节省水泥用量。以粗骨料最大粒径为 150 mm 时的水泥用量为 100%，骨料最大粒径与水泥用量的关系如表 9-1 所示。

表 9-1　骨料最大粒径与水泥用量的关系

骨料最大粒径/mm	40	80	120	150	225
水泥用量/(%)	132	110	104	100	96

(4)在选择骨料级配时，应在可行的条件下，尽量使弃料最少。为满足级配要求，卵石亦可破碎后使用。

第二节　大体积混凝土温度控制

混凝土温度控制的基本目的是防止混凝土发生温度裂缝，以保证建筑物的整体性和耐久性。温控和防裂的主要措施有降低混凝土水化热温升、降低混凝土浇筑温度、混凝土人工冷却散热和表面保护等。一般把结构最小尺度大于 2 m 的混凝土称为大体积混凝土。对大体积混凝土，要求控制水泥水化产生的热量及伴随发生的体积变化，尽量减少温度裂缝。

一、混凝土温度变化过程

水泥在凝结硬化过程中，会放出大量的水化热。水泥在开始凝结时放热较快，以后逐渐变慢，普通水泥最初 3 d 放出的热量占总水化热的 50%以上。水泥水化热与龄期的关系曲线如图 9-11 所示。图中 Q_0 为水泥的最终发热量（单位为 J/kg），其中 m 为系数，它与水泥品种及混凝土入仓温度有关。

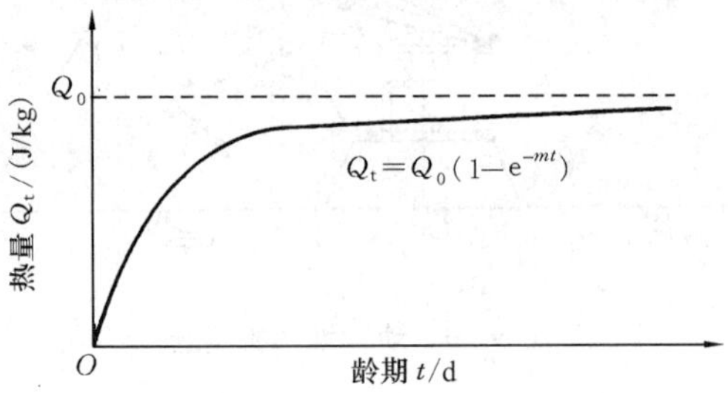

图 9-11　水泥水化热与龄期关系曲线

混凝土的温度随水化热的逐渐释放而升高。当散热条件较好时，水化热造成的温度最大升高值并不大，也不致使混凝土产生较大裂缝。而当混凝土的浇筑块尺寸较大时，其散热条件较差，由于混凝土导热性能不良，水化热基本上都积蓄在浇筑块内，从而引起混凝土温度明显升高，有时混凝土块体中部温度可达 60～80 ℃。由于混凝土温度高于外界气温，随着时间的延续，热量慢慢向外界散发，块体内温度逐渐下降。这种自然散热过程甚为漫长，要经历几年以至几十年的时间水化热才能基本消失。此后，块体温度即趋近于稳定状态。在稳定期内，坝体内部温度基本稳定，而表层混凝土温度则随外界温度的变化而呈周期性波动。由此可见，大体积混凝土温度变化一般经历升温期、冷却期和稳定期等三个时期（见图 9-12）。

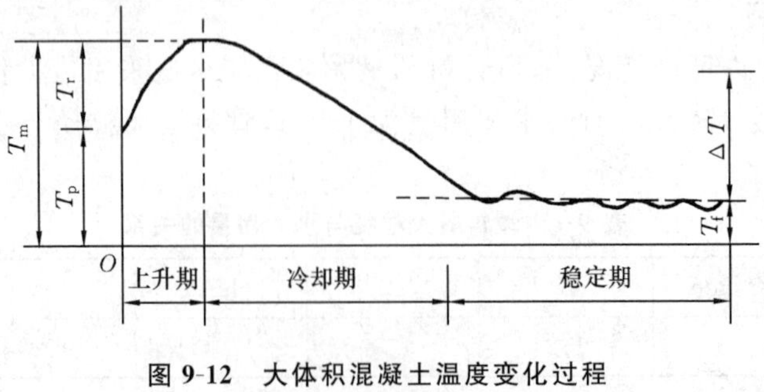

图 9-12　大体积混凝土温度变化过程

由图 9-12 可知

$$\Delta T = T_m - T_f = T_p + T_r - T_f \tag{9-1}$$

由于稳定温度 T_f 值变化不大，因此要减少温差，就必须采取措施降低混凝土入仓温度 T_p 和混凝土最大温升 T_r。

二、温度应力与温度裂缝

混凝土温度的变化会引起混凝土体积变化，即温度变形。而温度变形一旦受到约束不能自由伸缩，就必然引起温度应力。温度应力若为压应力，通常无大的危害；若为拉应力，当超过混凝土抗拉强度极限时，就会产生温度裂缝，如图 9-13 所示。

1. 表面裂缝

大体积混凝土结构块体各部分由于散热条件不同，温度也不同，块体内部散热条件差，温度较高，持续时间也较长；而块体外表由于和大气接触，散热方便，冷却迅速。当表面混凝土冷却收缩时，就会受到内部尚未收缩的混凝土的约束而产生表面温度拉应力，当该拉应力超过混凝土的抗拉极限强度时，就会产生裂缝。

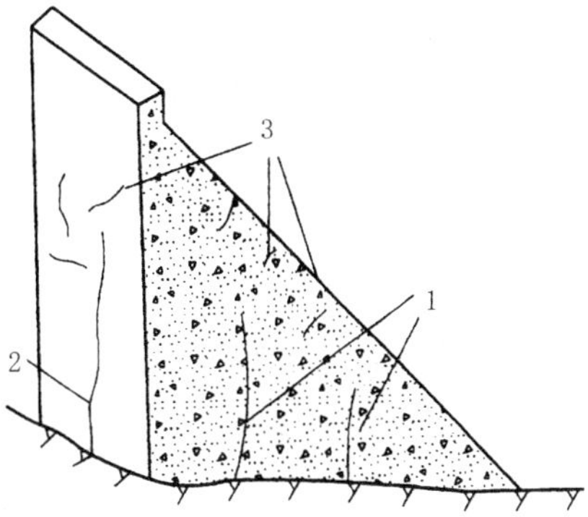

图 9-13　混凝土坝裂缝形式

1—贯穿裂缝；2—深层裂缝；3—表面裂缝

一般表面裂缝方向不规则，数量较多，但短而浅，深度小于 1 m，缝宽小于 0.5 mm，有的后来还会随着坝体内部温度降低而自行闭合，因而对一般结构威胁较小。但在混凝土坝体上游面或其他有防渗要求的部位，表面裂缝形成了渗透途径，在渗水压力作用下，裂缝易于发展；在基础部位，表面裂缝还可能与其他裂缝相连，发展成为贯穿裂缝。这些对建筑物的安全运行都是不利的，因此必须采取一些措施，防止表面裂缝的产生和发展。

防止表面裂缝的产生，最根本的是把内外温差控制在一定范围内。防止表面裂缝还应注意防止混凝土表面温度骤降(冷击)。冷击主要是冷风寒潮袭击和低温下拆模引起的，这时会形成较大的内外温差，最容易发生表面裂缝。因此在冬季不要急于拆模，对新浇混凝土的表面，在温度骤降前应进行表面保护。表面保护措施可采用保温模板、挂保温泡沫板、喷水泥珍珠岩、挂双层草垫等。

2. 深层裂缝和贯穿裂缝

混凝土凝结硬化初期，水化热会使混凝土温度升高，体积膨胀，基础部位混凝土由于受基岩的约束，不能自由变形而产生压应力，但此时混凝土塑性较大，因此压应力很低。随着混凝土温度的逐渐下降，体积也随之收缩，这时混凝土已硬化，并与基础岩石黏结牢固，受基础岩石的约束不能自由收缩，而使混凝土内部除抵消了原有的压应力外，还产生了拉应力，当拉应力超过混凝土的抗拉极限强度时，就产生裂缝。裂缝方向大致垂直于岩面，自下而上展开，缝宽较大(可达 1～3 mm)，延伸长，切割深(缝深可达 3～5 m，甚至更深)，称之为深层裂缝。当裂缝平行坝轴线时，常常贯穿整个坝段，则称之为贯穿裂缝。

基础贯穿裂缝对建筑物安全运行是很危险的，因为这种裂缝产生后，就会把建筑物分割成独立的块体，使建筑物的整体性遭到破坏，坝内应力发生不利变化，特别是在大坝上游坝踵处将出现较大的拉应力，甚至危及大坝安全。

防止产生基础贯穿裂缝的关键是，控制混凝土的温差，通常基础容许温差的控制范围如表 9-2 所示。

表 9-2 基础容许温差 ΔT （单位：℃）

浇筑块边长		<16	17～20	21～30	31～40	通仓长块
离基础面高度 h/m	0～0.2L	26～25	24～22	22～19	19～16	16～14
	(0.2～0.4)L	28～27	26～25	25～22	22～19	19～17

混凝土浇筑块经过长期停歇后，在长龄期老混凝土上浇筑新混凝土时，老混凝土也会对新混凝土起约束作用，产生温度应力，可能导致新混凝土产生裂缝，所以对新老混凝土间的内部温差(即上下层温差)也必须加以控制，一般容许温差为 15～20 ℃。

三、大体积混凝土温度控制的措施

(一)减少混凝土发热量

1. 采用低热水泥

采用水化热较低的普通大坝水泥、矿渣大坝水泥及低热膨胀水泥。

2. 降低水泥用量

(1)掺混合材料。

(2)调整骨料级配，增大骨料粒径。

(3)采用低流态混凝土或无坍落度干硬性贫混凝土。

(4)掺外加剂(减水剂、加气剂)。

(5)其他措施，例如：采用埋石混凝土；坝体分区使用不同强度等级的混凝土；利用混凝土的后期强度。

(二)降低混凝土的入仓温度

(1)料场措施。

①加大骨料堆积高度。

②地弄取料。

③搭盖凉棚。

④喷水雾降温(石子)。

(2)冷水或加冰拌和。

(3)预冷骨料。

①水冷，如喷水冷却、浸水冷却。

②气冷，即在供料廊道中通冷气冷却。

(三)加速混凝土散热

1. 表面自然散热

采用薄层浇筑方法，浇筑层厚度为 3～5 cm，在基础地面或老混凝土面上可以浇 1～2 m 的薄层混凝土，上、下层间歇时间宜为 5～10 d。浇筑块的浇筑顺序应间隔进行，尽量延长两相邻块的间隔时间，以利侧面散热。

2. 人工强迫散热——埋冷却水管

利用预埋的冷却水管通低温水以散热降温。冷却水管的作用有以下两点。

(1)一期冷却。混凝土浇后立即通水,以降低混凝土的最高温升。

(2)二期冷却。在接缝灌浆时将坝体温度降至灌浆温度,扩张缝隙以利灌浆。

第三节　混凝土坝施工

一、坝基开挖

混凝土坝坝基有土基和岩基两种情况,这里介绍岩基的开挖。

进行岩基开挖时,首先要根据地质条件、设计要求和施工方案,确定开挖范围和开挖深度。建筑物设计平面轮廓是岩基底部开挖的最小轮廓线,施工时根据施工排水、立模支撑、施工机械运行和道路等因素适当放宽。

(一)开挖要求

开挖应自上而下进行,某些部位如需上、下同时开挖,应采取有效的安全措施。设计边坡轮廓面的开挖,应采用预裂爆破或光面爆破方法,高度较大的永久或半永久边坡,应分台阶开挖。基础岩石的开挖,应采取分层的梯段爆破方法。紧邻水平基面,应采用预留岩体保护层并对其进行分层爆破的开挖方法。设计边坡开挖前,必须做好开挖边线外的危石清理、削坡、加固和排水工作。处于不良地质地段的设计边坡,当其对边坡稳定有不利影响时,应采取措施解决。已开挖的设计边坡,必须及时检查、处理与验收,并按设计要求加固后,才可进行相邻部位的开挖。

基础面的开挖偏差,应符合以下规定。

(1)对节理裂隙不发育、较发育、发育和坚硬、中等坚硬的岩体:①水平基面高程的开挖偏差,不应大于±20 cm;②设计边坡轮廓面的开挖偏差,在一次钻孔至全深条件下开挖时,不应大于其开挖高度的±2%,在分台阶开挖时,其最下部一个台阶坡脚位置的偏差,以及整体边坡的平均坡度均应符合设计要求。

(2)对节理裂缝极发育和软弱的岩体、不良地质地段的岩体,其开挖偏差均应符合设计要求。

(二)紧邻水平基面的爆破开挖

紧邻水平基面的爆破开挖不应使基岩产生大量的爆破裂隙,不使节理裂隙面、层面等弱面明显恶化,并损害岩体的完整性。

紧邻水平基面的岩体保护层厚度应由爆破试验确定。

对岩体保护层进行分层爆破,必须遵守以下规定:

(1)第一层。炮孔不得穿入距水平基面 1.5 m 的范围,炮孔装药直径不应大于 40 mm,应采用梯段爆破方法。

(2)第二层。对节理裂隙不发育、较发育、发育和坚硬、中等坚硬的岩体,炮孔不得穿入距水平基面 0.5 m 的范围;对节理裂隙极发育和软弱的岩体,炮孔不得穿入距水平基面 0.7 m 的范围。炮孔与水平基面的夹角不应大于 60°,炮孔装药直径不应大于 32 mm,应采用单孔起爆方法。

(3)第三层。对节理裂隙不发育、较发育、发育和坚硬、中等坚硬的岩体,炮孔不得穿过水平基面;对节理裂隙极发育和软弱的岩体,炮孔不得穿入距水平基面 0.2 m 的范围,剩余

0.2 m厚的岩体应进行撬挖。炮孔角度、炮孔装药和起爆方法，均同第二层的规定。

二、混凝土施工

（一）混凝土坝的分缝与分块

1. 分缝分块原则

（1）根据结构特点、形状及应力情况进行分层分块，避免在应力集中、结构薄弱部位分缝。

（2）采用错缝分块时，必须采取措施防止竖直施工缝张开后向上、向下继续延伸。

（3）分层厚度应根据结构特点和温度控制要求确定，基础约束区的一般为 1～2 m，约束区以上的可适当加厚；墩墙侧面可散热，分层也可厚些。

（4）应根据混凝土的浇筑能力和温度控制要求确定分块面积的大小。块体的长宽比不宜过大，一般以小于 2.5∶1 为宜。

（5）分层分块均应考虑施工方便。

2. 混凝土坝的分缝分块方式

混凝土坝的浇筑块是用垂直于坝轴线的横缝和平行于坝轴线的纵缝以及水平缝划分而成的。分缝方式有垂直纵缝法、错缝法、斜缝法、通仓浇筑法等，如图 9-14、图 9-15 所示。

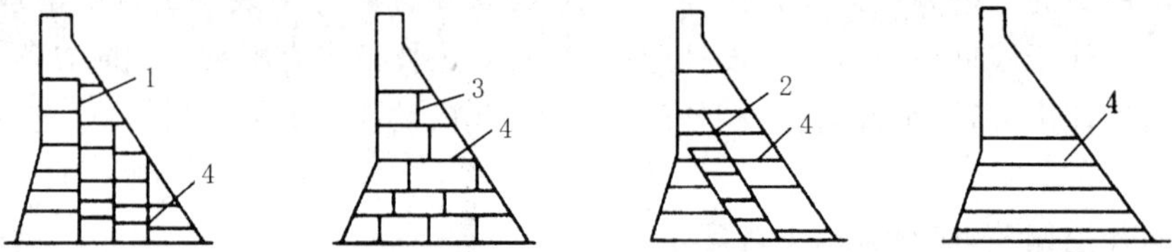

(a) 垂直纵缝法　　(b) 错缝法　　(c) 斜缝法　　(d) 通仓浇筑法

图 9-14　混凝土坝的分缝方式

1—纵缝；2—斜缝；3—错缝；4—水平缝

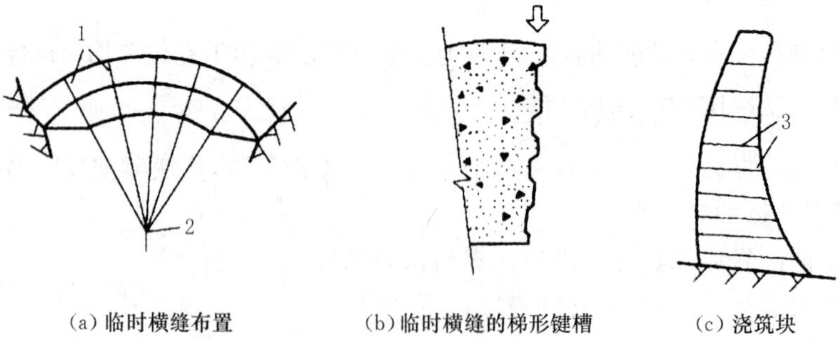

(a) 临时横缝布置　　(b) 临时横缝的梯形键槽　　(c) 浇筑块

图 9-15　拱坝浇筑分缝分块

1—临时横缝；2—拱心；3—水平缝

（1）垂直纵缝法。它用垂直纵缝把坝段分成独立的柱状块，因此垂直纵缝法又称柱状分块法。它的优点是温度控制容易，混凝土浇筑工艺较简单，各柱状块可分别浇筑上升，批次干扰小，施工安排灵活，但为保证坝体的整体性，必须进行接缝灌浆，模板工作量大，施工复杂。纵缝间距一般为 20～40 m，以便降温后接缝有一定的张开度，便于接缝灌浆。为了传递剪应力的需要，在纵缝面上设置键槽，并需要在坝体达到稳定温度后进行接缝灌浆，以增加其传递剪应力的能力，提高坝体的整体性和刚度。

(2)斜缝法。该方法一般只在中低坝采用，斜缝一般沿平行于坝体第二主应力方向设置，缝面剪应力很小，只要设置缝面键槽而不必进行接缝灌浆。斜缝法往往是为了便于坝内埋管的安装，或利用斜缝形成临时挡洪面采用的。但斜缝法施工干扰大，斜缝顶并缝处容易产生应力集中，斜缝前后浇筑块的高差和温差需严格控制，否则会产生很大的温度应力。

(3) 通仓浇筑法。通仓浇筑法即通缝法，它不设纵缝，混凝土浇筑按整个坝段分层进行；一般不需埋设冷却水管。同时由于浇筑仓面大，便于大规模机械化施工，简化了施工程序，特别是减少了模板作业工作量，施工速度快，但因其浇筑块长度长，容易产生温度裂缝，所以温度控制要求比较严格。

(二)混凝土的拌和

由于混凝土工程量较大，混凝土坝施工一般采用混凝土拌和楼生产混凝土。

混凝土拌和楼将进料、储料、配料、拌和、出料等工序的设备集中布置，按其布置形式有双阶式和单阶式两种，如图 9-16 所示。

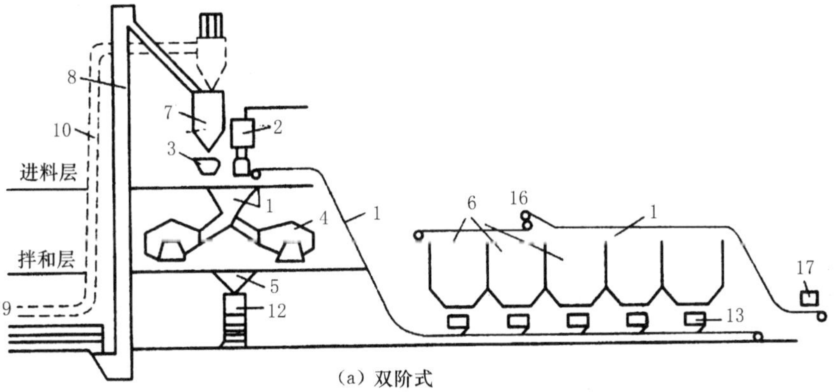

(a) 双阶式

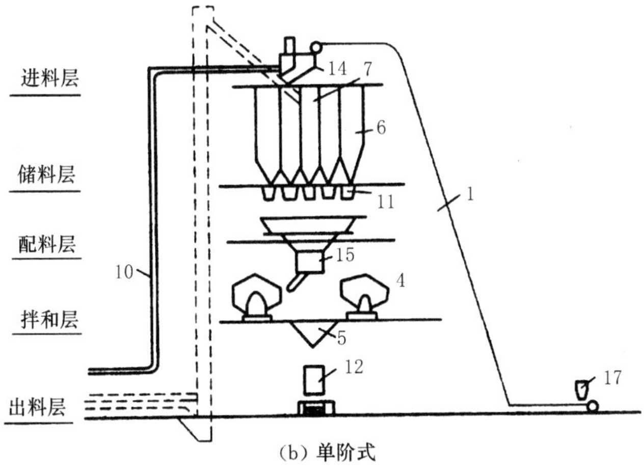

(b) 单阶式

图 9-16　混凝土拌和楼布置示意图

1—皮带机；2—水箱及量水器；3—水泥料斗及磅秤；4—拌和机；5—出料斗；6—骨料仓；7—水泥仓；8—斗式提升机输送水泥；9—螺旋机输送水泥；10—风送水泥管道；11—集料斗；12—混凝土吊罐；13—配料器；14—回转漏斗；15—回转喂料器；16—卸料小车；17—进料斗

(三)混凝土的运输

由于混凝土运输方量和运输强度非常大,故需采用大型运输设备运输。

1. 混凝土运输、浇筑方案的选择

混凝土运输、浇筑方案的选择通常应考虑如下原则。

(1)运输效率高,成本低,转运次数少,不易分离,质量容易保证。

(2)起重设备能够控制整个建筑物的浇筑部位。

(3)主要设备型号单一,性能良好,配套设备能使主要设备的生产能力充分发挥。

(4)在保证工程质量的前提下能满足高峰浇筑强度的要求。

(5)除满足混凝土浇筑要求外,还能最大限度地承担模板、钢筋、金属结构及仓面小型机具的吊运工作。

(6)在工作范围内能连续工作,设备利用率高,不压浇筑块,或不因压块而延误浇筑工期。

2. 水平运输

1)自卸汽车运输

(1)自卸汽车—栈桥—溜筒。如图 9-17 所示,用组合钢筋柱或预制混凝土柱做立柱,用钢轨梁和面板做桥面,构成栈桥,下挂溜筒,自卸汽车将混凝土倒入溜筒入仓。它要求坝体能比较均匀地上升,浇筑块之间高差不大。这种方式可从拌和楼一直运至栈桥卸料,生产率较高。

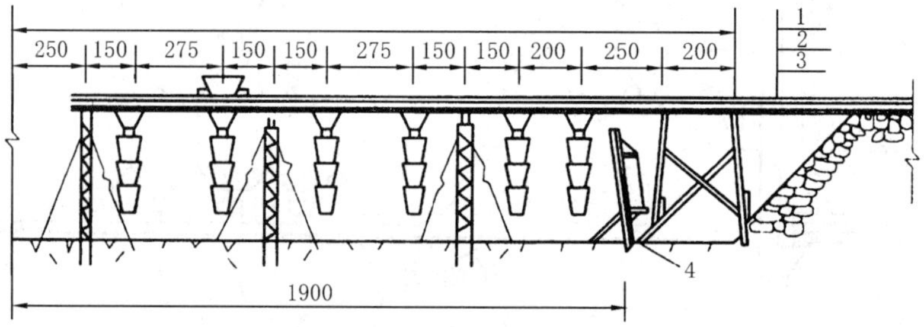

图 9-17　自卸汽车—栈桥入仓(单位:cm)

1—护轮木;2—木板;3—钢轨;4—模板

(2)自卸汽车—履带式起重机。自卸汽车自拌和楼受料后运至基坑,转至混凝土卧罐,再用履带式起重机吊运入仓。

(3)自卸汽车—溜槽(溜筒)。混凝土从自卸汽车转溜槽(溜筒)入仓(见图 9-18),适用于狭窄、深塘混凝土回填。斜溜槽的坡度一般在 1∶1 左右,混凝土的坍落度一般为 6 cm 左右。每道溜槽控制的浇筑宽度为 5～6 m。

(4)自卸汽车直接入仓。

①端进法。端进法是在刚捣实的混凝土面上铺厚 6～8 mm 的钢垫板,自卸汽车在其上驶入仓内卸料浇筑的方法,如图 9-19 所示。浇筑层厚度不超过 150 mm。端进法要求混凝土坍落度小于 3～4 cm,最好是干硬性混凝土。

②端退法(见图 9-20)。自卸汽车在仓内已有一定强度的老混凝土面上行驶。汽车铺料与平仓振捣互不干扰,且因汽车卸料定点准确,平仓工作量也较小。老混凝土的龄期应根据施工条件通过试验确定。

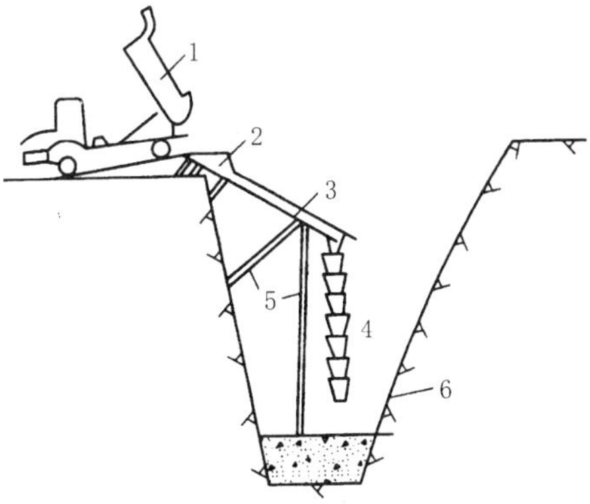

图 9-18　自卸汽车转溜槽(溜筒)入仓

1—自卸汽车;2—储料斗;3—斜溜槽;4—溜筒(漏斗);5—支撑;6—基岩层

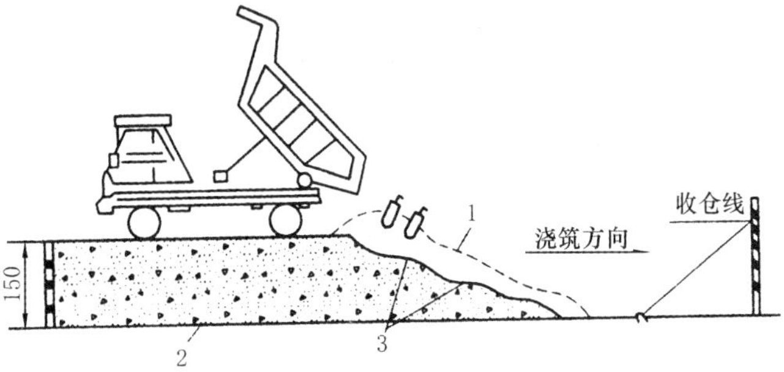

图 9-19　端进法示意图(单位: cm)

1—新入仓混凝土;2—老混凝土面;3—振捣后的台阶

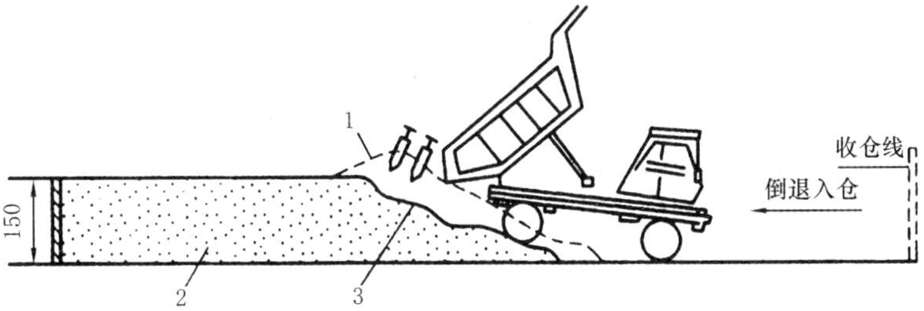

图 9-20　端退法示意图(单位: cm)

1—新入仓混凝土;2—老混凝土;3—振捣后的台阶

用汽车运输混凝土时,应遵守下列技术规定:装载混凝土的厚度不应小于 40 cm,车厢应严密平滑,砂浆损失应控制在 1%以内;每次卸料,应将所载混凝土卸净,并应及时清洗车厢,以免混凝土黏附;以汽车运输混凝土直接入仓时,应有确保混凝土质量的措施。

2)铁路运输

大型工程多采用铁路平台列车运输混凝土,以保证相当大的运输强度。铁路运输常用机车拖挂数节平台列车,上放混凝土立式吊罐 2～4 个,如图 9-21 所示,直接到拌和楼装料。列车上预留 1 个罐的空位,以备转运时放置起重机吊回的空罐。这种运输方法,有利于提高机车和起重机的效率,缩短混凝土运输时间。

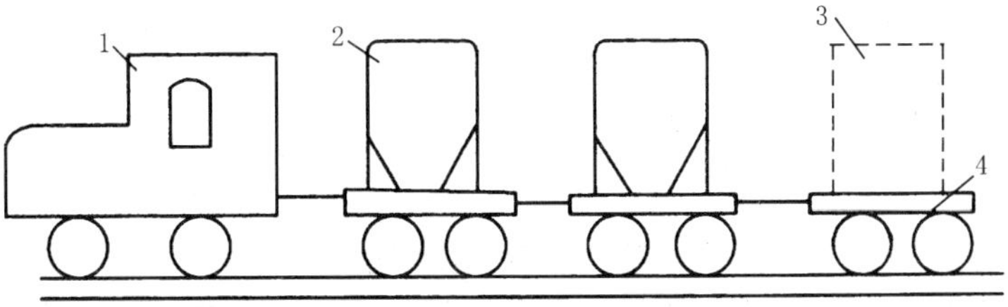

图 9-21　机车托运混凝土立罐

1—柴油机车;2—混凝土罐;3—放回空罐位置;4—平台车

3)皮带机运输

皮带机有固定式和移动式两种。

(1)固定式皮带机用钢筋柱(或预制混凝土排架)支撑皮带机通过仓面。每台皮带机控制浇筑宽度 5～6 m。这种布置方式每次浇筑高度约 10 m。为使混凝土比较均匀地分料入仓,每台皮带机上每间隔 6 m 设置一个固定式或移动式刮板,混凝土经溜槽或溜筒入仓。

(2)移动式皮带机用布料机与仓面上的一条固定皮带机正交布置,混凝土通过布料机接溜筒入仓。

此外,三峡等大型工程中还有将皮带机和塔机结合的塔带机,它从拌和楼受料,用皮带机送至仓面附近,再通过布料杆将混凝土直接送至浇筑仓面。

3. 垂直运输

(1)履带式起重机运输。履带式起重机多由开挖石方的挖掘机改装而成,直接在地面上开行,无须轨道。它的提升高度不大,控制范围比门机的小,但其起重量大、转移灵活,适应工地狭窄的地形,在开工初期能及早投入使用,生产率高。该机适用于浇筑高程较低的部位。

(2)门式起重机运输。门式起重机(简称门机)是一种大型移动式起重设备。它的下部为钢结构门架,门架底部装有车轮,可沿轨道移动。门架下有足够的净空,能并列通行 2 列运输混凝土的平台列车。门架上面的机身包括起重臂、回转工作台、滑轮组(或臂架连杆)、支架及平衡重等。整个机身可通过转盘的齿轮水平回转 360°。该机运行灵活、移动方便,起重臂能在荷载下水平转动,但不能在荷载下改变起升幅度。变幅是在非工作时,利用钢索滑轮组使起重臂改变倾角来完成的。图 9-22 所示的为常用的 10 t 丰满门机。图 9-23 所示的为高架门机,起重高度可达 60～70 m。

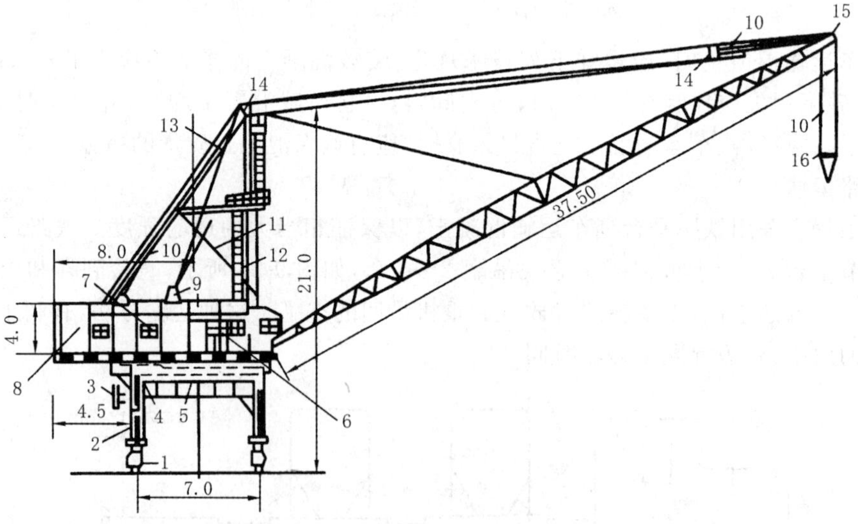

图 9-22　丰满门机(单位:m)

1—车轮;2—门架;3—电缆卷筒;4—回转机构;5—转盘;6—操纵室;7—机器间;8—平衡重;9,14,15,16—滑轮;10—起重索;11—支架;12—梯;13—臂架升降索

(3)塔式起重机运输。塔式起重机(简称塔机)在门架上装置高达数 10 m 的钢架塔身,如图 9-24 所示,用于增加起吊高度。其起重臂多是水平的,起重小车钩可沿着起重臂水平移动,

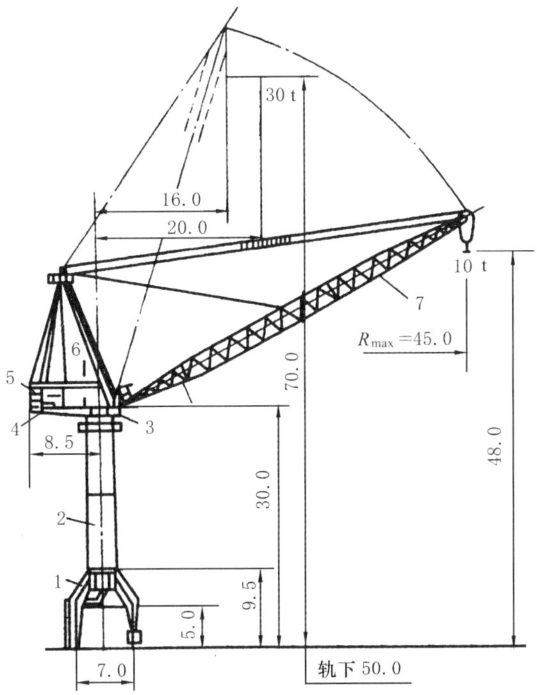

图 9-23　10/30 t **高架门机(单位:m)**

1—门架;2—圆筒形高架塔身;3—回转盘;4—机房;5—平衡重;6—操纵台;7—起重臂

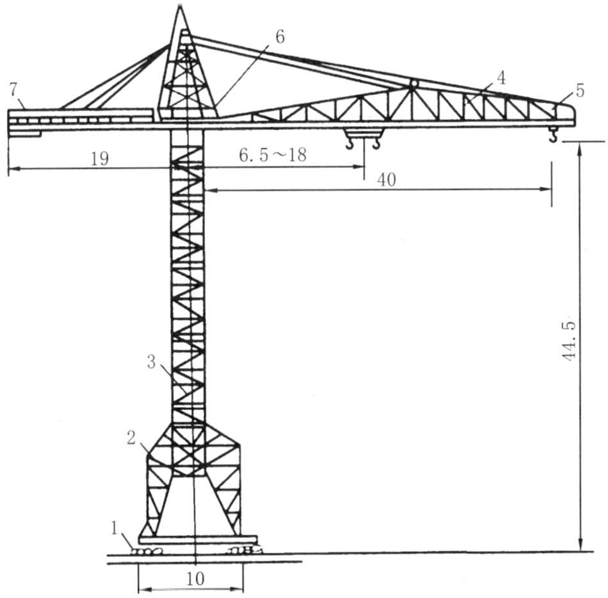

图 9-24　塔式起重机(单位:m)

1—车轮;2—门架;3—塔身;4—伸臂;5—起重小车;6—回转塔架;7—平衡重

用于改变起升幅度。

为增加门、塔机的控制范围和增大浇筑高度,为起重混凝土运输提供开行线路,使之与浇筑工作面分开,常需布置栈桥。大坝施工栈桥的布置方式如图 9-25 所示。

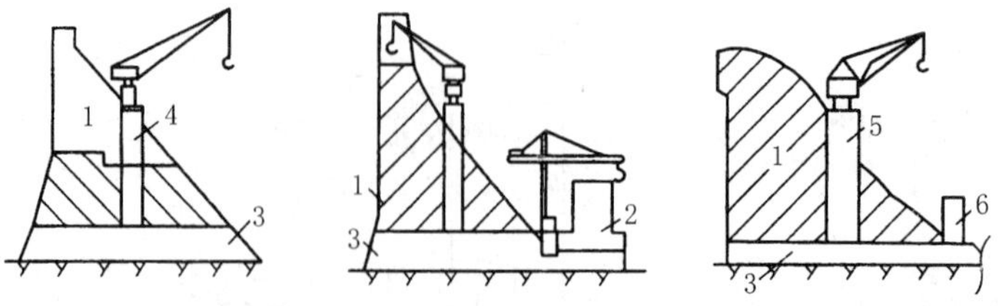

(a) 单线栈桥　(b) 双线栈桥　(c) 主、辅栈桥

图 9-25　栈桥布置方式

1—坝体；2—厂房；3—由辅助浇筑方案完成的部位；

4—分两次升高的栈桥；5—主栈桥；6—辅助栈桥

栈桥桥墩结构有混凝土墩、钢结构墩、预制混凝土块墩(用后拆除)等，如图 9-26 所示。为节约材料，常把起重机安放在已浇筑的坝身混凝土上，即用“墩块”来代替栈桥。随着坝体上升，分次倒换位置或预先浇好混凝土墩作为栈桥墩。

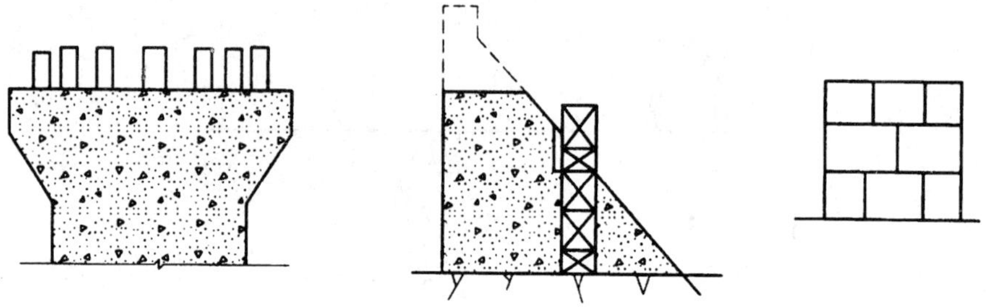
(a) 混凝土墩　(b) 钢结构墩　(c) 预制混凝土块墩

图 9-26　栈桥桥墩结构形式

(4)缆式起重机运输。缆式起重机(简称缆机)由一套凌空架设的缆索系统、起重小车、主塔、副塔等组成，如图 9-27 所示。主塔内设有机房和操纵室，并用对讲机和工业电视与现场联系，以保证缆机的运行。缆索系统为缆机的主要组成部分，它包括承重索、起重索、牵引索和各种辅助索。承重索两端系在主塔和副塔的顶部，承受很大的拉力，通常用高强钢丝束制成，是缆索系统中的主起重索。垂直方向设置升降起重钩，牵引起重小车沿承重索移动。塔架为三角形空间结构，分别布置在两岸缆机平台上。

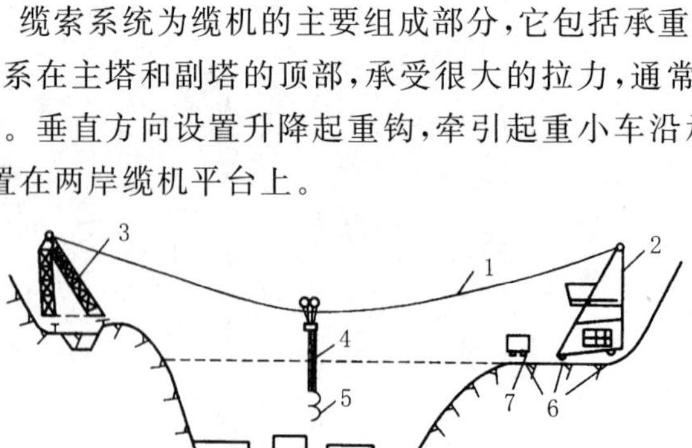

图 9-27　缆式起重机简图

1—承重索；2—主塔；3—副塔；4—起重索；5—吊钩；6—起重机轨道；7—混凝土列车

缆机的类型，一般按主、副塔的移动情况划分，有固定式、平移式和辐射式等三种。平移式缆机如图 9-28 所示。

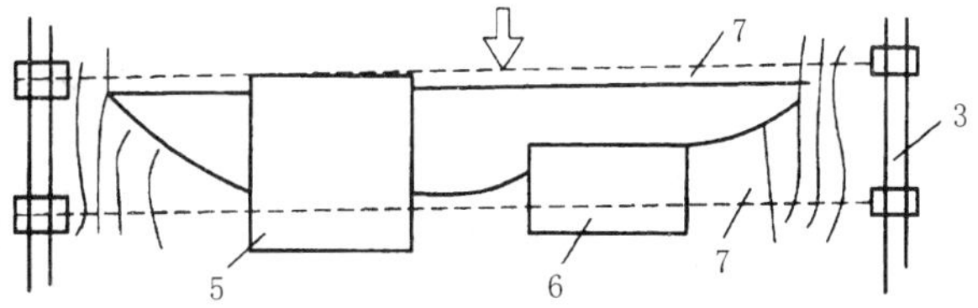

(a) 平面图

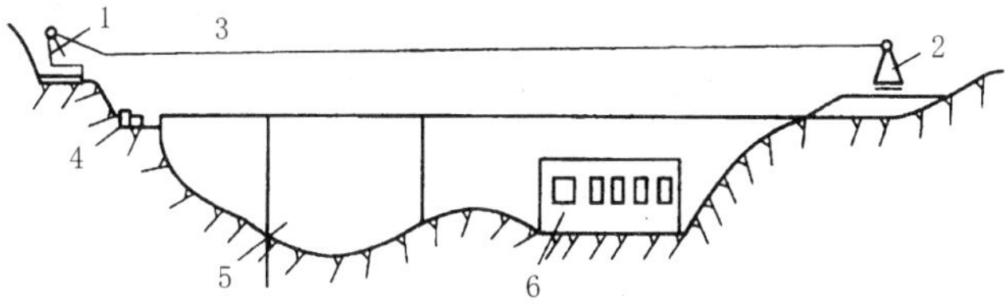

(b) 立视图

图 9-28　平移式缆机用于浇筑重力坝

1—主塔；2—副塔；3—轨道；4—混凝土列车；5—溢流坝；6—厂房；7—控制范围

缆机适用于狭窄河床的混凝土坝浇筑。它不仅具有控制范围大、起重量大、生产率高的特点，而且能提前安装和使用，使用期长，不受河流水文条件和坝体升高的影响，对加快主体工程施工具有明显的作用。

缆机构造如图 9-29 所示。

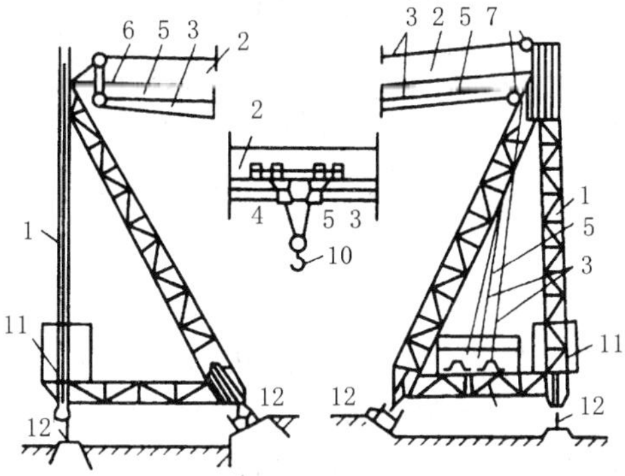

(a) 塔架

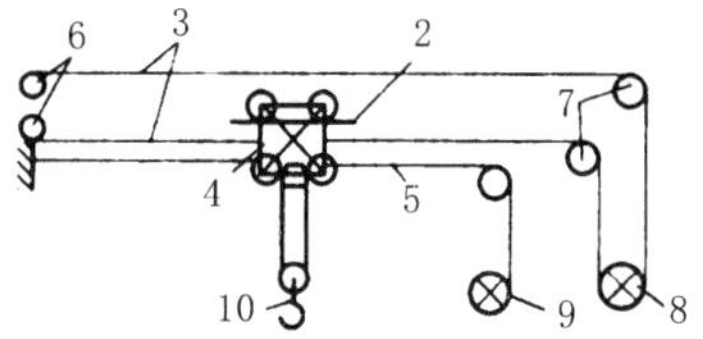

(b) 缆索

图 9-29　缆机构造示意图

1—塔架；2—承重索；3—牵引索；4—起重小车；5—起重索；

6,7—导向滑轮；8—牵引绞车；9—起重卷扬机；10—吊钩；11—压重；12—轨道

混凝土坝施工中混凝土的平仓振捣除采用常规的施工方法外，一些大型工程在无筋混凝土仓面常采用平仓振捣机作业，采用类似于推土机的装置进行平仓，成组的硬轴振捣器进行振捣，用于提高作业效率。PCY—50 型平仓振捣机如图 9-30 所示。

三、碾压混凝土坝施工

碾压混凝土坝采用干硬性混凝土浇筑，施工方法接近于碾压式土石坝的填筑方法，采用通仓薄层浇筑、振动碾压实。碾压混凝土筑坝可减少水泥用量、充分利用施工机械、提高作业效率和缩短工期。

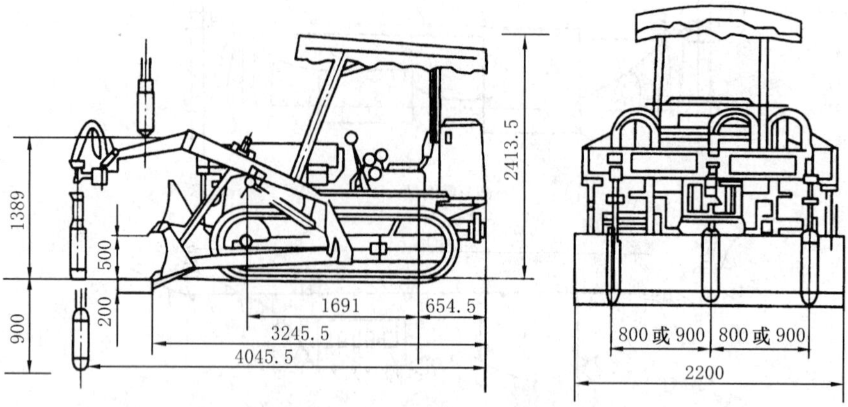

图 9-30　PCY—50 型平仓振机外形图(单位：mm)

(一)碾压混凝土的材料及性质

1. 碾压混凝土的材料

(1)水泥。碾压混凝土一般掺混合材料,水泥应优先采用硅酸盐水泥和普通水泥。

(2)混合材料。混合材料一般采用粉煤灰,它可改善碾压混凝土的和易性和降低水化热温升。粉煤灰的作用一是填充骨料的空隙,二是与水泥水化反应的生成物进行二次水化反应,其二次水化反应进程较慢,所以一般碾压混凝土设计龄期常为 90 d、180 d,以利用后期强度。

(3)骨料。碾压混凝土所用骨料同普通混凝土的,其中粗骨料最大粒径的选择应考虑骨料级配、碾压机械、铺料厚度和混凝土拌和物分离等因素,一般不超过 80 mm。

(4)外加剂和拌和水。碾压混凝土采用的外加剂和拌和水同普通混凝土的。

2. 碾压混凝土拌和物的性质

1)碾压混凝土的稠度

碾压混凝土为干硬性混凝土,在一定的振动条件下,碾压混凝土达到一个临界时间后混凝土迅速液化,这个临界时间称为稠度(VC,单位:s)。稠度是碾压混凝土拌和物的一个重要特性。不同振动特性的振动碾和不同的碾压层厚度应有与之相适应的混凝土稠度,方能保证混凝土的质量。碾压混凝土坝多采用稠度值为 10～30 s 的干硬混凝土。影响混凝土稠度的因素有:①用水量;②粗骨料用量及特性;③砂率及砂子性质;④粉煤灰品质;⑤外加剂。

2)碾压混凝土的表观密度

碾压混凝土的表观密度一般指振实后的表观密度。它随着用水量和振动时间不同而变化,对应最大表观密度的用水量为最优用水量。施工现场一般用核子密度仪测定碾压混凝土的表观密度来控制碾压质量。

3)碾压混凝土的离析性

碾压混凝土的离析有两种形式:一是骨料从拌和物中分离出来,一般称为骨料分离;二是水泥浆或拌和水从拌和物中分离出来,一般称为泌水。

(1)骨料分离。由于碾压混凝土拌和物干硬、松散,灰浆黏附作用较小,极易发生骨料分离。分离的混凝土均匀性与密实性较差,层间结合薄弱,水平碾压缝易漏水。

碾压混凝土施工时改善骨料分离的技术措施有:①优选抗分离性好的混凝土混合比;②多

次薄层铺料，一次碾压；③减小卸料、装车时的跌落和堆料高度；④采用防止或减少分离的铺料和平仓方法；⑤在各机构出口设置缓冲设施。

(2)泌水。泌水主要是指在碾压完成后，水泥及粉煤灰颗粒在骨料之间的空隙中下沉，水被排挤上升，从混凝土表面析出的现象。泌水使混凝土上层水分增加，水灰比增大，强度降低，而下层正好相反，这样同一层混凝土上弱下强，均匀性较差；减弱上下层之间的层间结合力；为渗水提供通道，降低了结构的抗渗性。

要减少泌水，就要从配合比计算时予以控制，拌和时严格按要求配料，运输和下料时采取措施。

(二)碾压混凝土坝施工

碾压混凝土坝的施工一般不设与坝轴线平行的纵缝，而与坝轴线垂直的横缝在混凝土浇筑碾压后尚未充分凝固时用切割混凝土的方法设置，或者在混凝土摊铺后用切缝机压入锌钢片形成横缝。碾压混凝土坝一般在上游面设置常态混凝土防渗层，防止内部碾压混凝土的层间渗透；有防冻要求的坝，下游面亦用常态混凝土；为提高溢流面的抗冲耐磨性能，一般也采用强度较高的抗冲耐磨常态混凝土，形成“金包银”的结构形式，为了增大施工场面，避免施工干扰，增加碾压混凝土在整个坝体方量中的比重，应尽量减少坝内孔洞，少设廊道。

碾压混凝土坝的施工工艺流程：初浇层铺砂浆，汽车运输入仓，平仓机平仓，振动压实机压实，振动切缝机切缝，切完缝再沿缝无振碾压两遍，如图 9-31 所示。

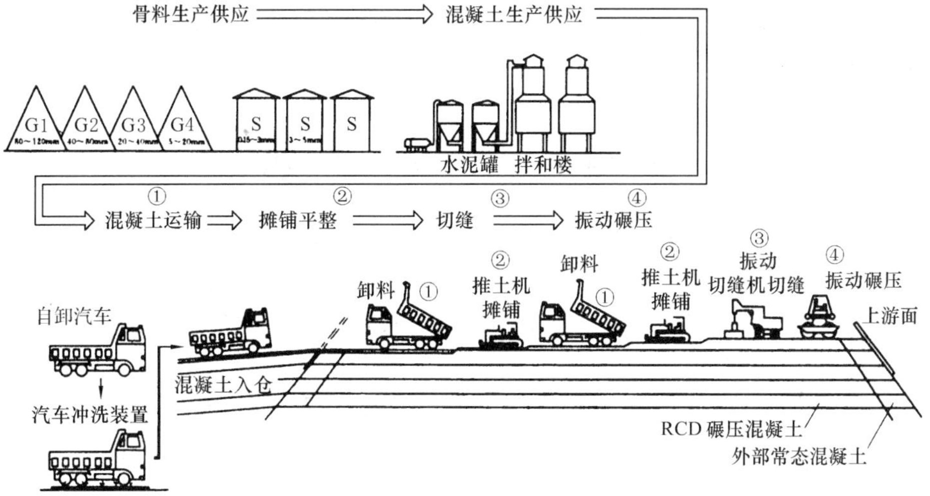

图 9-31　碾压混凝土施工工艺流程图

1. 混凝土拌和

碾压混凝土的拌和采用双锥形倾翻出料搅拌机或强制式搅拌机来完成。拌和时间较普通混凝土的要延长。

2. 混凝土运输

碾压混凝土的运输常采用以下几种方式。

(1)自卸汽车直接运料至坝面散料。

(2)缆机吊运立罐或卧罐入仓。

(3)用皮带机运至坝面,用摊铺机或推土机铺料。

3. 铺料

碾压混凝土的浇筑面要除去表面浮皮、浮石和清除其他杂物,用高压水冲洗干净。在准备好的浇筑面上铺上砂浆或小石混凝土,然后摊铺混凝土。砂浆或小石混凝土的摊铺范围以1～2 h内能浇筑完混凝土的区域为准。砂浆摊铺厚度在水平浇筑面为1.5 cm,基岩面为2.0 cm;小石混凝土厚3～5 cm。摊铺方法可采用人工或装载机。

混凝土入仓后再用推土机按规定厚度摊铺。

4. 浇筑

碾压混凝土坝采用通仓薄层浇筑法,可增加散热效果,取消冷却水管,减少模板工程量,简化仓面作业,有利于加快施工进度。通仓浇筑要求尽量减少坝内孔洞,不设纵缝,坝段间的横缝用切缝机切割形成,以尽量增大仓面面积,减少仓面作业的干扰。

5. 碾压

混凝土采用振动碾碾压,在振动碾碾压不到之处用平板振动器振动。碾压厚度和碾压遍数综合考虑配合比、硬化速度、压实程度、作业能力、温度控制等,通过试验确定。

碾压时以碾具不下沉、混凝土表面水泥浆上浮等现象来判定。当用表面型核子密度仪测得的表观密度达到规定指标时,即可停碾。

6. 养护

碾压混凝土因为存在二次水化反应,养护时间比普通混凝土的更长,养护时间应符合设计或规范规定的时间。

第四节　水闸施工

一般水闸工程的施工内容有导流工程、基坑开挖、基础处理、混凝土工程、砌石工程、回填土工程、闸门与启闭机安装、围堰拆除等。这里重点介绍闸室工程的施工。

水闸混凝土工程的施工应以闸室为中心,按照"先深后浅、先重后轻、先高后低、先主后次"的原则进行。

闸室混凝土施工是根据沉降缝、温度缝和施工缝分块分层进行的。

一、底板施工

闸室地基处理后,对于软基,应铺素混凝土垫层 8～10 cm,以保护地基,找平基面。垫层养护 7 d 后即在其上放出底板的样线。

首先进行扎筋和立模。距样线隔混凝土保护层厚度放置样筋,在样筋上分别画出分布筋和受力筋的位置,并用粉笔标记,然后依次摆上设计要求的钢筋,检查无误后用扎丝扎好,最后垫上事先预制好的保护层垫块以控制保护层厚度。上层钢筋是通过在绑扎好的下层钢筋上焊上三脚架后固定的,齿墙部位弯曲钢筋在下层钢筋绑扎好后焊在下层钢筋上,在上层钢筋固定好后再焊在上层钢筋上。立模作业可与扎筋同时进行,底板模板一般采用组合钢模,模板上口应高出混凝土面 10～20 cm,模板固定应稳定可靠。模板立好后标出混凝土面的位置,便于浇筑时控制浇筑高程。

一般中小型水闸采用手推车或机动翻斗车等运输工具运送混凝土入仓，须在仓面设脚手架。底板仓面布置如图 9-32 所示。

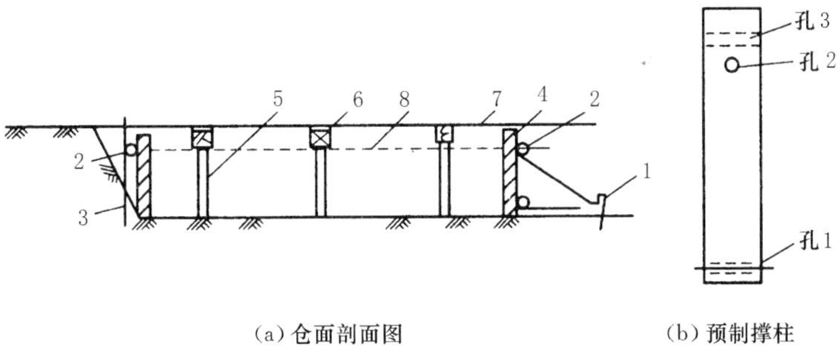

图 9-32　底板仓面布置

1—锚锭；2—围令；3—支杆(钢管)；4—模板；5—撑柱；6—撑木；7—脚手钢管；8—混凝土面

脚手架由预制混凝土撑柱、钢管、脚手板等构成，支柱断面尺寸一般为 15 cm×15 cm，配 4 根直径为 6 mm 的架立筋，高度略低于底板厚度，其上预留 3 个孔，其中孔 1 内插短钢筋头和底层钢筋焊在一起，孔 2 内插短钢筋头和上层钢筋焊在一起增加稳定性，孔 3 内穿铁丝绑扎在其上的脚手钢管上。撑柱间的纵横间距应根据底板厚度、脚手架布置和钢筋架立等，通过计算确定。撑柱的混凝土强度等级应与浇筑部位的相同，在达到设计强度后使用；断裂、残缺者不得使用；柱表面应凿毛并冲洗干净。

底板仓面的面积较大，采用平仓浇筑法易产生冷缝，一般采用斜层浇筑法，这时应控制混凝土坍落度在 4 cm 以下。为避免进料口的上层钢筋被砸变形，一般开始浇筑混凝土时，该处上层钢筋可暂不绑扎，待混凝土浇筑面将要到达上层钢筋位置时，再进行绑扎，以免因校正钢筋变形而延误浇筑时间。

为方便施工，一般穿插安排底板与消力池的混凝土浇筑。闸室部分重量大，沉陷量也大，而相邻的消力池重量较轻，沉陷量也小。如两者同时浇筑，较大的不均匀沉陷会将止水片撕裂，为此一般在消力池靠近底板处留一道施工缝，将消力池分为大小两部分，如图 9-33 所示。在闸室已有足够沉陷后即浇筑消力池二期混凝土，在浇筑消力池二期混凝土前，应注意对施工缝进行凿毛冲洗等处理。

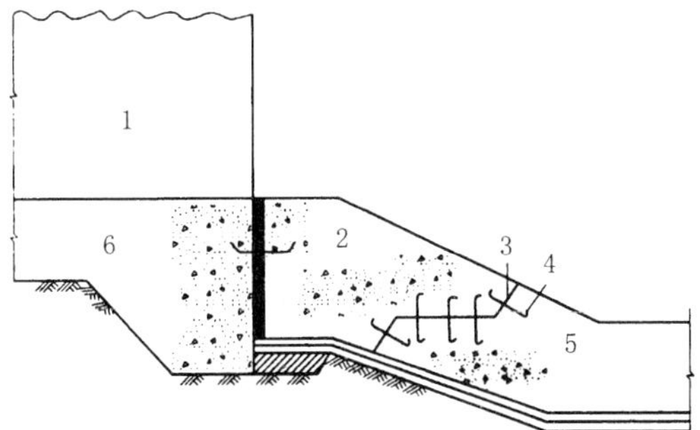

图 9-33　消力池的分缝

1—闸墩；2—二期混凝土；3—施工缝；4—插筋；5—一期混凝土；6—底板

二、闸墩施工

水闸闸墩的特点是高度大，厚度薄，模板安装困难，工作面狭窄，施工不方便，在门槽部位钢筋密、预埋件多、干扰大。当采用整浇底板时，两沉降缝之间的闸墩应对称同时浇筑，以免产生不均匀沉陷。

立模时，先立闸墩一侧平面模板，然后按设计图纸安装绑扎钢筋，再立另一侧的模板，最后立前后的圆头模板。闸墩立模要求保证闸墩的厚度和垂直度。闸墩平面部分一般采用组合钢模，通过纵横向围令、木枋和对拉螺栓固定，内撑竹管保证浇筑厚度，如图 9-34 所示。

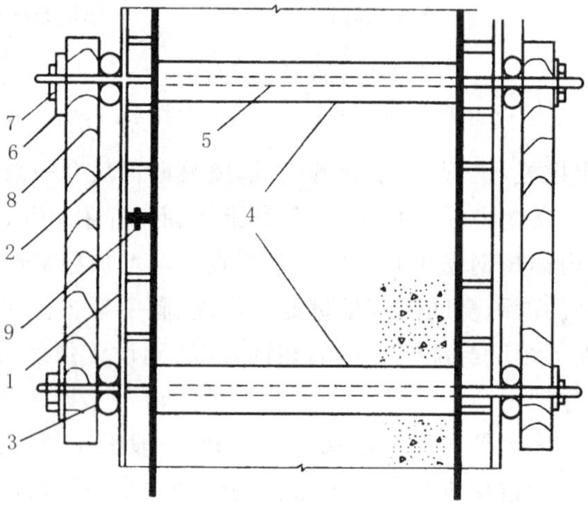

图 9-34 闸墩侧模固定示意图

1—组合钢模；2—纵向围令（2 根）；3—横向围令（2 根）；4—内撑竹管；
5—对拉螺栓；6—铁板；7—螺栓；8—木枋；9—U 形卡

对拉螺栓一般用直径为 16～20 mm 的光面钢筋两头套丝制成，木枋断面尺寸为 15 cm×15 cm，长度为 2 m 左右，两头钻孔便于穿对拉螺栓。安装顺序是用纵向横钢管围令固定钢模后，调整模板垂直度，然后用斜撑加固保证横向稳定，最后自下而上加对拉螺栓和木枋加固。注意脚手钢管与模板围令或支撑钢管不能用扣件连接起来，以免脚手架振动而影响模板。

闸墩圆头模板的构造和架立如图 9-35 所示。

闸墩模板立好后，即开始清仓工作。用水冲洗模板内侧和闸底面，冲洗污水由底层模板上预留的孔眼流走。清仓后即将孔眼堵住，经隐蔽工程验收合格后即可浇筑混凝土。

为保证新浇混凝土与底板混凝土结合可靠，首先应浇 2～3 cm 厚的水泥砂浆。混凝土一般采用漏斗下挂溜筒下料，漏斗的容积应和运输工具的容积相匹配，避免在仓面二次转运，溜筒的间距为 2～3 m。一般划分为几个区段，每区内要有固定的浇捣工人，不要往来走动，振动器可以两区合用 1 台，在相邻区内移动。

混凝土入仓时，应注意平均分配给各区，使每层混凝土的厚度均匀、平衡上升，不单独浇高，以使整个浇筑面大致水平。每层混凝土的铺料厚度应控制在 30 cm 左右。

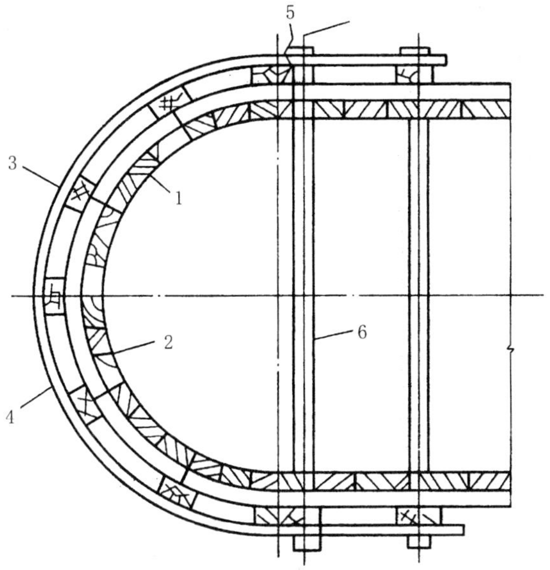

图 9-35　闸墩圆头模板

1—模板；2—板带；3—垂直围令；4—钢环；5—螺栓；6—撑管

三、接缝止水工程

一般中小型水闸接缝止水采用止水片或沥青井止水，缝内充填填料。止水片可采用紫铜止水片、镀锌铁止水片或塑料止水带。紫铜止水片常用的形状有两种，如图 9-36 所示。其中铜片厚度为 1.2～1.55 mm，鼻高 30～40 mm。U 形止水片下料宽度为 500 mm，计算宽度为 400 mm；V 形止水片下料高度为 460 mm，计算宽度为 360 mm。

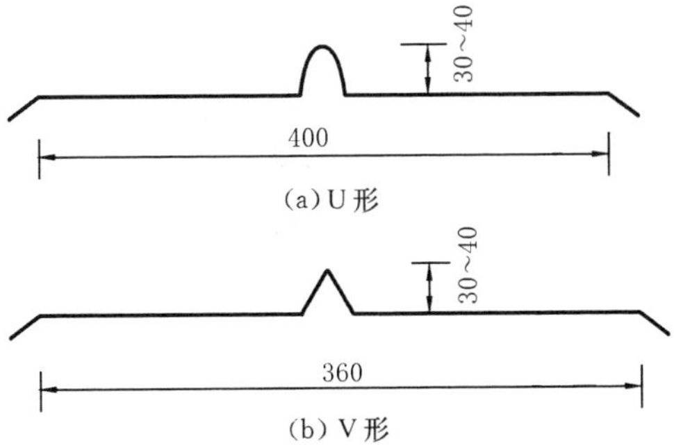

图 9-36　紫铜止水片形状(单位：mm)

紫铜止水片使用前应进行退火处理，以增加其延伸率，便于加工和焊接。一般用柴火退火，空气自然冷却。退火后其延伸率可从 10%提高至 41.7%。接头按规范要求用搭接或折叠咬接双面焊，搭焊长度大于 20 mm。止水片安装一般采用两次成形就位法，如图 9-37 所示。它可以提高立模、拆模速度，止水片伸缩段宜对中。U 形止水片鼻子内应填塞沥青膏或油浸麻绳。

沥青井一般用于垂直止水，如图 9-38 所示。

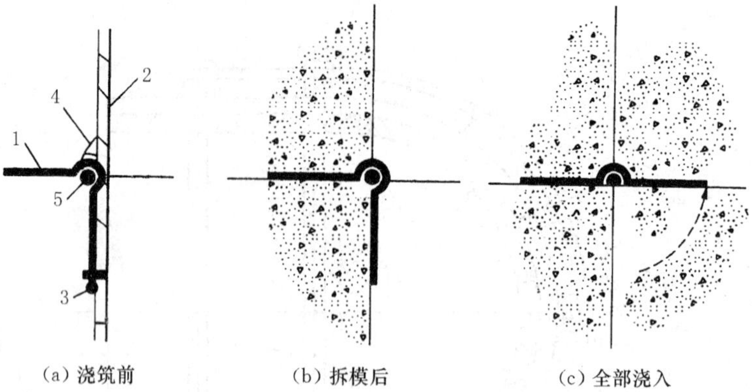

图 9-37　止水片两次成形就位示意图

1—止水片；2—模板；3—铁钉；4—贴角木条；5—接缝填料

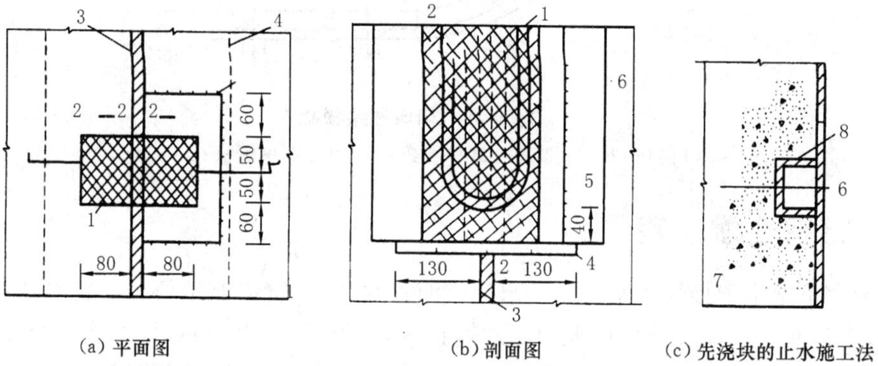

图 9-38　沥青井构造及施工示意图

1—ϕ25 蒸气管；2—沥青井；3—伸缩缝；4—水平塑料止水带；

5—凿毛预制混凝土块；6—垂直止水铝片；7—岸墙；8—模板

沥青井缝内 2～3 mm 的空隙一般采用沥青油毡、沥青杉木板、沥青砂板及塑料泡沫板做填料填充。沥青砂板是将粗砂和小石炒热后浇入热沥青而成的，在一侧混凝土拆模后用钢钉或树脂胶将填料板材固定其上，再浇上另一侧混凝土即可。

四、闸门槽施工

中、小型水闸闸门槽施工可采用预埋一次成形法和先留槽后浇二期混凝土法两种方法。

预埋一次成形法是将导轨事先钻孔，然后预埋在门槽模板的内侧，闸墩浇筑时，导轨即浇入混凝土中的施工方法，如图 9-39 所示。先留槽后浇二期混凝土法是在浇一期混凝土时，在门槽位置留出一个较门槽为宽的槽位，在槽内预埋一些开脚螺栓或锚筋，作为安装导轨时的固定点；待一期混凝土达到一定强度后，用螺栓或电焊将导轨位置固定，调整无误后，再用二期混凝土回填预留槽的方法，如图 9-40 所示。

门槽及导轨必须铅直无误，所以在立模及浇筑过程中应随时用吊锤校正。门槽较高时，吊锤易晃动，可在吊锤下部放一油桶，使垂球浸入黏度较大的机油中。闸门底槛设在闸底板上。在施工初期浇筑底板时，底槛往往不能及时加工供货，所以常在闸底板上留槽，以后浇二期混凝土，如图 9-41 所示。

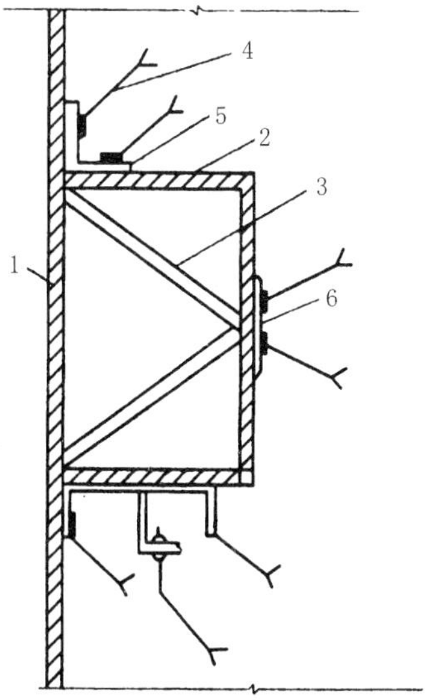

图 9-39　闸门槽预埋一次成形法

1—闸墩模板；2—门槽模板；3—撑头；4—开脚螺栓；5—门槽角铁；6—侧导轨

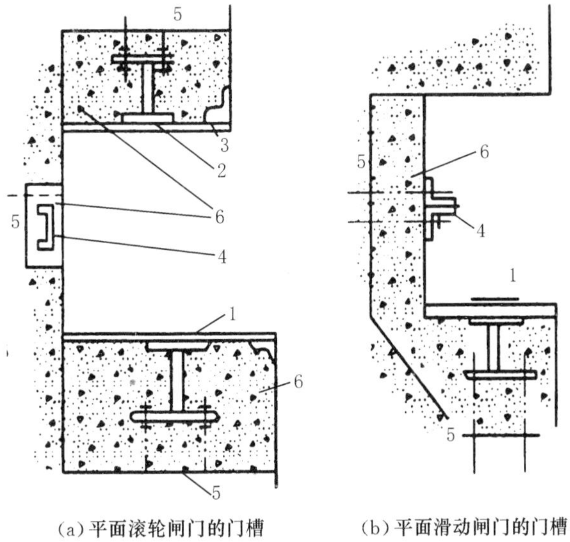

图 9-40　平面闸门槽的二期混凝土

1—主轮(滑轮)导轨；2—反轨导轨；3—侧水封座；4—侧导轮；5—预埋基脚螺栓；6—二期混凝土

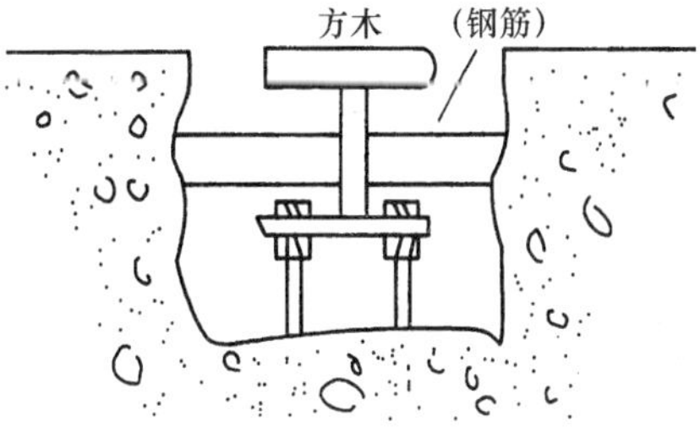

图 9-41　底槛安装示意图

第五节　渠系建筑物施工

一、吊装技术

(一)吊装机具

1. 绳索

常用绳索有白棕绳、尼龙绳、钢丝绳。前两者适用于起重量不大的吊装工程或做辅助性绳索，后者强度高、韧性好、耐磨，广泛应用于吊装工程中。

(1)白棕绳。白棕绳是用麻纤维机械加工制成的。白棕绳的强度只有钢丝绳的 10%左右。白棕绳由于强度低、耐久性差，且易磨损，特别是在受潮后其强度会降低 50%，因此仅用于手动提升的小型构件(1000 kg 以下)或做吊装临时牵引控制定位绳。捆绑构件时，应用柔软垫片包角保护，以防被构件边角磨损。

(2)钢丝绳。吊装用钢丝绳多用六股钢丝束和一根浸油麻绳芯组成，其中绳芯用于增加钢丝绳的挠性和弹性，绳芯中的油脂能润滑钢丝绳和防止钢丝生锈。一般分为6×19、6×37、6×61等几种，6×37表示钢丝绳由6股钢丝束组成，每股含37根钢丝，其余类推。每股钢丝束所含的钢丝数越多，其直径越小，则越柔软，但不耐磨损。6×19的钢丝绳较硬，宜用于不受弯曲或可能遭到磨损的地方，如做风缆绳和拉索；6×37和6×61的钢丝绳较柔软，可用作穿滑轮组的起重绳和捆物体用的千斤绳。当钢丝磨损起刺，在任一截面中检查断丝数达到总丝数的1/6时，则该钢丝绳应做报废处理。经燃烧、通电等而发生过高温的钢丝绳，强度削减很大，不宜再用于起重吊装。

使用钢丝绳时应注意如下事项：①捆绑有棱角的构件时，应用木板或草袋等衬垫，避免钢丝绳磨损；②起吊前应检查绳扣是否牢固，起吊时如发现打结，要随时拨顺，以免钢丝产生永久性扭弯变形；③定期对钢丝绳加润滑油，以减少磨损；④存放在仓库里的钢丝绳应成圈排列，避免重叠堆放，库中应保持干燥，防止受潮锈蚀。

2. 滑车及滑车组

滑车又名滑轮或葫芦，分定滑车和动滑车。定滑车安装固定位置，只起改变绳索方向的作用；动滑车安装在运动的轴上，其吊钩与重物同时变位，起省力作用。定滑车和动滑车联合工作而成为滑车组，普遍用于起重机构中，如图9-42所示。

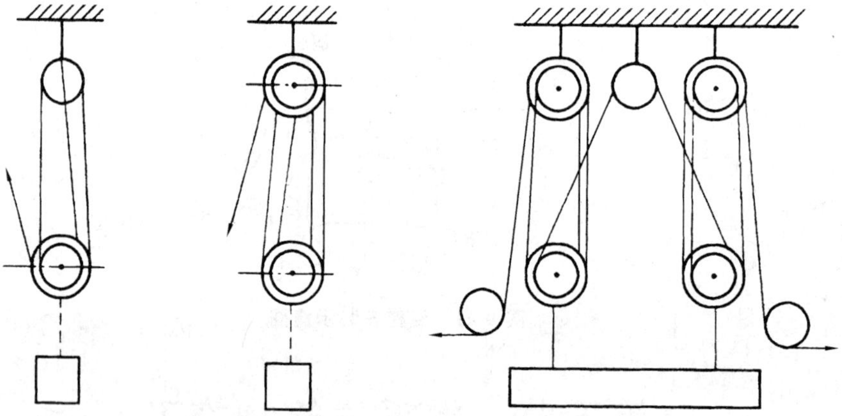

(a) 跑头自动滑车引出　(b) 跑头自定滑车引出　(c) 双联滑车组

图9-42　滑车组的类型

3. 链条滑车

链条滑车又称神仙葫芦、倒链、手动葫芦或差动葫芦，由钢链、蜗杆或齿轮传动装置组成，如图9-43所示，装有自锁装置，能保证所吊物体不会自动下落，工作安全，适用于吊装构件，起重量有1 t、2 t、3 t、5 t、7 t及10 t。

4. 吊具

在吊装工程中最常用的吊具有吊钩、卸甲、绳卡(鸭舌、马眼)等。为了便于吊装各种构件，尽量使各种构件受力均匀和保持完好，可自制一些特制吊具，如图9-44所示。这些吊具都要进行力学验算和试吊。

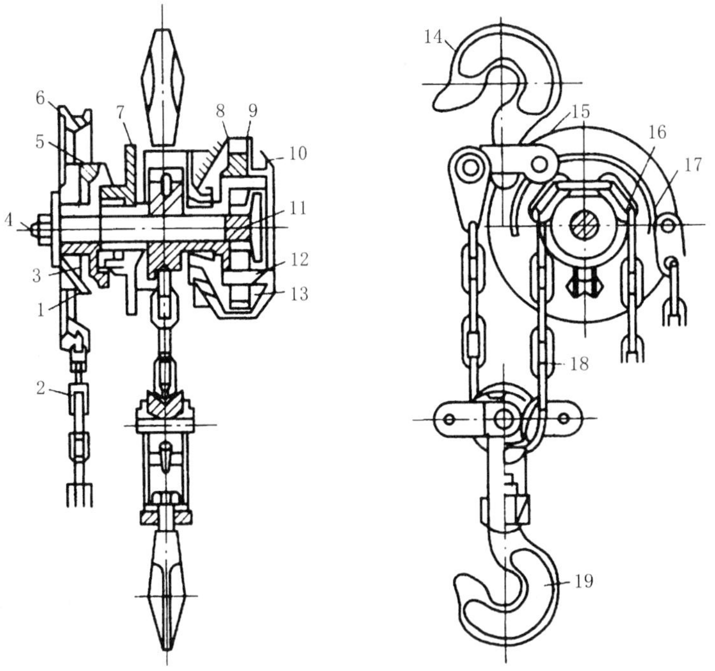

图 9-43　齿轮式链条滑车

1—摩擦垫圈；2—手链；3—圆盘；4—链轮轴；5—棘轮圈；6—牵引链轮；7—夹板；
8—传动轮；9—齿圈；10—驱动装置；11—齿轮；12—轴心；13—行星齿轮；14—挂钩；
15—横梁；16—起重星轮；17—保险簧；18—链条；19—吊钩

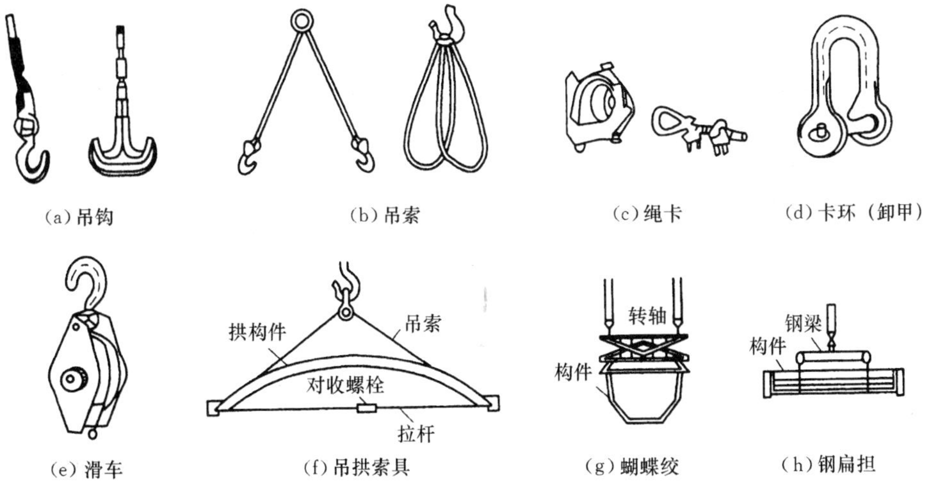

图 9-44　吊具

5. 牵引设备

吊装的牵引设备有绞盘和卷扬机等，如图 9-45 所示。

绞盘又称绞磨，由直立卷筒转盘和推杆、机架等组成，卷筒底座设置棘钩锁定装置。起重时，先将绞盘固定在地面上，由 4 人或多人推动卷筒的推杆而使绳索绕在筒上而牵引重物。绞盘制作简单，搬运方便，但速度慢，牵引力小，仅适用于小型构件起重或收紧桅索、拖拉构件等。

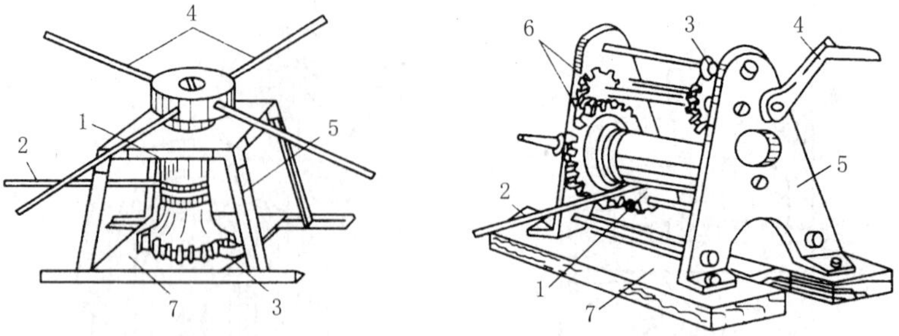

图 9-45 卷扬机械

卷扬机有手摇式和电动式两种。手摇式卷扬机又称手摇绞车，有一对机架支承横卧的卷筒，利用轮轴的机械原理，通过带摇柄的转轴上的齿轮，采用二级或多级转动推动卷筒上的齿轮，牵引钢丝绳拉动重物。电动式卷扬机的电动机通过齿轮的传动变速机构来驱动卷筒，并设有磁吸式或手动式的制动装置。

6. 锚碇

锚碇又称地锚或地龙，用来固定卷扬机、绞盘、缆风缆等，为起重机构成稳定系统中的重要组成部分。常用的锚碇有桩锚及地锚等两种形式，如图 9-46 所示。

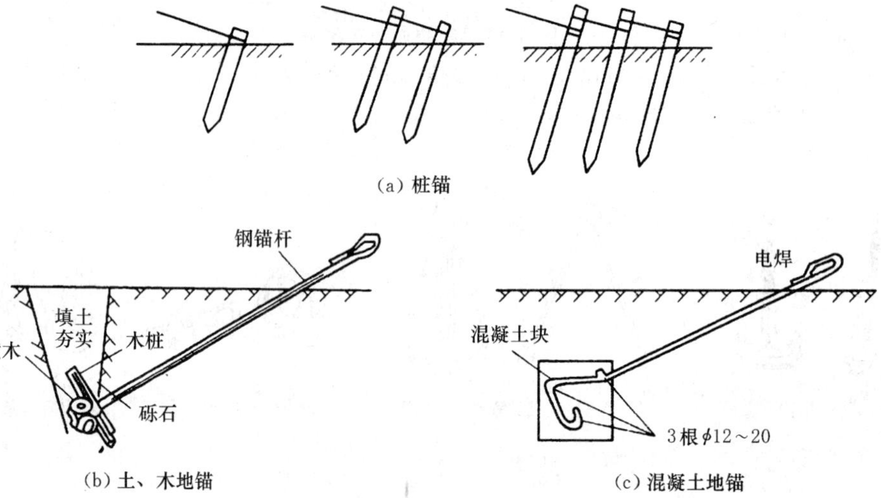

图 9-46 锚碇

(二)自制简易起重机构

混凝土预制构件吊装可采用履带式、汽车式或轮带式吊车，也可因地制宜，根据施工现场地形和地质、构件形式和重量等条件自制简易的起重机构。

(三)吊装安全技术

(1)吊装场地的电线电缆要妥善处理，防止起吊机具触及。

(2)起吊构件前，应由专人检查构架的绑扎牢固程度、吊点位置等，检查合格后，先进行试吊。试吊即将构架吊离地面 10～20 cm，检查起重机具的稳定性、制动可靠性及绑扎牢固程度，确定其正常后方可继续提升。

(3)起吊构件应均匀平稳起落,严禁骤然刹车,严禁构件在空中停留或整修,不允许出现碰撞、震击、滑落等现象,这会造成构件破损、断裂和超出设计限度的变形。构件就位校正后应立即采取有效的固定措施以防变位。

(4)吊装作业区域,禁止非工作人员入内。起吊构件下面不得站人或通行。

(5)遇六级以上大风、暴雨、打雷天气,应停止吊装作业。

(6)每天上班前及起吊过程中,必须有专人检查吊装设备、缆索、锚碇、吊钩、滑车、卡环是否有损坏和松动现象。

(7)定期对起重钢丝绳进行检查。

二、装配式渡槽吊装

(一)吊装前的准备工作

(1)制定吊装方案,编排吊装工作计划,明确吊装顺序、劳力组织、吊装方法和进度。

(2)制定安全技术操作规程。就吊装方法、步骤和技术要求向施工人员详细交底。

(3)检查吊装机具、器材和人员分工情况。

(4)对待吊的预制构件和安装构件的墩台、支座按有关规范标准组织质量验收。不合格的应及时处理。

(5)组织对起重机具的试吊和对地锚的试拉,并检验设备的稳定和制动灵敏可靠性。

(6)做好吊装观测和通信联络。

(二)排架吊装

1. 垂直吊插法

垂直吊插法是用吊装机具将整个排架垂直吊离地面后,再对准并插入基础预留的杯口中校正固定的吊装方法。其吊装步骤如下。

(1)事先测量构件的实际长度与杯口高程,削平补齐后将排架底部打毛,清洗干净,并用墨线将其中轴线弹出。

(2)将吊装机具架立,固定于基础附近,如使用设有旋转吊臂的扒杆,则吊钩应尽量对准基础的中心。

(3)用吊索绑扎排架顶部并挂上吊钩,将控制拉索捆好,驱动吊车(卷扬机、绞盘),排架随即上升,架脚拖地缓缓滑行。当构件将要离地悬空直立时,以人力控制拉索,防止构件旋摆。在构件全部离地后,将其架脚对准基础杯口,同时刹住绞车。

(4)倒车使排架徐徐下降,排架脚垂直插入杯口。

(5)当排架降落到刚接触杯口底部时,即刹住绞车,以钢钎撬正架脚,先使底部对位,然后以预制的混凝土楔子校正架脚位置,同时用经纬仪检测排架是否垂直,并一边以拉索和楔子校正。

(6)在排架全部校正就位后,将杯口用楔子楔紧,即可松脱吊钩,同时用高一强度等级的小石混凝土填充,填满捣固后再用经纬仪复测一次,如有变位,随即以拉索矫正,安装即告完毕。

2. 就地旋转立装法

就地旋转立装法是把支架当作旋转杠杆,其旋转轴心设于架脚,并与基础铰接好。吊装时,用起重机钩拉吊排架顶部,排架就地旋转立正于基础上,如图 9-47 所示。

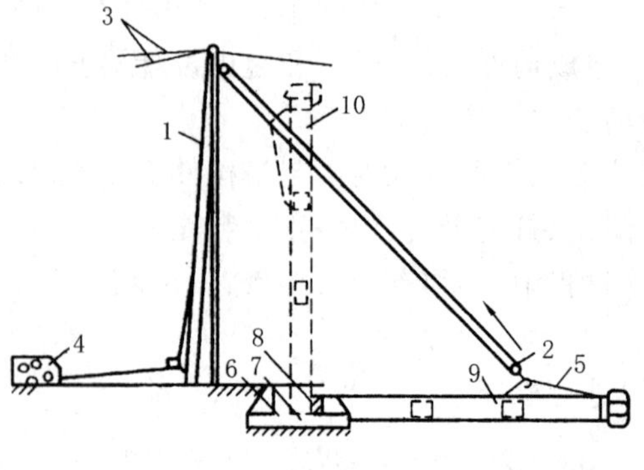

图 9-47　就地旋转立装法吊装排架

1—人字扒杆；2—滑车组；3—桅索；4—卷扬机；5—吊索；6—带缺口的基础；

7—预埋在基础中的绞；8—预埋在排架上的绞；9—排架起吊前位置；10—排架起吊后位置

(三)槽身吊装

1. 起重设备架立在地面上的吊装方法

简支梁、双悬臂梁结构的槽身可采用普通的起重扒杆或吊车升至高于排架之后，采用水平移动或旋转对正支座，降落就位即可。该吊装方法适用于槽身重量和起吊高度均不大的场合，如图 9-48 所示。

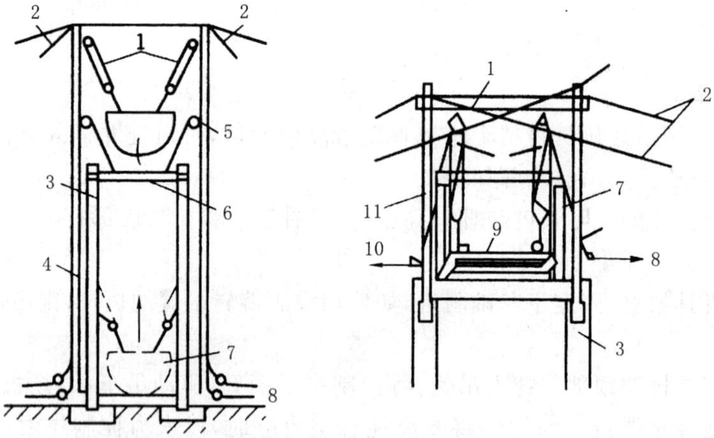

(a) 4 台独脚扒杆抬吊　　(b) 龙门架抬吊

图 9-48　地面吊装槽身示意图

1—主滑车组；2—缆风绳；3—排架；4—独脚扒杆；5—副滑车组；6—横梁；

7—预制槽身位置；8—至绞车；9—平衡索；10—钢梁；11—龙门架

图 9-48(a)所示的是采用 4 台独脚扒杆抬吊的示意图。采用这种方法，扒杆移动费时，吊装速度较慢。图 9-48(b)所示的是采用龙门架抬吊的示意图。在浇好的排架顶端固定好龙门架，通过 4 台卷扬机将槽身抬吊上升至设计高程以上，装上钢制横梁，倒车下放即可使槽身就位。

2. 双人字悬臂扒杆的槽上构件吊装

双人字悬臂扒杆槽上吊装法适用于槽身断面较大（宽 2 m 以上）、渡槽排架较高，一般起重扒杆吊装时高度不足或槽下难以架立吊装机械的场合。

吊装时先将双人字悬臂扒杆架立在边墩或已安装好的槽身上，主桅用钢拉杆或钢丝绳锚定，卷扬机紧接于扒杆后面固定在槽身上，以钢梁做撑杆，吊臂斜伸至欲吊槽身的中心，驱动卷扬机起吊槽身，同时用拉索控制槽身在两排架之间垂直上升。当槽身升高至支座以上时刹车停升，以拉索控制槽身水平旋转，使两端正对支座，倒车使槽身降落就位，并同时进行测量、校正、固定，如图 9-49 所示。

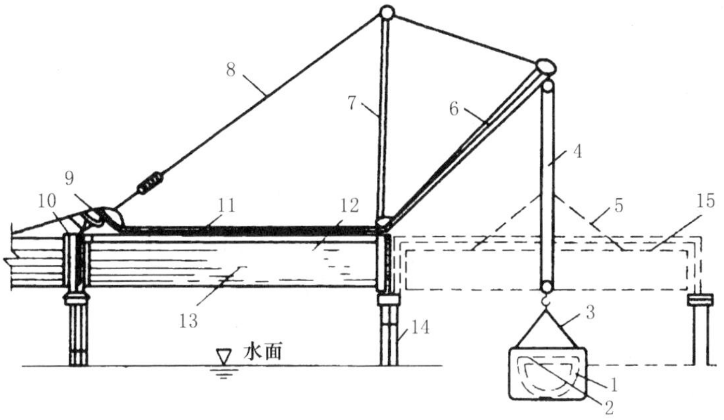

图 9-49 双人字悬臂扒杆吊装槽身

1—浮运待吊槽身；2—槽段封闭板；3—吊索；4—起重索；5—拉杆；6—吊臂；
7—人字架；8—钢拉杆；9—卷扬机；10—预埋锚环；11—撑架；
12—穿索孔；13—已固定槽身；14—排架；15—即将就位槽身

三、混凝土涵管施工

混凝土涵管有三种形式：①大断面的刚结点箱涵，一般在现场浇灌；②预制管涵；③盖板涵，即用浆砌石或混凝土做好底板及边墙，最后盖上预制的钢筋混凝土盖板即成。混凝土箱涵和盖板涵的施工方法和一般混凝土工程或砌筑工程的相同，这里主要介绍预制管涵的安装方法。

(一)管涵的预制和验收

管涵直径一般在 2 m 以下，采用预应力结构，多用卧式离心机成形。管涵养护后进行水压试验以检验其质量。一般工程量小时，直接从预制厂购买合格的管涵进行安装；工程量大时，可购买全套设备自行加工。

(二)安装前的准备工作

管涵安装前应按施工图纸对已开挖的沟槽进行检验，确定沟槽的平面位置及高程是否符合设计要求，对松软土质要进行处理，换上砂石材料做垫层。沟槽底部高程应较管涵外皮高程约低 2 cm，安装前用水泥砂浆衬平。沟槽边的堆土应离沟边 1 m，以防雨水将散土冲入槽内或因槽壁荷载增加而引起坍塌。

施工前应确定下管方案，拟定安全措施，合理组织劳力，选择运输道路，准备施工机具。管涵一般运至沟边，管壁有缺口、裂缝，管端不平整的不予验收。管涵的搬运通常采取滚管法，滚管应避免振动，以防管涵破裂。管涵转弯时，在其中间部分加垫石块或木块，以使管涵支承在一个点上，这样管涵就可按需要的角度转动。管涵要沿沟分散排放，便于下管。

(三)安装方法

预制管涵因重量不大，多用手动葫芦、手摇绞车、卷扬机、平板车或人工方法安装。

1. 斜坡上管涵安装

在坡度较大的坡面安装管涵时，先将预制管节运至最高点，然后用卷扬机牵引平板车，逐节下放就位，承口向上，插口向下，然后从斜坡段的最下端向上逐节套接，如图 9-50 所示。

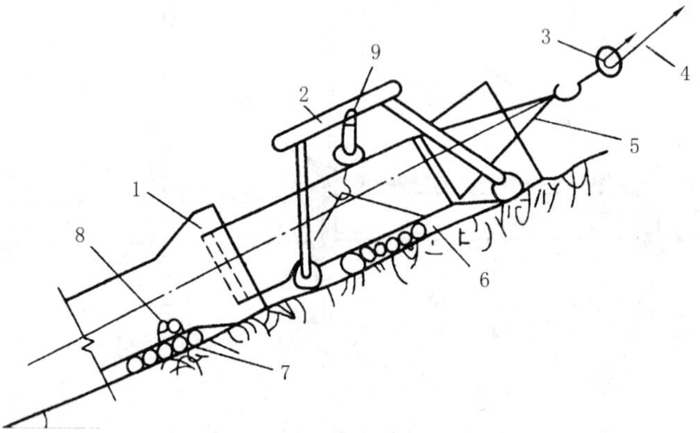

图 9-50　斜坡上涵管安装示意图

1—预应力管；2—龙门架；3—滑车；4—接卷扬机；5—钢丝绳；
6—斜坡道；7—滚动用圆木；8—管座；9—手动葫芦

2. 水平管涵安装

水平管涵最好用汽车吊装，管节可依吊臂自沟沿直接安放到槽底，吊车的每一个着地点可安装 2 m 长的管节 3～4 节。条件不具备时，也可采用以下人工方法安装。

(1)贯绳下管法。将带铁钩的粗白棕绳由管内穿出，勾住管头，然后一边用人工控制白棕绳，一边滚管，将管涵缓慢送入沟槽内，如图 9-51 所示。

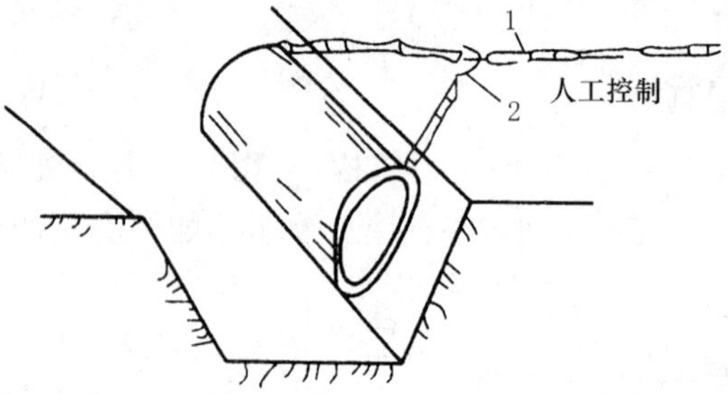

图 9-51　贯绳下管法

1—白棕绳；2—铁钩

(2)人工压绳下管法。用 2 根插入土层中的撬杠控制下管速度，撬杠同时承担一部分荷载。拉绳的人用脚踩住绳的一端，利用绳与地面的摩擦力将绳子固定，另一端用手拉紧，逐步放松手中的绳子，使管节平稳落入沟槽中，如图 9-52 所示。

(3)三脚架下管法。在下管处临时铺上支撑和垫板，将管节滚至垫板上，然后支上三脚架，用手动葫芦起吊，抽去支撑和垫板，将管节缓慢下入槽内，如图 9-53 所示。

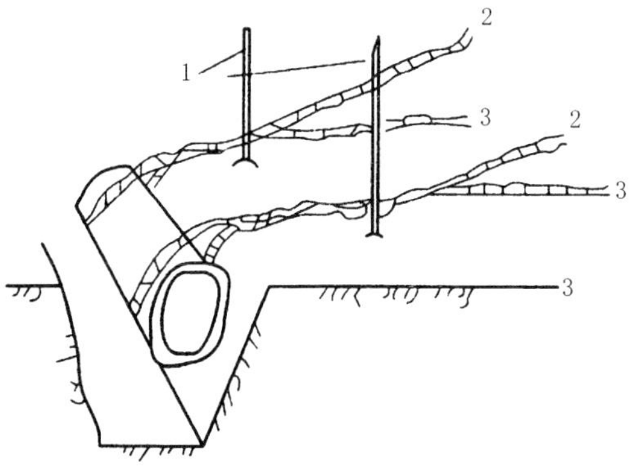

图 9-52　人工压绳下管法

1—撬杠；2—手拉端；3—脚踏端

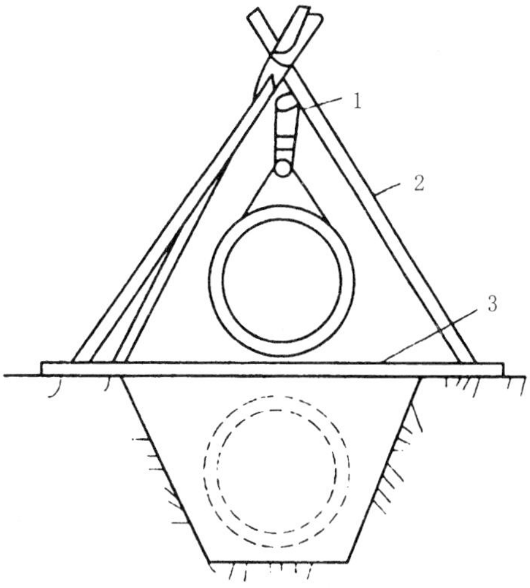

图 9-53　三脚架下管法

1—手动葫芦；2—三脚架；3—临时支护垫板

(4)缓坡滚管法。如管涵埋深较大而又较重，可采用缓坡滚管法安装。先将一岸削坡至坡度为 1∶5～1∶4 的缓坡，然后用三角木支垫管节，如图 9-54 所示，人站在下侧，缓慢将管涵送入槽底。

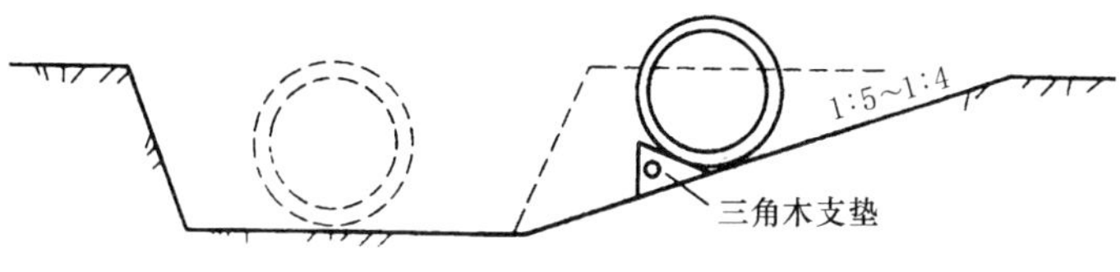

图 9-54　缓坡滚管法

管涵安装校正后，在承插口处抹上水泥砂浆进行封闭，在回填之前还要进行通水试验。

复习思考题

9-1　大中型水利工程根据砂石骨料来源的不同，可将骨料生产分为哪几种类型？

9-2　水利工程砂石骨料的开采方法有哪些？

9-3　大体积混凝土的温度是如何变化的？

9-4　混凝土表面裂缝是如何产生的？

9-5　混凝土深层裂缝和贯穿裂缝是如何产生的？

9-6　降低水泥用量的措施有哪些？

9-7　降低混凝土入仓温度的措施有哪些？

9-8　散发混凝土浇筑块热量的措施有哪些？

9-9　基础面的开挖偏差应符合哪些规定？

9-10　对紧邻水平基面的爆破开挖有哪些要求?
9-11　混凝土坝的分缝与分块原则有哪些?
9-12　混凝土坝应如何进行分缝分块?
9-13　混凝土坝应如何进行纵缝法施工?
9-14　混凝土坝应如何进行斜缝法施工?
9-15　混凝土坝应如何进行通仓浇筑法施工?
9-16　自卸汽车直接入仓浇筑混凝土坝的方法有哪些?
9-17　用汽车运输凝土时应遵守哪些技术规定?
9-18　什么叫碾压混凝土的稠度?
9-19　影响碾压混凝土稠度值的因素有哪些?
9-20　对碾压混凝土的表观密度应如何测定?
9-21　混凝土的离析性有哪些?
9-22　对碾压混凝土坝施工铺料有哪些要求?
9-23　对碾压混凝土坝的碾压有哪些要求?
9-24　水闸闸墩的特点有哪些?
9-25　水闸闸墩模板应如何安装固定?
9-26　水闸闸墩应如何组织混凝土的浇筑?
9-27　水闸闸门槽及导轨位置应如何控制?
9-28　使用钢丝绳时有哪些注意事项?
9-29　吊装安全技术措施有哪些?
9-30　吊装前的准备工作有哪些?
9-31　垂直吊插法的吊装步骤有哪些?
9-32　斜坡上的管涵应如何安装?

第十章 地基处理

结构物的地基问题，概括地说，包括以下四个方面：

(1)强度及稳定性问题：当地基的抗剪强度不足以支承上部结构传来的荷载时，地基就会产生剪切破坏或失稳。

(2)压缩及不均匀沉降问题：当地基在上部结构荷载作用下产生过大变形时，结构物的正常使用会受到影响，特别是超过建筑物的允许不均匀沉降时，结构可能开裂破坏。

(3)地下水流失及潜蚀和管涌问题：地基的渗漏量或水力比降超过允许值，会使地基发生水量损失，或因潜蚀和管涌而导致地基破坏。

(4)动力荷载作用下的液化、失稳和震陷问题：地基土特别是饱和的非黏性土在地震、机器以及车辆的振动、波浪作用和爆破等动力荷载下，可能产生液化、失稳和震陷等危害。

当结构物的天然地基可能发生上述情况之一或其中几个时，即须采用适当的地基处理，以保证结构的安全与正常使用。

地基处理的方法很多，表 10-1 所示的是根据地基原理进行的分类。在选择地基处理方案时，应考虑上部结构、基础和地基的共同作用，并经过技术经济比较，选用地基处理方案或加强上部结构和处理相结合的方案。本章介绍几种常用的地基处理方法。

表 10 1 地基处理方法分类

编号	分类	处理方法	原理及作用	适用范围
1	碾压及夯实	重锤夯实、机械碾压、振动压实、强夯(动力固结)	利用压实原理，采用机械碾压夯击，把表层地基土压实；强夯则利用强大的夯击能，在地基中产生强烈的冲击波和动应力，迫使土动力固结密实	适用于碎石土、砂土、粉土、低饱和度的黏性土、杂填土等，对饱和黏性土应慎重采用
2	换土垫层	砂石垫层、素土垫层、灰土垫层、矿土渣垫层	以砂石、素土、灰土和矿渣等强度较高的材料置换地基表层软弱土，提高持力层的承载力，扩散应力，减少沉降量	适用于处理暗沟、暗塘等软弱土地基
3	排水固结	天然地基预压、砂井预压、塑料排水带预压、真空预压、降水预压	在地基中增设竖向排水体，加速地基的固结和强度增长，提高地基的稳定性；加速沉降发展，使基础沉降提前完成	适用于处理饱和、软弱土层；对于渗透性极低的泥炭土，必须慎重对待
4	振密挤密	振冲桩、灰土挤密桩、砂桩、石灰桩、爆破挤密桩	采用一定的技术措施，通过振动或挤密，使土体的孔隙减少，强度提高；必要时，在振动挤密的过程中，回填砂砾石、灰土、素土等，与地基土组成复合地基，从而提高地基的承载力，减少沉降量	适用于处理松砂、粉土、杂填土及湿陷性黄土

续表

编号	分类	处理方法	原理及作用	适用范围
5	置换及拌入	振冲置换、深层搅拌、高压喷射注浆、灰土桩等	采用专门技术措施，以砂、碎石等置换软弱土地基中部分软弱土，或在部分软弱土地基中掺入水泥、石灰或砂浆等形成加固体，并与未处理部分土组成复合地基，从而提高地基承载力，减少沉降量	适用于黏性土、冲填土、粉砂、细砂等。振冲置换法在不排水抗剪强度小于 20 kPa 时慎用
6	加筋	土工合成材料加筋、锚固、树根桩、加筋土	在地基或土体中埋设强度较大的土工合成材料、钢片等加筋材料，使地基或土体能承受抗拉力，防止断裂，保持整体性，提高刚度，改变地基土体的应力场和应变场，从而提高地基的承载力，改善变形特性	适用于软弱土地基、填土及陡坡填土、砂土
7	其他	灌浆、冻结、采用托换技术和纠偏技术	通过独特的技术措施处理软弱土地基	根据实际情况确定

第一节　局部地基处理

在基坑开挖过程中，如存在局部异常地基，在探明原因和范围后，均须妥善处理。具体处理方法可根据地基情况、工程性质和施工条件而有所不同，但均应符合使建筑物的各个部位沉降尽量趋于一致，以减小地基不均匀沉降的处理原则。

一、松土坑(填土、墓穴、淤泥)的处理

(1)松土坑在基槽范围内时，可将坑中松软虚土挖除，直至坑底及四壁均见天然土为止。回填与天然土压缩性相近的材料(见图 10-1(a))。当天然土为砂土时，用砂或级配砂石回填；天然土为较密实的黏性土时，用 3∶7 灰土分层夯实回填；天然土为中密可塑的黏性土或新近沉积的黏性土时，可用 1∶9 或 2∶8 灰土分层回填夯实，每层厚度不超过 20 cm。

(2)松土坑在基槽中范围较大，且超过基槽边沿，槽壁挖不到天然土层时，应将该范围内的基槽适当加宽，加宽宽度按下述条件决定：当用砂土或砂石回填时，基槽每边均应按 $l_1 : h_1 = 1 : 1$坡度放宽；用 1∶9 或 2∶8 灰土回填时，基槽每边均应按 0.5∶1 坡度放宽(见图 10-1(b))；用 3∶7 灰土回填时，如坑的长度小于或等于 2 m，基槽可不放宽，但灰土与槽壁接触处应夯实。

(3)松土坑范围较大，且长度超过 5 m 时，如坑底土与一般槽底土质相同，则可将该部分基础落深，做 1∶2 踏步与两端相接(见图 10-1(c))，踏步多少按坑深而定，但每步不高于 50 cm，长度不小于 100 cm，如深度较大，则用灰土分层回填夯实至坑底平。

(4)松土坑较深且大于槽宽或 1.5 m 时，按以上要求处理到老土，槽底处理完毕后，还应当考虑是否需要加强上部结构的强度，常用的加强方法是：在灰土基础上 1～2 皮砖处(或混凝

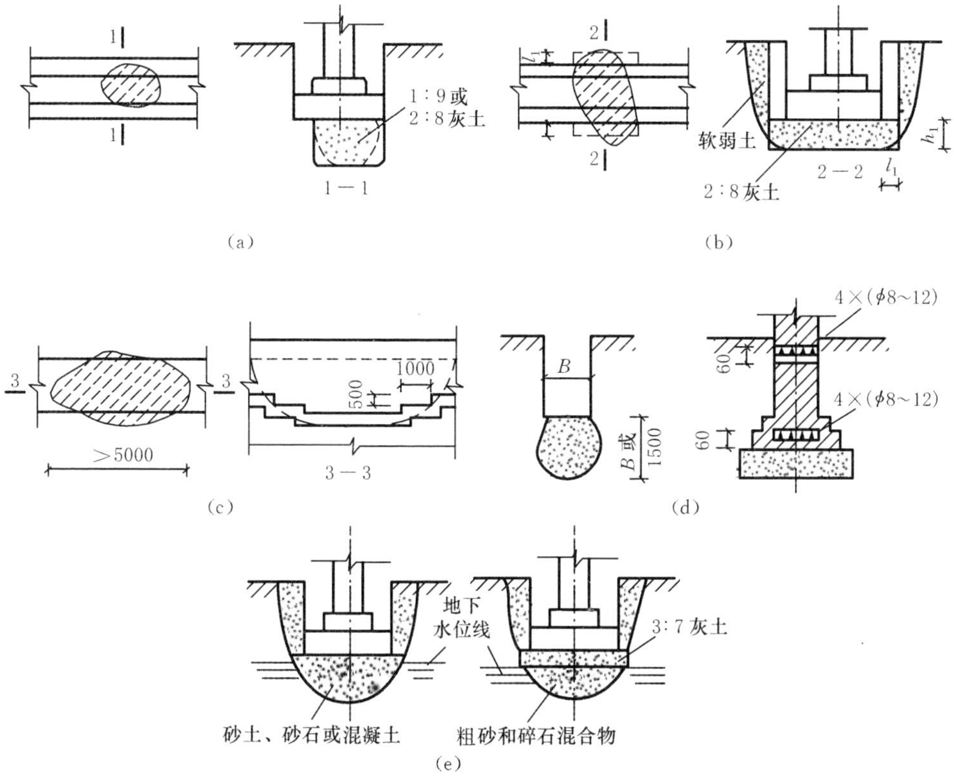

图 10 1　松土坑的处理

土基础内)，防潮层下 1～2 皮砖处及首层顶板处各加配 4 根 ϕ8～12 钢筋，跨过该松土坑两端各 1 m，以防产生过大的局部不均匀沉降(见图 10-1(d))。

(5)地下水位较高的松土坑，如遇到地下水位较高，坑内无法夯实，可将坑(槽)中软弱虚土挖去，再用砂土、砂石或混凝土代替灰土回填，或地下水位以下用粗砂与碎石(比例为 1∶3)回填，地下水位以上用 3∶7 灰土回填夯实至要求高度(见图 10-1(e))。

二、砖井及土井的处理

(1)若砖井、土井在室外，距基础边沿 5 m 以内先用素土分层夯实，回填到室外地坪以下 1.5 m 处，将井壁四周砖圈拆除或松软部分挖去，然后用素土分层回填并夯实(见图 10-2(a))。

(2)若砖井、土井在室内基础附近(见图 10-2(b))，将水位降低到可能的限度，用中、粗砂及块石、卵石或碎砖等回填到地下水位以上 50 cm。砖井应将四周砖圈拆至坑(槽)底以下 1 m 或更深些，然后再用素土分层回填并夯实；如井已回填，但不密实或有软土，则可用大块石将下面软土挤紧，再分层回填素土夯实。

(3)若砖井、土井在基础下或条形基础 3B 或柱基 2B 范围内(见图 10-2(c))，先用素土分层回填夯实，至基础底下 2 m 处，将井壁四周松软部分挖去，有砖井圈时，将井圈拆至槽底以下 1～1.5 m。当井内有水时，应用中、粗砂及块石卵石或碎砖回填至水位以上 50 cm，然后再按上述方法处理；当井内已填有土，但不密实，且挖除困难时，可在部分拆除后的砖石井圈上加

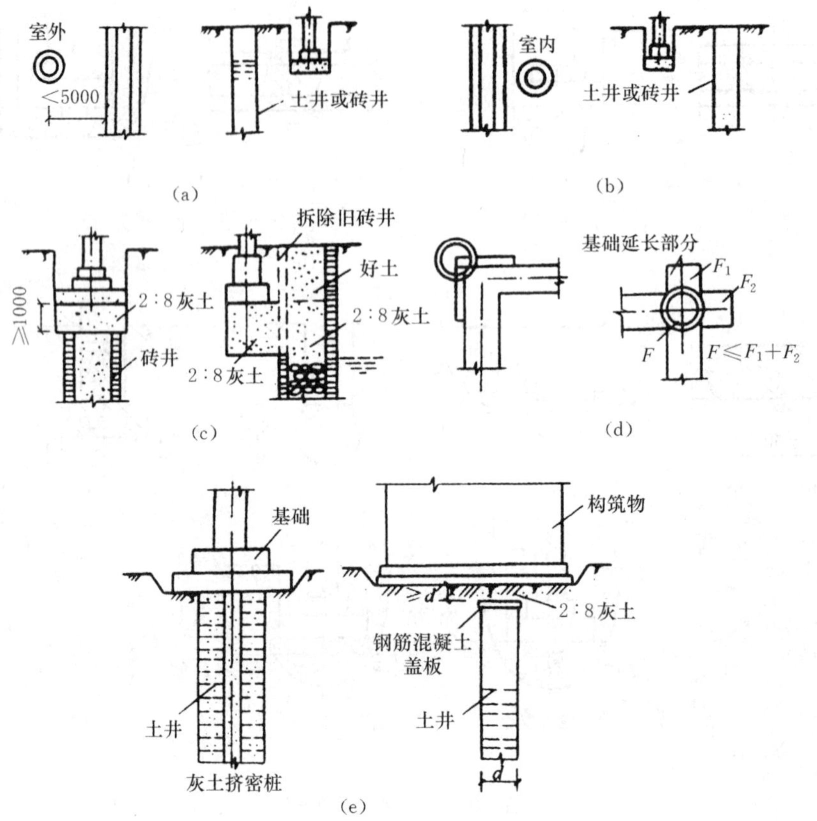

图 10-2　砖井、土井的处理

钢筋混凝土盖封口，上面用素土或 2∶8 灰土回填，夯实至槽底。

(4)若砖井、土井在房屋转角处，且基础部分或全部压在井上(见图 10-2(d))，则除按以上办法进行回填处理外，还应对基础加固处理。当基础压在井上部分较少，从基础中设置挑梁的方法较困难或不经济时，可将基础沿墙长方向外延长出去，使延长部分落在天然井上。落在天然井上基础总面积应等于或稍大于井圈范围内原有基础的面积，并在墙内配筋或钢筋混凝土梁来加强。

(5)若砖井、土井已淤填，但不密实(见图 10-2(e))，则可用大块块石将下面软土挤密，再用上述办法回填处理，如井内不能夯填密实，而上部荷载又较大，则可用在井内设灰土挤密桩或石灰桩的方法处理，如土井在大体积混凝土基础下，则可用在井圈上加钢筋混凝土盖板封口，上部再用素土或 2∶8 灰土回填密实的办法处理，使基土内附加应力分布比较均匀，另外，盖板到基底的高差 $h \geqslant d$。

三、局部范围内硬土的处理

基础下如局部遇基岩、旧墙基、大孤石、老灰土或圬工构筑物等，应尽可能将其挖除，以防建筑物由于局部落于坚硬地基上，造成不均匀沉降而使建筑物开裂；或将坚硬地基部分凿去 30～50 cm 深，再回填土、砂混合物或砂做软性褥垫，起到调节变形的作用，避免出现裂缝(见图 10-3)。如硬物挖除困难，可在其上设置钢筋混凝土过梁跨越，并与硬物间保留一定空隙或

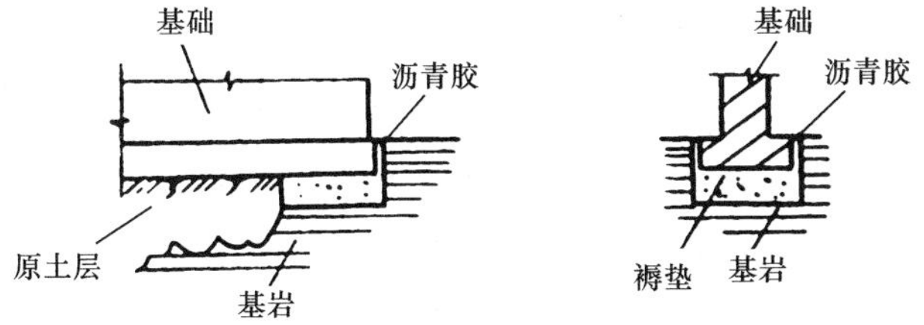

图 10-3 局部硬土的处理

在硬物上部设置一层软性褥垫以调整沉降。

四、橡皮土的处理

当地基为黏性土，其含水量大且趋于饱和时，夯拍会使地基土变成踩上去有一种颤动感的土，称为橡皮土。橡皮土不宜直接夯拍，因为夯拍将扰动原状土，土颗粒之间的毛细孔将破坏，在夯拍面形成硬壳，水分不易渗透和散发，这时可采用翻土晾槽或掺石灰粉的办法降低土的含水量，然后再根据具体情况选择施工方法及基础类型。如果地基土已发生了颤动现象，可加铺一层碎石夯击，将土挤密；如果基础荷载较大，可在橡皮土上打入大块毛石或红机砖挤密土层，然后满铺 50 cm 碎石后再夯实，亦可采用换土方法，将橡皮土挖除，填以砂土或级配碎石。

第二节 砂垫层和砂石垫层施工

在地基基础设计与施工中，浅层软弱土的处理，常采用换土垫层法，就是将基础底面下处理范围内的软弱土层挖去，分层换填强度较大的砂、碎石、灰土、二灰（石灰、粉煤灰）、煤渣、矿渣，以及其他性能稳定、无侵蚀性等的材料，并夯（压、振）至要求的密实度为止，以达到提高地基承载力，减小地基沉降量的目的。

砂垫层和砂石垫层系采用砂或砂石混合物，经分层夯实，作为地基的持力层，提高基础下部地基强度，并通过垫层的压力扩散作用，降低对地基的压应力，减小变形量，同时垫层可起排水作用，地基土中孔隙水可通过垫层快速地排出，能加速下部土层的沉降和固结。

砂垫层和砂石垫层具有应用范围广泛，不用水泥，由于砂石颗粒大，可防止地下水因毛细作用上升，地基不受冻结的影响；能在施工期间完成沉陷；用机械或人工都可使垫层密实，施工工艺简单，可缩短工期，降低造价等特点。

砂垫层和砂石垫层适用于处理 3.0 m 以内的软弱、透水性强的黏性土地基，不宜用于加固湿陷性黄土地基及渗透性系数小的黏性土地基。

一、砂垫层及砂石垫层的设计

1. 垫层厚度的确定

垫层的厚度应根据垫层底部软弱土层的承载力确定，即作用在垫层底面处土的自重应力（标准值）与附加应力（设计值）之和不大于软弱土层经深层修正后的地基承载力设计值（见图 10-4），即

$$p_z + p_{cz} \leqslant f_z \tag{10-1}$$

式中：f_z——经深度修正后垫层底面处土层的地基承载力设计值，kPa；

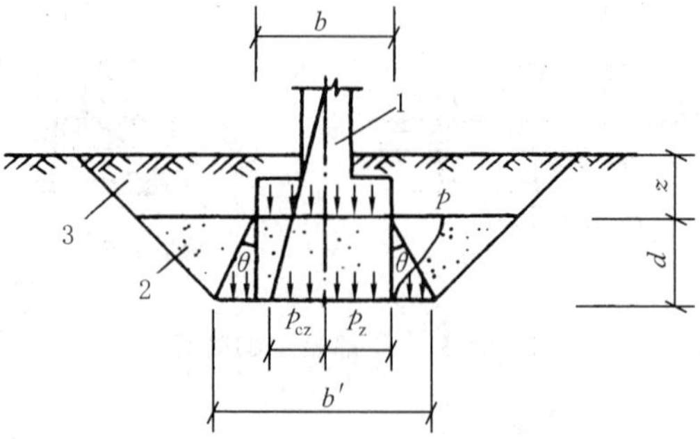

图 10-4　垫层内应力的分布

p_{cz}——垫层底面处土的自重压力标准值，kPa；

p_z——垫层底面处附加压力设计值，kPa，通常按简化的压力扩散角法求得，根据基础不同形式分别按以下简化式计算。

条形基础 $$p_z = b(p_k - p_{cz})/(b + 2z\tan\theta) \tag{10-2}$$

矩形基础 $$p_z = lb(p_k - p_{cz})/[(b + 2z\tan\theta)(l + 2z\tan\theta)] \tag{10-3}$$

式中：b——矩形基础或条形基础底边的宽度；

l——矩形基础底边的长度；

p_{cz}——基础底面处土的自重压力值；

z——基础底面下垫层的厚度；

p_k——基础底面处的平均压力值；

θ——垫层的压力扩散角，可按表 10-2 选用。

表 10-2　垫层压力扩散角 θ

换填材料 / z/b	中砂、粗砂、砾砂、圆(角)砾、卵(碎)石	黏性土和粉土 ($8<I_p<14$)	灰土
0.25	20°	6°	30°
≥0.5	30°	23°	

注　(1)当 $z/b<0.25$ 时，除灰土仍取 $\theta=30°$ 外，其余材料均取 $\theta=0°$；

(2)当 $0.25<z/b<0.5$ 时，θ 值可以内插求得；

(3)I_p 为土的塑性指数。

确定垫层厚度时，需要用试算法，即预先估计一个厚度，再按式(10-1)校核，如不能满足需求，则应再增加垫层厚度，直至满足要求为止。垫层厚度一般为 0.5～2.5 m，不宜大于3.0 m，否则费工费料，施工比较困难，也不经济。垫层厚度若小于 0.5 m，则作用不明显。

2. 垫层宽度的确定

砂石垫层的宽度除要满足压力扩散要求外，还要根据垫层侧面土的强度来确定，防止垫层向两边挤动。如果垫层宽度不足，四周侧面土质又比较软弱，垫层就有可能部分挤入侧面软弱土中，使基础沉降增大。

垫层宽度常用扩散角法计算，即

$$b' \geqslant b + 2z\tan\theta \tag{10-4}$$

式中：b——基础宽度；

θ——垫层压力扩散角，按表 10-2 选用。当用 $z/b<0.25$ 时，按 $z/b=0.25$ 取值。

垫层顶面每边宜超出基础底边不小于 300 mm，或从垫层底面两侧向上按当地经验的要求放坡。大面积整片垫层的底面宽度，常按自然倾斜角控制适当加宽。

3. 垫层承载力确定

垫层的承载力应以试验确定，重要工程、厚度大的垫层可以采用荷载试验确定。对于一般工程，可采用标准贯入试验、静力触探和取土试验确定，无试验资料的，可按表 10-3 所示的选用，并计算下卧层的承载力。

表 10-3　各种垫层的承载力

施工方法	换填材料	压实系数 λ_c	承载力标准值 f/kPa
碾压或振实	碎石、卵石	0.94～0.97	200～300
	砂夹石（碎石、卵石占全重（质量分数））的 30%～50%		200～250
	土夹石（碎石、卵石占全重（质量分数））的 30%～50%		150～200
	中砂、粗砂、砾砂		150～200
	黏性土和粉土（$8<I_p<14$）		130～180
	灰土	0.93～0.95	200～250
重锤夯实	土或灰土	0.93～0.95	150～200

注　(1)压实系数小的垫层，承载力标准值取低值，反之取高值。

(2)重锤夯实土的承载力标准值取低值，重锤夯实灰土的承载力标准值取高值。

(3)压实系数 λ_c 为土的控制干密度与最大干密度的比值；土的最大干密度宜采用击实试验确定，碎石或卵石的最大干密度可取 2.0～2.2 t/cm^3。

4. 沉降计算

垫层地基沉降分两部分，一是垫层的沉降，二是软弱下卧层的沉降。由于垫层材料模量远大于下卧层的模量，因此在一般情况下，软弱下卧层沉降量占整个沉降量的大部分。我国软黏土分布地区的大量建筑物沉降观测及工程经验表明，采用垫层法进行局部处理后，往往由于软弱下卧层的变形，建筑物地基仍将产生过大的沉降量和沉降差。下卧层顶面承受的换填材料本身的压力超过原天然土层压力较多的工程，地基下卧层将产生较大的变形。重要工程可按《建筑地基基础设计规范》(GB 50007—2011)中的变形计算方法进行建筑物的沉降计算，以保证垫层加固效果及建筑物的安全使用。

二、砂垫层和砂石垫层的施工

1. 对材料的要求

砂石垫层宜采用级配良好、质地坚硬的材料，其颗粒的不均匀系数最好不小于 10，以中粗砂为好。当采用细砂、粉砂时，应掺加粒径为 20～50 mm 的卵石(或碎石)，但要分布均匀。砂垫层含泥量不宜超过 5%，不得含有草根、垃圾等有机质杂物。做排水垫层时，其含泥量不宜超过 3%，并且不应有过大的石块和碎石，因为碎石过大会导致垫层本身的不均匀压缩，一般要求碎(卵)石最大粒径不宜大于 50 mm。对于湿陷性黄土地基,不应选用透水性的砂石垫层。

2. 施工方法和机具的选择

砂垫层和砂石垫层采用什么方法和机具对垫层的质量至关重要,除下卧层是高灵敏度的软土在铺设第一层时要注意不能采用振动能量大的机具扰动下卧层外,在一般情况下,砂垫层和砂石垫层首选振动法夯实,因为振动比碾压更能使砂和砂石密实。我国目前常用的方法有振动法(包括平振法、插振法)、水撼法、夯实法、碾压法等,如表 10-4 所示。常采用的机具有振捣器、振动压实机、平板振动器、蛙式打夯机等。

表 10-4　砂垫层和砂石垫层每层铺筑厚度及最优含水量

项次	捣实方法	每层铺筑厚度/mm	施工时最优含水量/(%)	施工说明	备注
1	平振法	200～250	15～20	用平板式振捣器往复振捣	不宜使用于细砂或含泥量较大的砂所铺筑的砂垫层
2	插振法	振捣器插入深度	饱和	(1)用插入式振捣器; (2)插入间距可根据机械振幅大小决定; (3)不应插至下卧黏性土层; (4)插入振捣器完毕后所留的孔洞,应用砂填实	
3	水撼法	250	饱和	(1)注水高度应超过每次铺筑面; (2)钢叉摇撼捣实,插入点间距为 100 mm; (3)钢叉分四齿,齿的间距为 30 mm,长30 mm,木柄长 900 mm,重 4 kg	湿陷性黄土、膨胀土地区不得使用
4	夯实法	150～200	8～12	(1)用木夯或机械夯; (2)木夯重 40 kg,落距为 400～500 mm; (3)一夯压半夯,全面夯实	适用于砂石垫层
5	碾压法	250～350	8～12	以 6～10 t 压路机往复碾压,一般不少于 4 遍	(1)适用于大面积砂垫层; (2)不宜用于地下水位以下的砂垫层

注　地下水位以下的垫层,其最下层的铺筑厚度可比表中所示的值增加 50 mm。

3. 施工要点

(1)铺设前应先验槽,将基底表面浮土、淤泥、杂物清除干净,两侧应设一定坡度,防止振捣时塌方。基坑(槽)两侧附近如有低于地基的孔、洞、沟、井和墓穴等,应在末做垫层前加以填实。

(2)垫层底面宜铺设在同一标高上,如深度不同,土面应挖成阶梯或斜坡搭接,并按先深后浅的顺序施工,搭接处应夯压密实。分层铺设时,接头应做成斜坡或阶梯形搭接,每层错开 0.5～1.0 m,并注意充分捣实。

(3)人工级配的砂石垫层，应将砂石搅拌均匀后，再铺设捣实。

(4)开挖基坑铺设垫层时，严禁扰动垫层下卧层及侧壁的软弱土层，防止被践塌、受冻或浸泡，否则土的结构在施工时遭到破坏，其强度就会显著降低。因此，基坑开挖后应及时回填，不应暴露过久。如垫层下有厚度较小的淤泥或淤泥质土层，在碾压荷载下抛石能挤入该层底面，则可采取挤淤处理，先在软弱土面上堆填块石、片石等，然后将其压入以置换和挤出软弱土，再做垫层。

(5)垫层应分层铺设，分层夯实或压实，基坑预先安好 5 m×5 m 网格标桩，控制每层的铺设厚度。分层厚度视振动力的大小而定，一般为 15～20 cm，每层铺设厚度不宜超过表 10-4 所示的数值。振夯压要做到交叉重叠 1/3，防止漏振、漏压。夯实、碾压遍数、振实时间应通过试验确定。

(6)采用细砂做垫层材料时，不宜使用平振法、插振法和水撼法，以免产生液化现象。

(7)当地下水位较高或在饱和的软弱土地基上铺设垫层时，应加强基坑内及外侧四周的排水工作，防止砂垫层浸水引起砂的流失，保持基坑边坡稳定或采取降低地下水位措施，使地下水位降低到基坑底 500 mm 以下。

(8)当采用水撼法或插振法施工时，以振捣棒振幅半径的 1.75 倍为间距(一般为 400～500 mm)插入振捣，依次振实，以不再冒气泡为准，直至完成；同时应采取措施，做到有控制地注水或排水。垫层接头应重复振捣，插入式振动棒振完所留孔洞应用砂填实；在振动底层垫层时，不得将振动棒插入原土层或基槽边部，以避免使软土混入砂垫层而降低砂垫层强度。

(9)垫层铺设完毕，应立即进行下道工序施工，严禁小车及人在砂层上面行走，必要时，在垫层上铺板行走。

第三节　灰土垫层施工

灰土是一种我国传统的建筑用料。用灰土做垫层，已有 2000 余年的历史，各地都积累了丰富的经验，如北京城墙的地基就是用灰土建造的。

灰土垫层是将基础地面下要求范围内的软弱土层挖去，用一定比例的石灰与土，在最优含水量情况下，充分拌和，分层回填夯实或压实而成的。灰土垫层具有一定的强度、水稳定性和抗渗性，施工工艺简单，取材容易，费用较低，是一种应用广泛、经济、适用的地基加固方法，一般用于加固深 1～4 m 厚的软弱土、湿陷性黄土、杂填土等，还可用作结构的辅助防渗层。

一、灰土垫层设计

1. 承载力的确定

灰土垫层承载力宜通过现场荷载试验、标贯静力触探取土试验等方法确定。经过碾压或夯实的灰土垫层，当压实系数控制在 0.93～0.95 范围内时，其允许承载力为 150～250 kPa；对于湿陷性黄土地基，当无现场试验资料时，灰土垫层允许承载力不宜超过 250 kPa；荷载试验证明，灰土垫层在保证分层夯实质量(压实系数控制在 0.97)，干密度不小于 1.5 g/cm^3 的前提下，其承载力可达到 300 kPa 以上。

2. 垫层厚度的确定

一般灰土垫层厚度的计算同砂垫层的。非自重湿陷性黄土地基垫层厚度可根据湿陷性起始压力按下式确定。

$$p_z + p_{cz} \leqslant p_{sh} \tag{10-5}$$

式中：p_z——垫层底面处附加压力设计值，kPa；

p_{cz}——垫层底面处的自重压力标准值，kPa；

p_{sh}——垫层底面处的卧层湿陷性土的湿陷起始压力，kPa。

3. 垫层宽度的确定

未经处理的湿陷性黄土的地基，在地基土外荷载作用下受水浸湿，产生的湿陷变形，是由土的竖向变形和侧向挤出两部分所引起的。荷载试验表明，当垫层的宽度超出基础底面宽度不大时，地基受水浸湿后就不能有效地防止土的侧向挤出，湿陷变形仍然很大，因此，垫层每边超出基础底面的宽度不得小于垫层厚度的 40%，并不得小于 0.5 m。

灰土垫层的宽度一般为灰土顶面基础砌体宽度加 2.5 倍灰土厚度之和，即 $b'=b+2.5z$。

4. 灰土垫层布置范围

灰土垫层布置范围可分为两种，即在建筑物基础（单独基础和条形基础）底面下的灰土垫层和建筑物范围内的整片垫层。设计时采用整片灰土垫层的目的是使整片垫层起隔水作用，预防水从室内、外渗入地基，保护整个建筑物范围内下部未经处理的湿陷性黄土层不致受水浸湿。所以整片灰土垫层超过外墙基础外沿的宽度不宜小于其宽度，并不得小于 1.5 m。

5. 沉降计算

灰土垫层沉降计算同砂垫层的。

二、灰土垫层的材料

1. 土料

灰土中的土不仅作为填料，而且参与化学作用，尤其是土中的黏粒（粒径小于 0.005 mm）或胶粒（粒径小于 0.002 mm），具有一定活性和胶结性，含量越多，土的塑性指数越高，则灰土的强度也越高。

在施工现场常采用就地挖出的黏性土及塑性指数大于 4 的粉土、淤泥、耕植土、冻土、膨胀土以及有机质含量（质量分数）超过 8%的土料，都不得使用。土料应过筛，其粒径不应大于 15 mm。

2. 石灰

石灰是一种无机的胶结材料，它不但能在空气中硬化，而且还能更好地在水中硬化，建筑工程中常用的熟石灰，其原料是石灰石，含黏土的为黏土质石灰石，含碳酸镁的为白云石。

石灰生产时，将石灰石在煅烧窑内加热到 900 ℃以上（常达 1100～1200 ℃），碳酸钙（$CaCO_3$）分解后放出 CO_2 而得氧化钙（CaO），即

$$CaCO_3 \longrightarrow CaO + CO_2 \uparrow$$

煅烧后生成的石灰是质地轻的块状物，颜色自白至灰或黄绿色，主要成分为 CaO，其次为 MgO。

石灰（指生石灰）在使用前一般用水熟化，它是一种放热反应，即

$$CaO + H_2O \longrightarrow Ca(OH)_2 + 65.3\ kJ/mol$$

生石灰加水放出热量，形成蒸汽，同时体积膨胀。当质纯且煅烧良好时，其体积增大

1.5～2.0倍。体积增大是其密度减小（生石灰密度为3.1 t/m³，熟石灰密度为2.1 t/m³）和质地变为疏松的粉末状所致。

在施工现场使用的熟石灰应预过筛，其粒径不得大于5 mm，且不应夹有未熟化的生石灰块粒及其他杂质，也不得含有过多的水分。

石灰的性质取决于其活性物质的含量，即CaO与MgO的含量，含量越高，则活性越大，胶结力越强。一般常用的熟石灰粉末，其质量应符合Ⅲ级以上的标准，活性物质CaO、MgO的总含量不低于50%，如要拌制强度较高的灰土，宜选用Ⅰ或Ⅱ级石灰。当活性氧化物含量不高时，应相应增加石灰的用量。石灰的贮存时间不宜超过3个月，长期存放会使其活性降低。

3. 石灰用量对灰土强度的影响

灰土中石灰的用量在一定的范围内，其强度随用灰量的增大而提高，但在超过一定限值后，则强度增加很小，并有逐渐减小的趋势。1∶9灰土强度较低，只能改变土的压实性能，当承载力要求不高时采用2∶8或3∶7（体积比）灰土，一般作为最佳含灰率，但与石灰的等级有关，通常应使CaO、MgO的总质量分数达到8%左右为佳。石灰应以生石灰块消解（闷透）3～4 d后过筛使用，生石灰标准如表10-5所示。

表10-5　生石灰的技术标准

指标 类别 等级 项目	钙质生石灰			镁质生石灰		
	一等	二等	三等	一等	二等	三等
有效钙加氧化镁含量不小于/(%)	85	80	70	80	75	65
未消化残渣含量(5 mm圆孔筛的筛孔)不小于/(%)	7	11	17	10	14	20

三、灰土垫层施工要点

(1)对基槽（坑）应先验槽，消除松土，并打2遍底夯，要求平整干净，如有积水、淤泥，应晾干；若局部有软弱土层或孔洞，则应及时挖除后用灰土分层回填夯实。

(2)灰土配合比应符合设计，一般用3∶7或2∶8（石灰和土的体积比）。多用人工翻拌，不少于3遍，使之均匀，颜色一致，并适当控制含水量，现场以手搓成团，两指轻捏即散为宜，一般最优含水量为14%～18%（质量分数）；如含水分过多或过少，应稍晾干或洒水湿润，如有球团应打碎，要求随拌随用。

(3)铺灰应分段分层夯筑，每层虚铺厚度如表10-6所示，夯实机具可根据工程大小和现场机具条件选取，遍数按设计要求的干密度由试夯（或碾压）确定，一般不少于4遍。

表10-6　灰土最大虚铺厚度

夯实机具种类	重量/t	虚铺厚度/mm	备　注
石夯、木夯	0.04～0.08	200～250	人力送夯，落距为400～500 mm，一夯压半夯，夯实后为80～100 mm厚
轻型夯实机械	0.12～0.4	200～250	蛙式夯机、柴油打夯机，夯实后为100～150 mm厚
压路机	6～10	200～300	双轮

(4)灰土分段施工时,不得在墙角、柱基及承重窗间墙下接缝,上下两层的接缝距离不得小于500 mm,接缝处应夯压密实,并做成直搓。当灰土地基高度不同时,应做成阶梯形,每阶宽不小于500 mm,对做辅助防渗层的灰土,应将地下水位以下结构包围,并处理好接缝,同时注意接缝质量,每层虚土从留缝处往前延伸300 mm以上,接缝时,用铁锹在留缝处垂直切齐,再铺下段夯实。

(5)灰土应当日铺填夯压,入槽(坑)灰土不得隔日夯打,夯实后的灰土30 d内不得受水浸泡,并及时进行基础施工及基坑回填,或在灰土表面做临时性覆盖,避免日洒雨淋。雨季施工时,应采取适当防雨、排水措施,以保证灰土在基槽(坑)内无积水的状态下进行施工。刚打完的灰土,如突然遇雨,应将松软灰土除去,并补填夯实,稍受湿的灰土可在晾干后补夯。

(6)冬季施工,必须在基层不冻的状态下进行,土料应覆盖保温,冻土及夹有冻块的土料不得使用;已熟化的石灰应在次日用完,以充分利用石灰熟化时的热量,拌和的灰土应当日铺填夯实,表面应用塑料布及草袋覆盖保温,以防灰土垫层早期受冻降低强度。

第四节　灰土桩施工

一、概述

灰土桩又称灰土挤密桩,是由土桩挤密法发展而成的。土桩挤密地基是苏联阿别列夫教授于1934年首创的,是苏联和一些东欧国家深层处理湿陷性黄土地基的主要方法。我国自20世纪50年代中期在西北地区开始试验使用土桩挤密地基。陕西省西安市为解决城市杂填土地基的深层处理问题,于20世纪60年代中期在土桩挤密法基础上试验成功灰土桩挤密法。

灰土桩挤密是利用锤击(或冲击、爆破等方法)将钢管打入土中,侧向挤密成孔,将管拔出后,在桩孔中分层回填2∶8或3∶7的灰土夯实,与桩间土共同组成复合地基以承受上部荷载的方法。

灰土桩是介于散体桩和刚性桩之间的桩型,其作用机理和力学性质接近石灰桩的。随着桩型和桩体材料的不断演变,在灰土桩中掺入粉煤灰、炉渣等活性材料或少量水泥,可以改善桩体力学性能,提高桩体强度,从而可以用于大荷载建筑物的地基处理,以及作为大直径桩或深基础承受荷载。

二、灰土桩的特点及适用范围

1. 灰土桩的特点

(1)灰土桩成桩时为横向挤密,可消除地基土的湿陷性,提高承载力,降低压缩性。

(2)不需大量开挖回填,可节省土方开挖和回填土方工程量,工期可缩短50%以上。

(3)主固化料为熟石灰,可就地取材,应用廉价材料,降低工程造价2/3。

(4)处理深度较大,可达12～15 m。

(5)施工方便,机具简单,工效高。

2. 灰土桩的适用范围

(1)灰土桩适于加固地下水位以上、天然含水量为12%～15%(质量分数)、厚度为5～15 m的新填土、杂填土、湿陷性黄土以及含水率较大的软弱地基。

(2)灰土强度高,桩身强度大于周围地基土的,可以分担较大部分荷载,使桩间土承受的应力减小,而到 2～4 m 以下深度则与地基土的相似。一般情况下,当以提高地基的承载力或水稳性为主要目的时,宜选用灰土桩。

(3)当地基的含水量大于 23%(质量分数)及其饱和度大于 0.65 时,打管成孔质量不好,且易对邻近已回填的桩体造成破坏,拔管后易产生缩颈和地面隆起,这时不宜选用灰土桩。

三、灰土桩的作用机理

灰土桩的作用机理与石灰桩的相似,由于在地下水位以上应用,可以获得较高的桩体强度,因此,灰土桩除作为灰土桩复合地基外,还可以作为大直径桩或深基础。不同的使用目的,其作用机理有所差异。

灰土的应用已有数千年的历史,在没有地下水的条件下,灰土的硬化现象早已为人们所接受。近几十年来,人们通过电子显微镜、X 光衍射、差热分析等先进手段,进一步从微观上搞清了灰土的硬化机理。

灰土硬化的主要原因是,土中掺入石灰后,$Ca(OH)_2$ 和黏性土之间产生化学反应,$Ca(OH)_2$ 粒子化产生的 Ca^{2+} 和黏性土颗粒表面的阳离子进行交换,使土粒子凝聚,团粒增大,强度提高。同时 $Ca(OH)_2$ 和土中的胶态硅、胶态铝发生化学反应生成 CAH 和 CSH 系的水化物。这些水化物具有针状结构,强度较高,不溶于水,一旦形成即具有长期的水稳性。因此,灰土固化后并不会受水的侵蚀。

石灰的碳酸化也是灰土强度得以长期增长的一个原因。

如果灰土桩材料中加有粉煤灰等活性材料,则加强了水化物的生成,使其具有更高的强度。

灰土桩作为深基础或大直径桩使用时,主要考虑桩体本身的硬化情况及其强度指标。灰土桩与土组成复合地基时,其作用机理涉及桩间土的性状和桩上荷载分担的情况。

灰土桩复合地基中,桩土的荷载分担比与桩、土模量、荷载水平、基础大小、置换率等因素有关。在桩间土被挤密的情况下,一般桩间土可承担 50%左右的荷载。因此,灰土桩复合地基承载力的提高不仅要求一定的桩体强度,还要依靠对桩间土的挤密加强。在成孔成桩中,桩间土挤密效果取决于土性、施工工艺、桩径和置换率等因素,而且在桩长范围内,挤密效果也不同。在大孔隙黄土中,一根桩的有效挤密区的半径为(1～1.5)d,影响半径为(1.5～2)d。经挤密后,桩间土承载力为挤密前的 1.51～1.71 倍,规范规定为 1.4 倍。桩体和桩间土共同作用,桩在自身压缩膨胀的同时,通过侧阻力及端承力将荷载传给桩间土,体现了桩体的作用。当桩体强度较小,桩土模量比小于 10 时,如同石灰桩和土桩一样,具有了复合垫层的特征。

四、灰土桩的设计

1. 桩的构造和布置

(1)桩孔直径。桩孔直径根据工程量、挤密效果、施工设备、成孔方法及经济等情况而定,一般选用 300～600 mm。

(2)桩长。桩长根据土质情况、桩处理地基的深度、工程要求和成孔设备等因素确定,一般为 5～15 mm。

(3)桩距和排距。桩孔一般按等边三角形布置,其间距和排距(见图 10-5)分别为

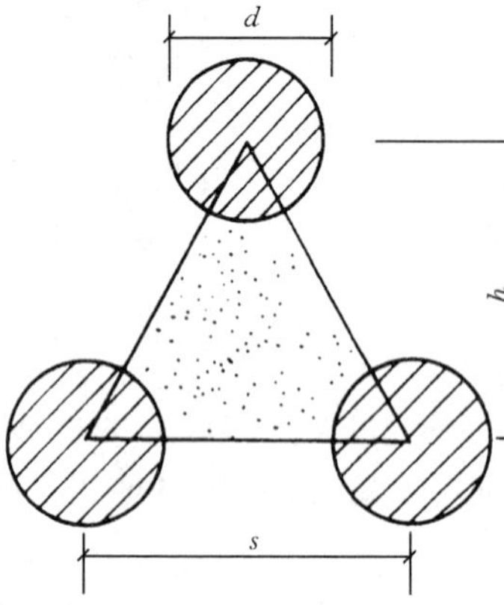

图 10-5　桩距和排距计算简图

$$s = 0.95d\sqrt{\frac{\bar{\lambda}_c \rho_{dmax}}{\bar{\lambda}_c \rho_{dmax} - \bar{\rho}_d}} \tag{10-6}$$

$$h = 0.866s$$

式中：s——桩的间距，mm；

d——桩孔直径，mm；

$\bar{\lambda}_c$——地基挤密后，桩间土的平均压实系数，宜取0.93；

ρ_{dmax}——桩间土的最大干密度（t/m³）；

$\bar{\rho}_d$——地基挤密前土的平均干密度（t/m³）。

(4)处理宽度。灰土挤密桩处理地基的宽度应大于基础的宽度，以增强地基的稳定性。局部处理时，对非自重湿陷性黄土、素填土、杂填土等地基，每边超出基础的宽度不应小于 0.25b（b 为基础短边宽度，见图 10-6），并不应小于 0.5 m；对自重湿陷性黄土地基，每边超出基础的宽度不应小于 0.75b，并不应小于 1 m。

整片处理宜用于Ⅲ、Ⅳ级自重湿陷性黄土场地，每边超出建筑物外墙基础边沿的宽度不宜小于处理土层厚度的 1/2，并不应小于 2 m。

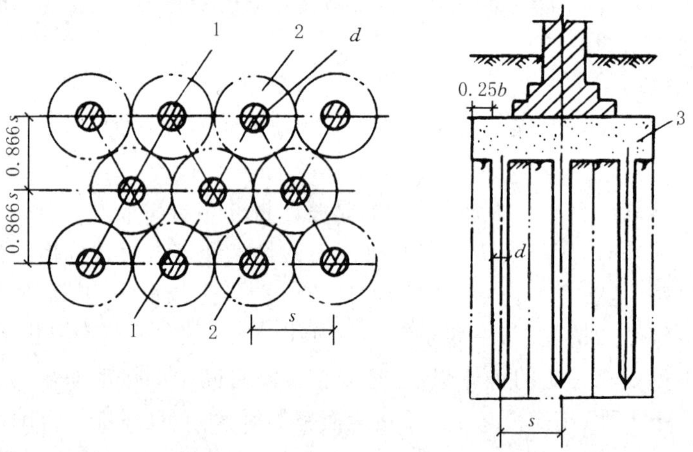

图 10-6　灰土桩及灰土垫层布置

(5)地基的承载力和压缩模量。灰土挤密桩处理地基的承载力标准值应通过原位测试或结合当地经验确定，当无试验资料时，对灰土挤密桩地基，不应大于处理前的 2 倍，并不应大于 250 kPa。

灰土挤密桩地基的压缩模量应通过试验或结合本地经验确定，一般为 29.0～30.0 MPa。

2. 材料要求

桩孔内的填料应根据工程要求或处理地基的目的确定。生石灰应消解 3～4 d 后过筛，粒径不大于 5 mm。石灰质量不低于Ⅲ级，活性 CaO、MgO 总含量的质量分数（按干重计）不小于 50%。

灰土含水量尽量接近其最优值。当含水量超过其最优值±3%时，可晾晒或洒水湿润。灰土配合比应符合设计要求。常用配合比为 2∶8 或 3∶7（体积比）。灰土应拌和均匀，颜色一致，要及时填入桩孔，不宜隔日使用。灰土的夯实质量用压实系数 λ_c 控制，压实系数不应小于 0.97。

五、灰土桩的施工

1. 灰土桩的施工机械设备

(1)成孔设备。一般采用 0.6 t 或 1.2 t 柴油打桩机或自制锤击式打桩机，亦可采用冲击钻机或洛阳铲成孔。

(2)夯实机具。常用夯实机具有偏心轮夹杆式夯实机和卷扬机提升式夯实机两种，后者在工程中应用较多。夯锤用铸钢制成，质量一般选用 100～300 kg，其竖向投影面积上的压力不小于 20 kPa。夯锤最大部分的直径应较桩孔直径小 100～150 mm，以便填料顺利通过夯锤四周。夯锤下端应呈抛物线锥体或尖锥形锥体，上段呈弧形。

2. 灰土桩的成孔方法

桩的成孔方法可根据现场机具条件选用沉管法、爆扩法、冲击法或洛阳铲成孔法等。

(1)沉管法成孔。沉管法是用打桩机将与桩孔同直径的钢管打入土中使土向孔周围挤密，然后缓慢拔管成孔的方法。桩管顶设桩帽，下端做成锥形，约呈 60°角，桩尖可以上下活动(见图 10-7)，以利空气流动，可减少拔管时的阻力，避免坍孔。成孔后应及时拔出桩管，不应在土中搁置时间过长。成孔施工时，地基土宜接近最优含水量，当含水量低于 12%(质量分数)时，宜加水增湿至最优含水量。本法简单易行，孔壁光滑平整，挤密效果好，应用广泛，但处理深度受桩架限制，一般不超过 8 m。

(2)爆扩法成孔。爆扩法系用钢杆打入土中形成直径为 25～40 mm 的孔或用洛阳铲形成直径为60～80 mm 的孔，然后在孔内装入条形炸药卷和 2～3 个雷管，爆扩成直径为 20～45 cm 孔的方法。爆扩法工艺简单，但孔径不易控制。

(3)冲击法成孔。冲击法是使用冲击钻钻孔，将0.6～3.2 t 重锥形锤头提升 0.5～2.0 m 后落下，反复冲击成孔，用泥浆护壁的方法。其成孔直径可达 50～60 cm，深度可达 15 m 以上。该方法适合处理湿陷性较大的土层。

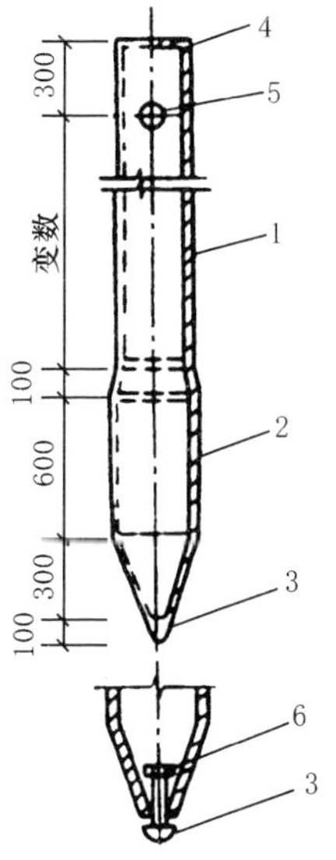

图 10-7 桩管构造

1—ϕ275 mm 无缝钢管；2—ϕ300 mm×10 mm 无缝钢管；3—活动桩尖板；4—10 mm 厚封头板(设 ϕ300 mm 排气管)；5—45 mm 管焊于桩管内，穿 M40 螺栓；6—重块

3. 施工要点

(1)施工前应在现场进行成孔、夯填工艺和挤密效果试验，以确定分层填料厚度、夯击次数和夯实后干密度等参数。

(2)桩的施工方法一般采取先将基坑挖好，预留 20～30 cm 土层，然后在坑内进行灰土桩施工，并应按设计要求和现场条件选用沉管(振动、锤击)法、冲击法或爆扩法等方法进行成孔，使土向孔周围挤密。

(3)成孔施工时，地基土宜接近最优含水量，当含水量低于12%（质量分数）时，宜加水增湿至最优含水量。桩孔中心点的偏差不应超过桩距设计值的5%；桩孔垂直偏差不应大于1.5%。对沉管法，桩孔直径和深度应与设计值相同；对冲击法和爆扩法，桩孔直径的误差不得超过设计值的±70 mm，桩孔深度不应小于设计深度0.5 m。

(4)回填施工前，孔底必须夯实，然后用灰土在最优含水量状态下分层回填夯实，每次回填厚度为250～400 mm，人工夯实用重25 kg、带长柄的混凝土锤，机械夯实用偏心轮夹杆式夯实机、卷扬机提升式夯实机(见图10-8)或链条传动摩擦轮提升连续式夯实机，一般落锤高度不小于2 m，每层夯实不少于10锤。施工时，逐层以量斗定量向孔内下料，逐层夯实。当采用连续夯实机时，则将灰土用铁锹不间断地下料，每下2锹夯2击，均匀地向桩孔下料、夯实。桩顶应高出设计标高15 cm，挖土时将高出部分铲除。

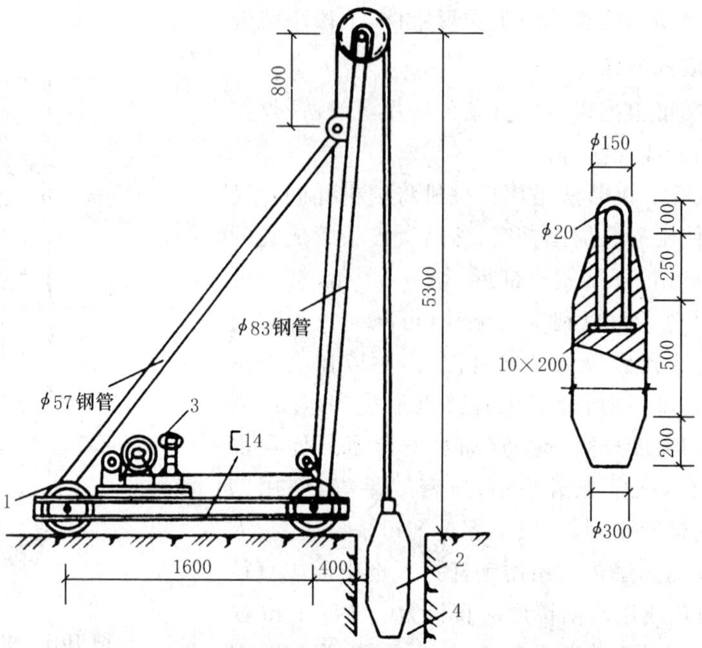

图10-8　灰土桩夯实机构造(桩直径为350 mm)

(5)成孔和回填夯实的施工宜间隔进行。应先外排后里排，同排内应间隔1～2孔交叉进行夯实；对大型工程，可采取分段施工，以免因振动挤压造成相邻孔缩孔或坍孔。

(6)若孔底出现饱和软弱土层，可加大成孔间距，以防振动造成已打好的桩孔内挤塞；当孔底有地下水流入时，可采用井点降水后再回填填料或向桩孔内填入一定数量的干砖渣和石灰，经夯实后再分层填入填料。

(7)施工过程中，应有专人监测成孔及回填夯实的质量，并做好施工记录。如发现地基土质与勘察资料不符，并影响成孔或回填夯实，则应立即停止施工，待查明情况或采取有效措施后，方可继续施工。

(8)雨季或冬季施工，应采取防雨、防冻措施，防止灰土受雨水淋湿或冻结。

第五节 夯实水泥土桩施工

夯实水泥土桩是利用机械成孔(挤土、不挤土)或人工成孔,然后将土和水泥拌和,夯入孔中所形成的桩。这种桩所用土的含水量可以得到控制,加之夯实所形成的高密度,因此,桩体具有较高强度(3～5 MPa),且能节约水泥。在机械挤土成孔和夯填桩料时,对可挤密的桩间土具有明显的加强效果。

一、水泥土桩的作用机理

1. 水泥土的固化原理

(1)水泥的水解和水化反应。水泥的主要成分有氧化硅、氧化钙、氧化铝等。这些氧化物分别组成不同的水泥矿物。硅酸三钙、硅酸二钙等与水产生水解和水化反应生成 $Ca(OH)_2$、含水硅酸钙、含水铝酸钙等,在水溶液中凝析、硬化,形成水泥石骨架。

(2)离子交换团粒化作用。黏土作为一个多相散布系,和水结合表现出一般的胶体特征。土中含量最高的 SiO_2 遇水后,形成硅酸胶体微粒,其表面带有的钠离子和钾离子与水泥水化生成的 $Ca(OH)_2$ 中的钙离子进行当量吸附交换,使较小的土颗粒形成较大的团粒,从而使土的强度提高。

水泥水化物的凝胶粒子的比表面积比原来水泥颗粒的大 1000 倍左右,因而产生很大的表面能,有强烈的吸附活性,能使较大的团粒进一步结合起来,形成水泥的团粒结构,并封闭各土团之间的空隙,形成坚固的连接。

(3)凝硬反应。黏土中的矿物成分 SiO_2、Al_2O_3 与水泥发生水化反应析出的钙离子进行化学反应,生成不溶于水的稳定的结晶化合物,在水中和空气中逐渐硬化,增大了水泥土强度,而且由于其结构致密,水分不易侵入,从而使水泥土具有足够的水稳性。

2. 水泥土桩复合地基桩间土的性状

关于混合体以外土的性状有无改善的问题,经测试认为,虽然固化材料可以从混合体的周围渗透,但其反应缓慢,渗透范围有限,应用中不予考虑,因此,桩间土仍采用天然地基的力学性能指标。

当水泥桩作为复合地基中的竖向增强体时,由于水泥土桩界于柔性桩与刚性桩之间,在软土中主要表现了桩体的作用,在正常置换率的情况下,桩分担了大部分荷载。桩通过侧阻力和端阻力将荷载传至深层土中,在桩和土共同承担荷载的过程中,土中高应力区增大,从而提高了地基的承载力,复合地基还具有垫层的扩散作用。

在夯实水泥土桩的挤土成孔中,对桩间土的挤密应当分不同土质进行考虑。对于松散填土、杂填土、砂类土、粉土,应考虑桩间土强度的提高。对于灵敏度高的饱和黏性土、淤泥等,则不考虑桩间土的挤密效应。

二、夯实水泥土桩适用范围

夯实水泥土桩适用于建筑物(包括构筑物)在地下水位以上的黏性土、粉土、粉细砂、素填土、杂填土等地基的处理。若遇少量地下水,则应采用复合工艺,确保地下水位以下的成桩质量。夯实水泥土桩复合地基的质量好坏关键在于桩体是否密实、均匀。由于夯实机的夯锤质量及起落高度一致，夯击能为常数，桩体质量保证率较高。

当采用该技术处理湿陷性土时，宜采用挤土成孔工艺或加大置换率，并应符合湿陷性黄土地区建筑规范的有关规定。

三、夯实水泥土桩的设计

1. 一般规定

(1)夯实水泥土桩自身有一定强度和刚度，一般情况下在基础边线内布桩，当主要持力层软弱或相邻建筑很近时，可在基础外适量布置桩。

(2)夯实水泥土桩长度应根据工程地质情况、工程要求等因素确定，桩长最短不宜小于 2.5 m，最长不宜超过 10 m，且桩端进入相对硬层的深度应大于桩直径。桩径宜采用 0.3～0.6 m。

(3)夯实水泥土桩的布置可采用正三角形、正方形等形式，桩中距一般为 2.5～3.5 倍桩径，面积置换率为 5%～15%。桩中距可按下式计算：

正三角形：
$$s_d = \sqrt{\frac{0.907}{m}}d_0 \tag{10-7}$$

正方形：
$$s_d = \sqrt{\frac{0.785}{m}}d_0 \tag{10-8}$$

式中：s_d——夯实水泥土桩中距，m；

m——面积置换率；

d_0——桩径，m。

面积较小的独立基础或较窄的条形基础，可按面积置换率确定桩数，由桩数及基础尺寸确定桩距。

(4)基底下应铺 50～150 mm 厚的褥垫层，当桩体承担较多荷载时，褥垫层厚度取小值，反之，取大值。垫层材料可用中砂、粗砂、石屑或灰土。

2. 夯实水泥土桩的承载力及变形计算

(1)按现场复合地基荷载试验确定地基承载力，一级建筑物、地质条件复杂的场地或在同一场地处理面积较大时，按试验取得的参数进行设计。曲线上有明显的比例极限时，可取比例极限对应的荷载；当极限荷载小于对应比例极限荷载值的 1.5 倍时，取极限荷载的 1/2；或取相对变形值 0.006～0.010 所对应的荷载。

(2)其承载力标准值为

$$f_{sp,k} = mR_k/A_p + \alpha(1-m)f_k/[\ \alpha(1-m)f_k] \tag{10-9}$$

$$R_k = (q_pA_p + U_p\sum q_{si}L_i)\ /2 \tag{10-10}$$

式中：$f_{sp,k}$——复合地基承载力标准值，MPa；

R_k——单桩承载力标准值，kN；

A_p——桩体截面面积；

U_p——桩身周边长度，m；

q_{si}——桩周第 i 层土的摩擦力标准值，kPa；

m——面积置换率；

α——桩间土强度调整系数，当排水土成孔时，α 可取0.8～1.0，当挤土成孔时，α 可取0.95～1.10；

f_k——天然地基承载力标准值，kPa；

q_p——桩测 i 层土摩阻力标准值，kPa，可按地区经验或相关标准确定；

L_i——按土层划分的各段桩长，m。

(3)单桩承载力标准值 R_k 应满足

$$R_k \leqslant 1/3 f_{cs,k} A_p \tag{10-11}$$

式中：$f_{cs,k}$——夯实水泥土的标准强度。

(4)水泥土混合料的配合比设计应根据工程对桩体强度的要求、土料性质、水泥品种确定，一般取水泥和土的体积比为 1∶5～1∶8。

(5)软弱下卧层的验算。当复合地基下有软弱下卧层时，应按下式验算：

$$p_z + p_{cz} \leqslant f_z \tag{10-12}$$

式中：p_z——软弱下卧层顶面处的附加压力设计值，kPa；

p_{cz}——软弱下卧层顶面处的自重压力标准值，kPa；

f_z——软弱下卧层顶面处经深度修正后地基承载力设计值，kPa。

处理后的地基变形计算采用分层总和法。

四、夯实水泥土桩的施工

1. 施工准备

(1)施工前应具备的资料。建筑场地岩土工程勘察资料，包括建筑物(包括构筑物)基础设计图及夯实水泥土桩设计图；建筑物场地和邻近区域内的地上、地下管线及障碍物等的调查资料。

(2)施工前应具备的条件。影响施工管线的障碍已经清楚；施工用水、用电有保证，道路畅通，施工场地平整；建筑物的方位、标高的控制桩已设定。

(3)施工前应编制施工组织设计。其主要内容包括：施工平面及桩位布置图；施工机械人员配置；编制施工顺序；材料、备品、备件供应计划；进度计划；质量控制、安全保证和季节性施工技术措施。

2. 桩材制备

(1)水泥宜采用 325 号或 425 号矿渣水泥或普通硅酸盐水泥；进场水泥应进行强度和安定性试验，储存和使用过程中要做好防潮、防雨。

(2)土料宜采用黏性土、粉土、粉细砂、渣土，土料中有机质含量不得超过 5%(质量分数)，不得含有冻土或膨胀土，使用时应过 20～25 mm 筛。

(3)混合料要按设计配合比配制，并搅拌均匀，含水量与最优含水量允许偏差为±2%。当用人工搅拌时，拌和次数不应少于 3 遍；当用机械搅拌时，搅拌时间不应少于 1 min。混合料拌和后应在 2 h 内用于成桩。

3. 桩体施工

(1)夯实水泥土成孔应先用机械成孔法，如沉管、螺旋钻孔等方法。在场地狭窄、孔深较浅、桩数较少或不具备机械施工条件时，可采用人工洛阳铲成孔。桩孔深度不应小于设计深度。

(2)夯实桩体应优先选用机械夯实，当选用人工夯实时，应加强夯实质量的监测和控制。填料厚度应根据具体夯实设计确定，采用一击一填的连续成桩工艺，桩体的压实系数不应小于0.93，填料频率与落锤频率要协调一致，并均匀填料，每击填料厚度约为5 cm，严禁突击填料。向孔内填料前孔底必须夯实，若孔底含水率较高，则可先填入少量碎石或干拌混凝土，再予以夯实。

桩体施工的工艺过程为：成孔→夯实孔底→填料→夯实→填料→……→封顶→夯实。

第六节 地基处理施工质量验收与安全技术

一、灰土砂石垫层的质量检验

(1)灰土、砂、石等原材料质量、配合比应符合设计要求，砂、石应搅拌均匀。

(2)施工过程中必须检查分层厚度、分段施工时搭接部分的压实情况、加水量、压实遍数、压实系数。

(3)施工结束后，应检验灰土、砂石地基的承载力。

(4)灰土、砂石地基的质量检验标准符合表10-7所示的规定。

表10-7 灰土、砂石地基质量检验标准

项目	序号	检查项目	允许偏差或允许值	检查方法
主控项目	1	地基承载力	设计要求	按规定方法
	2	配合比	设计要求	检查拌和时的体积比或重量比
	3	压实系数	设计要求	现场实测
一般项目	1	土料、砂石料有机质含量/(%)	≤5	焙烧法
	2	砂石料含泥量/(%)	≤5	水洗法
	3	石灰粒径/mm	≤5	筛分法
	4	土颗粒粒径/mm	≤1.5	筛分法
	5	石料粒径/mm	≤100	筛分法
	6	含水量(与最优含水量比较)/(%)	±2	烘干法
	7	分层厚度(与设计要求比较)/mm	±50	用水准仪测量

(5)压实系数的测定方法：环刀取样检验，取样点应位于每层2/3深度处，对大基坑，每50～100 m^2应不少于1个检验点，对基槽，每10～20 m应不少于1个检验点，每个单独柱基应不少于1个检验点。

(6)如无设计规定，灰土质量标准可按表10-8所示要求执行。

(7)灰土表面应平整，无松散、起皮和裂缝现象。

表10-8 灰土质量标准

灰土种类	黏土	粉质黏土	粉土
灰土最小干密度/(t/m^3)	1.45	1.50	1.55

二、灰土桩的质量检验

(1)施工前应对灰土的质量、桩孔放样位置等进行检查;施工中应检查桩孔直径、桩孔深度、夯实次数、填料的含水量等;施工结束后,应检验成桩的质量及地基承载力。

(2)灰土桩地基质量检验标准应符合表10-9所示的规定。

表10-9　灰土桩地基质量检验标准

项目	序号	检查项目	允许偏差或允许值	检查方法
主控项目	1	地基承载力	设计要求	按规定方法
	2	桩体及桩间干密度	设计要求	现场取样检查
	3	桩长/mm	+500	现场实测
一般项目	1	土料有机质含量(%)	≤5	焙烧法
	2	石灰粒径/mm	≤5	筛分法
	3	桩位偏差	满堂布桩,≤0.40d	用钢直尺量,d为桩径
			条基布桩,≤0.25d	
	4	垂直度/(%)	≤1.5	用经纬仪测桩管
	5	桩径/mm	−20	用钢直尺量

(3)灰土桩的检测方法:桩成孔质量应按桩数的5%抽查;其承载力检查,抽查数量为总数的0.5%~1%,但不应少于3处。有单桩强度检验要求时,抽查数量为总数的0.5%~1%,但不应少于3根。

三、夯实水泥土桩的质量检验

(1)水泥及夯实用土料的质量应符合设计要求;施工中应检查孔位、孔深、孔径、水泥和水的配合比、混合料含水量等;施工结束后,应对桩体质量及复合地基承载力进行检验,褥垫层应检查其夯填度。

(2)夯实水泥土桩的质量检验标准应符合表10-10所示的规定。

表10-10　夯实水泥土桩质量检验标准

项目	序号	检查项目	允许偏差或允许值	检查方法
主控项目	1	地基承载力	设计要求	按规定方法
	2	桩径/mm	−20	用钢直尺量
	3	桩长 / mm	+500	测桩孔深度
	4	桩体干密度	设计要求	现场取样检查
一般项目	1	土料有机质含量/(%)	≤5	焙烧法
	2	含水量(与最优含水量比)/(%)	±2	烘干法
	3	土料粒径/ mm	≤20	筛分法
	4	水泥质量	设计要求	查产品质量合格证书或抽样送检
	5	桩位偏差	满堂布桩,≤0.40d	用钢直尺量,d为桩径
			条基布桩,≤0.25d	用经纬仪测桩管
	6	桩孔垂直度 /(%)	≤1.5	
	7	褥垫层夯填度	≤0.9	用钢直尺量

注　(1)夯填度指夯实的褥垫层厚度与虚体厚度的比值。

(2)桩径允许偏差负值是针对个别断面的。

(3)褥垫层的质量控制：褥垫层材料应不含植物残体、垃圾等杂物，当采用散体材料时，最大粒径不宜大于20 mm；褥垫层铺设厚度要均匀，厚度允许偏差为±20 mm；褥垫层应宽出基础轮廓线外缘100 mm，铺平后须振实或夯实，夯填度符合表10-10所示的规定。

(4)夯实水泥桩的质量控制：按设计布桩图放线布点，设专人监测成孔、成桩质量，并做好施工记录，发现问题及时处理；雨季或冬季施工时，应采取防雨、防冻措施，防止原料淋湿或冻结；施工中要预防触电、机械倾倒、高空坠落等恶性事故的发生，确保安全。

(5)夯实水泥桩的质量检验：按施工图及设计变更通知书检验桩位及桩数，若有漏桩必须补足；桩体质量的抽检量不应少于桩体总数的2%，且不少于5根。当采用人工夯实时，应加倍抽检，在成桩过程中随时随机抽取。检验方法可采用取样检测桩体材料的压实系数，一般为0.93；也可采用轻便触探法检测桩体材料的N_{10}击数，一般不应低于30击。

(6)地基承载力检验：一级建筑物、地质条件复杂的场地或在同一场地地基处理面积较大时，应进行单桩复合地基荷载试验，检验数量不应小于3点；必要时还可进行多桩复合地基荷载试验。检验不合格时，应采取补救措施。

复习思考题

10-1 试述松土坑的处理方法(分无地下水、有地下水)。

10-2 砖井的处理方法有哪些?

10-3 试述橡胶土的处理方法。

10-4 灰土垫层适用情况与施工要点是什么?

10-5 试述砂或砂石地基适用情况、施工要点、捣实方法与质量检查方法。

10-6 试述灰土桩施工工艺过程及质量保证要点。

10-7 试述夯实水泥土桩施工工艺过程及质量保证要点。

第十一章　桩基工程

桩基础是由设置于岩土中的桩和连接于桩顶端的承台组成的基础，简称桩基。其作用是将上部结构的荷载，通过较弱土层或水传递到深部较坚硬的、压缩性小的土层或岩层。

在一般房屋基础工程中，桩主要承受垂直的轴向荷载，但在海港、桥梁、高耸塔型建筑、近海钻采平台、支挡建筑以及抗震工程中，桩还要承受侧向的风力、波浪力、土压力和地震力等水平荷载。

桩基础通过桩端的地层阻力和桩周土层的摩阻力来支承轴向荷载，依靠桩侧土层的侧阻力支承水平荷载。

按桩的性能和竖向受力情况，桩分为摩擦型桩和端承型桩。摩擦型桩的桩顶竖向荷载主要由桩侧阻力承受；端承型桩的桩顶竖向荷载主要由桩端阻力承受。

按桩的使用功能，桩分为竖向抗压桩（抗压桩）、竖向抗拔桩（抗拔桩）、水平受荷桩（主要承受水平荷载）、复合受荷桩（竖向、水平荷载均较大）。按桩身材料，桩分为混凝土桩（预制桩、灌注桩）、钢桩、组合材料桩。按桩径（d）大小，桩分为小桩（$d \leqslant 250$ mm）、中等直径桩（250 mm$<d<$800 mm）、大直径桩（$d \geqslant 800$ mm）。

按照施工方法，桩可分为预制桩和灌注桩。预制桩是在工厂或施工现场制成的各种材料形式的桩，如混凝土桩、钢桩、木桩等，施工时，沉桩设备将桩打入、压入、振入、高压水冲入或旋入土中。灌注桩是在施工现场的桩位上先成孔，然后在孔内灌注混凝土，或者加入钢筋后再灌注混凝土而成的。

根据成孔方法，桩分为钻、挖、冲孔灌注桩，套管灌注桩和爆破桩等。

第一节　钢筋混凝土预制方桩施工

预制桩包括钢筋混凝土方桩、管桩、钢管桩和锥形桩，其中以钢筋混凝土方桩和钢管桩应用较多。其沉桩方法有锤击沉桩、振动沉桩和静力沉桩等，其中又以锤击沉桩应用较为普遍。本节以钢筋混凝土预制方桩为例介绍沉桩的施工工艺，其他桩形施工方法类似，不再重复。

一、钢筋混凝土预制方桩的制作、起吊、运输和堆放

（一）桩的制作

钢筋混凝土预制方桩一般在预制厂制作，较长的桩在施工现场附近露天预制。桩的制作长度主要取决于运输条件及桩架高度，一般不超过 30 m。如桩长超过 30 m，可将桩分成几段预制，在打桩过程中接桩，钢筋混凝土预制方桩的截面边长为 25～55 cm。

钢筋混凝土预制方桩所用的混凝土强度等级不宜低于 30 MPa。混凝土浇筑工作应由桩顶向桩尖进行，严禁中断，并应防止另一端的砂浆积聚过多，以防桩顶击碎。桩顶和桩尖处不得有蜂窝、麻面、裂缝和掉角。桩的制作偏差应符合规范的规定。

钢筋混凝土预制方桩(见图 11-1)主筋应根据截面大小而定,一般钢筋数为 4～8 根,直径为 12～25 mm。主筋连接宜采用对焊或电弧焊来完成;主筋接头配置在同一截面内的比例,当采用闪光对焊和电弧焊时,不超过 50%;相邻两根主筋接头截面的间距应大于 35d(d 为主筋直径),并不小于 500 mm。预制桩箍筋直径为 6～8 mm,间距不大于 20 cm。预制桩骨架的允许偏差应符合规范的规定。桩顶和桩尖处的配筋应加强。

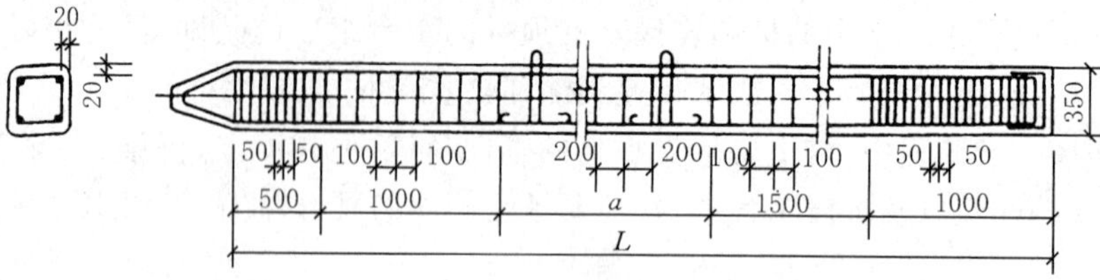

图 11-1　钢筋混凝土预制方桩

(二)桩的起吊、运输和堆放

钢筋混凝土预制方桩应在混凝土达到设计强度的 70% 方可起吊,达到设计强度的 100% 才能运输,达到要求的强度与龄期后方可打桩。如提前吊运,应采取措施并经验算合格方可进行。

桩在起吊和搬运时,吊点应符合设计规定,如图 11-2 所示,如无吊环,吊点位置的选择随桩长而异,并应符合起吊弯矩最小的原则。

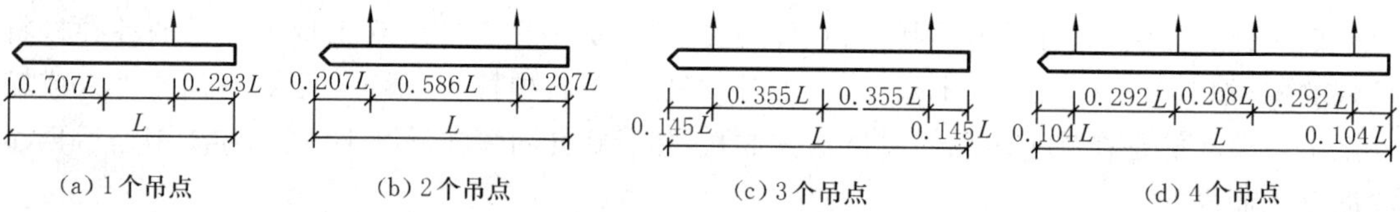

图 11-2　桩的吊点位置

当运距不大时,可采用滚筒、卷扬机等拖动桩身运输;当运距较大时,可采用小平台车运输。运输过程中支点应与吊点位置一致。

桩在施工现场的堆放场地应平整、坚实,并不得产生不均匀沉陷。堆放时应设垫木,垫木的位置与吊点位置相同,各层垫木应上、下对齐,堆放层数不宜超过 4 层。

二、锤击沉桩的施工方法

(一)打桩机具

打桩机具主要包括桩锤、桩架和动力装置三个部分。桩锤是对桩施加冲击力,将桩打入土中的机具;桩架的作用是将桩吊到打桩位置,并在打桩过程中引导桩的方向,保证桩锤能沿要求的方向冲击;动力装置包括驱动桩锤及卷扬机用的动力设备。

打桩机具应根据地基土壤的性质、工程的大小、桩的种类、施工期限、动力供应条件和现场情况确定。

(1)桩架:桩架应能前后左右灵活移动,以便对准桩位。桩架行走移动装置有撬滑、拖板滚轮、滚筒、轮轨、轮胎、履带、步履等类型,履带式桩架如图 11-3 所示。

(2)桩锤:施工中常用的桩锤有落锤、单动气锤、双动气锤、柴油桩锤和振动桩锤;液压锤是新型桩锤。桩锤的适用范围及优缺点如表 11-1 所示。锤重与锤型可根据经验选择；必要时，也可通过现场试沉桩来验证所选择桩锤的正确性。

桩锤应根据地质条件、桩的类型、桩身结构强度、桩的长度、桩群密集程度以及施工条件因素来确定，其中尤以地质条件影响最大。土的密实程度不同，所需桩锤的冲击能量可能相差很大。实践证明：当桩锤重量大于桩重的 1.5～2 倍时，能取得较好的效果。

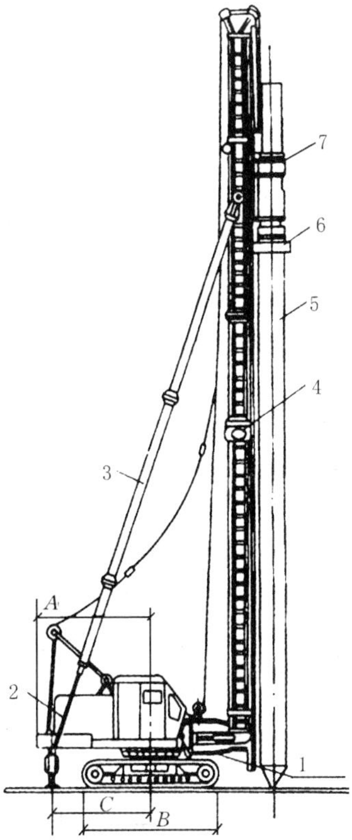

图 11-3　履带式桩架

1—立柱支撑；2—导杆；3—斜撑；4—立柱；5—桩；6—桩帽；7—桩锤

(二)锤击沉桩施工

1. 打桩前的准备工作

打桩前应先处理地上、地下障碍物，对场地进行平整压实，放出桩基线，并定出桩位，在不受打桩影响的适当位置设置水准点，以便控制桩的入土标高；接通现场的水、电管线，准备好施工机具；做好对桩的质量检验。

正式打桩前，还可进行打桩试验，以便检验设备和工艺是否符合要求。

2. 打桩顺序

打桩顺序直接影响打桩进度和施工质量。在确定打桩顺序时，应考虑桩土体的挤压位移对施工本身及附近建筑物的影响。一般情况下，桩的中心距小于 4 倍桩的直径时，就要拟定打桩顺序，桩距大于 4 倍桩的直径时打桩顺序与土壤挤压情况关系不大。

表 11-1　桩锤适用范围及优缺点

桩锤种类	适用范围	优缺点	附注
落锤	(1)宜用于打各种桩； (2)土、含砾石的土和一般土层均可使用	结构简单，使用方便，冲击力大，能随意调整落距，但锤打速度慢，效率较低	落锤是指用人力或机械拉升，然后自由落下，利用自重夯击桩顶的桩锤
单动气锤	宜用于打各种桩	结构简单，落距短，设备和桩头不易损坏，打桩速度较落锤的快，冲击力较落锤的大，效率较高	利用蒸汽或压缩空气的压力将锤头上举，然后由锤的自重向下冲击沉桩
双动气锤	(1)宜用于打各种桩，便于打斜桩； (2)用压缩空气时可在水下打桩； (3)用于拔桩	冲击次数多，冲击力大。工作效率高，可不用桩架打桩，但需锅炉或空压机，设备笨重，移动较困难	利用蒸汽或压缩空气的压力将锤头上举及下冲，增加夯击能量

续表

桩锤种类	适用范围	优缺点	附注
柴油桩锤	(1)宜用于打木桩、钢板桩； (2)适于在过硬或过软的土中打桩	附有桩架、动力装置等设备，机架轻，移动便利，打桩快，燃料消耗少，有重量轻和不需要外部能源等优点；但有油烟和噪声污染	利用燃油爆炸，推动活塞，引起锤头跳动
振动桩锤	(1)宜用于打钢板桩、钢管桩、钢筋混凝土桩和土桩； (2)用于砂土、塑性黏土及松软砂黏土； (3)用于卵石夹砂及紧密黏土时效果较差	沉桩速度快，适应性强，施工操作简易安全，能打各种桩并帮助卷扬机拔桩	利用偏心轮引起激振，通过刚性连接的桩帽传到桩上

打桩顺序一般分为逐排打、自中央向边缘打、自边缘向中央打和分段打等四种(见图 11-4)。

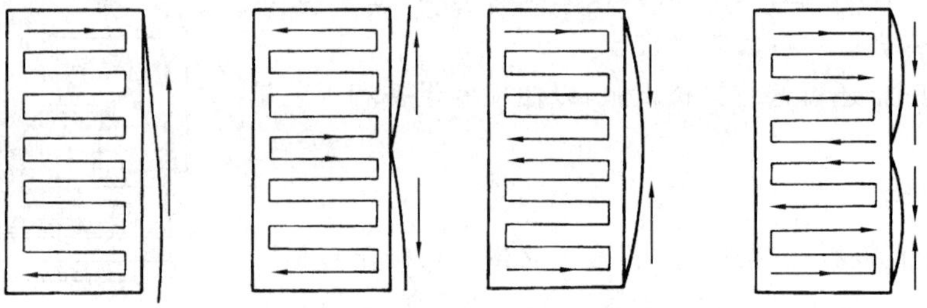

(a) 逐排打　(b) 自中央向边缘打　(c) 自边缘向中央打　(d) 分段打

图 11-4　打桩顺序和土壤挤压情况

若逐排打，桩架系单向移动，桩的就位与起吊均很方便，故打桩效率较高；但它会使土壤向一个方向挤压，导致土壤挤压不均匀，后面桩的打入深度将因此逐渐减小，最终会引起建筑物的不均匀沉降。若自边缘向中央打，则中间部分土壤挤压较密实，不仅使桩难以打入，而且在打中间桩时，还有可能使外侧各桩被挤压而浮起，因此，上述两种打桩法均适宜在桩距较大(大于或等于 4 倍桩距)，即桩不太密集时采用。自中央向边缘打、分段打是比较合理的施工方法，一般情况下均可采用。

另外，当一侧毗邻建筑物时，由毗邻建筑物向另一方施打；根据桩的设计标高，先深后浅；根据桩的规格，先大后小、先长后短。

3. 打桩施工

打桩过程包括桩架移动和定位、吊桩和定桩、打桩、截桩和接桩等。

桩机就位时桩架应垂直，导杆中心线与打桩方向一致，校核无误后将其固定。然后，将桩锤和桩帽吊升起来，其高度超过桩顶，再吊起桩身，送至导杆内，对准桩位，调整垂直偏差，合格后，将桩帽或桩箍在桩顶固定，并将桩锤缓落在桩顶上，在桩锤的重量作用下，桩沉入土中一定深度达稳定位置，再校正桩位及垂直度，此谓定桩。然后才能进行打桩，用短落距轻击数锤至桩入土一定深度后，观察桩身与桩架、桩锤是否在同一垂直线上，然后再以全落距施打，这样可以保证桩位准确、桩身垂直。桩的施打原则是“重锤低击”，这样可使锤对桩头的冲击小，回弹也小，桩头不易破坏，大部分能量都能用于沉桩。

打桩是隐蔽工程，应做好打桩记录。开始打桩时，若采用落锤、单动气锤或柴油锤，则应测量记录桩身每沉落 1 m 所需锤击的次数及桩锤落距的平均高度，当桩下沉到接近设计标高时，则应实测 10 击后桩入土深度，该贯入度适逢停锤时称为最后贯入度；当采用双动气锤或振动桩锤时，开始记录桩每沉入 1 m 的工作时间（每分钟锤击次数记入备注栏），当桩下沉到接近设计标高时，应记录每分钟的沉入量。设计和施工中所控制的贯入度以合格的试桩数据为准，如无试桩资料，可以类似桩沉入类似土的贯入度作为参考。桩端位于坚硬、硬塑的黏性土，以及中密以上的粉土、砂土、碎石类土、风化岩石时，控制桩的入土深度，则以贯入度为主，而以设计标高作为参考；贯入度已达到而设计标高未达到时，应继续锤击 3 阵，按每阵 10 击的贯入度不大于设计值加以确认。

各种预制桩打桩完毕后，为使桩顶符合设计高程，应将桩头或无法打入的桩身截去。

4. 打桩过程中常遇到的问题

由于桩要穿过构造复杂的土层，因此在打桩过程中要随时注意观察，凡发生贯入度突变、桩身突然倾斜、移位或有严重回弹、桩顶或桩身出现严重裂缝或破碎等情况时，应暂停施工，及时与有关单位研究处理。

施工中常遇到的问题如下：

(1)桩顶、桩身被打坏。这与桩头钢筋设置不合理、桩顶与桩轴线不垂直、混凝土强度不足、桩尖通过过硬土层、锤的落距过大、桩锤过轻等有关。

(2)桩位偏斜。当桩顶不平、桩尖偏心、接桩不正、土中有障碍物时，容易发生桩位偏斜的情况，因此施工时，应严格检查桩的质量，并按施工规范的要求采取适当措施，保证施工质量。

(3)桩打不下。施工时，若桩锤严重回弹，贯入度突然变小，则可能与土层中夹有较厚砂层或其他硬土层，以及钢渣、孤石等障碍物有关。当桩顶或桩身已被打坏，锤的冲击能不能有效传给桩时，也会发生桩打不了的现象。有时因特殊原因，停歇一段时间后再打，则由于土的固结作用，桩也往往不能顺利地被打入土中，因此打桩施工中，必须在各方面做好准备，保证施打的连续进行。

(4)一桩打下，邻桩上升。桩贯入土中，土体受到急剧挤压和扰动，其靠近地面的部分将在地表隆起和水平移动。当桩较密，打桩顺序又欠合理时，土体被压缩到极限，就会发生一桩打下，周围土体带动邻桩上升的现象。

三、静力压桩

静力压桩是在均匀较软土中利用压桩架（型钢制作）的自重和配重，通过卷扬机的牵引传到桩顶，将桩逐节压入土中的一种沉桩的方法。这种沉桩方法无振动、无噪声，对周围环境影响小，适合在城市中施工。静力压桩机如图 11-5 所示。

压桩施工，一般情况下都采用分段压入、逐段接长的方法（见图 11-6）。施工时，先将第一段桩压入土中，当其上端与压桩机操作平台齐平时，进行接桩。接桩的方法有焊接结合、管式结合、硫黄砂浆钢筋结合、管桩螺栓结合（见图 11-7）等，接桩后，将第二段桩继续压入土中。每段桩的长度根据压桩架的高度而定，一般高为 16～20 m。

压桩施工时应随时注意使桩保持轴心受压，接桩时也应保证上下接桩的轴线一致，并使接桩时间尽可能缩短，否则，间歇时间过长会由于压桩阻力过大而发生压不下去的事故。当桩接近设计标高时，不可过早停压，否则，在补压时也会发生压不下去或压入过少的现象。

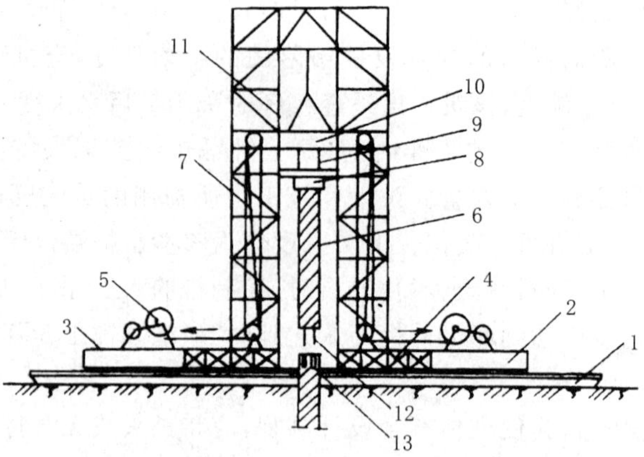

图 11-5　静力压装机

1—垫板；2—底盘；3—操作平台；4—配重；5—卷扬机；6—桩段；7—加压钢丝绳；8—桩帽；9—压力计；10—活动压梁；11—桩架；12—压头；13—桩

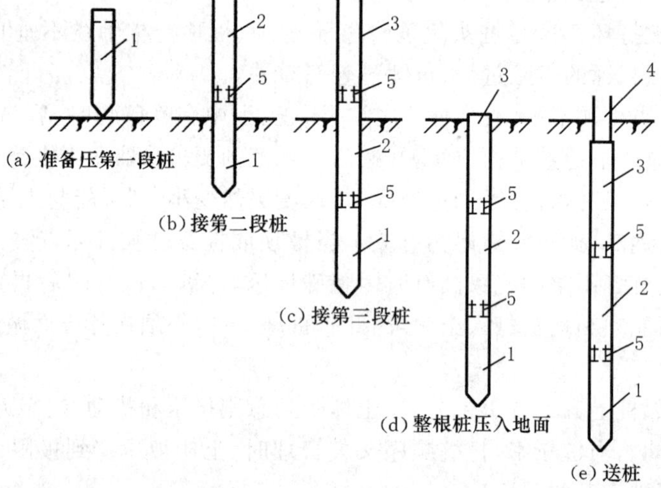

图 11-6　静力压桩工作程序

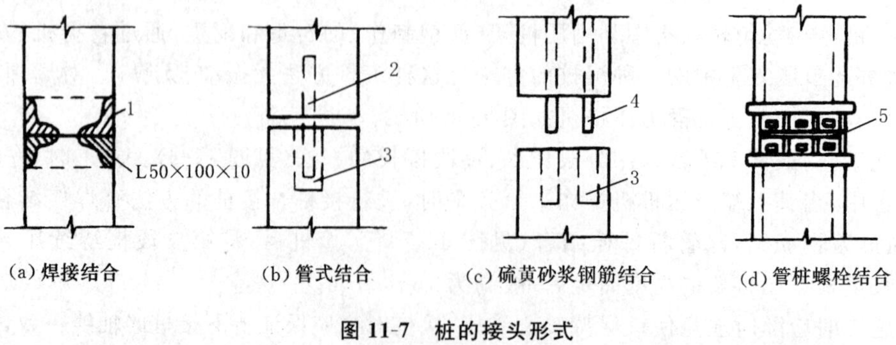

图 11-7　桩的接头形式

1—型钢 L50×100×10；2—预埋钢管；3—预留孔洞；4—预埋钢筋；5—法兰盘螺栓联结

压桩过程中，当桩尖碰到夹砂层时，压桩阻力可能突然增大，甚至超过压桩能力而使桩机上抬。这时可以最大的压桩力作用在桩顶，采取停车再开、忽停忽开的方法，使桩有可能缓慢下沉穿过砂层。如果工程中有少量桩确实不能压至设计标高但相差不多，则可以采取截去桩顶的办法。

压桩与打桩相比，由于避免了锤击应力，桩的混凝土强度及其配筋只要满足吊装弯矩和使用期受力要求就可以，因而桩的断面和配筋可以减小，同时压桩引起的桩周土体的水平挤动也小得多，因此压桩是软土地区一种较好的沉桩方法。

第二节　混凝土灌注桩施工

灌注桩是直接在桩位上就地成孔，然后在孔内灌注混凝土或钢筋混凝土的一种成桩方法。与预制桩相比，由于避免了锤击应力，桩的混凝土强度及配筋只要满足使用要求就可以，因而具有节约材料、成本低廉、施工不受地层变化的限制、无须接桩及截桩等优点。但也存在着技术间隔时间长，不能立即承受荷载，操作要求严，在软土地基中易缩颈、断裂，在冬季施工较困难等缺点。

灌注桩施工类型如图 11-8 所示。表 11-2 所示的为一些常用的灌注桩设桩工艺选择参考表。

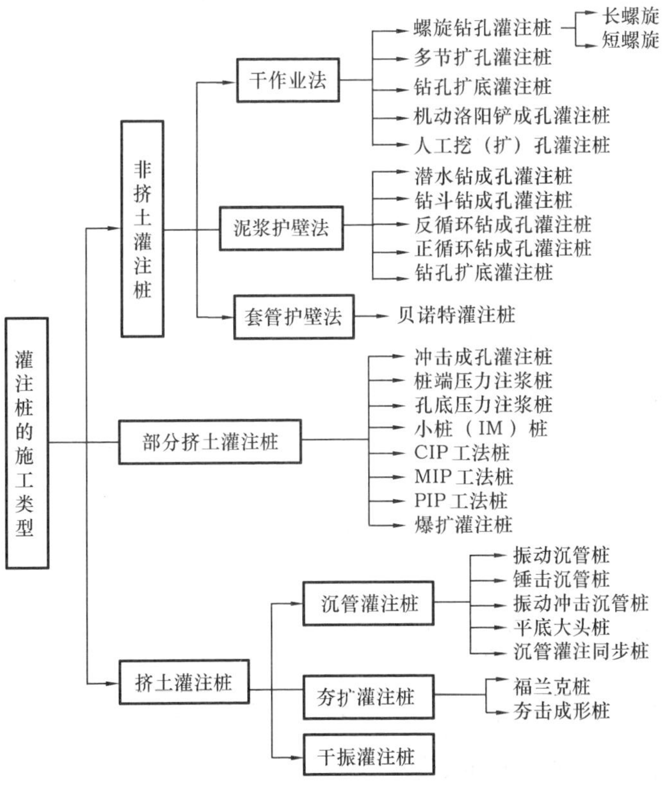

图 11-8　灌注桩施工类型

表 11-2　常用的灌注桩设桩工艺选择参考表

桩型	桩径或桩宽/mm	桩长（不大于）/m	穿越土层								桩端进入持力层				地下水位		影响环境		孔或桩底部挤密
			一般黏性土、填土	湿陷黄土 非自重	湿陷黄土 自重	季节性冻土、膨胀土	淤泥、淤泥质土	粉土	砂土	碎石土	硬黏性土	密实砂土	碎石土	软质岩石、风化岩石	以上	以下	振动、噪声	排浆	
长螺旋钻孔灌注桩	300～1500	30	○	○	△	○	×	○	△	×	○	○	△	×	○	×	低	无	无
短螺旋钻孔灌注桩	300～3000	80	○	○	△	○	×	○	△	×	○	○	△	×	○	×	低	无	无
小直径钻孔扩底灌注桩（干作业）	300～400（800～1200）	15	○	○	△	○	×	○	△	×	○	○	×	×	○	×	低	无	无
机动洛阳铲成孔灌注桩	270～500	20	○	○	△	△	×	△	×	×	○	×	×	×	○	×	中	无	无
人工挖(扩)孔灌注桩	800～4000	25	○	○	○	○	△	△	○	○	○	○	○	○	○	×	无	无	无
潜水钻成孔灌注桩	450～4500	80	○	△	×	△	○	○	△	×	○	○	△	△	△	○	低	有	无
钻斗钻成孔灌注桩	800～1500	40	○	○	×	△	○	○	△	×	○	○	×	×	△	○	低	有	无
反循环钻成孔灌注桩	400～4000	90	○	○	×	△	○	○	○	△	○	○	○	△	×	○	低	有	无
正循环钻成孔灌注桩	400～2500	50	○	△	×	△	○	○	△	×	○	○	△	△	△	○	低	有	无
冲击成孔灌注桩	600～2000	50	○	×	×	△	△	○	○	○	○	○	○	○	△	○	中	有	无
大直径钻孔扩底灌注桩（泥浆护壁）	800～4100（1000～4380）	70	○	○	×	△	○	○	○	×	○	○	△	×	×	○	低	有	无
桩端压力注浆桩	400～2000	80	○	○	△	○	×	○	△	×	○	○	△	×	○	△	低	无	有
孔底压力注浆桩	400～600	30	○	○	△	○	○	○	△	×	○	○	△	×	○	○	低	无	有
锤击沉管成孔灌注桩	270～800	30	○	○	○	△	△	○	△	×	○	○	△	△	○	○	高	无	有
振动沉管成孔灌注桩	270～600	40	○	○	○	△	△	○	△	×	○	△	△	△	○	○	高	无	有
振动冲击沉管成孔灌注桩	270～500	24	○	○	○	△	△	○	○	△	○	○	○	△	○	○	高	无	有
贝诺特灌注桩	600～2500	60	○	○	○	○	○	○	○	○	○	○	○	△	○	○	低	无/有	无

注　○表示适合；△表示可能采用；×表示不能采用；桩径或桩宽指扩大头。

一、灌注桩施工的一般规定

（一）进行灌注桩基础施工前应取得的资料

（1）建筑场地的桩基岩土工程报告书。

（2）桩基础工程施工图，包括桩的类型与尺寸、桩位平面布置图、桩与承台连接、桩的配筋与混凝土标号以及承台结构等。

（3）桩试成孔、试灌注、桩工机械试运转报告。试成孔的数量不得少于 2 个，以便核对地质资料，检验所选的设备、施工工艺以及技术要求是否适宜。如果出现缩颈、坍孔、回淤、吊脚、贯穿力不足、贯入度(或贯入速度)不能满足设计要求的情况，则应拟定补救技术措施，或重新考虑施工工艺，或选择更合适的桩型。

(4)桩的静载试验和动测试验资料。

(5)主要施工机械及配套设备的技术性能。

(二)成孔

1. 成孔设备

设备就位后，必须平正、稳固，确保在施工中不发生倾斜、移动，允许垂直偏差为0.3%。为准确控制成孔深度，应在桩架或桩管上作出控制深度的标尺，以便在施工中进行观测、记录。

2. 成孔的控制深度

(1)对于摩擦桩，必须保证设计桩长。当采用沉管法成孔时，桩管入土深度的控制以标高为主，并以贯入度(或贯入速度)为辅。

(2)对于端摩擦桩，当采用钻、挖、冲成孔时，必须保证桩孔进入桩端持力层并达到设计要求的深度，还需将孔底清理干净。当采用沉管法成孔时，桩管沉入深度的控制以贯入度(或贯入速度)为主，与设计持力层标高相对照为辅。

3. 安全生产

保证成孔全过程安全生产，应做好如下工作：

(1)现场施工和管理人员应了解成孔工艺、施工方法和操作要点，以及可能出现的事故和应采取的预防处理措施。

(2)检查机具设备的运转情况、机架有无松动或移位，防止桩孔发生移动或倾斜。

(3)孔桩的孔口必须加盖。

(4)桩孔附近严禁堆放重物。

(5)随时查看桩施工附近地面有无开裂现象，防止机架和护筒等发生倾斜或下沉。

(6)每根钻孔桩的施工应连续进行，如因故停机，应及时提上钻具，保护孔壁，防止塌孔事故。同时应记录停机时间和原因。

(三)钢筋笼制作与安放

(1)钢筋笼的绑扎场地应选择在运输和就位等都比较方便的场所，最好设置在现场内。

(2)钢筋的种类、钢号及尺寸规格应符合设计要求。

(3)钢筋进场后应按钢筋的不同型号、不同直径、不同长度堆放。

(4)钢筋笼绑扎顺序大致是，先将主筋等间距布置好，待固定住架立筋(即加强箍筋)后，再按规定间距安设箍筋。箍筋、架立筋与主筋之间的接点可用电弧焊接等方法固定。在直径为2～3 m级的大直径桩中，可使用角钢作为架立筋，以增大钢筋笼刚度。

(5)从加工、组装精度，控制变形要求以及起吊等综合因素考虑，钢筋笼分段长度一般宜定在8 m左右，但对于长桩，在采取一些辅助措施后也可定为12 m左右或更长一些。

(6)钢筋笼下端部的加工应适应钻孔情况。在全套管施工法中，为防止在拔出套管时将钢筋笼带上来，在钢筋笼底部加上架立筋，有时可将ϕ14～20的钢筋安装成井字形钢筋。在反循环钻成孔和钻斗钻成孔法中，应将箍筋及架立筋预先牢固地焊到钢筋笼端部上。这样当钢筋笼插到孔底时，可有效地防止架立筋插到桩端处的地基中。

(7)为了防止钢筋笼在装卸、运输和安装过程中产生不同的变形，可采取下列措施：

①在适当的间隔处应布置架立筋，并与主筋焊接牢固，以增大钢筋笼刚度。

②在钢筋笼内侧暂放支撑梁，以补强加固，等将钢筋笼插入桩孔后，再卸掉该支撑梁。

③在钢筋笼外侧或内侧的轴线方向安设支柱。

(8)钢筋笼的保护层：为确保桩身混凝土保护层的厚度，一般都在主筋外侧安设钢筋定位器，其外形呈圆弧状突起。钢筋定位器(见图 11-9)在全套管中通常使用直径为 10～14 mm 的普通圆钢，而在反循环钻成孔法和钻斗钻成孔法中，为了防止桩孔侧面受到损坏，大多使用宽度为 50 mm 左右，长度为 400～500 mm 的钢板。在同一断面上定位器有 4～6 处，沿桩长的间距为2～10 m。

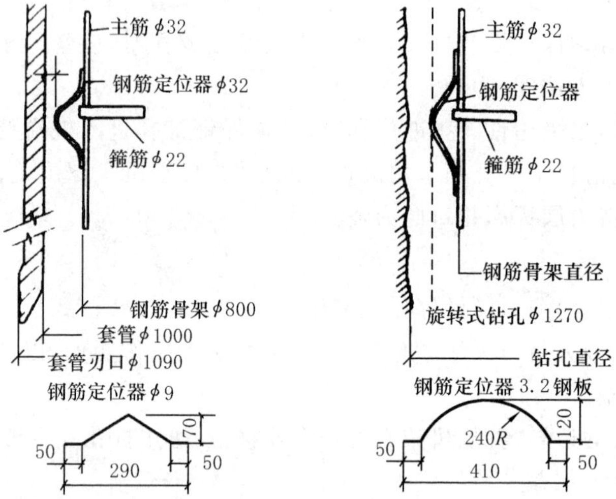

图 11-9 钢筋定位器

(9)钢筋笼堆放时，应考虑安装顺序、钢筋笼变形和防止发生事故等因素，以堆放两层为好。如果能合理地使用架立筋并牢固绑扎，则可以堆放三层。

(10)钢筋笼沉放，要对准孔位、扶稳、缓慢，避免碰撞孔壁，到位后应立即固定。对于大直径桩的钢筋笼，通常用吊车将钢筋笼吊入桩孔内。

当桩长度较大时，钢筋笼可采用逐段接长法放入孔内，即先将第一段钢筋笼放入孔中，利用其上部架立筋暂固定在套管或护筒等上部。此时主筋位置要准确、竖直。然后吊起第二段钢筋笼，对准位置并用绑扎或焊接等方法接长后放入钻孔中。如此逐段接长后，将其放入预定位置。

待钢筋笼安设完毕后，一定要检测确认钢筋顶端的高度。

(四)灌注混凝土

1. 灌注混凝土宜采用的方法

(1)导管法用于孔内水下灌注。

(2)串筒法用于孔内无水或渗水量很小时灌注。

(3)短护筒直接投料法用于孔内无水或虽孔内有水但能疏干时灌注。

(4)混凝土泵可用于混凝土灌注量大的大直径钻、挖孔桩。

2. 灌注混凝土应遵守的规定

(1)检查成孔质量合格后应尽快灌注混凝土。桩身混凝土必须留有试件,直径大于 1 m 的桩,每根桩应有 1 组试件,且每个灌注台不得小于 1 组,每组 3 件。

(2)混凝土灌注充盈系数(实际灌注混凝土体积与按设计桩身直径计算体积之比)不得小于 1。一般土质的为 1.1;软土的为 1.2～1.3。

(3)每根桩的混凝土灌注应连续进行。对于水下混凝土及沉管成孔从管内灌注混凝土的桩,在灌注过程中应用浮标或测锤测定混凝土的灌注高度,以检查灌注质量。

(4)灌注混凝土至桩顶时,应适当超过桩顶设计标高,以保证在凿除浮浆层后,桩顶标高和桩顶混凝土质量能符合设计要求。

(5)当气温低于 0 ℃时,灌注混凝土应采取保温措施,灌注时的混凝土温度不应低于 3 ℃;桩顶混凝土未达到设计强度的 50%前不得受冻。当气温高于 30 ℃时,应根据具体情况对混凝土采取缓凝措施。

(6)灌注结束后,应设专人做好记录。

3. 主筋的混凝土保护层厚度

(1)对于非水下灌注混凝土,主筋的混凝土保护层厚度不应小于 30 mm。

(2)对于水下灌注混凝土,主筋的混凝土保护层厚度不应小于 50 mm。

(五)质量管理

(1)灌注桩施工必须坚持质量第一的原则,推行全面质量管理。特别要严格控制好成孔、下钢筋笼和灌混凝土等几道关键工序。每一道工序完毕时,均应及时进行质量检验。若上一道工序质量不符合要求,则下一道工序严禁凑合进行,以免存留隐患。每一工地应设专职质量检验员,对施工质量进行检查监督。

(2)灌注桩根据其用途、荷载作用性质的不同,其质量标准有所不同,施工时必须严格按其相应的质量标准和设计要求执行。

(3)灌注桩质量要求主要是指成孔、清孔、拔管、复打、钢筋笼制作和安放、混凝土配制和灌注等工艺过程的质量标准。每道工序完工后,必须严格按质量标准进行质量检测,并认真做好记录。

二、干作业螺旋钻孔灌注桩

(一)基本原理

干作业螺旋钻孔灌注桩按成孔方法,分为长螺旋钻孔灌注桩和短螺旋钻孔灌注桩。

长螺旋钻成孔施工法是,用长螺旋钻孔机的螺旋钻头,在桩位处就地切削土层,被切土块钻屑随钻头旋转,沿着带有长螺旋叶片的钻杆上升,输送到出土器后自动排出孔外,然后装卸到小型机动翻斗车(或手推车)中运走,其成孔工艺可实现全部机械化。

短螺旋钻成孔施工法是用短螺旋钻孔机的螺旋钻头,在桩位处就地切削土层,被切土块钻屑随钻头旋转,沿着带有数量不多的螺旋叶片的钻杆上升,积聚在短螺旋叶片上,形成"土柱",此后靠提钻、反转、甩土,将钻屑散落在孔周。一般,每钻进 0.5～1.0 m 就要提钻甩土一次。

用以上两种螺旋钻孔机成孔后,在桩孔中放置钢筋笼或插筋,然后灌注混凝土成桩。

(二)优缺点

1. 优点

(1)振动小,噪声低,不扰民。

(2)一般土层中,用长螺旋钻孔机钻一个深 12 m、直径为 400 mm 的桩孔,作业时间只需 7～8 min,其钻进效率远非其他成孔方法的可比,加上移位、定位,正常情况下,长螺旋钻孔机一个台班可钻成深 12 m、直径为 400 mm 的桩孔 20～25 个。

(3)无泥浆污染。

(4)造价低。

(5)设备简单,施工方便。

(6)混凝土灌注质量较好。因是干作业成孔,混凝土灌注质量隐患通常比水下灌注或振动套管灌注等的要少得多。

2. 缺点

(1)桩端或多或少留有虚土。

(2)单方承载力(即桩单位体积所提供的承载力)较打入式预制桩的低。

(3)适用范围限制较大。

(三)适用范围

干作业螺旋钻成孔施工法适用于地下水位以上的填土层、黏性土层、粉土层、砂土层和粒径不大的砾砂层,但不宜用于地下水位以下的上述各类土层,以及碎石土层、淤泥层、淤泥质土层,对非均质含碎砖、混凝土块、条块石的杂填土层及大卵砾石层,成孔困难大。

国产长螺旋钻孔机,桩孔直径为 300～800 mm,成孔深度在 26 m 以下。国产短螺旋钻孔机,桩孔最大直径可达 1828 mm,最大成孔深度可达 70 m(此时桩孔直径为 1500 mm)。

(四)螺旋钻孔机分类

(1)按钻杆上螺旋叶片多少,螺旋钻孔机可分为长螺旋钻孔机(又称全螺旋钻孔机,即整个钻杆上都装置螺旋叶片)和短螺旋钻孔机(其钻具只是临近钻头 2～3 m 内装置带螺旋叶片的钻杆)。

(2)按装载方式,螺旋钻孔机可分为履带式、步履式、轨道式和汽车式。

(3)按钻孔方式,螺旋钻孔机可分为单根螺旋钻孔的单轴式和多根螺旋钻孔的多轴式。在通常情况下,采用单轴式螺旋钻孔机;多轴式螺旋钻孔机多用于地基加固和排列桩等施工中。

(4)按驱动方式,螺旋钻孔机可分为风动式、内燃机直接驱动式、电动机传动式和液压马达传动式等几种,后两种驱动方式用得最多。

(五)长螺旋钻孔机的配套打桩架

国内长螺旋钻孔机多与轨道式、步履式和悬臂式打桩架配套使用。

轨道式打桩架采用轨道行走底盘。液压步履式打桩架以步履方式移动桩位和回转,不需铺枕木和钢轨,机动灵活,移动桩位方便,打桩效率较高,是一种具有我国自己特点的打桩架。液压步履式长螺旋钻孔机如图 11-10 所示。

悬臂步履式打桩架以通用型履带起重机为主机,以起重机吊杆悬吊打桩架导杆,在起重机底盘与导杆之间用叉架连接。此类桩架可容易地利用已有的履带起重机改装而成,桩架构造

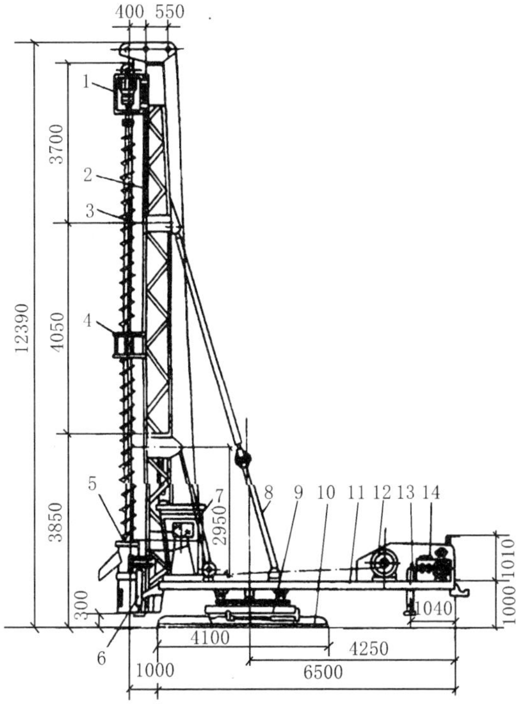

图 11-10 液压步履式长螺旋钻孔机

1—减速箱总成;2—臂架;3—钻杆;4—中间导向套;5—出土装置;6—前支腿;
7—操纵室;8—斜撑;9—中盘;10—下盘;11—上盘;12—卷扬机;13—后支腿;14—液压系统

简单,操纵方便,但对垂直精度的调节较差。

汽车式长螺旋钻孔机移动方便,但钻孔直径和钻深均受到限制。

国外的长螺旋钻孔机动力头多与三点支撑式步履式打桩架配套使用。三点支撑步履式打桩架以专用步履式机械为主机,配以钢管式导杆和两根后支撑组成,是国内目前最先进的一种桩架,一般采用全液压传动,履带中心距可调,导杆可采用单导向也可采用双导向,还可自转90°。

三点支撑步履式打桩架的特点:垂直精度调节灵活;整机稳定性好;同类主机可配备几种类型的导杆以悬挂各种类型的柴油锤、液压锤和钻孔机动力头;不需外部动力源;拆装方便,移动迅速。

(六)长螺旋钻孔灌注桩施工程序

(1)钻孔机就位。钻孔机就位后,调直桩架导杆,再用对位圈对桩位,读钻深标尺的零点。

(2)钻进。用电动机带动钻杆转动,使钻头螺旋叶片旋转削土,土块随螺旋叶片上升,经排土器排出孔外。

(3)停止钻进及读钻孔深度。钻进时要用钻孔机上的测深标尺或钻孔机头下安装的测绳,掌握钻孔深度。

(4)提起钻杆。

(5)测孔径、孔深和桩孔水平与垂直偏差。达到预定钻孔深度后,提起钻杆,用测绳在手提灯照明下测量孔深及虚土厚度,虚土厚度等于钻深与孔深的差值。

(6)成孔质量检查。把手提灯吊入孔内,观察孔壁有无塌陷、涨缩等情况。

(7)盖好孔口盖板。

(8)钻孔机移位。

(9)复测孔深和虚土厚度。

(10)放混凝土溜筒。

(11)放钢筋笼。

(12)灌注混凝土。

(13)测量桩身混凝土顶面标高。

(14)拔出混凝土溜筒。

(七)短螺旋钻孔灌注桩的施工程序

短螺旋钻孔灌注桩的施工程序,基本上与长螺旋钻孔灌注桩的一样,只是第二项施工程序——钻进,有所差别。被短螺旋钻孔机钻头切削下来的土块钻屑落在螺旋叶片上,靠提钻反转甩落在地上。这样钻成一个孔需要多次钻进、提钻和甩土。

(八)施工特点

1. 长螺旋钻成孔施工特点

长螺旋钻成孔速度快慢主要取决于输土是否通畅,而钻具转速的高低对土块钻屑输送的快慢和输土消耗功率的大小都有较大影响,因此合理选择钻削转速是成孔工艺的一大要点。

当钻进速度较低时,钻头切削下来的土块钻屑送到螺旋叶片上后不能自动上升,只能被后面继续上来的钻屑推挤上移,在钻屑与螺旋面间产生较大的摩擦阻力,消耗功率较大。当钻孔深度较大时,往往由于钻屑推挤阻塞,形成“土塞”而不能继续钻进。

当钻进速度较高时,每一个土块受其自身离心力所产生土块与孔壁之间的摩擦力的作用而上升。

钻具的临界角速度 ω_τ(即钻屑产生沿螺旋叶片上升运动的趋势的角速度)可按下式计算:

$$\omega_\tau = \sqrt{\frac{g(\sin\alpha + \cos\alpha)}{f_1 R(\cos\alpha - f_2 \sin\alpha)}} \tag{11-1}$$

式中:g——重力加速度,m/s^2;

α——螺旋叶片与水平线间的夹角;

R——螺旋叶片半径,m;

f_1——钻屑与孔壁间的摩擦系数,$f_1=0.2\sim0.4$;

f_2——钻屑与孔壁间的摩擦系数,$f_2=0.5\sim0.7$。

在实际工作中,应使钻具的转速为临界转速的 1.2～1.3 倍,以保持顺畅输土,便于疏导,避免堵塞。

为保持顺畅输土,除了要有适当高的转速之外,需根据土质等情况,选择相应的钻压和进给速度。在正常工作时,进给速度一般为 10～30 mm/r,砂土中取高值,黏土中取低值。

总的来说,长螺旋钻成孔,宜采用中、高转速,低扭矩,少进刀的工艺,使得螺旋叶片之间保持较大的空间,就能收到自动输土、钻进阻力小、成孔效率高的效果。

2. 短螺旋钻成孔施工特点

短螺旋钻孔机的钻具在临近钻头 2～3 m 内装置带螺旋叶片的钻杆。成孔需多次钻进、提钻、甩土。一般为正转钻进，反转甩土，反转转速为正转转速的若干倍。因升降钻具等辅助作业时间长，其钻削效率不如长螺旋钻孔机的高。为缩短辅助作业时间，多采用多层伸缩式钻杆。

短螺旋钻孔省去了长孔段输入土块钻屑的功率消耗，其回转阻力矩小。在大直径或深桩孔的情况下，采用短螺旋钻成孔施工较合适。

(九)施工注意事项

1. 钻进时应遵守的规定

(1)开钻前应纵横调平钻孔机，安装导向套(长螺旋钻孔机的情况)。

(2)在开始钻进，或穿过软硬土层交界处时，为保持钻杆垂直，宜缓慢进尺。在含砖头、瓦块的杂填土层或含水量较大的软塑黏性土层中钻进时，应尽量减少钻杆晃动，以免扩大孔径。

(3)钻进过程中如发现钻杆摇晃或难钻进，则可能是遇到了硬土、石块或硬物等，这时应立即提钻检查，待查明原因并妥善处理后再钻，否则较易导致桩孔严重倾斜、偏移，甚至使钻杆、钻具扭断或损坏。

(4)钻进过程中应随时清除孔口积土和地面散落土。遇到孔内渗水、塌孔、缩颈等异常情况时，应将钻具从孔内提出，然后会同有关部门研究处理。

(5)在砂土层中如遇地下水，则钻深应不超过初见水位，以防塌孔。

(6)在硬夹层中钻进时可采取以下方法：

①对于均质的冻土层、硬土层，可采用高转速、小给进量、均压钻进。

②对于直径小于 10 cm 的石块和碎砖，可用普通螺旋钻头钻进。

③对于直径大于成孔直径 1/4 的石块，宜用合金耙齿钻头钻进。石块一部分可挤进孔壁，一部分沿螺旋钻杆输出。

④对于直径很大的石块、条石、砖堆，可用镶有硬合金的筒式钻头钻进，钻透后硬石砖块挤入钻筒内提出。

(7)钻孔完毕，应用盖板盖好孔口，并防止在盖板上行车。

(8)采用短螺旋钻孔机钻进时，每次钻进深度应与螺旋长度大致相同。

2. 清理孔底虚土时应遵守的规定

钻到预定钻深后，必须在原深处进行空转清土，然后停止转动，提起钻杆。注意在空转清土时不得加深钻进；提钻时不得回转钻杆。孔底虚土厚度超过规定标准时，要分析和采取措施。

3. 灌注混凝土应遵守的规定

(1)混凝土应随钻随灌，成孔后不要过夜。如遇雨天，特别要防止成孔后灌水，冬季要防止混凝土受冻。

(2)钢筋笼必须在浇筑混凝土前放入，放时要缓慢并保持竖直，注意防止放偏和刮土下落，放到预定深度时将钢筋笼上端妥善固定。

(3)桩顶以下 5 m 内的桩身混凝土必须随灌注随振捣。

(4)灌注混凝土宜用机动小车或混凝土泵车。当用搅拌运输车灌注时，应防止压坏桩孔。

(5)混凝土灌至接近桩顶时，应随时测量桩身混凝土顶面标高，避免超长灌注，同时保证在凿除浮浆层后，桩顶标高和质量能符合设计要求。

(6)桩顶插筋,保持竖直插进,保证足够的保护层厚度,防止插斜插偏。

(7)混凝土坍落度一般保持为 8～10 cm,强度等级不小于 C15;为保证其和易性及坍落度,应注意调整含砂率,掺减水剂和粉煤灰等掺和料。

(十)常遇问题、原因和处理方法

干作业螺旋钻孔灌注桩常遇问题、原因和处理方法如表 11-3 所示。

表 11-3 干作业螺旋钻孔灌注桩常遇问题、原因和处理方法

常遇问题	主要原因	处理方法
桩孔倾斜	场地不平	保持地面平整
	桩架导杆不竖直	调整导杆垂直度
	钻机缺少调平装置	钻机需备有底盘调平手段
	钻杆弯曲	将钻杆调直,保持钻杆不直不钻进
	钻具连接不同心	调整钻具,使其同心
	钻头导向尖与钻杆不同心	调整同心度
	长螺旋钻孔未带导向圈作业,钻具下端自由摆动	坚持无导向圈不钻进
	钻头底两侧土层软硬不均	钻进时应减轻钻压,控制进给速度
	遇地下障碍物、孤石等	可采用筒式钻头钻进,如还不行,则挪位另行钻孔;如障碍物位置较浅,清除后填土再钻
钻进困难	遇坚硬土层	换钻头
	遇地下障碍物(石块、混凝土等)	障碍物埋得较浅时,清除后填土再钻;障碍物埋得较深时,移位重钻
	钻进速度太快,造成憋钻	控制钻进速度,对于饱和黏性土层可采用慢速、高扭矩方式钻孔,在硬土层钻孔时,可适当往孔中加水
	钻杆倾斜太大,造成憋钻	调整钻杆垂直度
	钻孔机功率不够,钻头倾角和转速选择不合适	根据工程地质条件,选择合适的钻孔机、钻头和转速
塌孔	地表水通过地表松散填土层流串入孔内	疏干地表积存的天然水
	流塑淤泥质土夹层中成孔,孔壁不能直立而塌落	尽量选用其他有效成孔方法,塌孔处理时投入黄土及灰土,捣实后重新钻进,也可先钻至塌孔以下 1～2 m,用豆石低等级混凝土(C5～C10)填至进塌孔以上 1 m,待混凝土初凝后再钻至设计标高
	局部有上层滞水渗漏	采用电渗并降水,可在该区域内,先钻若干个孔,深度透过隔水层到砂层,在孔内填入级配卵石,让上层滞水渗漏到桩孔下砂层后钻孔
	孔底部的砂卵石、卵石造成孔壁不能直立	采用深钻方法,任其塌落,但要保证设计桩长
	钻具弯曲	严格选配同心度高的钻具
	钻压不足,长时间空转虚钻,造成对稳定性差的土层的强力机械扰动,由局部孔段超径而演化成孔壁坍塌	正确选用成孔技术参数

续表

常遇问题	主要原因	处理方法
孔底虚土过多	在松散填土或含有大量炉灰、砖头、垃圾等杂填土层或在流塑淤泥、松砂、少卵石、卵石夹层中钻孔，成孔过程中或成孔后土体容易坍塌	探明地质条件，避开可能大量塌孔的地点施工，或选用不同工艺
	孔口土未及时清理，甚至在孔口周围堆积大量钻出的土，提钻或踩踏回落孔底	及时清理孔口土
	成孔后，孔口未放盖板，孔口土回落孔底；成孔后未及时灌注	成孔后及时加盖板，当天成孔必须当天灌注混凝土
	钻杆加工不直，或使用中变形，或钻连接法兰不平而使钻杆连接后弯曲，因此钻进过程中钻杆晃动，造成局部扩径，提钻后回落	校直钻杆，填平法兰
	放混凝土漏斗或钢筋笼时，孔口土或孔壁土被碰撞掉入孔底	竖直放混凝土漏斗或钢筋笼
桩身混凝土质量差	分段放置钢筋笼，分段灌注	通长放置钢筋笼，然后灌注，以避免桩身夹土
	水泥过期，骨料含泥量大，配合比不当	按规范控制材料及配合比质量
	混凝土振捣不密实，出现蜂窝、空洞	桩顶下 4～5 m 内的混凝土必须用振捣棒振实

三、反循环钻成孔灌注桩

反循环钻成孔施工法是，在桩顶处设置护筒(其直径比桩径大 15%左右)，护筒内的水位要高出自然地下水位 2 m 以上，以确保孔壁的任何部分均匀保持 0.02 MPa 以上的静水压力，保护孔壁不坍塌，因而钻孔时不用大套管。钻孔机工作时，旋转盘带动钻杆端部的钻头钻挖孔内土。在钻进过程中，冲洗液从钻杆与孔壁间的环状间隙中流入孔底，并携带被钻挖下来的岩土钻渣，由钻杆内腔返回地面；与此同时，冲洗液又返回孔内形成循环。这种钻削方法称为反循环钻削。

反循环钻成孔施工按冲洗液(指水和泥浆)循环输送的方式、动力来源和工作原理，分为泵吸、气举和喷射等三类。气举反循环钻成孔施工时，钻杆下端喷嘴喷出压缩空气，使泥浆与气在钻杆内形成密度比水还轻的混合物，而被钻杆外水柱压升。喷射反循环钻成孔施工时，利用射流泵在钻杆顶端射出的高速水流在钻杆内产生负压，而使钻杆内泥浆上升。国内的钻孔灌注桩施工由于桩孔深度较浅，多采用泵吸反循环钻成孔(见图 11-11)。

(一)反循环钻成孔灌注桩优缺点

1. 优点

(1)振动小、噪声低。

(2)除个别特殊情况外，一般可不必使用稳定液，只用天然泥浆即可保护孔壁。

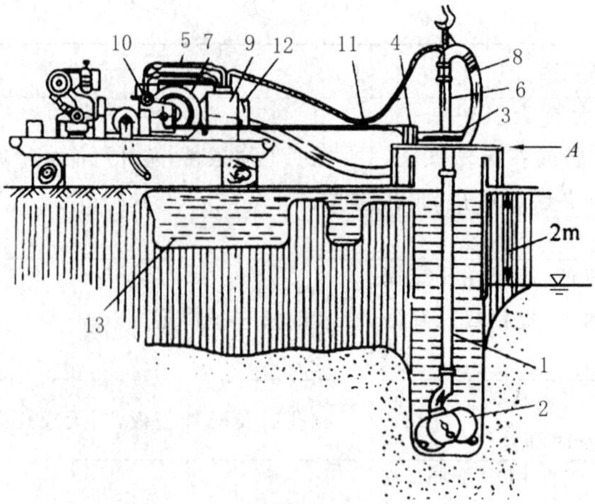

图 11-11　泵吸反循环钻成孔

1—钻杆；2—钻头；3—旋转台盘；4—液压马达；5—液压泵；6—方形传动杆；7—砂石泵；8—吸渣软管；9—真空柜；10—真空泵；11—真空软管；12—冷却水槽；13—泥浆沉淀池

(3)钻头不必每次上下排弃钻渣，只要接长钻杆，就可以进行深层钻挖。目前最大成孔直径为 4.0 m，最大成孔深度为 90 m。

(4)用特殊钻头可钻岩石。

(5)反循环钻成孔采用旋转切削方式。钻挖靠钻头平稳地旋转，同时将土砂和水吸升；钻孔内的泥浆压力抵消了空隙水压力，可避免涌砂现象。因此，反循环钻成孔是对付砂土层最适宜的成孔方式，这样，可钻挖地下水位下厚细砂层(厚度在 5 m 以上)。

(6)可进行水上施工。

(7)钻速较快。例如，对于普通土质、直径为 1 m，深度为 30～40 m 的桩，每天可完成一根。

2. 缺点

(1)很难钻挖卵石粒径(15 cm 以上)比钻头的吸泥口径大的卵石层。

(2)土层中有较高压力的水或地下水流时，施工比较困难(针对这种情况，需加大泥浆压力方可钻削)。

(3)如果水压力和泥浆密度等管理不当，会引起坍孔。

(4)废泥浆处理量大，钻挖出来的土砂中水分多，弃土困难。

(5)由于土质不同，钻挖时桩径扩大 10％～20％左右，混凝土的数量将随之增大。

(6)暂时架设的规模大。

(二)适用范围

反循环钻成孔适用于填土、淤泥、黏土、粉土、砂土、砂砾等地层；当采用圆锥式钻头时，可进入软岩；当采用滚轮式(又称牙轮式)钻头时，可进入硬岩。

反循环钻成孔不适用于自重湿陷性黄土层，也不宜用于无地下水的地层。

(三)施工工艺

(1)设置护筒。

(2)安装反循环钻。

(3)钻挖。

(4)第一次处理孔底虚土(沉渣)。

(5)移走反循环钻孔机。

(6)测定孔壁。

(7)将钢筋笼放入孔中。

(8)插入导管。

(9)第二次处理孔底虚土。

(10)水下灌注混凝土,拔出导管。

(11)拔出护筒。

(四)施工特点

(1)护筒的埋设。反循环施工法是在静水压力下进行钻挖作业的,故护筒的埋设是反循环施工作业中的关键。

护筒的直径一般比桩径大15%左右,护筒端部应打入黏土层或粉土层中,一般不应打入填土层、砂层或砂砾层中,以保证护筒不漏水。如确实需要将护筒端部打入填土层、砂层或砂砾层中,应在护筒外侧回填黏土,分层夯实,以防漏水。

(2)要使反循环施工法在无套管情况下不坍孔,必须具备如下五个条件:

① 确保孔壁任何部分的静水压力在0.02 MPa以上,护筒内的水位要高出自然地下水位2 m以上。

②泥浆造壁。在钻挖中,孔内泥浆一面循环,一面对孔壁形成一层泥浆膜。泥浆的作用如下:将钻孔内不同土层中的空隙渗填密实,使孔内漏水减少到最低限度;保持孔内有一定水压以稳定孔壁;延缓砂粒等悬浮状土颗粒的沉降,易于处理沉渣。

③保持一定的泥浆密度。在黏土和粉土层中钻挖时,泥浆密度可取1.02～1.04 t/m^3,在砂和砂砾等容易坍孔的土层中挖掘时,必须使泥浆密度保持在1.05～1.08 t/m^3。

当泥浆密度超过1.08 t/m^3时,钻挖困难,效率降低,泥浆泵易产生堵塞或混凝土的置换困难,这要用水适当稀释,以调整泥浆密度。

在不含黏土或粉土的纯砂层中钻挖时,还须在贮水槽和贮水池中加入黏土,并搅拌成适当密度的泥浆,造浆黏土应符合下列技术要求:胶体率不低于95%,含砂率不大于4%,造浆率不低于0.006～0.008 kg/m^3。

成孔时,由于地下水稀释等,泥浆密度减小,这可添加膨润土等来增大密度。膨润土含量(质量分数)与溶液密度的关系如表11-4所示。

表11-4 膨润土含量(质量分数)与溶液密度的关系

ω/(%)	6	7	8	9	10	11	12	13	14
密度/(t/m^3)	1.035	1.040	1.045	1.050	1.055	1.060	1.065	1.070	1.075

④钻挖时要保证孔内的泥浆流动比较缓慢。

⑤保持适当的钻挖速度。钻挖速度同桩径、钻深、土质、钻头的种类、钻速及泵的扬水能力有关。在砂层中钻挖,需考虑泥膜形成的所需时间;在黏性土中钻挖,则需考虑泥浆泵的能力,并要防止泥浆浓度的增加。表11-5所示的为钻挖速度与钻头转速的关系。

表 11-5 反循环施工法钻挖速度与钻头转速的关系

土质	钻挖速度/(m/min)	钻头转速/(r/min)
黏土	3～5	9～12
粉土	4～5	9～12
细砂	4～7	6～8
中砂	5～8	4～6
砂砾	6～10	3～5

注 本表摘自日本基础建设协会的《灌注桩施工指针》。

(3)反循环钻孔机的主体。可在与旋转盘相距 30 m 处进行操作，这使得反循环施工法的应用范围更为广泛。例如，可在水上施工，也可在净空不足的地方施工。

(4)钻挖的钻头排渣。不需每次上下排弃钻渣，只要在钻头上部逐节接长钻杆(每节长度一般为 3 m)，就可以进行深层钻挖，与其他桩机施工法相比，反循环施工法越深越有利。

(五)施工注意事项

1)规划布置施工现场

应首先考虑冲洗液循环、排水、清渣系统的安设，以保证反循环作业时，冲洗液循环系统畅通，污水排放彻底，钻渣清除顺利。

(1)循环池的容积应不小于桩孔实际容积的 1.2 倍，以便冲洗液正常循环。

(2)沉淀池的容积一般为 6～20 m^3：桩径小于 800 mm 时，选用 6 m^3；桩径小于 1500 mm 时，选用 12 m^3；桩径大于 1500 mm 时，选用 20 m^3。

(3)现场专设储浆池，其容积不小于桩孔实际容积的 1.2 倍，以免灌注混凝土时冲洗液外溢。

(4)循环槽(或回灌管路)的断面积应是砂石泵出水管断面积的 3～4 倍。若用回灌泵回灌，则回灌泵的排量应大于砂石泵的排量。

2)冲洗液净化

(1)清水钻削时，钻渣在沉淀池内重力沉淀后予以清除。沉淀池应交替使用，并及时清除沉渣。

(2)泥浆钻削时，宜使用多级振动筛和旋流除砂器或其他出渣装置进行机械除砂清渣。振动筛主要清除粒径较大的钻渣，筛板(网)规格可根据渣粒径的大小分级确定。旋流除砂器的有效容积要适应砂石泵的排量，除砂器数量可根据清渣要求确定。

(3)应及时清除循环池沉渣。

3)钻头吸水

断面应开敞、规整、减小流阻，以防砖块、砾石等堆挤堵塞；钻头体吸口端距钻头底端高度不宜大于 250 mm；钻头吸水口直径宜略小于钻杆内径。

在填土层和卵砾石层中钻挖时，碎砖、填石或卵砾石的尺寸不得大于钻杆内径的 4/5，否则易堵塞钻头吸水口或管路，影响正常循环。

4)钻进操作要点

(1)启动砂石泵，待反循环正常后，才能开动钻孔机慢速回转下放钻头至孔底。开始钻削时，应先轻压慢转，待钻头正常工作后，逐渐加大转速，调整压力，并使钻头吸水口不产生堵水。

(2)钻削时应仔细观察进尺和砂石泵排水出渣的情况；排量减少或出水中含钻渣量较多时，应控制给进速度，防止因循环液比重太大而中断反循环。

(3)钻削参数应根据地层、桩径、砂石泵的合理排量和钻孔机的经济钻速等加以选择和调整。钻孔机参数和钻速的选择如表 11-6 所示。

表 11-6 泵吸反循环钻进推荐参数和钻速

地层	钻压 /kN	钻头速度 /(r/min)	砂石泵排量 /(m^3/h)	钻进速度 /(m/h)
黏土层	10～25	30～50	180	4～6
砂 土 层	5～15	20～40	160～180	6～10
砂层、砂砾层、砂卵石层	3～10	20～40	160～180	8～12
中硬以下基岩、风化岩基	20～40	10～30	140～160	0.5～1

注 (1)本表摘自江西地矿局的《钻孔灌注桩施工规程》。

(2)本表钻进参数以 GPS—15 型钻孔机为例：砂石泵排量要考虑孔径大小和地层情况灵活选择调整，一般外环间隙冲洗液流速不宜大于 10 m/min，钻杆内上返流速应大于 2.4 m/s。

(3)桩孔直径较大时，钻压宜选用上限，钻头速度宜选用下限，获得下限钻进速度；桩孔直径较小时，钻压宜选用下限，钻头转速宜选用上限，获得上限钻进速度。

(4)在砂砾、砂卵石地层中钻进时，为防止钻渣过多，砂卵石堵塞管路，可采用间断钻削、间断回转的方法来控制钻进速度。

(5)加接钻杆时，应先停止钻进，将钻具提高至离孔底 80～100 mm，维持冲洗液循环 1～2 min，以清洗孔底，并将管道内的钻渣排净，然后停泵加接钻杆。

(6)钻杆连接应拧紧上牢，防止螺栓、螺母、拧卸工具等掉入孔内。

(7)钻削时，如孔内出现坍孔、涌砂等异常情况，应立即将钻具提离孔底，控制泵量，保持冲洗液循环，吸除坍落物和涌砂；同时向孔内输送性能符合要求的泥浆，保持水头压力以抑制继续涌砂和坍孔，恢复钻进后，泵排量不宜过大，以防吸坍孔壁。

(8)钻削达到要求孔深，停钻后，仍要维持冲洗液正常循环，清洗吸除孔底沉渣，直到返出冲洗液的钻渣含量小于 4%为止。起钻时应注意操作轻稳，防止钻头拖刮孔壁，并向孔内补入适量冲洗液，稳定孔内水头高度。

5)供气方式

气举反循环压缩空气的供气方式，可选用并列的两个送风管或双层管柱钻杆方式。气水混合室应根据风压大小和孔深的关系确定，一般风压为 600 kPa，混合室间距宜为 24 m，钻杆内径和风量配用，一般用 120 mm 钻杆配用 4.5 m^3/min 风量。

6)清孔

(1)清孔要求：清孔过程中应观测孔底沉渣厚度和冲洗液含渣量，当冲洗液含渣量小于 4%，孔底沉渣厚度符合设计要求时，即可停止清孔，并应保持孔内水头高度，防止塌孔。

(2)第一次沉渣处理：在终孔时停止钻具回转，将钻头提离孔底 50～80 cm，维持冲洗液循环，并向孔中注入含砂量小于 4%(质量分数)的新泥浆或清水，令钻头在原地空转 10 min 左右，直至达到清孔要求为止。

(3)第二次沉渣处理：在灌注混凝土之前进行第二次沉渣处理，通常采用普通导管的空气升液排渣或空吸泵的反循环方式。

空气升液排渣方式是将头部带有 1 m 多长管子的气管插入导管之内，管子的底部插入水下至少 10 m，气管至导管底部的最小距离为 2 m。压缩空气从气管底部喷出，如使导管底部在桩孔底部不停地移动，就能全部排出沉渣。急速地抽取孔内的水时，为不降低孔内水位，必须不断地向孔内补充清水。

对深度不足 10 m 的桩孔，须用空吸泵清渣。

(六)常遇问题、原因和处理方法

泵吸反循环钻成孔灌注桩常遇问题、原因和处理方法如表 11-7 所示。

表 11-7 泵吸反循环钻成孔灌注桩常遇问题、原因和处理方法

常遇问题	主要原因	处理方法
真空泵启动时，系统真空度达不到要求	启动时间不够	适当延长启动时间，但不宜超过 10 min
	分水排水器中未加足清水	向分水排水器中加足清水
	管理系统漏气，密封不好	检查管路系统，尤其是砂石泵塞线和水龙头处
	真空泵机械故障	检修或更换
	操作方法不当	按正确操作方法操作
真空泵启动时不吸水；或吸水，但启动砂石泵时不上水	真空管路或循环管路被堵	检修管路，注意检查真空管路上的阀是否打开
	钻头吸水口被堵住	将钻头提离孔底，并冲堵
	吸程过大	降低吸程，吸程不宜超过 6.5 m
灌注启动时，灌注阻力大，孔口不返水	管路系统被堵塞物堵死	清除堵塞物
	钻头吸水口被埋	把钻具提离孔底，用正循环冲堵
砂石泵启动，正常循环后循环突然(或逐渐)中断	管路系统漏气	检修管路、紧固砂石泵塞线压盖或水龙头压盖
	管路突然被堵	冲堵管路
	钻头吸水口被堵	清除钻头吸水口堵塞物
	吸水胶管内层脱胶损坏	更换吸水胶管
在黏土层中钻进时，进尺缓慢，甚至不进尺	钻头有缺陷	检修或更换钻头
	钻头泥包或糊钻	清除泥包。调节冲洗液的比重和黏度，适当增大泵量或向孔内投入适量砂石，解除泥包糊钻
	钻进参数不合理	调整钻进参数
在基岩中钻进时，进尺很慢，甚至不进尺	岩石较硬，钻压不够	加大钻压(可用加重块)调整钻进参数
	钻头切削刃崩落，钻头有缺陷或损坏	修复或更换钻头

续表

常遇问题	主要原因	处理方法
在砂层、砂砾层或卵石层中钻进时，有时循环突然中断或排量突然减少；钻头在孔内跳动厉害	进尺过快，管路被砂石堵死	控制钻进速度
	冲洗液的比重过大	立即稍提升钻具，调整冲洗液比重至符合要求
	管路被石头堵死	启闭砂石泵出水阀，以造成管路内较大的瞬时压力波动，可清除堵塞物，或用正循环冲堵，清除堵塞物；如无效，则应起钻予以排除
	冲洗液中钻渣含量过大	降低钻速，加大排量，及时清液
	孔底有较大的活动卵砾石	起钻用专门工具清除大块砾石
钻头脱落	钻管的连接螺栓松动或破损	及时将螺栓拧紧，对破损者应及时更换
转台不能旋转	液压泵或液压马达发生故障	修理或更换
	液压油不足	及时补充液压油
孔壁坍塌	水头压力保持不够	应维持 0.02 MPa 的静水压力，孔内水位必须比地下水位高 2 m 以上
	护筒的埋深位置不合适，护筒埋设在砂或粗砂层中，砂土由于水压漏水后容易坍塌；而且由于振动与冲击影响，保护筒的周围与底部地基土松软而造成坍塌	将护筒的底贯入黏土中约 0.5 m 以上
	旋转台盘直接安装在护筒上，由于钻进中的振动，护筒周围与底部地基土松动，钻孔内的水也将漏光，引起孔壁坍塌	把旋转台盘设置在固定台上
	（静水压）水头太大，超过需要时，护筒底部的水压将比该深度处覆盖土重大，而使钻孔外侧的土发生涌起翻砂，以致破坏	孔内静水压力原则上应取地下水头+2.0 m
	有粗颗粒砂砾层等强透水层，当钻孔达该土层时，由于漏水，孔内水急剧下降而使孔壁坍塌	最好不采用钻孔桩，选用打入式桩。如已选用钻孔桩，则应预先注入化学药液，以加固地基或采用稳定液
	有较强的承压水并且水头甚高，特别是其水压比孔内水压还大时，孔底发生翻砂和孔壁坍塌	采用反循环施工法施工很难成功，宜选用其他合适的施工方法
	地面上重型施工机械的重量和它作业时的振动与地基土层自重应力影响常导致地面以下 10～15 m处发生孔壁坍塌	事前应充分调查在地面下 10～15 m 附近的土质是否是松砂等易坍塌的土层。施工时采用稳定液，尽量减少施工作业振动等影响
	泥浆的密度和含量（质量分数）不足，使孔壁坍塌	按不同地层土质，采用不同的泥浆密度
	成孔速度太快，在孔壁上还来不及形成泥膜，容易使孔壁坍塌	成孔速度视地质情况而异

续表

常遇问题	主要原因	处理方法
孔壁坍塌	排除较大障碍物(例如 4 cm 大小的漂石),形成大空洞而漏水,致使孔壁坍塌	采用密度为 1.06～1.08 t/m^3 的泥浆,在保持泥浆循环的同时,考虑各种加强保护孔壁不坍塌的措施
	松散地层泵量过大,造成抽吸塌孔	调整泵量,减少抽吸
	操作不当,产生压力变动	注意操作,升降钻具应平缓
	护筒变形过大,或形状不合适,使钻孔内的水漏失,引起孔壁坍塌	护筒形状应符合要求
	放钢筋笼时碰撞了孔壁,破坏了泥膜和孔壁	钢筋笼绑扎、吊插,以及定位垫板设置、安装等环节均应予以充分注意
	给水泵、软管类的故障	及时修理或更换

四、正循环钻成孔灌注桩

正循环钻成孔施工法是,由钻孔机回转装置带动转杆和钻头回转切削破碎岩土,钻进时用泥浆护壁、排渣;泥浆由泥浆泵输进钻杆内腔后,经钻头的出浆口射出,带动钻渣沿钻杆与孔壁之间的环状空间上升,到孔口溢进沉淀池后返回泥浆池中净化,再供使用的施工方法,如图 11-12 所示。这样,泥浆在泥浆泵、钻杆、钻孔和泥浆池之间反复循环运行。

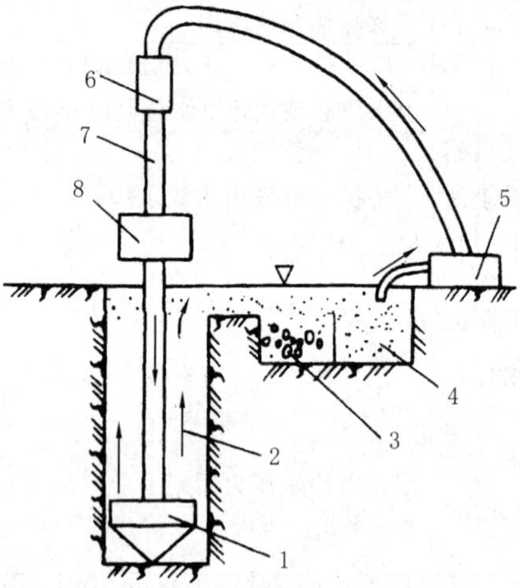

图 11-12　正循环钻成孔

1—钻头;2—泥浆循环方向;
3—沉淀池及沉渣;4—泥浆池及泥浆;
5—泥浆泵;6—水龙头;
7—钻杆;8—钻机回转装置

(一)优缺点

1. 优点

(1)钻机小,重量轻,在狭窄工地中也能使用。

(2)设备简单,在不少场合,直接或稍加改进就可借用地质岩心钻探设备或水文井钻探设备进行成孔。

(3)设备故障相对较少,工艺技术成熟、操作简单、易于掌握。

(4)噪声低,振动小。

(5)工程费用较低。

(6)能有效地使用于基础工程。

(7)有的正循环钻孔机(如日本利根 THS—70 钻孔机)可打倾角为 10° 的斜桩。

2. 缺点

由于桩孔直径大,正循环回转钻进时,其钻杆与孔壁之间的环状断面积大,泥浆上返速度低,挟带泥砂颗粒直径较小,排除钻渣能力差,岩土重复破碎现象严重。

从使用效果看,正循环钻进的劣于反循环钻进的。反循环钻进时,冲洗液是从钻杆与孔壁间的环状空间中流入孔底,并携带钻渣,经由钻杆内腔返回地面的;由于钻杆内腔断面积比钻杆与孔壁间的环状断面积小得多,故冲洗液在钻杆内腔能获得较大的上返速度。而正循环钻进时，泥浆运行方向是从泥浆泵输进钻杆内腔，再带动钻渣沿钻杆与孔壁间的环状空间上升到泥浆池的，故冲洗液的上返速度低。一般情况下，反循环冲洗液的上返速度比正循环的快 40 倍以上。

(二)适用范围

正循环钻成孔适用于填土层、淤泥层、黏土层，也可在卵砾石含量不大于 15%、粒径小于 10 mm 的部分砂卵砾石层和软质基岩、较硬基岩中使用。采用该施工方法时，桩孔直径一般不宜大于 1000 mm，钻孔深度一般约以 40 m 为限，某些情况下，钻孔深度可达 100 m。

五、潜水钻成孔灌注桩

潜水钻成孔施工法是在桩位采用潜水钻孔机钻进成孔，钻孔作业时，钻孔机主轴连同钻头一起潜入水中，由孔底动力直接带动钻头钻进的施工方法。从钻头工艺来说，潜水钻孔机属旋转钻进类型。其冲洗液排渣方式有正循环排渣和反循环排渣两种(见图 11-13、图 11-14)。

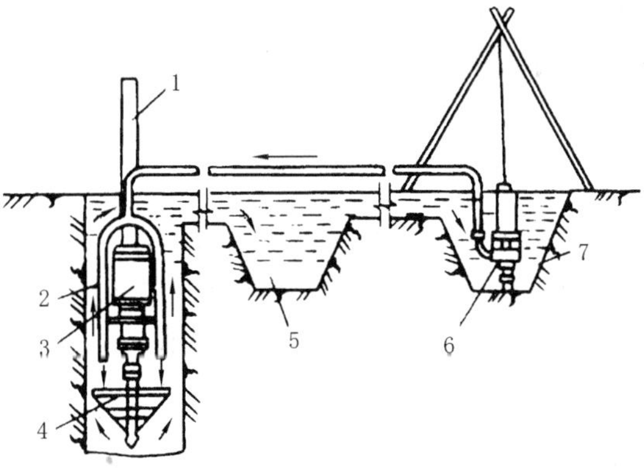

图 11-13 正循环排渣

1—钻杆；2—进水管；3—主机；4—钻头；5—沉淀池；6—潜水泥头泵；7—泥浆池

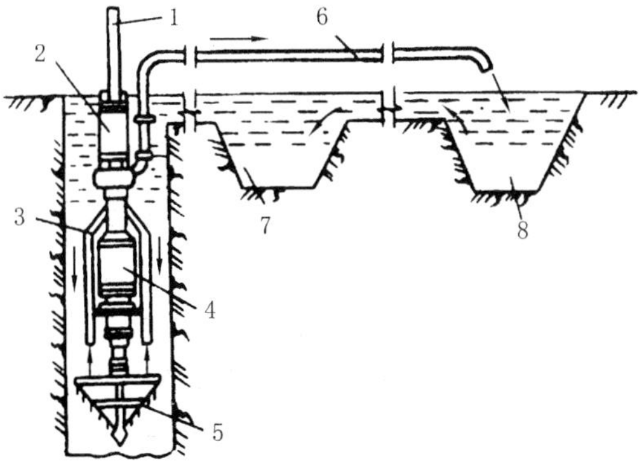

图 11-14 反循环排渣

1—钻杆；2—砂石泵；3—抽渣管；4—主机；5—钻头；6—排渣胶管；7—泥浆泵；8—沉淀池

(一)优缺点

1. 优点

(1)潜水钻设备简单，体积小，质量轻，施工转移方便，适合于城市狭小场地施工。

(2)整机潜入水中钻时无噪声,又因采用钢丝绳悬吊式钻进,整机钻进时无振动,不扰民,适合于城市住宅区、商业区施工。

(3)工作时动力装置潜在孔底,耗用动力小,钻孔时不需要提钻排渣,钻孔效率较高。

(4)电动机防水性能好,过载能力强,水中运转时温升较低。

(5)钻杆不需要旋转,除了可减小钻杆的断面外,还可避免因钻杆折断而发生工程事故。

(6)与全套管钻孔机相比,其自重轻,拔管反力小。因此,钻架对地基允许承载力要求低。

(7)该机采用悬吊式钻削,只需钻头中心对准孔中心即可钻削,对底盘的倾斜度无特殊要求,安装调整方便。

(8)可采用正、反两种循环方式排渣。

(9)如果循环泥浆不间断,孔壁不易坍塌。

2. 缺点

(1)因钻孔需泥浆护壁,施工场地泥泞。

(2)现场需挖掘沉淀池和处理排放的泥浆。

(3)采用反循环排渣时,土中若有大石块,容易卡管。

(4)桩径易扩大,使灌注混凝土超方。

(二)适用范围

潜水钻成孔施工法适用于填土、淤泥、黏土、砂土等地层,也可在强风化基岩中使用,但不宜用于碎石土层。潜水钻孔机尤其适于在地下水位较高的土层中成孔。这种钻孔机由于不能在地面变速,且动力输出全部采用刚性传动,对非均质的不良地层适应性较差,加之转速较高,故不适合在基岩中钻进。

六、人工挖(扩)孔灌注桩

人工挖(扩)孔灌注桩是指在桩位采用人工挖掘(或桩端扩大)方法成孔,然后安放钢筋笼、灌注混凝土而成为的基桩。

(一)优缺点

1. 优点

(1)成孔机具简单,作业时无振动、无噪声,当施工场地狭窄,邻近建筑物密集或桩数较少时尤为适用。

(2)施工工期短,可按进度要求分组同时作业,若干根桩齐头并进。

(3)采用人工挖掘,便于清底,孔底虚土能清除干净,施工质量可靠。

(4)采用人工挖掘,便于检查孔壁和孔底,可以核实桩孔地层土质情况。

(5)桩径和桩深可随承载力的情况变化而变化。

(6)桩端可以人工扩大,以获得较大的承载力,满足一柱一桩的要求。

(7)国内因劳动力便宜,故人工挖(扩)孔桩造价低。

(8)灌注桩身各段混凝土时,可下人入孔采用振捣棒捣实,混凝土灌注质量较好。

2. 缺点

(1)桩孔内空间狭小,劳动条件差,施工文明程度低。

(2)人员在孔内上下作业，稍一疏忽，容易发生人身伤亡事故。

(3)混凝土用量大。

(二)适用范围

人工挖(扩)孔桩宜在地下水位以上施工，适用于人工填土层、黏土层、粉土层、砂土层、碎石土层和风化岩层，也可在黄土、膨胀土和冻土中使用，适应性较强。

在覆盖层较深且具有较大起伏基岩面的山区和丘陵地区建设中，采用不同深度的挖孔桩，将上部荷载通过桩身传给基岩，技术可靠，受力合理。

因地层或地下水的原因，以下情况挖掘困难：①地下水的涌水量多且难以抽水的地层；②有松砂层，尤其是在地下水位下有松砂层；③孔中氧气缺乏或有毒气发生的地层。

根据以上情况，当高层建筑采用大直径钢筋混凝土灌注桩时，人工挖孔往往比机械成孔具有更强的适应性。

人工挖(扩)孔桩的桩身直径一般为800～2000 mm，最大直径可达3500 mm。桩端可采取不扩底和扩底两种方法。视桩端土层情况，扩底直径一般为桩身直径的1.3～2.5倍，最大扩底直径可达4500 mm。

扩底变径尺寸一般按$(D \sim d)/2 : h = 1 : 4$的要求进行控制，其中D和d分别为扩底部和桩身的直径，h为扩底部的变径部高度。扩底部可分为平底和有弧度底两种，后者的矢高$h_i \geqslant (D \sim d)/4$。

挖孔桩的孔深一般不宜超过25 m。当桩长$L \leqslant 8$ m时，桩身直径(不含护壁，下同)不宜小于0.8 m；当8 m$< L \leqslant 15$ m时，桩身直径不宜小于1.0 m；当15 m$< L \leqslant 20$ m时，桩身直径不宜小于1.2 m；当桩长$L > 20$ m时，桩身直径应适当加大。

(三)人工挖(扩)孔灌注桩施工用的机具设备

人工挖(扩)孔灌注桩施工用的机具设备比较简单，主要有如下几种：

(1)电动葫芦(或手摇辘轳)和提土桶，用于材料和弃土的垂直运输以及供施工人员上下。

(2)护壁钢模板(国内常用)或波纹模板(日本施工人工挖孔桩时用)。

(3)潜水泵，用于抽出桩孔中的积水。

(4)鼓风机和送风管，用于向桩孔中送入新鲜空气。

(5)镐、锹、土筐等挖土、装土工具，若遇到硬土或岩石还需准备风镐。

(6)插捣工具，以插捣护壁混凝土。

(7)应急软爬梯。

(四)施工工艺

为确保人工挖(扩)孔桩施工过程中的安全，必须考虑防止土体坍滑的支护措施。支护的方法很多，例如，可采用现浇混凝土护壁、喷射混凝土护壁和波纹钢模板工具式护壁等。采用现浇混凝土分段护壁的人工挖孔桩的施工工艺流程如下：

(1)放线定位。按设计图放线、定桩位。

(2)开挖土方。采用分段开挖，每段高取决于土壁保持直立状态的能力，一般以0.8～1.0 m为一个施工段。

挖土由人工从上到下逐段用镐、锹进行，如遇坚硬土层，用锤、钎破碎。同一段内挖土次序为先中间后周边。扩底部分采取先挖桩身圆柱体，再按扩底尺寸从上到下削土修成扩底形。

弃土装入活底吊桶或箩筐内。垂直运输时，在孔口安支架、工字轨道、电葫芦或架三木搭，用 10～20 kN 慢速卷扬机提升。桩孔较浅时，亦可用木吊架或木辘轳借粗麻绳提升。

在地下水以下施工时，应及时用吊桶将泥水吊出。如遇大量渗水，则在孔底一侧挖集水坑，用高扬程潜水泵将水排出桩孔外。

(3)测量控制。对于桩位轴线，采取在地面设十字控制网、基准点。安装提升设备时，吊桶的钢丝绳中心应与桩孔中心线一致，以作为挖土时粗略控制中心线用。

(4)支设护壁模板。模板高度取决于开挖土方施工段的高度，一般为 1 m，由 4 块或 8 块活动钢模板组合而成。

护壁支模中心线控制方法，系将桩控制轴线、高度引到第一段混凝土护壁上，每段以十字线对中，吊大线锤控制中心点位置，用尺杆找圆周，然后由基准点测量孔深。

(5)设置操作平台。在模板顶放置操作平台，平台可用角钢和钢板制成半圆形，两个合起来即为一个整圆，用来临时放置混凝土拌和料和灌注护壁混凝土。

(6)灌注护壁混凝土。护壁混凝土要注意捣实，它起着护壁与防水双重作用，上下护壁间搭接 50～75 mm。

护壁通常为素混凝土，但当桩径、桩长较大，或土质较差、有渗水时，应在护壁中配筋，上下护壁的主筋应搭接。

分段现浇混凝土护壁厚度，一般由地下最深段护壁所承受的土压力及地下水的侧压力确定，地面上施工堆载产生侧压力的影响可不计，护壁厚度为

$$t \geqslant KF/f_{ck} \tag{11-2}$$

式中：t——护壁厚度，cm；

F——作用在护壁截面上每厘米高的压力，N/cm，$F=pd/2$，其中，p 为土及地下水对护壁的最大压强，N/cm²，d 为挖孔桩桩身直径，cm；

f_{ck}——混凝土的轴心抗压设计强度，N/cm²；

K——安全系数，$K=1.65$。

护壁混凝土强度采用 C25 或 C30，厚度一般取 10～15 cm；加配的钢筋可采用 6～10 cm 的光圆钢筋。

第一段混凝土护壁宜高出地面 20 cm，便于挡水和定位。

(7)拆除模板，继续下一段的施工。在护壁混凝土达到一定强度(按承受土的侧向压力计算)后，便可拆除模板，一般在常温情况下约 24 h 可以拆除模板，再开挖下一段土方，然后继续支撑灌注护壁混凝土，如此循环，直到挖至设计要求的深度为止。

(8)钢筋笼沉放。钢筋笼就位，对质量在 1000 kg 以内的小型钢筋笼，可用带有小卷扬机和活动三木搭的小型吊运机具，或汽车吊吊放入孔内就位。对直径、长度、重量大的钢筋笼，可用履带吊或大型汽车吊进行吊放。

(9)排除孔底积水，灌注桩身混凝土。在灌注混凝土前，要再次测量孔内虚土厚度，超过要求的，应进行清理。混凝土坍落度为 8～10 cm。

混凝土可用吊车吊斗，或用翻斗车，或用手推车运输向桩孔内并灌注。混凝土下料时可用串桶，深桩孔用混凝土导管运送混凝土。混凝土要垂直灌入桩孔内，避免混凝土冲击孔壁，造成塌孔(对无混凝土护壁桩孔的情况)。

混凝土应连续分层灌注，每层灌注高度不超过 1.5 m。对于直径较小的挖孔桩，距地面 6 m以下的混凝土利用其大坍落度（掺粉煤灰或减水剂）和下冲力使之密实；6 m 以内的混凝土应分层振捣密实。对于直径较大的挖孔桩应分层捣实，第一次灌注到扩底部分的顶面，随即振捣密实；再分层灌注桩身，分层捣实，直到桩顶为止。当混凝土灌注量大时，可用混凝土泵车和布料杆。在初凝前抹压平整，以避免出现塑性收缩裂缝和环向干缩裂缝。表面浮浆层应凿除，使之与上部承台或底板连接良好。

（五）施工注意事项

（1）开挖前，应从桩中心位置向桩四周引出四个桩心控制点，用牢固的木桩标定。当一段桩孔挖好、安装护壁模板时，必须用桩心点来校正模板位置，并应设专人严格校核中心位置及护壁厚度。

（2）修筑第一段孔圈护壁（俗称开孔）应符合下列规定：

①孔圈中心线应和桩的轴线重合，其与轴线的偏差不得大于 20 mm。

②第一段孔圈护壁应比下面的护壁厚 100～150 mm，并应高出现场地表面 200 mm 左右。

（3）修筑孔圈护壁应遵守下列规定：

①护壁厚度、拉结钢筋或配筋、混凝土强度等级应符合设计要求。

②桩孔开挖后应尽快灌注护壁混凝土，且必须当天一次性灌注完毕。

③上下护壁间的搭接长度不得少于 50 mm。

④灌注护壁混凝土时，可用敲击模板或用竹竿、木棒等反复插捣来压实。

⑤不得在桩孔水淹没模板的情况下灌注护壁混凝土。

⑥护壁混凝土拌和料宜掺入早强剂。

⑦护壁模板的拆除，应根据气温等情况而定，一般可在 24 h 后进行。

⑧发现护壁有蜂窝、漏水现象应及时加以堵塞或导流，防止孔外水通过护壁流入桩孔内。

⑨同一水平面上的孔圈二正交直径的极差不宜大于 50 mm。

（4）多桩孔同时成孔，应采取间隔挖孔方法，以避免相互影响和防止土体滑移。

（5）对桩的垂直度和直径，应每段检查，发现偏差，随时纠正，保证位置正确。

（6）遇到流动性淤泥或流砂时，可按下列方法进行处理：

①减少每段护壁的高度（可取 0.3～0.5 m），或采用钢护筒、预制混凝土沉井等作为护壁。待穿过松软层或流砂层后，再按一般方法边挖掘边灌注混凝土护壁，继续开挖桩孔。

②当采用"①"后仍无法施工时，应迅速用砂回填桩孔到能控制坍孔为止，并会同有关单位共同处理。

③开挖流砂严重的桩孔时，应先将附近无流砂的桩孔挖深，使其起集水井作用。集水井应选在地下水流的上方。

（7）遇塌孔时，一般可在塌方处用砖砌成外模，配适当钢筋（ϕ6～10 mm，间距为150 mm），再支钢内模、灌注混凝土护壁。

（8）当挖孔至桩端持力层岩（土）面时，应及时通知建设、设计单位和质检（监）部门，对孔底岩（土）性进行鉴定。经鉴定符合设计要求后，才能按设计要求进行入岩挖掘或进行扩底端施工。不能简单地按设计图样提供的桩长参考数据来终止挖掘。

（9）扩底时，为防止扩底部塌方，可采取间隔挖土扩底措施，留一部分土方作为支撑，待灌注混凝土前挖除。

(10)终孔时,应清除护壁污泥、孔底残渣、浮土、杂物和积水,并通知建设单位、设计单位及质检(监)部门对孔底形状、尺寸、土质、岩性、入岩深度等进行检验。检验合格后,应迅速封底、安装钢筋笼、灌注混凝土。孔底岩样应妥善保存备查。

七、套管成孔灌注桩

(一)施工原理和方法

1. 沉管

套管成孔灌注桩又称打拔管灌注桩,利用一根与桩的设计尺寸相适应的钢管,其下端带有桩尖,采用锤击或振动的方法将其沉入土中,然后将钢筋笼放入钢管内,再灌注混凝土,并随灌随将钢管拔出,利用拔管时的振动将混凝土捣实。

锤击沉管时采用落锤或蒸汽锤将钢管打入土中(见图 11-15)。振动沉管时,将钢管上端与振动沉桩机刚性连接,利用振动力将钢管打入土中(见图 11-16)。

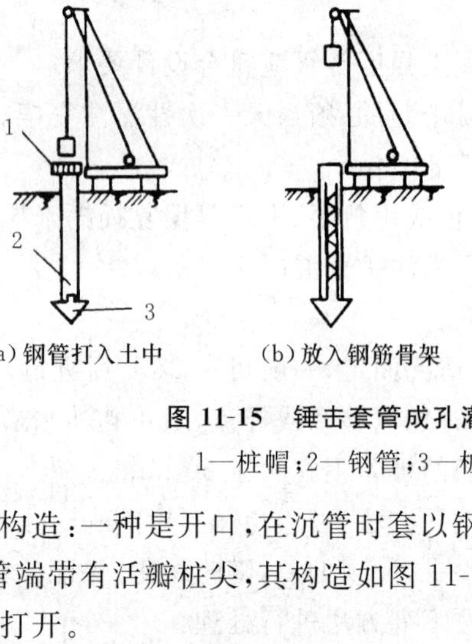

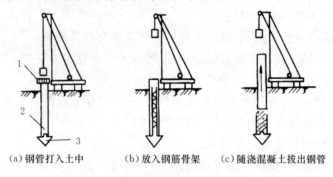

(a) 钢管打入土中　(b) 放入钢筋骨架　(c) 随浇混凝土拔出钢管

图 11-15　锤击套管成孔灌注桩

1—桩帽;2—钢管;3—桩靴

钢管下端有两种构造:一种是开口,在沉管时套以钢筋混凝土预制桩尖,拔管时,桩尖留在桩底土中;另一种是管端带有活瓣桩尖,其构造如图 11-17 所示。沉管时,桩尖活瓣合拢,灌注混凝土及拔管时活瓣打开。

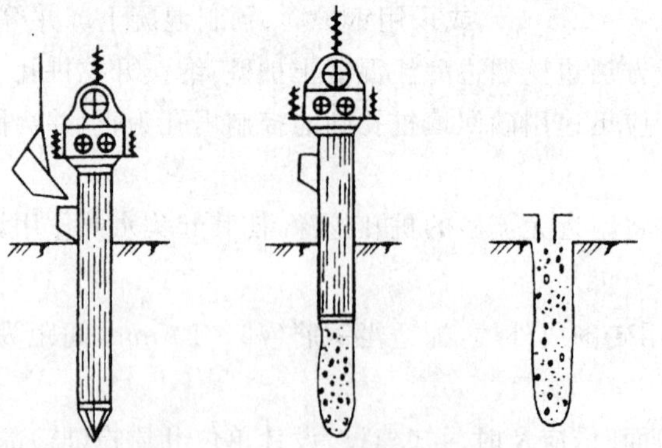

(a) 沉管后浇注混凝土　(b) 拔管　(c) 桩浇完后插入钢筋

图 11-16　振动套管成孔灌注桩

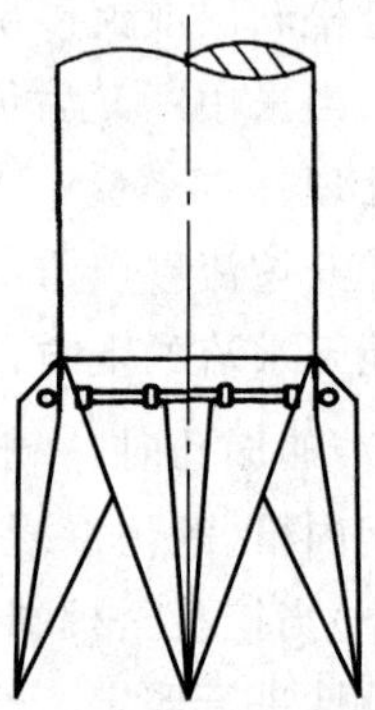

图 11-17　活瓣桩尖

2. 拔管

拔管的方法，根据承载力的要求，可分别采用单打法、复打法和翻插法。

(1)单打法。单打法即一次拔管法。拔管时每提升 0.5～1.0 m，振动 5～10 s，再拔管 0.5～1.0 m，如此反复进行，直到全部拔出为止。

(2)复打法。在同一桩孔内进行两次单打，或根据要求进行局部复打。

(3)翻插法。将钢管每提升 0.5 m，再下沉 0.3 m，(或提升 1 m，下沉 0.5 m)，如此反复进行，直至拔离地面为止。采用此种方法，在淤泥层中可消除缩颈现象，但在坚硬土层中易损坏桩尖，不宜采用。

3. 注意事项

套管成孔灌注桩施工中常会出现一些质量问题，要及时分析原因，采取措施处理。

(1)灌注桩混凝土中部有空隔层或泥水层、桩身不连续。这是钢管的管径较小，混凝土骨料粒径过大，和易性差，拔管速度过快造成的。预防措施是严格控制混凝土的坍落度不小于 5～7 cm，骨料粒径不超过 3 cm，拔管速度不大于 2 m/min，拔管时应密振慢拔。

(2)缩颈。这是指桩身某处桩径缩减，小于设计断面的现象。产生的原因是在含水率很高的软土层中沉管时，土受挤压产生很高的空隙水压，拔管后挤向新灌的混凝土，造成缩颈。因此施工时应严格控制拔管速度，并使桩管内保持不少于 2 m 高的混凝土，以保证有足够的扩散压力，使混凝土出管压力扩散正常。

(3)断桩。这主要是桩中心距过近，打邻近桩时受挤压；或混凝土终凝不久就受振动和外力作用所造成的。施工时为消除临近沉桩的相互影响，避免引起土体竖向或横向位移，最好控制桩的中心距不小于 4 倍桩的直径。如不能满足，则应采用跳打法或相隔一定技术间隔时间后再打邻近的桩。

(4)吊脚桩。这是指桩底部混凝土隔空或混进泥砂而形成松软层而形成的。其形成的原因是，预制桩尖质量差，沉管时被破坏，泥砂、水挤入桩管。

第三节　桩基础施工质量验收与安全技术

一、桩基础施工质量验收的一般规定

(1)桩位的放样允许偏差如下：群桩，20 mm；单排桩，10 mm。

(2)桩基工程的桩位验收，除设计有规定外，应按下述要求进行：

①当桩顶设计标高与施工现场地面标高相同时，或桩基施工结束后，有可能对桩位进行检查时，桩基工程验收应在施工结束后进行。

②当桩顶设计标高低于施工现场地面标高，送桩后无法对桩位进行检查时，对打入桩可在每根桩顶沉至施工现场地面标高时，进行中间验收，待全部桩施工结束，承台或底板开挖到设计标高后，再做最终验收。对灌注桩，可对护筒位置做中间验收。

(3)打(压)入桩(预制混凝土方桩、先张法预应力管桩、钢桩)的桩位偏差，必须符合表11-8所示的规定。斜桩倾斜度的偏差不得大于倾斜角正切值的 15%(倾斜角系桩的纵向中心线与铅垂线间的夹角)。

(4)灌注桩的桩位偏差必须符合表 11-9 所示的规定，桩顶标高至少要比设计标高高出

0.5 m，桩底清孔质量按不同的成孔工艺有不同的要求，应按规范要求执行。每浇筑50 m^3 必须有 1 组试件，小于 50 m^3 的桩，每根必须有 1 组试件。

表 11-8　桩位的允许偏差　　（单位：mm）

序号	项　目	允许偏差
1	盖有基础梁的桩： (1)垂直基础梁的中心线； (2)沿基础梁的中心线	 100＋0.01*H* 150＋0.01*H*
2	桩数为 1～3 根桩基中的桩	100
3	桩数为 4～16 根桩基中的桩	1/2 桩径或边长
4	桩数大于 16 根桩基中的桩： (1)最外边的桩； (2)中间桩	 1/3 桩径或边长 1/2 桩径或边长

注　*H* 为施工现场地面标高与桩顶设计标高的距离。

表 11-9　灌注桩的平面位置和垂直度的允许偏差

序号	成孔方法		桩径允许偏差/mm	垂直度允许偏差/(%)	桩位允许偏差/mm：1～3 根、单排桩基垂直于中心线方向和群桩基础的边桩	桩位允许偏差/mm：条形桩基沿中心线方向和群桩基础的中间桩
1	泥浆护壁钻孔桩	*D*≤1000 mm	±50	＜1	*D*/6，且不大于 100	*D*/4，且不大于 150
		D＞1000 mm	±50		100＋0.01*H*	150＋0.01*H*
2	套管成孔灌注桩	*D*≤500 mm	－20	＜1	70	150
		D＞500 mm			100	150
3	干成孔灌注桩		－20	＜1	70	150
4	人工挖孔桩	混凝土护壁	＋50	＜0.5	50	150
		钢套管护壁	＋50	＜1	100	200

注　(1)桩径允许偏差的负值是针对个别断面的。

(2)采用复打、反插法施工的桩，其桩径允许偏差不受上表限制。

(3)*H* 为施工现场地面标高与桩顶设计标高的距离，*D* 为设计桩径。

(5)工程桩应进行承载力检验。对于地基基础设计等级为甲级或地质条件复杂、成桩质量可靠性低的灌注桩，应采用静载试验的方法进行检验，检验桩数不应少于总数的1%，且不应少于 3 根，当总数少于 50 根时，不应少于 2 根。

(6)对桩身质量应进行检验。对设计等级为甲级或地质条件复杂、成检质量可靠性低的灌注桩，抽检数量不应少于总数的 30%，且不应少于 20 根；其他桩基工程的抽检数量不应少于总数的 20%，且不应少于 10 根；对混凝土预制桩及地下水位以上且终孔后经过检验的灌注桩，抽验数量不应少于总桩数的 10%，且不得少于 10 根。每个柱子承台下的抽检数量不得少于 1 根。

(7)砂、石子、钢材、水泥等原材料的质量、检验项目、批量和检验方法，应符合国家现行标准的规定。

二、静力压桩的质量验收

(1)静力压桩包括锚杆静压桩及其他各种非冲击力沉桩。

(2)施工前应对成品桩(锚杆静压成品桩一般均由工厂制造,运至现场堆放)做外观及强度检验,接桩用焊条或半成品硫黄胶泥应有产品合格证书,或送有关部门检验,对压桩用压力计、锚杆规格及质量也应进行检查。硫黄胶泥半成品应每 100 kg 做 1 组试件(3 件)。

(3)压桩过程中应检查压力、桩垂直度、接桩间歇时间、桩的连接质量及压入深度。重要工程应对电焊接桩的接头做 10%的探伤检查。对承受反力的结构应加强观测。

(4)施工结束后,应做桩的承载力及桩体质量检验。

(5)静力压桩质量检验标准应符合表 11-10 所示的规定。

表 11-10　静力压桩质量检验标准

<table>
<tr><th rowspan="2">项目</th><th rowspan="2">序号</th><th rowspan="2" colspan="2">检查项目</th><th colspan="2">允许偏差或允许值</th><th rowspan="2">检查方法</th></tr>
<tr><th>单位</th><th>数值</th></tr>
<tr><td rowspan="3">主控项目</td><td>1</td><td colspan="2">桩体质量检验</td><td colspan="2">按基桩检测技术规范</td><td>按基桩检测技术规范</td></tr>
<tr><td>2</td><td colspan="2">桩位偏差</td><td colspan="2">见本节表 11-8</td><td>用钢直尺量</td></tr>
<tr><td>3</td><td colspan="2">承载力</td><td colspan="2">按基桩检测技术规范</td><td>按基桩检测技术规范</td></tr>
<tr><td rowspan="13">一般项目</td><td rowspan="3">1</td><td rowspan="3">成品桩质量</td><td>外观</td><td colspan="2">表面平整,颜色均匀,掉角深度小于 10 mm,蜂窝面积小于总面积的 0.5%</td><td>直接观察</td></tr>
<tr><td>外形尺寸</td><td colspan="2">见表 11-12</td><td>见表 11-12</td></tr>
<tr><td>强度</td><td colspan="2">满足设计要求</td><td>查产品合格证书或抽样送检</td></tr>
<tr><td>2</td><td colspan="2">硫黄胶泥质量(半成品)</td><td colspan="2">设计要求</td><td>查产品合格证书或抽样送检</td></tr>
<tr><td rowspan="4">3</td><td rowspan="4">接桩</td><td>电焊接桩:焊缝质量</td><td colspan="2">见规范</td><td>见规范</td></tr>
<tr><td>电焊结束后停歇时间</td><td>min</td><td>>1.0</td><td>秒表测定</td></tr>
<tr><td>硫黄胶泥接桩:胶泥浇注时间</td><td>min</td><td><2</td><td>秒表测定</td></tr>
<tr><td>浇注后停歇时间</td><td>min</td><td>>7</td><td>秒表测定</td></tr>
<tr><td>4</td><td colspan="2">电焊条质量</td><td colspan="2">设计要求</td><td>查产品合格证书</td></tr>
<tr><td>5</td><td colspan="2">压桩压力(设计有要求时)</td><td>%</td><td>±5</td><td>查压力表读数</td></tr>
<tr><td rowspan="2">6</td><td colspan="2">接桩时上下节平面偏差</td><td rowspan="2">mm</td><td><10</td><td>用钢直尺量</td></tr>
<tr><td colspan="2">接桩时节点弯曲矢高</td><td><l/1000</td><td>用钢直尺量,l 为两节桩长</td></tr>
<tr><td>7</td><td colspan="2">桩顶标高</td><td>mm</td><td>±50</td><td>用水准仪</td></tr>
</table>

三、混凝土预制桩的质量验收

(1)桩在现场预制时,应对原材料、钢筋骨架(其质量检验标准见表 11-11)、混凝土强度进行检查;采用工厂生产的成品桩时,桩进场后应进行外观及尺寸检查。

(2)施工中应对桩体垂直度、沉桩情况、桩顶完整状况、接桩质量等进行检查,对电焊接桩,重要工程应做 10%的焊接缝探伤检查。

(3)施工结束后,应对承载力及桩体质量做检查。

(4)长桩或总锤击数超过 500 击的锤击桩,应符合桩体强度及 28 d 龄期这两项条件才能锤击。

(5)钢筋混凝土预制桩质量检验标准应符合表 11-12 所示的规定。

表 11-11　预制桩钢筋骨架质量检验标准　（单位:mm）

项目	序号	检查项目	允许偏差或允许值	检查方法
主控项目	1	主筋距桩顶的距离	±5	用钢直尺量
	2	多节桩锚固钢筋位置	5	用钢直尺量
	3	多节桩预埋铁件	±3	用钢直尺量
	4	主筋保护层厚度	±5	用钢直尺量
一般项目	1	主筋间距	±5	用钢直尺量
	2	桩尖中心线	10	用钢直尺量
	3	箍筋间距	±20	用钢直尺量
	4	桩顶钢筋网片	±10	用钢直尺量
	5	多节桩锚固钢筋长度	±10	用钢直尺量

表 11-12　钢筋混凝土预制桩的质量检验标准

项目	序号	检查项目		允许偏差或允许值		检查方法
				单位	数值	
主控项目	1	桩体质量检验		按基桩检测技术规范		按基桩检测技术规范
	2	桩位偏差		见本节表 11-8		用钢直尺量
	3	承载力		按基桩检测技术规范		按基桩检测技术规范
一般项目	1	砂、石、水泥、钢材等原材料（现场预制时）		符合设计要求		查出厂质保文件或抽样送检
	2	混凝土配合比及强度（现场预制时）		符合设计要求		检查称量及查试块记录
	3	成品桩外形		表面平整，颜色均匀，掉角深度小于 10 mm，蜂窝面积小于总面积的 0.5%		直接观察
	4	成品桩裂缝（收缩裂缝或起吊、装运、堆放引起的裂缝）		深度小于 20 mm，宽度小于 0.25 mm，横向裂缝不超过边长的一半		用裂缝测定仪，项目在地下水侵蚀地区及锤击数超过 500 击的长桩不适用
	5	成品尺寸	横截面边长	mm	±5	用钢直尺量
			桩顶对角线差	mm	<10	用钢直尺量
			桩尖中心线长	mm	<10	用钢直尺量
			桩身弯曲矢高	—	<l/1000	用钢直尺量，l 为桩长
			桩顶平整度	mm	<2	用水平尺量
	6	电焊接桩	焊缝质量	见规范		见规范
			电焊结束后停歇时间	min	>1.0	用秒表测定
			上下节平面偏差	mm	<10	用钢直尺量
			节点弯曲矢高		<l/1000	用钢直尺量，l 为两节桩长
	7	硫黄胶泥接桩	胶泥浇注时间	min	<2	用秒表测定
			浇注后停歇时间	min	>7	用秒表测定
	8	桩顶标高		mm	±50	用水准仪测定
	9	停锤标准		设计要求		现场实测或查沉桩记录

四、混凝土灌注桩的质量验收

(1)施工前应对水泥、砂、石子(如现场搅拌)、钢材等原材料进行检查，对施工组织设计中制定的施工顺序、监测手段(包括仪器、方法)也应检查。

(2)施工中应对成孔、清渣、放置钢筋笼、灌注混凝土等进行全过程检查。对人工挖孔桩,尚应复验孔底持力层土(岩)性。嵌岩桩必须有桩端持力层的岩性报告。

(3)施工结束后,应检查混凝土强度,并应做桩体质量及承载力检验。

(4)混凝土灌注桩的质量检验标准应符合表 11-13、表 11-14 所示的规定。

(5)人工挖孔桩、嵌岩桩的质量检验应按本节执行。

表 11-13 混凝土灌注桩钢筋笼质量检验标准 (单位:mm)

项目	序号	检查项目	允许偏差或允许值	检查方法
主控项目	1	主筋间距	±10	用钢直尺量
	2	长度	±100	用钢直尺量
一般项目	1	钢筋材质检验	设计要求	抽样送检
	2	箍筋间距	±20	用钢直尺量
	3	直径	±10	用钢直尺量

表 11-14 混凝土灌注桩质量检验标准

项目	序号	检查项目		允许偏差或允许值		检查方法
				单位	数值	
主控项目	1	桩位		见本节表 11-9		基坑开挖前量护筒,开挖后量桩中心
	2	孔深		mm	+300	只深不浅,用重锤测,或测钻杆、套管长度,嵌岩桩应确保进入设计要求的嵌岩深度
	3	桩体质量检验		按基桩检测技术规范,如钻芯取样,大直径嵌岩桩应钻至桩尖下 50 cm		按基桩检测技术规范
	4	混凝土强度		设计要求		根据试件报告或钻芯取样送检
	5	承载力		按基桩检测技术规范		按基桩检测技术规范
一般项目	1	垂直度		见本节表 11-9		测套管或钻杆,或用超声波探测,干施工时吊垂球
	2	桩径		见本节表 11-9		用井径仪或超声波检测,干施工时用钢尺量,人工挖孔桩不包括内衬厚度
	3	泥浆密度(黏土或砂性土中)		1.15～1.20		用比重计测,清孔后在距孔底 50 cm 处取样
	4	泥浆面标高(高于地下水位)		m	0.5～1.0	目测
	5	沉渣厚度	端承桩	mm	≤50	用沉渣仪或重锤测量
			摩擦桩	mm	≤150	
	6	混凝土坍落度	水下灌注	mm	160～220	坍落度仪
			干施工	mm	70～100	
	7	钢筋笼安装深度		mm	±100	用钢直尺量
	8	混凝土充盈系数		>1		检查每根桩的实际灌注量
	9	桩顶标高		mm	+30 −50	用水准仪,需扣除桩顶浮浆层及劣质桩体

五、分部(子分部)工程质量验收

(1)分项工程、分部(子分部)工程质量的验收,均应在施工单位自检合格的基础上进行。施工单位确认自检合格后提出工程验收申请,工程验收时应提供下列技术文件和记录:

①原材料的质量合格证和质量鉴定文件;

②半成品(如预制桩、钢桩、钢筋笼等)产品合格证书;

③施工记录及隐蔽工程验收文件;

④检测试验及见证取样文件;

⑤其他必须提供的文件或记录。

(2)对隐蔽工程应进行中间验收。

(3)分部(子分部)工程验收应由总监理工程师或建设单位项目负责人组织勘察、设计单位及施工单位的项目负责人、技术质量负责人,共同按设计要求和规范及其他有关规定进行。

(4)验收工作应按下列规定进行:

①分项工程的质量验收应分别按主控项目和一般项目验收;

②隐蔽工程应在施工单位自检合格后,于隐蔽前通知有关人员检查验收,并形成中间验收文件;

③分部(子分部)工程的验收,应在分项工程通过验收的基础上,对必要的部位进行见证检验。

(5)主控项目必须符合验收标准规定,发现问题应立即处理,直至符合要求为止,一般项目应有80%合格。混凝土试件强度评定不合格或对试件代表性有怀疑时,应采用钻芯取样,检测结果符合设计要求可按合格验收。

六、桩基础施工安全技术

起吊和搬运桩时,吊索应系于设计吊点,起吊时应平稳,以免撞击和振动。

堆放时,桩应堆置在平整坚实的地面上,支点设于吊点处,各层垫木应在同一垂直线上,堆放高度不超过4层。

清除妨碍施工的高空和地下障碍物。整平打桩范围的场地,压实打桩机行走的道路。

对邻近建筑物或构筑物,以及地下管线等要认真查清情况,并研究适当的隔振、减振措施,以免振坏原有设施而发生伤亡事故。

打桩过程中遇有地面隆起或下陷,应随时垫平地面或调直打桩机。

司机应思想集中,服从指挥,经常检查打桩机运转情况,发现异常应立即停止打桩,纠正后方可继续进行。

打桩时,严禁用手拨正桩头垫料,严禁桩锤未打到桩顶即起锤或刹车,以免损坏设备。

送桩入土后应及时添灌注桩。钢管桩打完后应及时加盖临时桩帽。

冲抓锥或冲孔锤作业时,严禁任何人进入落锤区,以防砸伤。

对爆扩桩,在打雷、下雨时不要包扎药包,已包扎好的药包要打开。检查雷管和已包好的药包时应做好安全防护。爆扩桩引爆时要划定安全区(一般不小于20 m),并派专人警戒。

从事挖孔桩作业的工人以健壮男性青年为宜,并须经健康检查,以及进行井下、高空、用电、吊装及简单机械操作安全作业培训且考核合格后,方可进入现场施工。

在施工图会审和桩孔挖掘前，要认真研究钻探并取料，分析地质情况，对可能出现流砂、管涌、涌水及有害气体等情况应制定有针对性的安全防护措施，如对安全施工存在顾虑，应事前向有关单位提出。

对施工现场所有设备、设施、安全装置、工具、配件以及个人劳保用品等必须经常进行检查，确保完好和安全使用。

防止挖孔桩孔壁坍塌，应根据桩径大小和地质条件采用可靠的支护孔壁的施工方法。

孔口操作平台应自成稳定体系，防止在孔口下沉时被拉垮。

挖孔桩施工时在孔口设水平移动式活动安全盖板，当提土桶提升到离地面约 1.8 m 时，要推活动盖板关闭孔口，手推车推至盖板上卸土后，再开盖板，放下吊土桶装土，以防土块、操作人员掉入孔内伤人，采用电葫芦提升提土桶时，桩孔四周应设安全栏杆。

挖孔桩内必须设置应急软爬梯，供人员上下孔使用的电葫芦、吊笼等应安全可靠，并配有自动卡紧保险装置，不得使用麻绳和尼龙绳吊扶或脚踏井壁凸缘上下，电葫芦宜用按钮式开关，使用前必须检验其安全吊线力。

挖孔桩吊运土方用的绳索、滑轮和盛土容器应完好牢固，起吊时垂直下方严禁站人。

施工场地内的一切电源、电路的安装和拆除必须由持证电工操作，电器必须严格接地、接零和使用漏电保护器。各孔用电必须分闸，严禁一闸多用。孔上用电缆必须架空 2.0 m 以上，严禁拖地和埋压土中，孔内电缆电线必须有防湿、防潮、防断等保护措施。

挖孔桩护壁要高出地表面 200 mm 左右，以防杂物滚入孔内。孔周围要设置安全防护栏杆。

挖孔桩施工人员必须戴安全帽，穿绝缘胶鞋。孔内有人时，孔上必须有人监督防护，不得擅离岗位。

挖孔桩施工中，当桩孔开挖深度超过 5 m 时，每天开工前均应进行有毒气体的检测；挖孔过程要时刻注意是否有有害气体；特别是，当孔深超过 10 m 时，要采用必要的通风措施，风量不宜小于 25 L/s。

挖孔桩挖出的土方应及时运走，机动车不得在桩孔附近通行。

挖孔桩施工中应加强对孔壁土层涌水情况的观察，若发现异常情况，应及时采取处理措施。

挖孔桩施工灌注桩身混凝土时，相邻 10 m 范围内的挖孔作业应停止，并不得在孔底留人。

暂停施工的桩孔，应加盖板封闭孔口，并加 0.8～1 m 高的围栏。

现场应设专职安全检查员，在施工前和施工中进行认真检查；发现问题及时处理，待消除隐患后再行作业；专职安全员对违章作业有权制止。

复习思考题

11-1　桩的分类有哪些？

11-2　如何选择桩锤？

11-3　打桩顺序有哪几种？在什么情况下需考虑打桩顺序？为什么？

11-4　试述打桩过程及其质量控制要点。

11-5　灌注桩的成孔方法分几种？各种方法的特点及适用范围如何？

11-6　试比较钻孔灌注桩和套管成孔灌注桩的优缺点。

11-7　套管成孔灌注桩常易发生哪些质量问题？如何预防与处理？

11-8　什么叫单打法、复打法和反插法？

11-9　人工挖孔桩有哪些特点？试述施工中应注意的问题。

11-10　怎样根据混凝土浇筑量判断套管成孔灌注桩有无缩颈或形成吊脚的现象？

第十二章　脚手架与垂直运输设备

第一节　脚　手　架

一、概述

脚手架是在施工现场为工人操作、堆放材料、安全防护和解决高空水平运输而搭设的工作平台或作业通道，系施工临时设施，也是施工企业常备的施工工具。

脚手架种类很多，按用途，分为结构作业脚手架、装修作业脚手架和支撑脚手架等；按搭设位置，分为外脚手架和里脚手架；按使用材料，分为木脚手架、竹脚手架和金属脚手架；按构造形式，分为扣件式、碗扣式、框组式、悬挑式、吊式及附墙升降式脚手架等。本节仅介绍几种常用的脚手架。

对脚手架的基本要求是：工作面满足工人操作、材料堆置和运输要求；结构有足够的强度、刚度、稳定性，满足施工期间在可能出现的使用荷载（规定限值）的作用下，脚手架不倾斜、不摇晃、不变形的要求；构造简单，装拆方便，能多次周转使用。

脚手架的自重及其施工荷载完全由脚手架基础传至地基。为使脚手架保持稳定不下沉，保证其牢固和安全，必须有一个坚实可靠的脚手架基础。对脚手架地基与基础的要求如下：

(1)脚手架地基与基础的施工必须根据脚手架的搭设高度、搭设场地土质情况与现行国家标准的有关规定进行。

(2)应清除搭设场地杂物，平整搭设场地，并使排水畅通。

(3)脚手架底座底面标高宜高于自然地坪 50 mm。立于土地面之上的立杆底部应加设宽度不小于 200 mm、厚度不小于 50 mm 的垫木、垫板或其他刚性垫块，每根立杆底部的支垫面积应符合设计要求，且不得小于 0.15 m^2。

(4)若脚手架搭设在结构的楼面、挑台上，则除立杆底座下应铺设垫板或垫块外，还要对楼面、挑台等结构进行承载力验算。

(5)当脚手架基础下有设备基础、管沟时，在脚手架使用过程中不应开挖，否则必须采取加固措施。

二、扣件式钢管脚手架

扣件式钢管脚手架有很多优点：装拆方便，搭设灵活，能适应结构平面及高度的变化，通用性强；承载能力大，搭设高度高，坚固耐用，周转次数多；材料加工简单，一次投资费用低，比较经济。故扣件式钢管脚手架在土木工程施工中使用最为广泛。除脚手架外，其钢管及扣件还可用于搭设井架、上料平台和栈桥等。但它也存在一些缺点，如扣件（如螺杆、螺母）易丢易损，螺栓上紧程度差异较大，节点处力作用线之间有偏心或有交汇距离等。

1. 主要组成部件及其作用

扣件式钢管脚手架由钢管杆件、扣件、底座、脚手板和安全网等部件组成，如图 12-1 所示。

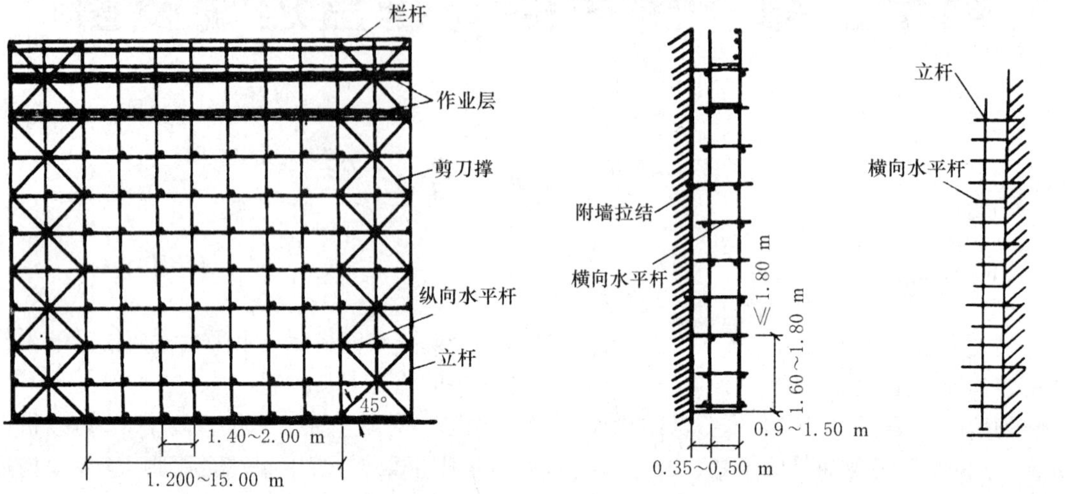

(a) 立面　　(b) 侧面(双排架)　　(c) 侧面(单排架)

图 12-1　扣件式钢管外脚手架

(1)钢管杆件：杆件一般采用外径为 48 mm、壁厚 3.5 mm 的焊接钢管或无缝钢管制成，也可用外径为 50～51 mm、壁厚 3～4 mm 的焊接钢管制成。杆件根据其在脚手架中的位置和作用不同，可分为立杆、纵向水平杆(大横杆)、横向水平杆(小横杆)、连墙杆、剪刀撑、水平斜拉杆、纵向水平扫地杆、横向水平扫地杆等。

(2)扣件：它是钢管与钢管之间的连接件，分为可锻铸铁铸造扣件和钢板压制扣件两种，其基本形式有三种，如图 12-2 所示。直角扣件用于两根垂直相交钢管的连接，它依靠扣件与钢管表面间的摩擦力来传递荷载；旋转扣件用于两根任意角度相交钢管的连接；对接扣件则用于两根钢管对接接长的连接。

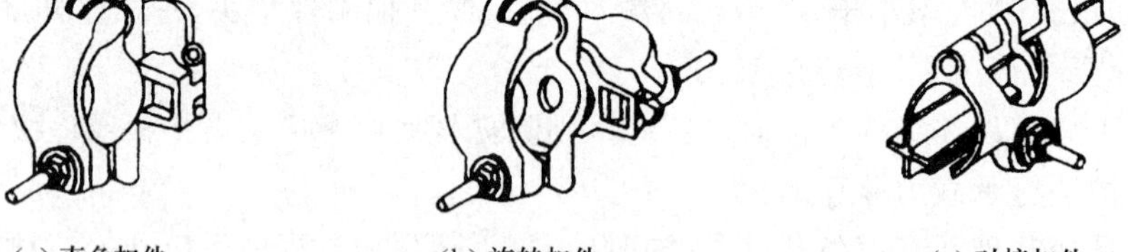

(a) 直角扣件　　(b) 旋转扣件　　(c) 对接扣件

图 12-2　扣件形式

(3)底座：底座设在立杆下端，是用于承受立杆荷载并将其传递给地基的配件。底座可用钢管与钢板焊接而成，也可用铸铁制成(见图 12-3)。

(4)脚手板：脚手板是提供施工操作条件并承受和传递荷载给纵横向水平杆的板件，当设于非操作层时起安全防护作用。脚手板可用竹、木、钢板等材料制成。

(5)安全网：安全网是保证施工安全和减小灰尘、噪声、光污染的设施，包括立网和平网两部分。

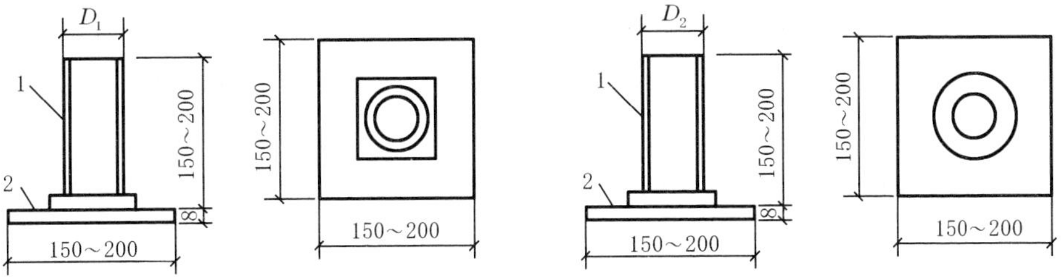

(a) 内插式底座　　(b) 外套式底座

图 12-3　扣件式钢管脚手架底座

1—承插钢管；2—钢板底座

2. 构造要点

钢管外脚手架有双排脚手架和单排脚手架两种搭设方案(见图 12-1)。

其中，单排脚手架仅在外侧有立杆，其横向水平杆的一端与纵向水平杆或立杆相连，另一端则搁在内侧的墙上，插入墙内的长度应不小于 180 mm。单排脚手架的构造要求与双排脚手架的基本相同。由于单排脚手架的整体刚性差，承载力低，故不适用于下列情况：

(1)墙体厚度小于或等于 180 mm；

(2)建筑物高度超过 24 m；

(3)空斗砖墙、加气块墙等轻质墙体；

(4)砌筑砂浆强度等级小于或等于 M1.0 的砖墙。

1)立杆

立杆横距通常为 1.20～1.50 m，纵距为 1.40～2.0 m。每根立杆底部均应设置底座或垫板。立杆除顶层顶步可采用搭接外，其余各层各步接头必须用对接扣件连接。立杆上的扣件应交错布置；2 根相邻立杆的接头不应设置在同一步距内；同步内隔 1 根立杆的两个相隔接头在高度方向错开的距离不宜小于 500 mm；各接头中心至主接点的距离不宜大于 1/3 步距(见图 12-4)。采用搭接时，搭接长度不应小于 1 m，并用不少于 2 个旋转扣件扣牢。脚手架必须设置纵、横向扫地杆，纵向扫地杆距底座上皮不大于 200 mm，横向扫地杆紧靠其下方。立杆顶端应高出女儿墙上皮 1.0 m，高出檐口上皮 1.50 m。

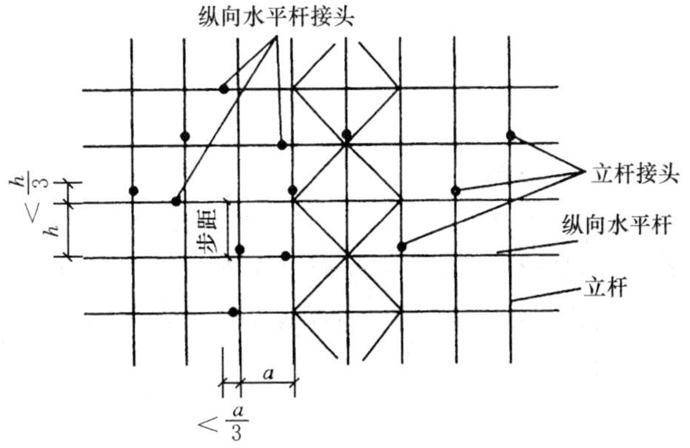

图 12-4　立杆、纵向水平杆的接头位置

2)纵向水平杆

纵向水平杆宜设置在立杆的内侧，其长度不宜少于 3 跨，用直角扣件与立杆扣紧，其步距为 1.20～1.80 m。纵向水平杆接长宜采用对接扣件连接，也可采用搭接连接。对接扣件应交错布置；2 根相邻纵向水平杆的接头不宜设在同步或同跨内；其相邻接头的水平距离不应小于 500 mm；接头中心至最近主接点的距离不宜大于 1/3 纵距(见图 12-4)。采用搭接时，搭接长度不应小于 1 m，并用不少于 3 个旋转扣件扣牢。

3)横向水平杆

脚手架每一立杆节点处必须设置 1 根横向水平杆，搭接于纵向水平杆之上，用直角扣件扣紧且严禁拆除。在双排架中横杆靠墙一段的外伸长度不应大于 2/5 杆长，且不应大于 500 mm。操作层上中间节点处的横向水平杆宜按脚手板的需要等间距设置，但最大间距不应大于 1/2 立杆纵距。

4)剪刀撑

当单、双排架高度不大于 24 m 时，必须在脚手架外侧立面的两端各设置一道剪刀撑，并应由底至顶连续设置；中间每隔 15 m 设置一道(见图 12-5)。其宽度不应小于 4 跨，且不应小于 6 m，斜杆与地面间的倾角为 45°～60°。当双排架高度大于 24 m 时，应在外侧立面整个长度和高度上连续设置剪刀撑。剪刀撑斜杆应用旋转扣件与立杆或横向水平杆的伸出端扣牢，旋转扣件距脚手架节点不宜大于 150 mm。剪刀撑斜杆接长宜采用搭接连接，搭接长度不小于1 m，并用不少于 2 个旋转扣件扣牢。

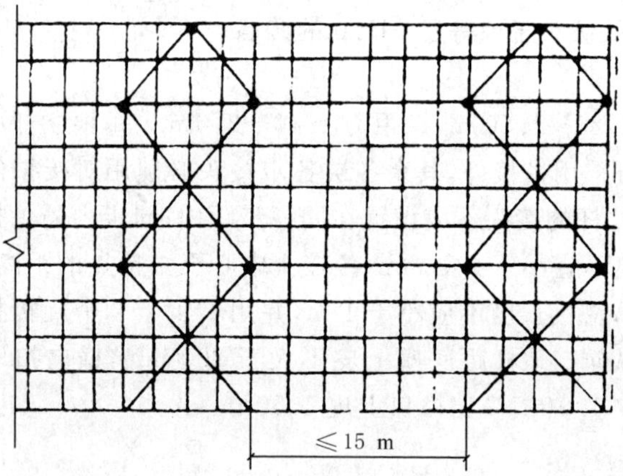

图 12-5　剪刀撑布置

5)连墙件

脚手架的稳定性取决于连墙件的布置形式和间距大小，脚手架倒塌的事故大多是由连墙件设置不足或被拆掉而引起的。连墙件的数量和间距应满足设计的要求。连墙件必须采用可承受拉力和压力的构造(见图 12-6)。采用拉筋时必须配用顶撑。顶撑应可靠地顶在混凝土圈梁、柱等结构部位。高度超过 24 m 的双排脚手架，必须采用刚性连墙件与建筑物可靠连接。

6)横向斜撑

一字型、开口型双排脚手架的两端均必须设置横向斜撑，中间宜每隔 6 跨设置一道；高度在 24 m 以上的封闭型脚手架，除拐角应设置横向斜撑外，中间还应每隔 6 跨设置一道。横向

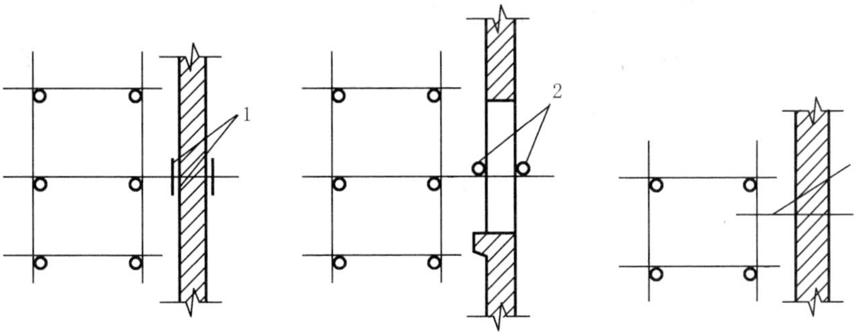

图 12-6　连墙件

1—扣件；2—短管；3—拉筋与墙内埋设的钢环拉住

斜撑应在同一节间，由底至顶层呈“之”字形连续布置。

7)护栏和挡脚板

操作层必须设置高 1.20 m 的防护栏杆和高 0.18 m 的挡脚板，搭设在外排立杆的内侧。

8)脚手板

脚手板一般应设置在 3 根横向水平杆上。当板长度小于 2 m 时，允许将脚手板设置在 2 根横向水平杆上，但应将板两端可靠固定，严防倾翻。自顶层操作层往下计，宜每隔 12 m 满铺一层脚手板。作业层脚手板应铺满、铺稳，离开墙面 120～150 mm。

3. 搭设与拆除

1)搭设

(1)脚手架搭设顺序：放置纵向水平扫地杆→逐根竖立立杆（随即与扫地杆扣紧）→安装横向水平扫地杆（随即与立杆或纵向水平扫地杆扣紧）→安装第一步纵向水平杆（随即与各立杆扣紧）→安装第一步横向水平杆→安装第二步纵向水平杆→安装第二步横向水平杆→加设临时斜撑杆（上端与第二步纵向水平杆扣紧，在装设 2 道连墙件后可拆除）→安装第三、四步纵、横向水平杆→安装连墙件、接长立杆、加设剪刀撑→铺设脚手板→挂安全网。

(2)脚手架必须配合施工进度搭设，一次搭设高度不应超过相邻连墙件以上 2 步。

(3)每搭完一步脚手架后，应按有关规范的要求校正步距、纵距、横杆及立杆的垂直度。

(4)底座、垫板均应准确地放在定位线上；垫板宜采用长度不少于 2 跨、厚度不小于50 mm 的木垫板，也可用槽钢。

(5)立杆搭设时，严禁将外径为 48 mm 与 51 mm 的钢管混合使用；开始搭设立杆时应每隔 6 跨设置 1 根抛撑，直至连墙件安装稳定后，方可根据情况拆除。

(6)当搭至有连墙件的构造点时，在搭设完该处的立杆、纵向水平杆、横向水平杆后，应立即设置连墙件，连墙点的数量、位置要正确，连接牢固，无松动现象。

(7)在封闭型脚手架的同一步中，纵向水平杆应四周浇圈，用直角扣件与内外角部立杆固定。

(8)搭设单排外脚手架时，在下列部位不得留设脚手眼：

①设计上不允许留脚手眼的部位；

②过梁上与过梁两端成 60°角的三角形范围内及过梁净跨度 1/2 的高度范围内；

③宽度小于 1 m 的窗间墙；

④梁或梁垫下及其两侧各500 mm的范围内；

⑤砖砌体的门窗洞口两侧200 mm和转角处450 mm的范围内，其他砌体的门窗洞口两侧300 mm和转角处600 mm的范围内；

⑥独立或附墙砖柱。

(9)剪刀撑、横向斜撑应随立杆、纵向和横向水平杆等同步搭设，各底层斜杆下端均必须支承在垫块或垫板上。

(10)扣件规格必须与钢管外径(ϕ48 mm或ϕ 51 mm)相同；螺栓拧紧力矩不应小于40 N·m，在主节点处固定横向水平杆、纵向水平杆、剪刀撑、横向斜撑等用的直角扣件、旋转扣件的中心点的相互距离不应大于150 mm，对接扣件开口应朝上或朝内。各杆件端头伸出扣件盖板边沿的长度不应小于100 mm。

2)拆除

(1)拆架时应划出工作区标志和设置围栏，并派专人看守，严禁行人进入。拆架时，应统一指挥、上下呼应、动作协调，当解开与另一人有关的接头时，应先行告知对方，以防坠落。

(2)拆除作业必须由上而下逐层进行，严禁上下同时作业。

(3)连墙杆必须随脚手架逐层拆除，严禁先将连墙件整层或数层拆除后再拆脚手架；分段拆除高差不应大于2步，如高差大于2步，应增设连墙件加固；当脚手架拆至下部最后一根长立杆的高度(约6.5 m)时，应在适当位置搭设临时抛撑加固后，再拆除连墙件。

(4)当脚手架采取分段、分立面拆除时，对不拆除的脚手架两端，应先设置连墙件和横向斜撑加固。

(5)各构配件严禁抛掷至地面。

(6)运至地面的构配件应及时检查、整修与保养，并按品种、规格随时码堆存放。

三、碗扣式钢管脚手架

碗扣式钢管脚手架是一种多功能脚手架，其杆件接点处均采用碗扣及承插锁固定，具有承载力大、结构稳定可靠、通用性强、拼拆迅速方便、配件完善且不易丢失，以及易于加工、运输和管理等优点，故应用广泛。

1. 构造特点

碗扣式钢管脚手架是在一定长度的ϕ48 mm×3.5 mm钢管立杆和顶杆上，每隔600 mm焊有下碗扣及限位销，上碗扣则对应套在立杆上并可沿立杆上下滑动的脚手架。安装时，将上碗扣的缺口对准限位销，即可将上碗扣抬起(沿立杆向上滑动)，把横杆接头插入下碗扣圆槽内，随后将上碗扣沿限位销滑下，并沿顺时针方向旋转，以扣紧横杆接头，与立杆牢固地连接在一起，形成框架结构。每个下碗扣内可同时装4个横杆接头，位置可任意，如图12-7所示。

2. 杆配件规格及用途

碗扣式钢管脚手架的杆配件按其用途，分为主构件、辅助构件、专用构件三种。

1)主构件

(1)立杆：立杆用作脚手架的垂直承力杆。它由一定长度的ϕ48 mm×3.5 mm钢管上每隔0.6 m安装碗扣接头，并在其顶端焊接立杆连接管制成。立杆有3.0 m和1.8 m两种规格。

(2)顶杆：顶杆即顶部立杆，其顶端设有立杆连接管，以便在顶端插入托撑。顶杆用作支撑

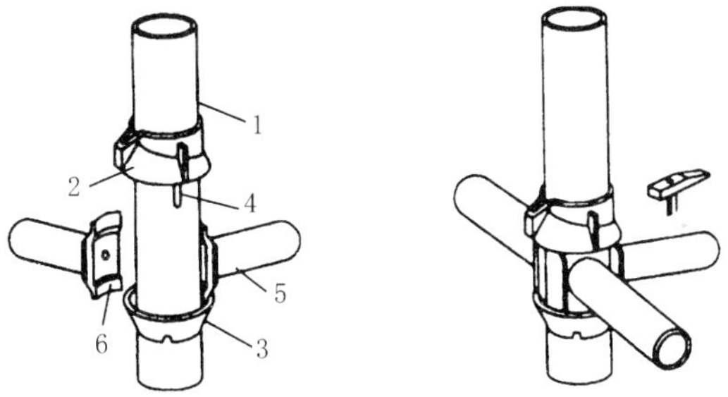

(a) 连接前　　(b) 连接后

图 12-7　碗扣接头

1—立杆；2—上碗扣；3—下碗扣；4—限位销；5—横杆；6—横杆接头

架、支撑柱、物料提升架等的顶端垂直承力杆。顶杆有 2.1 m、1.5 m、0.9 m 三种规格。若将立杆和顶杆相互配合接长使用，就可构成任意高度的脚手架。立杆接长时，接头应当错开，至顶层后再用两种长度的顶杆找平。

(3)横杆：横杆用于立杆横向连接管，或框架水平承力杆。它由一定长度的 ϕ48 mm×3.5 mm钢管两端焊接横杆接头制成。横杆有 2.4 m、1.8 m、1.5 m、1.2 m、0.9 m、0.6 m、0.3 m七种规格。

(4)单排横杆：单排横杆用作单排脚手架的横向水平杆。它仅在 ϕ48 mm×3.5 mm 钢管一端焊接横杆接头，有 1.8 m、1.4 m 两种规格。

(5)斜杆：斜杆用于增强脚手架的稳定强度，提高脚手架的承载力。它是在 ϕ48 mm×2.2 mm钢管两端铆接斜杆接头制成的。斜杆有 3.0 m、2.546 m、2.343 m、2.163 m、1.69 m 五种规格，可适用于五种框架平面。

(6)底座：底座安装在立杆的根部，用于防止立杆下沉并将上部荷载分散传递给地基。底座可分为一般垫座(由 150 mm×150 mm×8 mm 的钢板在中心焊接连接件制成)、立杆可调底座和立杆粗细调座等。

2)辅助构件

辅助构件系用于作业面及附壁拉结等的杆部件，有多种类别和规格，其中主要有以下三种。

(1)间横杆。间横杆是为满足普通钢或木脚手板的需要而专设的杆件，可搭设于主架横杆之间的任意部位，用于减小支承间距或支撑挑头脚手板。

(2)架梯。架梯是用于作业人员上下脚手架的通道，由钢踏步板焊在槽钢上制成，两端带有挂钩，可牢固地挂在横杆上。

(3)连墙撑。连墙撑是用于脚手架与墙体结构间的连接件，以加强脚手架抵抗荷载及其他永久性水平荷载的能力，防止脚手架倒塌和增强稳定性。

3)专用构件

专用构件是用作专门用途的构件。常用的有支撑柱专用构件(包括支撑柱垫座、转角座、可调底座)、提升滑轮、悬挑架、爬升挑梁等。

3. 搭设要点

1)搭设顺序

搭设顺序是：安设立杆底座→竖立杆→安横向水平杆→安斜杆→接头锁紧→铺脚手板→

竖上层立杆→插立杆连接销→安横向水平杆……

2)搭设注意事项

(1)应在已处理好的地基上按设计位置安放立杆垫座(或可调底座),其上再交错安装 3.0 m和 1.8 m 的长立杆,调整立杆或底座,使同一层立杆接头不在同一平面内。

(2)搭设中应注意控制架体的垂直度,总高的垂直度偏差不得超过 100 mm。

(3)连墙件应随脚手架的搭设而及时在设计位置设置,并尽量与脚手架和建筑物外表面垂直。

(4)脚手架应随结构物升高而随时搭设,但不应超过结构物 2 个步架。

四、门式钢管脚手架

门式钢管脚手架(简称门式脚手架)的基本受力单元是由钢管焊接而成的门形钢架(简称门架)。它与结构物拉结牢固,形成整体稳定的脚手架结构。

门式脚手架的主要特点是,尺寸标准,结构合理,承载力高,安全可靠,装拆容易并可调节高度,特别适用于搭设使用周期短或频繁周转的脚手架。但由于其组装件接头大部分不是螺栓紧固性的连接,而是插销或扣搭形式的连接,因此搭设较高大或荷载较大的支架时,必须附加钢管拉结紧固,否则会摇晃不稳。

门式脚手架的搭设高度 H 为:当 2 层同时作业的施工总荷载标准值不大于 3 kN/m^2 时,$H \leqslant 60$ m;当总荷载为 3～5 kN/m^2 时,$H \leqslant 45$ m。当架高为 19～38 m 时,可 3 层同时作业;当架高不大于 17 m 时,可 4 层同时作业。

1. 主要组成部件

门式脚手架由门架、剪刀撑(交叉支撑)和水平梁架(平行架)或脚手板等构成基本单元,如图 12-8(a)所示。将基本单元相互连接起来并增加梯子、栏杆等部件即构成整片脚手架,如图 12-8(b)所示。

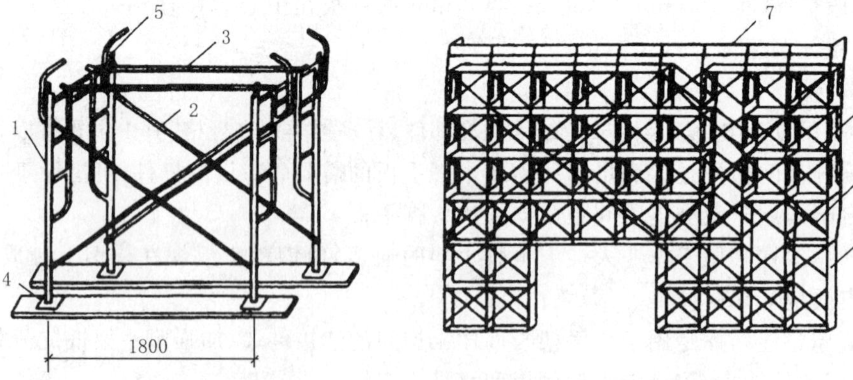

(a) 基本单元　　(b) 门式外脚手架

图 12-8　门式脚手架

1—门架;2—剪刀撑;3—水平梁架;4—调节螺栓;5—锁臂;6—梯子;7—栏杆;8—脚手板;9—交叉斜杆

(1)门架:门架是构成脚手架的基本单元。它有多种形式,标准型是最基本的形式,标准门架宽度为 1.219 m,高有 1.9 m 和 1.70 m 两种。门架在垂直方向之间的连接用连接棒和锁臂。

(2)水平梁架。水平梁架用于连接门架顶部成为水平框架，以增加脚手架的刚度。

(3)剪刀撑。剪刀撑是用于纵向连接两榀门架的交叉形拉杆。

(4)底座和托座。底座用于扩大脚手架的支承面积和传递竖向荷载，它分为固定底座、可调底座和带轮底座。其中可调底座可调节脚手架的高度及整体水平度、垂直度；带轮底座多用于操作平台，以方便移动。托座有平板和U形两种，至于门架的上端，多带有丝杠以调节高度，主要用于支模架。

(5)脚手板。脚手板采用钢定型脚手板，在板的两端装有挂扣，搁置在门架的横杆上并扣紧。此种脚手板不但可提供操作平面，还可增加门架的刚度，因此，即使是无作业层，也应每隔3～5层设置一层脚手板。

(6)其他部件：其他部件有连接棒、锁臂、连墙杆、脚手板托架、钢梯、栏杆等。

2. 构造要点

(1)门架之间必须满设剪刀撑和水平梁架(或脚手板)，并连接牢固。在脚手架外侧应设长剪刀撑，其高度和宽度为3～4个步距，与地面倾角为45°～60°，相邻长剪刀撑之间相隔3～5个架距。

(2)整片脚手架必须适量设置水平加固杆(即大横杆)，下面3层步架宜隔层设置一道加固杆，以上则每隔3～5层设置一道。水平加固杆用扣件与门架立杆扣紧。

(3)连墙件应与结构拉结牢固。一般情况下，在垂直方向每隔3个步距和在水平方向每隔4个架距设一个连墙件，在转角处应适当加密。

(4)做好脚手架的转角处理。脚手架在转角处必须连接牢固并与墙拉结好，以确保脚手架的整体性。处理方法是，利用钢管和扣件把处于角部两边的门架连接起来，连接杆可沿边长方向或斜向设置(见图12-9)。

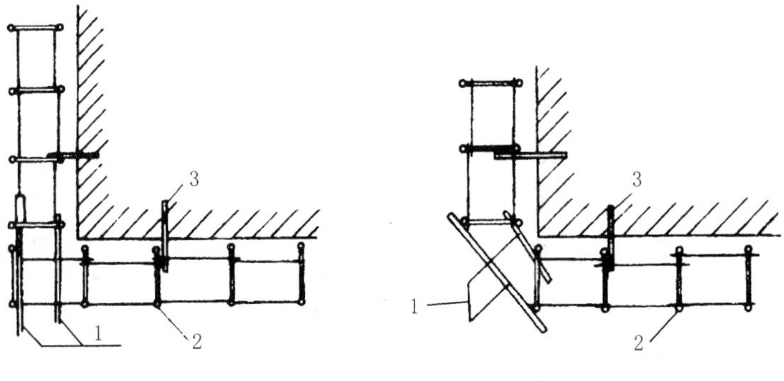

图12-9　转角处脚手架连接

1—连接钢管；2—门架；3—连墙件

3. 搭设要点

(1)搭设顺序是：铺放垫木→拉线、放底座→自一端起立门架并随即装剪刀撑→装水平梁架(或脚手板)→装梯子→(需要时装加强通长水平加固杆，一般用ϕ48脚手架钢管)→装设连墙件→插上连接棒、安装上一步门架、装上锁臂→照上述步骤逐层向上安装→装加强整体刚度的长剪刀撑→装设顶部栏杆。

(2)搭设注意事项如下。

①交叉支撑、水平梁架、脚手板、连接棒和锁臂的设置应符合规范要求；不配套的门架与配

件不得混合使用于同一脚手架中。

②门架安装应自一端向另一端延伸，并逐层改变搭设方向，不得相对进行。搭完1步架后，应按规范要求检查并调整其水平度与垂直度。

③交叉支撑、水平梁架或脚手板应紧随门架的安装及时设置，连接门架与配件的锁臂、搭钩必须处于锁住状态。水平梁架或脚手板应在同一步内连续设置，脚手板要铺满。

④连墙件的搭设必须随脚手架搭设同步进行，严禁滞后设置或搭设完毕后补做；连墙件应连于上、下两榀门架的接头附近，且垂直于墙面、锚固可靠。当脚手架操作层高出相邻连墙件2步以上时，应采用确保脚手架稳定的临时拉结措施，直到连墙件搭设完毕后方可拆除。

⑤水平加固杆、剪刀撑必须与脚手架同步搭设；水平加固杆应设于门架立杆内侧，剪刀撑应设于门架立杆外侧并连接牢固。

⑥脚手架应沿结构物周围连续、同步搭设升高，在结构物周围形成封闭结构；如不能封闭，则在脚手架两端应按规范要求增设连墙件。

五、附着升降式脚手架

近年来，随着高层建筑、高耸结构的不断涌现和在工程建设中脚手架所占比重的迅速扩大，对施工用的脚手架在施工速度、安全性能和经济效益等方面提出了更高的要求。附着升降式脚手架是附着于工程结构，并依靠自身带有的升降设备，实现整体或分段升降的悬空脚手架。它结构整体性好、升降快捷方便、机械化程度高、经济效益显著，是一种很有推广价值的外脚手架。按其附着支承方式，可分为以下七种：套框式、导轨式、导座式、挑轨式、套轨式、吊套式、吊轨式。导轨式附着升降式脚手架的爬升过程如图12-10所示。附着升降式脚手架由架体、附着支承、提升机构和设备、安全装置和控制系统等4个基本部分构成。

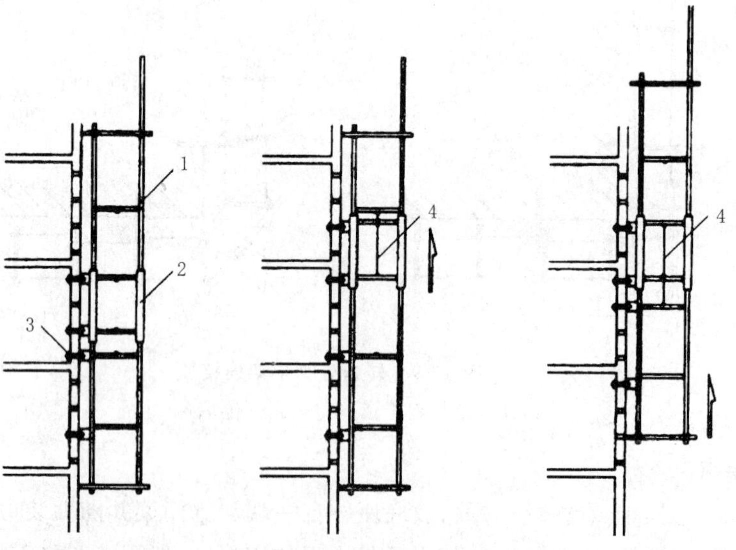

(a) 爬升前位置　　(b) 活动架爬升（半个层高）　　(c) 固定架爬升（半个层高）

图 12-10　导轨式附着升降式脚手架爬升示意

1—固定架；2—活动架；3—附墙螺栓；4—倒链

1. 架体

附着升降式脚手架的架体由竖向主框架、水平梁架和架体板等构成(见图12-11)。竖向主框架即构成架体的边框架,也与附着支承构件连接,并将架体荷载传给工程结构的传载构件。水平架梁一般设于底部,承受架体板传下来的架体荷载并将其传给竖向主框架,同时水平梁架的设置也是加强架体整体性和刚度的重要措施。除竖向主框架和水平梁架的其余架体部分称为架体板,在承受风荷载等侧向水平荷载时,它相当于两端支承于竖向主框架之上的一块板。架体板应设置剪刀撑,以满足传载和安全工作的要求。

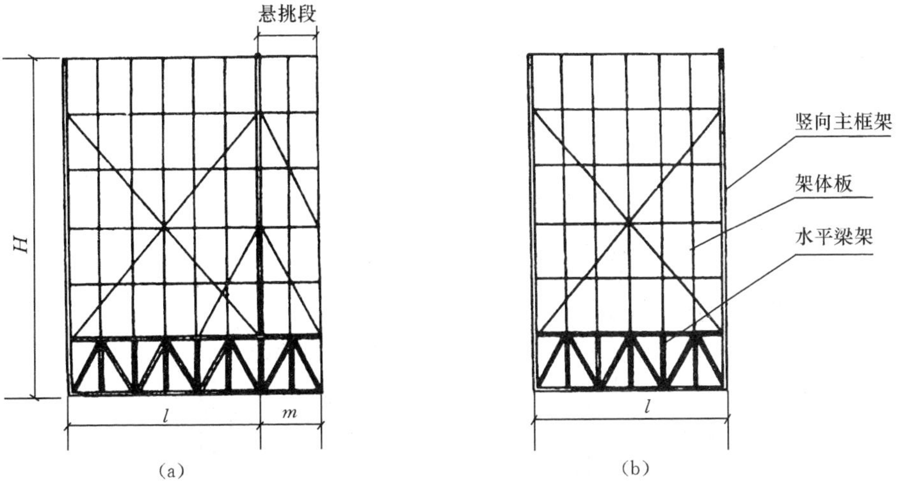

图12-11　附着升降式脚手架的架体构成

2. 附着支承

附着支承是为了确保架体在升降时处于稳定状态,起避免晃动和抵抗倾覆作用的装置。它应达到以下要求:架体在任何状态(使用、上升或下降)下,与工程结构之间必须有不少于2处的附着支承点;必须设置防倾覆装置。

3. 提升机构和设备

附着升降式脚手架的提升机构取决于提升设备,共有吊升、顶升和爬升等三种方式。

(1)吊升式提升机构:提升设备为挂置电动葫芦或手动葫芦时,以链条或拉杆吊着架体沿导轨滑动而上升;提升设备为小型卷扬机时,则采用钢丝绳,依靠导向滑轮进行架体的提升。

(2)顶升式提升机构是通过液压缸活塞杆的伸长,使导轨上升并带动架体上升的。

(3)爬升式提升机构是通过上下爬升箱带着架体沿导轨自动向上爬升的。

提升机构和设备应确保处于完好状况,且要工作可靠、动作稳定。

4. 安全装置和控制系统

附着升降式脚手架的安全装置包括防坠和防倾装置。防倾装置是采用防倾导轨及其他部件来控制架体水平位移的部件。防坠装置则是为了防止架体坠落的装置,即一旦因断链(杆、绳)等造成架体坠落,就能立即动作,及时将架体制停在防坠杆等支持结构上。

附着升降式脚手架的设计、安装及升降操作必须符合有关的规范和规定。其技术关键是:①与建筑物牢固地固定;②升降过程中均有可靠的防倾覆措施;③设有安全防坠落装置和措施;④具有升降过程的同步控制措施。

六、里脚手架

里脚手架是搭设在建筑物内部的一种脚手架，用于在楼层上进行砌筑、装修等作业。里脚手架种类较多，在无须搭设满堂脚手架时，可采用各种工具式脚手架。这种脚手架具有轻便灵活、搭设方便、周转容易、占地较少等特点。下面介绍几种常用的里脚手架。

1. 折叠式里脚手架

角钢折叠式里脚手架如图 12-12 所示，它采用角钢制成，每个重 25 kg；钢管（筋）折叠式里脚手架如图 12-13 所示，它采用钢管或钢筋制成，每个重 18 kg。这些折叠式里脚手架在脚手架上铺脚手板即可使用，其架设间距：砌筑作业时小于 1.80 m，装修作业时小于 2.20 m。该种脚手架可架设 2 步，第一步的高度为 1 m，第二步的高度为 1.65 m。

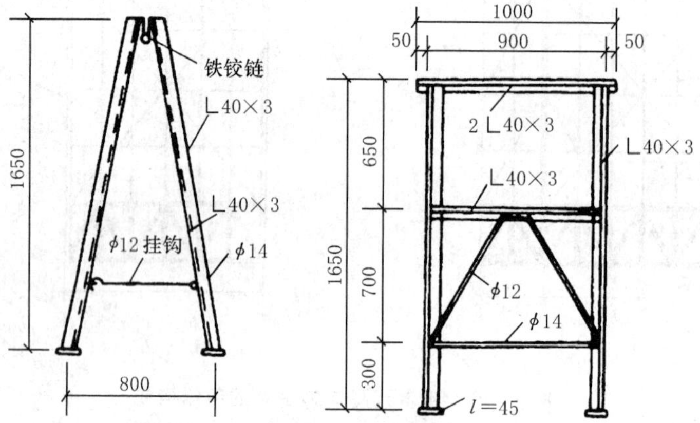

图 12-12　角钢折叠式里脚手架

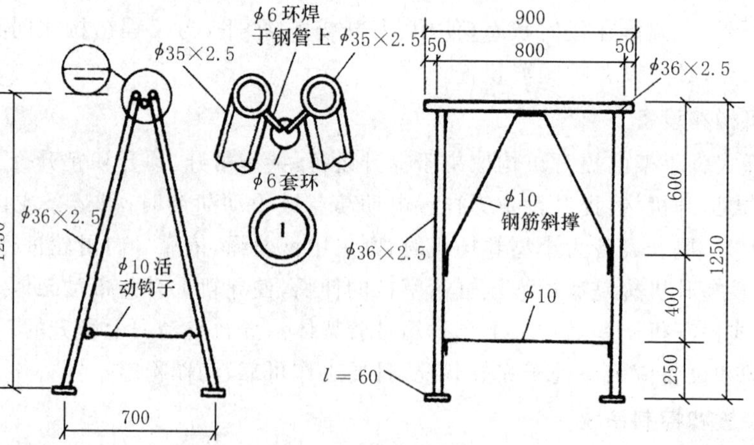

图 12-13　钢管（筋）折叠式里脚手架

2. 支柱式里脚手架

支柱式里脚手架由支柱及横杆组成，上铺脚手板。其搭设间距：砌筑作业时小于或等于 2 m，装修作业时小于或等于 2.50 m。套管式支柱如图 12-14 所示，每个支柱重 14 kg。搭设时插管插入立杆中，以销孔间距调节高度，在插管顶端的 U 形支托内搁置方木横杆，用于铺设脚手板，其架设高度为1.57～2.17 m。承插式钢管支柱如图12-15所示，每个支柱重13.7 kg，横杆重5.6 kg。其架设高度为1.2 m、1.6 m、1.9 m，搭设第三步时要加销钉以保证安全。

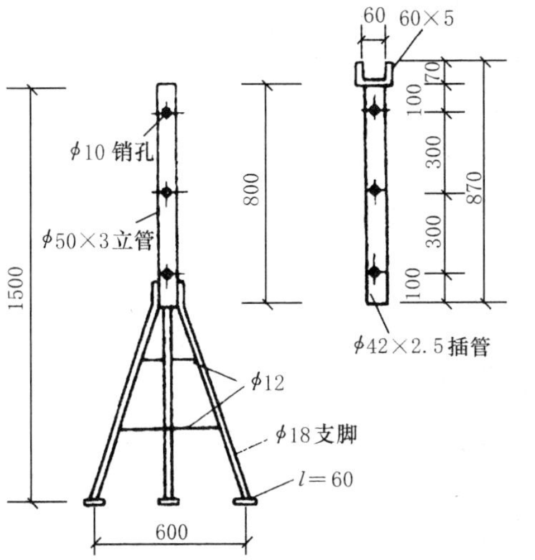

图12-14　套管式支柱

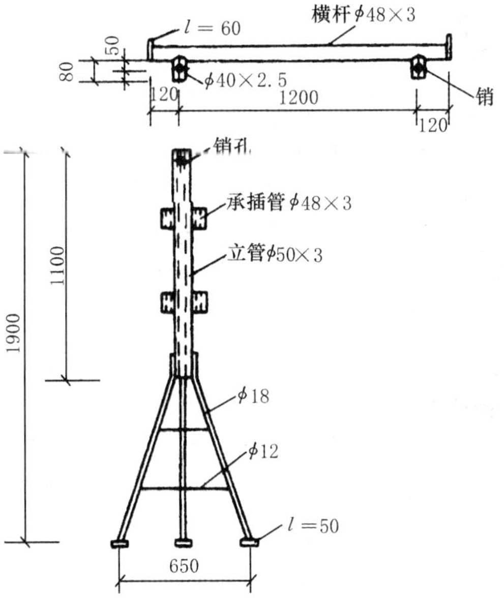

图12-15　承插式钢管支柱

此外还有马凳式里脚手架、伞脚折叠式里脚手架、梯式支柱里脚手架、门架式里脚手架以及平台架、移动式脚手架等里脚手架，这些脚手架广泛用于各种室内砌筑及装饰工程中。

第二节　垂直运输设备

垂直运输设备是指担负运输工程材料和施工人员上下的机械设备。土木工程施工中这类设备的作业量很大，常用的有井架、龙门架、施工电梯和塔式起重机，有时也采用自行杆式起重机。本节仅介绍井架、龙门架、施工电梯和塔式起重机等四种垂直运输机械设备。

一、井架

井架是建筑工程中进行砌筑和装修施工时最常用的垂直运输设备，它可用型钢或钢管加工成定型产品，或用其他脚手架部件（如扣件式、门式和碗扣式钢管脚手架等）搭设。一般井架为单孔，也可构成双孔或三孔的。井架构造简单、加工容易、安装方便、价格低廉、稳定性好，且当设置有附着杆件与建筑物拉结时，无须设置缆风绳。

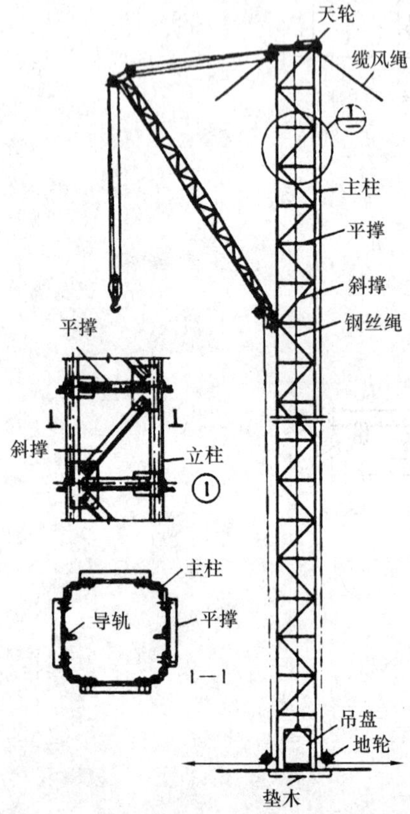

图 12-16　普通型钢井架

图 12-16 所示的为普通型钢井架的示意图。在井架内设有吊盘（或混凝土料斗），其吊重可达 1～3 t，由卷扬机带动其升降。双孔及三孔井架可同时设吊盘及料斗，以满足同时运输多种材料的需要。普通型钢井架的搭设高度可达 60 m。当井架高度小于或等于 15 m 时，须设缆风绳 1 道；当高度大于 15 m 时，每增高 10 m 增设 1 道。每道缆风绳为 4 根，采用 9 mm 的钢丝绳，其与地面夹角为 45°。为了扩大起重运输服务范围，常在井架上安装悬臂桅杆，桅杆长 5～10 m，起重荷载为 0.5～1 t，工作幅度为 2.5～5 m。

在使用井架过程中应注意下列事项：

(1)井架必须立于可靠的地基和基座之上。井架立柱底部应设底座和垫木，其处理要求同外脚手架的。

(2)在雷雨季节使用的、高度超过 30 m 的钢井架，应装设避雷电装置；没有装设避雷电装置的井架，在雷雨天气应暂停使用。

(3)井架自地面 5 m 以上的四周（出料口除外），应使用安全网或其他遮挡材料（竹笆、篷布等）进行封闭，避免吊盘上材料坠落伤人。卷扬机司机操作、观察吊盘升降的一面只能使用安全网。

(4)井架上必须有限位自停装置，以防吊盘上升时“冒顶”。

(5)吊盘内不要装长杆材料和零乱堆放材料，以免材料坠落或长杆材料卡住井架，酿成事故。吊盘不得长时间悬于井架中，应及时落至地面。

二、龙门架

龙门架是由 2 根立杆及天轮梁（横梁）构成的门式架（见图 12-17）。它构造简单、制作容易、用材少、装拆方便，适用于中小型工程。但由于其立杆刚度低和稳定性较差，一般常用于低层建筑。如果分节架设，逐步增高，并加强与建筑物的连接，也可以架设较大的高度。龙门架按其立杆的组成来分，目前常用的有组合立杆龙门架（如角钢组合、钢管组合、角钢与钢管组合、圆钢组合等）和钢管龙门架等。组合立杆龙门架具有强度高、刚度大的优点，其提升荷载为 0.6～1.2 t，提升高度可达 20～35 m。钢管龙门架是以单根杆件作为立杆而构成的，制作安装均较简便，但稳定性较差，在低层建筑中使用较为合适。

龙门架一般单独设置。在有外脚手架的情况下，可设在脚手架的外侧或转角部位，其稳定性靠四个方向的缆风绳来解决；亦可设在外脚手架的中间，用拉杆将龙门架的立杆与脚手架拉结起来，以确保龙门架和脚手架的稳定性，但在垂直于脚手架的方向仍需设置缆风绳并设置附墙拉结。与龙门架相连的脚手架，应加设必要的剪刀撑予以加强。龙门架的安全装置必须齐全，正式使用前应进行试运转。

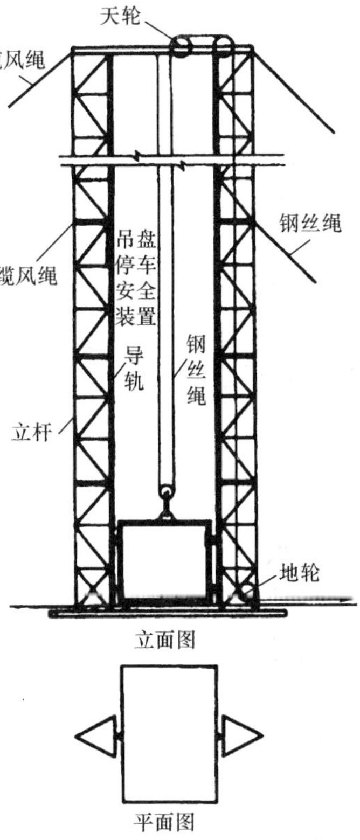

图 12-17　龙门架的基本构造

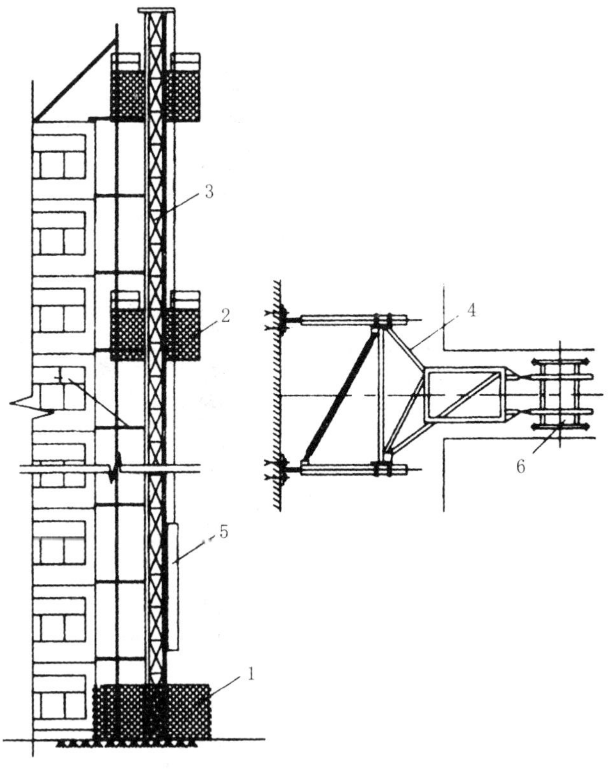

图 12-18　建筑施工电梯

1—底笼；2—吊笼；3—立柱；4—附墙杆；5—平衡箱；6—立柱导轨架

三、施工电梯

施工电梯是人货两用的垂直运输设备，其吊笼装在井架外侧，如图 12-18 所示，按传动形式，分为齿轮齿条式、钢丝绳式和混合式三种。施工电梯可载货 1.0～1.2 t，可乘 12～15 人。由于它附着在建筑物外墙或其他结构部位上，故稳定性很好，并可随主体结构的施工逐步往上接高，架设高度可达 200 m 以上。目前，施工电梯已广泛应用于高层建筑施工中。

四、塔式起重机

1. 类型和特点

塔式起重机简称塔吊，是一种塔身直立、起重臂安装在塔身顶部并可做 360°回转的起重机械，除用于结构安装工程外，也广泛用于多层和高层建筑的垂直运输。

1)类型

塔式起重机的类型很多，按其在工程中使用和架设方法，可分为轨道式起重机、内爬式起重机、固定式起重机和附着式起重机四种，如图 12-19 所示。

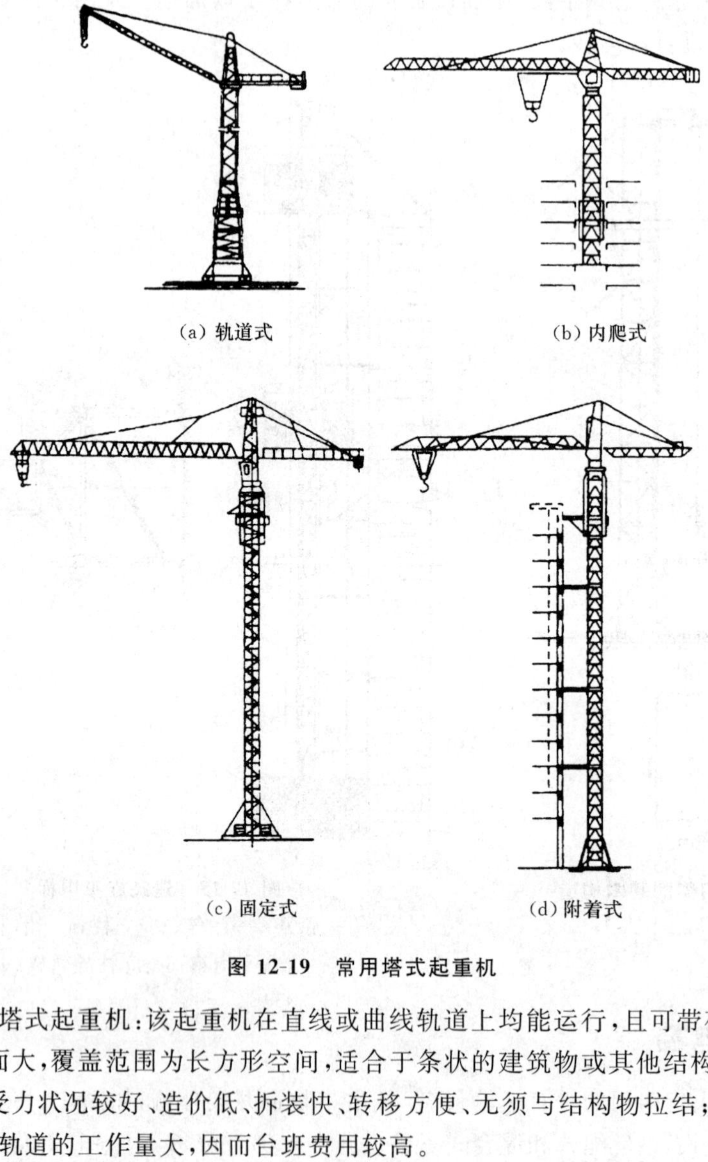

(a) 轨道式　(b) 内爬式　(c) 固定式　(d) 附着式

图 12-19　常用塔式起重机

(1)轨道式塔式起重机：该起重机在直线或曲线轨道上均能运行，且可带荷载运行，生产效率高。它作业面大，覆盖范围为长方形空间，适合于条状的建筑物或其他结构物。轨道式塔式起重机塔身的受力状况较好、造价低、拆装快、转移方便、无须与结构物拉结；但其占用施工场地较多，且铺设轨道的工作量大，因而台班费用较高。

(2)内爬式塔式起重机：该起重机安装在建筑物内部的结构上(常利用电梯井、楼梯间等空间)，借助爬升机构随建筑物的升高而向上爬升，一般每隔 1～2 层楼便爬升一次。由于起重机塔身短，用钢量省，因而造价低。它不占用施工场地，不需要轨道和附着装置，但须对结构进行相应的加固，且不便拆卸。内爬式塔式起重机适用于施工场地非常狭窄的高层建筑的施工；当建筑平面面积较大时，采用内爬式塔式起重机也可扩大服务范围。

(3)固定式塔式起重机：该起重机的塔身固定在混凝土基础上。它安装方便，占用施工场地小，但起升高度不大，一般在 50 m 以内，适合于多层建筑的施工。

(4)附着式塔式起重机：该起重机的塔身固定在建筑物或构筑物近旁的混凝土基础上，且每隔 20 m 左右的高度用系杆与近旁的结构物用锚固装置连接起来。其稳定性好，因而起升高度大，一般为 70～100 m，有些型号的可达 160 m。起重机依靠顶升系统，可随施工进程自行向上顶升接高。它占用施工场地很小，特别适合在较狭窄工地施工，但因塔身固定，服务范围受到限制。

2)特点

各类塔式起重机共同的特点是：塔身高，臂架长，作业面大，可以覆盖广阔的空间；能吊运各类施工用材料、制品、预制构件及设备，特别适合吊运超长、超宽的重大物体；能同时进行起升、回转及行走动作，同时完成垂直运输和水平运输作业，且有多种工作速度，因而生产效率高；可通过改变吊钩滑轮组钢丝绳的倍率，来提高起重量，较好地适应各种施工的需要；设有较齐全的安全装置，运行安全可靠；驾驶室设在塔身上部，司机视野好，便于提高生产率和保证安全。

2. 选用

1)起重幅度

起重幅度又称回转半径或工作半径，是从塔式起重机回转中心线至吊钩中心线的水平距离，它又包括最大幅度和最小幅度两个参数。对于采用俯仰变幅臂架的塔吊，最大幅度是指当动臂处于接近水平或与水平夹角为 15°时的幅度；动臂仰成 63°～65°角(个别可仰至 85°角)时的幅度，则为最小幅度。

施工中选择塔式起重机时，首先应考察该塔式起重机的最大幅度是否能满足施工需要。

2)起重量

起重量包括最大幅度时的起重量和最大起重量两个参数。起重量由重物、吊索、铁扁担或容器等的重量组成。

起重参数的变化很大，在进行塔式起重机选型时，必须依据拟建工程的构造特点、所吊构件或部件的类型及重量、施工方法等，作出合理的选择，尽量做到既能充分满足施工需要，又可取得最大经济效益。

3)起重力矩

起重幅度和与之相对应的起重量的乘积，称为起重力矩。塔式起重机的额定起重力矩是反映其起重能力的一项首要指标。在进行塔式起重机选型时，初步确定起重幅度和起重量的参数后，还必须根据塔式起重机技术说明书中给出的数据，核查是否超过额定起重力矩。

4)起重高度

起重高度是自轨道基础的轨顶表面或混凝土基础顶面至吊钩中心的垂直距离，其大小与塔身高度及臂架构造形式有关。选用时，应根据拟建工程的总高度、预制构件或部件的最大高度、脚手架构造尺寸以及施工方法等确定。

近年来，国内外新型塔式起重机不断涌现。国内研制的有 QT4—10、QT16、QT25、QT45、QT60、QT80、QT100 及 QT200、QTZ250 型等塔式起重机。QT4—10 型塔式起重机的起重性能如表 12-1 所示。

表 12-1 QT4—10 型塔式起重机的起重性能

臂长/m	安装形式	起重半径/m	滑轮组倍率	起重高度/m	起重量/t
30	固定式或移动式	3～16	2	40	5
			4	40	10
		20	2	40	5
			4	40	8
		30	2	40	5
			4	45	5
			4	50	4
	附着式或爬升式	3～16	2	160	5
			4	80	10
		20	2	160	5
			4	80	10
		30	2	160	5
			4	80	10
35	固定式或移动式	3～16	2	40	4
			4	40	8
		25	2	40	5
			4	40	5
		35	2	40	3
			4	45	4
			4	50	3、4
	附着式或爬升式	3～16	2	160	4
			4	80	8
		25	2	160	4
			4	80	4
		35	2	160	3
			4	80	4

复习思考题

12-1 对脚手架有哪些基本要求？

12-2 搭设脚手架时对地基和基础有哪些要求？

12-3 简述扣件式钢管脚手架的主要组成部件及各部件的作用。

12-4 怎样设置扣件式钢管脚手架的各种杆件？它们有哪些构造要求？

12-5 搭设单排外脚手架时，哪些部位不能留置脚手眼？

12-6 试述碗扣式钢管脚手架的构造特点和优点。

12-7 简述门式脚手架的主要组成部件。

12-8 附着升降式脚手架由哪几部分组成？该脚手架的技术关键是什么？

12-9 常用的垂直运输设备有哪些？各自有哪些适用条件？

12-10 简单叙述塔式起重机的类型和特点。

第十三章 地下工程

第一节 地下连续墙施工

一、概述

地下连续墙施工过程是指沿着拟建地下建筑物或构筑物的周边，在泥浆护壁的条件下，分段开挖一定长度的沟槽（称为一个单元槽段），清槽后在沟槽内吊放钢筋笼并水下浇筑混凝土，各个单元槽段采用一定的接头方式连接，形成一道连续的、封闭的地下钢筋混凝土墙。地下连续墙的强度、刚度都很大。它既可以作为地下结构和建筑物地下室的外承重结构墙，又可作为深基坑工程的围护结构，挡土又防水，由于两墙合一，大大提高了工程的经济效益。

地下连续墙施工的优点有：①可适用于各种土质条件；②施工时无振动、噪声低、不挤土，除了产生较多泥浆外，对环境影响很小；③可在建筑物、构筑物密集地区施工，对邻近结构和地下设施基本无影响；④墙体的抗渗性能好，能抵挡较高的水头压力，除特殊情况外，施工时基坑外无须再降水；⑤可用于逆筑法施工，即它是将地下连续墙施工方法与逆筑法结合，由此形成的一种深基础和多层地下室施工的有效方法。

地下连续墙施工的缺点是：①施工技术复杂，需较多的专用设备，因而施工成本较高；②施工中产生的废泥浆有一定的污染性，需进行妥善处理；③地下连续墙虽可保证一定的垂直度，但墙面不够平整、光滑，若对墙面要求较高，则尚需加工处理或另做衬壁。

二、施工工艺流程

地下连续墙由多个槽段组成，其一个槽段的施工工艺流程如图 13-1 所示。

三、地下连续墙接头设计

地下连续墙的接头分为两大类：施工接头和结构接头。施工接头是在浇筑地下连续墙时，沿墙的纵向连接两相邻单元墙段的接头；结构接头是已完工的地下连续墙在水平向与其他构件（如与内部结构的梁、板、墙等）相连接的接头。

1. 施工接头

1）接头管（亦称锁口管）接头

接头管是目前地下连续墙施工中采用最多的一种接头。施工时，在一个单元槽段的土方挖开后，在槽段的端部用吊车放入接头管，然后吊放钢筋笼并浇筑混凝土，待混凝土强度达到 0.05～0.20 MPa 时（一般混凝土浇筑后 3～5 h，视气温而定），开始用吊车或液压顶升架提拔接头管。提拔速度应与混凝土浇筑速度、混凝土强度增加速度相适应，一般为 2～4 m/h，并在混凝土浇筑结束后 8 h 以内将接头管全部拔出。接头管直径一般比墙厚小 50 mm，可根据需要分段接长。接头管拔出后，单元槽段的端部形成半圆形，继续施工时即形成两相邻槽段的接

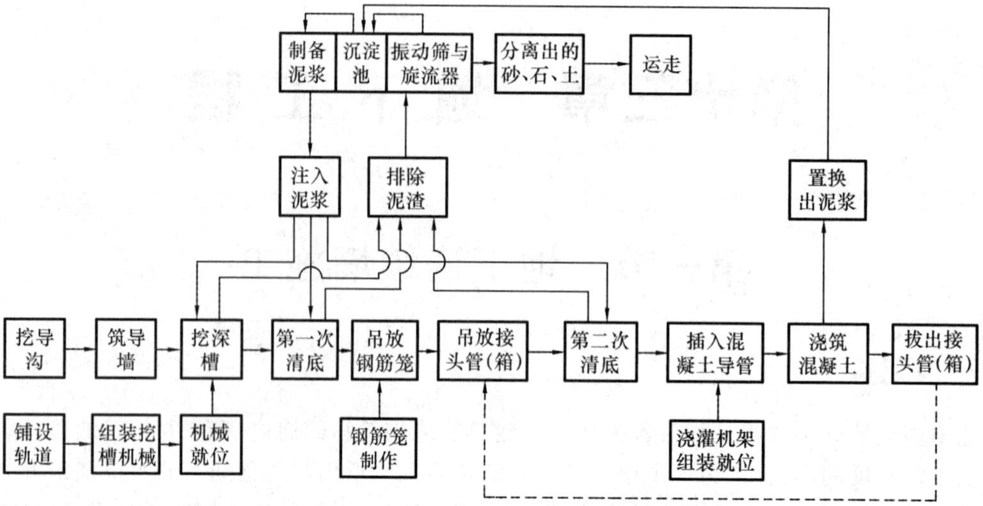

图 13-1 地下开采连续墙的施工工艺过程

头。这种接头可提高墙体的整体性和防水能力，其施工过程如图 13-2 所示。

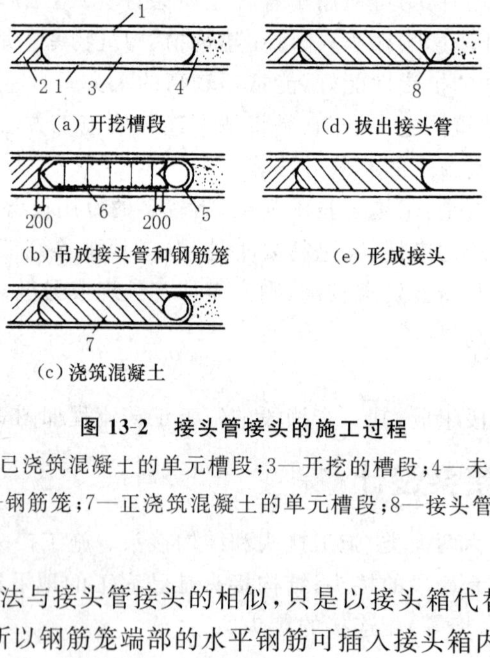

图 13-2 接头管接头的施工过程

1—导墙；2—已浇筑混凝土的单元槽段；3—开挖的槽段；4—未开挖的槽段；5—接头管；6—钢筋笼；7—正浇筑混凝土的单元槽段；8—接头管拔出后的孔洞

2)接头箱接头

接头箱接头的施工方法与接头管接头的相似，只是以接头箱代替接头管。接头箱在浇筑混凝土的一面是开口的，所以钢筋笼端部的水平钢筋可插入接头箱内。浇筑混凝土时，接头箱的开口面被焊在钢筋笼端部的钢板封住，因而混凝土不能进入接头箱内。混凝土初凝后，与接头管施工时一样，逐步吊出接头箱。当后一个单元槽段再浇筑混凝土时，由于两相邻槽段的水平钢筋交错搭接，故可形成整体接头，其施工过程如图 13-3 所示。接头箱接头的整体性好，接头刚度较大。

3)隔板式接头

隔板式接头按隔板的形状分为平隔板接头、榫形隔板接头和 V 形隔板接头，如图 13-4 所示。由于隔板与槽壁之间难免有缝隙，为防止浇筑的混凝土渗入，应在钢筋笼的两边铺设化纤布。化纤布可以把单元槽段的钢筋笼全部罩住，也可以只有 2～3 m 宽，吊放钢筋笼时应注意

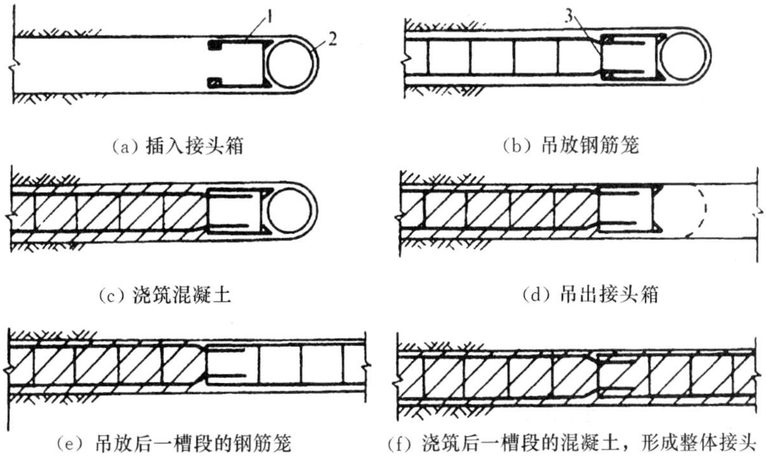

图 13-3 接头箱接头的施工过程

1—接头箱；2—接头管；3—焊在钢筋笼上的钢板

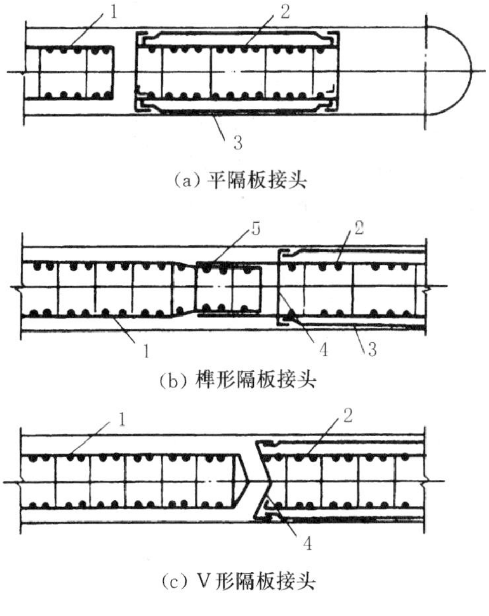

图 13-4 隔板式接头

1—正在施工槽段的钢筋笼；2—已浇筑混凝土槽段的钢筋笼；

3—化纤布；4—钢隔板；5—接头钢筋

不要损坏化纤布。带有接头钢筋的榫形隔板能使各单元墙段形成整体，是一种较好的接头方式，但插入钢筋笼时较困难，且接头处混凝土的流动会受到阻碍，施工时应特别加以注意。

2. 结构接头

1)预埋连接钢筋法

预埋连接钢筋法是应用最多的一种方法。它是在浇筑地下连续墙混凝土之前，按设计要求将连接钢筋弯折后预埋在墙体内，待土方开挖露出墙体时，凿开连接钢筋处的墙面，将露出的连接钢筋恢复成设计形状，再与后浇结构的受力钢筋连接的方法。为便于施工，预埋连接钢筋的直径不宜大于 22 mm，且弯折时宜缓慢进行加热，以免其强度降低过多。考虑到连接处往往是结构的薄弱处，设计时一般将连接钢筋增加 20%的富余量。

2)预埋连接钢板法

这是一种钢筋间连接的接头方式。在浇筑地下连续墙混凝土之前，将预埋连接钢板焊固在钢筋笼上。浇筑混凝土后凿开墙面，使预埋钢板外露，将后浇结构中的受力钢筋与预埋钢板焊接。施工时要注意保证预埋钢板处混凝土的密实性。

3)预埋剪力连接件法

剪力连接件的形式有多种，但以不妨碍浇筑混凝土、承压面大且形状简单的为好。剪力连接件先预埋在地下连接墙内，然后剔凿出来与后浇结构连接。

四、地下连续墙主要的施工工艺

1. 修筑导墙

导墙是地下连续墙挖槽之前修筑的导向墙，2 片导墙之间的距离即为地下连续墙的厚度。导墙虽属于临时结构，但它除了引导挖槽方向之外，还起着多方面的重要作用。

1)导墙的作用

(1)作为挡土墙。在挖掘地下连续墙沟槽时，导墙起到支挡上部土压力的作用。为防止导墙在土、水压力的作用下产生位移，一般在导墙内侧每隔 1 m 左右加设上、下共 2 道木支撑；如附近地面有较大荷载或有机械运行时，可在导墙内每隔 20～30 m 设 1 道钢板支撑。

(2)作为测量的基准。导墙上可标明单位槽段的划分位置，亦可将其作为测量挖槽标高、垂直度和精度的基准。

(3)作为重物的支承。导墙既是挖槽机械轨道的支承，又是搁置钢筋笼、接头管等重物的支承，有时还要承受其他施工设备的荷载。

(4)存储泥浆。导墙内可存蓄泥浆，以稳定槽内泥浆的液面。泥浆液面应始终保持在导墙顶面以下 20 cm 处，并高于地下水位 1.0 m 以上，使泥浆起到稳定槽壁的作用。

此外，导墙还可以防止雨水等地面水流入槽内；当地下连续墙距离已建建筑物很近时，施工中导墙还可以起到一定的补强作用。

2)导墙的形式

导墙一般为现浇钢筋混凝土结构，但亦有钢制的或预制钢筋混凝土装配式结构，后者可多次重复使用。图 13-5 所示的为现浇钢筋混凝土导墙的各种形式，可根据表层土质、导墙上荷载及周边环境等情况选择适宜的形式。

3)导墙施工

现浇钢筋混凝土导墙的施工顺序为：平整场地→测量定位→挖槽及处理弃土→绑扎钢筋→支模板→浇筑混凝土→拆模板并设置横撑→导墙外侧回填土。

导墙的厚度一般为 0.15～0.20 m，墙趾不宜小于 0.20 m，深度一般为 1.0～2.0 m。导墙的混凝土强度等级多为 C20，导墙内钢筋尺寸多为 ϕ12@200，水平钢筋必须连接起来，使导墙成为整体。当表层土质较好时，导墙外侧可用土壁代替模板，不必回填土；如表土开挖后外侧土壁不能垂直自立，则外侧亦需支设模板，拆模后导墙的外侧应用黏土回填密实，以防止地面水从导墙背后渗入槽内，引起槽段坍方。导墙施工的接头位置应与地下连续墙接头位置错开。

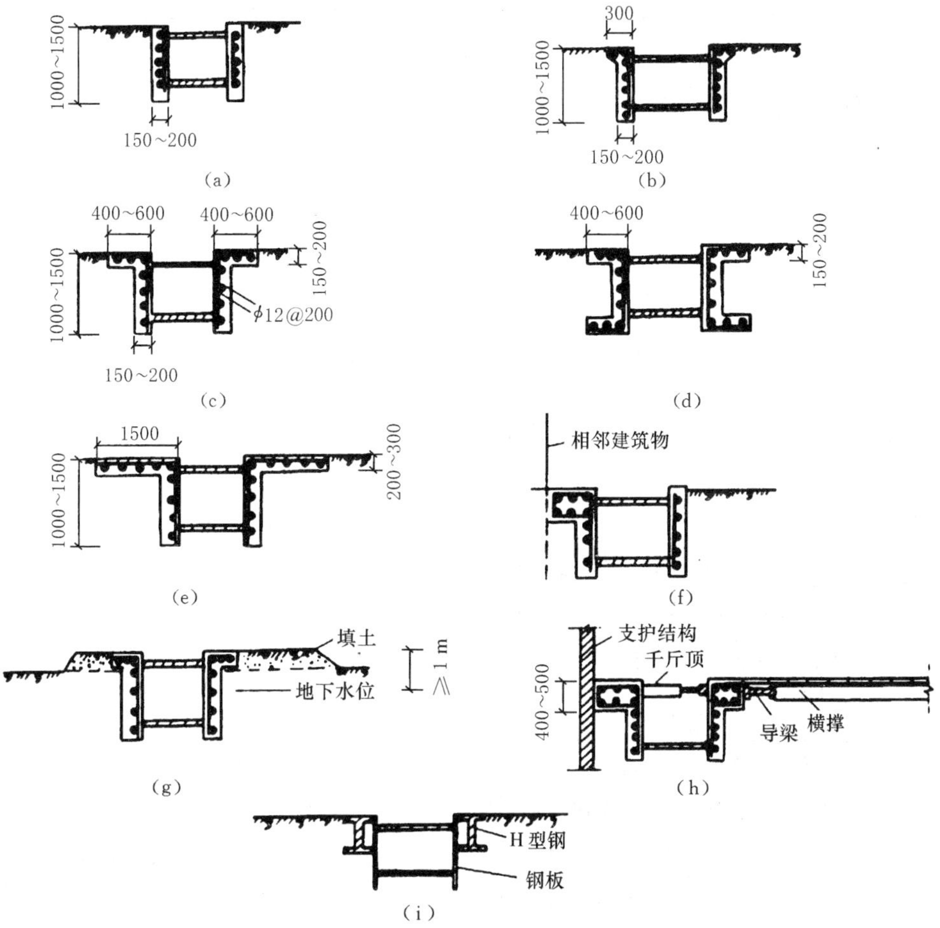

图 13-5 各种导墙的形式

2. 泥浆护壁

1)泥浆的作用

地下连续墙的深槽是在泥浆护壁的条件下进行挖掘的,泥浆在成槽过程中有如下作用:

(1)护壁作用。泥浆具有一定的相对密度,如槽内泥浆液面高出地下水位一定高度,泥浆就对槽壁产生一定的静水压力。此外,泥浆在槽壁上会形成一层透水性很差的泥皮,可使泥浆的静水压力有效地作用于槽壁上,抵抗槽壁外的侧向土压力和水压力,防止槽壁坍塌和剥落,并防止地下水渗入。

(2)携渣作用。因泥浆具有一定的黏度,它能使钻头式挖槽机挖下的土渣悬浮起来,便于土渣随同泥浆一同排出槽外,并可避免土渣沉积在工作面上影响挖槽机的挖槽效率。

(3)冷却和润滑作用。冲击式或钻头式挖槽机在挖槽过程中,钻具因连续冲击或回转作业而发热且温度剧烈升高。泥浆既可降低钻具的温度,又可起到润滑作用而减轻钻具的磨损,有利于延长钻具的使用寿命和提高挖槽的效率。

2)泥浆的制备

泥浆材料的选用既要考虑护壁效果,又要考虑其经济性。泥浆的制备,有以下几种方法:

(1)制备泥浆。挖槽前利用专用设备事先制备好膨润土泥浆,挖槽时输入槽段内。

(2)自成泥浆。用钻头式挖槽机挖槽时,边挖槽边向槽段内输入清水,清水与钻削下来的泥土拌和,自成泥浆,应注意泥浆的性能指标须符合规定的要求。

(3)半自成泥浆。当自成泥浆的某些性能指标不符合规定的要求时,可在自成泥浆的过程中,加入一些需要的成分,使其满足要求。

3)泥浆质量的控制指标

在地下连续墙施工过程中,为使泥浆具有一定的物理和化学稳定性、合适的流动性、良好的泥皮形成以及适当的相对密度,需对制备的泥浆或循环泥浆进行质量控制。控制指标有:在确定泥浆配合比时,要测定其黏度、相对密度、含砂量、稳定性、胶体率、静切力、pH值、失水量和泥皮厚度;在检验黏土造浆性能时,要测定其胶体率、相对密度、稳定性、黏度和含砂量;对新生产的泥浆、回收重复利用的泥浆、浇筑混凝土前槽内的泥浆,主要测定其黏度、相对密度和含砂量。

3. 挖槽

挖槽是地下连续墙施工中的重要工序。挖槽工期约占地下连续墙施工工期的一半,因此提高挖槽效率是缩短工期的关键;同时,槽壁的形状决定了墙体的外形,所以挖槽的精度又是保证地下连续墙质量的关键之一。地下连续墙挖槽的主要工作包括单元槽段的划分、挖槽机械的选择与正确使用、制定防止槽壁坍塌的措施等。

1)单元槽段的划分

地下连续墙施工前,需预先沿墙体长度方向划分好施工的单元槽段。单元槽段的最小长度不得小于挖土机械、挖土工作装置的一次挖土长度(称为一个挖掘段)。单元槽段宜尽量长一些,这样既减少槽段的接头数量和增加地下连续墙的整体性,又可提高其防水性能和施工效率。但在确定其长度时,除考虑设计要求的结构特点外,还应考虑以下各方面因素。

(1)地质条件:当土层不稳定时,为防止槽壁坍塌,应减少单元槽段的长度,以缩短挖槽时间。

(2)地面荷载:若附近有高大的建筑物、构筑物,或邻近地下连续墙有较大的地面静荷载或动荷载,则为了保证槽壁的稳定,亦应缩短单元槽段的长度。

(3)起重机的起重能力:由于一个单元槽段的钢筋笼多为整体吊装的(钢筋笼过长时可水平分为2段),因此应根据起重机械的起重能力估算钢筋笼的重量和尺寸,以此推算单元槽段的长度。

(4)单位时间内混凝土的供应能力:一般情况下,1个单元槽段长度内的全部混凝土宜在4 h内一次浇筑完毕,所以可按4 h内混凝土的最大供应量推算单元槽段的长度。

(5)泥浆池(罐)的容积:泥浆池(罐)的容积应不小于每一单元槽段挖土量的2倍,所以该因素亦影响单元槽段的长度。

此外,划分单元槽段时尚需考虑接头的位置,接头应避免设在转角处及地下连续墙与内部结构的连接处,以保证地下连续墙有较好的整体性;单元槽段的划分还与接头形式有关。一般情况下,单元槽段的长度多取3～8 m,但也有取10 m甚至更长的情况。

2)挖槽机械

在地下连续墙施工中,国内外常用的挖槽机械,按工作机械原理,分为挖斗式(见图13-6)、冲击式和回转式三大类,每一类中又有多种形式。目前,我国应用较多的挖槽机械是吊索式蚌式抓斗、导杆式蚌式抓斗、多头钻挖槽机(见图13-7)和冲击式挖槽机。

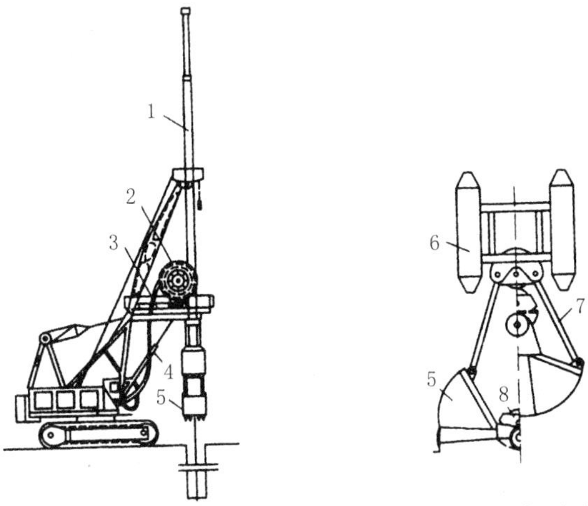

(a) 导杆液压挖斗式挖槽机外形　　(b) 中心提拉式导板抓斗

图 13-6　挖斗式挖槽机械

1—导杆；2—液压管线收线盘；3—作业平台；

4—倾斜度调节千斤顶；5—抓斗；6—导板；7—支杆；8—滑轮座

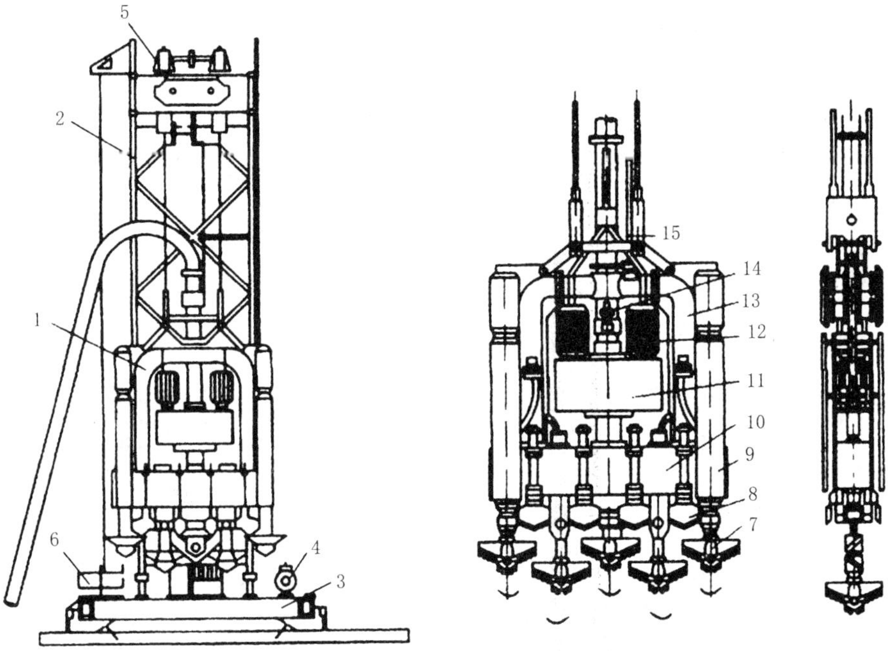

(a) 多头钻挖槽机外形　　(b) 多头钻的钻头

图 13-7　多头钻挖槽机

1—多头钻；2—机架；3—底盘；4—空气压缩机；5—顶梁；6—电缆收线盘；7—钻头；8—侧刀；

9—导板；10—齿轮箱；11—减速箱；12—潜水电动机；13—纠偏装置；14—高压进气管；15—泥浆管

3)防止槽壁坍塌的措施

与壁槽稳定性有关的因素很多，但可以归纳为地质条件、泥浆情况和施工因素三个方面。理论研究和实践表明，避免槽壁坍塌可采取的措施有：根据土质选择适宜的泥浆配合比，改善泥浆质量；注意地下水位的变化，保证泥浆在安全液位以上；缩小单元槽段的长度，缩短挖槽时间；减小地面荷载，防止附近的车辆和机械对地层产生振动等。

4. 清底

槽段挖至设计标高后，可用钻机的钻头或超声波等方法测量槽段的断面。若误差超过规定要求，则需修槽，修槽的方法可用冲击钻或锁口管并联冲击。槽段接头处进行清理，可采用刷子清刷或用压缩空气压吹的方法。此后就应进行清底，根据需要有时在吊放钢筋笼、浇筑混凝土之前再进行一次清底。

清底的方法一般有沉淀法和置换法两种。沉淀法是在土渣基本都沉淀到槽底之后再进行清底的方法，常用的有砂石吸力泵排泥法、压缩空气升液排泥法、带搅动翼的潜水泥浆泵排泥法等。置换法是在挖槽结束之后，土渣还没有沉淀之前就用新泥浆把槽内的泥浆置换出来，使槽内泥浆的相对密度降低到 1.15 以下的方法。在土木工程施工中，我国多采用置换法进行清底。

5. 钢筋笼的制作与吊放

1)钢筋笼制作

钢筋笼应根据地下连续墙墙体的配筋图和单元槽段的划分来制作。一般情况下，每个单元槽段的钢筋笼宜制作成一个整体。若地下连续墙很深或受起重能力的限制不便制作成整体，则分段制作，吊放时再进行连接。接头宜采用绑条焊接，其搭接长度如无明确规定，则可采用 60 倍钢筋直径的搭接长度搭接。

制作钢筋笼时，应预先确定浇筑混凝土所用导管的位置，由于这部分空间要上下贯通，因此在其周围需增设箍筋和连接筋进行加固。尤其在单元槽段接头附近预留导管位置时，由于此处钢筋较密集，更需特别加以处理。

钢筋笼的纵向主筋应放在内侧，横向钢筋放在外侧(见图 13-8)，以免横向钢筋阻碍导管的插入。纵向钢筋的净距不得小于 100 mm，其底端应距离槽底面 100～200 mm，并应稍向内弯，以防止吊放钢筋笼时擦伤槽壁，但向内弯折的程度亦不应影响混凝土导管的插入。

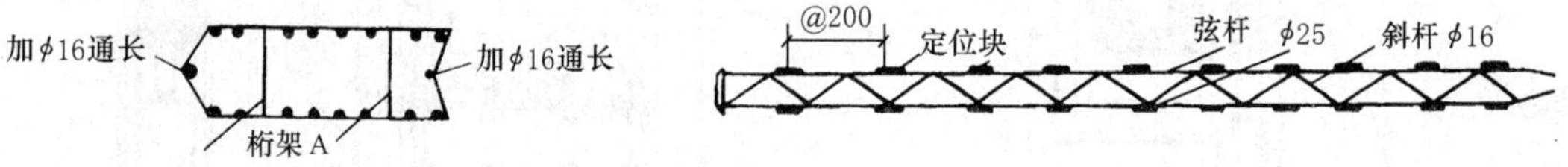

(a) 横剖面图　　(b) 纵向桁架的纵剖面图

图 13-8　钢筋笼构造示意图

钢筋笼端部与接头管或混凝土接头面之间应留 15～20 cm 的空隙。主筋净保护层厚度通常为 7～8 cm，保护层垫块厚为 5 cm，在垫块和槽壁之间留有 2～3 cm 的间隙。垫块多采用塑料块或薄钢板制作，后者需焊于钢筋笼上。

如钢筋笼上贴有聚苯乙烯泡沫塑料块等预埋件，则必须固定牢固。若泡沫塑料块在钢筋笼上设置过多，或由于泥浆相对密度过大，则会对钢筋笼产生较大的浮力，阻碍钢筋笼插入槽内，此种情况下须对钢筋笼施加配重。若仅在钢筋笼的单侧设置较多的泡沫塑料块，则会对钢筋笼产生偏心浮力，钢筋笼插入槽内时会擦落大量土渣，此时亦应施加配重以使其平衡。

2)钢筋笼吊放

钢筋笼的起吊应使用横吊梁或吊架，吊点的位置和起吊方式要防止起吊时引起钢筋笼变形。钢筋笼的构造与起吊方式如图 13-9 所示。起吊时不能在地面上拖拽钢筋笼，以防造成其下端钢筋弯曲变形。为避免钢筋笼起吊后在空中摆动，应在钢筋笼下端系上拽引绳，用人力控制。插入钢筋笼时，务必使吊点中心对准槽段中心，垂直而又准确地插入槽内，然后徐徐下降。此时要注意不能因起重臂的摆动而使钢筋笼产生横向摆动，造成槽壁坍塌。

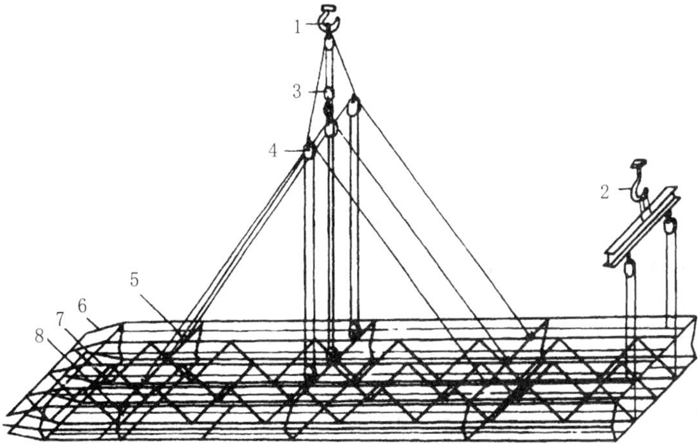

图 13-9 钢筋笼的构造与起吊方式

1,2—吊钩；3,4—滑轮；5—卸甲；6—端部向里弯曲；7—纵向桁架；8—横向架立桁架

钢筋笼插入槽内后，应检查其顶端高度是否符合设计要求，然后将其搁置在导墙上。若钢筋笼分段制作，吊放时再接长，下端钢筋笼应垂直悬挂在导墙上，然后将上段钢筋笼垂直吊起，上下钢筋笼呈直线连接。

若钢筋笼不能顺利插入槽内，则应将其吊出，查明原因并加以解决。如果需要修槽，则在修槽之后再吊放。不能将钢筋笼强行插放，否则会引起钢筋笼变形或槽壁坍塌，产生大量沉渣，影响地下连续墙的质量。

6. 混凝土浇筑

地下连续墙的混凝土采用导管法进行浇筑。在浇筑过程中，应随时掌握混凝土的浇筑量、混凝土上升高度和导管的埋入深度。

导管的间距取决于导管浇筑的有效半径和混凝土的和易性，可通过计算确定，一般间距为 3～4 m。由于单元槽段的端部易渗水，故导管距槽段端部的距离不得超过 2 m，以保证混凝土的密实性。导管下口埋入混凝土的深度应控制在 2～4 m；埋入太深，容易使混凝土下部沉积过多的粗骨料，而面层聚积较多的砂浆；埋入太浅，则泥浆容易混入混凝土内。但当混凝土浇筑至地下连续墙墙顶附近，导管内混凝土不易流出时，可将导管的埋入深度减为 1 m 左右，并可将导管适当上下移动，以促使混凝土流出导管。在混凝土浇筑过程中，导管不能做横向移动，否则会把沉渣和泥浆混入混凝土内。若一个单元槽段内采用 2 根或 2 根以上的导管同时进行浇筑，则应使各导管的混凝土面大致处于同一标高处。

宜尽量加快混凝土的浇筑速度，一般情况下，槽内混凝土面的上升速度不宜小于 2 m/h。在浇筑过程中应随时用测锤量测混凝土面的高程，一般量测 3 点后取其平均值。

由于混凝土的顶面存在一层与泥浆接触的浮浆层，因此混凝土需超浇 300～500 mm，以便在混凝土硬化后查明强度情况，将设计标高以上的浮浆层用风镐凿去。

第二节 沉井施工

一、概述

沉井施工法是修筑深基础和地下建(构)筑物的一种施工方法。施工时先在地面或基坑内制作开口的沉井井身;然后在井身内部分层挖土,随着挖土和土面的降低,沉井借助井体自重或在其他措施协助下克服与土壁间的摩阻力和刃脚反力,不断下沉,直至设计标高为止;最后进行封底并构筑井内构件,形成一个地下建(构)筑物或其基础。

沉井的类型很多。按施工方法,沉井分为一般沉井和浮运沉井;按平面形状,沉井分为圆形、方形、矩形、椭圆形、端圆形、多边形及多孔井字形等形式;按竖向剖面形状,沉井分为圆柱形、阶梯形及锥形等形式(见图 13-10),后两种可减小下沉的摩阻力;按制作材料,沉井分为混凝土沉井、钢筋混凝土沉井、竹筋混凝土沉井和钢沉井,其中应用最多的还是钢筋混凝土沉井。

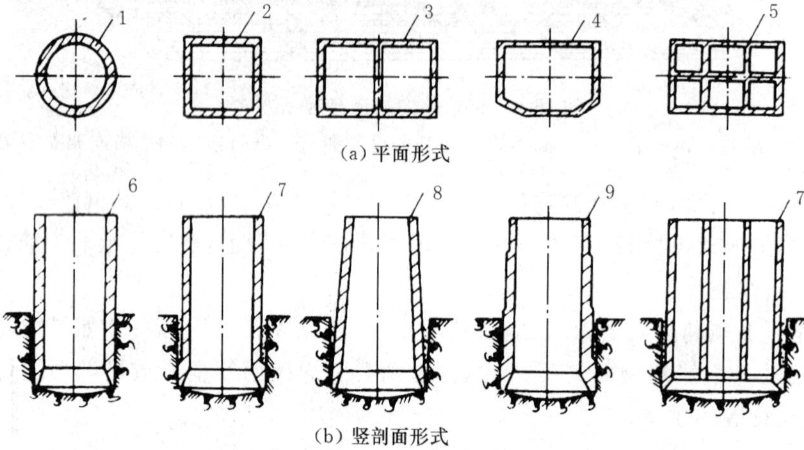

图 13-10 沉井平面及剖面形式

1—圆形;2—方形;3—矩形;4—多边形;5—多孔形;6—圆柱形;
7—圆柱带台阶形;8—圆锥形;9—阶梯形

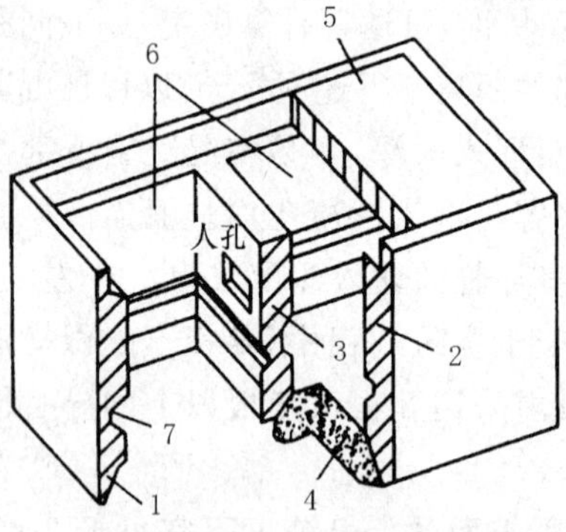

图 13-11 沉井构造

1—刃脚;2—井壁;3—内隔墙;
4—封底;5—顶盖板;6—井孔;7—凹槽

沉井一般由刃脚、井壁(侧壁)、封底、内隔墙、纵横梁、框架和顶盖板等组成,如图 13-11 所示。

沉井施工工艺的优点是:可在场地狭窄的情况下施工较深的地下工程,最深可达 50 余米,且对周围环境影响较小;可在地质、水文条件复杂地区施工;施工不需复杂的机具设备;与大开挖相比,可减少挖、运和回填的土方量。其缺点是:施工工序多;技术要求高;质量控制难度大。

沉井工艺一般适用于工业建筑的深坑、设备基础、水泵房、桥墩、顶管的工作井、深地下室、取水口等工程的施工。

二、一般沉井施工

沉井施工的一般程序为：平整场地→测量放线→制作沉井→拆除垫架，沉井初沉→边挖土下沉，边接高沉井→下沉至设计标高，检验及清基→封底→沉井内部结构及辅助设施施工。其施工要点如下。

1. 平整场地

若天然地面土质较好，则只需将地面的杂物清除、整平后，就可在其上制作沉井。若土质松软，则应整平夯实或换土夯实。为了减小沉井的下沉深度，也可在基础位置挖一个浅坑，在坑底制作沉井，坑底应高出地下水位 0.5～1.0 m。一般情况下，应在整平的场地上铺设小于 0.5 m 厚的砂或砂砾层。

2. 沉井的制作

1）刃脚支设

沉井下部为刃脚，其支设方式取决于沉井重量、施工荷载和地基承载力。常用的方法有垫架法、砖砌垫座法和土胎膜法。在软弱地基上浇筑较重的沉井，常用垫架法，如图 13-12(a)所示。垫架的作用是：将上部沉井重量均匀传给地基，使沉井井身浇筑过程中不会产生过大的不均匀沉降，以免刃脚和井身产生裂缝而破坏；保持井身垂直；便于拆除模板和支撑。采用垫架法施工时，应计算井身的一次浇筑高度，使其不超过地基承载力，垫架下的砂垫层厚度亦需经计算确定。对于直径或边长不超过 8 m 的较小沉井，土质较好时，可采用砖砌垫座法，如图 13-12(b)所示。砖砌垫座沿周长分成 6～8 段，中间留 20 mm 的空隙，以便拆除，砖砌垫座内壁用水泥砂浆抹面。对于重量轻的小型沉井，土质较好时，也可用土胎膜法，如图 13-12(c)所示。土胎膜内壁亦需用水泥砂浆抹面。

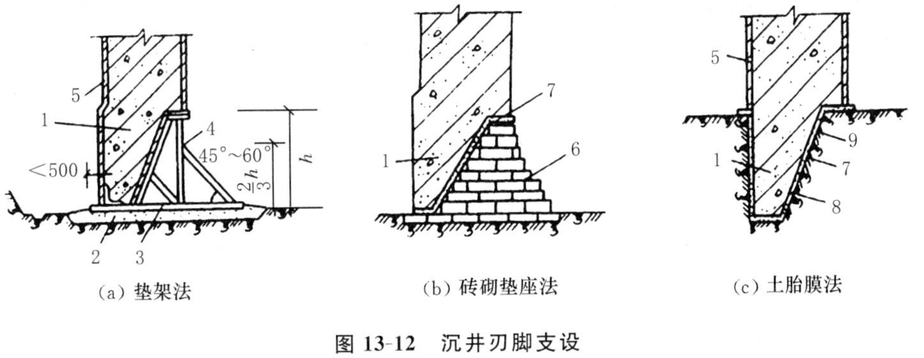

(a) 垫架法　(b) 砖砌垫座法　(c) 土胎膜法

图 13-12　沉井刃脚支设

1—刃脚；2—砂垫层；3—枕木；4—垫架；5—模板；
6—砖砌垫座；7—水泥砂浆抹灰；8—刷隔离层；9—土胎膜

2）井壁制作

沉井施工有下列几种方式：一次制作、一次下沉；分节制作、一次下沉；分节制作、分节下沉。一般中小型沉井，高度不大，地基很好或经加固后可获得较大地基承载力时，最好采用一次制作、一次下沉法，沉井的高度在 10 m 内为宜。分节制作、一次下沉的方式对地基条件要求较高，采用该方式时，分节制作高度不宜大于沉井短边或直径，总高度超过 12 m 时，需有可靠的计算依据并采用确保稳定的措施。如沉井过高，宜倾斜下沉，宜分节制作、分节下沉。分节制作的高度，应保证其稳定性并能使其顺利下沉。分节下沉的沉井接高前，应进行稳定性计算，如不符合要求，可根据计算结果采取井内留土、填砂(土)、灌水等稳定措施。

制作井壁的模板应有较大的刚度，以免发生挠曲变形。外模板应平滑，以利沉井下沉。分节制作时，水平接缝需做成凸凹型，以利防水。

沉井浇筑混凝土时宜沿其周围对称、均匀地分层浇筑，每层厚度不超过 300 mm，避免造成不均匀沉降，使沉井倾斜。每节沉井应一次连续浇筑完成。下节沉井的混凝土强度达到70％后才允许浇筑上节沉井的混凝土。

3. 沉井下沉

沉井下沉前应进行混凝土强度检查、外观检查，并根据规范要求，对各种形式的沉井进行施工阶段的结构强度计算、下沉验算和抗浮验算。

1)垫架、垫座拆除

大型沉井应待混凝土达到设计强度方可拆除垫架或砖砌垫座。拆除时应分组、依次、对称、同步地进行。每抽出一根垫架枕木，刃脚下应立即用砂填实。拆除时应加强观测，注意沉井下沉是否均匀。

2)井壁孔洞处理

沉井壁上有时留有与地下通道、地沟、进水口、管道等连接的孔洞，为避免沉井下沉时地下水和泥土从孔洞涌入，也为避免沉井各处重量不均使重心偏移，而造成沉井下沉时倾斜，在下沉前必须进行孔洞处理。对较大孔洞，在制作沉井时，可预埋钢框、螺栓，用钢板、方木封闭，孔中充填与混凝土重量相等的砂石或铁块配重；对进水窗，则一次做好，内侧用钢板封闭。沉井封底后再拆除封闭钢板、方木等。

3)沉井下沉施工方法

沉井下沉有排水下沉和不排水下沉两种方案。一般应采用排水下沉。只有当土质条件较差，有可能发生涌土、涌砂、冒水或沉井产生位移、倾斜时，以及沉井终沉阶段下沉较快，有超沉可能时，才向沉井内灌水，采用不排水下沉。排水下沉常用的排水方法有：明沟、集水井排水，井点降水及井点与明沟排水相结合的排水方法。

(1)排水下沉。

排水下沉时常用的挖土方法有：人工或风动工具挖土；在沉井内用小型反铲挖土机挖土；在地面用抓斗挖土机挖土。

挖土应分层、均匀、对称地进行，使沉井能均匀竖直下沉。对普通土层，挖土可从沉井中间开始，逐渐挖向四周，每层挖土厚 0.4～0.5 m，沿刃脚周围保留 0.5～1.5 m 土堤，然后再沿沉井井壁，每 2～3 段向刃脚方向逐层全面、对称、均匀地削薄土层，每次削 5～10 cm，当土层经不住刃脚的挤压而破裂时，沉井便在自重作用下均匀垂直地挤土下沉，不致产生过大倾斜，该挖土方法如图 13-13 所示。有底架、隔墙分隔的沉井，各孔挖土面高差不宜超过 1 m。如沉井下沉较困难，应事先根据情况采用减阻措施，使沉井连续下沉，避免长时间停歇。井孔中间宜保留适当高度的土体，不得将中间部分开挖过深。

在沉井下沉过程中，如井壁外侧土体发生塌陷，应及时采取回填措施，以减少对周围环境的影响。沉井下沉过程中，每 8 h 至少测量 2 次。当下沉速度较快时，应加强观测。如发现偏斜、位移，则应及时纠正。

(2)不排水下沉。

不排水下沉方法有：用抓斗在水中取土，用水力吸泥机或空气吸泥机抽吸水中泥土等，如

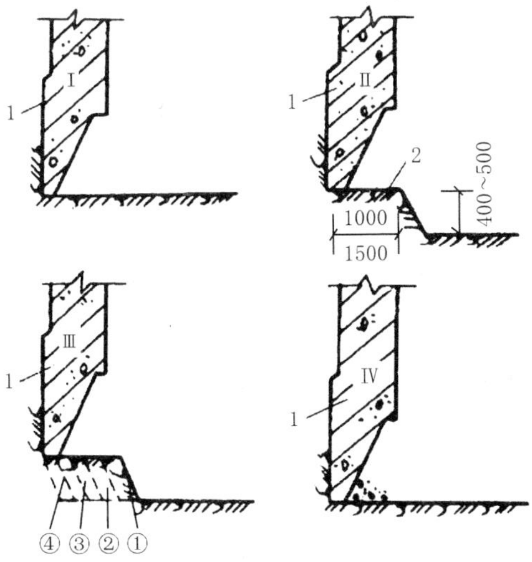

图 13-13 普通土层中下沉开挖方法

1—沉井刃脚;2—土堤;①,②,③,④—削坡次序

土质较硬,水力吸泥机需配置水力冲射器,将土冲松。由于吸泥机是将水和土一起吸出井外的,故需经常向沉井内注水,保持井内水位高出井外水位 1~2 m,以免发生涌土和流砂现象。

4. 接高沉井

第一节沉井下沉至距地面高度 1~2 m 时,应停止挖土,接筑第二节沉井。接筑前应使第一节沉井位置垂直并将其顶面凿毛,然后支模浇筑混凝土。待混凝土强度达到设计要求后再拆模,继续挖土下沉。

5. 测量控制

沉井平面位置和标高是在沉井外部地面及井壁顶部四周设置纵横十字中心线、水准基点进行控制的。沉井垂直度是在井筒内按 4 或 8 等分标出垂直轴线,用吊线锤对准下部标板进行控制的,并随时用 2 台经纬仪进行垂直度观测。沉井下沉的控制是在井筒壁周围弹水平线,或在井外壁两侧用白或红油漆画出标尺,用水平尺或水准仪来观测沉降的。

6. 地基检验和处理

沉井沉到设计标高后,应进行基底检验。检验内容为地基土质和平度,并对地基进行必要的处理。如果是排水下沉的沉井,可直接进行检验。当地基为砂土或黏土时,可在其上铺一层砾石或碎石至刃脚面以上 200 mm;地基为风化岩石时,应将风化岩层凿除。在不排水下沉的情况下,可由潜水工进行基底检验,人工清基或用水枪和吸泥机清基。总之应将井底浮土及软土清除干净,并使地基尽量平整,以保证地基与封底混凝土、沉井紧密结合。

7. 沉井封底

地基经检验和处理符合要求后,应立即进行沉井封底。

1)排水封底(干封底)

排水封底时应保持地下水位低于基底面 0.5 m 以上。封底一般先浇一层厚 0.5~1.5 m 的素混凝土垫层,在刃脚下填筑、振捣密室,以保证沉井的最后稳定。垫层达到设计强度的 50%后,在其上绑钢筋,钢筋两端应伸入刃脚或凹槽内,再浇筑上层底板混凝土。封底混凝土与老混凝土的接触面应冲刷干净；浇筑工作应分层进行，每层厚 30～50 cm，由四周向中央推进，并应振捣密实；当井内有隔墙时，应前后左右对称地逐孔浇筑。混凝土采用自然养护，养护期间应继续排水。待底板混凝土强度达到设计强度的 70%并经抗浮验算后，对集水井逐个停止抽水，逐个封堵。

2)不排水封底(水下封底)

不排水封底时，井底清基过程中应将新老混凝土接触面用水枪冲刷干净，并抛毛石，铺碎石垫层。封底水下混凝土采用导管法浇筑，若浇筑面积大，可用多导管，以先周围后中间、先低后高的顺序进行浇筑。待水下封底混凝土达到所需强度(一般养护 7～14 d)后，方可抽干沉井内的水，并检查封底情况，进行检漏补修，然后按排水封底的方法对上部钢筋混凝土底板进行施工。

三、沉井的辅助下沉方法

若沉井在下沉的过程中不能克服井壁的摩阻力而造成下沉困难，则应采取相应的辅助减阻措施，使其顺利下沉。常用的辅助下沉方法有以下几种。

1. 射水下沉法

射水下沉法是用预先安设在沉井外壁的水枪，借助高压水冲刷土层，使沉井下沉，如图 13-14(a)所示。该方法适用于在砂土层、砂砾石层、砂卵石层中下沉沉井，不适用于在黏土中下沉沉井。

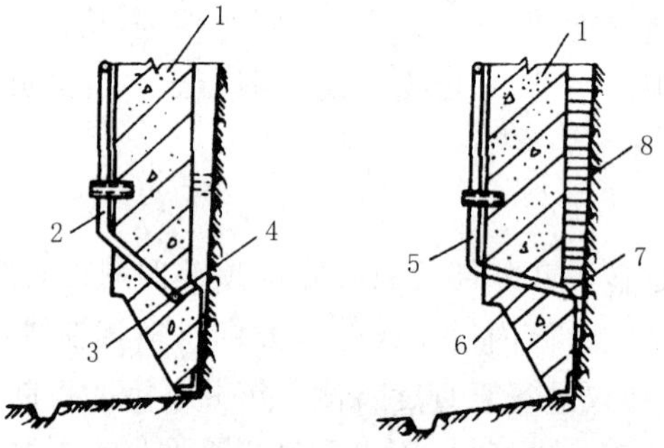

(a) 预埋冲刷管　　(b) 触变泥浆护壁

图 13-14　沉井的辅助下沉方法

1—沉井壁；2—高压水管；3—环形水管；4—出口；
5—压浆管；6—橡胶皮一层；7—压浆机；8—触变泥浆护壁

2. 泥浆润滑套(触变泥浆护壁)下沉法

泥浆润滑套是把配置好的触变泥浆灌注在沉井井壁周围，形成井壁与泥浆接触。泥浆对沉井井壁起到润滑作用，大大降低下沉中的摩阻力(其与井壁的摩阻力仅为 3～5 kPa，而一般黏土对井壁的摩阻力为 25～55 kPa，砂性土对井壁的摩阻力为 12～25 kPa)。这种方法不但可提高沉井下沉的速度和深度，而且可避免井壁坍塌，可提高施工中沉井外围地基稳定性。

采用该方法时沉井外壁需制成宽度为 10～20 cm 的台阶作为泥浆槽，泥浆通过预埋在井壁体内或设在井内的垂直压浆管压入，如图 13-14(b)所示。为了防止漏浆，在刃脚台阶上宜钉一层 2 mm 厚的橡胶皮，同时在挖土时注意不使刃脚底部脱空。在沉井周围的地表需埋设地表围圈，保护泥浆的围壁，周围的高度一般为 1.5～2.5 m，顶面高出地面约 0.5 m，围圈的作用是：沉井下沉时防止土壁坍落；保持一定数量的泥浆储存量；通过泥浆在围圈内的流动，调整各压浆管出浆的不均衡。

选用的泥浆配合比应使泥浆具有良好的固壁性、触变性和胶体稳定性。在沉井下沉过程中应不断补浆，并注意观测，发现倾斜、漏浆等问题应及时纠正。

沉井下沉到设计标高后，若基底为一般土质，井壁摩阻力很小，会造成边清基边下沉的现象，为此应按设计要求对泥浆套进行处理。一般是将水泥浆、水泥砂浆或其他材料从泥浆套底部压入，置换出触变泥浆。水泥浆、水泥砂浆等凝固后，沉井即可稳定。

3. 壁后压气下沉法

壁后压气下沉法也是减小下沉时井壁摩阻力的有效方法。使用该方法时，在井壁周围预埋压气管，从压气管中喷射高压气流，气流沿喷气孔射出再沿沉井外壁上升，形成一圈空气层（又称空气幕），使井壁周围的土松动，减小井壁摩阻力，促使沉井顺利下沉。

压气管沿井壁外沿分层设置，每层的水平环管可按四角分为四个区，以便分别压气调整沉井倾斜。压气沉井所需的气压可取静水压力的 2.5 倍。

与泥浆润滑套下沉法相比，壁后压气下沉法在停气后即可恢复土对井壁的摩阻力，下沉量易于控制，且所需施工设备简单，可以水下施工，经济效果好。它适用于在细、粉砂类土和黏性土中沉井的施工。

四、水中沉井施工

1. 筑岛法

当水流速度不大，水深在 4 m 以内时，可采用水中筑岛的方法进行沉井的施工，如图13-15所示。其施工方法与一般沉井的施工方法基本一样。筑岛所用材料一般为砂或砾石，周围用草袋围护（见图 13-15(a)），如水深较深可作围堰防护（见图 13-15(b)）。岛面应比沉井周围宽出2 m以上，作为护道，高度应比施工最高水位高出0.5 m以上。若筑岛的压缩值较大，可采用钢板围堰筑岛（见图 13-15(c)）。

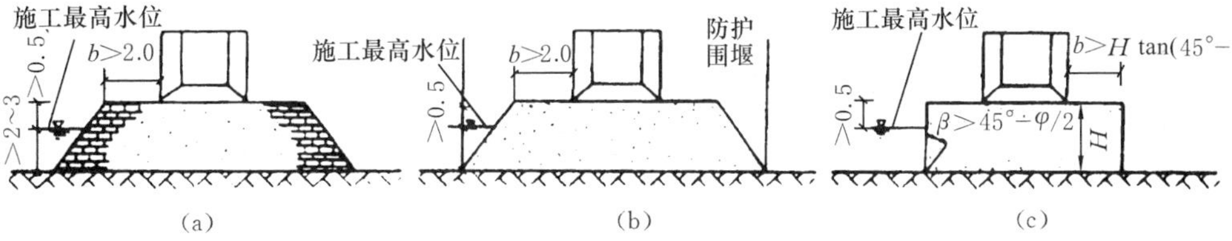

图 13-15　水中筑岛法沉井施工

2. 浮运法

当水深较深，如超过 10 m 时，采用筑岛法施工沉井就很不经济，且施工困难，此时可改用浮运法施工沉井。首先在岸边制作沉井，沉井井壁可做成空体形式；再利用在岸边铺成的滑道将沉井滑入水中（见图 13-16），并使沉井悬浮于水中；然后用绳索将其牵引到设计墩位。也可在船坞内制作沉井，并用浮船将其定位和吊放下沉。

沉井就位后，用水或混凝土灌入空体，使沉井徐徐下沉至河底。或在悬浮状态下接高沉井及填充混凝土使其逐步下沉。施工中的每道工序均需保证沉井具有足够的稳定性。沉井的刃

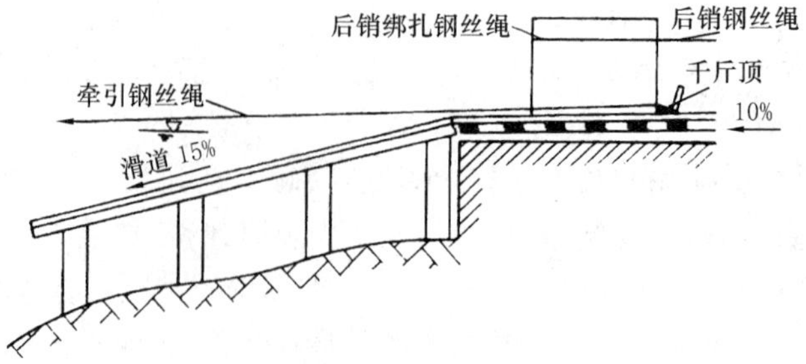

图 13-16 浮运法

脚切入河床一定深度后，即可按一般沉井的下沉方法施工。

第三节 隧道盾构法施工

一、概述

盾构法是在软土地层中修建隧道的一种施工方法。它是以盾构设备在地下掘进，边稳定开挖面，边在盾构内安全地进行开挖作业和衬砌作业，从而构筑隧道的施工方法，即盾构法施工由稳定开挖面、盾构机挖掘和衬砌三大要素组成。它适用于各类软土地层的隧道施工，尤其适用于城市地下铁道和水底隧道的施工。

盾构法施工具有如下突出的优点：

(1)可在盾构设备的掩护下安全地进行土层的开挖与衬砌的支护工作；

(2)除竖井外，施工作业均在地下进行，施工时不影响地面交通；

(3)施工中的振动和噪声小，对周围地区居民几乎没有干扰；

(4)由于不降低地下水，可控制地表沉降，减少对地下管线及地面建筑物的影响；

(5)进行水底隧道施工时，可不影响航道通航；

(6)施工自动化程度高、速度快，且不受风雨等气候条件的影响，有较高的技术经济优越性。

盾构法隧道施工概貌如图 13-17 所示。

二、盾构的基本构造

盾构由盾壳、推进系统、正面支撑系统、衬砌拼装系统、液压系统、操作系统和盾尾装置等组成，如图 13-18 所示。

三、盾构的分类与使用范围

盾构的类型很多，从不同的角度有不同的分类。

根据开挖工作面的支护和防护方式，盾构一般分为全面开放型、部分开放型、密封型及全断面隧道掘进机四大类。全面开放型盾构按其开挖的方法又可分为人工挖掘式、半机械挖掘式和机械挖掘式三种；部分开放型盾构又称挤压式盾构；密封型盾构根据支护工作面的原理和方法又可分为局部气压式、土压平衡式、泥水加压式和混合式等几种。

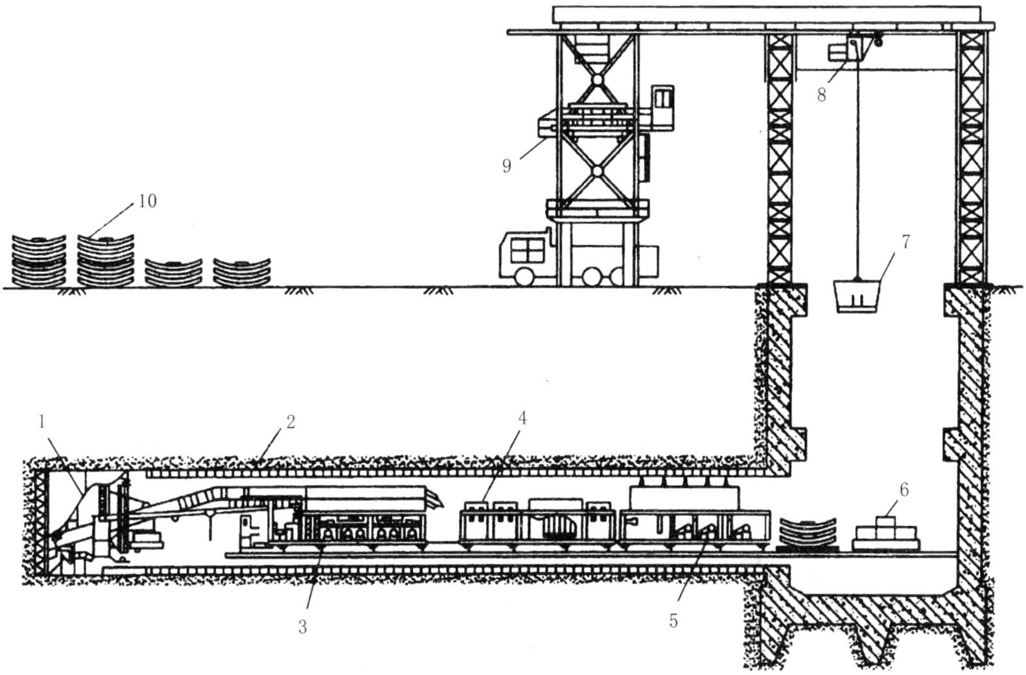

图 13-17　盾构法隧道施工概貌

1—盾构;2—衬砌环;3—液压泵站;4—配电柜;5—辅助设备;
6—电瓶车;7—装土箱;8—行车;9—出土架;10—管片

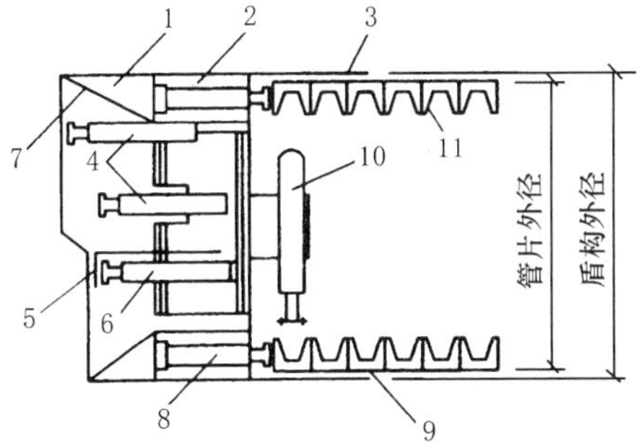

图 13-18　盾构构造

1—切口环;2—支承环;3—盾尾;4—支撑千斤顶;5—活动平台;6—活动平台千斤顶;
7—切口;8—盾构推进千斤顶;9—盾尾间隙;10—管片拼装器;11—管片

盾构按其断面形状,可分为圆形、拱形、矩形和马蹄形四种,其中圆形又有单圆、双圆等不同。

盾构按其前部的构造,可分为敞胸式和闭胸式两种。

盾构按排出地下水与稳定开挖面的方式,可分为人工井点降水、泥水加压、土压平衡式的无气压盾构,局部气压盾构,全气压盾构等。

在沿海软土地区进行隧道工程施工常用的盾构有泥水加压式和土压平衡式两类。

1. 泥水加压式盾构

泥水加压式盾构在机械式盾构大刀盘的后面设置一道隔板,隔板与大刀盘之间作为泥水室，开挖面和泥水室中充满加压的泥水，通过其压力保持机构的加压作用，保证开挖面土体的稳定。盾构推进时开挖下来的土体进入泥水室，由搅拌装置进行搅拌，搅拌后的高浓度泥水由流体输送系统送出地面。然后把送出的浓泥水进行水土分离，并把分离后的泥水再送入泥水室，不断地循环使用。泥水加压式盾构的构造如图 13-19 所示，其全部作业过程均由中央控制台综合管理，可实现施工自动化。

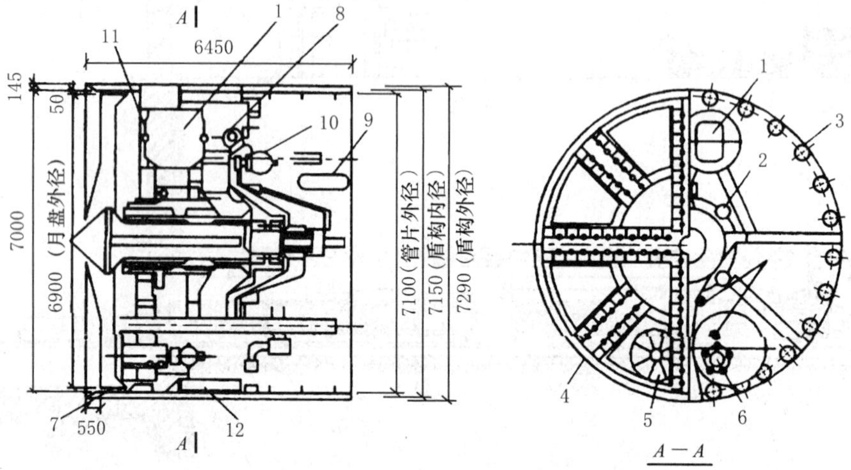

图 13-19 泥水加压式盾构

1—气闸；2—刀盘滑道千斤顶；3—盾构千斤顶；4—刀头；5—搅拌器叶片；6—搅拌器；7—刀盘滑道；8—刀盘旋转千斤顶；9—送泥水口；10—刀盘油马达；11—泥水室；12—排泥水口

2. 土压平衡式盾构

土压平衡式盾构又称削土密闭式或泥土加压式盾构。这类盾构的前端有一个全断面切削刀盘，盾构的中心或下部有长筒形螺旋运输机的进土口，其出土口则在密封舱外。所谓土压平衡，就是用刀盘切削下来的土，如同用压缩空气或泥水一样充满整个密封舱，并保持一定压力来平衡开挖面的土压力。螺旋运输机的出土量(用其转速控制)要密切配合刀盘的切削速度，以保持密封舱内始终充满泥土，而又不至过于饱满。土压平衡式盾构的构造如图 13-20 所示，它适用于变形大的淤泥、软弱黏土、黏土、粉质黏土、粉砂、粉细砂等土层。

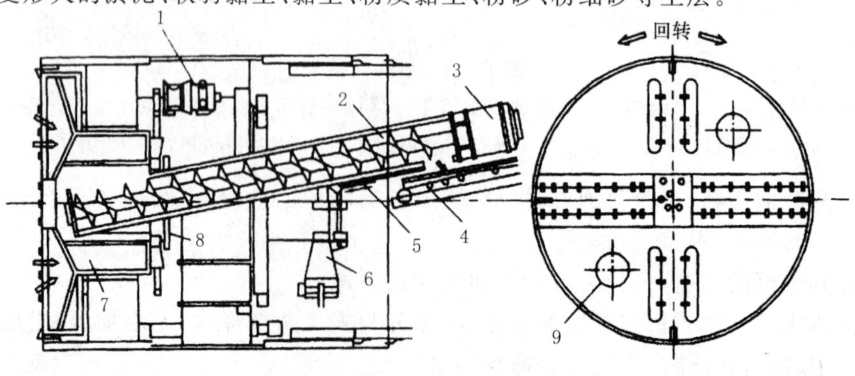

图 13-20 土压平衡式盾构

1—刀盘油马达；2—螺旋运输机；3—螺旋运输机油马达；4—皮带运输机；5—闸门千斤顶；6—管片拼装部；7—刀盘支架；8—隔板；9—紧急出入口

四、盾构法施工

盾构法施工的主要程序为:盾构竖井的修建→盾构的拼装及附属设施的准备→盾构的开挖与推进→隧道衬砌的拼装→衬砌壁后压浆。

1. 盾构施工的准备工作

盾构施工的准备主要有盾构竖井的修建、盾构的拼装与检查、盾构施工附属设施的准备。

由于盾构施工是在地面或河床以下一定深度内进行暗挖施工,因而在盾构起始位置上要修建竖井以进行盾构的拼装,称为盾构拼装井;在盾构施工的终点位置还需拆卸盾构并将其吊出,也要修建竖井,称为盾构到达井或盾构拆卸井。此外,长隧道中端或隧道弯道半径较小的位置还应修建盾构中间井,以便进行盾构的检查、维修和盾构的转向。

盾构的拼装一般在拼装井底部的拼装台上进行,小型盾构也可在地面拼装好以后整体吊入井内。拼装必须遵照盾构安装说明书进行,拼装完毕的盾构,应进行外观检查、主要尺寸检查、液压设备检查、无荷载运转试验检查、电器绝缘性能检查、焊接检查等,检查合格后方可投入使用。

盾构施工所需的附属设备随盾构类型、地质条件、隧道条件不同而异。一般来说,盾构施工设备分为洞内设备和洞外设备两部分。洞内设备是指除盾构以外从竖井井底到开挖面之间所安装的设备,它包括排水设备、装渣设备、运输设备、背后压浆设备、通风设备、衬砌设备、电器设备、工作平台设备等。洞外设备包括低压空气设备、高压空气设备、土渣运输设备、电力设备、通信联络设备等。

2. 盾构的开挖与推进

1)盾构的开挖

盾构的开挖分敞胸(口)式开挖、挤压式开挖和闭胸切削式开挖三种方式。无论采取什么开挖方式,在盾构开挖之前,必须确保在出发竖井盾构的进口封门拆除后地层暴露面的稳定性,必要时应对竖井周围和进出口区域的地层预先进行加固。

(1)敞胸式开挖。

敞胸式开挖必须在开挖面能够自行稳定的条件下进行,属于这种开挖方法的盾构有人工挖掘式盾构、半机械化挖掘式盾构等。在进行敞胸式开挖的过程中,原则上是将盾构切口环与活动的前檐固定连接,伸缩工作平台插入开挖面内,插入深度取决于土层的自稳性和软硬程度,使开挖工作自始至终都在切口环的保护下进行。然后从上而下分部开挖,每开挖一块便立即用千斤顶进行支护。支护能力应能防止开挖面松动,且在盾构推进过程中这种支护也不能松懈与拆除,直到推进完成,进行下一次开挖为止。

(2)挤压式开挖。

挤压式开挖属闭胸式盾构开挖方式之一,当闭胸式盾构胸板上不开口时称为全挤压式开挖,胸板上开口时称为部分挤压式开挖。挤压式开挖适合于流动性大而又极软的黏土层或淤泥层。

全挤压式开挖是依靠盾构千斤顶的推力将盾构切口推入土层中,使盾构四周一定范围内的土体被挤压密实,而不从盾构内出土的。此种情况下,由于只有上部有自由面,因此大部分土体被挤向地表面,部分土体则被挤向盾尾及盾构下部。因此,盾尾处的砌筑空隙可以自然得到充填,而不需要或仅需少量进行衬砌壁后注浆。

部分挤压式开挖又称局部挤压式开挖。它与全挤压式开挖的不同之处是，由于胸板上有开口，因此当盾构向前推进时，一部分土体就从此开口进入隧道内，被运输机械运走，其余大部分土体都被挤向盾构的上方和四周。其开挖作业是通过调整胸板的开口率与开口位置和千斤顶的推力来进行的。

(3)密闭切削式开挖。

密闭切削式开挖也属于闭胸式开挖方式之一，这类闭胸式盾构有泥水加压式盾构和土压平衡式盾构。密闭切削式开挖主要依靠安装在盾构前端的大刀盘的转动在隧道全断面连续切削土体，形成开挖面。其刀盘在不转动切土时可正面支护开挖面而防止坍塌。密闭切削式开挖适合用于自稳性较差的土层，其开挖速度快，机械化程度高。

2)盾构的推进和纠偏

在盾构进入地层后，随着工作面不断被开挖，以及受千斤顶推力作用，盾构不断向前推进。在盾构推进过程中，应保证其中心线与隧道设计中心线相一致。但实际工程中，很多因素将导致盾构偏离隧道中心线，如土层不均匀、地层中有孤石等障碍物造成开挖面四周阻力不一致，盾构千斤顶的顶力不一致，盾构重心偏于一侧，闭胸挤压式盾构上浮，盾构下部土体流失过多，造成盾构叩头下沉等，这些因素将使盾构轨迹变成蛇形。为了把偏差控制在规定范围内，在盾构推进过程中要随时测量，了解偏差产生的原因，并及时纠偏。纠偏的措施通常有以下几种。

(1)千斤顶工作组合的调整。

一个盾构四周均匀分布有几十个千斤顶，以推进盾构，一般应对这几十个千斤顶分组编号，进行工作组合。每次推进后应测量盾构的位置，并根据每次纠偏量的要求，决定下次推进时启动哪些编号的千斤顶，停开哪些编号的千斤顶，进行纠偏。停开的千斤顶要尽量少，以利提高推进的速度，减少液压设备的损坏。

(2)盾构纵坡的控制。

盾构推进时的纵坡和曲线也是依靠调整千斤顶的工作组合来控制的。一般要求每次推进结束时，盾构纵坡应尽量接近隧道纵坡。

(3)开挖面阻力的调整。

人为地调整开挖面阻力也能纠偏。调整方法与盾构开挖方式有关：闭胸式开挖可用超挖或欠挖来调整；挤压式开挖可用调整进土孔位置及胸板开口大小来调整；密闭切削式开挖是通过切削刀盘上的超挖刀或伸出盾构外壳的翼状阻力板来改变推进阻力，进行纠偏的。

(4)盾构自转的控制。

盾构施工中还会出现绕其本身轴线旋转的现象。控制盾构自转一般采用在盾构旋转的反方向一侧增加配重的方法来实现，压重根据盾构大小及要求纠正的速度，可以从几十吨到上百吨。此外，还可以通过安装在盾壳外的水平阻力板和稳定器来控制盾构自转。

3. 隧道衬砌的拼装

隧道衬砌的作用是：在盾构推进中衬砌作为千斤顶的后背，承受顶力；掘进施工中作为隧道支撑；盾构施工结束后作为永久性承载结构。

软土地层盾构施工的隧道衬砌，通常采用预制拼装的形式。对于防护要求较高的隧道，有时也采用整体浇筑混凝土，但整体浇筑衬砌施工复杂，进度较慢，目前已逐渐被复合式衬砌取代。复合式衬砌在隧道成洞阶段先采用较薄的预制衬砌，然后再浇筑混凝土内衬，以满足结构要求。

预制拼装式衬砌是由称为管片的多块弧形预制构件拼装而成的。管片可采用铸铁、铸钢、钢筋混凝土等材料制成，其形状有矩形、梯形和中缺形等。

管片拼装的方法根据结构受力要求，分为通缝拼装和错缝拼装两种。通缝拼装(见图13-21(a))，即管片的纵缝环环对齐，拼装较为方便，容易定位，衬砌环施工应力小。其缺点是，环面不平整的误差容易造成误差累积，尤其当采用较厚的现浇防水材料时，更是如此。若结构设计中需要利用衬砌本身来传递圆环内力，则宜选用错缝拼装，即衬砌圆环的纵缝在相邻圆环间错开1/3～1/2管片(见图13-21(b))。错缝拼装的隧道比通缝拼装的隧道整体性好，但由于环面不平整，易引起较大的施工应力，若防水材料压密不够，则易出现渗漏现象。

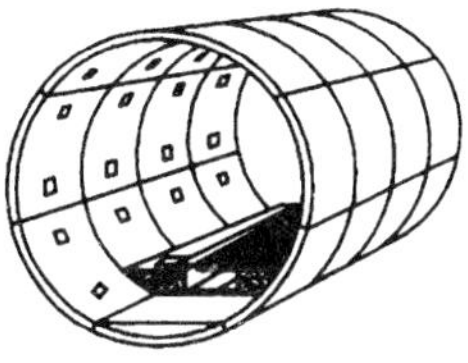

(a) 矩形管片通缝拼装

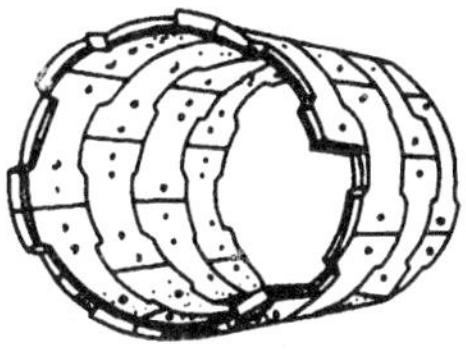

(b) 中缺形管片错缝拼装

图13-21 衬砌的拼装

管片拼装常采用举重臂来进行。举重臂可以根据拼装要求进行旋转、径向伸缩、纵向移动等动作，迅速、方便地完成衬砌拼装作业，有的还装有可以微动调节的装置。

4. 衬砌防水

隧道衬砌除应满足结构强度和刚度要求外，还应解决好防水问题，以保证隧道在运营期间有良好的工作环境，否则会因为衬砌漏水而导致结构破坏、设备锈蚀、照明减弱，危害行车安全和影响外观。此外，在盾构施工期间也应防止泥、水从衬砌接缝中流入隧道，引起隧道不均匀沉降和横向变形而造成事故。

隧道衬砌的防水主要要解决管片本身的防水和管片接缝的防水问题。管片本身防水主要保证管片混凝土满足抗渗要求和管片制作满足精度要求。管片接缝防水措施主要有密封垫防水、嵌缝防水、螺栓孔防水、二次衬砌防水等。密封垫防水是接缝防水的主要措施，一般采用弹性密封垫，即通过对接缝处弹性密封垫的挤压密实来实现防水。嵌缝防水常作为密封垫防水的补充措施，该方法在管片的内侧设置嵌缝槽，用止水材料在槽内填嵌密实来达到防水的目的。若管片拼装精度较差或密封垫失效，则在这些部位上的螺栓孔处会发生漏水现象，这时必须对螺栓孔进行专门的防水处理。目前普遍采用环形密封垫圈，靠拧紧螺栓的挤压作用使其充填到螺栓孔间来起到止水作用。二次衬砌防水是指，若以拼装管片作为单层衬砌，其接缝防水仍不能满足要求，则可在管片内侧再浇筑或喷射一层细石混凝土或钢筋混凝土，构成双层衬砌，以使隧道满足防水要求的工艺。

5. 壁后压浆

在盾构隧道施工过程中，为防止隧道周围土体变形，造成地表沉降，必须及时将盾尾和衬砌之间的空隙进行压浆充填。压浆还可以改善隧道衬砌的受力状态，增强衬砌的防水效能，因此壁后压浆是盾构施工的关键工序。

压浆可采用设置在盾构外壳上的注浆管随盾构推进同步注浆，也可由管片上的预留注浆孔进行压浆。压浆方法分为二次压浆法和一次压浆法两种。二次压浆是指，盾构推进1环后，立即用风动压浆机通过衬砌管片上的压浆孔，向衬砌背后压入粒径为3～5 mm的石英砂或卵石，以防止地层坍塌；继续推进5～8环后，进行二次压浆，注入以水泥为主要胶结材料的浆体，充填到豆粒砂的孔隙内，使之固结的工艺。一次压浆法在地层条件差，盾尾空隙一出现就会发生坍塌的情况下采用，即随着盾尾空隙的出现，立即压注水泥砂浆，并保持一定压力。这种工艺对盾尾密封装置要求较高，容易造成盾尾漏浆，须准备采取有效的堵漏措施。此外，相隔30 m左右还需进行一次额外的控制压浆，压力可达1.0 MPa，以便强力充填衬砌背后遗留下来的空隙。若发现明显的地表沉陷或隧道严重渗漏，则还需进行局部补充压浆。

压浆时要左右对称，从下向上逐步进行，并尽量避免单点超压注浆，而且在衬砌背后空隙未被完全充填之前，不允许中途停止工作。在压浆时，位于正在压浆孔眼上方的压浆孔可作为排气孔，其余的压浆孔均需用塞子堵严，且一个孔眼的压浆工作一直要进行到上方压浆孔中出现灰浆为止。

第四节　地下管道顶管法施工

一、顶管法概述

地下管道是各种建筑物、市政建设中不可缺少的组成部分，如给水、排水、热力、燃气管道以及输送其他各种流体的管道。地下管道的铺设按其施工方法可分为开槽铺设、不开槽铺设和水下铺设。对于穿越铁路、公路、河流、建筑物等障碍物的管道铺设，或在城市交通繁忙区段的地下管道铺设，不便开槽施工，常采用不开槽的顶管法施工，以保证铁路、公路及其他城市交通道路的正常使用。

顶管法又称顶进法，其施工的主要内容是：先在管道设计线路上修筑一定数量的工作井；然后将预制好的管道安放于井内导轨上，并利用支承于井内后坐墙上的液压千斤顶，将管道分节逐渐顶入土层中去；同时，将管道工作面前的泥土在管内开挖、运输，并通过工作井运出地面。顶管法施工过程如图13-22所示。

根据管道顶进方式，顶管法可分为掘进顶管法和挤压顶管法。掘进顶管法按掘土方式又分为人工掘进顶管法和机械掘进顶管法；挤压顶管法又分为不出土挤压顶管法和出土挤压顶管法。顶管法施工方法的选择，应根据管道所处土层性质、管径大小、地下水位、附近地上地下建筑物和构筑物的情况等因素，经技术经济比较后确定。一般情况下，在黏性土或砂性土层，且无地下水影响时，宜采用人工掘进或机械掘进顶管法；当地质为砂砾土时，可采用具有支撑的工具管或注浆加固土层的措施防止土体坍塌，但其顶进较困难；在软土层且无障碍物的条件下，管道上面的土层又较厚时，宜采用挤压顶管法。

所顶工程管按照其口径的大小，可分为大口径、中口径、小口径和微型顶管四种：大口径顶管多指ϕ2000 mm以上的顶管，最大口径可达ϕ5000 mm，比小型盾构还大；中口径顶管是指ϕ1200～1800 mm的顶管，在顶管中占大多数；小口径顶管是指ϕ500～1000 mm的顶管；微型顶管的口径通常在ϕ400 mm以下，最小的只有ϕ75 mm，这种口径的管道一般都埋置较浅。

二、顶管法的基本设备构成

顶管法施工的主要设备包括顶进设备、工具管、工程管及吸泥设备。

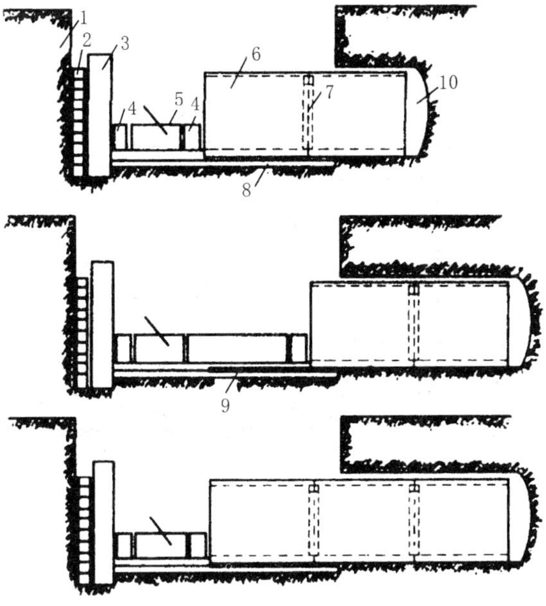

图 13-22　掘进顶管法施工过程

1—后坐墙；2—后背；3—立铁；4—顶铁；5—千斤顶；6—工程管；
7—内胀圈；8—基础；9—导轨；10—掘进工作面

1. 顶进设备

顶进设备主要包括后坐、千斤顶、顶铁和导轨等，它们在工作坑内的布置如图 13-22 所示。

后坐由后坐墙、后背和立铁共同构成，它们是千斤顶后坐力的主要支撑结构。后坐墙一般可利用工作井后方的土井壁，但必须有一定厚度，其土质宜为黏土、粉质黏土。当管顶上土层为 2～4 m 的浅覆土时，土质后坐墙的长度一般需要 4～7 m。无法建立土质后坐墙时可修建人工后坐墙。后背的作用是减小后坐力对后坐墙单位面积的压力，常采用方木后背和钢板桩后背，后者适用于软弱土层。立铁直接承受千斤顶的后坐力，并将其传给后背。

千斤顶是顶进设备的核心。其有多种顶力规格，常采用行程为 1.1 m、顶力为 400 t 的组合布置方式，即对称布置 4 个千斤顶，最大顶力可达 1600 t。

顶铁是为了弥补千斤顶行程不足而设置的。顶铁的厚度一般小于千斤顶行程，形状为 U 形，以便于人员进出管道。也有其他形状的顶铁，其主要起扩散顶力的作用。

导轨起导向作用，即引导顶管按设计的中心线和坡度顶入土中，保证顶管在顶入前位置的正确。导轨在接管时又可作为管道吊放场地和拼焊的平台。

2. 工具管

工具管（又称顶管机头）安装于工程管前端，是控制顶管方向、掘土和防止塌方等的多功能装置。其外形与工程管的相似，是由普通顶管中的刃口演变而来的，可以重复使用。目前常采用三段双铰型工具管，其内部分为冲泥舱、操作室和控制室三部分，如图 13-23 所示。

3. 工程管

工程管是地下管道工程的主体。目前顶进的工程管主要是根据地下管道直径确定的圆形钢管或钢筋混凝土管。管径有多种，如前所述，但当管径大于 4 m 时，顶进困难，施工不一定

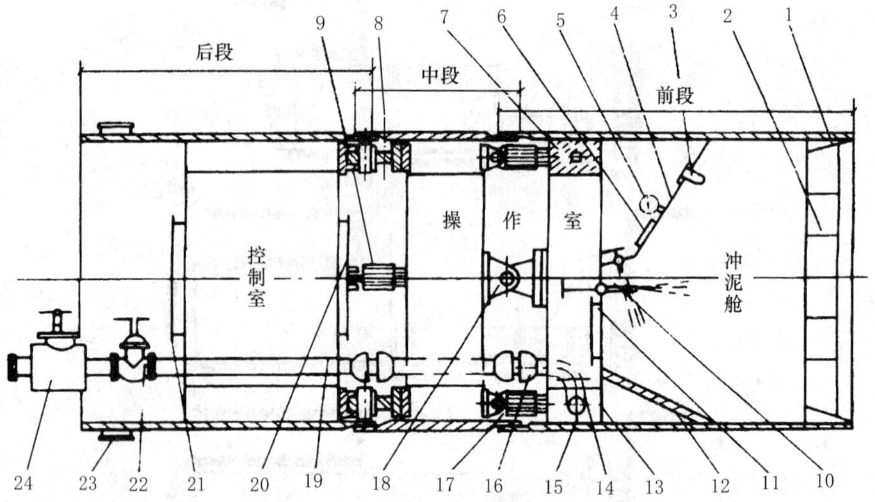

图 13-23　三段双铰型工具管

1—刃脚;2—格栅;3—照明灯;4—胸板;5—真空压力表;6—观察窗;7—高压水枪;8—垂直铰链;9—左右纠偏油缸;10—水枪;11—不水密门;12—吸口格栅;13—吸泥口;14—窨井;15—吸泥管进口;16—双球活接头;17—上下纠偏油缸;18—水平铰链;19—吸泥管;20—气闸门;21—大水密门;22—吸泥管闸阀;23—泥浆环;24—清理窨井

经济。

4. 吸泥设备

管道顶进过程中,正前方不断有泥砂进入工具管的冲泥舱内。通常采用水枪冲泥,水力吸泥机排放,并从管道运输至工作井。水力吸泥机结构简单,其特点是,高压水走弯道,泥水混合体走直道,能量损失小,出泥效率高,并可连续运输。

三、顶管法施工

1. 掘进顶管法施工

掘进顶管法施工的工艺过程为:开挖工作坑→工作坑底修筑基础、设置导轨→设置后坐、安装顶进设备(千斤顶)→在导轨上安放工具管和第一节工程管→开挖管前坑道→顶进工程管→安装下一节工程管→……其施工要点如下。

1)工作坑及其布置

工作坑又称竖井,主要有顶进坑和接收坑,此外还有转向坑、多向坑、交汇坑等。选择工作坑位置时应考虑下列因素:尽量设在管道井室的位置;应有可作为后背墙的坑壁土体;便于排水、出土和运输的场所;对地上和地下建筑物、构筑物易于采取保护措施的位置;安全施工的场所;距电源和水源较近、交通方便的场所。

顶进坑分为只向一个方向顶进的单向坑和向两个不同方向顶进的双向坑。顶进坑的设置主要与顶进长度有关,即单向坑之间的最大距离为一次顶进长度。一次顶进长度是指,向一个方向顶进时,不会因不断增大的顶力而导致管端压裂或后坐破坏所能达到的最大长度。一次顶进长度应根据顶力大小、管材强度、管道深度、土质情况、后背和后坐墙的种类和强度、顶进技术等因素确定。

工作坑一般可分为直槽型、阶梯型。工作坑坑底宽度应根据施工操作面和设备尺寸、同一坑内同时或先后顶进管道的条数确定;工作坑的坑底长度按顶进设备布置情况及接口形式(焊接接口的操作长度)需要确定;坑深由管道埋深和导轨基础确定。在布置工作坑时还要考虑垂直运输、工作平台和顶进口处理等工作。此外,在工作坑内应设有测量管道位置的中心桩和高程桩,以便于测量与校正。在松散土层或饱和土层内,应对土质不稳定的工作坑壁加以支护,确保施工顺利进行。

2)挖土和运土

(1)人工挖土和运土。

工作坑布置完毕后便可开始进行管前人工挖土和管内人工或机械运土。

①挖土顺序:开挖管前的土体时,不论砂类土、黏性土,都应自上而下分层开挖。若为了方便而先挖下层土,或者当管道内径超过手工所及的高度而先挖中下层土,则会有塌方的危险。因此,必须采用自上而下的挖土顺序。

②挖掘长度:人工挖土每次挖掘长度,一般等于千斤顶的顶程。土质较好,挖土技术水平较高时,可允许超前管端开挖 30～50 cm,以减小顶力。

③管道周围的超挖:在一般管道地段,管顶以上的允许超挖量(即管顶与坑壁之间空隙)为 1.5 cm;但管道下部 135°范围内不得超挖,即必须保持管道与坑壁吻合,以便控制其高程。在不允许土体下沉的顶管地段(如上面有重要构筑物或其他管道时),管道周围一律不得超挖。

④运土:管前所挖土方,应及时从管内运出,以免影响顶进,或因管端堆土过多而造成管道下沉。运土方式可采用卷扬机牵引或电动、内燃机的运土小车,在管内进行有轨或无轨运土;也可用皮带运输机运土,土运至工作坑后,由起重设备吊出工作坑外。

(2)机械挖土和运土。

采用人工挖土劳动强度大、施工环境恶劣、生产效率低,且当管径较小时也无法在管内进行人工操作,而采用机械掘进则可解决上述问题。机械挖土和运土的方式有:切削掘进,输送带或螺旋输送器运土;水力掘进,输送泥浆。

①切削掘进。切削掘进有工作面呈平锥形的切削轮偏心径向切削、工作面呈锥形的偏心纵向切削和偏心水平钻进等。

偏心径向切削主要用于大直径管道,其锥角较大、锥形平缓。偏心纵向切削挖掘时,刀架高速旋转而使切下的土借助离心力抛向管内,并可直接抛至输送带上,便于土的运输。这种设备简单,易于装拆和维修,掘进中便于调向,挖掘效率高,适用于在粉质黏土和黏土中掘进。偏心水平钻进采用螺旋掘进机,一般用于小直径钢管的顶进,适用于在黏土、粉质黏土和砂土中钻进。

②水力掘进。它利用高压水枪的射流,将切入工具管管口的土冲碎,水和土混合成泥浆状态,由水力吸泥机输送、排放。这种方法一般用于高地下水位的弱土层、流砂层,或当管道从水下(河底)的饱和土层中穿越时采用。

3)顶进工具管

顶管工程中,顶力要克服管道与土壁之间的摩擦力而将其向前顶进。顶进前应进行顶力的计算,确定液压式千斤顶的数量并进行正确布置,以保证管道在顶进时不偏斜。在开始顶进时应缓慢进行,待各部位密合接触后,再按正常速度顶进。顶进过程中,要加强方向检测,及时纠偏。否则,偏离过多,会造成工程管弯曲而增大摩擦力,增加顶进困难。纠偏可通过改变工具管端的方向来实现。

4)管节的连接

在一节工程管顶完后,再将另一节管子吊入工作坑内。继续顶进前,应将 2 节工程管进行连接,以提高管段的整体性和减小顶进误差。管节的连接,有永久性和临时性连接两种。

钢管采用永久性的焊接连接,焊后应对焊接处补做防腐层,并采用钢丝网水泥砂浆和肋板进行保护。

钢筋混凝土管道常采用临时连接。在管节未进入土层前,接口的外侧应垫麻丝、油毡或木垫板进行保护,两管间的管口内侧应留有 10～20 mm 的空隙,顶紧后的空隙宜为 10～15 mm,以防止管端压裂。在管节入土后,在管节相邻接口处应安装内胀圈进行临时连接,内胀圈的中部位于接口处,并将内胀圈与管道之间的缝隙用木楔塞紧。由于临时连接接口处的非密实性,因而此方法不能用于未降水的土层内施工。顶进工作完成后,拆除内胀圈,再按设计规定进行永久性的内接口处理;若设计无规定,则可采用石棉水泥、弹性密封膏或水泥砂浆密封,填塞物应抹平,不得凸入管内。

5)中继间顶进

采用顶管法施工时,一次顶进长度通常最大达 60～100 m。当进行长距离顶管时,可采用中继间顶进的方法,此方法将长距离顶管分成若干段,在段与段之间设置中继接力顶进设备,即中继环,如图 13-24 所示,中继环内呈环形布置有若干中继千斤顶。中继千斤顶工作时,其前面的管段向前推,后面的管段成为后坐,即中继环之前的管道用中继千斤顶顶进,而中继间及其后的管道则用顶进坑内的千斤顶顶进。这样可分段克服摩擦力,使每段管道的顶力降低到允许的范围内,通过一个顶进坑进行长距离的顶管,减少顶进坑的数目。

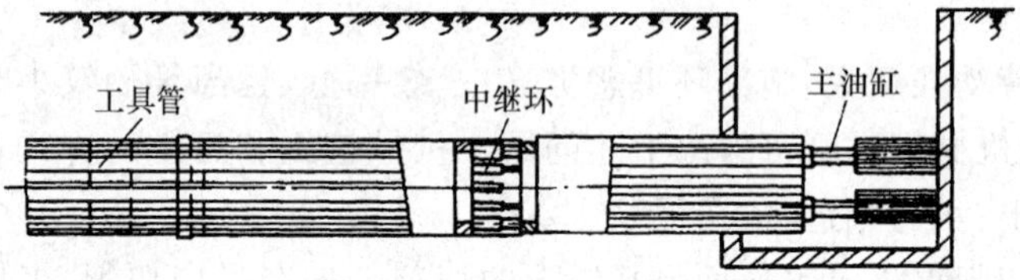

图 13-24　中继顶管示意图

2. 挤压顶管法施工

挤压顶管法又称挤密土层顶管法,多为不出土挤压顶管。不出土挤压顶管就是在顶管的最前端安装管尖或管帽,利用千斤顶将管道直接顶进土层内,使周围的土被挤密。这种方法不出土,减少了土方量,但所需顶力较大。其顶力取决于管径、土质、含水量和管前设备。

管前端若安装管尖,则管前阻力较小。管尖中心角在砂性土层中不宜大于 60°,在粉质黏土中不宜大于 50°,在黏土中不宜大于 40°。管前端若安装开口管帽,管子开始顶进时,土进入管帽形成土塞,继续顶进时,可阻止土进入管内而挤密管周围土。其管前阻力较大,土塞长度一般为管径的 5～7 倍。

不出土挤压式顶管法适用于直径较小的钢管,在中密土质中顶管,若管径为 250～400 mm,就难以顶进。

在低压缩性土层中,如管道埋设较浅,或相邻管道间的间距较小,挤压顶管时则会出现地面隆起或相邻管道被挤坏的现象,须慎重采用。

复习思考题

13-1　地下连接墙施工有哪些优点和缺点？

13-2　简述地下连接墙施工的主要工艺流程。

13-3　地下连接墙的施工接头有哪几种方式？各有何特点？

13-4　修筑导墙的作用是什么？

13-5　泥浆的作用是什么？如何制备泥浆？

13-6　地下连接墙施工中，划分单元槽段时应考虑哪些方面的因素？

13-7　为什么要清底？清底的方法有哪几种？

13-8　如何在地下连接墙的单元槽段内浇筑混凝土？

13-9　试述沉井法施工的含义，它有何特点？

13-10　简述沉井施工的一般工艺。

13-11　沉井下沉通常采用哪几种施工方法？

13-12　简述沉井下沉的几种辅助方法。

13-13　简述水中沉井的施工方法。

13-14　试述盾构法施工的含义，它有何特点？

13-15　泥水加压式盾构与土压平衡式盾构各自的工作原理是什么？

13-16　简述盾构法施工的主要工艺。

13-17　隧道衬砌的作用是什么？它应满足哪些要求？

13-18　隧道衬砌壁后为什么要压浆？通常选用何种压浆材料？

13-19　何谓顶管法施工？这种施工方法适用于何种地层？

13-20　顶管法施工的主要设备有哪些？

13-21　简述掘进顶管法施工的主要工艺。

第十四章　灌浆工程

灌浆通过钻孔(或预埋管),将具有流动性和胶凝性的浆液,按一定配合比要求,压入地层或建筑物的缝隙中胶结硬化成整体,达到防渗、固结、增强的工程目的。

灌浆按其作用,可分为帷幕灌浆、固结灌浆、回填灌浆、接触灌浆、接缝灌浆、补强灌浆和裂缝灌浆等;按灌浆材料,可分为水泥灌浆、黏土灌浆、沥青灌浆及化学材料灌浆等。

第一节　灌浆材料与灌注浆液

灌浆工程中所用的浆液由主剂(原材料)、溶剂(水或其他溶剂)及各种外加剂混合而成。通常所说的灌浆材料,是指浆液中所用的主剂。根据所制成的浆液状态,灌浆材料可分为两类:一类是粒状灌浆材料,所制的浆液,其固体颗粒基本上处于分散的悬浮状态,为悬浊液;另一类是化学灌浆材料,所制成的浆液是真溶液。

一、灌浆材料

灌浆材料应根据灌浆的目的和地质条件合理选择。灌浆用的材料应具有以下特性。

(1)颗粒细。颗粒应具有一定的细度,以便能进入岩层的裂缝、孔洞、缝隙。

(2)稳定性好。所制成的浆液,其颗粒在一定的时间条件下,在浆液中能保持均匀分散的悬浮状态,并具有稳定性好、流动性强的性能。

(3)胶结性强。用固体材料制成的浆液,灌入岩层的裂缝和空洞、缝隙,经过一定时间,逐渐胶结而成为坚硬的结石体,起到充填和固结的作用。

(4)结石强度高和良好的耐久性。浆液胶结而成的结石体,具有一定强度、黏结力和抵抗地下水侵蚀的能力,保证灌浆效果和耐久性。

(5)结石体的渗透性小。

(一)水泥

灌浆工程所采用的水泥品种,应根据灌浆目的和环境水的侵蚀作用等由设计确定。一般情况下,应采用普通硅酸盐水泥或硅酸大坝水泥。当有耐酸或其他要求时,可用抗酸水泥或其他特种水泥。使用矿渣硅酸盐水泥或火山灰质硅酸盐水泥灌浆时,应得到许可。

回填灌浆、帷幕和固结灌浆水泥强度等级不应低于 32.5 MPa,坝体接缝灌浆水泥强度等级不应低于 42.5 MPa。

帷幕灌浆和坝体接缝灌浆,对水泥细度的要求为,通过 8 μm 方孔筛的筛余量不宜大于总质量的 5%;当坝体接缝张开度小于 0.5 mm 时,对水泥细度的要求为,通过 71 μm 方孔筛的筛余量不宜大于总质量的 2%。

灌浆用水泥必须符合质量标准,不得使用受潮结块水泥。采用细水泥,应严格防潮和缩短存放时间。

(二)黏土和膨润土

1. 黏土

黏土具有亲水性、分散性、稳定性、可靠性和黏着性等特点。

2. 膨润土

在水泥浆中加入少量的膨润土,一般为水泥质量的2%~3%,起稳定剂作用,可提高浆液的稳定性、触变性,降低析水性。其黏粒含量在40%以上,液限多为100左右或更大些,塑性指数为30~50。

(三)其他材料

用于灌注大裂隙和溶洞时,经常用水泥砂浆或水泥黏土砂浆。根据灌浆需要,可在水泥浆液中加入下列外加剂。

(1)速凝剂:水玻璃、氯化钙、三乙醇胺等。

(2)减水剂:萘系高效减水剂、木质素磺酸盐类减水剂等。

(3)稳定剂:膨润土及其他高塑性黏土等。

(4)其他外加剂。

所有外加剂凡能溶于水的应以水溶液状态加入。各类浆液掺入掺和料和加入外加剂的种类及其掺加量应通过室内浆材试验和现场灌浆试验确定。

二、灌注浆液

1. 水泥浆

(1)水泥浆的配制。

①将水泥和水按规定比例直接拌和,配制成需要的浆液。

②将一定浓度的原浆,加入一定量的水泥或水,配制成需要的浆液。

纯水泥浆液的搅拌时间,使用普通搅拌机时,应不少于3 min;使用高速搅拌机时,宜不少于30 s。浆液在使用前应过筛,自制备至用完的时间宜少于4 h。

(2)水泥浆配合比。水泥浆的配合比一般为水与水泥的比例为10∶1~10∶0.5。

(3)水泥浆的特点。水泥浆具有结石强度较高、黏结强度高、易于配制等特点。

2. 黏土浆

(1)黏土浆的配制方法。黏土浆有两种配制方法:

① 将一定量的黏土和一定量的水直接混合,经搅拌而形成所需配合比的浆液;

② 将黏土制成一定浓度的黏土原浆,再取一定量的原浆加入一定量的水制成所需配合比的浆液。

(2)原浆配制的步骤。

一般情况下原浆的配制按以下程序进行。

①浸泡崩解。将黏土在水池中用水浸泡,使其崩解泥化。

②拌制黏土原浆。将浸泡好的黏土放入泥浆搅拌机中,加适量的水,制成一定浓度的黏土原浆。

③黏土浆的特点。黏土浆具有细度高、分散性强、稳定性好、可就地取材等特点,其结石强

度低，抗渗压和抗冲刷性能弱。

3. 水泥黏土浆

水泥、黏土各有其优缺点，将其混合在很大程度上可缺点互补，成为良好的灌注浆液。水泥与黏土的比例一般为1∶4～1∶1，水与干料的比例一般为1∶1～3∶1，由于材料品种、性能及其作用不同，正确的配合比应通过试验确定。

4. 水泥砂浆及水泥黏土砂浆

(1)水泥砂浆。在有宽大裂隙、溶洞、地下水流速大、耗浆量大的岩层中灌浆时，采用水泥砂浆灌注。水泥砂浆具有浆液流动性较小、不易流失，结石强度高，黏结力强，耐久性和抗渗性好等优点。水泥砂浆中，水与水泥的比例宜小于或等于1∶1，否则砂易沉淀，宜加入少量膨润土、塑化剂、粉煤灰等。

(2)水泥黏土砂浆。水泥黏土砂浆中水泥起固结强度作用，黏土起促进浆液的稳定作用，砂起填充裂隙空洞的作用。拌制水泥黏土砂浆时，宜先制成水泥黏土浆而后加入砂。

5. 水泥水玻璃浆

水泥浆中加入水玻璃，有两种作用：一是将水玻璃作为速凝剂，促使浆液凝结；二是作为浆液的组成成分。水玻璃与水泥浆中的氢氧化钙起作用，生成具有一定强度的凝胶体——水化硅酸钙。水泥浆凝结时间随水玻璃加入量的增加而逐渐缩短，在超过一定比值后，凝结时间随水玻璃加入量的增加而逐渐延长。

第二节　灌浆设备

一、制浆与灌浆设备

灌浆制浆与储浆设备包括两部分：一是浆液搅拌机，为拌制浆液用的机械，其转速较高，能充分分离水泥颗粒，以提高水泥浆液的稳定性；二是储浆搅拌桶，储存已拌制好的水泥浆，供给灌浆机抽取而进行灌浆用的设备，转速可较低，仅要求其能连续不断地搅拌，维持水泥浆不沉积。

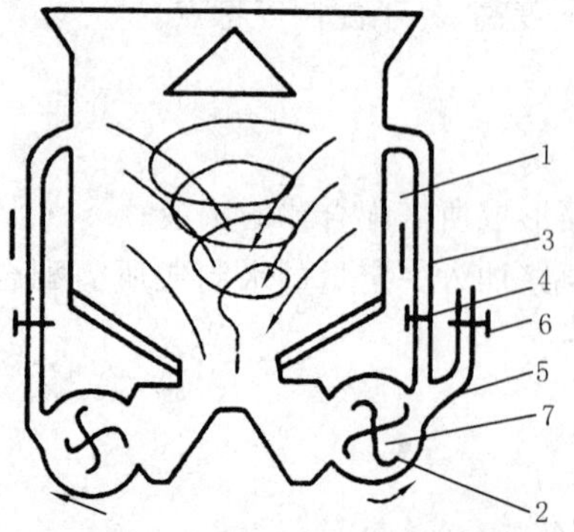

图14-1　旋流式搅拌机示意图

1—桶体；2—高速搅拌室；3—回浆管；4—回浆阀；5—排浆管；6—排浆阀；7—叶轮

水泥灌浆常用的搅拌机主要有下列几种形式。

1. 旋流式搅拌机

这种搅拌机主要由桶体、高速搅拌室、回浆管和回浆阀、排浆管和排浆阀以及叶轮等组成，如图14-1所示。高速搅拌室内装有叶轮，设置于桶体的一侧或两侧，由电动机直接带动。

搅拌机的工作原理：浆液由桶底出口被叶轮吸入搅拌室内，叶轮高速(一般1500～2000 r/min)旋转产生强烈的剪切作用，将水泥充分分散，而后经由回浆管返回浆桶。当浆液返回回浆桶，以切线方向流入桶内时，浆液在桶内产生涡流，这样往复循环，使浆液搅拌均匀。待水泥浆拌制好后，关闭回浆阀，开启排浆阀，将浆液送入储浆搅拌桶内。这种形式的搅拌机转速高，搅拌均匀，搅拌时间短。

2. 叶桨式搅拌机

这种形式的搅拌机机构简单。它是靠搅拌机的两个或多个能回转的叶桨来搅动的。

(1)立式搅拌机。岩石基础灌浆常用的水泥浆搅拌机，是立式双层叶桨型的，上层为搅拌机，下层为储浆搅拌桶，两者的容积相同(常用的容积有 150 L、200 L、300 L 和 500 L 共四种)，同轴搅拌，上层搅拌好的水泥浆经过筛网将其中大颗粒及杂质滤除，然后放入下层待用，如图 14-2 所示。

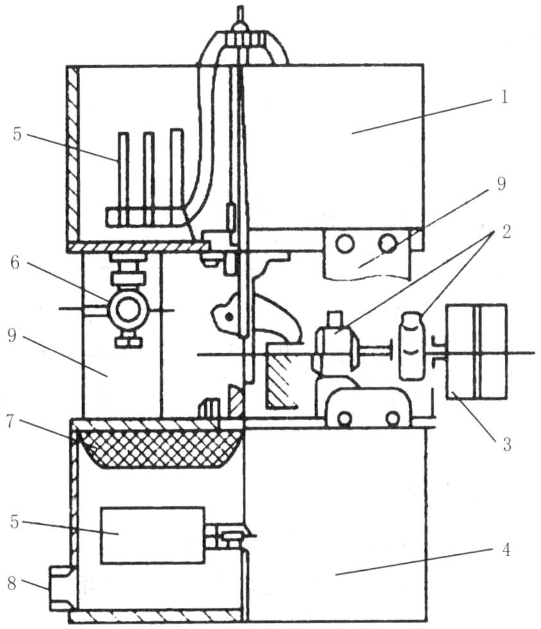

图 14-2　立式搅拌机

1—搅拌桶；2—轴承座；3—皮带轮；4—储浆桶；5—搅拌叶片；
6—阀门；7—滤网；8—出浆口；9—支架

(2)卧式搅拌机。最常用的卧式搅拌机如图 14-3 所示，是由 U 形筒体和 2 根水平搅拌轴

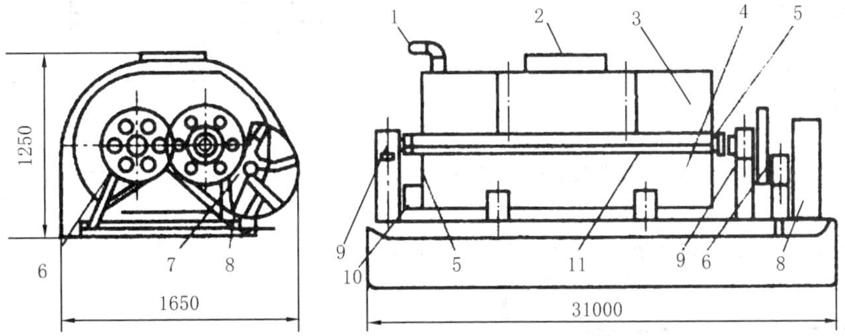

图 14-3　卧式搅拌机

1—注水口；2—加料口；3—搅拌桶；4—储浆桶；5—搅拌轴；6—传动齿轮；
7—主动齿轮；8—皮带轮；9—轴承座；10—放浆口；11—机架

组成的,2 根轴上装有互为 90°角的搅拌叶片,并以同一速度反向转动,以增加搅拌效果。集中制浆站的制浆能力应满足灌浆高峰期所有机组用浆需要。

二、灌浆泵

灌浆泵性能应与浆液类型、浓度相适应,容许工作压力应大于最大灌浆压力的 1.5 倍,并应有足够的排浆量和稳定的工作性能。灌浆泵一般采用多缸往复式灌浆泵。

往复式灌浆泵是依靠活塞部件的往复运动引起工作室的容积变化,从而吸入和排出浆体的。往复式灌浆泵有单作用式和双作用式两种结构形式。

(一)单作用往复式灌浆泵

单作用往复式灌浆泵主要由活塞、吸水阀、排水阀、吸水管、排水管、曲柄、连杆、滑块(十字头)等组成,如图 14-4 所示。单作用往复式灌浆泵的工作原理可以分为吸水和排水两个过程。当曲柄滑块机构运动时,活塞将在两个死点内做不等速往复运动。当活塞向右移动时,泵室内容积逐渐增大,压力逐渐降低,当压力降低至某一程度时,排水阀关闭,吸水管中的水在大气压力作用下顶开吸水阀而进入泵室。这一过程将继续进行到活塞运动至右端极限位置时才停止。这个过程称为吸水过程。当活塞向左移动时,泵室内的水受到挤压,压力增高到一定值时,将吸水阀关闭,同时顶开排水阀将水排出。活塞运动到最左端极限位置时,将所吸入的水全部排尽。这个过程称为排水过程。活塞往复运动一次,完成一个吸水、排水过程,称为单作用。

(二)双作用往复式灌浆泵

双作用往复式灌浆泵的活塞两侧都有吸排水阀(见图 14-5)。当活塞向左移动时,泵室右部的水受到挤压,压力增高,进行排水过程,而泵室右部容积增大,压力降低,进行吸水过程;当活塞向右移动时,则泵室右部排水,左部吸水。如此活塞往复式运动一次,完成两个吸水、排水过程,称为双作用。

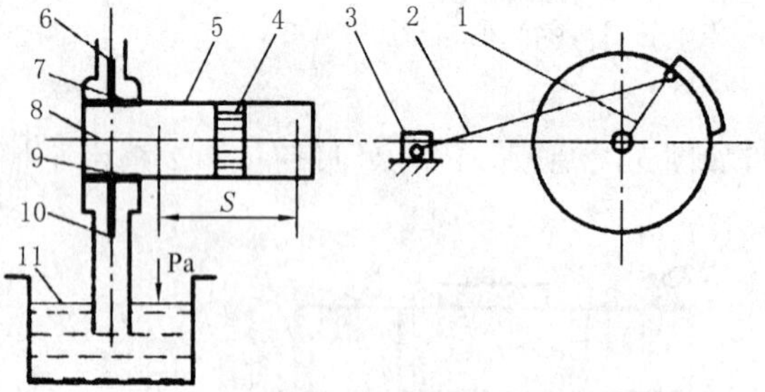

图 14-4 单作用往复式灌浆泵工作原理图

1—曲柄;2—连杆;3—滑块;4—活塞;5—水缸;6—排水管;7—排水阀;8—泵室;9—吸水阀;10—吸水管;11—水池

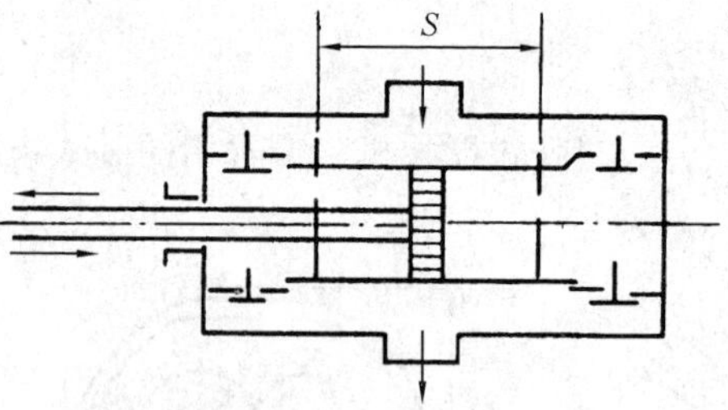

图 14-5 双作用往复式灌浆泵工作原理图

三、灌浆管路及压力表

1. 灌浆管路

输浆管主要有钢管及胶皮管两种,钢管变形能力差,不易清理,因此一般多用胶皮管,但在高压灌浆时仍需用钢管。灌浆管路应保证浆液流动畅通，并能承受1.5倍的最大灌浆压力。

2. 灌浆塞

灌浆塞又称灌浆阻塞器或灌浆胶塞（球），是用于堵塞灌浆段和上部联系的必不可少的堵塞物，它可避免翻浆、冒浆，以及因不能升压而影响灌浆质量。灌浆塞的形式很多，一般由富有弹性、耐磨性能较好的橡皮制成，具有良好的膨胀性和耐压性，在最大灌浆压力下能可靠地封闭灌浆孔段，并且易于安装和卸除。图14-6所示的为用在岩石灌浆中的一种灌浆塞。

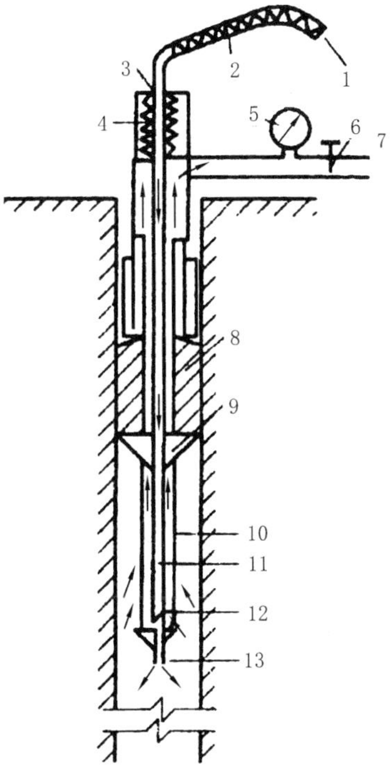

图14-6　用在岩石灌浆中的一种灌浆塞

1,11—进浆管；2—胶皮管；3—钢管；4—丝杆；5—压力表；6—冷门；
7,10—回浆管；8—胶皮管；9—阻塞器；12—花管；13—出浆管

3. 压力表

灌浆泵和灌泵孔口处均应安设压力表。使用压力宜为压力最大标准值的1/4～3/4。压力表应经常进行检定，不合格的和已损坏的压力表严禁使用。压力表与管路之间应设有隔浆装置。

第三节　帷幕灌浆施工

灌浆施工的基本过程：钻孔→洗孔、冲孔→压水试验→灌浆→封孔→质检。

一、钻孔

帷幕灌浆孔宜采用回转式钻机和金刚石钻头或硬质合金钻头钻进，帷幕灌浆钻孔位置与设计位置的偏差不得大于1%。因故变更孔位时，应征得设计部门同意。实际孔位应有记录，

孔深应符合设计规定，帷幕灌浆孔宜选用较小的孔径，钻孔孔壁应平直完整。帷幕灌浆钻孔必须保证孔向准确。钻机安装必须平正稳固，钻孔宜埋设孔口管，钻机立轴和孔口管的方向必须与设计孔向一致；应该采用较长的粗径钻具钻进，并适当地控制钻进压力。帷幕灌浆孔应进行孔斜测量，若发现偏斜超过要求，则应及时纠正或采取补救措施。

垂直的或顶角小于5°的帷幕灌浆孔，其孔底的偏差值不得大于表14-1所示的规定。

表14-1　钻孔孔底最大允许偏差值　（单位：m）

孔深	20	30	40	50	60
最大允许偏差	0.25	0.5	0.8	1.15	1.5

孔深大于60 m时，孔底最大允许偏差值应根据工程实际情况并考虑帷幕的排数具体确定，一般不宜大于孔距。顶角大于5°的斜孔，孔底最大允许偏差值可根据实际情况按表14-1所示规定适当放宽，方位角偏差不宜大于5°。

钻孔偏差不符合规定时，应结合该部位灌浆资料和质量检查情况进行全面分析，确认对帷幕灌浆质量有影响时，应采取补救措施。钻灌浆孔时应对岩层、岩性以及孔内各种情况进行详细记录。钻孔遇有洞穴、塌孔或掉钻难以钻进时，可先进行灌浆处理，而后继续钻进。如发现集中漏水，应查明漏水部位、漏水量和漏水原因，经过处理后，再行钻进。钻进结束等待灌浆或灌浆结束等待钻进时，孔口均应堵盖，妥善保护。

钻进施工应注意的事项如下：

（1）按照设计要求定好孔位，孔位的偏差一般不宜大于10 cm，当遇到难以依照设计要求布置孔位的情况时，应及时与有关部门联系，如允许变更孔位，则应依照新的通知，重新布置孔位。在钻孔原始记录中一定要注明新钻孔的孔号和位置，以便分析查用。

（2）钻进时，要严格按照规定的方向钻进，并采取一切措施保证钻孔方向正确。

（3）孔径力求均匀，不要忽大忽小，以免灌浆或压水时灌浆塞塞不严，漏水返浆，造成施工困难。

（4）在各钻孔中，均要计算岩芯采取率。检查孔中，更要注意岩芯采取率，并观察岩芯裂隙中有无水泥结石，其填充和胶结的情况如何，以便逐序反映灌浆质量和效果。

（5）检查孔的岩芯一般应予以保留。保留时间长短由设计单位确定，一般时间不宜过长。灌浆孔的岩芯，一般在描述后再行处理，是否要有选择性地保留，应在灌浆技术要求文件中加以说明。

（6）凡未灌完的孔，在不工作时，一定要把孔顶盖住，并保护好，以免掉入物件。

（7）应准确、详细、清楚地填好钻孔记录。

二、洗孔和冲孔

（一）洗孔

灌浆孔（段）在灌浆前，应进行钻孔冲洗，孔内沉积厚度不得超过20 cm。帷幕灌浆孔（段）在灌浆前宜采用压力水进行裂隙冲洗，直至回水清净为止。冲洗压力可为灌浆压力的80%，当该值大于1 MPa时，采用1 MPa。

洗孔的目的是，将残存在孔底的岩粉和黏附在孔壁的岩粉、铁砂碎屑等杂质冲出孔外，以免堵塞裂隙的通道口而影响灌浆质量。钻孔钻到预定的段深并取出岩芯后，将钻具下到孔底，用大流量水进行冲洗，直至回水变清，孔内残存杂质沉淀厚度不超过 10～20 cm 为止，结束洗孔。

(二)冲洗

冲洗的目的是，用压力水将岩石裂隙或空洞中所填充的松软、风化的泥质充填物冲出孔外，或是将充填物推移到需要灌浆处理的范围外，这样有利于浆液流进裂隙并与裂隙接触面胶结，起到防渗和固结作用。使用压力水冲洗时，在钻孔内一定深度需要放置灌浆塞。

冲洗有单孔冲洗和群孔冲洗两种方式：

1. 单孔冲洗

单孔冲洗仅能冲净钻孔本身和钻孔周围较小范围内裂隙中的填充物，并向远处推移或压实，此法适用于岩体较完整、裂隙发育程度较轻、充填情况不严重的岩层。

单孔冲洗有以下几种方法。

(1)高压冲洗。整个过程在大的压力下进行，以便将裂隙中的充填物向远处推移或压实，但要防止岩层抬动变形。如果渗漏量大，升不起压力，就尽量增大流量，加大流速，增强水流冲刷能力，使之能挟带充填物走得远些。

(2)高压脉动冲洗。首先用高压冲洗，压力为灌浆压力的 80%～100%，连续冲洗 5～10 min后，将孔口压力迅速降到零，形成反向脉冲流，将裂隙中的碎屑带出，回水呈浑浊色。当回水变清后，升压用高压冲洗，如此一升一降，反复冲洗，直至回水洁净，并延续 10～20 min 为止。

(3)扬水冲洗。将管子下到孔底、上接风管，通入压缩空气，使孔内的水和空气混合，由于混合水体的密度轻，故孔内的碎屑随之喷出孔外。

2. 群孔冲洗

群孔冲洗是把 2 个以上的孔组成 1 组进行冲洗的方法，其可以把组内各钻孔之间岩石裂隙中的充填物清除出孔外，如图 14-7 所示。

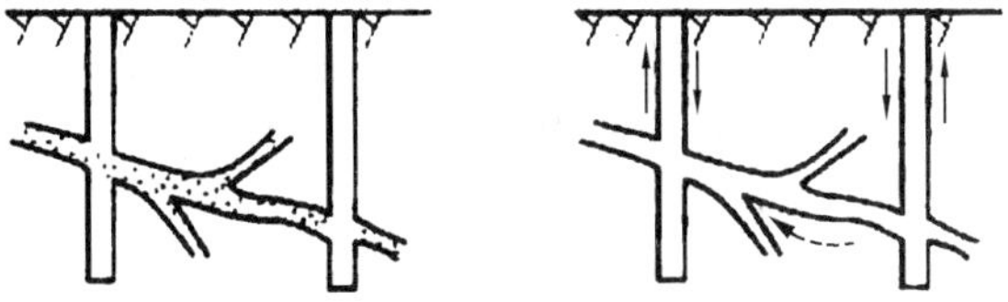

(a) 冲洗前　　(b) 冲洗时

图 14-7　群孔冲洗裂隙示意

群孔冲洗主要是使用压缩空气和压力水。冲洗时，轮换地向某一个或几个孔内压入气、压力水或气水混合体，使之由另一个孔或另几个孔出水，直到各孔喷出的水是清水为停止。

(三)压水试验

压水试验的目的是，测定围岩吸水性、核定围岩渗透性。

帷幕灌浆采用自上而下分段灌浆法时，先导孔应自上而下分段进行压水试验，各次序灌浆孔的各灌浆段在灌浆前宜进行简易压水试验。

压水试验应在裂隙冲洗后进行。简易压水试验可在裂隙冲洗后或结合裂隙冲洗进行。压力可取灌浆压力的80%，当该值大于1 MPa时，采用1 MPa。压水20 min，每5 min测读一次压入流量，取最后的流量值作为计算流量，其成果以透水率表示。帷幕灌浆采用自下而上分段灌浆法时，先导孔仍应自上而下分段进行压水试验。各次序灌浆孔在灌浆前全孔应进行一次钻孔冲洗和裂隙冲洗。除孔底段外，各灌浆段在灌浆前可不进行裂隙冲洗和简易压水试验。

三、灌浆的施工次序和施工方法

(一)灌浆的施工次序

1. 灌浆施工次序划分的原则

灌浆施工次序划分的原则是逐序缩小孔距，即钻孔逐渐加密。这样浆液将逐渐挤密压实，可以促进灌浆帷幕的连续性；能够逐序升高灌浆压力，有利于浆液的扩散和提高浆液结石的密实性；分析各次序孔的单位注入量和单位吸水量，得到灌浆情况和灌浆质量，为增、减灌浆孔提供依据；减少邻孔串浆现象，有利于施工。

2. 帷幕孔的灌浆施工次序

大坝的岩石基础帷幕灌浆通常由一排孔、二排孔、三排孔所构成，多于三排孔的比较少。

(1)单排孔帷幕施工次序(同二排、三排、多排孔的同一排上灌浆孔的施工次序)：首先钻灌第一次序孔，然后钻灌第二次序孔，最后钻灌第三次序孔。

(2)由两排孔组成的帷幕，先钻灌下游排，后钻灌上游排。

(3)由三排和多排孔组成的帷幕，先钻灌下游排，再钻灌上游排，最后钻灌中间排。

(二)灌浆的施工方法

基岩灌浆方式有循环式和纯压式两种。帷幕灌浆应优先采用循环式的，射浆管距孔底不得大于50 cm；浅孔固结灌浆可采用纯压式。

灌浆孔的基岩段长小于6 m时，可采用全孔一次灌浆法；大于6 m时，可采用自上而下分段灌浆法、自下而上分段灌浆法、综合灌浆法或孔口封闭灌浆法。

帷幕灌浆段长度宜采用5～6 m，特殊情况下可适当缩减或加长，但不得大于10 m。进行帷幕灌浆时，坝体混凝土和基岩的接触段应先行单独灌浆并应待凝，接触段在岩石中的长度不得大于2 m。

单孔灌浆有以下几种方法：

1. 全孔一次灌浆

全孔一次灌浆是把全孔作为一段来进行灌浆的方法。一般在孔深不超过6 m的浅孔、地质条件良、岩石完整、渗漏较小的情况下，无其他特殊要求时，可考虑全孔一次灌浆，孔径也可以尽量减小。

2. 全孔分段灌浆

根据钻孔各段的钻进和灌浆的相互顺序，全孔分段灌浆又分以下几种方法。

(1)自上而下分段灌浆：就是自上而下逐段钻进，随段位安设灌浆塞，逐段灌浆的一种施工方法。这种方法适宜在岩石破碎、孔壁不稳固、孔径不均匀、竖向节理、裂隙发育、渗漏严重的情况下采用。

施工程序一般是：钻进(一段)→冲洗→建议压水试验→灌浆待凝→钻进(下一段)。

(2)自下而上分段灌浆:就是将钻孔一直钻到设计孔深,然后自下而上逐渐进行灌浆的一种施工方法。这种方法适宜在岩石比较坚实完整、裂隙不很发育、渗透性不甚大的情况下采用。在此类岩石中进行灌浆时,采用自下而上灌浆可使工序简化,钻进、灌浆两个工序各自连续施工,无须待凝,节省时间,功效较高。

(3)综合分段灌浆法:综合自上而下与自下而上相结合的分段灌浆法。有时由于上部岩层裂隙多,又比较破碎,上部地质条件差的部位先采用自上而下分段灌浆法,其后再采用综合分段灌浆法。

(4)小孔径钻孔、孔口封闭、无灌浆塞、自上而下分段灌浆法:就是把灌浆塞设置在孔口,自上而下分进,逐段灌浆并不待凝的一种分段灌浆法。孔口应设置一定厚度的混凝土盖重。全部孔段均能自行复灌,工艺简单,免去了起、下塞工序和塞堵不严的麻烦,不需要待凝,节省时间,发生孔内事故可能性较小。

(三)灌浆压力

1. 灌浆压力的确定

由于灌浆的扩散能力与灌浆压力的大小密切相关,灌浆压力设计得好,可以减少钻孔数,且有助于提高可灌性,使强度和不透水性等得到改善。当空隙被某些软弱材料充填时,较高灌浆压力能在充填物中造成劈裂灌注,提高灌浆效果。随着灌浆基础处理技术和机械设备性能的提高,6.0～10 MPa 的高压灌浆在一些大型水利工程中应用较广。但是,当灌浆压力超过5 MPa时,也可读峰值。压力表指针摆动范围应小于灌浆压力的 20%,对摆动幅度宜做记录。灌浆应尽快达到设计压力,但注入率大时应分级升压。

如缺乏试验资料,做灌浆试验前须预定一个试验数值,确定灌浆压力。考虑灌浆方法和地质条件的经验公式为

$$[p_c] = p_o + mD \tag{14-1}$$

式中:p_c——允许灌浆压力,MPa;

p_o——表面段允许灌浆压力,MPa;

m——灌浆段每增加 1 m,允许增加的压力,MPa/m;

D——灌注段深度,m。

2. 灌浆过程中灌浆压力的控制

(1)一次升压法。灌浆开始将压力尽快地升到规定压力,单位吸浆量不限。在规定压力下,每一级浓度浆液的累计吸浆量达到一定限度,逐级加浓,随着浆液浓度的逐级增加,裂隙逐渐被填充,单位吸浆量将逐渐减小,直至达到结束标准,即灌浆结束。此法适用于透水性不大、裂隙不甚发育的较坚硬、完整岩石的灌浆。

(2)分级升压法。在灌浆过程中,将压力分为几个阶段,逐级升高到规定的压力值。灌浆开始吸浆量大,使用最低一级的灌浆压力。当单位吸浆量减小到一定限度(下限)时,将压力升高一级,当单位吸浆量又减小到一定限度时,再升高一级压力,如此进行下去,直到在规定压力下,灌至单位吸浆量减少到结束标准时,即可结束灌浆。

单位吸浆量的上限、下限,可根据岩石的透水性、在帷幕中不同部位及灌浆次序而定。一般上限为 60～80 L/min,下限为 30～40 L/min。

此法仅是在遇到基础透水严重、吸浆量大的情况采用。

四、浆液使用的浆液浓度与配合比

(一)浆液的配合比及分级

1. 浆液的配合比

浆液的配合比是指组成浆液的水和干料的比例。浆液中水与干料的比例值越大,表示浆液越稀。这种浆液的浓稀程度,称为浆液的浓度。

2. 浆液浓度的分级

(1)水泥浆。帷幕灌浆浆液水灰比可采用5∶1、3∶1、2∶1、1∶1、0.8∶1、0.6∶1、0.5∶1等七个比级。开灌水灰比可采用5∶1。灌注细水泥浆液,可采用水灰比为2∶1、1∶1、0.6∶1或是1∶1、0.8∶1、0.6∶1等比级。

(2)水泥黏土浆。材料品种、性能以及对防渗要求不同,材料的混合比例也不同。合适的材料配合比应通过试验来确定。

(二)浆液浓度的使用

浆液浓度的使用有两种方式。

(1)由稀浆开始,逐级变浓,直至达到结束标准时,以所变至的最后一级浆液浓度结束。

(2)由稀浆开始,逐级变浓,当单位吸浆量减小到某规定数值时,再将浆液变稀,直灌至达到结束标准时,用稀浆结束。

先灌稀浆的目的是稀浆的流动性能好,宽窄裂隙和大小空洞均能进浆,优先将细缝、小洞灌好、填实,然后将浆液变浓,使中等或较大的裂隙、空洞随后也得到良好的充填。一般情况下,如果灌浆段细小裂隙较多,则稀浆灌注历时应长一些,就是多灌一些稀的浆液。反之,如果灌浆段宽大裂隙较多,则应较快地换成较浓的浆液,使浓浆灌注历时长一些。

(三)灌浆过程中浆液浓度的变换

(1)当灌浆压力保持不变,注入率持续较小,或注入率不变而压力持续升高时,不得改变水灰比。

(2)当某一比级浆液的注入量已达到300 L以上或灌注时间已达到1 h,而灌浆压力和注入率均无法或改变不显著时,应改浓一级。

(3)当注入率大于30 L/min时,可根据具体情况越级变浓。

五、灌浆结束与封孔

(一)灌浆结束条件

帷幕灌浆采用自上而下分段灌浆法时,在规定的压力下,当注入率不大于0.4 L/min时,继续灌注60 min;或不大于1 L/min时,继续灌注90 min,灌浆可以结束。采用自下而上分段灌浆法时,继续灌注时间可相应地减少为30 min和60 min,灌浆可以结束。

(二)回填封孔

帷幕灌浆采用自上而下分段灌浆法时,灌浆孔封孔应采用分段压力灌浆封孔法;采用自下而上分段灌浆时,应采用置换和压力灌浆封孔法或压力灌浆封孔法。

六、灌浆过程中特殊情况的预防和处理

（一）灌浆中断

灌浆过程，由于某些原因，会出现迫使灌浆暂停的现象。中断原因有：机械设备方面，灌浆泵等长时间运转发生故障；胶管性能不良、管间连接不牢，管子发生破裂或接头崩脱等；压力表失灵；裂隙发育，产生地表冒浆或岩石破碎，灌浆塞塞不严，孔口返浆等；停水、停电及其他人为或自然因素。

复灌后较中断前压力突然减小很多，表明裂隙根本未得到灌注，或者仅部分得到灌注或者未灌实。产生这种现象的原因是，浆液中水泥颗粒的沉淀和浆液的凝固。

中断的预防：选用性能良好的灌浆泵，每段灌完后，仔细清洗、检查各部零件是否处于完好状态；选用好的输浆管，且灌前检查是否连接牢固、有无破损、是否畅通等；使用符合规格、准确的压力表；灌浆前用压水方法检查灌浆塞是否堵塞严密；水、电等线路应设专线，如因故必须停灌，应提前通知。

中断的处理措施：根据中断原因，及时检修、更换；如中断后无法在短时间内复灌的，应立即清洗钻孔，如中断时间较长，无法及时冲洗，孔内浆液已沉淀，复灌前应采用钻具重新扫孔，用水冲洗后，再重新灌浆。

（二）串浆

在灌浆过程中，浆液从其他钻孔内流出的现象，称为串浆。

由于岩石中裂隙较多，相互串联，故灌浆孔相互间直接或间接地连通，造成了串浆通路。裂隙发育、裂隙宽大、灌浆压力比较高、孔距较小会促使串浆现象发生。

防止串浆的措施：串浆孔为正在钻进的钻孔时，应停钻，并在串浆孔漏浆处以上的部位安设灌浆塞，堵塞严密，在灌浆孔中按要求正常进行灌浆；串浆孔为待灌孔时，串浆孔与灌浆孔可同时进行灌浆，一台灌浆泵灌注一个孔，如无条件可按以上方法处理。

（三）地表冒浆

在灌浆过程中，浆液沿裂隙或层面往上蹿流而冒出地表的现象，称为地表冒浆。

产生地表冒浆的原因是，灌浆孔段与地表有垂直方向的连通裂隙。冒浆处理的方法主要有下列几种。

（1）在地表冒浆处用旧棉花、麻刀、棉线等物紧密地打嵌入裂隙内。必要时，在其上面再涂抹速凝水泥浆或水泥砂浆等堵塞裂隙。

（2）在地表冒浆处凿挖岩石，将漏浆集中一处，用铁管引出，先前地表冒浆的地点用速凝水泥或水泥砂浆封闭，待一定时间后，将铁管堵住，从而止住地表冒浆。

（3）地表冒浆严重，难以堵塞时，在地表冒浆部位浇筑混凝土盖板，然后再进行灌浆。

（四）绕塞返浆

在灌浆过程中，进入灌浆段内的浆液，在压力作用下，绕过橡胶塞流到上部的孔内的现象，称为绕塞返浆。

产生绕塞返浆的原因有：灌浆段与橡胶塞上部孔段之间有裂隙相通，或是采用自上而下分段灌浆法时，裂隙没有灌好，待凝时间短，结石体强度低，被灌入的浆液冲开；安设橡胶塞处的

孔壁凹凸不平，堵塞不严密；橡胶塞压胀度不够，塞堵不严密。

绕塞返浆的预防和处理方法如下：

(1)钻孔孔径力求均匀；

(2)灌浆塞应长一点，材质坚韧并富有弹性，直径与孔径相适应。

(3)采用自上而下分段灌浆法时，上一段灌完浆后，要有足够的待凝时间。

(4)灌浆前，用压水方法检查灌浆是否返水。如发生返水，则将塞位移动(采用自下而上分段灌浆法时可上下移动，采用自上而下分段灌浆法时只能向上移动)，直至堵塞严密。

(五)岩层大量漏浆

岩层大量漏浆原因是，岩层渗漏严重。处理原则有以下几点。

(1)降低灌注压力：用低压甚至自流式灌浆，待浆液将裂隙充满、流动性降低后，再逐渐升压至正常灌浆。

(2)限制进浆量：将进浆量限为 30～40 L/min，或更小一些，使用浓浆灌注，待进浆量明显减小后，将压力升高，使进浆量又达到 30～40 L/min，仍用浓浆继续灌注，至进浆量明显减小时，再次升高压力，增大进浆量，如此反复灌注，直至达到结束标准为止。

(3)增大浆液浓度：用浓度大的浆液，或是水泥砂浆灌浆，降低浆液的流动性，同时再适当地降低压力，限制浆液的流动范围，待单位吸浆量已降到一定程度，再灌水泥浆，并逐渐升压灌至符合结束条件为止。

(4)间歇灌浆：灌浆过程中，每连续灌注一定时间，或灌入一定数量的干料后暂时停灌，待凝一定时间后再灌。这种时灌时停的灌浆就是间歇灌浆。只有在较长时间内，岩层大量吸浆并基本升不起压力的情况下，才宜采用此法。

(5)必要时，采用水泥水玻璃、水泥丙凝等特殊浆液进行灌注、堵漏。

七、帷幕灌浆效果检查

1.布设检查孔检查

检查孔的数目一般按灌浆孔总数的 10%左右布置，地质情况复杂的地区，一个坝段或一个单元工程内至少应布置一个检查孔，沿帷幕线 20 m 左右的范围内设有一个。

(1)检查孔的选定。对于单排孔的帷幕，检查孔可设置在两灌浆孔之间；对于两排或多排孔的帷幕，检查孔多位于帷幕的中间部位。

检查孔多选在地质条件或灌浆质量较差的地段。在地质条件或者灌浆质量较好的地段，也应适当地布设一些检查孔。

灌浆孔具有以下现象的，考虑在附近设置检查孔：①帷幕中心线上；②岩石破碎、断层、大孔隙等地质条件复杂的部位；③注入量大的孔段附近；④钻孔偏斜过大、灌浆情况不正常以及分析资料认为对帷幕灌浆质量有影响的部位。

帷幕灌浆检查孔压水试验应在该部位灌浆结束 14 d 后进行。帷幕灌浆检查孔应自上而下分段卡塞进行压水试验。帷幕灌浆检查孔压水试验结束后，按技术要求进行灌浆和封孔。帷幕灌浆检查孔应采取岩芯，计算获得率并加以描述。

(2)帷幕灌浆质量的合格标准。帷幕灌浆质量用压水试验检查，坝体混凝土与基岩接触段及其下一段的合格率应为 100%，再以下各段的合格率应在 90%以上，不合格段的透水率值不超过设计规定值的100%，且不集中，灌浆质量可认为合格，否则应进行处理，直至合格为止。对帷幕灌浆孔的封孔质量宜进行抽样检查。

2. 测试扬压力值检查

在一个坝段或相连的几个坝段的帷幕灌浆已经完成，又钻了检查孔，并做了压水试验，认为帷幕幕体渗透性能已达到防渗要求后，即可开始在帷幕后边钻设排水孔和扬压力观测孔。

不要过早地钻设排水孔，以免帷幕的幕体经检查尚未达到防渗要求，仍需加密钻孔补灌，钻孔可能会造成排水孔堵塞现象，易影响灌浆质量，灌完后又需重新钻设排水孔，造成浪费。

第四节　固结灌浆、回填灌浆、接缝灌浆施工

一、固结灌浆

固结灌浆是在岩石表层钻孔，经灌浆将岩石固结的工艺。破碎、多裂隙的岩石经固结后，其弹性模量和抗压强度均有明显的提高，可以增强岩石的均质性，减少不均匀沉陷，降低岩石的透水性能。

（一）固结灌浆布置

固结灌浆的范围主要根据大坝基础的地质条件、岩石破碎情况、坝型和基础岩石应力条件而定。对于重力坝，基础岩石比较良好时，一般仅在坝基内的上游和下游应力大的地区进行固结灌浆；坝基岩石普遍较差，而坝又较高的情况下，则多进行坝基全面的固结灌浆。此外，在裂隙多、岩石破碎和泥化夹层集中的地区，要着重进行固结灌浆。有的工程甚至在坝基以外的一定范围，也进行固结灌浆。对于拱坝，因作用于基础岩石上的荷载较大，且较集中，因此，一般多数要对整个坝基进行固结灌浆，特别是，两岸受拱推力大的坝肩拱座基础，更需要加强固结灌浆工作。

1. 固结灌浆孔的布设

固结灌浆孔的布设常采用的形式有方格形、梅花形和六角形，如图14-8、图14-9、图14-10所示，也有采用菱形或其他形式的。

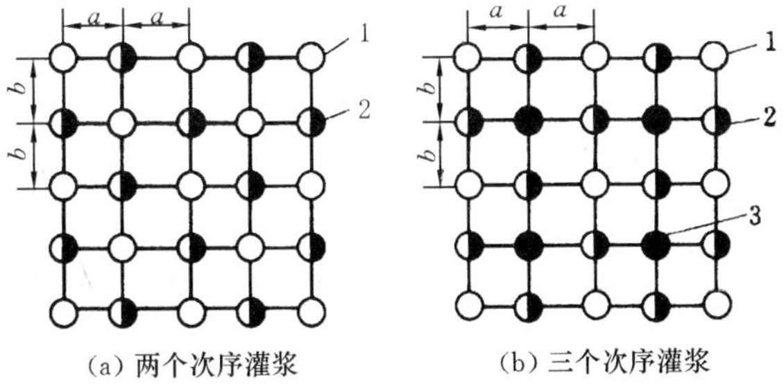

（a）两个次序灌浆　（b）三个次序灌浆

图14-8　方格形布孔图

a—孔距；b—排距；1—第一次序孔；2—第二次序孔；3—第三次序孔

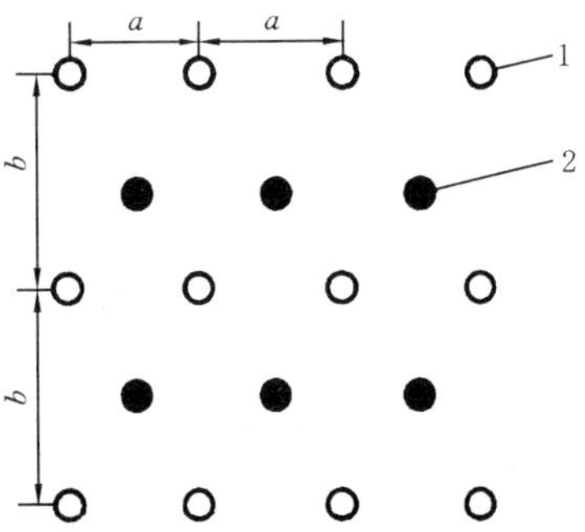

图14-9　梅花形布孔图

a—孔距；b—排距；1—第一次序孔；2—第二次序孔

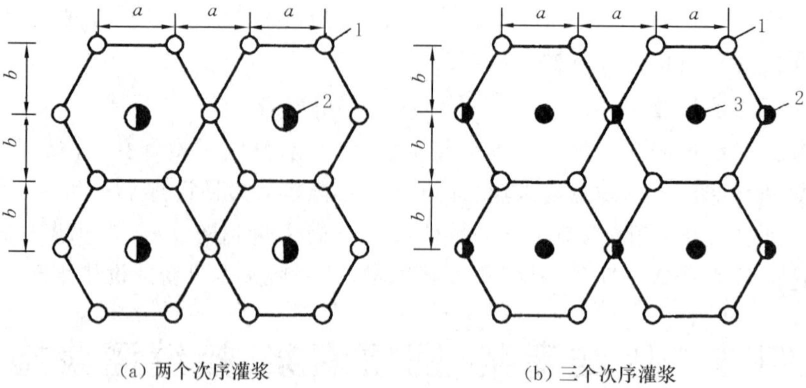

图 14-10　六角形布孔图

a— 孔距；b— 排距；1—第一次序孔；2—第二次序孔；3—第三次序孔

岩石的破碎情况、节理发育程度、裂隙的状态、宽度和方向不同，孔距也不同。大坝固结灌浆最终孔距一般为 3～6 m，而排距等于或略小于孔距。

2. 固结灌浆孔的深度

固结灌浆孔的深度一般是根据地质条件、大坝的情况以及基础应力的分布等多种条件综合考虑而定的。

固结灌浆孔依据深度的不同，可分为三类。

(1)浅孔固结灌浆。浅孔固结灌浆是为了普通加固表层岩石而进行的工艺，其固结灌浆面积、范围广。孔深多为 5 m 左右，可采用风钻钻孔，全孔一次灌浆法灌浆。

(2)中深孔固结灌浆。中深孔固结灌浆是为了加固基础较深处的软弱破碎带以及基础岩石承受荷载较大的部位而进行的工艺。孔深为 5～15 m时，可采用大型风钻或其他钻孔方法，孔径多为 50～65 mm。灌浆方法可视具体地质条件采用全孔一次灌浆或分段灌浆等方法。

(3)深孔固结灌浆。在基础岩石深处有破碎带或软弱夹层、裂隙密集且深，而坝又比较高，基础应力也较大的情况下，常需要进行深孔固结灌浆。孔深在 15 m 以上，常用钻孔机进行钻孔，孔径多为 75～91 mm，采用分段灌浆法灌浆。

(二)钻孔冲洗及压水试验

1. 钻孔冲洗

固结灌浆施工，钻孔冲洗十分重要，特别是在地质条件较差、岩石破碎、含有泥质充填物的地带，更应重视这一工作。冲洗的方法有单孔冲洗和群孔冲洗两种。固结灌浆孔应采用压力水进行裂隙冲洗，直至回水清净时为止，冲洗压力可为灌浆压力的 80%。地质条件复杂、多孔串通以及设计对裂隙冲洗有特殊要求时，冲洗方法宜通过现场灌浆试验或由设计确定。

2. 压水试验

固结灌浆孔灌浆前的压水试验应在裂隙冲洗后进行，试验孔数不宜少于总孔数的 5%，选用一个压力阶段，压力值可采用该灌浆压力的 80%(或 100%)。压水的同时，要注意观测岩石的抬动和岩面集中漏水情况，以便在灌浆时调整灌浆压力和浆液浓度。

(三)固结灌浆施工

1. 固结灌浆施工时间及次序

(1)固结灌浆施工时间。固结灌浆工作很重要,工程量也较大,是筑坝施工中一个必要的工序。固结灌浆施工最好是在基础岩石表面浇筑有混凝土盖板或有一定厚度混凝土,且已达到其设计强度的50%后进行。

(2)固结灌浆施工次序。固结灌浆施工的特点是"围、挤、压",就是先将灌浆区圈围住,再在中间插孔灌浆挤密,最后逐序压实。这样易于保证灌浆质量。固结灌浆的施工次序必须遵循逐渐加密的原则。先钻灌第一次序孔,再钻灌第二次序孔,依此类推。这样可以随着各次序孔的施工,及时地检查灌浆效果。

浅孔固结灌浆,在地质条件比较好、岩石又较为完整的情况下,可采用两个次序进行。

深孔和中深孔固结灌浆,为保证灌浆质量,以三个次序施工为宜。

2. 固结灌浆施工方法

固结灌浆施工以1台灌浆机灌浆1个孔为宜。必要时可以考虑将几个吸浆量小的灌浆孔并联灌浆,严禁串联灌浆。并联灌浆的孔数不宜多于4个。

固结灌浆宜采用循环灌浆法,可根据孔深及岩石完整情况采用一次灌浆法或分段灌浆法。

3. 灌浆压力

灌浆压力直接影响着灌浆效果,在可能的情况下,以采用较大的压力为好。但浅孔固结灌浆受地层条件及混凝土盖板强度的限制,往往灌浆压力较低。

一般情况下,浅孔固结灌浆压力,在坝体混凝土浇筑前灌浆时,可采用0.2~0.5 MPa,浇筑1.5~3 m厚混凝土后再行灌浆时,可采用0.3~0.7 MPa。在地质条件差或软弱岩石地区,根据具体情况还可适当降低灌浆压力。深孔固结灌浆,各孔段的灌浆压力值可参考帷幕灌浆孔选定压力的方法来确定。

比较重要的或规模较大的基础灌浆工程,宜在施工前先进行灌浆试验,用于选定各项技术参数,其中也包括确定适宜的灌浆压力。

固结灌浆过程中,要严格控制灌浆压力。循环式灌浆法是通过调节回浆流量来控制灌浆压力的;纯压式灌浆法则可直接调节压入流量。固结灌浆当吸浆量较小时,可采用一次升压法,尽快达到规定的灌浆压力,而在吸浆量较大时,可采用分级升压法,缓慢地升到规定的灌浆压力。

在调节压力时,要注意岩石的抬动,特别是基础岩石的上面已浇筑有混凝土时,更要严格控制抬动,以防止混凝土产生裂缝,破坏大坝的整体性。

为了能准确地控制抬动量,灌浆施工时,在施工区应在地面和较深部位埋设抬动测量装置。在施加大的灌浆压力或发现流量突然增大时,应注意观察,以监测岩石抬动状态。若发现岩石发生抬动并且抬动值接近规定的极限值(一般为0.2 mm),则应立即降低灌浆压力,并应将此时的有关技术数据(如压力、吸浆量、抬动值等)及灌浆情况详细地记载在灌浆原始记录上。如果岩石表层不允许有抬动,则一旦发现岩石稍有抬动,就应立即降低灌浆压力,这也是控制灌浆压力的一个有效措施。

4. 浆液配合比

灌浆开始时,一般采用稀浆开始灌注,根据单位吸浆量的变化,逐渐加浓。固结灌浆液浓度的变换比帷幕灌浆的可简单一些。灌浆开始后，尽快地将压力升高到规定值，灌注 500～600 L，单位吸浆量减小不明显时，即可将浓度加大一级。在单位吸浆量很大，压力升不上去的情况下，也应采用限制进浆量的办法。

5. 固结灌浆结束标准与封孔

在规定的压力下，当注入率大于 0.4 L/min 时，继续灌浆 30 min，灌浆可以结束。

固结灌浆孔封孔应采用机械压浆封孔法或压力灌浆封孔法。

（四）固结灌浆效果检查

固结灌浆质量检查的方法和标准应视工程的具体情况和灌浆的目的而定。一般情况下应进行压水试验检查，要求测定弹性模量的地段，应进行岩体波速或静弹性模量测试检查。

固结灌浆压水试验检查宜在该部位灌浆结束 3～7 h 后进行，检查孔的数量不宜少于灌浆孔数的 5%。孔段合格率应在 80%以上，不合格孔段的透水率值不超过设计规定值的 50%，且不集中，灌浆质量可认为合格。

岩体波速和静弹性模量测试，应分别在该部位灌浆结束 14 d 和 28 d 后进行。

二、回填灌浆

回填灌浆主要是填充混凝土与周围岩石之间空隙，使混凝土与周围岩石之间紧密接触形成整体。回填灌浆一般仅灌注空隙和 0.5～1.0 m 厚的岩石。

（一）灌浆孔布置

回填灌浆孔孔距一般为 1.5～3.0 m，在衬砌隧洞时，灌浆部位应预留灌浆孔或预埋灌浆管，其内径应大于 50 mm。对预留的孔或灌浆管要妥善保护，管口要用管帽封好，防止损坏丝扣和进入污物堵塞灌浆孔。当开始灌浆时，全部管帽要拧开。在灌浆到灌浆管冒浆时，再用管帽将该管口堵好。

（二）灌浆施工

1. 灌浆施工次序

回填灌浆施工时，一般将隧洞按一定距离划分为若干个灌浆区，在一个灌浆区内，隧洞的两侧壁从底部开始至拱顶布成排孔，两侧同时自下向上对称进行灌浆，最后灌浆拱顶。每排孔必须按分序加密原则进行，一般分为两个次序施工，各次序灌浆的间歇时间应在 48 h 以上。当隧洞轴线具有 10°以上的纵度时，灌浆应先从低的一端开始。

2. 灌浆方法

回填灌浆，一般采用孔口封闭压入式灌浆法。在衬砌混凝土与围岩之间的空隙大的地方，第一次序孔可用水泥砂浆采取填压式灌浆法灌浆，第二次序孔采用纯水泥浆进行压入灌浆。空隙小的地方直接用纯水泥浆进行静压注浆。

3. 浆液配合比

纯水泥浆水灰比一般为 1∶1、0.8∶1、0.6∶1、0.5∶1 四个比级。开始时采用 1∶1 的浆液进行灌注，根据进浆量的情况可逐级或越级加浓。

在空隙大的地方灌注砂浆时，掺砂量不宜大于水泥重量的 2 倍。砂粒粒径应根据空隙的大小而定，但不宜大于 2.5 mm，以利于泵送。如需灌注不收缩的浆液，可在水泥浆中加入水泥重量0.3%左右的铝粉。

4. 灌浆压力

回填灌浆的灌浆压力取决于岩石特性以及隧洞衬砌的结构强度。施工开始时，灌浆压力应在灌浆试验区内试验确定，以免压力过高引起衬砌的破坏。

5. 灌浆结束与封孔

回填灌浆时，在设计规定压力下，若灌浆孔停止吸浆，则延续灌浆 5 min，即可结束。群孔灌浆时，要让相联结的孔都灌好为止。隧洞拱顶倒孔灌浆结束后，应先将孔口闸阀关闭后再停机，待孔口无返浆时才可拆除孔口闸阀。

灌浆结束后，清除孔内积水和污物，采用机械封孔并将表面抹平。

（三）质量检查

回填灌浆质量检查，宜在该部位回填灌浆结束 7 d 后进行。检查孔的数量应不少于灌浆孔总数的 5%。回填灌浆检查孔合格标准：在设计规定的压力下，在开始 10 min 内，孔内注入水灰比为 2∶1 的浆液不超过 10 min，即可认为合格。回填灌浆质量检查可采用钻孔注浆法进行，即向孔内注入水灰比为 2∶1 的浆液，在规定的压力下，初始 10 min 内注入量不超过 10 L，即认为合格。灌浆孔灌浆和检查结束后，钻孔应使用水泥砂浆封填密实，孔口压抹齐平。

三、接缝灌浆

混凝土坝用纵缝分块进行浇筑，有利于坝体温度控制和浇筑块分别上升，但为了恢复大坝的整体性，必须对纵缝进行接缝灌浆。纵缝属于临时施工缝。坝体横缝是否进行灌浆，因坝型和设计要求而异。重力坝的横缝一般为永久温度（沉陷）缝。拱坝和重力坝的横缝都属于临时施工缝。临时施工横缝要进行接缝灌浆。

蓄水前应完成蓄水初期最低库水位以下各灌区的接缝灌浆及其验收工作。蓄水后，各灌区的接缝灌浆应在库水位低于灌区底部高程时进行。

混凝土坝接缝灌浆的施工顺序应遵循下列原则：

（1）接缝灌浆应按高程自下而上分层进行。

（2）拱坝横缝灌浆宜从大坝中部向两岸推进。重力坝的纵缝灌浆宜从下游向上游推进，或先灌上游第一道纵缝后，再从下游向上游顺次灌浆。当既有横缝又有纵缝灌浆时，施工顺序应按工程具体情况确定。

（3）处于陡坡基岩上的坝段，施工顺序可另行规定。

各灌区需符合下列条件，方可进行灌浆。

（1）灌区两侧坝块混凝土的温度必须达到设计规定值。

（2）灌区两侧坝块混凝土龄期应多于 6 个月。在采取有效措施的情况下，也不得少于 4 个月。

（3）除顶层外，灌区上部宜有 9 m 厚混凝土压重，其温度应达到设计规定值。

（4）接缝的张开度不宜小于 0.5 mm。

（5）灌区应密封，管路和缝面畅通。

在混凝土坝体内应根据接缝灌浆的需要埋设一定数量的测温计和测缝计。

在同一高程的纵缝（或横缝）灌区中，一个灌区灌浆结束，间歇 3 d 后，其相邻的纵缝（或横缝)灌区方可开始灌浆。若相邻的灌区已具备灌浆条件,可采用同时灌浆方式,也可采用逐区连续灌浆方式。连续灌浆应在前,灌区灌浆结束后,8 h 内开始后一灌区的灌浆,否则仍应间歇 3 d 后进行灌浆。

对于同一坝缝,下一层灌区灌浆结束,间歇 14 d 后,上一层灌区才可开始灌浆。若上、下层灌区均已具备灌浆条件,可采用连续灌浆方式,但上、下层灌区灌浆间隔时间不得超过 4 h,否则仍应间歇 14 d 后进行。

为了方便施工、处理事故以及灌浆质量取样检查,宜在坝体适当部位设置廊道和预留平台。

(一)灌浆系统布置

接缝灌浆系统应分区布置,每个灌区的高度以 9～12 m 为宜,面积以 200～300 m^2 为宜。灌浆系统布置原则如下。

(1)灌浆应能自下而上均匀地灌注到整个缝面。

(2)灌浆管路和出浆设施与缝面应畅通。

(3)灌浆管路应顺直、畅通、少设弯头。

每个灌区的灌浆系统,一般包括止浆片、排气槽、排气管、进回浆管、进浆支管和出浆盒等,如图 14-11 所示。其中灌浆管路可采用埋管和拔管两种方法产生。

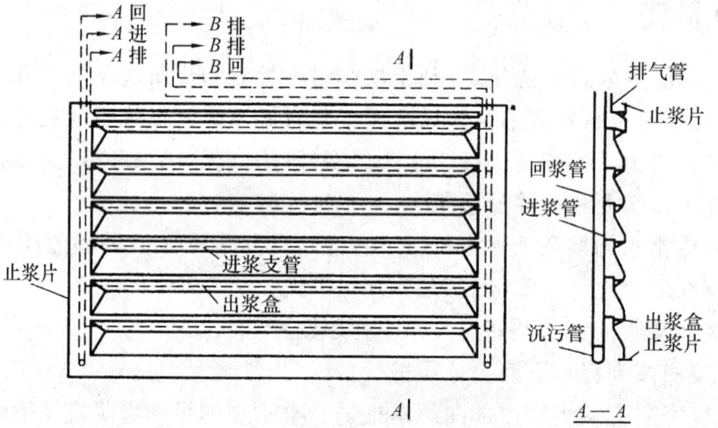

图 14-11 典型灌浆系统布置图

1. 止浆片

常用塑料止浆带,安装时,两翼用铁丝和模板拉直固定,混凝土浇筑时,止浆片周边混凝土宜采用软管人工振捣,同时防止止浆片浇空或浇翻。

2. 排气槽、管

排气槽、管包括排气槽、盖板和排气管。排气槽位置可设在缝面上,也可设在键槽上。排气管安装在加大的接头木块上,排气槽一般用三角或半圆木条或梯形木条埋入先浇块内,形成排气槽。接头木块置于排气槽一端,后浇块浇筑时拆除木条或木块。排气槽结构如图 14-12 所示。然后用设计规定厚度的镀锌板加工盖板或采用塑料定形盖板。安装时,利用先浇块预埋的铁钉固定盖板,在四周处涂塞水泥浆,以防浇筑混凝土时进浆堵塞。

3. 出浆盒

用铁皮、圆锥木或塑料在先浇块内预埋，同时其周边预埋 4 根铁丝。后浇块浇筑时加盖板（用砂浆预制、铁皮加工或定型塑料盖板均可），并用铁丝固定，在其周边涂塞水泥浆。

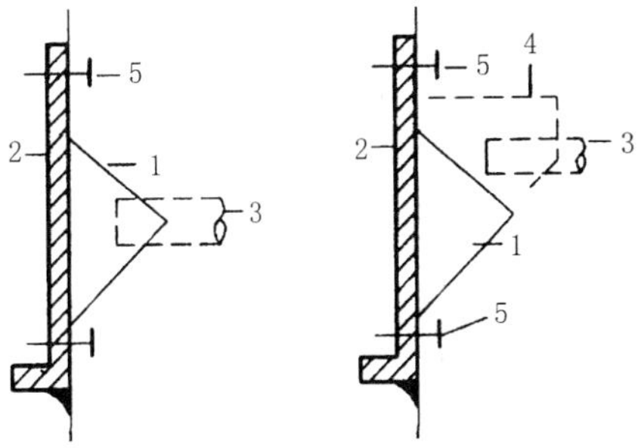

图 14-12　排气槽结构示意图

1—排气；2—盖板；3—排气管；4—接头木块；5—固定钉

4. 进(回)浆管和灌浆支管

进(回)浆管多采用直径为 33 mm 的管道或硬塑料管，支管用直径为 25 mm 的钢管，为防止管道堵塞，除管口每次接高后加盖外，在进(回)浆管底部 50～80 cm 以上设 1 个水平连通管。支管水平布置较垂直布置好。

(二)灌浆系统预埋施工

1. 灌浆支管预埋施工

(1)在先浇块的模板上升浆管的部位先贴上直径为 30 mm 的半圆木条，使先浇块形成半圆槽，预埋槽一定要光滑、铅直；圆木两边沿高程每 50 cm 预埋圆钉。

(2)灌区开始层，后浇块浇筑前，拆除半圆木条，形成半圆槽，安装好进、回浆管后，把塑料软管的封头插入进浆管的三通内，插入之前，先放掉所存的空气，然后顺次把塑料软管由低到高放入半圆槽内，理直并用预埋圆钉及铅丝固定好。塑料软管埋设完毕，于混凝土浇筑前再打气加压膨胀，加压不小于 0.3～0.5 MPa，使软管外直径从 25 mm 扩大到 28 mm 左右。混凝土浇完 1 d 后，把气放掉，拔出塑料软管。

(3)灌区中间层，把塑料软管的封头插入下层直径为 25 mm 的接连塑料硬管内，插入深度为 10～30 cm，其工序与灌区开始层的相同。

(4)灌区结束层，工序与灌浆中间层的基本相同，但距排气槽 8.5 cm 时，需把半圆槽内埋设的塑料软管倾斜，在管口离缝面 0.5 m 时拔出，并用木塞把孔口封死。

(5)塑料拔管与气门嘴连接要牢固，软(硬)管的接头均采用焊接连接。低温时，塑料拔管可在温度不高于 50 ℃的温水中浸泡。

(6)每个浇筑层安装拔管前，对软管应进行充气检查，每加高 1 层，必须对已埋或形成的管孔通水检查。

2. 排水槽、管安装

(1)先浇块分缝模板上钉水平半圆木条(直径为 30 mm)2 条(坝体两端各留 100 cm 不钉)，拆模后形成槽子。

(2)后浇块浇筑前在先浇块上预留槽内安装塑料软管，充气、理直。

3. 预埋施工中的预防堵塞

(1)各接头部位包括软管与进浆连接处、灌区中间层软管封头与下层塑料硬管连接处等要焊封严密,以防浇筑时水泥浆、水泥砂浆流入管内,发生管路不畅或堵塞事故。

(2)各层(灌区中间层、结束层)的软管拔起后塑料硬管及孔口必须及时用木塞、棉花封堵好,防止仓内污水、水泥浆、小石等异物进入管内。

(3)为避免起拔困难和防止拔断,半圆槽应平顺、光滑,无凹凸陡坎。

(4)软管充气安装完毕至拔管前,要注意对其保护,避免人踩、机械压。浇筑过程中经常观察有无漏气现象,一旦发现,应及时处理。

(5)开仓前,必须对软管、进回浆管进行检查,合格后方可开仓。

整个灌区形成后,应再次对灌浆系统通水复查,发现问题,及时处理,直至合格为止。通水复查应做记录。任何时期灌浆系统的外露管口和拔管孔口均应堵盖严密,妥善保护。

(三)接缝灌浆施工

灌浆前必须先进行预灌压水检查,压水压力等于灌浆压力。对检查情况应做记录。经检查确认合格,应签发准灌注,否则应按检查意见进行处理。灌浆前还应对缝面充水浸泡 24 h。然后放净或吹净缝内积水,方可开始灌浆。

灌区相互串通时,应待其均具备灌浆条件后,同时进行灌浆。

接缝灌浆的整个施工程序是:缝面冲洗、压水检查、灌浆区事故处理、灌浆、进浆结束。

灌浆过程中,必须严格控制灌浆压力和缝面张开度。灌浆压力应达到设计要求。若灌浆压力尚未达到设计要求,而缝面张开度已达到设计规定值,则应以缝面张开度为准,控制灌浆压力。灌浆压力采用与排气槽同一高程处的排气管管口的压力。若排气管引至廊道,则廊道内排气管管口的灌浆压力值应通过换算确定。排气管堵塞,应以回浆管管口相应压力控制。

在纵缝(或横缝)灌区灌浆过程中,可观测同一高程未灌浆的相邻纵缝(或横缝)灌区的变形。如需要通水平压力,应按设计规定执行。

浆液水灰比变换可采用 3∶1(或 2∶1)、1∶1、0.6∶1(或 0.5∶1)三个等级。一般情况下,开始可灌注 3∶1(或 2∶1)的浆液,待排气管出浆后,即改用 1∶1 的浆液灌注。当排气管出浆浓度接近 1∶1 浆液浓度或当 1∶1 的浆液灌入量约等于缝面容积时,即改用最浓比级 0.6∶1(或 0.5∶1)浆液灌注,直至结束为止。当缝面张开度大,管路畅通,2 个排气管单开出水量均大于 30 L/min 时,可灌注 1∶1 或 0.6∶1 的浆液。

为尽快使浓浆充填缝面,开灌时,排气管处的阀门应全打开放浆,其他管口应间断放浆。当排气管排出最浓一级浆液时,调整阀门控制压力,直至结束为止。所有管口放浆时,均应测定浆液的密度,记录弃浆量。

当排气管处浆液将达到或接近最浓比级,排气管口压力或缝面张开度达到设计规定值,注入率不大于 0.4 L/min 时,持续 20 min,灌浆即可结束。当排气管出浆不畅或被堵塞时,应在缝面张开度限值内,尽量提高进浆压力,力争达到规定的结束标准。若无效,则在顺灌结束后,应立即从 2 个排气管中进行倒灌。倒灌时应使用最浓比级浆液,在设计规定的压力下,缝面停止吸浆,持续 10 min 即可结束。

灌浆结束时,应先关闭各管口阀门后再停机,闭浆时间不宜少于 8 h。

同一高程的灌区相互串通采用同时灌浆方式时,应一区一泵进行灌浆。在灌浆过程中,必须保持各灌区的灌浆压力基本一致，并应协调各灌区浆液的变换。

同一坝缝的上、下层灌区相互串通时，采用同时灌浆方式时，应先灌下层灌区，待上层灌区发现有浆串出时，再开始用另一泵进行上层灌区的灌浆。灌浆过程中，以控制上层灌区灌浆压力为主，调整下层灌区的灌浆压力。下层灌区灌浆宜待上层灌区开始灌注最浓比级浆液后结束。在灌浆的邻缝灌区宜通水平压力。

有 3 个或 3 个以上的灌区相互串通时，灌浆前必须摸清情况，研究分析，制定切实可行方案后，慎重施工。

(四)工程质量检验

各灌区的接缝灌浆质量，应以分析灌浆资料为主，结合钻孔取芯、槽检等质检结果，并从以下几个方面进行综合评定：①灌浆时坝块混凝土的温度；②灌浆管路通畅、缝面通畅以及灌区密封情况；③灌浆施工情况；④灌浆结束时排气管的出浆密度和压力；⑤灌浆过程中有无中断、串浆、漏浆和管路堵塞等情况；⑥灌浆前后接缝张开度的大小及变化；⑦灌浆材料的性能；⑧缝面注入水泥量；⑨ 钻孔取芯、缝面槽检和压水检查成果以及孔内探缝、孔内电视等测试成果。

根据灌浆资料分析，当灌区两侧坝块混凝土的温度达到设计规定，2 个排气管均排出浆且有压力，排浆密度均达 1.5 g/cm^3 以上，其中一个排气管处压力已达设计压力的 50%以上，而其他方面也基本符合有关要求时，灌区灌浆质量可以认为合格。

接缝灌浆质量检查工作应在灌区灌浆结束 28 d 后进行。

钻孔取芯、压水检查和槽检工作，应选择有代表性的灌区进行。孔检、槽检结束后应回填密实。

复习思考题

14-1　什么叫灌浆？

14-2　作为灌浆用的材料应具有哪些特性？

14-3　黏土浆有哪两种配置方法？

14-4　钻进施工应注意的事项有哪些？

14-5　对钻孔应如何进行洗孔？

14-6　对钻孔应如何进行冲洗？

14-7　对灌浆施工应如何进行压水试验？

14-8　对灌浆施工次序如何进行划分？

14-9　对帷幕孔的灌浆次序如何确定？

14-10　单排孔帷幕灌浆有哪些方法？

14-11　灌浆结束的条件有哪些？

14-12　对帷幕灌浆应如何进行回填封孔？

14-13　对灌浆中断应如何预防和处理？

14-14　灌浆时串浆应如何预防和处理？

14-15　灌浆时地表冒浆应如何预防和处理？

14-16　灌浆时绕塞返浆应如何预防和处理？

14-17　对岩层大量漏浆应如何预防和处理？
14-18　对帷幕灌浆的效果用如何进行检查？
14-19　固结灌浆对其钻孔应如何进行检查？
14-20　混凝土坝接缝灌浆的施工顺序应遵循哪些原则？
14-21　混凝土坝接缝灌浆灌区须符合哪些条件方可进行灌浆？
14-22　灌浆系统布置原则有哪些？
14-23　对灌浆支管应如何进行预埋施工？
14-24　对接缝灌浆的灌浆质量应如何综合评定？
14-25　灌浆一般安全要求有哪些？
14-26　钻探灌浆设备安装与拆卸措施都有哪些？
14-27　钻进施工安全措施有哪些？
14-28　灌浆阶段的安全措施有哪些？

第十五章　施工测量与控制技术

第一节　施工测量技术

一、施工控制网建立方法

施工控制网是为施工放样建立的控制网，其特点是，精度高，使用频繁。目前常用的建立方法有 GPS 定位技术和全站仪测量方法。

(一)GPS 建网技术

1. GPS 定位原理

GPS 即全球卫星定位系统，就是利用 GPS 卫星信号实现导航和定位的一种系统，GPS 导航定位具有精度高、操作简单、全天候作业等特点。它包括三个部分，空间星座部分、地面监控部分、用户接受部分。定位的基本原理就是，在已知卫星坐标的情况下，测量卫星信号到达接收机的时间，求得测站和各个卫星的距离，从而计算出接收机位置坐标。

GPS 定位方法有多种，有单点定位、差分定位，有静态、准动态、动态等形式，目前建立施工控制网常用差分静态测量方法。该方法能够消除多种测量误差，精度高。

2. GPS 测量的实施

GPS 测量的过程是：方案设计、外业观测和内业数据处理。

(1)精度指标。GPS 控制网的精度指标以网中相邻点间距离误差表示，是 GPS 控制网优化设计的重要指标，城市及工程 GPS 控制网精度指标如表 15-1 所示。

$$m_D = a + b \times 10^{-6} D \qquad (15\text{-}1)$$

式中：a—— 固定误差；

b—— 比例误差；

D ——相邻点间距离，km。

表 15-1　城市及工程 GPS 控制网精度指标

等　　级	平均距离/km	a/m	$b/\times10^{-6}$	最弱边相对中误差
二等	9	≤10	≤2	1/12 万
三等	5	≤10	≤5	1/8 万
四等	2	≤10	≤10	1/4.5 万
一级	1	≤10	≤10	1/2 万
二级	<1	≤15	≤20	1/1 万

(2)观测要求。在同步观测中，测站从开始接收卫星信号到停止数据记录的时段称为观测时段，卫星接收机天线的连线相对水平面的夹角称为卫星高度角；反映一组卫星与测站所构成

的几何图形形状与定位精度关系的数值称为点位图形强度因子 PDOP，规范对静态 GPS 测量作业的基本要求如表 15-2 所示。

表 15-2　静态 GPS 测量作业技术规定

等　级	二　等	三　等	四　等	一　级	二　级
卫星高度角/(°)	≥15	≥15	≥15	≥15	≥15
PDOP	≤6	≤6	≤6	≤6	≤6
有效观测卫星数	≥4	≥4	≥4	≥4	≥4
平均重复设站数	≥2	≥2	≥1.6	≥1.6	≥1.6
时段长度/min	≥90	≥60	≥45	≥45	≥45
数据采样间隔/s	10～60	10～60	10～60	10～60	10～60

(3)图形要求。GPS 控制网的点与点之间不要求通视，布点灵活。根据 GPS 测量的不同用途，GPS 控制网的独立观测边应构成一定的几何图形，控制网的图形应有足够的几何强度，并能保证观测数据有足够的可靠度。

(4)观测工作。在站点上架好天线，连接好电源线路，量取天线高。开启电源，观察信号灯闪动变化，一旦接收机锁定了卫星，就对其跟踪测量，获取定位数据，并自动保存。

(5)数据处理。将接收机的观测数据下载到计算机上，用专业软件处理，才能得到站点坐标。数据处理分为预处理、基线结算和平差等几个阶段。数据预处理是对 GPS 原始数据进行编辑、加工整理，对数据进行平滑滤波，消除噪声，对周跳进行探测和修复。基线解算是对于 2 台或 2 台以上接收机的同步观测值进行独立基线向量的平差计算。对于 GPS 控制网的平差来说，需要检查同步环闭合差、异步环闭合差和重复基线较差，不合格的基线应对其结果进行残差分析，然后重新解算，对于重新解算仍不合格的基线需重新测量。同步环闭合差就是由同步观测基线所构成的闭合环基线向量闭合差，非同步观测基线组成的闭合环称为异步环，其闭合差称为异步环闭合差。理论上同步环闭合差应该为零，但由于存在各种误差，实际上同步环闭合差不为零。GPS 测量规范对同步环和异步环闭合差允许值有相应的规定。重复基线的较差为同一条基线任意 2 个时段观测值间的较差，其大小按 GPS 测量规范规定应不小于接收机标称精度的 $2\sqrt{2}$倍。

(二)全站仪建网技术

1. 概念

全站仪是由电子测角、电子测距、电子计算和数据存储等单元组合成的测量仪器，能够进行角度测量、距离测量、自动显示和做一些基本计算等，在现代工程中应用十分广泛。常见的有日本索佳 SET 系列、拓普康 GTS 系列、尼康 DTM 系列、瑞士徕卡 TPS 系列。我国有 NTS 和 ETD 系列。

2. 全站仪建网方法

(1)选点埋石。先熟悉施工平面图，在现场踏勘的基础上，确定控制点合适位置。控制点的选择要求点间通视良好，方便使用，安全可靠。点位确定后埋好标石，做好点之记号。

(2)外业观测。用全站仪观测控制网中所有的水平角度、竖直角和部分边长。角度的测回数以及各项限差按设计网的等级对照测量规范相关规定确定。

(3)控制网概算。

(4)平差计算。

二、施工放样技术

(一)全站仪平面点位放样方法

全站仪放样方法充分利用了全站仪测角、测距和计算一体化的特点,只要有了待放样点的坐标,就可以现场放样,操作十分方便。

基本步骤:将全站仪架设在控制点 A 上,输入测站点 A、后视点 B 的坐标,照准后视点 B 定向,完成放样前的准备工作。输入待放样点 P 的坐标,回车后,屏幕上显示放样方向与后视参考方向之间的水平角度以及放样点至仪器的水平距离,转动照准部,使仪器指向放样方向,将棱镜置于该方向上,前后移动使其至仪器的距离等于放样距离,在地面标记,该点即为放样点 P。

若需要放样下一点,只需重新输入另一点坐标,回车后,按显示的数据重复前面的步骤即可完成点的放样。

(二)全站仪高程传递技术

高程传递常用水准测量和悬挂钢尺的方法,这些方法劳动强度大,花费时间长。全站仪具有精度适中、快捷方便、传递高程简单高效等特点。

基本原理:全站仪具有测距、测竖角的功能,使之能够很方便地传递高程。例如,在施工中,将全站仪望远镜对准天顶,就可以测出上下两点间的高差,从而将下面的高程传递到上面。

如图 15-1 所示,在建筑物的底部架设全站仪,顶部安装棱镜,要求棱镜和仪器在同一铅垂线上,棱镜镜面朝下,这时就可以测量仪器中心至棱镜中心的高差。如果全站仪是直接架设在水准点上,丈量仪器高,就可得到镜点 D 的高程;如果仪器没有架在水准点上,则可将望远镜严格置平,读取水准点 C 上标尺读数,进而计算 D 点高程。D 点高程为

$$H_D = H_C + a + h \tag{15-2}$$

由于通用的棱镜一般用于视线水平情况,因此,在实际作业时,应将棱镜改造,使之能够适合于视线垂直的情况。

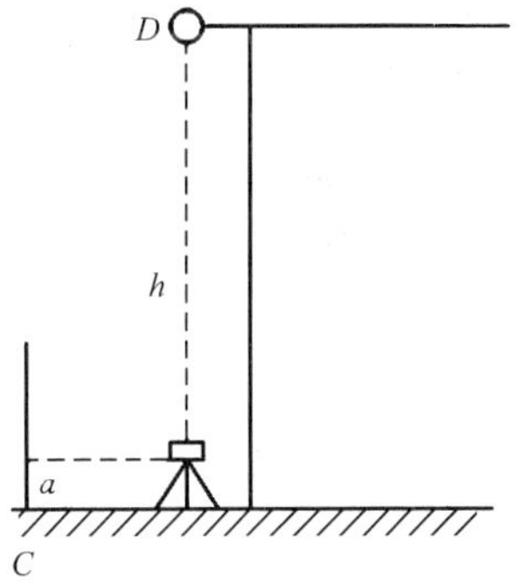

图 15-1 全站仪天顶法传递高程

除了上面介绍的方法外,应用全站仪的三角高程测量高差也是一种很方便的传递高程方法。

三、地下工程自动导向测量技术

随着计算机与激光技术、自动跟踪全站仪的发展和使用,精密自动导向技术在我国交通隧道工程、水利工程、市政工程等领域得到了广泛的应用,采用自动导向技术进行施工的监控具有明显的技术优势,例如,在隧道的盾构掘进施工过程中采用该技术可以准确、实时动态、自动快速地检测地下盾构机头中心的偏离值,保证工程按设计要求准确贯通,达到自动控制的目的。目前,德国 VMT 公司的 SLS-T 自动导向系统和旭普林公司的 TUMA 自动导向系统,在我国重大工程中均有成功的应用。

(一)SLS-T 自动导向系统

SLS-T 自动导向系统是德国 VMT 公司开发的一种先进的激光同步自动导向系统,可用于地下工程盾构施工的静态导向测量,是目前在国际上处于领先地位的自动导向系统。

1. 系统的组成与功能

(1)SLS-T 自动导向系统主要由以下四部分组成:

①自动照准功能的全站仪,主要用于测量角度和距离、发射激光束。通过 RS232 接口与计算机相连,并受其控制。全站仪内有数码相机,能检测来自反射棱镜的反射光束,计算出水平和垂直距离(称为 ATR 模式)。

②ELS(电子激光系统),亦称标板或激光靶板。电子激光系统的觇标安置在盾构上,用来测定入射激光束的 X、Y 坐标。

③计算机及隧道掘进软件。SLS-T 软件是自动导向系统的核心,它从全站仪和 ELS 等通信设备接收数据,盾构的位置在软件中计算,并以数字和图形等形式显示在计算机的屏幕上。

④供电箱。它主要给全站仪供电,保证计算机和全站仪之间的通信和数据传输。

(2)SLS-T 自动导向系统的主要功能如下:

①计算并显示隧道掘进机、管片环安装后的位置和运行趋势;

②计算隧道掘进机的修正曲线;

③提供隧道掘进施工的掘进记录和工作日记;

④激光方位和方位角的自动检测;

⑤激光经纬仪的自动定位测量。

2. 系统操作过程

(1)坐标系统的确定。SLS-T 自动导向系统的应用有三种坐标系统:①国家统一坐标系统,测量工程师用它计算全部控制点、放样点的坐标;②隧道掘进机(TBM)坐标系统,以 TBM 的轴为基准,计算 ELS 觇标、控制点和基准点的坐标;③隧道设计轴线(DTA)坐标系统,确定里程和水平、垂直支距。

(2)TBM 在开始掘进前的定位。基准点应设置在盾构上,测得其统一坐标,并转换成 DTA 坐标。

(3)TBM 在掘进机中的定位。TBM 的位置是按照国家统一坐标确定的,这个点至基准点的方位角已知,全站仪激光束射向 ELS,由此求得偏转角。利用安置在 ELS 里的测斜仪测定侧倾角和纵倾角,利用光电测距得到激光经纬仪至 ELS 的距离,从而获得 TBM 沿着隧道设计轴线推进的里程。用这些量测的数据可计算 TBM 的统一坐标位置。

(4)衬砌环的定位。根据 TBM 的位置和所测得的千斤顶的伸长量,进行末尾环的安装。

(5)衬砌环排序和 TBM 掘进的计算。在 TBM 定位后,测定末尾安装的衬砌环,就能计算下一个推进量。如果改正数达到几厘米,就需要计算改正曲线,并得出所要求的千斤顶的伸长量,通过计算所需要的压力,从而很快使 TBM 转向 DTA 方向。

(6)推进数据的记录。衬砌环与盾构的测量数据都被存储起来,在任何时候都可显示或打印出来,同样也可打印出隧道掘进过程和衬砌环安装过程的曲线。

(7)数据传输。TBM 的位置一般通过已有的电话线连接传输到地面办公室,隧道的掘进也就同步地通过地面监视器进行跟踪。

(8)全站仪与托架的移动。激光经纬仪的移动在软件的指引下进行，只需要熟练的测量人员就能解决问题。

(9)TBM 操纵的检查。用正规的测量方法对 TBM 的位置进行检查，它独立于 STS-T 自动导向系统之外。一般每掘进 15～20 m 进行一次检查，这主要取决于隧道的条件，特别是折光对导向的影响。

(二)TUMA 自动导向系统

1. 系统硬件

该系统硬件设备主要由数台(4～5 台)自动驱动的全站仪、工业计算机、遥感觇牌、自动整平基座、接线盒和一些附件(测斜仪、行程显示器及反偏设备)等组成。

2. 系统软件

系统软件是控制全站仪、计算测量结果和数据显示的系统软件。TUMA 自动导向系统的软件主要包括必要的控制器驱动程序和测量控制、计算程序软件。TUMA 自动导向系统的模块和功能如图 15-2 所示。

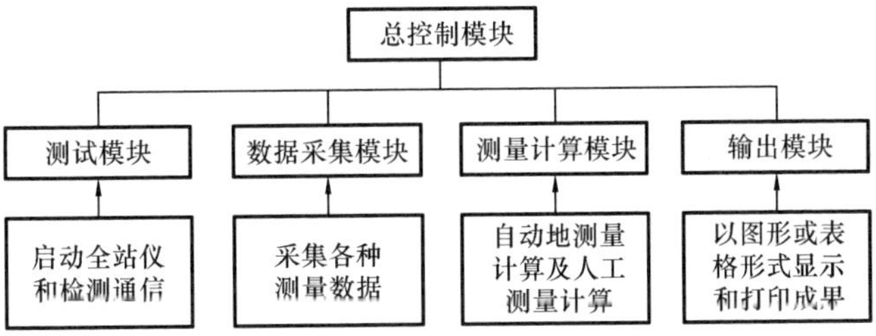

图 15-2　TUMA 自动导向系统的模块和功能

3. 工作原理

(1)横向偏差测量原理。TUMA 自动导向系统横向偏差测定是通过布设支导线，观测各台全站仪之间的转角和距离，再根据相对于盾构机头水平偏差值 ΔS，求得盾构机头中心 G 处的坐标，与该里程设计坐标相比较得出的，如图 15-3 所示。

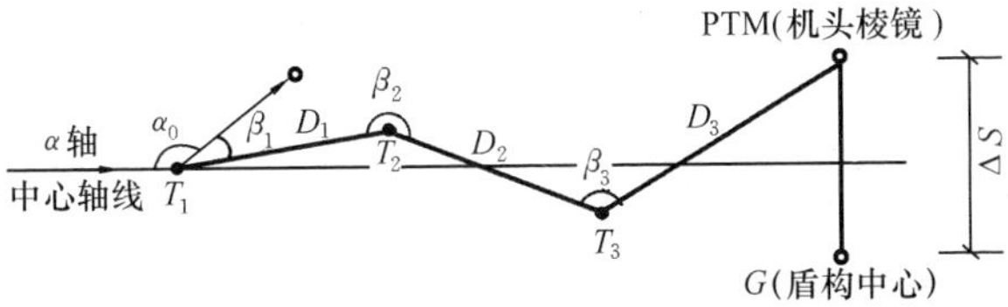

图 15-3　横向偏差测量原理

设中心轴线坐标方位角为 $\alpha_{轴}$，支导线各边相对于中心轴线夹角为 $\Delta\beta_i$，由测斜仪测定机头水平偏离值 $\Delta S = L\sin\alpha$，支导线各边边长为 D_1、D_2、D_3，则横向偏差 d_y 为

$$d_y = D_1\sin\Delta\beta_1 + D_2\sin\Delta\beta_2 + D_3\sin\Delta\beta_3 + \Delta S \tag{15-3}$$

机头里程 D 为

$$D = D_1\cos\Delta\beta_1 + D_2\cos\Delta\beta_2 + D_3\cos\Delta\beta_3 \tag{15-4}$$

相应横向偏差的精度为

$$m_{d_y} = \sqrt{\frac{m_\beta^2}{\rho^2}[\sum_1^3 D_i^2 + \sum_2^3 D_i^2 + D_3^2] + \frac{m_{\alpha_0}^2}{\rho^2}\sum_1^3 D_i^2 + m_{\Delta S}^2} \tag{15-5}$$

(2)竖向偏差测量原理。TUMA 自动导向系统是利用三角高程测量原理测定机头中心的高程的，如图 15-4 所示。

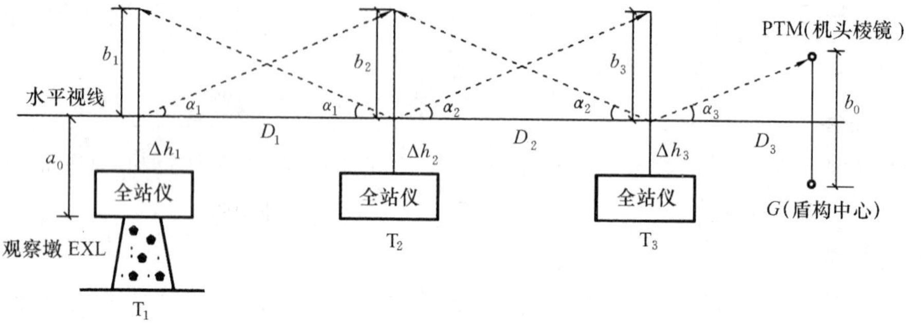

图 15-4　TUMA 系统的竖向偏差测量

a_0 为 EXL 观测墩面至 T_1 仪器水平视线高差；b_0 为机头棱镜 PTM 至盾构中心 G 的高差；b_1、b_2、b_3 为各段测站棱镜至水平视线的高差；D_1、D_2、D_3 为各段水平距离；Δh_1、Δh_2、Δh_3 为各段的高差值。

EXL 观测墩面至盾构中心 G 的高差 Δh 为

$$\Delta h = a_0 + \Delta h_1 + \Delta h_2 + \Delta h_3 - b_0 \tag{15-6}$$

其中，$\Delta h_1 = (h_{12} - h_{21} + b_1 - b_2)/2$；$\Delta h_2 = (h_{23} - h_{32} + b_2 - b_3)/2$；$\Delta h_3 = h_{3PTM}$（单向）；$b_0 = L\cos\alpha$（$L$ 为机头棱镜中心至盾构机头中心的距离，α 为机头棱镜的铅垂线与盾构机头中心 G 方向的夹角，由测斜仪测定）。

若已知洞口 EXL 观测墩面高程为 H_{EXL}，盾构机头中心 G 处设计高程为 H_G，则竖向偏差 d_z 为

$$d_z = H_{EXL} + \Delta h - H_G \tag{15-7}$$

相应竖向偏差的精度 m_{d_z} 为

$$m_{d_z} = \sqrt{m_{H_{EXL}}^2 + m_{\Delta h}^2 + m_{H_G}^2} \tag{15-8}$$

第二节　特殊施工过程检测和控制技术

一、深基坑工程监测和控制

(一)概述

深基坑工程是指开挖深度大于 5 m 的基坑工程。深基坑工程监测与控制是一种比较复杂的信息反馈与控制。

1. 深基坑监测与控制的目的

深基坑工程监测是在深基坑开挖施工过程中，借助仪器设备和其他一些手段，对维护结构、基坑周围环境（包括土体、建筑物、构筑物、道路、地下管线等）、应力、位移、倾斜、沉降、开

裂、地下水位的动态变化、土层孔隙水压力变化等进行的综合监测。

深基坑工程控制则是根据前段开挖期间的监测信息，一方面与勘察、设计阶段预测的形状进行比较，对设计方案进行评价，判断施工方案的合理性，另一方面通过反分析方法或经验方法计算与修正岩土的力学参数，预测下一阶段施工过程中可能出现的问题，为优化和合理组织施工提供依据，并对进一步开挖与施工的方案提出建议，对施工过程中可能出现的险情进行及时的预报，以便采用必要的工程措施。

2. 深基坑工程监测和控制的应用

深基坑工程监测与控制可用于建筑工程、市政工程等的基坑中的支护结构、主体结构基础、邻近建筑物、构筑物、地下管线等的安全保护。在我国，比较典型的工程有上海耀华皮尔金顿浮法玻璃熔窑基坑、上海三角地广场基坑等。

（二）深基坑工程的监测

深基坑工程监测的内容、监测仪器设备以及相关要求如下：

(1)维护结构完整性和强度。灌注桩用低应变测法，检测灌注桩缩颈、离析、夹泥、断裂等；水泥土用轻便触探法，检测旋喷柱、水泥搅拌桩强度和均匀性；地下连续墙用超声探测仪，检验地下连续墙混凝土缺陷分布、均匀性和强度。

(2)强顶水平位移。采用铟钢丝、钢卷尺两用式位移收敛计进行收敛两侧，用精密光学经纬仪进行观测。一般沿维护结构纵向每间隔 5～8 m 设 1 个监测点，在基坑转折处、距周围建筑物较近处等重要部位应适当加密布点。基坑开挖初期，可每隔 2～3 d 监测 1 次，随着开挖进行，可适当增加观测次数，以 1 d 观测 1 次为宜。位移较大时，每天观测 1～2 次。

(3)墙体变形。采用测斜仪测量，一般每边可设置 1～3 个点，测斜管埋置深度一般为 2 倍基坑开挖深度。测斜管放置于围护结构后，一般用中细砂回填围护结构与孔壁之间的孔隙。

(4)围护结构应力。采用钢筋应力计和混凝土应变计进行观测，对桩身钢筋和锁口梁钢筋中较大应力断面处应力进行监测，以防止围护结构的结构性破坏。

(5)支锚结构轴力。采用轴力计、钢筋应力计、混凝土应变计、应变片测量，对锚杆，施工前应进行锚杆现场拉拔试验。施工过程中用锚杆测力计监测锚杆实际受力情况。对内支撑，可用压应力传感器或应变力等监测其受力状态的变化。

(6)基坑底部隆起。利用辅助测杆和钢尺锤，观测采用几何水准法，观测次数不少于 3 次：即第一次观测在基坑开挖之前，第二次观测在基坑开挖好之后，第三次观测在浇灌基础底板混凝土之前。在基坑中央和距底部边沿的 1/4 坑底处及其他变形特征位置必须设点。方形、圆形基坑，可按单向对称布点；矩形基坑，可按纵横向布点；复合矩形基坑，可多向布点。场地地层情况复杂时，应适当增加点数。

(7)邻近建(构)筑物沉降和倾斜。采用水准仪和经纬仪，观测点布置应根据建筑物体积、结构、工程地质条件、开挖方案等因素综合考虑。一般应在建筑物角点、中点及周边设置，每栋建筑物观测点不少于 8 个。

(8)邻近道路、管线变形。采用水准仪和经纬仪，用于水平位移及沉降的控制点一般设置在基坑边 2.5～3.0 倍开挖距离以外。观测点的位置和数量应根据管线走向、类型、埋深、材料、直径以及管道每节长度、管壁厚度、管道接头形式和受力要求等布置。开挖过程中，每天观测一次。变化较大时，应上、下午各观测一次；混凝土底板浇完 10 d 以后，每 2～3 d 观测一次，直到地下室顶板完工，其后可每周观测一次，直到回填土完工为止。若用钢板桩做围护，则起拔钢板桩时，应每天跟踪观测，直到钢板桩拔完，地面稳定为止。

(9)基坑周围表面土体位移。采用水准仪和经纬仪，监测范围重点为基坑边开挖深度1.5～2.0倍范围内，对基坑周围土体位移监测可及时掌握基坑边坡稳定性。

(10)基坑周围土体分层位移。采用分层沉降仪，监测旨在测量各层土的沉降量和沉降速率，分层标埋好后，至少在5 d之后才进行观测。分层沉降观测点相对于邻近工作基点的高差中误差应小于±1.0 mm。每次观测结束都应提供不同深度处的沉降-时间曲线。

(11)土压力。采用钢弦式和电阻应变式压力盒，开挖过程中对桩侧土压力进行监测可以掌握桩侧土压力发展变化过程，对设计中可能存在的问题及时加以解决。

(12)地下水位与孔隙水压力。采用水位观测井、孔隙水压力计，开挖过程中，每天观测1次，变化大时，加密观测次数。

(三)深基坑工程的控制

深基坑工程的安全控制包括两个方面，即围护结构本身的要求，同时基坑变形必须满足坑内坑外周边环境两方面的控制要求。

对围护结构和支、锚结构材料强度的控制一般是通过监测结构的内力进行的，包括支撑的轴力、锚杆的内力、墙体的钢筋应力等的监控。结构的内力也和构件的变形密切相关，随着墙体的相对变形的增长，结构内力增大，控制墙体的相对变形(即墙体的水平位移与基坑开挖深度之比)可以有效地控制墙体内力。如果不监测墙体结构内力，可以通过监测与控制墙体变形以达到相同的目的。

基坑周围土体的稳定性虽然可以通过孔隙水压力的监测进行分析，但并不是直接控制的指标，通常通过土体变形监测进行控制，因为土体的破坏是变形大量发展和积累的结果，变形量的大小和变形速率的快慢标志着土体中塑性区的发展情况，用变形限量控制也可以满足基坑稳定性的要求。

对周围环境的安全控制，一般直接监测有关建筑物或管线的沉降或水平位移即可，根据被保护对象的结构类型或使用要求确定变形控制值。

为了保护周围环境，必须根据周围建(构)筑物和管线的允许变形，确定基坑开挖引起的地层位移及相应围护结构的水平位移、周围地表沉降的允许值，以此作为基坑安全的控制标准。

在基坑工程中，监测项目的警戒值应根据基坑自身的特点、监测目的、周围环境的要求，结合当地工程经验并和有关部门协商综合确定。一般情况下，每个项目的警戒值应由累计允许变化值和变化速率两部分控制。

对于不同等级的基坑，应按不同的变形标准进行设计和监测。此外，确定变形控制标准时，应考虑变形的时间和空间效应，并控制监测值的变化速率：对于一级工程，宜控制在2 mm/d之内；对于二级工程，应控制在3 mm/d之内。

(四)深基坑工程的安全控制方法与措施

1. 预防措施

预防措施可分为管理措施和技术措施两类。

(1)管理措施包括：①基坑工程的勘察、设计、施工、监测和监理等项工作均应由具有相应资质的单位承担；②重要的基坑工程设计方案应组织专家进行技术论证、技术把关；③建立监测成果的日报制度和达到警戒值的及时报告制度；④建立基坑工程的指挥小组或抢险领导小组，统一指挥协调基坑的施工。

(2)技术措施包括：①调查基坑邻近地区的建筑物、地下管线和市政设施的现状，了解它们对基坑变形控制的要求，以及估计基坑开挖时对它们可能的影响；②应与设计方案、施工组织计划同时配套，形成对基坑工程施工的监测方案，明确每项监测项目的技术要求、测点的位置、监测频率与报警值；③了解类似场地已发生过事故的经验教训，对于所采用的基坑方案，要充分估计可能存在的隐患及可能引发的事故，采取预防保护措施，制定各种应急措施和抢救方案，做好抢救材料和抢救设备的准备，有备无患；④严格按设计验算工况的要求施工，控制基坑周边地面荷载，严禁超挖，严禁一次挖土过深，同时，应采取措施防止施工机械碰撞支撑或立柱。

2. 动态设计

动态设计遵循根据实际反馈逐步修改设计的思路，分为预设计、采集信息反馈和修改设计三个阶段。

预设计基本上与常规设计相同，但应通过预设计提出需要重点监测和控制的项目、测点位置和控制界限。

采集信息反馈应当包括监测和分析两方面的内容。分析是从实测数据中归纳出规律性的东西，预测可能的发展，还包括从实测资料中反求参数(反分析方法)。

修改设计是动态设计的核心，也是控制技术的具体体现，是根据监测数据和数据分析得出的响应，对不适应实际情况的部分进行修改，包括降水措施、回灌措施、卸载措施、压重措施、补漏措施和加固措施。当然，也包括根据原设计方案但需加快施工速度，抢浇垫层和底板、快速完成支撑的浇筑或安装等施工措施。

3. 处理措施

处理措施分为一般的施工措施和特殊的技术措施两类。一般的施工措施指通常的临时加撑、回填和补漏等。特殊的技术措施有降水与回灌、卸载与压重、补漏与加固。

二、大体积混凝土温度监测和控制

(一)概述

1. 概念

混凝土结构实体最小尺寸大于或等于 1 m，或水泥水化热引起内外温差过大，容易发生裂缝的混凝土结构统称为大体积混凝土结构。

2. 适应范围

大体积混凝土温度监测和控制技术适用于高层建筑筏板基础、箱基底板，桩基承台，大型设备基础，结构物中其他厚度较大的混凝土梁、墙等。在我国，比较典型的有上海金茂大厦厚筏基础、江阴长江公路大桥锚锭大体积混凝土等。

3. 大体积混凝土温度监测和控制的目的

大体积混凝土结构一般要求一次性整体浇筑，在混凝土浇筑及凝结硬化过程中，水泥因水化作业产生大量水化热，由于混凝土体积大，聚集在内部的水泥水化热不易散发，混凝土内部温度将显著升高，但其表面散热较快，形成了较大的温度差，使混凝土内部产生压应力，表面产生拉应力。当温差产生的表面拉应力超过混凝土当时的抗拉强度时，混凝土表面则会干裂。对大体积混凝土进行温度检测和控制，目的就是通过一定的措施，减小混凝土的内外温差，降低温度应力，确保混凝土的完整性和工程质量。

（二）监测方法

1. 测量元件及仪表

选择测量元件及仪表的原则是，保证其有足够的精度和可靠性，能满足温控施工的需要。

2. 测点布设

测点的布设要有代表性和可比性，沿浇筑的高度方向，应布置在底部、中部和表面，垂直测点间距一般为 500～800 mm；沿平面方向则应布置在边沿和中间，平面测点间距一般为 2.5～5 m。

3. 数据采集

在混凝土温度上升阶段(1～4 d)每 2～4 h 测一次，温度下降阶段每 8 h 测一次。测温延续时间与结构厚度有关，对厚度较大(2 m 以上)或者重要工程，测温时间不能小于 15 d。如果内部最高温度或内外温差、降温速率超过警戒值，则应立即调整养护方案。

4. 监测内容

大体积混凝土温度监测是对水泥的水化热、混凝土浇筑过程中的浇筑温度、养护过程中混凝土浇筑块体升降温、里外温差、降温速度及环境温度等进行的测试和监测。监测工作将给施工组织者及时提供信息，反映大体积混凝土浇筑块体内温度变化的实际情况及所采取的施工技术措施效果，为施工组织者在施工过程中及时准确采用温控对策提供科学依据。

（三）温度控制措施

大体积混凝土温度控制的目的是，防止混凝土由于内外差产生温度应力和裂缝，核心措施是减小混凝土结构内的温度梯度，技术措施就是“内降外保”，一般可以采取的措施如下：

(1)控制原材料温度。

(2)控制混凝土配合比，使用高效减水缓凝剂降低混凝土水化热量。拌和前，对混凝土采用水冷或风冷的方式预冷。

(3)控制混凝土的浇筑时间和速度，及时振捣，并在浇筑仓内配备鼓风机，降低仓内有效水环境温度。

(4)对混凝土进行保温保湿养护，可以降低混凝土内外温差，减小混凝土块体的自约束应力，还可以降低混凝土块体的降温速度，充分利用混凝土的抗拉强度，以提高其承受外约束应力的抗裂能力。

（四）主要技术指标

根据国家标准《混凝土结构工程施工质量验收规范》(GB 50204—2002)的规定，对大体积混凝土的养护，应根据气候条件采取控温措施，并按需要测定浇筑后的混凝土表面和内部温度，将温差控制在设计要求的范围内，当设计无具体要求时，温差不宜超过 25 ℃，降温速度一般要小于 1.0～1.5 ℃/d。

三、大跨度结构施工过程中受力与变形监测和控制

(一)概述

近年来,大跨度结构在工程中被日益广泛使用,一般都是重要的公共设施,因此对其施工过程进行监测和控制具有重大意义。大跨度结构施工监测与控制适用于包括预应力混凝土结构、钢结构、轻型结构、桥梁等大跨度结构施工中的受力与变形监控。已应用的典型工程有国家大剧院主体建筑钢结构、上海大剧院钢屋盖、上海体育场马鞍形屋盖、上海浦东国际机场候机楼钢屋架、上海国家会议中心单层网球壳等重大工程。

(二)主要技术内容

大跨度结构施工监测是对施工全过程中实际发生的各项影响结构内力与变形的参数进行测量与分析。测量时施工监控的重要环节,包括几何指标参量的测量和力学指标参量的测量两部分。受力监测包括结构截面的应力(包括混凝土应力、钢筋应力、钢结构应力等)、预应力水平、温度应力的监测。施工控制包括结构变形控制、结构应力控制、结构稳定性控制等。

大跨度结构施工控制则是结合实测的内力与变形数据,随时分析各施工阶段结构内力、变形与设计预测值的差异,并找出原因,提出修正对策,以确保在建成后结构的内力、外形曲线与设计尽量相符。

(三)主要技术指标

大跨度结构施工监测监控是一个"施工—测量—计算分析—修正—预告—……"的循环过程,其根本要求是在确保结构安全施工的前提下,要做到结构形状和内力符合设计规定的允许误差范围。具体实施时必须遵照《钢结构工程施工质量验收规范》(GB50205—2001)和《混凝土结构工程施工质量验收规范》(GB50204—2002)。

复习思考题

15-1　什么是施工控制网?为何要建立施工控制网?

15-2　什么是GPS?

15-3　GPS由哪几部分组成?各个部分的作用是什么?

15-4　简述全站仪坐标法放样技术的基本原理。

15-5　SLS-T自动导向系统由哪几部分组成?

15-6　简述深基坑工程监测和控制的基本原理。

15-7　试述大体积混凝土温度监测和控制的技术内容。

参考文献

[1] 钟汉华，冷涛．水利水电工程施工技术[M]．2版．北京：中国水利水电出版社，2010.

[2] 丁克胜．土木工程施工[M]．武汉：华中科技大学出版社，2008.

[3] 陈金洪，杜春海．土木工程施工[M]．武汉：武汉理工大学出版社，2009.

[4] 张厚先，王志清．建筑施工技术[M]．北京：机械工业出版社，2007.

[5] 张厚先，王志清．建筑施工技术[M]．2版．北京：机械工业出版社，2009.

[6] 李建峰．现代土木工程施工技术[M]．北京：中国电力出版社，2008.